T0211220

Ökosystemdienstleistungen

Karsten Grunewald

Olaf Bastian

(Hrsg.)

Ökosystem-
dienstleistungen

Konzept, Methoden und Fallbeispiele

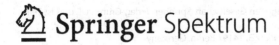 Springer Spektrum

Herausgeber

Dr. rer.nat. habil. Karsten Grunewald
Leibniz-Institut für ökologische
Raumentwicklung
Weberplatz 1
01217 Dresden, Deutschland

Dr. rer.nat. habil. Olaf Bastian
Leibniz-Institut für ökologische
Raumentwicklung
Weberplatz 1
01217 Dresden, Deutschland

ISBN 978-3-662-57625-0   ISBN 978-3-8274-2987-2 (eBook)
https://doi.org/10.1007/978-3-8274-2987-2

Die Deutsche Nationalbibliothek verzeichnet diese Publikation in der Deutschen Nationalbibliografie;
detaillierte bibliografische Daten sind im Internet über http://dnb.d-nb.de abrufbar.

Springer Spektrum

Verantwortlich im Verlag: Stefanie Wolf
Einbandabbildung: Biene: © Oleksiy Ilyashenko – Fotolia.com; Schild: © DOC RABE Media – Fotolia.com
(adaptiert)
Einbandentwurf: SpieszDesign, Neu-Ulm

Gedruckt auf säurefreiem und chlorfrei gebleichtem Papier

Springer Spektrum ist ein Imprint der eingetragenen Gesellschaft Springer-Verlag GmbH, DE und ist Teil
von Springer Nature
Die Anschrift der Gesellschaft ist: Heidelberger Platz 3, 14197 Berlin, Germany

Vorwort

Der Mensch ist Teil der Natur und in seinem Dasein, seinem Wohlbefinden und in seiner wirtschaftlichen Tätigkeit auf sie angewiesen sowie auf vielfältige Weise mit ihr verknüpft. Die Natur bietet Nahrungsmittel und Trinkwasser für den täglichen Lebensunterhalt, Rohstoffe für Handwerk und Industrie sowie Heilpflanzen für medizinische Zwecke. Wälder liefern nicht nur Holz, Beeren, Pilze und Wild, sondern schützen vor Bodenabtrag und Hochwasser, spenden Sauerstoff und binden klimaschädliche Treibhausgase. Naturnahe Ökosysteme wirken als Wasserfilter, beherbergen eine Fülle an Pflanzen- und Tierarten, nicht zuletzt die für die Bestäubung unserer Kulturpflanzen so wichtigen Wildbienen. Menschen finden in der Natur geistige Inspiration und Erfüllung, ästhetischen Genuss, Ruhe und Erholung.

Für all diese dem Menschen dienlichen Leistungen der Natur hat sich seit einigen Jahren der Begriff Ökosystemdienstleistungen (engl. *ecosystem services*) eingebürgert. Die Natur hält viele effektive, kostengünstige und nachhaltige Lösungen im Hinblick auf die Bedürfnisse des Menschen bereit. Vielfach ist man sich jedoch der Rolle von Naturressourcen und Ökosystemdienstleistungen gar nicht bewusst oder glaubt, die Natur sei eine unerschöpflich sprudelnde, nie zur Neige gehende Quelle menschlichen Wohlstands. Sorgsamer Umgang mit der Natur und Investitionen in eine intakte natürliche Umwelt gelten häufig als Luxus, der Naturschutz fristet eher ein Schattendasein. Kein Wunder, dass weltweit – und auch in Deutschland – die biologische Vielfalt rasant schwindet und die Leistungsfähigkeit der Ökosysteme in besorgniserregendem Maße abnimmt.

In der Regel zieht eine wachsende wirtschaftliche Inanspruchnahme der Natur eine Verminderung ihrer regulierenden und soziokulturellen Leistungen nach sich. Ein Anliegen des Ökosystemdienstleistungs-Konzepts ist es, diese Zusammenhänge deutlicher aufzuzeigen und ins öffentliche Bewusstsein zu rücken. Dafür gilt es, durch Verbesserung des Verständnisses der Systemzusammenhänge und Dynamik zwischen Ökosystemeigenschaften, -funktionen und -dienstleistungen, Naturkapital und Wohlfahrtswirkungen in verschiedenen räumlichen und zeitlichen Maßstäben sowie im Kontext multipler Triebkräfte den Stellenwert nicht-marktnaher Leistungen der Natur zu erkennen und zu verbessern. Die Leistungen der Ökosysteme und Landschaften ökonomisch in Wert zu setzen, entspricht einem verbreiteten Trend unserer Zeit. Argumentiert wird dazu vielfach mit der Notwendigkeit, »greifbare« Argumente für Politiker und für eine breite Akzeptanz seitens Wirtschaft und Gesellschaft zu entwickeln. Sind doch Geldwerte und vermeintlich »harte« Zahlen eine Sprache, die auch außerhalb der Sphäre des Naturschutzes (leichter) verstanden wird. Doch können und dürfen wir die Natur in ihrer Komplexität und kaum zu ermessenden Bedeutung für uns Menschen tatsächlich auf monetäre Größen reduzieren?

Die vielfältigen Bezüge zwischen Ökonomie, Ökologie und Ethik theoretisch fundiert darzustellen und praktische Empfehlungen zur Analyse, Bewertung, Steuerung und Kommunikation von Ökosystemdienstleistungen zu geben, war Anlass und Anliegen der vorliegenden ersten umfassenderen deutschsprachigen Darstellung zum Thema. Wir möchten damit alle ansprechen, die an Brückenschlägen und Grenzgängen zwischen den Disziplinen interessiert sind: Wissenschaftler wie Praktiker aus dem behördlichen, ehrenamtlichen und freiberuflichen Bereich (vor allem aus dem Umwelt- und Naturschutz sowie der Regional- und

Flächennutzungsplanung), Fachleute aus der Wirtschaft, auf politischen Bühnen Tätige, Studenten sowie alle, die sich für ökologische, ökonomische, ethische und umweltpolitische Grundsatzfragen sowie Belange von Ökosystemen und Landschaften interessieren.

Wir danken den zahlreichen Mitautorinnen und Mitautoren – von Dresden bis Bonn bzw. Freiburg bis Greifswald – für ihre Beiträge und bitten die Kolleginnen und Kollegen, die an gleichen oder ähnlichen Fragestellungen arbeiten, aber hier aus Kapazitätsgründen nicht zu Wort kommen konnten, um Nachsicht. Hoffentlich fühlen sie sich durch die Abhandlung zu konstruktiver Diskussion angeregt. Die Seitenzahl des Buches war eng begrenzt, sodass nach unserer Ansicht wesentliche, nicht jedoch alle Aspekte dieser hochkomplexen Thematik berücksichtigt werden konnten.

Unser herzlicher Dank gilt Herrn Direktor Prof. Bernhard Müller sowie den Kolleginnen und Kollegen des Leibniz-Instituts für ökologische Raumentwicklung für die vielseitige Unterstützung, sei es hinsichtlich wertvoller Hinweise zu vielen Buchabschnitten (Prof. Wolfgang Wende), der Erstellung und Bearbeitung zahlreicher Abbildungen (Kerstin Ludewig, Sabine Witschas) oder der Formatierung der Literaturverzeichnisse (Natalja Leutert). Die Betreuung und Zusammenarbeit mit Springer Spektrum verlief in erwähnenswert angenehmer Atmosphäre.

Karsten Grunewald und Olaf Bastian
Dresden 2012

Inhaltsverzeichnis

Autorenverzeichnis

Dr. Kenneth Anders
Büro für Landschaftskommunikation
Neutornow 54
16259 Bad Freienwalde

Dr. habil. Olaf Bastian
Leibniz-Institut für ökologische Raumentwicklung
Weberplatz 1
01217 Dresden

Dr. Claudia Bieling
Albert-Ludwigs-Universität Freiburg, Institut für Landespflege
Tennenbacher Straße 4
79106 Freiburg

Dr. habil. Benjamin Burkhard
Christian-Albrechts-Universität Kiel, Institut für Natur-und Ressourcenschutz
Olshausenstr. 75
24118 Kiel

Dr. Peter Elsasser
Thünen Institut für Forstökonomie
Leuschnerstrasse 91
21031 Hamburg

Hermann Englert
Thünen Institut für Forstökonomie
Leuschnerstrasse 91
21031 Hamburg

Malte Grossmann
TU Berlin, FG Landschaftsökonomie, EB 4-2
Straße des 17. Juni 145
10623 Berlin

M.Sc. Anja Grünwald
Burgkstraße 30
01159 Dresden

Dr. habil. Karsten Grunewald
Leibniz-Institut für ökologische Raumentwicklung
Weberplatz 1
01217 Dresden

Prof. Dr. Dagmar Haase
Humboldt-Universität Berlin, Geographisches Institut
Rudower Chaussee 16
12489 Berlin

Prof. Dr. Volkmar Hartje
TU Berlin, FG Landschaftsökonomie, EB 4-2
Straße des 17. Juni 145
10623 Berlin

Dipl.-Ing. Michael Holfeld
Mary-Wigman-Straße 2
01069 Dresden

Dr. Markus Leibenath
Leibniz-Institut für ökologische Raumentwicklung
Weberplatz 1
01217 Dresden

Dr. Gerd Lupp
Leibniz-Institut für ökologische Raumentwicklung
Weberplatz 1
01217 Dresden

Prof. Dr. Karl Mannsfeld
Ahornweg 1
01328 Dresden-Pappritz

Prof. Dr. Felix Müller
Christian-Albrechts-Universität Kiel, Institut für Natur-und Ressourcenschutz
Olshausenstr. 75
24118 Kiel

Dr. Bettina Matzdorf
Inst. für Sozioökonomie, Leibniz-Zentrum für Agrarlandschaftsforschung (ZALF) e.V.
Eberswalder Straße 84
15374 Müncheberg

Dr. Melanie Mewes
Helmholtz-Zentrum für Umweltforschung GmbH - UFZ, Dept. Ökonomie
Permoserstraße 15
04318 Leipzig

Bettina Ohnesorge
Berlin-Brandenburgische Akademie der Wissenschaften
Jägerstr. 22/23
10117 Berlin

Dr. Tobias Plieninger
Berlin-Brandenburgische Akademie der Wissenschaften
Jägerstr. 22/23
10117 Berlin

Michaela Reutter
Inst. für Sozioökonomie, Leibniz-Zentrum für Agrarlandschaftsforschung (ZALF) e.V.
Eberswalder Straße 84
15374 Müncheberg

PD Dr. habil. Irene Ring
Helmholtz-Zentrum für
Umweltforschung GmbH -
UFZ, Dept. Ökonomie
Permoserstraße 15
04318 Leipzig

Matthias Rosenberg
Leibniz-Institut für ökologische Raumentwicklung
Weberplatz 1
01217 Dresden

Achim Schäfer
Ernst-Moritz-Arndt
Universität Greifswald,
Lehrstuhl für Allgemeine
Volkswirtschaftslehre und
Landschaftsökonomie
Grimmer Str. 88
17487 Greifswald

**Dr. Christoph Schröter-
Schlaack**
Helmholtz-Zentrum für
Umweltforschung GmbH -
UFZ, Dept. Ökonomie
Permoserstraße 15
04318 Leipzig

Dr. Christian Schleyer
Berlin-Brandenburgische
Akademie der Wissen-
schaften
Jägerstr. 22/23
10117 Berlin

**Dipl. Volksw. Dr. Ing. Burk-
hard Schweppe-Kraft**
Bundesamt für Natur-
schutz, Fachgebiet I 2.1
»Recht, Ökonomie und
naturverträgliche regionale
Entwicklung«
Konstantinstr. 110
53179 Bonn

Dr. Ralf-Uwe Syrbe
Leibniz-Insti-
tut für ökologische
Raumentwicklung
Weberplatz 1
01217 Dresden

Juliane Vowinckel
Lößnitzstraße 21
01097 Dresden

Dr. Ulrich Walz
Leibniz-Institut für ökologische Raumentwicklung
Weberplatz 1
01217 Dresden

Prof. Dr. Wolfgang Wende
Leibniz-Institut für öko-
logische Raumentwicklung,
Forschungsbereichsleiter
Wandel und Management
von Landschaften
Weberplatz 1
01217 Dresden
und
Technische Universität
Dresden, Lehrstuhl für
Siedlungsentwicklung
Zellescher Weg 17
01062 Dresden

Ökosystemdienstleistungen (ÖSD) – mehr als ein Modewort?

K. Grunewald und O. Bastian

1

Die heutige Zivilisation ist die Vereinigung von ausgesucht raffinierten Spitzenleistungen und angestrengtem, sinnlos verschwenderischem Verbrauch (Peter Høeg: *Fräulein Smillas Gespür für Schnee*).

Vor dem Hintergrund zunehmender Ansprüche des Menschen an die begrenzten Ressourcen der Erde sowie angesichts wachsender Belastungen des Naturhaushalts, die sich u. a. im Verlust biologischer Vielfalt und in der Energie- und Klimaproblematik manifestieren, hielt das Konzept der Ökosystemdienstleistungen (ÖSD) im Laufe der 1990er-Jahre Einzug in die internationale Umweltdiskussion (z. B. de Groot 1992; Daily 1997; Costanza et al. 1997). Wichtige Meilensteine waren u. a. das Millennium Ecosystem Assessment (MEA 2005), die TEEB-Studie – The Economics of Ecosystems and Biodiversity (TEEB 2009), das RUBICODE-Projekt – Rationalising Biodiversity Conservation in Dynamic Ecosystems (z. B. Luck et al. 2009), der EASAC policy report – Ecosystem Services and Biodiversity in Europe (EASAC 2009) sowie der zur 10. Vertragsstaatenkonferenz der Biodiversitätskonvention (CBD 2010) in Nagoya (18.–29.10.2010) beschlossene Strategische Plan 2011–2020, der den Begriff *ecosystem services* etwa 200-mal erwähnt.

Sinn des ÖSD-Konzepts ist es, ökologische Leistungen (Gratis-Naturkräfte) besser in Entscheidungsprozessen zu berücksichtigen und eine nachhaltige Landnutzung zu gewährleisten, um der Überbeanspruchung und Degradation der natürlichen Lebensbedingungen entgegenzuwirken. Die Attraktivität des ÖSD-Konzepts fußt auf seinem integrativen, inter- und transdisziplinären Charakter sowie auf der Verbindung von ökologischen und sozioökonomischen Konzepten (Müller und Burkhard 2007).

Vollkommen neu ist das ÖSD-Konzept indes nicht, vielmehr hat u. a. die Ökologie bereits früher bewährte Fundamente gelegt (z. B. Ehrlich und Ehrlich 1974; Westman 1977). Dass die Natur bzw. die Ökosysteme Gratisdienste für den Menschen erbringen (z. B. Stoffabbau, Wasserabflussausgleich und Sauerstoffbildung), ist seit Langem bekannt (Graf 1984). Erinnert sei an den von Bobek und Schmithüsen (1949) eingeführten Potenzialbegriff (▶ Kap. 2), als »räumliche Anordnung naturgegebener Entwicklungsmöglichkeiten«, analog zur Vegetationskunde, wo die Tüxen'sche potenzielle natürliche Vegetation als Integral die Gesamtheit der Wuchsbedingungen an einem Standort kennzeichnet (Tüxen 1956).

Vom bereits früher etablierten und vor allem im deutschsprachigen Raum präsenten, stark landschaftsökologisch geprägten Konzept der Naturraumpotenziale und Landschaftsfunktionen unterscheidet sich der ÖSD-Ansatz vor allem in zwei Punkten (Grunewald und Bastian 2010):

- Erstens versteht sich die Bewertung ausdrücklich anthropozentrisch, also im Hinblick auf die menschliche Lebensqualität.
- Zweitens sollten die sehr unterschiedlichen Funktionen, Güter und Dienstleistungen der Natur, welche vielfach »öffentliche Güter« darstellen, mithilfe eines einheitlichen Maßstabes gemessen werden, der ökologische, ökonomische und soziale Nachhaltigkeitsbelange integriert. Dazu wird vor allem eine monetäre Bewertung angestrebt, welche mit einem Methodenmix aus direkter und indirekter Marktevaluation erreicht werden soll (Costanza et al. 1997). Allerdings bestehen nach wie vor ernsthafte Kritikpunkte an einer marktnahen Bewertung marktferner Sachverhalte (u. a. Spangenberg und Settele 2010), wodurch man gegenwärtig von der Vorstellung, ÖSD vorrangig oder gar ausschließlich monetär zu bewerten, wieder abrückt und auf ein breiteres Indikatorenspektrum zurückgreift (UNEP-WCMC 2011).

Auch in der Privatwirtschaft bricht sich immer mehr die Erkenntnis Bahn, dass die Verknappung natürlicher Ressourcen, der Rückgang der biologischen Vielfalt und die Verschlechterung von ÖSD für Investoren, Banken und Versicherer in wachsendem Maße Risiken, aber die Bewältigung dieser Probleme auch Chancen von erheblicher finanzieller Bedeutung bergen. Führende Unternehmen erkennen zunehmend, dass Erhalt und Schutz der Natur keineswegs nur als Randthema oder gar als gemeinnütziges Engagement behandelt werden dürfen. Eine feste Verankerung von Biodiversität und ÖSD in den Geschäftsmodellen und Kernstrategien ist entscheidende Voraussetzung für die

Abb. 1.1 Natur(schutz) und Ökonomie – eine neue Allianz? © DOC RABE Media – Fotolia.com (Modifikation: K. Grunewald)

werden. Nach dem Millennium Ecosystem Assessment (MEA 2005) sind dies Basisleistungen (wie Bodenbildung), Versorgungsleistungen (wie Ernährung), Regulationsleistungen (z. B. Erosionsschutz) und kulturelle Dienstleistungen (z. B. Tourismus). Wir plädieren für drei ÖSD-Klassen (Versorgungs-, Regulations- und soziokulturelle Leistungen; ▶ Abschn. 3.2), da diese mit den Nachhaltigkeitskategorien korrespondieren. Auf diesen Leistungen basieren lebensnotwendige Wohlfahrtswirkungen für den Menschen wie Versorgungssicherheit mit Nahrungsmitteln, Schutz vor Naturgefahren oder sauberes Wasser. Die gesellschaftliche Wertschöpfung soll über das ÖSD-Konzept gewichtet und auch, aber nicht nur, monetär bewertet werden (Kosten-Nutzen-Kalkül), um sich auch aus wirtschaftlichen Gründen für den Erhalt der Natur einzusetzen (Jessel et al. 2009).

Sicherung nachhaltigen Wachstums und Erfolgs (BESWS 2010).

Die Natur als Produktivkraft – neben Kapital und Arbeit – zu sehen, macht den Ansatz der ÖSD für Öffentlichkeit, Politik und Verwaltung relevant (■ Abb. 1.1). Entsprechend wurden seitens der Wirtschaftswissenschaften seit Jahren Anstrengungen unternommen, Methoden zu entwickeln, die es erlauben, Ökosysteme und ihre Veränderungen ökonomisch zu bewerten. Die Ressourcenökonomie hat dazu vor allem die Konzepte der »externen Effekte« und des »ökonomischen Gesamtwertes« geschaffen. Auch wenn die Bemühungen um sogenannte »umweltökonomische Gesamtrechnungen« gerade auch in Deutschland bisher wenig erfolgreich waren, konstatiert Schweppe-Kraft (2010) folgendermaßen:

❯❯ Die ökonomische Bewertung von Ökosystemdienstleistungen, einschließlich Existenz-, Options- und Vermächtniswerten ermöglicht vom Konzept her die vollständige Erfassung der Wirkungen von Flächennutzungs- und Biotopveränderungen auf die gesellschaftliche Wohlfahrt. ❮❮

Ökosystemdienstleistungen (ÖSD)
beschreiben Leistungen, die von der Natur erbracht und vom Menschen genutzt

---

Spätestens seit der Studie von Costanza et al. (1997) zur Kalkulation von ÖSD weltweit steht deren Bedeutung für den Menschen heute außer Frage. Einen Eindruck vom Ausmaß der Abhängigkeit des Menschen von ÖSD vermittelt das Beispiel der Bestäubung durch Wildbienen, von der 15–30 % der US-Nahrungsmittelproduktion (im Wert von ca. 30 Milliarden US-Dollar) abhängen (Kremen 2005; EASAC 2009).

Allerdings stellen die Erfassung von ÖSD und die gesellschaftliche Aushandlung ihres Stellenwertes (bis hin zur ökonomischen Bewertung) nach wie vor eine große Herausforderung dar. Zahlreiche ÖSD, beispielsweise an die biologische Vielfalt geknüpfte Wohlfahrtswirkungen, sind erst wenig erforscht (Mosbrugger und Hofer 2008). Insbesondere fehlt es an einem quantitativen Systemverständnis, d. h. an einer umfassenden Kenntnis der Prozesszusammenhänge.

ÖSD ist ein derartig aktuelles, spannendes, komplexes, ergebnisoffenes und integratives Thema, dass sich zahlreiche Wissenschaftler und Praktiker weltweit damit befassen. ■ Abb. 1.2 zeigt, dass die Zahl wissenschaftlicher Aufsätze zu ÖSD in den

Der ÖSD-Begriff hat in Wissenschaft und Politik große Beachtung gefunden

Was dahinter steckt, ist »vor Ort« jedoch meist unklar, die Verkürzung auf »Ökonomisierung des Naturschutzes« oder »Verbesserung der Lebensqualität« zu kurz gefasst. Der nicht einfache Umgang mit komplexen, mehrdeutigen Begriffen wie Ökosystem, Leistung, Kapital, Landschaft, Umwelt, Funktion, Raum, Zeit oder Wert wird uns aus unterschiedlicher Perspektive im Rahmen der Thematik immer wieder beschäftigen. Folgendes Zitat aus der DFG-Senatskommission für Zukunftsaufgaben (DFG 2011) mag einige Stolpersteine aufzeigen (z. B. Prozesse = Funktionen = Leistungen?):

» Eine wichtige Herausforderung besteht darin, die biogeochemischen Umsatzprozesse, die die globalen Stoffkreisläufe antreiben, quantitativ zu erforschen. Man nennt diese Prozesse »Ökosystem-Funktionen« und »Ökosystem-Leistungen«. Sie haben eine wichtige Bedeutung für den Menschen und für den Klimawandel. «

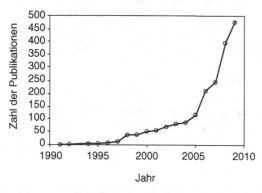

☐ **Abb. 1.2**   Anstieg der Zahl der ÖSD-Aufsätze seit 1990 auf Grundlage einer Recherche nach den Begriffen *ecological services/ecosystem services* im ISI Netz der Wissenschaften; mit Abstand die meisten Aufsätze wurden in der Zeitschrift *Ecological Economics* registriert. Quelle: Peterson 2010

letzten Jahren exponentiell anstieg. Vielerorts wird versucht, ÖSD zu indizieren, zu quantifizieren und kartographisch darzustellen. Jüngere Meta-Analysen zum Themenfeld zeigen (z. B. Elsasser und Meyerhoff 2007; Goldman et al. 2008; Feld et al. 2009; Jacobsen und Hanley 2009; Seppelt et al. 2011), dass noch keine umfassende, allgemein akzeptierte Methodik existiert.

▪ **Wie gefährdet sind unsere Ökosysteme? Warum werden ÖSD und Biodiversität oft in einem Atemzug genannt?**

Die rund 1300 Beteiligten der internationalen Studie Millennium Ecosystem Assessment (2001–2005) kommen zu dem Ergebnis, dass eine ausreichende Bereitstellung von ÖSD für zukünftige Generationen nicht mehr gewährleistet werden kann, weil

Ökosysteme verändert, bedrängt und umgewandelt werden. Experten schätzen in einer Umfrage des Forums Wissenschaft und Umwelt die Entwicklung unserer Lebensräume überwiegend negativ ein. Durch menschliche Nutzung der Natur ist z. B. die Quote des Artensterbens 100- bis 1 000-mal höher als der natürliche Verlust (Rockström et al. 2009).

In der Europäischen Union (EU) und auch in Deutschland wurden die Biodiversitätsziele (d. h. den Rückgang der biologischen Vielfalt zu stoppen) bisher nicht erreicht, was sich auch negativ auf die Leistungen der Ökosysteme auswirkt (z. B. Bestäubungsleistung). Untersuchungen zeigen, dass sich ohne neue Politikansätze der Verlust an biologischer Vielfalt weiter fortsetzen wird (PBL 2010). Allen ist klar, dass »in einer prosperierenden Welt mit ca. 7 Mrd. Menschen (2011) ein gewaltiger Innovationsschub in Gang gesetzt werden muss, um Ökosystemleistungen zu sichern und eine ressourcenschonende Entwicklung zu ermöglichen« (WBGU 2011).

┌─ **Der Begriff Ökosystem** ─────

geht auf den britischen Biologen und Geobotaniker Arthur George Tansley zurück, der ihn als Grundprinzip in die Ökologie einführte (Tansley 1935). Ein Ökosystem umfasst das Beziehungsgefüge der Lebewesen untereinander und deren anorganischen Umwelt. Im weniger abstrakten Sinn wird ein Ökosystem durch seine Lebensgemeinschaft (Biozönose) und ihren Lebensraum (Biotop) gekennzeichnet (Ellenberg et al. 1992). Seit Tansley hat sich international eine inter- und transdisziplinäre Ökosystemforschung heraus-

Forderungen nach ÖSD-Bewertung

» Wir brauchen ein stärkeres Bewusstsein für den Wert der Ökosysteme und ihrer Leistungen. Moralappelle und Alarmismus bringen im Naturschutz wenig. Gegen den Artenverlust helfen ein effektives Management von gut vernetzten Schutzgebieten und neue Landnutzungsmodelle mit Synergieeffekten. Vor allem muss auch der ökonomische Wert der »grünen Infrastruktur endlich anerkannt werden (Beate Jessel, Präsidentin des Bundesamtes für Naturschutz, in: umwelt aktuell, April 2010).«

»Der Verlust des Naturkapitals wie Ökosysteme, Biodiversität und natürliche Ressourcen hat unmittelbare und weit reichende Folgen für die Finanzperformance. Klimawandel und Finanzkrise legen nahe, dass erhebliche systemische Risiken koordiniertes Eingreifen erfordern. Die Finanzmärkte berücksichtigen noch nicht, dass viele Unternehmen spezifischen Risiken ausgesetzt sind, da ihre Lieferketten lebenswichtige Ökosysteme schädigen und sie Vorkehrungen treffen müssen, um schon bald strengeren gesetzlichen Auflagen zu genügen

(Colin Melvin, Hermes Equity Ownership Services Ltd., in: Mythos Naturkapital? Die Integration von Biodiversität und Ökosystemleistungen als feste Größe im Finanzwesen, UNEP-CEObriefing, Oktober 2010).«
»Vielleicht sollte die Ökobewegung nicht immer nur an das Gewissen appellieren, sondern die Problematik unter marktwirtschaftlichen Gesichtspunkten betrachten (Ebert 2011).«

---

gebildet, mit dem Versuch, holistische und systemtheoretische Konzepte zu entwickeln und anzuwenden. Ökosystemforschung ist ein konzeptioneller Ansatz, mit dem sich insbesondere Naturwissenschaftler identifizieren, da analytische Modellvorstellungen zur Struktur und Dynamik von Raumausschnitten bearbeitet werden können. Betrachtungen von Leben-Umwelt-Beziehungen sind dabei eingeschlossen, stehen aber nicht unbedingt im Mittelpunkt (Fränzle 1998).

Biodiversität oder biologische Vielfalt
bezeichnet gemäß dem Übereinkommen über biologische Vielfalt (CBD) »die Variabilität unter lebenden Organismen jeglicher Herkunft, darunter Land-, Meeres- und sonstige aquatische Ökosysteme und die ökologischen Komplexe, zu denen sie gehören. Dies umfasst die Vielfalt innerhalb der Arten und zwischen den Arten und die Vielfalt der Ökosysteme« (CBD 2010). Nach dieser völkerrechtlich verbindlichen Definition besteht die Biodiversität also neben der Artenvielfalt aus der genetischen Vielfalt und der Vielfalt an Ökosystemen.

Da die Vielfalt an Ökosystemen, Lebensgemeinschaften und Landschaften Teil der Biodiversität ist, werden ÖSD und Biodiversität oft in einem Atemzug genannt (z. B. The Economics of Ecosystems and Biodiversity, TEEB 2009). Die biologische Vielfalt unterstützt insbesondere das »Funktionieren der Ökosysteme«, kann aber auch als eigenständige ÖSD definiert werden (Leistungen des Ökosystems, Biodiversität bereitzustellen). Beide Konzepte weisen zwar eine große gemeinsame Schnittmenge auf, sind aber keinesfalls identisch. Es ist zwar unbestritten, dass der anhaltende Verlust an biologischer Vielfalt auch Konsequenzen für ÖSD hat, jedoch können im Regelfall keine einfachen, linearen Beziehungen angenommen werden (Giller und O'Donnovan 2002; IEEP 2009; Trepl 2012). Für viele ÖSD, die man bewertet, ist nicht größtmögliche Biodiversität nötig, sondern manchmal ist eine niedrige Artenzahl günstig oder ausreichend, manchmal eine höhere.

Jessel (2011) beschreibt die Unterschiede zwischen den Konzepten der Biodiversität und ÖSD wie folgt:

- ÖSD sind weiter gefasst als Biodiversität (z. B. soziokulturelle ÖSD).
- Die Sichtweisen unterscheiden sich grundlegend: Bei ÖSD stehen Eigenschaften der Ökosysteme zur Erhaltung ihrer Leistungen im Blickpunkt, bei der Biodiversität jedoch

1

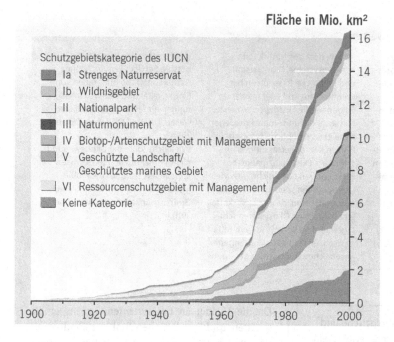

Fläche in Mio. km²

Schutzgebietskategorie des IUCN

☐ Ia   Strenges Naturreservat
☐ Ib   Wildnisgebiet
☐ II   Nationalpark
■ III   Naturmonument
☐ IV   Biotop-/Artenschutzgebiet mit Management
☐ V   Geschützte Landschaft/
         Geschütztes marines Gebiet
☐ VI   Ressourcenschutzgebiet mit Management
☐   Keine Kategorie

◘ Abb. 1.3   Globaler Trend im terrestrischen Flächenanteil von Schutzgebieten. © UNEP World Conservation Monitoring Centre, World Database on Protected Areas, BfN 2007 (Abb. in Farbe unter www.springer-spektrum.de/978-8274-2986-5)

Anzahl und Ausprägungen der belebten Bestandteile der Natur.

– Der ÖSD-Ansatz ist stärker anthropozentrisch ausgerichtet.

– Der Schutz der Biodiversität setzt implizit den Erhalt der Vielfalt in all ihren Bestandteilen voraus und ist damit vom Grundprinzip eher statisch angelegt. Im ÖSD-Konzept sind hingegen nicht alle Bestandteile des Ökosystems zur Aufrechterhaltung der Leistungen zwingend notwendig.

»Eine planerische Leitplanke für den Verlust an biologischer Vielfalt ist wegen der Vielfalt der Arten, ihrer extrem unterschiedlichen Bedeutung für das Funktionieren der Ökosysteme sowie wegen der riesigen Wissenslücken besonders schwer zu definieren« (WBGU 2011). Ein in den letzten Jahrzehnten weltweit erheblich ausgeweitetes Netz an Schutzgebieten (◘ Abb. 1.3), das von derzeit ca. 12 % bis zum Jahr 2020 auf 17 % der Landfläche (und 10 % der marinen Fläche) ausgedehnt werden soll (CBD 2010), hatte sicher positive Effekte auf ÖSD und Biodiversität, konnte die Verlustrate hinsichtlich der meisten Biodiversitätsparameter (vor allem Artenvielfalt und Habitatzustand) aber nicht stop-

pen oder gar umkehren (◘ Abb. 1.4). Im Blickpunkt stehen deshalb künftig verstärkt Fragen zum »nachhaltigen Landnutzungsmanagement« auf den mehr oder weniger intensiv bewirtschafteten Flächen.

Es ist festzustellen, dass obwohl der Mensch Leistungen der Ökosysteme und Landschaften seit jeher in Anspruch nimmt und Fachleute sich des Wertes der natürlichen Abläufe in Ökosystemen immer besser bewusst werden, die Gesellschaft von einer allgemeinen Akzeptanz dieser Tatsachen und daraus abzuleitender Handlungskonsequenzen jedoch noch weit entfernt ist.

■ **Politische Hintergründe und Vorgaben**
Durch die Erhaltung und Verbesserung von ÖSD werden nicht nur die Ziele der EU für nachhaltiges Wachstum sowie Klimaschutz und Klimaanpassung, sondern auch der wirtschaftliche, räumliche und soziale Zusammenhalt gefördert und das kulturelle Erbe Europas geschützt. Die hohe Politikrelevanz von Ökosystemdienstleistungen zeigt sich z. B. darin, dass im Juni 2010 analog zum Weltklimarat (IPCC), eine zwischenstaatliche Wissenschafts-Politik-Plattform für Biodiversität und Ökosystemdienstleistungen (IPBES) durch die UNO ins Leben gerufen wurde. Aufbauend auf dem

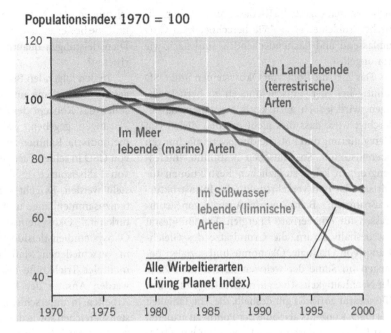

◻ **Abb. 1.4** Der *Living Planet Index* als Indikator für den Zustand der Biodiversität weltweit: Weltweite Populationstrends terrestrischer, limnischer und mariner Arten. © World Wide Fund for Nature and UNEP World Conservation Monitoring Centre, BfN 2007 (Abb. in Farbe unter www.springer-spektrum. de/978-8274-2986-5)

bereits erwähnten Millennium Ecosystem Assessment (MEA 2005) förderte die Europäische Kommission das internationale Projekt »Abschätzung des ökonomischen Wertes von Ökosystemen und biologischer Vielfalt« (The Economics of Ecosystems and Biodiversity, TEEB 2009), das empfiehlt, den ökonomischen Wert der biologischen Vielfalt in Beschlussfassungsprozessen, bei der Rechnungsführung und bei der Berichterstattung mit zu berücksichtigen, um die nachhaltige Nutzung und die Bewahrung der Ökosystemdienstleistungen zu gewährleisten. Diese Empfehlung wurde auf der 10. Vertragsstaatenkonferenz des Übereinkommens über die biologische Vielfalt (CBD) im japanischen Nagoya (im Herbst 2010) zu einem zentralen Punkt des Strategieplans für die kommende Dekade erklärt.

Dem Biodiversitätsziel der EU für 2020 soll u. a. Maßnahme 5 der Biodiversitätsstrategie dienen – Verbesserung der Kenntnisse über Ökosysteme und Ökosystemdienstleistungen in der EU:

» Die Mitgliedstaaten werden mit Unterstützung der Kommission den Zustand der Ökosysteme und Ökosystemdienstleistungen in ihrem nationalen Hoheitsgebiet bis 2014 kartieren und bewerten, den wirtschaftlichen Wert derartiger Dienstleistungen prüfen und die Einbeziehung dieser Werte in die Rechnungslegungs- und Berichterstattungssysteme auf EU- und nationaler Ebene bis 2020 fördern (EU 2011). «

Hintergrund der von unterschiedlichen Ebenen der Politik gesetzten Zielstellungen ist die Tatsache, dass es angesichts des weltweit nahezu ungebremsten Verlustes an Biodiversität und der wachsenden Belastungen der Ökosysteme durch den Menschen immer dringlicher wird, die vielfältigen und zunehmenden Ansprüche an die begrenzten Ressourcen zu steuern und eine nachhaltige Landnutzung zu gewährleisten (siehe oben). ÖSD und Biodiversität sollen künftig in allen Entscheidungen berücksichtigt werden (EU 2011). Doch stehen dafür das Wissen und das methodische Instrumentarium bereit? Es fehlt bislang an breit umsetzbaren, auf nationaler und regionaler Ebene anwendbaren Indikatoren und Instrumenten zur Integration von ÖSD, wodurch es schwierig bleibt, diese in politischen Entscheidungen angemessen zu berücksichtigen. Sowohl die monetäre als auch die räumlich explizite Analyse der potenziellen und aktuellen ÖSD haben sich als sehr zeitaufwendige, anspruchsvolle

Arbeiten herausgestellt (Kienast 2010). Viele praktische Probleme, z. B. »Wie berechnet man ÖSD umfassend und flächendeckend?«, sind nach wie vor ungelöst.

Das Ziel, die Rolle von Ökosystemen und ÖSD künftig bei allen Entscheidungen zu berücksichtigen, wird jedoch auch kritisch gesehen, da befürchtet wird, dass dies nicht mit den Zielen von Deregulierung und Entscheidungsvereinfachungen übereinstimmt. So wünschen bestimmte Interessengruppen keine zusätzlichen Restriktionen für wirtschafts- und verkehrspolitische Infrastrukturmaßnahmen, z. B. im Zuge des Ausbaus von Stromtrassen für erneuerbare Energien. Der Bundesrat bat deshalb darum, die Grundsätze des Gleichklangs von Ökologie, Ökonomie und sozialen Belangen im Sinne der weltweit anerkannten Ziele der Nachhaltigkeitsstrategie nicht infrage zu stellen (Bundesrat 2011). Es gilt deshalb, die Tragfähigkeit des ÖSD-Konzepts als Säule der Politik zu eruieren und Belege für Vorteile der Integration von ÖSD-Bewertungen in Entscheidungen zu liefern.

Der Inventarisierung und Bewertung von Ökosystemdienstleistungen widmen sich derzeit Projekte in verschiedenen (u. a. europäischen) Ländern, so in Großbritannien in Gestalt des UK National Ecosystem Assessment (UKNEA 2011) oder in der Schweiz mit der vom Bundesamt für Umwelt (BAFU) initiierten Studie »Indikatoren für Ökosystemleistungen. Systematik, Methodik und Umsetzungsempfehlungen für eine wohlfahrtsbezogene Umweltberichterstattung« (BAFU 2011). Das Bundesumweltministerium (BMU) und das Bundesamt für Naturschutz (BfN) realisieren unter der Überschrift »TEEB-Deutschland« (*The Economics of Ecosystems and Biodiversity*) ein Forschungsprojekt, welches die ÖSD auf nationaler Ebene systematisch zu erfassen und so weit wie möglich ökonomisch zu bilanzieren versucht.

Das komplexe Thema ÖSD wird von Wissenschaftlern sehr unterschiedlicher Disziplinen bearbeitet. Herangehensweise, Begriffs- und Methodenverständnis sind entsprechend vielfältig, manchmal sogar missverständlich. Zum Beispiel: Was ist mit Leistungsfähigkeit der Natur oder mit Naturkapital gemeint? Was ist die Landschaftsebene? Worin unterscheiden sich Potenzial-, Funktions- und Dienstleistungsansatz? Welche Dienstleistungen der Natur sollten analysiert werden, und wie bewertet man sie? Lassen sich wirklich alle Dienstleistungen quantifizieren oder gar monetarisieren?

In den folgenden Buchkapiteln werden die dargestellten Probleme aufgegriffen und diskutiert. Es sollen das Konzept der ÖSD erläutert, Begriffserklärungen gegeben, Kategorien dargestellt, der methodische Rahmen zur Analyse und Bewertung von ÖSD in seinen Facetten aufgezeigt und anhand von Fallbeispielen in der Anwendbarkeit dargestellt werden. Es geht vor allem darum, die Systemzusammenhänge und Dynamik zwischen Naturkapital, Ökosystemstrukturen und -prozessen, Ökosystemdienstleistungen/Wohlfahrtswirkungen in verschiedenen Maßstäben sowie im Kontext multipler Triebkräfte besser zu verstehen. Dafür werden Ansätze der Komplexitätsforschung, das Arbeiten in unterschiedlichen Ebenen und Maßstabsbereichen sowie die Annäherung aus verschiedenen Perspektiven genutzt. ◘ Abb. 1.5 verdeutlicht die unterschiedlichen Ebenen, die in den folgenden Kapiteln aufgegriffen und diskutiert werden. Die konzeptionellen Überlegungen werden am Ende in einer Rahmenanleitung (Leitfaden) zur Analyse und Bewertung von ÖSD zusammengefasst (► Abschn. 7.1).

Der Fokus wird dabei auf den mitteleuropäischen Raum und das bestehende System der ökologischen Raumplanung in Deutschland gelegt. Daraus ergibt sich u. a. die Frage, wie der gesellschaftliche bzw. volkswirtschaftliche Nutzen von Maßnahmen zur Verbesserung von quantifizierbaren ÖSD räumlich konkretisiert und in regionale und überregionale Planungsprozesse eingebracht werden kann. Analog werden Brückenkonzepte für Politik und Finanzwesen thematisiert (► Kap. 5).

Für die praktische Integration und Kommunikation von ÖSD können vier verschiedene Perspektiven gewählt werden, die ökosystembezogene, die leistungsbezogene sowie die raum- und akteursbezogene. Dabei ist die raum- und akteursbezogene Sichtweise die für politische Entscheidungen eher typische Perspektive (Haines-Young und Potschin 2010; Grünwald 2011; Wende et al. 2011). Planung, die ÖSD aus den benannten Perspektiven beinhaltet, befasst sich vorwiegend mit folgenden Schlüsselfragen:

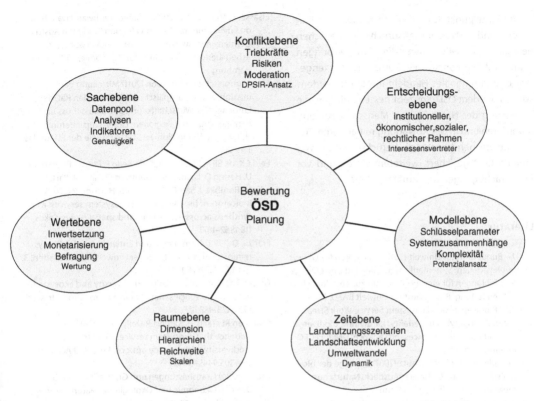

Abb. 1.5 Schema des Zugangs zu ÖSD (Mehr-Ebenen-Ansatz), der neben vielschichtigen sozioökonomischen und naturwissenschaftlichen Methoden zahlreiche fach- wie interdisziplinär verwendete Begriffe (hier unvollständige Auswahl) enthält. © Grunewald und Bastian 2010

— Welche ÖSD im Gebiet sind für das menschliche Wohlbefinden wichtig?

— Von wo gehen die ÖSD aus (lokal oder außerhalb des Plangebietes)?

— Welche Akteure sind auf diese Leistungen und mit welcher Art Kapazität angewiesen (lokal oder auch außerhalb des Plangebietes)?

— Welchen Wert und welche Priorität hat jede der Leistungen (Ersatz oder Austausch möglich, Bezug der Leistung von anderer Stelle)?

— Wie können Management und andere Handlungen die Leistungen verbessern (insbesondere positive oder negative Auswirkungen auf andere Leistungen)?

— Wer sind die Adressaten von Management- und Handlungsoptionen sowie Maßnahmen?

Fazit: Auftrag zur Analyse und Bewertung von ÖSD

Das Konzept der Ökosystemdienstleistungen (ÖSD) bestimmt zunehmend die Debatte zu den Problemfeldern »Biodiversität« und »Nachhaltiges Landnutzungsmanagement«. ÖSD sind mit Methoden unterschiedlicher wissenschaftlicher Disziplinen zu erfassen, um sie zu einem anwendbaren Bewertungsmaßstab für die Politik zu entwickeln. Für die Bearbeitung der ÖSD-Problematik ist ein fundierter und weithin akzeptierter konzeptioneller Rahmen notwendig. Besonderer Wert ist auf eine klare Terminologie zu legen. Es geht derzeit insbesondere darum, Methoden zur Erfassung und Bewertung der Gefährdung sowie Verfahren zur Erhaltung/ Wiederherstellung von ÖSD zu erarbeiten sowie die »Gesellschaftsfähigkeit« des ÖSD-Konzepts mit seinen Möglichkeiten und Grenzen aufzuzeigen und in Planungs- und Entscheidungsprozesse zu integrieren.

Im Mittelpunkt des ÖSD-Ansatzes steht die Frage: Was sind die Nutzungsansprüche der Menschen bezüglich der Leistungen, die Natur erbringen kann, und wie können diese Ansprüche offengelegt und in rationales Handeln integriert werden? Wird es mit dem ÖSD-Konzept besser gelingen, die Bedeutung der Natur für den Menschen zu kommunizieren und in der Abwägung mit anderen Zielen entsprechend besser zu berücksichtigen? Wie können ÖSD gesichert, weiterentwickelt und vor Beeinträchtigungen geschützt werden?

Literatur

BAFU – Bundesamt für Umwelt (2011) Indikatoren für Ökosystemleistungen. Systematik, Methodik und Umsetzungsempfehlungen für eine wohlfahrtsbezogene Umweltberichterstattung. Bundesamt für Umwelt BAFU, Bern

BESWS – Biodiversity and Ecosystem Service Work Stream (2010) Demystifying materiality: hardwiring biodiversity and ecosystem services into finance. UNEP FI CEO Briefing, Genève

BfN – Bundesamt für Naturschutz (2007) Die Lage der biologischen Vielfalt 2. Globaler Ausblick. Naturschutz und biologische Vielfalt, Heft 44, Bonn

Bobek H, Schmithüsen J (1949) Die Landschaft im logischen System der Geographie. Erdkunde 3:112–120

Bundesrat (2011) Lebensversicherung und Naturkapital: Eine Biodiversitätsstrategie der EU für das Jahr 2020. Drucksache 309/11 vom 25.05.11, Berlin

CBD – Convention on Biological Biodiversity (2010) Global biodiversity outlook 3. CBD Secretariat, Montreal

Costanza R, d'Arge R, de Groot R, Farber S, Grasso M, Hannon B, Limburg K, Naeem S, O'Neill R, Paruelo J et al (1997) The value of the world's ecosystem services and natural capital. Nature 387:253–260

Daily G (Hrsg) (1997) Nature's Services: Societal dependence on natural ecosystems. Island Press, Washington

DFG – Deutsche Forschungsgemeinschaft (2011) DFG-Senatskommission für Zukunftsaufgaben, 10.4 – Struktur, Funktion und Dynamik von Ökosystemen www.sk-zag.de/10.4_Struktur_Funktion_und_Dynamik_von_Oekosystemen.html. Zugegriffen: 29. Dez. 2011

EASAC – European Academies Science Advisory Council (2009) Ecosystem services and biodiversity in Europe. EASAC policy report 09, Cardiff

Ebert V (2011) Machen Sie sich frei. Rowohlt Taschenbuch, Reinbek

Ehrlich PR, Ehrlich AH (1974) The end of affluence. Ballantine Books, New York

Ellenberg H, Weber HE, Düll R, Wirth V, Werner W, Paulißen D (1992) Zeigerwerte von Pflanzen in Mitteleuropa, 3. Aufl. Scripta Geobotanica 18, Göttingen

Elsasser P, Meyerhoff J (2007) A Bibliography and Data Base on Environmental Benefit Valuation Studies in Austria, Germany and Switzerland, part I: Forestry Studies. Arbeitsbericht des Instituts für Ökonomie, 2007/01, Hamburg

EU – Europäische Kommission (2011) Mitteilung der Kommission an das Europäische Parlament, den Rat, den Europäischen Wirtschafts- und Sozialausschuss und den Ausschuss der Regionen: Lebensversicherung und Naturkapital: Eine Biodiversitätsstrategie der EU für das Jahr 2020

Feld CK, da Silva PM, Sousa JP, de Bello F, Bugter R, Grandin U, Hering D, Lavorel S, Mountford O, Pardo I, Pärtel M, Römbke J, Sandin L, Jones KB, Harrison P (2009) Indicators of biodiversity and ecosystem services: a synthesis across ecosystems and spatial scales. Oikos 118:1862–1871

Fränzle O (1998) Grundlagen und Entwicklung der Ökosystemforschung. Handbuch der Umweltwissenschaften, 3. Erg. Lfg. 12/98, S 1–24

Giller PS, O'Donnovan G (2002) Biodiversity and ecosystem function: do species matter? Biol Environ Proc R Ir Acad 102B: 128–138

Goldman RL, Tallis H, Kareiva P, Daily GC (2008) Field evidence that ecosystem service projects support biodiversity and diversify options. Proc Natl Acad Sci USA 105:9445–9448

Graf D (1984) Gratisleistungen und Gratiseffekte. In: Graf D (Hrsg) Ökonomie und Ökologie der Naturnutzung. Fischer, Jena, S 42–45

de Groot RS (1992) Functions of Nature: Evaluation of Nature in Environmental Planning, Management and Decision Making. Wolters-Noordhoff, Groningen

Grunewald K, Bastian O (2010) Ökosystemdienstleistungen analysieren – begrifflicher und konzeptioneller Rahmen aus landschaftsökologischer Sicht. GEOÖKO 31:50–82

Grünwald A (2011) Zukunft Landschaftsplan. Perspektiven einer methodischen Weiterentwicklung unter Anwendung des Konzepts der Ökosystemdienstleistungen. Masterarbeit, TU Dresden

Haines-Young R, Potschin M (2010) Proposal for a Common International Classification of Ecosystem Goods and Services (CICES) for Integrated Environmental and Economic Accounting (V1). Report to the European Environment Agency

IEEP – Institute for European Environmental Policy, Alterra, Ecologic, PBL – Netherland Environmental Assessment Agency und UNEP-WCMC (2009) Scenarios and models for exploring future trends of biodiversity and ecosystem services change. Final report to the European Commission, DG Environment on Contract ENV.G.1/ETU/2008/0090r

Jacobsen JB, Hanley N (2009) Are there income effects on global willingness to pay for biodiversity conservation? Environ Resour Econ 43:137–160

Jessel B (2011) Ökosystemdienstleistungen. In: BBN (Hrsg) Frischer Wind und weite Horizonte. Jb Natursch Landschaftspfl, Bd 58/3, Bonn, S 72–87

Jessel B, Tschimpke O, Waiser M (2009) Produktivkraft Natur. Hoffmann und Campe, Hamburg

Kienast F (2010) Landschaftsdienstleistungen: ein taugliches Konzept für Forschung und Praxis? Forum Wissen:7–12

Kremen C (2005) Managing ecosystem services: what do we need to know about their ecology? Ecol Lett 8:468–479

Luck GW, Harrington R, Harrison PA, Kremen C, Berry PM, Bugter R, Dawson TP, de Bello F, Dia S, Feld CK, Haslett JR, Hering D, Kontogianni A, Lavorel S, Rounsevell M, Samways MJ, Sandin L, Settele J, Sykes MT, Van de Hove S, Vandewalle M, Zobel M (2009) Quantifying the contribution of organisms to the provision of ecosystem services. Bioscience 59:223–235

MEA – Millennium Ecosystem Assessment (2005) Ecosystem and human well-being: scenarios, Vol 2. Island Press, Washington

Mosbrugger V, Hofer H (Hrsg) (2008) Biodiversitätsforschung in der Leibniz-Gemeinschaft: Eine nationale Aufgabe. Leibniz-Gemeinschaft, Bonn, 48 S

Müller F, Burkhard B (2007) An ecosystem based framework to link landscape structures, functions and services. In: Mander Ü, Wiggering H, Helming K (Hrsg) Multifunctional Land Use – Meeting Future Demands for Landscape Goods and Services. Springer, Berlin, S 37–64

PBL – Netherlands Environmental Assessment Agency (2010) Rethinking Global Biodiversity Strategies. Exploring Structural Changes in Production and Consumption to Reduce Biodiversity Loss. PBL, Biltvoven

Peterson G (2010) Growth of ecosystem services concept http://rs.resalliance.org/2010/01/21/growth-of-ecosystem-services-concept/. Zugegriffen: 10. Apr. 2012

Rockström J, Steffen W, Noone K, Persson Å, Chapin III FS, Lambin E, Lenton TM, Scheffer M, Folke C, Schellnhuber H, Nykvist B, De Wit CA, Hughes T, Van Der Leeuw S, Rodhe H, Sörlin S, Snyder PK, Costanza R, Svedin U, Falkenmark M, Karlberg L, Corell RW, Fabry VJ, Hansen J, Walker BH, Liverman D, Richardson K, Crutzen C, Foley J (2009) A safe operating space for humanity. Nature 461:472–475

Schweppe-Kraft B (2010) Ökosystemdienstleistungen: ein Ansatz zur ökonomischen Bewertung von Natur. Local land & soil news 34/35 II/10, The Bulletin of the European Land and Soil Alliance (ELSA) e. V., S 11–14

Seppelt R, Dormann CF, Eppink FV, Lautenbach S, Schmidt S (2011) A quantitative review of ecosystem service studies: approaches, shortcomings and the road ahead. J Appl Ecol 48:630–636

Spangenberg JH, Settele J (2010) Precisely incorrect? Monetising the value of ecosystem services. Ecol Complex 7:327–337

Tansley AG (1935) The use and abuse of vegetational concepts and terms. Ecology 16:284–307

TEEB – The Economics of Ecosystems and Biodiversity (2009) An interim report. Europ. Comm., Brussels www.teebweb.org

Trepl L (2012) Biodiversitätsbasierte Ökosystemdienstleistungen. www.scilogs.de/chrono/blog/landschaft-oekologie/biodiversitat-und-aussterben/2012-02-20/biodiversit-tsbasierte-kosystemdienstleitungen. Zugegriffen: 22. Feb. 2012

Tüxen R (1956) Die heutige potentielle natürliche Vegetation als Gegenstand der Vegetationskartierung. Angew Pflanzensoziol 13:5–42

UKNEA – UK National Ecosystem Assessment (2011) Synthesis of the Key Findings. Information, Oxford

UNEP-WCMC – World Conservation Monitoring Centre of the United Nations Environment Programme (2011) Developing Ecosystem Service Indicators: Experiences and lessons learned from bus-global assessments and other initiatives. Secretariat of the Convention on Biological Diversity, CBD Technical Series 58

WBGU – Wissenschaftlicher Beirat der Bundesregierung. Globale Umweltveränderungen (2011) Welt im Wandel: Gesellschaftsvertrag für eine Große Transformation, Berlin

Wende W, Wojtkiewicz W, Marschall I, Heiland S, Lipp T, Reinke M, Schaal P, Schmidt C (2011) Putting the Plan into Practice: Implementation of Proposals for Measures of Local Landscape Plans. Landsc Res. doi:10.1080/01426397.2011.592575

Westman W (1977) How much are nature's services worth? Science 197:960–964

Entwicklung und Grundlagen des ÖSD-Ansatzes

Wir kennen von allen Dingen den Preis und von nichts den Wert (Oscar Wilde).

2.1   Schlüsselbegriffe

K. Grunewald und O. Bastian

Trotz oder gerade aufgrund der weiten Verbreitung und geradezu inflationären Verwendung des ÖSD-Begriffs kann von einer klaren und unstrittigen, allgemein akzeptierten Definition keine Rede sein. Was unterscheidet beispielsweise die Leistung eines Ackers von der Leistung eines naturnahen Ökosystems? Wo liegen die Grenzen dessen, was wir »Dienstleistung« nennen dürfen? Was ist eine der Dienstleistung zugrunde liegende Ökosystemeigenschaft? Was verstehen wir unter einem Potenzial und was unter einer Funktion?

Im Zusammenhang mit dem integrativen ÖSD-Konzept ist es wichtig, ein von Ökonomie, Ökologie und Soziologie, von Wissenschaftlern, Praktikern und Politikern gleichermaßen verstandenes und akzeptiertes Begriffssystem zu schaffen. Dass dies bisher nur ansatzweise gelungen ist, liegt einerseits an den ausgeprägt fachspezifischen Bezeichnungen (Abgrenzung eines Wissensgebietes durch Fachbegriffe). Andererseits gibt es Unterschiede zwischen regional gebräuchlichen Definitionen und deren Inhalten. Ein Beispiel dafür ist der Funktionsbegriff, der im Deutschen eher die Leistung des Ökosystems für den Menschen beschreibt (Bastian und Schreiber 1994), im englischsprachigen Verständnis jedoch meist als »Funktionieren« des Ökosystems gebraucht wird (siehe unten).

So wie die Umweltdebatte heute in Mitteleuropa stark von den Themen Klimawandel und Energiewende bestimmt ist, wird der Begriff der nachhaltigen Entwicklung vom – im Deutschen etwas sperrigen – Wort **Ökosystemdienstleistung** überlagert (Definition, ▶ Kap. 1). Eingeführt wurde der Begriff *ecosystem services* von Ehrlich und Ehrlich (1981) bzw. Ehrlich und Mooney (1983). Vermutlich in Kenntnis des u. a. von Neef (1966) und Haase (1978) entwickelten Naturraumpotenzial-Ansatzes konzipierten van der Maarel und Kollegen in den Niederlanden ein »global-ökologisches Modell« (van der Maarel und Dauvellier 1978), welches spä-

ter von de Groot (1992) sowie Arbeitsgruppen in den USA (Daily 1997) zum ÖSD-Konzept weiterentwickelt wurde (Albert et al. 2012).

Der politischen Zielsetzung des ÖSD-Konzeptes, der Gesellschaft die Stellung und Bedeutung der Umwelt vor Augen zu führen, entspricht die Wahl des metaphorischen Dienstleistungs-Begriffs, der in der Volkswirtschaft wie auch im täglichen Sprachgebrauch an natürliche und juristische Personen geknüpft ist, welche die Leistungen erbringen. Häufig wird deshalb auch nur von »Ökosystemleistungen« gesprochen, wir verwenden in diesem Buch jedoch einheitlich den Begriff Ökosystemdienstleistungen und kürzen ihn mit »ÖSD« ab. Leistungen oder Güter erfüllen immer einen bestimmten Zweck, in der Regel zur Deckung eines bestimmten Bedarfs. Dabei ist zu beachten, dass die Natur für uns Menschen durchaus auch negative Wirkungen hat (sogenannte *disservices*), die z. B. in Vulkanausbrüchen, Erdbeben, Fluten oder Lawinen zum Ausdruck kommen.

In der aktuellen wissenschaftlichen Literatur werden überwiegend folgende Definitionen von ÖSD zitiert: ÖSD sind die Zustände und Prozesse, durch welche natürliche Ökosysteme, und die Arten die sie ausmachen, das menschliche Leben erhalten und ausfüllen (Daily 1997). Sie beschreiben den Vorteil oder Nutzen (*benefits*) von ökologischen Systemen für die Menschen (Costanza et al. 1997b; MEA 2005) bzw. direkte und indirekte Beiträge von Ökosystemen zum menschlichen Wohlergehen (de Groot et al. 2010).

Andere Autoren differenzieren ausdrücklich zwischen ÖSD und dem Nutzen (*benefit*), den diese stiften, z. B. Boyd und Banzhaf (2007): »*Benefits = the welfare the services generate.*« Nach Boyd und Banzhaf (2007) sind ÖSD in physischen Größen (nicht monetär messbare) »ökologische Komponenten«, womit die Autoren Dinge oder Merkmale sowie Endprodukte der Natur meinen (d. h. eigentlich »Güter« bzw. *goods*), die direkt konsumiert werden oder an denen man sich erfreuen kann und die menschliches Wohlbefinden hervorbringen. Sie bemängeln, dass viele der Services bei Daily (1997) oder im Millennium Ecosystem Assessment (MEA 2005) eigentlich Ökosystemprozesse seien. Die gleichzeitige Verwendung der Begriffe *functions* und *services*, ohne beide klar zu definieren bzw.

voneinander zu unterscheiden, ist durchaus nicht unüblich (z. B. Vejre 2009; Willemen et al. 2008).

Gemeinsam ist den Definitionen, dass ÖSD immer durch den gesellschaftlichen Blick auf ökosystemare, biophysische Prozesse und Funktionen definiert werden (Fisher et al. 2009). Doch vertreten die Autoren unterschiedliche Auffassungen darüber, wie sich Funktionen und ÖSD analytisch abgrenzen lassen und wie heuristisch zwischen ÖSD und dem Nutzen bzw. dem Wert von ÖSD unterschieden werden kann (Wallace 2007; Boyd und Banzhaf 2007; Costanza 2008; Fisher et al. 2009; Loft und Lux 2010). Gemeinsamkeiten und Abgrenzungen des ÖSD-Begriffs und seiner Inhalte in Bezug zu Biodiversität, Nachhaltigkeit und Landnutzung werden inhaltlich und konzeptionell im Folgenden und vor allem im Rahmen der Fallbeispiele (▶ Abschn. 6.1) weiter spezifiziert.

- **Ökosystem (Natur, Ressourcen und Landschaft)**

In der internationalen ÖSD-Debatte hat sich mit Blick auf die »Natur« der **Ökosystem**-Begriff etabliert (Definition, ▶ Kap. 1). Der Begriff »Natur-Dienstleistungen«, von Westman (1977) vorgeschlagen, konnte sich nicht durchsetzen.

Für das Ökosystemkonzept wurde in den 1960er-Jahren im Rahmen eines bedeutenden internationalen Projektes in der Bundesrepublik Deutschland eine wichtige Grundlage gelegt: Das unter Leitung von Ellenberg (1973) realisierte »Solling-Projekt« untersuchte Strukturen, Funktionen und Prozesse eines mitteleuropäischen Buchenwaldes. Das Ökosystem wird seitdem als ein Wirkungsgefüge zwischen Organismen und Umwelt verstanden, das offen gegenüber anderen Systemen ist, sich jedoch durch eigene Strukturen und eine eigene Zusammensetzung von diesen unterscheidet (Nentwig et al. 2004; Steinhardt et al. 2011). Beim Ökosystemansatz spielen demzufolge Strukturen und Prozesse des Erdsystems auf unterschiedlichen Maßstabsebenen die Hauptrolle.

Der **Ressourcen**-Begriff hingegen umfasst im engeren Sinne Rohstoffe und Energieträger, im weiteren Sinne allerdings auch die natürlichen Lebensgrundlagen des Menschen, wie Luft, Wasser, Boden, Flora, Fauna und die Wechselwirkungen untereinander. Letztere entsprechen den (Umwelt-)

Schutzgütern des Naturschutzes nach §§ 1 und 10 BNatSchG (2009). Natürliche Ressourcen werden in erneuerbare und nicht-erneuerbare eingeteilt. Auch hier liegt eine Abgrenzung zum ÖSD-Konzept vor, das in der Regel nur erneuerbare Ressourcen thematisiert (MEA 2005; ▶ Kap. 1).

Als Metapher für biotische und abiotische Bestandteile der Erde wird der Begriff »**Naturkapital**« gebraucht. Im weiteren Sinne werden Ökosysteme, Biodiversität und natürliche Ressourcen darin eingeschlossen (BESWS 2010). Es soll die Verbindung zwischen Natur und Wirtschaft bzw. die Schaffung von Werten für die menschliche Gesellschaft aufgrund des Zustandes und der Prozesse der Natur zum Ausdruck gebracht werden. Wie das Sachkapital erbringt das Naturkapital als Bestandsgröße Leistungen (siehe oben) für Menschen und Wirtschaft (Common und Stagl 2005). ÖSD können als Bestandteile des Naturkapitals angesehen werden. Letzteres lässt sich teilweise durch Arbeitsleistung ersetzen (z. B. bei der Wasserreinigung), was mit ökonomischem Aufwand verbunden ist.

Eine Schwierigkeit besteht darin, Leistungen der Natur (ökosystemare Prozesse, Naturkapital) von Leistungen des Menschen (Produktionsmittel, technologische Prozesse, Humankapital) methodisch sauber zu trennen. Matzdorf und Lorenz (2010) sprechen deshalb von »Umweltdienstleistungen«, da zur Realisierung der Leistungen (z. B. Feldfrüchte, Biomasse) kulturgeprägter Ökosysteme (Äcker, Grünland) zusätzlich zu den ökologischen Prozessen auch menschliche Arbeit und künstliche Stoffzufuhr (Bestellung, Düngung, Pflege etc.) benötigt werden.

Aus der Landschaftsökologie und Landschaftsplanung wurde der Terminus »**Landschaftsdienstleistungen**« (*landscape services*) in die Diskussion eingebracht (Termorshuizen und Opdam 2009; Grunewald und Bastian 2010; Kienast 2010; Hermann et al. 2011; Albert et al. 2012), unter anderem, um Raumbezüge von ÖSD oder Kulturlandschaften besser bewerten zu können (▶ Abschn. 3.4). Diesbezüglich ist die Frage nach der Sinnhaftigkeit eines weiteren Begriffs nicht ganz unberechtigt, zumal die jahrzehntelangen und bisweilen sehr kontrovers verlaufenden Diskussionen zum Thema Landschaft nicht übersehen werden können und auch heute keine Einhelligkeit bezüglich Inhalt und Anwendung des Landschaftsbegriffs besteht, sondern es ganz verschiedene Deutungsmuster gibt. So wird Landschaft als eine territoriale Größe, ein »überschaubarer Raum« aufgefasst, der positivistisch (Landschaft als Ökosystemkomplex; z. B. Neef 1967), konstruktivistisch (als ästhetisches Phänomen oder gar gedankliches Konstrukt; Leibenath und Gailing 2012) oder auch als Handlungsraum gesehen werden kann (vgl. auch Blotevogel 1995; Kirchhoff et al. 2012).

Laut Millennium Ecosystem Assessment (MEA 2005) ist eine Landschaft typischerweise aus einer Anzahl unterschiedlicher Ökosysteme zusammengesetzt, die jeweils ein ganzes Bündel verschiedener ÖSD generieren. Insofern ist es durchaus gerechtfertigt, Landschaftsräume mit gleichartigem oder ähnlichem Gesamtcharakter auszuweisen (bzw. als Bezugseinheiten zu verwenden), um deren Gegebenheiten für eine effektive und zugleich schonende Nutzung durch die Gesellschaft zu interpretieren (Bernhardt et al. 1986; Hein et al. 2006; TEEB 2010).

Auch neuartige Begriffe wie »Grüne oder Blaue Infrastruktur« meinen letztendlich Eigenschaften, Funktionen oder Leistungen, die durch ein Netz von geeigneten Ökosystemen bereitgestellt werden, wobei ein besonderes Augenmerk auf deren Verbund (Konnektivität) gelegt wird.

- ### Potenziale des Naturraumes bzw. von Ökosystemen

Bereits 1949 wurde der Potenzialbegriff von Bobek und Schmithüsen (1949) in die deutschsprachige Literatur eingeführt, zunächst als »räumliche Anordnung naturgegebener Entwicklungsmöglichkeiten«. Ellenberg und Zeller (1951) sprachen von »natürlichen Standortskräften«. In der Fachliteratur finden sich ferner die Begriffe »Naturpotenzial« (Langer 1970; Buchwald 1973) und »natürliche Leistungskraft« (Buchwald 1973); Lüttig und Pfeiffer (1974) fertigten »Karten des Naturraumpotenzials« an (vgl. Durwen 1995; Leser 1997). In der Vegetationskunde tauchte der Potenzialbegriff in Gestalt der potenziellen natürlichen Vegetation auf, die als Integral die Gesamtheit der Wuchsbedingungen an einem Standort kennzeichnet (Tüxen 1956).

Beim Potenzialkonzept wird das Naturdargebot mit dem Blick des potenziellen Nutzers mittels pri-

mär naturwissenschaftlicher Arbeitsweise taxiert. Es geht darum, das Leistungsvermögen eines Naturraumes als den für die Gesellschaft verfügbaren Spielraum in der Nutzung sichtbar zu machen und auch Kategorien wie Risiken, Belastbarkeit, Empfindlichkeit und Tragfähigkeit (heute zunehmend im Begriff »Resilienz« zusammengefasst) zu berücksichtigen, die bestimmte Nutzungsabsichten begrenzen oder gar ausschließen können (Grunewald und Bastian 2010). Indem Naturraumpotenziale Kategorien der Naturwissenschaft sind und nach naturgesetzlich bestimmten Parametern erfasst werden, unterscheiden sie sich von Naturressourcen, die eine ökonomische Kategorie darstellen (Mannsfeld 1981, 1983).

Parallel dazu befassten sich van der Maarel (1978) und Lahaye et al. (1979) in den Niederlanden mit »landschaftlichen Potenzen«, die zur Erfüllung bestimmter gesellschaftlicher Bedürfnisse beitragen können(!). Der Potenzialbegriff findet sich u. a. auch bei Bierhals (1978), Finke (1994) und Durwen (1995), während z. B. Marks et al. (1992) und Leser (1997) bevorzugt vom Leistungsvermögen (bzw. der Leistungsfähigkeit) des Landschaftshaushalts sprechen. International verwendet man eher den Begriff »capacity« eines Ökosystems (*to sustain a specific function*) (z. B. Führer 2000; Burkhard et al. 2012).

Bei der »Nutzungseignung« (*land use suitability*) steht stärker ein bestimmter Nutzungsanspruch im Vordergrund, der vor allem aus gesellschaftlicher und weniger aus naturwissenschaftlicher Sicht betrachtet wird. Um die Nutzungseignung zu bestimmen, ist der Bezug auf die Landnutzung zwingend erforderlich (Niemann 1982). Nach Messerli (1986) stellt diese eine »entscheidende Scharnierstelle zwischen gesellschaftlichen und natürlichen Prozessen« dar (◻ Abb. 2.4, ▶ Kap. 6), »indem sie als Bindeglied zwischen Vorgängen im sozioökonomischen und natürlichen System vermittelt. Sie ermöglicht, die nach Sachdimensionen beschreibbaren Prozesse wirtschaftlicher, sozialer und kultureller Art in räumliche und damit ökologisch erst relevante Dimensionen zu übertragen und in umgekehrter Richtung ökologische, ästhetische und emotionale Informationen an die Gesellschaft zu übermitteln.« Die Nutzungseignung kann »potenziell« gesehen werden (»Nutzungsmöglichkeit«),

▣ Abb. 2.1 Die zunehmend intensive Inanspruchnahme (= gesellschaftliche Funktion) der fruchtbaren Lössböden der Lommatzscher Pflege in Sachsen (hohes Ertragspotenzial) führt auf dem Plateau des Burberges Zschaitz durch Bodenabtrag zu einer Beeinträchtigung der archäologischen Fundstellen, der nun durch die Umwandlung in Grünland begegnet werden soll. © Olaf Bastian

z. B. die Eignung einer Fläche oder einer Landschaft für den Maisanbau (ohne dass aktuell tatsächlich Mais angebaut wird), oder es kann ein vorhandener Maisacker beurteilt werden, ob er denn für diese Nutzung wirklich geeignet ist; beispielsweise könnte der Maisanbau mit untolerierbaren Risiken verbunden sein.

Dies wird anhand ▣ Abb. 2.1 exemplarisch veranschaulicht. Dank der fruchtbaren Lössböden besteht in der Lommatzscher Pflege (Sachsen) nicht nur das Potenzial für einen ertragreichen Ackerbau, sondern die gegebenen Voraussetzungen werden seit Langem tatsächlich in Anspruch genommen, erfüllen daher eine gesellschaftliche Funktion (bzw. ÖSD). Die zunehmende Intensivierung, insbesondere die Ausweitung des Raps- und Maisanbaus, ruft allerdings Konflikte hervor, z. B. mit dem Boden- und Gewässerschutz (Erosion, Eutrophierung), dem Arten- und Biotopschutz (Rückgang der Biodiversität) und mit dem Erlebniswert der Landschaft (Monotonie). Der inmitten der Lommatzscher

Pflege befindliche, bereits in der frühen Eisenzeit (800–500 v. Chr.) besiedelte und im 10. Jahrhundert n. Chr. erneut mit Befestigungen (Burgwällen) versehene Burgberg Zschaitz ist für den seit 200 Jahren ausgeübten Ackerbau nicht geeignet, da durch den Bodenabtrag diese überregional bedeutsame archäologische Fundstätte schwer geschädigt wird. Da im Unterschied zu den auf dieser Fläche produzierten Feldfrüchten für die hier vorhandenen ideellen bzw. wissenschaftlichen Werte (bzw. Leistungen) kein Markt besteht, war es nicht einfach, Lösungsmöglichkeiten für die Aufgabe des Ackerbaus zugunsten von Grünland zu finden.

▪ Funktionen

Während Potenziale die Möglichkeit der Naturnutzung beschreiben, drückt sich die Wirklichkeit einer Naturnutzung im Funktionsbegriff aus. Entsprechend dieser funktionsräumlichen Betrachtungsweise erfüllt jeder Ausschnitt der Erdoberfläche gesellschaftliche Funktionen. Allgemein steht der aus dem Lateinischen stammende Begriff »Funktion« (*fungi bzw. functio*) für »verrichten«, »verwalten« bzw. für »Aufgabe«, »Tätigkeit« (Brockhaus Enzyklopädie 1996).

So beschrieb Speidel (1966) die mannigfaltigen, dem Menschen zugutekommenden Funktionen des Waldes, die über die Holzproduktion weit hinausgehen. Später entwarf Niemann (1977, 1982) eine Methodik zur Ermittlung der Funktionsleistungsgrade von Landschaftselementen und -einheiten. Preobraženskij (1980) sprach von Naturfunktionen der Landschaft, de Groot (1992) allgemein von Naturfunktionen (*functions of nature*). In Raumordnung und Landesplanung werden Funktionen definiert als »Aufgaben, die ein Raum für die Lebensmöglichkeiten der Menschen erfüllen soll« (ARL 1995). Nach Wiggering et al. (2003) ist die Bestimmung der vielfältigen ökologischen, sozialen und ökonomischen Funktionen der Landschaft (Multifunktionalität) in ihrer regionalen Differenzierung Voraussetzung für eine nachhaltige Landnutzung. Der Funktionsbegriff findet auch im Bundesnaturschutzgesetz und im Bundes-Bodenschutzgesetz seinen Niederschlag.

In der Fachliteratur wird der Funktionsbegriff allerdings nicht einheitlich verwendet, was häufig zu terminologischen Unsicherheiten und Missverständnissen führt (Jax 2005). So ist eine rein ökologische Auslegung verbreitet, im Sinne des ökosystemaren »Funktionierens« bzw. der »Funktionsweise« als naturwissenschaftlich determinierte Organisation strukturell-prozessualer Zusammenhänge (z. B. Nahrungsketten und Nährstoffkreisläufe; vgl. Forman und Godron (1986): *function* = »*the interactions among the spatial elements, that is, the flows of energy, materials, and species among the component ecosystems*«). In der TEEB-Studie (de Groot et al. 2010) werden Funktionen ebenfalls als rein ökologische Phänomene betrachtet. Gemäß Costanza et al. (1997b) und im Millennium Ecosystem Assessment (MEA 2005) können Funktionen ÖSD unterstützen. Nach Albert et al. (2012) stellen Ökosystemfunktionen diejenigen Untergruppen von biophysikalischen Prozessen und Strukturen dar, die Dienstleistungen erbringen. Bei Boyd und Banzhaf (2007) sind Funktionen »Zwischenprodukte von ÖSD«. Eliáš (1983) unterschied zwei grundlegende Funktionsgruppen: ökologische Funktionen (wich-

tig für die Existenz der Ökosysteme, unabhängig von den konkreten gesellschaftlichen Nutzungsansprüchen) und soziale Funktionen (spiegeln gesellschaftliche Bedürfnisse wider).

Weitere definitorische Unschärfen offenbaren sich in der verbreitet festzustellenden Verwischung des Unterschieds von Funktion und Potenzial. So sprechen Marks et al. (1992) von »Funktionen und Potenzialen des Landschaftshaushaltes«, ohne eine konsistente, logisch schlüssige Differenzierung vorzunehmen. De Groot et al. (2002) verstehen unter Ökosystemfunktionen (*ecosystem functions*) »das Vermögen (*the capacity*) natürlicher Prozesse und Komponenten, Güter und Leistungen (*goods and services*) bereitzustellen, die menschliche Bedürfnisse direkt und/oder indirekt befriedigen.«

Petry (2001) hält die Unterscheidung in Funktionen und Potenziale für eine Diskussion der deutschsprachigen, geographisch geprägten Landschaftsökologie, die theoretische Bedeutungsunterschiede deutlich mache, auf internationaler Ebene und unter Anwendungsgesichtspunkten aber eher Verwirrung als Klarheit mit sich bringe. Auch Mannsfeld (in Bastian und Schreiber 1994) fand: »Stellt man das Konzept der Naturraumpotenziale als Strukturaspekt der im Naturdargebot begründeten Leistungsmöglichkeiten der ökosystemar-funktionalen Betrachtungsweise gegenüber, […] so wird deutlich, dass eine scharfe Trennung beider Ansätze weder zweckmäßig noch sinnvoll ist.« Dem muss jedoch entgegengehalten werden, dass es keineswegs belanglos ist, ob man vom Vermögen bzw. der Fähigkeit spricht, gesellschaftlich nutzbare Leistungen zu erbringen (Potenzialbegriff), oder von einer tatsächlichen Realisierung bzw. einer wirklichen Leistung (gesellschaftliche Funktion).

Der Unterschied zwischen Potenzial und Funktion/Leistung lässt sich anhand eines Beispiels wie folgt veranschaulichen: Eine unerschlossene Südseeinsel kann ein hohes Erholungspotenzial besitzen, eine Erholungsfunktion erfüllt sie aber erst dann, wenn sie von Touristen tatsächlich aufgesucht bzw. in Anspruch genommen wird.

◨ Abb. 2.2 zeigt einen Küstenabschnitt in Kühlungsborn (Ökosystem und Landschaft) in Mecklenburg-Vorpommern. Das Erholungspotenzial (Möglichkeit) wird von vielen Touristen wahrge-

Abb. 2.2 Zahlreiche Besucher nutzen das Erholungspotenzial am Ostseestrand von Kühlungsborn – aus dem Potenzial wird eine Funktion bzw. ÖSD. Die Besucher haben einen Nutzen (Erholung, Gesundheit). Das Potenzial bleibt in Abhängigkeit der Ökosystemstrukturen und Prozesse erhalten. © Karsten Grunewald

nommen (Realisierung der Erholungsfunktion, das Potenzial wird abgerufen) und trägt zum Wohlbefinden der Besucher (Wohlfahrtsrelevanz von ÖSD) bei.

Ein weiteres Beispiel verdeutlicht ◘ Abb. 2.3: Infolge jahrhundertelanger Entnahme der abgefallenen Koniferennadeln als Einstreu für die Viehställe (Streunutzung = Funktion und ÖSD) wurden die betreffenden Waldböden degradiert, was Schwach- und Krüppelwuchs begünstigte und das biotische Ertragspotenzial verminderte. Solche Waldformen sind mittlerweile sehr selten geworden und stellen nicht nur einen Lebensraum für im Rückgang befindliche Pflanzen- und Tierarten dar, sondern auch ein kulturhistorisch wertvolles Relikt vergangener Bewirtschaftungsweisen mit einem – bislang kaum genutzten, d. h. noch nicht in eine gesellschaftliche Funktion bzw. ÖSD umgewandelten – Potenzial für Umweltbildung und Tourismus.

▪ Steuerung von ÖSD

Im Sinne des ÖSD-Ansatzes sind hinsichtlich der Leistungen und Wohlfahrtswirkungen der Ökosysteme insbesondere räumliche Verteilungen und sozioökonomische Aspekte von Interesse. Das kommt in ◘ Abb. 2.4 einerseits durch die Änderung der Landnutzung und andererseits durch das Delta der Anreizstrukturen, die von der gesellschaftlichen Seite ausgehen, zum Ausdruck. Begrifflich und konzeptionell sind die Ökosystemstrukturen und -prozesse der Ökologie, die Nutzen und Werte den Sozial- und Wirtschaftswissenschaften zuzuordnen. ÖSD sollen dabei konzeptionell eine Klammerfunktion einnehmen (ausführlicher in ▶ Abschn. 3.1).

Das Steuerungs- und Regelsystem für ÖSD ist nicht allein staatlich dominiert, sodass der Begriff **Governance** ins Spiel kommt. Governance umfasst den Aufbau und die Ablauforganisation von Staat, Verwaltung und Gemeinde, aber auch von privaten oder öffentlichen Organisationen (Ostrom 2011).

◘ Abb. 2.3 Bizarre Kiefern im Naturschutzgebiet Königsbrücker Heide in Sachsen: Streunutzung hat das biotische Ertragspotenzial vermindert, aber ein Potenzial für Umweltbildung und Tourismus geschaffen. © Olaf Bastian

Governance-Prozesse laufen auf mehreren Ebenen ab, müssen aufeinander abgestimmt werden und die Institutionen sollten nach den Prinzipien (1) Rechenschaftspflicht, (2) Verantwortlichkeit, (3) Offenheit und Transparenz von Strukturen und Prozessen sowie (4) Fairness handeln (Ostrom 2011; ► Abschn. 5.4).

Fazit: Begriffsinhalt Ökosystemdienstleistung (ÖSD, *ecosystem service*)
ÖSD hat sich als begrifflicher und konzeptioneller Rahmen international etabliert. Im deutschsprachigen Raum existiert ein stärker auf Funktionen und Schutzgüter der Natur ausgerichtetes Begriffssystem (BNatSchG 2009), das abgeglichen und weiterentwickelt werden sollte. Obwohl die Unterscheidung zwischen Funktionen, Dienstleistungen und Nutzen vor allem für die ökonomische Bewertung

als sehr wichtig anzusehen ist, lassen sich oftmals keine konsistenten Klassifikationen vornehmen, da fließende Übergänge, Überschneidungen und unterschiedliche Deutungen dieser Termini bestehen.

ÖSD erzeugen in Verbindung mit Produktionsmitteln und Humankapital menschliches Wohlbefinden. Aus dem optimalen Zusammenspiel ergibt sich die größte Wohlfahrtswirkung. Einzelne ÖSD können bis zu einem gewissen Grade durch Technik und Arbeitsleistung ersetzt werden. Bei vollständigem Verlust ist die Wohlfahrtswirkung gleich null und die Existenz des Menschen kann nicht aufrechterhalten werden. Änderungen des natürlichen Kapitals jedweder Art ändern die Kosten oder den Nutzen für die Sicherung des menschlichen Wohlbefindens.

2.2   ÖSD in der Retrospektive

K. Mannsfeld und K. Grunewald

■ **Wissenschaftsgeschichtliche Wurzeln**
In der wissenschaftlichen wie auch umweltpolitischen Debatte um das Ziel der Erhaltung unserer Naturreichtümer nimmt gegenwärtig der Begriff der Ökosystemdienstleistungen eine zentrale Stellung ein. Wenn darunter, wie im Vorhergehenden bereits dargelegt, die Vorteile verstanden werden sollen, welche die Gesellschaft aus der Funktions- und Leistungsfähigkeit der Ökosysteme zieht, dann ist der Hinweis angebracht, dass hinter dieser aktuellen Begrifflichkeit für ein herausragendes gesellschaftliches Ziel ein längerer Prozess der Herausbildung derartiger Grundvorstellungen steht und zahlreiche Etappen bis zum heutigen Denk- und Handlungsmodell zu berücksichtigen sind. Zunächst empirisch, dann zunehmend systematisch hat die Menschheit Vorzüge, Potenziale sowie Risiken und Gefahren bei der Nutzung des Naturdargebots erfahren und mit dem wachsenden Wissen begonnen, sich diese Einsichten im Nutzungsprozess dienstbar zu machen.

Den möglichen Beginn einer für den genannten Zusammenhang unverzichtbaren ganzheitlichen Sicht auf die uns umgebenden Raumstrukturen als Synthese aus natürlichen und gesellschaftlichen

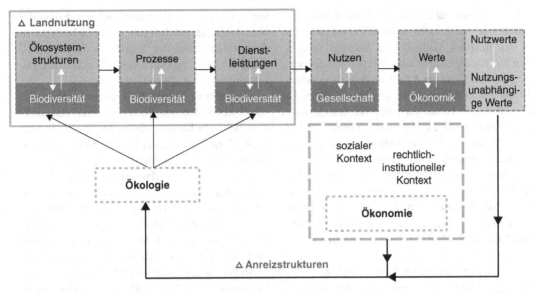

☐ Abb. 2.4 Erfassung und Bewertung von ÖSD sowie Einbeziehung in Instrumente und Anreizstrukturen. © Ring 2010 in Anlehnung an Brouwer et al. 2011

Prozessen markieren wir gern mit Alexander von Humboldt (1769–1859), der durch Beobachtung und Messung den »Totaleindruck« einer Erdgegend erfassen wollte und dabei in seinem Spätwerk erkennen ließ, dass die Erforschung des Gleichgewichtes zwischen Spezialisierung und Integration im Naturganzen allein die Garantie dafür gibt, die Lebensbedingungen der Menschheit hinreichend zu sichern. Insofern ist die Grundvorstellung Humboldts vom Charakter des Naturganzen in Bezug auf gesellschaftliche und naturwissenschaftliche Aspekte auch noch immer eine Grundfrage der Gegenwart (Neef 1971).

Für dieses »Zusammenwirken« von belebter und unbelebter Natur hat nur kurz darauf Ernst Haeckel (1866) – vom biologischen Aspekt her – den Begriff der Ökologie geprägt, der später in Gestalt der Landschaftsökologie nach Troll (1939) ganz bewusst die untrennbare Verbindung bio- und geowissenschaftlicher Komponenten unserer Umwelt durch Einbeziehung anthropogener Einflussfaktoren jenen Systemzusammenhang beschrieben und hervorgehoben hat, den die Theorie vom Landschaftsökosystem im Wirkungsverbund Natur – Technik – Gesellschaft (Neef 1967, S. 41) sah. Neef beschrieb diesen Komplex mit den Worten:

» So muss die Landschaftsökologie – obwohl auf naturgesetzlicher Ordnung der Materie gerichtet – alle Tatsachen einbeziehen, die der Arbeit des Menschen entstammen und in den Naturhaushalt eingreifen. **«**

Auch wenn die Entwicklung schon ein Stück vorweggenommen wurde, geschah in den Jahrzehnten nach Humboldt die Analyse und Interpretation seines »Totaleindrucks räumlicher Erscheinungen an der Erdoberfläche«, wenn auch zögerlich, tatsächlich zunehmend unter Einschluss des Wirkens und Gestaltens durch den Menschen und im Umkehrschluss unter Anerkennung positiver wie nachteiliger Auswirkungen der Naturgrundlage auf die Nutzungswünsche des Menschen. Aber es war ein langer Weg, speziell in den Geo- und Biowissenschaften, bis zur Überwindung jener forschungsgeschichtlichen Einseitigkeit, die dem Menschenwerk in der Landschaft nur dann Interesse zubilligte, wenn es eindeutig vom Naturhaushalt abhängig ist. Ein Meilenstein in der Überwindung deterministischer Auffassungen hinsichtlich der anthropogenen Komponente in der realen Umwelt war daher in der zweiten Hälfte des 19. Jahrhunderts der Einfluss von Ökonomen auf das theoretische Konzept zum Einwirken des Menschen auf Natur und Umwelt. Sie wiesen auf eine Fehlstelle in diesem Verhältnis hin und müssen somit als »Mitbeteiligte« an den heutigen Vorstellungen benannt werden. Von ihnen wurde nämlich bei Wechselwirkung von Mensch und Natur der Arbeitsprozess als entscheidender Faktor betont, durch den erst aus naturaler Grundlage die Voraussetzungen für das menschliche Dasein erzeugt und gewonnen wurde. Neben A. Smith oder J. H. von Thünen und anderen ist insbesondere auf Karl Marx zu verweisen.

Marx stellte die Rolle des Menschen, welcher der Landschaft jene Stoffe entnimmt, die er für seine Wirtschaft braucht, um seine Lebensbedürfnisse zu befriedigen, unter das Motto des »Stoffwechsels zwischen Gesellschaft und Natur«. Er schrieb:

>> Die Arbeit ist zunächst ein Prozess zwischen Mensch und Natur, ein Prozess, worin der Mensch seinen Stoffwechsel mit der Natur durch seine eigene Tat vermittelt, regelt und kontrolliert. Er tritt dem Naturstoff selbst als eine Naturmacht gegenüber (1867, Marx 1968). <<

In diesem Zusammenhang machte er auch auf sogenannte »Gratisdienste« der Natur aufmerksam, welche den Stoffwechselprozess positiv beeinflussen, weil durch das Wirken der Naturkräfte – also ohne Arbeitsaufwand – Leistungen der Natur (zu erinnern wäre an Photosynthese, Bestäubung, Grundwasserneubildung u. a.) den Stoffaustauschprozess positiv begleiten und dabei für den Menschen substituieren.

Es war das Verdienst von Carl Ritter (1779–1859, zit. bei Leser und Schneider-Sliwa 1999), der die überwiegend betriebene Spezialforschung geographischer Disziplinen ermahnte, die praktischen Interessen ihrer Ergebnisse nicht zu vernachlässigen. Später hat Alfred Hettner (1859–1941) das Postulat einer »Praktischen Geographie« (Hettner 1927) erhoben, dessen Kernaussage darin bestand, aus der Kenntnis ursächlicher Zusammenhänge natürlicher Prozesse die Folgen vom Menschen verursachter Eingriffe und Veränderungen zu beurteilen und vorherzusagen. Daraus zog er den Schluss, die Wertung von Eingriffen vor allem von dem gegebenen Zustand des Natursystems in der Kulturlandschaft abzuleiten und wissenschaftlich begründete Vorschläge zur Verbesserung der Nutzungstätig-

keit, im Sinne von Schonung und Bewahrung der Naturkräfte, zu machen (die gedankliche Nähe zu dem heute praktizierten Instrument der Eingriffs-/ Ausgleichsregelung oder einer Umweltverträglichkeitsprüfung ist nicht zu übersehen).

Als zentrale Erkenntnis liegt dieser eher wissenschaftshistorischen Reflexion aber zugrunde, dass bei Verschärfung dieses Stoffwechsels, was in der Gegenwart von der lokalen bis zur globalen Ebene der Fall ist, die von den Nutzungsprozessen ausgehenden Folgewirkungen systematisch und in verschiedenen Maßstabsbereichen zu erfassen sind, weil sonst bei fortschreitender Überforderung der Gratisleistungen eine störungsarme Entwicklung der Ökosysteme nicht mehr garantiert werden kann. Insofern ist es kein Zufall, dass das ÖSD-Konzept und zahlreiche Vorläufer (siehe unten) die Erhaltung dieser Naturkräfte in den Mittelpunkt ihrer Überlegungen stellen.

Unter Bezug auf den globalen Charakter der im Verhältnis von Naturausstattung und Nutzungsfolgen eingetretenen Veränderungen und Zerstörung von Landschaftsstrukturen und ihren Ökosystemen hat dann am Ende des 20. Jahrhunderts der Bericht einer Weltkommission für Umwelt und Entwicklung wieder einen starken Impuls für den Umgang des Menschen mit der Natur aus wirtschaftlicher, sozialer und ökologischer Sicht vermittelt. Die Kernaussage des sogenannten Brundtland-Berichtes (WCED 1987) lautete: Nachhaltige Entwicklung ist eine solche, die den Bedürfnissen der Gegenwart entspricht, ohne die Fähigkeit künftiger Generationen zu gefährden, ihre eigenen Bedürfnisse zu decken.

Diese Grundformel einer »nachhaltigen« Entwicklung (*sustainable development*) erweist sich hinsichtlich der Zielstellung einer dauerhaft umweltgerechten Wirtschafts- und Sozialordnung von hoher Relevanz. Allerdings folgte der Nachhaltigkeits-Trias bis heute kein umsetzungsfähiges Methodenkonzept, es ist vorrangig eine regulative Idee, ein vom ethischen Prinzip der Generationengerechtigkeit geprägter Leitgedanke. Dennoch bleibt der Terminus eine starke Klammer, wenn in Politik, Wirtschaft und Wissenschaft als ein Hauptziel heutiger Gesellschaftspolitik genannt wird, die wirtschaftliche Entwicklung mit der ökologischen Tragfähigkeit zu verbinden, um so künftigen Generationen eine lebenswerte und nutzbare Umwelt zu hinterlassen. Es ist unbestritten, dass der aktuell viel diskutierte ÖSD-Ansatz als ein grundsätzlich geeignetes Instrument zur Umsetzung der Nachhaltigkeitsidee angesehen wird.

- **Inhaltliche und methodische Vorläufer für ÖSD**

In mehreren Teilschritten hat man sich speziell in der deutschen Geographie der Frage genähert, inwieweit es notwendig und möglich ist, auf das Leistungsvermögen des im Sinne eines Ökosystems funktionierenden natürlichen Dargebots (Naturhaushalt) hinzuweisen (▶ Abschn. 2.1). Eine frühe Fundstelle dafür ist u. a. ein Aufsatz von Schmithüsen (1942) zur ökologischen Standortslehre in ihrer Bedeutung für die Kulturlandschaft, in welchem er darlegt, dass der Mensch die im Naturplan der Landschaft vorhandenen Leistungsmöglichkeiten für seine Existenz heranzieht, indem er aus Natur- und Arbeitsprozessen einen »kulturellen Leistungsplan« für die abgrenzbaren Raumstrukturen entwirft. Einige Jahre danach haben Bobek und Schmithüsen (1949) die Landesnatur (Bezeichnung für die Gesamtheit des naturgegebenen Wirkungszusammenhangs) in der Kulturlandschaft als ein Potenzialgefüge und somit ein räumliches Anordnungsmuster für naturgegebene Entwicklungsmöglichkeiten (gesellschaftliche Nutzungswünsche) bezeichnet. Schultze (1957) definierte die Eignung eines bestimmten Erdraumes für Nutzungszwecke noch konkreter und schlug vor, diese Eignungsfeststellung umzuformulieren in eine Bestimmung des kulturgeographischen Potenzials eines Gebietes.

Die steigende Inanspruchnahme natürlicher Ressourcen mit den bekannten Folgen für den Zustand der, wie wir heute sagen würden, »Schutzgüter« stellte die Gesellschaft und damit auch verschiedene Wissenschaftsdisziplinen vor die Aufgabe, Antworten zu suchen und Lösungsvorschläge abzugeben, wie man das Leistungsvermögen im Natursystem erfasst und was man zu seiner Erhaltung und dauerhaften Sicherung tun müsste. Innerhalb der Geographie, die es bekanntlich mit hybriden Stoffsystemen in der uns umgebenden Kulturlandschaft zu tun hat (abiotische, biotische, gesellschaftlich/kulturelle Komponenten), legte Neef (1966) eine erste Studie zur Bewertung der Potenziale des Natursystems vor, deren Kern in der Überlegung bestand, alle Aspekte natürlicher Faktoren mit den Schöpfungen des Menschen in der Kulturlandschaft dadurch bewertbar und vergleichbar zu machen, indem man die verschiedenen Teilglieder über Energieinhalte definiert. Dieser Vorstellung für die Aufklärung der Beziehungen zwischen naturbezogenen und ökonomischen Anteilen gesellschaftlicher Aktivitäten im Naturraum gab er die Überschrift, dass es sich hierbei um *Fragen des gebietswirtschaftlichen Potenzials* handele. Darin eingeschlossen sah er die unumstößliche Notwendigkeit, naturwissenschaftliche Befunde in gesellschaftlich geläufige, also vorrangig ökonomische, Kategorien zu überführen, damit Nutzbarkeit, Tragfähigkeit, Belastbarkeit oder der Ressourcenschutz im gesellschaftlichen Handeln überhaupt Berücksichtigung finden können.

Das von ihm als »Transformationsproblem« beschriebene erkenntnistheoretische Phänomen gehörte zu den anwendungsorientierten Grundlagen der ostdeutschen Landschaftsforschung. In seinem Denkanstoß sah Neef eine wichtige Brücke, die verschiedenartigen Prozesse aus Natur und Gesellschaft, den Übergang von einem Kausalbereich in einen anderen, zu objektivieren und den bis dahin nur als recht allgemeines Phänomen beschriebenen Stoffwechsel zwischen Mensch und Natur z. B. für Abwägungsentscheidungen u. Ä. praktikabel zu machen (Neef 1969). Über 45 Jahre später hat der wissenschaftliche Beirat der Bundesregierung für globale Umweltfragen (WBGU 2011) in einer Studie mit dem Titel *Zukunftsprojekt Erde* den Begriff der Transformationsforschung, wenn auch durchaus in einem spezielleren Verständnis, verwendet, ohne allerdings benannte Vorläuferideen zu erwähnen.

Da mit dem alleinigen Energiemaßstab (Neef 1966) im Hinblick auf die spezifischen Nutzungsanforderungen der Gesellschaft an das naturräumliche Leistungsvermögen methodische Umsetzungsschwierigkeiten verbunden waren, bot später der Vorschlag von Haase (1973, 1978) einen Ausweg, statt eines Energiemaßstabs für das Leistungsvermögen eine Eigenschaftsbetrachtung des Naturkapitals zur Beurteilung der Erfüllung gesellschaftlicher Grundfunktionen zu verfolgen. Erst unter dem Blickwinkel wirtschaftlicher und

2

sozialer Zielstellungen wurden die stofflichen und energetischen Eigenschaften im Naturdargebot zum Potenzial und, weil auf die differenzierte Verbreitung solcher Leistungsmöglichkeiten im räumlichen Verbund bezogen, zum »Naturraumpotenzial« (▶ Abschn. 2.1). Damit vermag das Konzept den für die Gesellschaft verfügbaren Spielraum für die Nutzung und auch die Belastbarkeit, speziell unter den Bedingungen der reellen Mehrfachnutzung, sichtbar zu machen. Als Naturraumpotenzial wurde demnach das räumlich differenzierte Leistungsvermögen der Natur definiert, das sich für den gesellschaftlichen Entwicklungsprozess eignet. Infolge der unterschiedlichen Anforderungen der Gesellschaft an dieses Vermögen erfolgte aus methodischen Gründen eine Gliederung in mehrere Teilpotenziale (partielle Naturraumpotenziale), von denen beispielhaft genannt seien:

- das Biotische Ertragspotenzial als das Vermögen, organische Substanz zu erzeugen und die Bedingungen dazu zu regenerieren (Standortfruchtbarkeit);
- das Biotische Regulationspotenzial als Vermögen, biologische Prozesse aufrechtzuerhalten und nach Störungen wieder zu regulieren (Biodiversitätsaspekt);
- das Rekreationspotenzial als Vermögen der Natur, durch psychische und physische Wirkungen zur Erholung und Gesundung des Menschen beizutragen.

Diese exemplarische Kurzkennzeichnung von Potenzialeigenschaften zeigt wohl, dass das Naturraum-Potenzialkonzept nicht nur naturwissenschaftlich geprägt, sondern auch auf soziale oder wirtschaftliche Belange bezogen ist. Eine breite Palette methodischer Verfahren, welche es gestatten, aus den zunächst wertneutralen Raumanalysen Vor- und Nachteile für potenzielle Nutzungsinteressen sichtbar zu machen, wurden u. a. von Haase (1991), Jäger et al. (1977) und Mannsfeld (1983) erarbeitet. Der Potenzialansatz fand frühzeitig Eingang in die Landschaftspflege und Landschaftsplanung (Langer 1970; Buchwald 1973; Lüttig und Pfeiffer 1974).

Komplementär zur Ableitung der potenziell im Naturdargebot begründeten Nutzungseignung entwickelte sich eine funktionsräumliche Betrachtungsweise, wonach die Landschaftsräume gesellschaftliche Funktionen erfüllen. Dabei ging es weniger um das ökosystemare Funktionieren als um die naturwissenschaftlich determinierte Organisation strukturell-prozessualer Zusammenhänge (Forman und Godron 1986). Das Bundesnaturschutzgesetz unterstreicht in § 1 Ziffer 5 das Erhaltungsgebot der Leistungs- und Funktionsfähigkeit von Landschaften (BNatSchG 2009).

Besonders Niemann (1977), aber auch van der Maarel (1978), Bastian (1991), de Groot (1992), Marks et al. (1992), Durwen (1995), Willemen et al. (2008) u. a. haben sich mit diesem Funktionsansatz gründlich auseinandergesetzt. Im Ergebnis fanden diese und andere Autoren eine vielfach übereinstimmende Unterscheidung nach Haupt- und Teilfunktionen, etwa nach Produktionsfunktionen (ökonomische F.), Regulationsfunktionen (ökologische F.) sowie Lebensraumfunktionen (soziale F.) – eine Gliederung, welche die Nähe zu den drei Säulen des Nachhaltigkeitsgedankens klar erkennen lässt. Die später in die Diskussion eingebrachten Überlegungen, ein transparentes Handlungskonzept zur Sicherung von ÖSD an der Schnittstelle zwischen Naturerhaltung und gesellschaftlich-ökonomischen Zielen zu verfolgen, geht sehr eng angelehnt an das Landschaftsfunktionenkonzept, von ökonomischen, ökologischen sowie soziokulturellen Dienstleistungen der Ökosysteme aus und belegt auch mit dieser pragmatischen Unterteilung eine große gedankliche Nähe zu Handlungskonzepten, die vom Grundverständnis schon zwei bis drei Jahrzehnte vorher entworfen worden waren.

Der Begriff der Landschaftsfunktionen setzte sich seit den 1980er-Jahren zunehmend in der westdeutschen Landschaftsplanung durch (z. B. Langer et al. 1985), da sich diese Bezeichnung als vorteilhaft für die Kommunikation mit politischen Entscheidungsträgern erwiesen hatte (Albert et al. 2012). Landschaftsfunktionen betrachten in der Regel allerdings nur diejenigen Aspekte (der Landschaft), die in den kommerziellen Märkten unberücksichtigt bleiben und daher durch öffentliche Planung abgedeckt werden müssen (von Haaren 2004; Albert et al. 2012).

Die mit landschaftsökologischen Studien erworbenen Kenntnisse über Naturprozesse sind in der Regel nicht zum Einbau in ökonomische Berechnungen geeignet, weshalb sie bei raumrelevanten Entscheidungen zumeist unberücksichtigt bleiben, sodass die richtige Handhabung der Überführung von Naturgrößen in wirtschaftliche Kennziffern (Transformationsproblem) unverzichtbar ist. In einem Aufsatz von 1969 hatte Neef dazu formuliert:

> » Die Rolle der natürlichen Faktoren im ökonomischen Zusammenhang und die Rückwirkung von gesellschaftlichen Eingriffen in den Haushalt der Natur lassen sich nur klarlegen, wenn beide zueinander in Beziehung gesetzt werden. Um eine Grundlage für die Bewertung des naturgegebenen Potenzials abzuleiten, ist es erforderlich, die Potenzialgrößen dem Aufwand an zu leistender gesellschaftlicher Arbeit gegenüberzustellen (Neef 1969). «

Mit den Ergebnissen einer großmaßstäbigen Beispielsbearbeitung im Norden von Dresden (Mannsfeld 1971) sollte versucht werden, einen ökonomischen Maßstab zu finden, um diese Grundvorstellung umsatzfähig zu machen. Es wurde eine Methode entwickelt, die Gunst eines Naturraumes (im Sinne von Leistungs- und Funktionsfähigkeit) für landwirtschaftliche Nutzung über seine Ungunst zu ermitteln. Dazu sind die Agrarstandorte nach ihren Defiziten von einem definierten Optimum (z. B. fruchtbares Lössgebiet) beurteilt und die Kosten ermittelt worden, die zur Hinführung in ein höheres Ertragsniveau erforderlich wären. Durch Multiplikation der theoretischen Aufwendungen für Ent- oder Bewässerung, Entsteinung, Düngung, Tieflockerung, Humusanreicherung mit den Flächenanteilen der jeweiligen Standorte konnte ein monetär untersetzter Vergleichsmaßstab gewonnen werden. Wenn auch aufwendig zu ermitteln, dürfte der Ansatz aber als reelles Denkmodell dafür gelten, dass man »Wohlfahrtsleistungen« des Naturpotenzials über Geldwerte sichtbar machen kann. Allerdings zeigt das Beispiel auch, dass technologische und Arbeitsaufwendungen des Menschen zur Optimierung von ÖSD eingesetzt werden und methodisch abzugrenzen sind (im Sinne von »Umweltleistungen«; ▶ Abschn. 2.1 und ▶ Abschn. 4.2). Haber (2011) bemerkt dazu:

> » Ein Weizenfeld, und das gilt für alle anderen Felder, auf denen Getreide, Kartoffeln oder Rüben angebaut werden, ist aus »natur-ökologischer« Sicht gar kein Ökosystem, denn so etwas gibt es in der Natur nicht. Es ist ein vom Menschen geschaffenes, also »künstliches« Nahrungs-Erzeugungs-System, das ohne ihn gar nicht existieren würde oder könnte, und passt eigentlich nicht in die Vorstellung der Ökosystemdienstleistungen. Freilich ist es aus natürlichen Bestandteilen zusammengesetzt, […]. «

Letztlich beansprucht die ökologische Ökonomik, den ÖSD-Ansatz entscheidend entwickelt zu haben (Røpke 2004, 2005), mit Wurzeln vor allem in der US-amerikanischen Diskussion, was bezüglich des kulturhistorischen Entwicklungsrahmens und der Anwendbarkeit in Mitteleuropa stärker Beachtung finden sollte. Die Fehlentwicklung der Ausdifferenzierung von Ökologie und Ökonomie in zwei spezielle und eigenständige Wissenschaften soll überwunden werden (»Full World« Model of the Ecological Economic System nach Costanza 1997a), und die Ökonomie muss von der Ökologie lernen, welche Beschränkungen menschliches Wirtschaften in einer nicht-wachsenden biophysischen Welt zu berücksichtigen hat. Jetzkowitz (2011) stellt diesbezüglich klar, dass die ökologische Ökonomik, die Natur als äußeres Begrenzungsmerkmal für Wirtschaftprozesse in den Blick nimmt, von der neoklassischen Umweltökonomik zu unterscheiden ist. Letztere, meint er, setze zwar auch auf das ÖSD-Konzept, versuche jedoch, Natur so weit als möglich zu ökonomisieren.

Den Weg in das internationale (vor allem politische) Rampenlicht fand das ÖSD-Konzept insbesondere mit dem Millennium Ecosystem Assessment (Synthesis Report, MEA 2005). Der Report wurde zwischen 2001 und 2005 unter der Federführung der Vereinten Nationen (UN) und koordiniert vom Umweltprogramm der UN erarbeitet. Er verfolgte das Ziel, die sich aus der Veränderung der Ökosysteme für das menschliche Wohlbefinden ergebenden Konsequenzen aufzuzeigen und so eine wissenschaftliche Basis für notwendige Handlungen zur nachhaltigen Nutzung von Ökosystemen zu schaffen. Dabei wurde kein primäres Wissen erarbeitet, sondern auf vorhandene wissenschaftliche Literatur, relevante Daten und Modelle sowie Wissen aus dem privaten Sektor, lokalen Gemeinschaften und der indigenen Bevölkerung zurückgegriffen. Der akute Rückgang von bereits 15 der 24 weltweit untersuchten ÖSD und die sich daraus ergebenden negativen Auswirkungen auf das zukünftige menschliche Wohlbefinden waren eine zentrale Botschaft des Berichts.

Ausgehend von der Tatsache, dass sich die Wahrnehmung und Wertschätzung von Natur ändert, wenn sie auch aus ökonomischer Sicht betrachtet wird, ergeben sich neue, bislang zu wenig genutzte Argumentationsmuster und konzeptionelle Ansätze im Umwelt- und Naturschutz. Diesbezügliche Aspekte werden insbesondere in ▶ Kap. 5 thematisiert. In diesem Zusammenhang sei auf die vom deutschen Bundesumweltministerium seit 2007 unterstützte Studie *The Economics of Ecosystems and Biodiversity*, kurz als TEEB bezeichnet, verwiesen. Dabei handelt es sich um eine bedeutende internationale Initiative, um die Aufmerksamkeit auf den globalen Nutzen von Ökosystemen zu lenken und die wachsenden Kosten, die durch den Verlust von Biodiversität und ÖSD entstehen, zu verdeutlichen. In den Berichten wurde Expertenwissen aus Wissenschaft, Wirtschaft und Politik zusammengebracht, um zukunftsfähige Lösungsansätze zu erarbeiten (Berichte und Informationen unter www.teebweb.org).

Selbst wenn man unterstellt, dass der aktuelle ÖSD-Ansatz besondere Akzente auf den Erhalt der Biodiversität und die ökonomische Bewertung von Leistungen der Ökosysteme legt, sind in den einschlägigen Literaturbeiträgen zum Verfahrensgrundsatz (u. a. Costanza 1991; de Groot 1992; Daily 1997) keine Hinweise auf Denkmodelle wie der Naturraumpotenziale oder Landschaftsfunktionen zu finden. Jüngst haben Gomez-Baggethun et al. (2010) ausgeführt, dass die Ursprünge zum Konzept der ÖSD in den späten 1970er-Jahren liegen und berufen sich dabei vorrangig auf holländische, amerikanische oder spanische Autoren. Es erscheint angebracht, auf weitere gedankliche wie auch methodologische Vorarbeiten hinzuweisen (siehe oben). Das Credo dieser Forschungen war, dass die intensivierte Nutzung der regenerierbaren, natürlichen Ressourcen vielfach so nachteilige Folgen hat, dass man sie nicht mehr – verhältnis-

mäßig sorglos – als Gratisleistungen ansehen kann, sondern nur als Naturreichtümer, deren Selbstregeneration limitiert ist. Eben diese Erkenntnis hat den Weg zur systematischen Betrachtung des Leistungsvermögens der Natur geöffnet, um daraus eine nachhaltige und optimierte Nutzung von ÖSD anzustreben und umzusetzen.

Für das ÖSD-Konzept unserer Tage und seine Umsetzungsprobleme (Schritt von der Sach- zur Wertebene u. Ä.) vermag der Rückblick auf frühere methodische Ansätze einige notwendige Hinweise zu vermitteln. Ökosysteme und ihre Leistungen für die Gesellschaft bestehen nicht nur aus Elementen (Speicher, Regler, Prozesse), die als System funktionieren, sondern haben immer auch Raumbezug. Die ausreichende Berücksichtigung dieses Faktors (»Theorie der geographischen Dimensionen« nach Neef 1963) in Gestalt der Maßstäbigkeit scheint nicht gegeben, denn kleinmaßstäbige Übersichten sind geeignet für die Weckung des Problembewusstseins, aber wenig tauglich für den konkreten Nachweis räumlicher Leistungsangebote. Eine methodische Differenzierung des ÖSD-Ansatzes in lokale/regionale und globale Maßstabsbereiche ist kaum erkennbar, wäre aber z. B. für Kategorien der ökologischen Planung erforderlich. Auch die in den dargelegten Konzepten Naturraumpotenziale/Landschaftsfunktionen vorhandenen »Stellschrauben« für die Berücksichtigung von kontinuierlich stattfindenden nutzungs- oder auch naturabhängigen (z. B. Klimawandel) Änderungen in der Ökosystemqualität fehlen. Das ÖSD-Konzept, auch in seiner internationalen Ausstrahlung, wird aber zur Verhinderung weiterer Überbeanspruchung oder gar Zerstörung von Gratisleistungen der Natur nur dann erfolgreich sein, wenn solche und ähnliche methodologische Grundfragen geklärt und berücksichtigt werden.

2.3 Werte und Leistungen der Natur für den Menschen

K. Grunewald und O. Bastian

»Besser leben und Wohlstand mehren« sind wesentliche Antriebe der menschlichen Existenz. Die Natur stellt dafür die Grundlagen zur Verfügung und wird inzwischen als Wachstumsmotor gesehen, der in dem Maße Wohlstand hervorbringt, wie seine Bestandteile geschützt und entwickelt werden (Jessel et al. 2009). Menschliche Gesellschaften benötigen Ressourcen aus der Natur. Die regionale Wertschöpfung in Land-, Forst- und Fischereiwirtschaft, Maßnahmen der Landschaftspflege oder der Tourismus in Nationalparks und anderen Schutzgebieten sind feste ökonomische Größen der Gesellschaft. Zu den Ökosystemdienstleistungen und -gütern werden dabei nur erneuerbare Ressourcen wie Nahrungsmittel, Holz oder Fasern gezählt, fossile Rohstoffe wie Öl oder Kohle jedoch nicht (▶ Abschn. 2.1).

Hinzu kommt der Nutzen, den Individuen bzw. die Gesellschaft aus einer Vielzahl indirekter Leistungen der Natur ziehen: Erhalt der Bodenfruchtbarkeit, biologische Vielfalt, saubere Luft, Fixierung von Kohlenstoff durch Photosynthese, Grundwasserneubildung, Stickstoffbindung, ästhetisch ansprechende Landschaften und das Innovationspotenzial der Natur für technische Neuerungen oder Arzneimittelentwicklungen.

■ **Werte und Wertewandel**
Eine effektive und zugleich demokratisch legitimierte Nachhaltigkeitspolitik muss von der Mehrheit der Menschen akzeptiert werden, sich Zustimmung verschaffen und Teilhabe ermöglichen (Partizipation). Ein Aspekt der umweltethischen Wertebene ist, dass »Natur voller Werte« ist, die von wertenden Personen nachträglich entdeckt und anerkannt werden (Ott 2010). Demnach sind Grundwerte Bewertungen, die von der überwiegenden Mehrheit der Bevölkerung geteilt werden. Dazu gehören prinzipiell auch die Nutzenstiftungen der ÖSD (Gesundheit, Nahrungsbereitstellung, Sicherheit u. a.). Grundwerte können mit Normen und – für ÖSD wichtig – mit kollektiven Gütern in Verbindung gebracht werden.

> **Werte**
> sind im Kant'schen Sinne das, was man hoch schätzt, was man achtet, was uns teuer ist. Gesellschaften sind stets auch Wertegemeinschaften, d. h. eine Gesellschaft ohne Wertsetzungen ist nicht denkbar. Menschen fühlen sich von Werten und an

Werte gebunden, sind aber zugleich nicht unfrei zu handeln oder ihre Werthaltungen zu transformieren (anscheinendes Paradoxon nach Joas 1997). Werte beeinflussen Wünsche, Interessen und Präferenzen. Ein Wert ist jedoch keine Norm oder Regel. Werthaltungen beschreiben die relativ stabilen Präferenzen bezüglich verschiedener Werte bei einzelnen Personen (Häcker und Stapf 1994). Sie sind stets kulturell und sozial kontextgebunden und werden in pluralistischen Gesellschaften »strittig ausgehandelt«.

Banzhaf und Boyd (2012) verweisen auf einen fundamentalen Unterschied zwischen ÖSD (an sich) und den Werten, die sie verkörpern. ÖSD sind biophysikalische Qualitäten und Quantitäten, die direkt mit Marktgütern und -Services in Beziehung stehen. Es handelt sich vorerst noch nicht um eine Bewertung im engeren Sinne. Diese erfolgt erst durch einen stärkeren Bezug auf einen Nutzen, vor allem über monetäre Größen.

Mit Bezug zur Biodiversität sind folgende Wertbegriffe zu unterscheiden (Potthast 2007):

Tauschwert – ökonomisch; misst den Wert eines Objekts daran, wogegen man es auf dem Markt tauschen kann; Messgröße ist in der Regel der Preis, der jedoch nicht unbedingt etwas über den »wirklichen« Wert aussagt.

Nutzwert – instrumentell; »nützlich für etwas …«; Biodiversität ist wertvoll aufgrund ihrer Funktion, als Ressource für menschliche wirtschaftliche Zwecke; Ersetzbarkeit als wesentliches Merkmal des Nutzwertes; monetarisierte Nutzwerte sind gewichtige Argumente – aber entscheidender als ihre absolute Höhe ist ihre Verteilung.

Eigenwert – inhärent; biologische Vielfalt hat Eigenwert für mich, wenn ich sie um ihrer selbst willen schätze, nicht um ihrer Nutzung willen: einfach weil es sie gibt (Existenzwert), weil sie biographische oder kulturelle Bedeutung für mich hat (Erinnerungswert, Heimat), weil sie einmalig und besonders ist (Eigenart), weil sie mir Erfahrungen ermöglicht (z. B. Wildnis), weil sie für die Nachwelt (»Erbe«) erhalten werden soll (Vermächtniswert); Eigenwerte entziehen sich prinzipiell einer Monetarisierung, sind aber kommunizierbar, d. h. für andere nachvollziehbar; sie müssen untereinander und gegeneinander abgewogen werden; der Wert liegt in der spezifischen Beziehung.

Während sich einer anthropozentrischen Grundposition zufolge überzeugende Umwelt- und Naturschutzbegründungen letztlich immer auf menschliche Interessen, Bedürfnisse usw. beziehen müssen (»Naturschutz ist Menschenschutz«), vertritt eine natur- bzw. physiozentrische Position die Auffassung, dass einige oder alle Naturwesen um ihrer selbst willen zu schützen sind (ethischer Naturalismus, nach dem die verschiedenen Naturobjekte bzw. im Sinne dieser Position »Natursubjekte« einen Eigenwert haben, der im Zweifelsfall auch unabhängig von menschlichen Interessen Geltung besitze). Dabei erkennt die Pathozentrik (Teutsch 1985) nur schmerzempfindlichen Wesen (Menschen und höheren Tieren) diesen Eigenwert zu, die Biozentrik hingegen allen Lebewesen, während der Holismus die gesamte Natur (auch Unbelebtes und Systemganzheiten) einbezieht, also auch die Landschaft. Das Bundesnaturschutzgesetz (BNatSchG 2009, §1) verweist ausdrücklich auf den »Schutz von Natur und Landschaft auf Grund ihres eigenen Wertes und für kommende Generationen«.

Eine Verabsolutierung einer der beiden Grundpositionen ist nicht hilfreich, denn das eine wäre ein »naturvergessener Anthropozentrismus«, das andere ein »menschenvergessener Ökologismus«. Aus welchen Quellen die moralische Begründung für den Schutz von Natur (und Landschaft) gespeist wird, ob aus mehr religiösen oder weltlichen, ist letztlich zweitrangig, denn »eine ernsthafte Achtung anthropozentrischer Naturschutzpflichten hätte in etwa dieselben Ergebnisse wie die strikteste Befolgung biozentrischer oder theologischer Regeln – die Natur würde ebenso gut geschützt« (Ott 2010).

Ott (2010) schlägt pragmatische Lösungen zum »Selbstwertproblem« vor. Er plädiert letztlich dafür, sich nicht zu sehr mit der Frage, »ob alle Sandkörner, alle Wassertropfen, alle Grashalme, alle Bodenbakterien, alle Heidelbeeren, alle Tintenfische usw. einen Selbstwert haben«, zu befassen, da dies von den eigentlichen umweltpolitischen Herausforderungen (Klimawandel, Wasserversorgung, Landwirtschaft und Fischerei, Schutz der Wälder und Feuchtgebiete, Artenschutz, ökologischer Stadtumbau) ablenkt.

Wert entsteht in vielfältigen Beziehungen und Interaktionen zwischen Menschen und Natur, was in unserer technisierten und zunehmend urbanen Welt immer weniger gelingt. Nicht alle diese Beziehungen und Interaktionen sind als »Nutzung« adäquat adressiert. Subjektive, qualitative Werturteile sind manchmal aussagekräftiger als (oft nur vermeintlich) objektive, quantitative Werte (▶ Kap. 4).

Seit Beginn der Neuzeit haben sich auf individuelle Nutzenmaximierung ausgelegte Haltungen und Kalküle durchgesetzt. Wir haben uns in der heutigen Industriegesellschaft daran gewöhnt, dass die elementaren Lebensgrundlagen, also die tägliche Versorgung mit Nahrung, Wasser und allen zivilisatorischen Notwendigkeiten, zur Selbstverständlichkeit geworden sind (Haber 2011). Mit dem Aufkommen der industriellen Massenproduktion wurde »gutes Leben« zunehmend mit materiellem Wohlstand gleichgesetzt (WBGU 2011). Rationale Kosten-Nutzen-Kalküle stellen in Industriegesellschaften wie Deutschland handlungsprägende Deutungsmuster dar. So sind Geld und monetäre Werte in unserer ökonomisch bestimmten Welt von herausragendem Gewicht. Geld ist u. a. ein symbolisches Medium, auch für den Naturschutz. Es darf aber nicht zum Selbstzweck werden, sondern nur Mittel zum Zweck im Sinne eines gesellschaftlichen Nutzens.

Wertschätzungen für ÖSD (Ott 2010):

- können über Umfragen erhoben werden (z. B. zur Akzeptanz des Naturschutzes),
- artikulieren sich in Werturteilen (»Ich mag Berge lieber als die See.«),
- sind unterschiedlich intensiv (z. B. unterschiedliche Gefühle beim Anblick eines Sonnenuntergangs oder einer Spinne – abgestufte Freude, Glück, Abneigung, Gleichgültigkeit etc.).

Nach einer im Herbst 2010 veröffentlichten Umfrage des Emnid-Instituts im Auftrag der Bertelsmann-Stiftung ist jedoch ein Wertewandel festzustellen (Bertelsmann-Stiftung 2010). Demnach sind Wachstum und materieller Wohlstand nicht (mehr) alles: Einen Wohlstand, der durch Schädigung der Umwelt oder hohe Staatsverschuldung erkauft wird, lehnen mehr als 80 % der Deutschen ab. Neun von zehn Menschen fordern eine neue Wirtschaftsordnung, die den sozialen Ausgleich so-

Vom Wert der Stadtbäume

Auch wenn sie von Menschen angepflanzt werden und ihre Standorte wenig naturnah sind – Stadtbäume erbringen zahlreiche Leistungen. Sie binden CO_2 und erzeugen O_2, verbessern das Stadtklima, erzeugen Biomasse, dienen wild lebenden Tieren (z. B. Vögeln, Fledermäusen, Insekten) als Lebensraum und verschönern das Stadtbild. Stadtviertel mit vielen Bäumen erhöhen den Wert des Wohneigentums. Bäume tragen zur Naturerfahrung der Stadtbevölkerung bei und erzeugen Emotionen, beispielsweise durch Blüten und sprießendes Laub im Frühling oder durch bunte Herbstfärbung. Dabei wird nicht alles von der gesamten Bevölkerung positiv wahrgenommen (z. B. fallendes Laub oder Vogelkot unter Bäumen).

Das Beispiel Stadtbäume zeigt auch, dass es weder möglich noch sinnvoll ist, all diese Leistungen in Euro zu berechnen. Wohl aber kann eine Quantifizierung – Wo fehlt Stadtgrün, wie entwickelt es sich (siehe z. B. Berlin, Hermsmeier und Marrach 2012)? – und im Einzelfall auch Monetarisierung das Bewusstsein im Umgang mit der Natur stärken.

wie den sorgsamen Umgang mit unseren Lebensgrundlagen und Finanzen stärker berücksichtigt.

Fazit: Eine rein auf wirtschaftliche Leistungsfähigkeit ausgerichtete Politik scheint an Attraktivität und Plausibilität verloren zu haben. Allerdings führt die Wahrnehmung des Problems nicht automatisch zu »richtigem«, beispielsweise umweltgerechtem Verhalten und Handeln der Menschen (Kuckartz 2010). Dies ist einerseits durch fehlende Langfristorientierung und Verlustaversion bedingt (WBGU 2011), andererseits sind Güter und Leistungen der Natur überwiegend »öffentliche Güter«, die Eigenschaften wie Nicht-Ausschließbarkeit und Nicht-Rivalität aufweisen (▶ Tab. 3.5). Beispiele für öffentliche Güter im Sinne des ÖSD-Konzepts sind die Erholungswirkung einer Landschaft, die Biodiversität als Genpool oder als »Eigenwert«. Bei solchen Gütern und Leistungen ist es für den Einzelnen am günstigsten, wenn er profitiert, sich aber an der Bereitstellung nicht beteiligt (»Trittbrettfahrer«). Diejenigen, die sich an der Bereitstellung grundsätzlich beteiligen wollen, müssen befürchten, dass aufgrund der »Trittbrettfahrer« nur ein minimales Versorgungsniveau bei hohen individuellen Kosten zustande kommt; es also nicht lohnt, sich an der Bereitstellung zu beteiligen (»die Realisten«). Außerdem will man nicht der Dumme sein, der sich an der Bereitstellung beteiligt, während die anderen umsonst profitieren (»diejenigen, die sich nicht ausnutzen lassen wollen«).

Die unkompensierten Auswirkungen ökonomischer Entscheidungen auf unbeteiligte Marktteilnehmer bezeichnet man in der Volkswirtschaftslehre als externen Effekt. Extern heißt dabei, dass die Effekte (Nebenwirkungen) eines Verhaltens nicht ausreichend im Markt berücksichtigt werden. Sie werden nicht in das Entscheidungskalkül des Verursachers einbezogen. Volkswirtschaftlich gesehen sind sie eine Ursache für Marktversagen und können staatliche Interventionen notwendig werden lassen. Negative externe Effekte werden auch als externe oder soziale Kosten, positive als externer Nutzen oder sozialer Ertrag bezeichnet (Mankiw 2004).

▪ Inwertsetzung von Biodiversität und ÖSD

Leistungen der Natur sollen über das ÖSD-Konzept gewichtet und insbesondere monetär bewertet werden (Kosten-Nutzen-Kalkül), um sich auch aus wirtschaftlichen Gründen für den Erhalt der Natur einzusetzen (Jessel et al. 2009). So attraktiv und neu dieser Ansatz auch sein mag, er muss durch den im Bundesnaturschutzgesetz verankerten ethischen Auftrag des Schutzes der Natur um ihrer selbst willen (BNatSchG 2009, §1) ergänzt werden.

ÖSD werden von Märkten unterstützt, wenn auf ihrer Grundlage Marktprodukte hergestellt werden (freier Markt, z. B. rein landwirtschaftliche Produkte). Viele öffentliche Güter und Leistungen werden hingegen ausgebeutet, übernutzt und zerstört, weil Marktmechanismen nicht greifen (»Marktversagen«). Hier können marktbasierte Instrumente – wenn sie richtig gesetzt werden – helfen, Anreize für Verhaltensregeln zu setzen. Gegenwärtig gibt es im Wesentlichen zwei ökonomische Instrumente der Umweltpolitik, um ÖSD und damit auch Biodiversität in Wert zu setzen:

2

Gemeingüter sind nicht, sie werden gemacht

Elinor Ostrom (2011), Trägerin des Wirtschaftsnobelpreises, schrieb dazu:

» Ressourcen sind frei. Sie kennen kein Eigentum und keine Staatsgrenze. Ressourcen wissen nicht, ob wir sie zum Leben brauchen oder nicht. Wir hingegen sind in der einen oder anderen Weise an diese Dinge gebunden: an Grenzen, an Eigentum und – vor allem – an die Ressourcen selbst. Das alte Wort für Gemeingüter ,Allmende' hat diese Bindung für uns bewahrt, denn ,Allmende' setzt sich zusammen aus all(e) + gemeinde, so glauben die Sprachhistoriker. Der Begriff umfasst damit den Kern der Auseinandersetzung mit Gemeingütern: Alle, die zu einer bestimmten Gemeinschaft gehören und Ressourcen gemeinsam nutzen, müssen sich darüber verständigen, wie sie das tun. Regeln der Ressourcennutzung zu vereinbaren und deren Einhaltung zu kontrollieren, ist alles andere als ein Kinderspiel. «

---

1. Positive Anreize, die darauf abzielen, den Natur- und Umweltschutz in finanzieller Hinsicht lukrativ zu machen (Beispiel: Honorierung besonderer Umweltleistungen durch die Landwirtschaft);
2. Negative Preissignale in Form von Preissteuerung (Nutzungsgebühren, Umweltsteuern, Ausgleichszahlungen) oder Mengensteuerung (Beispiel: CO_2-Emissionszertifikate), die umweltschädigendes Verhalten verteuern.

Im Idealfall entwickelt sich ein »Gemeinwohlmarkt«, z. B. für die Landschaftspflege. Hier ist die institutionelle Seite wichtig. In der Regel muss der Staat als Nachfrager der Gemeinwohlleistungen auftreten, und es muss auch einen »Anbieter« der Leistung geben, beispielsweise einen Landwirtschaftsbetrieb (▶ Abschn. 6.5).

Biodiversität und viele ÖSD sind bisher bei konventionellen ökonomischen Bewertungen gar nicht berechnet und in der Regel als kostenlos angenommen worden. Diese Leistungen besitzen jedoch einen hohen Wert, der sich aber oft nur indirekt ermitteln lässt, da er sich nur unzureichend in Märkten und Preisen widerspiegelt.

Wissenschaftler bemühen sich zunehmend, das Naturkapital in Wert zu setzen. In Jessel et al. (2009) findet man anschauliche Beispiele dafür. Bei allen methodischen Problemen dieser Bewertungsansätze ist der Versuch anzuerkennen, ÖSD nicht nur zu thematisieren, sondern sie zu quantifizieren und zu bewerten, sodass sie mit ökonomischen Gütern vergleichbar sind.

Zur Bestimmung des ökonomischen Wertes von Ökosystemen und Biodiversität verwenden die Wirtschaftswissenschaftler das Konzept des Ökonomischen Gesamtwertes (*Total Economic Value*; ▶ Abschn. 4.2.2). Er beinhaltet sowohl die potenziellen und realen Gebrauchswerte als auch die sogenannten Nicht-Gebrauchswerte. Das bedeutet, dass die ökonomische Naturbewertung nicht allein den direkten Nutzen der Natur erfasst. Der ökonomische Wert eines Gutes oder einer Leistung ergibt sich aus der Wertschätzung durch Individuen und der Knappheit der Ressource und muss nicht notwendig rein monetär sein. Empirische Studien zeigen, dass die Nicht-Gebrauchswerte häufig den größten Teil der menschlichen Wertschätzung für bedrohte Ökosysteme ausmachen. Dafür wird aber in der Regel kein Preis entrichtet, d. h. Nutzer der Natur werden nicht adäquat an der Deckung von Kosten beteiligt. Bezüglich dieses Dilemmas verspricht man sich, mit dem Konzept der ÖSD grundlegende Verbesserungen zu erreichen.

Potthast (2007) zeigt Grenzen der Ökonomisierung der biologischen Vielfalt auf (▶ Abschn. 4.2). Er benennt:

- Moralische Grenzen: Welche Ökonomisierung? Klärung der normativen Vorannahmen, Menschen- und Naturbilder.
- Methodische Grenzen: Ermittlung des »richtigen« Geldwertes für Natur als Heimat, Gefühle. Was kann überhaupt »gemessen« werden, und wie korreliert das mit Handlungen?
- Empirische Grenzen: Machbarkeit und Grenzen der Bestimmung **aller** Teilsummen des Ökonomischen Gesamtwertes (*Total Economic Value*). Ökonomisierung und Monetarisierung sind stets partiell und zweck-/interessensbezogen.

Können Biodiversität und Kulturlandschaftsgüter profitabel sein?

Natur und Landschaft sind knappe Ressourcen und öffentliche Güter, die sich vielfach herkömmlichen Marktmechanismen entziehen (Allokation öffentlicher Güter, Marktversagen). Der Erhalt einer Steinrückenlandschaft im Erzgebirge oder der alten Weinkulturlandschaft im Dresdener Elbtal ist arbeits- und kostenintensiv. Wer die Steillagen maschinell und effektiv bearbeiten wollte, müsste die Steinrücken und Trockenmauern zerstören. Dann wäre aber auch der Reiz der Landschaft verloren. Eine simple Gewinn- und Verlustrechnung landet fast immer im Minus. Es ist die Pflicht der Gesellschaft/des Staates, solches Erbe in finanziell vertretbarem Rahmen zu bewahren. Die Rendite ist eine identitätsstiftende Landschaft mit hohem »Wohlfühlfaktor« für Einheimische und Gäste. Dazu bedarf es einer intersubjektiven Verständigung über Zukunftsentwürfe, die Resilienz von Ökosystemen, aber auch über die Kosten.

- Strategische Grenzen: Komplette Substituierbarkeit (durch Geld) ist sachlich und strategisch falsch; Option des kompletten Verzichts bei zu niedrigem/zu hohem Preis droht immer.
- Politische Grenzen: Ein rational gut begründeter Preis der Natur bietet nicht die Sicherheit der Erhaltung. Ökonomische Rationalität hängt nicht regelhaft mit entsprechenden politischen rationalen Entscheidungen zusammen, was individuell wie gesellschaftlich gilt.

■ **Wohlfahrts- und Nachhaltigkeitsmessung**

Ein Ausdruck des Wertewandels stellt die Suche nach Alternativen zum Bruttoinlandsprodukt (BIP) als Wohlfahrtsindikator dar. In ◗ Tab. 2.1 wurden derzeitige Konzepte dargestellt, wobei jeweils die Nachhaltigkeitsdimensionen zugeordnet sind.

Das BIP pro Kopf ist ein Maß für auf Märkten und in monetären Größen abgewickelte wirtschaftliche Aktivitäten. Güter und Dienstleistungen, die keine Marktpreise besitzen oder real getauscht werden, wie die meisten ÖSD, werden im BIP nicht erfasst. Ein steigendes BIP führt keineswegs automatisch zu einer Steigerung des subjektiven Wohlbefindens (Inglehart 2008).

Die aktuelle Indikatorendebatte zeigt einerseits, dass über das BIP hinausgehende Maße für Wohlfahrt und Nachhaltigkeit notwendig sind und breit entwickelt werden (◗ Tab. 2.1). Andererseits ist die politische Entscheidung darüber, welcher Alternative der Vorzug gegeben wird, noch in Diskussion. Dies hängt neben der Ausrichtung der Ziele auch von der Datenverfügbarkeit und Datenqualität ab. So ist beispielsweise die Einführung eines »Ökosystemindex« beim Statistischen Bundesamt gescheitert, weil dieser wissenschaftlich nicht haltbar war (Radermacher 2008). Auch diesbezüglich werden über das ÖSD-Konzept neue, vor allem methodische Impulse erwartet.

Fazit: Inwertsetzen von ÖSD

Es besteht die Absicht, die Umweltpolitik stärker auf den Nutzen für die Menschen auszurichten. ÖSD erbringen solchen Nutzen, beispielsweise Erholungsleistung für Gesundheit und Wohlbefinden oder Schutz vor Hochwasser für das Sicherheitsbedürfnis. Wirtschaftliche Begründungen sollen die klassischen ethischen Begründungen für den Naturschutz ergänzen, aber nicht ersetzen. Neben ökonomischen Werten (basierend auf Effizienz und Kosteneffektivität) sind immer auch ökologische Werte (basierend auf ökologischer Nachhaltigkeit/Tragfähigkeit), soziokulturelle Werte (basierend auf Gerechtigkeit und Wahrnehmung sowie ethischen Abwägungen) nötig. Entscheidungen zur Landnutzung, z. B. im Zusammenhang mit der Energiewende in Deutschland, mit all ihren normativen Fragen betreffen genuin ethische und rechtliche Dimensionen und bestimmen wesentlich über künftige Strukturen und Funktionen von Ökosystemen, die Existenz und Verbreitung von Tier- und Pflanzenarten sowie die Lebenschancen von Menschen. Dies alles stellt große Herausforderungen an die Analyse von ÖSD und deren komplexe, integrative Bewertung.

▣ Tab. 2.1 Übersicht über Konzepte zur Wohlfahrts- und Nachhaltigkeitsmessung (© WBGU 2011)

Art des Messkonzepts	Bezeichnung des Index/Indikators	Ökonomische Dimension	Soziale Dimension	Ökologische Dimension
Erweiterungen des BIP: monetarisierte Indikatoren/ Indizes	*Measure of Economic Welfare*	+	+	+
	Index of Sustainable Economic Welfare (ISEW)	+	+	+
	Genuine Progress Indicator (GPI)	+	+	+
	Full Costs of Goods and Services (FCGS)	+	–	+
	National Welfare Index* (NWI)	+	+	+
Erweiterungen des BIP: umweltökonomische Gesamtrechnung/ Satellitensysteme	umweltökonomische Gesamtrechnung/*UN System of Environmental and Economic Accounting* (SEEA)	+	–	+
nicht-monetarisierte Indikatoren/ Indizes	*Ecological Footprint*	–	–	+
	Living Planet Index	–	–	+
zusammengesetzte Indikatoren/ Indizes (Integration monetarisierter und nicht-monetarisierter Größen)	*Human Development Index* (HDI)	+	+	–
	Index of Economic Wellbeing	+	+	+
	Happy Planet Index*	–	+	+
	KfW-Nachhaltigkeitsindikator	+	+	+
	Sustainable Development Indicators (Eurostat)	+	+	+
	Index of Economic Freedom	+	+	–
	Environmental Sustainability Index (ESI)	+	–	+
	Environmental Performance Index (EPI)	–	–	–
	Gross National Happiness* (GNH, Bhutan)	+	+	+
	Canadian Index of Wellbeing* (CIW)	–	–	–
	Corruption Perception Index (CPI)	–	+	–
	National Accounts of Wellbeing*	–	+	–

* Index enthält subjektive Indikatoren

Literatur

Albert C, von Haaren C, Galler C (2012) Ökosystemdienstleistungen. Alter Wein in neuen Schläuchen oder ein Impuls für die Landschaftsplanung? Naturschutz Landschaftsplanung 44:142–148

ARL – Akademie für Raumforschung und Landesplanung (Hrsg) (1995) Handbuch der Raumordnung. Hannover

Banzhaf HS, Boyd J (2012) The Architecture and Measurement of an Ecosystem Services Index. Sustainability 4:430–461

Bastian O (1991) Biotische Komponenten in der Landschaftsforschung und -planung. Probleme ihrer Erfassung und Bewertung. Habilitationsschrift Martin-Luther-Universität Halle/Wittenberg, 214 S

Bastian O, Schreiber KF (Hrsg) (1994) Analyse und ökologische Bewertung der Landschaft. Fischer, Jena (2., erheblich veränderte Aufl. 1999. Spektrum Akademischer, Heidelberg)

Bernhardt A, Haase G, Mannsfeld K, Richter H, Schmidt R (1986) Naturräume der sächsischen Bezirke. Sächsische Heimatblätter 4/5

Bertelsmann-Stiftung (2010) Bürger wollen kein Wachstum um jeden Preis. www.bertelsmann-stiftung.de/cps/rde/xchg/SID-1CE81901-A2FDE973/bst/hs.xsl/nachrichten_102799.htm. Zugegriffen: 05. Jan. 2011

BESWS – Biodiversity and Ecosystem Service Work Stream (2010) Demystifying materiality: hardwiring biodiversity and ecosystem services into finance. UNEP FI CEO Briefing, Genf

Bierhals E (1978) Ökologischer Datenbedarf für die Landschaftsplanung. Landschaft Stadt 10:30–36

Blotevogel HH (1995) Raum. In: Akademie für Raumforschung und Landesplanung (Hrsg) Handwörterbuch der Raumordnung. ARL, Hannover, S 733–740

BNatSchG – Bundesnaturschutzgesetz (2009) Gesetz über Naturschutz und Landschaftspflege. BGBl. I, S2542

Bobek H, Schmithüsen J (1949) Die Landschaft im logischen System der Geographie. Erdkunde 3:112–120

Boyd J, Banzhaf S (2007) What are ecosystem services? The need for standardized environmental accounting units. Ecol Econ 63:616–626

Brockhaus Enzyklopädie (1996) 20., neubearb. Aufl., Gütersloh

Brouwer R, Oosterhuis FH, Ansink JH, Barton DN, Lienhoop N (2011) POLICYMIX WP4: guidelines for estimating costs and benefits of policy instruments for biodiversity conservation. POLICYMIX Technical Brief 6. http://policymix.nina.no

Buchwald K (1973) Landschaftsplanung und Ausführung landschaftspflegerischer Maßnahmen. In: Buchwald K, Engelhardt W (Hrsg) Landschaftspflege und Naturschutz in der Praxis. BLV-Buchverlag, München

Burkhard B, Kroll F, Nedkov S, Müller F (2012) Mapping supply, demand and budgets of ecosystem services. Ecol Indic 21:17–29

Common M, Stagl S (2005) Ecological economics. An introduction. University Press, Cambridge

Costanza R (Hrsg) (1991) Ecological economics: the science and management of sustainability. Columbia University Press, New York

Costanza R (2008) Ecosystem services: multiple classification systems are needed. Biol Conserv 141:350–352

Costanza R, Cumberland JC, Daly HE, Goodland R, Norgaard R (1997a) An Introduction to Ecological Economics. St. Lucie Press, Boca Raton

Costanza R, d'Arge R, de Groot RS, Farber S, Grasso M, Hannon B, Limburg K, Naeem S, O'Neill R, Paruelo J et al (1997b) The value of the world's ecosystem services and natural capital. Nature 387:253–260

Daily G (Hrsg) (1997) Nature's Services: Societal dependence on natural ecosystems. Island Press, Washington

Durwen KJ (1995) Naturraum-Potential und Landschaftsplanung. (Landschaftsökologie und Vegetationskunde als Grundlage der Landnutzung), Nürtinger Hochschulschriften 13:45–82

Ehrlich PR, Ehrlich AH (1981) Extinction: The Causes and Consequences of the Disappearance of Species. Random House, New York

Ehrlich PR, Mooney HA (1983) Extinction, Substitution, and the Ecosystem services. BioScience 33:248–254

Eliáš P (1983) Ecological and social functions of vegetation. Ekológia (ČSSR) 2:93–104

Ellenberg H (1973) Die Ökosysteme der Erde: Versuch einer Klassifikation der Ökosysteme nach funktionalen Gesichtspunkten. In: Ellenberg H (Hrsg) Ökosystemforschung. Springer, Berlin, S 235–265

Ellenberg H, Zeller O (1951) Die Pflanzenstandortkarte am Beispiel des Kreises Leonberg. Forschungs- u. Sitzungsbericht der Akademie für Raumforschung u. Landesplanung II, Hannover, S 11–49

Finke L (1994) Landschaftsökologie. Das geographische Seminar, Braunschweig

Fisher B, Turner RK, Morlin P (2009) Defining and classifying ecosystem services for decision making. Ecol Econ 68:643–653

Forman RTT, Godron M (1986) Landscape Ecology. Wiley, New York

Fry G (2000) The landscape character of Norway – landscape values today and tomorrow. In: Pedroli B (Hrsg) Landscape-our Home. Lebensraum Landschaft, Indigo Zeist, S 93–100

Führer E (2000) Forest functions, ecosystem stability and management. For Ecol Manage 132:29–38

Gomez-Baggethun E, de Groot R, Lomas PL, Montes C (2010) The history of ecosystem services in economic theory and practice: from early notions to markets and payment schemes. Ecol Econ 69:1209–1218

de Groot, RS (1992) Functions of Nature: Evaluation of nature in environmental Planning, Management and Decision making. Wolters-Noordhoff, Groningen

de Groot RS, Wilson M, Boumans R (2002) A typology for description, classification and valuation of ecosystem functions, goods and services. Ecol Econ 41:393–408

de Groot R, Fisher B, Christie M, Aronson J, Braat L, Gowdy J, Haines-Young R, Maltby E, Neuville A, Polasky S, Portela R, Ring I (2010) Integrating the Ecological and Economic Dimensions in Biodiversity and Ecosystem Service Valuation. In: Kumar P (Hrsg) The Economics of Ecosystems and Biodiversity: Ecological and Economic Foundations. Earthscan, London, S 9–40

Grunewald K, Bastian O (2010) Ökosystemdienstleistungen analysieren – begrifflicher und konzeptioneller Rahmen aus landschaftsökologischer Sicht. GEOÖKO 31:50–82

Haase G (1973) Zur Ausgliederung von Raumeinheiten der chorischen und der regionischen Dimension – dargestellt an Beispielen aus der Bodengeographie. Petermanns Geogr Mitt 117:81–90

Haase G (1978) Zur Ableitung und Kennzeichnung von Naturraumpotenzialen. Petermanns Geogr Mitt 22:113–125

Haase G (1991) Naturraumerkundung und Bewertung des Naturraumpotentials. Schriftenreihe des dt. Rates für Landespflege 59, Hannover, S 923–940

Haaren C von (Hrsg) (2004) Landschaftsplanung. UTB, Eugen Ulmer, Stuttgart

Haber W (2011) Umweltpolitikberatung – eine persönliche Bilanz. Studienarchiv Umweltgeschichte 16:15–25. www.iugr.net

Haeckel E (1866) Generelle Morphologie der Organismen. G. Reimer, Berlin, 2 Bde (Anatomie der Organismen und Entwicklungsgeschichte der Organismen)

Häcker H, Stapf KH (1994) Dorsch: Psychologisches Wörterbuch. Hans Huber, Bern

Hein L, van Koppen K, de Groot RS, van Ierland EC (2006) Spatial scales, stakeholders and the valuation of ecosystem services. Ecol Econ 57:209–228

Hermann A, Schleifer S, Wrbka T (2011) The Concept of Ecosystem Services Regarding Landsc Research: A Review. Living Rev Landscape Res 5 http://landscaperesearch.livingreviews.org/Articles/lrlr-2011-1/. Zugegriffen: 01. Apr. 2011

Hermsmeier L, Marrach K (2012) Schauen Sie mal, wie grün Ihr Bezirk ist. Neue Zahlen vom Berliner Senat: In Steglitz-Zehlendorf stehen die meisten Straßenbäume. BZ – Berliner Zeitung vom 25. Mai 2012

Hettner A (1927) Die Geographie – ihre Geschichte, ihr Wesen, ihre Methoden. Hirt-Verlag, Breslau, 466 S

Inglehart R (2008) Changing values among western publics from 1970 to 2006. West Eur Politics 31:130–146

Jax K (2005) Function and »functioning« in ecology: what does it mean? OIKOS 111:641–648

Jäger KD, Mannsfeld K, Haase G (1977) Bestimmung von partiellen und komplexen Potentialeigenschaften für chorische Naturräume. (Methoden und Beispielsuntersuchungen). F/E-Bericht, Institut f. Geographie u. Geoökologie, Leipzig, Sächsische Akademie der Wissenschaften, Leipzig, 125S

Jessel B, Tschimpke O, Waiser M (2009) Produktivkraft Natur. Hoffmann und Campe, Hamburg

Jetzkowitz J (2011) Ökosystemdienstleistungen in soziologischer Perspektive. In: Groß M (Hrsg) Handbuch Umweltsoziologie. VS Verlag für Sozialwissenschaften, Wiesbaden, S 303–324

Joas H (1997) Die Entstehung der Werte. Suhrkamp, Frankfurt a. M.

Kienast F (2010) Landschaftsdienstleistungen: ein taugliches Konzept für Forschung und Praxis? Forum Wissen: 7–12

Kirchhoff T, Trepl L, Vicenzotti V (2012) What is landscape ecology? An analysis and evaluation of six different conceptions. Landsc Res. doi: 10.1080/01426397.2011.640751

Kuckartz U (2010) Nicht hier, nicht jetzt, nicht ich – Über die symbolische Bearbeitung eines ernsten Problems. In: Welzer H (Hrsg) KlimaKulturen: soziale Wirklichkeiten im Klimawandel. Campus, Frankfurt a. M., S 144–160

Lahaye P, Harms B, Stortelder A, Vos W (1979) Grundlagen für die Anwendung landschaftsökologischer Erkenntnisse in der Raumplanung. Verh Ges Ökol 7:79–84

Langer H (1970) Zum Problem der ökologischen Landschaftsgliederung. Quaest Geobiol 7:77–95

Langer H, von Haaren C, Hoppenstedt A (1985) Ökologische Landschaftsfunktionen als Planungsgrundlage – ein Verfahrensansatz zur räumlichen Erfassung. Landschaft Stadt 17:1–9

Leibenath M, Gailing L (2012) Semantische Annäherung an die Worte »Landschaft« und »Kulturlandschaft«. In: Schenk W, Kühn M, Leibenath M, Tzschaschel S (Hrsg) Suburbane Räume als Kulturlandschaften. ARL, Hannover, S 58–79

Leser H (1997) Landschaftsökologie, 4. Aufl. Ulmer, Stuttgart, 644 S

Leser H, Schneider-Sliwa R (1999) Geographie: Eine Einführung. Westermann, Braunschweig

Loft L, Lux A (2010) Ecosystem Services – Ökonomische Analyse ihres Verlusts, ihre Bewertung und Steuerung. BiK-F Knowledge Flow Paper 10

Lüttig G, Pfeiffer D (1974) Die Karte des Naturraumpotentials. Ein neues Ausdrucksmittel geowissenschaftlicher Forschung für Landesplanung und Raumordnung. Neues Arch Niedersachs 23:3–13

Maarel E van der (1978) Ecological principles for physical planning. In: Holdgate W, Woodman MJ (Hrsg) The breakdown and restoration of ecosystems. Conf. Ser. I Ecology 3. Plenum, New York, S 413–450

Maarel E van der, Dauvellier PJ (1978) Naar een globaal ecologisch model voor de ruimlijke entwikkeling van Niederland. Studierapp. Rijksplanologische Dienst, Den Haag, 9

Mankiw NG (2004) Grundzüge der Volkswirtschaftslehre, 3. Aufl. Schäffer Poeschel, Stuttgart

Mannsfeld K (1971) Landschaftsökologie und ökonomische Wertung der Westlausitzer Platte. Dissertation, TU Dresden, Fakultät Bau-, Wasser- und Forstwesen, Dresden

Mannsfeld K (1981) Landeskulturelle Auswirkungen moderner Agrarproduktion an Beispielen aus dem Westlausitzer Hügelland. Wiss. Abhandl. Geogr. Gesellschaft DDR 15

Mannsfeld K (1983) Landschaftsanalyse und Ableitung von Naturraumpotentialen. Abhandl. Sächsische Akademie der Wissenschaften, Leipzig, math.-nat. Kl., Bd 35. Akademie, Berlin

Marks R, Müller MJ, Leser H, Klink HJ (Hrsg) (1992) Anleitung zur Bewertung des Leistungsvermögens des Landschaftshaushaltes. 2. Aufl. Forsch. zur Deutschen Landeskunde, Bd 229. Selbst, Trier

Marx K (1968) Das Kapital, Bd 1, 3. Abschn. Dietz, Berlin, S 192–213

Matzdorf B, Lorenz J (2010) How cost-effective are result-oriented agri-environmental measures? An empirical analysis in Germany. Land Use Policy 27:535–544

MEA – Millennium Ecosystem Assessment (2005) Ecosystem and human well-being: Scenarios, vol 2. Island Press, Washington

Messerli P (1986) Modelle und Methoden zur Analyse der Mensch-Umwelt-Beziehungen im alpinen Lebens- und Erholungsraum. Erkenntnisse und Folgerungen aus dem schweizerischen MAB-Programm Nr. 25, Bern

Neef E (1963) Dimensionen geographischer Betrachtung. Forschungen Fortschr 37:361–363

Neef E (1966) Zur Frage des gebietswirtschaftlichen Potentials. Forschungen Fortschritte 40:65–70

Neef E (1967) Die theoretischen Grundlagen der Landschaftslehre. Haack, Gotha

Neef E (1969) Der Stoffwechsel zwischen Gesellschaft und Natur als geographisches Problem. Geogr Rundsch 21:453–459

Neef E (1971) Über das Weiterwirken der Ideen Alexander von Humboldt in der Geographie. Acta Historica Leopoldina 6:17–29

Nentwig W, Bacher S, Brandl R (2004) Ökologie kompakt. Spektrum Akademischer, Heidelberg (3. Aufl. 2011)

Niemann E (1977) Eine Methode zur Erarbeitung der Funktionsleistungsgrade von Landschaftselementen. Arch Natschutz Landschforsch 17:119–158

Niemann E (1982) Methodik zur Bestimmung der Eignung, Leistung und Belastbarkeit von Landschaftselementen und Landschaftseinheiten. Wissenschaftliche Mitteilung d. Instituts f. Geographie u. Geoökologie, Akadademie der Wissenschaften der DDR, Leipzig, Sonderheft 2

Ostrom E (2011) Was mehr wird, wenn wir teilen. Vom gesellschaftlichen Wert der Gemeingüter. Oekom, München

Ott K (2010) Umweltethik zur Einführung. Junius, Hamburg

Petry D (2001) Landschaftsfunktionen und planerische Umweltvorsorge auf regionaler Ebene. Eine landschaftsökologische Verfahrensentwicklung am Beispiel des Regierungsbezirkes Dessau. UFZ-Bericht Nr. 10/2001, UFZ-Umweltforschungszentrum Leipzig-Halle

Potthast T (2007) Biodiversität – Schlüsselbegriff des Naturschutzes im 21. Jahrhundert? Naturschutz und Biologische Vielfalt 48, Bundesamt für Naturschutz, Bonn

Preobraženskij VS (1980) Issledovanie landšaftnyh system dlja celej ochrany prirody – struktura, dinamika i razvitie

landšaftov. Inst. Geografii AN SSSR (Akadademie der Wissenschaften der UdSSR), Moskau

Radermacher W (2008) Beyond GDP – a ecosystem services as part of environmental economic accounting. www.uni-kiel.de/ecology/users/fmueller/salzau2008/Abstracts_Salzau2008.pdf. Zugegriffen: 01. Apr. 2011

Ring I (2010) Die Ökonomie von Ökosystemen und Biodiversität – die TEEB-Initiative. Vortrag auf dem 5. Dresdener Landschaftskolloquium, Wert und Potenziale sächsischer Landschaften, Dresden. www.ioer.de/aktuelles/veranstaltungen/19-november-2010-5-dresdner-landschaftskolloquium/ Zugegriffen: 19. Nov. 2010

Røpke I (2004) The early history of modern ecological economics. Ecol Econ 50:293–314

Røpke I (2005) Trends in the development of ecological economics from the late 1980 s to the early 2000s. Ecol Econ 55:262–290

Schmithüsen J (1942) Vegetationsforschung und ökologische Standortslehre in ihrer Bedeutung für die Geographie in der Kulturlandschaft. Z Ges Erdkunde 1942:113–157, Berlin

Schultze HJ (1957) Die wissenschaftliche Erfassung und Bewertung von Erdräumen als Problem der Geographie. Die Erde 88:241–298

Speidel G (1966) Zur Bewertung von Wohlfahrtswirkungen des Waldes. Allg Forstzeitschr 21:383–386

Steinhardt U, Blumenstein O, Barsch H (2011) Lehrbuch der Landschaftsökologie. 2. Aufl., Elsevier, Heidelberg

TEEB – The Economics of Ecosystems and Biodiversity (2010) The Economics of Ecosystems and Biodiversity: Ecological and Economic Foundations. Earthscan, London (Kumar P, Hrsg)

Termorshuizen JW, Opdam P (2009) Landscape services as a bridge between landscape ecology and sustainable development. Ecol Soc 16(4):17. http://dx.doi.org/10.5751/ES-04191-160417

Teutsch GM (1985) Lexikon der Umweltethik. Vandenhoeck und Ruprecht, Düsseldorf

Troll C (1939) Luftbildplan und ökologische Bodenforschung. Z Ges Erdkunde 1939(7/8):241–298, Berlin

Tüxen R (1956) Die heutige potentielle natürliche Vegetation als Gegenstand der Vegetationskartierung. Angew Pflanzensoziol (Stolzenau) 13:5–42

Vejre H (2009) Quantification and aggregation of landscape functions/services in periurban landscapes. In: Breuste J, Kozová M, Finka M (Hrsg) Proc. European IALE Conf., Salzburg, S 430–432

Wallace KJ (2007) Classification of ecosystem services: problems and solutions. Biol Conserv 139:235–246

WBGU – Wissenschaftlicher Beirat der Bundesregierung. Globale Umweltveränderungen (2011) Welt im Wandel: Gesellschaftsvertrag für eine Große Transformation. Berlin

WCED – World Commission on Environment and Development (1987) Our common future. University Press, Oxford

Westman W (1977) How much are nature's services worth.
    Science 197:960–964
Wiggering H, Müller K, Werner A, Helming K (2003) The
    concept of multifunctionality in sustainable land deve-
    lopment. In: Helming K, Wiggering H (Hrsg) Sustainable
    development of multifunctional landscapes. Springer,
    Berlin, S 3–18
Willemen L, Verburg PH, Hein L, van Mensvoort MEF (2008)
    Spatial characterization of landscape functions. Landsc
    Urban Plan 88:34–43

Konzeptionelle Rahmensetzung

3

3.1 Eigenschaften, Potenziale und Leistungen der Ökosysteme

O. Bastian und K. Grunewald

3.1.1 Das Kaskadenmodell in der TEEB-Studie

Will man ÖSD erfassen bzw. bewerten, so steht man zwangsläufig vor der Frage nach der hierfür geeigneten Methodik. Bedingt durch die Vielschichtigkeit des Gegenstandsbereiches »Leistungen der Natur für die Gesellschaft« ist es mit einfachen »Kochrezepten« nicht getan. Allgemeingültige methodische Anforderungen beziehen sich auf fachliche Fundierung, intersubjektive Nachprüfbarkeit und Kommunizierbarkeit. Die interdisziplinäre Herausforderung besteht nicht nur im begrifflichen Zugang, sondern vor allem in der Methodenvielfalt und den unterschiedlichen Perspektiven und Herangehensweisen (▶ Abb. 1.5), die sich an den jeweiligen, ganz konkreten Fragestellungen orientieren müssen. Dabei wird zwischen allgemeinen Prinzipien bzw. Konzepten einerseits und spezifisch-konkreten Untersuchungsverfahren andererseits unterschieden. Wir betrachten die ÖSD-Methodik als Ganzheit aus Theorie und daraus abgeleiteten Verfahren.

Angesichts der Komplexität und Multidisziplinarität des Problemfeldes ÖSD verwundert es nicht, dass sich im Laufe der Zeit unterschiedliche wissenschaftstheoretische Ansätze und praktische Verfahrensweisen herausgebildet haben, die einander ergänzen, in Teilbereichen übereinstimmen, partiell aber auch divergieren. Dies spiegelt sich in der Klassifikation der ÖSD (▶ Abschn. 3.2), aber auch in den verschiedenen theoretisch-methodischen Konzepten wider.

Ein häufig zitierter Untersuchungsrahmen ist das Kaskadensystem von Haines-Young und Potschin (2009) bzw. Maltby (2009), das auch in TEEB (2010) übernommen wurde (◘ Abb. 3.1). Die Grafik stellt den Weg vom Ökosystem zum menschlichen Wohlbefinden dar. Demnach vermitteln die ÖSD zwischen den Strukturen, Prozessen und Funktionen (Funktionsweise) des Ökosystems und den zum menschlichen Wohlbefinden zählenden Nutzen und Werten. Allerdings ist in der realen Welt die Beziehung nicht so simpel und linear, wie sie das Diagramm vermitteln mag. Dennoch wird die allgemeine Struktur, wie sie das Schema vorschlägt, in Fachkreisen weithin akzeptiert.

3.1.2 EPPS-Rahmenmethodik

Aufbauend auf diesem Schema (◘ Abb. 3.1) und unter Beachtung der Erkenntnisse verschiedener Schulen der Landschaftsökologie sowie der internationalen fachspezifischen Diskussionen halten wir den in ◘ Abb. 3.2 dargestellten Modellrahmen für die Bearbeitung von ÖSD für zielführend. Demnach sind die »Funktionen« im Sinne der Ökosystemintegrität der linken Säule (»Eigenschaften von Ökosystemen«) direkt zugeordnet, während die gesellschaftlichen Funktionen in den ÖSD aufgehen. Dies korrespondiert besser mit dem deutschsprachigen Verständnis des Funktionsbegriffs (▶ Abschn. 2.1). Im Kaskadenmodell von Haines-Young und Potschin (2009) (◘ Abb. 3.1) bilden die Funktionen einen eigenständigen Zwischenschritt zwischen den Strukturen und Prozessen einerseits und den ÖSD andererseits. Es handelt sich um diejenige Untergruppe von Ökosystemprozessen, die unmittelbar zur Generierung von ÖSD beitragen (Albert et al. 2012). Die Potenziale eines Ökosystems (oder einer Landschaft) zeigen deren Leistungsfähigkeit sowie die möglichen Nutzungen und sind somit als logischer Zwischenschritt zwischen den Eigenschaften (Prozesse und Strukturen) und den eigentlichen ÖSD (reale Inanspruchnahme von Nutzung von Natur und Landschaft bzw. Nachfrage) angesiedelt. Dieses theoretisch-methodische Konzept wird EPPS-Rahmenmethodik genannt (abgeleitet aus *ecosystem properties, potentials and services*; vgl. Grunewald und Bastian 2010; Bastian et al. 2012b).

Die Grundbausteine des EPPS-Ansatzes werden im Folgenden näher erläutert.

Eigenschaften von Ökosystemen

Auf der linken Seite des Schemas (◘ Abb. 3.2) stehend, bilden Ökosysteme mit ihren Strukturen und Prozessen (z. B. Bodeneigenschaften, biologische

Abb. 3.1 Der Weg von Ökosystemstrukturen und -prozessen zum menschlichen Wohlbefinden. Adaptiert nach Haines-Young und Potschin 2009 und Maltby 2009

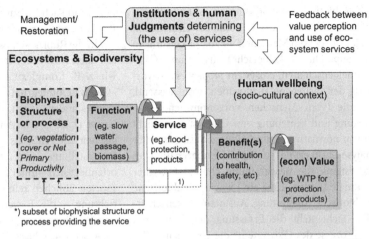

Abb. 3.2 Konzeptioneller Rahmen zur Analyse von ÖSD unter besonderer Berücksichtigung von Raum- und Zeitaspekten. Adaptiert nach Grunewald und Bastian 2010

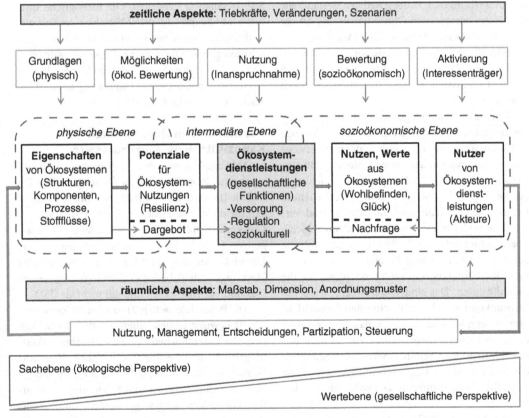

Vielfalt, biotische Stoffproduktion, Nährstoffkreisläufe) die Grundlage der Existenz der Gesellschaft und jedweder vom Menschen nutzbarer Leistungen überhaupt. Diese (ökologische) Ausstattung (Ökosystemeigenschaften, *ecosystem properties*) ist vorrangig der Sachebene zuzuordnen, wohl wissend, dass die (vom Menschen vorgenommene) Abgrenzung und Einteilung von Ökosystemen nicht frei von normativen Entscheidungen ist. Als erster Analyseschritt erfolgt zunächst die Abgrenzung des Ökosystems, die Beschreibung charakteristischer Merkmale (Größe, Lage etc.) sowie die abiotische und biotische Ausstattung. Aus naturwissenschaftlicher Sicht stellt die Erfassung der Strukturen und Prozesse des Ökosystems die Grundlage aller Arbeiten dar.

Es handelt sich um die Leistungsbasis, d. h. um diejenigen Komponenten der Natur, welche die Leistung erbringen, z. B. die jeweiligen Bestandteile bzw. Ausprägungen von Ökosystemen, die für die Primärproduktion, die Vermeidung von Hochwasser oder die ästhetischen Werte sorgen. Als Komponente der Natur ist die Leistungsbasis materiell manifest und damit grundsätzlich messbar (Staub et al. 2011).

Um die relevanten Eigenschaften der Ökosysteme zu erfassen, müssen geeignete, aussagekräftige Indikatoren ausgewählt werden, denn es erweist sich ansonsten als nahezu ausgeschlossen, mit vertretbarem Aufwand das komplizierte Beziehungsgefüge von Ökosystemen (und Landschaften) weitestgehend aufzuhellen. Indikatoren sind vergleichsweise leicht erfassbar und besitzen zugleich überdurchschnittlichen Erklärungsgehalt in Bezug auf das zugrunde gelegte Problem (Durwen et al. 1980; Walz 2011). Hierzu zählen beispielsweise die Bioindikatoren: Das sind Organismen, deren Lebensfunktionen sich mit bestimmten Umweltfaktoren so eng korrelieren lassen, dass sie als Zeiger dafür verwendet werden können. Indem Indikatoren Informationen vereinfachen und verständlich darstellen, versetzen sie Entscheidungsträger in die Lage, ihre Entscheidungen nachvollziehbar zu begründen.

Zur Analyse von Ökosystemen, ihren Strukturen, Prozessen und Veränderungen, gibt es mittlerweile umfangreiche Erfahrungen (z. B. im Rahmen der Ökosystemforschung Deutschland; Fränzle

1998) und Fachliteratur (z. B. Leser und Klink 1988; Bastian und Schreiber 1999).

In die Rubrik »Ökosystemeigenschaften« gehören auch relativ wertfreie ökologische Kategorien, wie z. B. Komplexität, Diversität und Seltenheit, »Ökosystemintegrität«, »Ökosystemgesundheit«, Widerstandsfähigkeit, Resilienz (Elastizität) (de Groot et al. 2002). An dem Konzept der ökologischen Integrität als eine Voraussetzung für die Bereitstellung von Ökosystemdienstleistungen orientiert sich – unter Erweiterung der bei ÖSD ansonsten üblichen rein anthropozentrischen Blickrichtung – die Bewertungsmethode von Müller und Burkhard (2007) und Burkhard et al. (2009) (▶ Abschn. 4.1). Nach Barkmann (2001) beschreibt die »ökologische Integrität« die Bewahrung jener Strukturen und Prozesse, die notwendige Voraussetzungen für die Fähigkeit von Ökosystemen zur Selbstregulation darstellen. Die ökologische Integrität fußt hauptsächlich auf Variablen des Energie- und Stoffhaushalts sowie auf strukturellen Eigenschaften ganzer Ökosysteme. Diese Komponenten ähneln denjenigen, die in anderen ÖSD-Studien als »unterstützende Services« (*supporting services*) bezeichnet werden (z. B. in MEA 2005).

Potenziale von Ökosystemen – die Kapazitäts- bzw. Angebotsseite

In Abhängigkeit von ihren Eigenschaften (Strukturen und Prozessen) haben Ökosysteme die Fähigkeit (Potenzial, Kapazität), bestimmte Leistungen für die menschliche Gesellschaft zu erbringen (Angebot, *supply*), wobei verschiedene Voraussetzungen (z. B. Resilienz) beachtet werden müssen. Das bloße Angebot einer Leistung, ohne dass eine Nachfrage besteht, bedeutet allerdings noch keinen (ökonomischen) Nutzen und gilt nicht als ÖSD.

Die Potenziale (▶ Kap. 2) wurden als Zwischenschritt bewusst eingeschaltet, um die Möglichkeit von der tatsächlichen Inanspruchnahme (Leistungsfähigkeit → Leistung) zu trennen. Einerseits können auf diese Weise (noch) nicht nachgefragte Nutzungsmöglichkeiten und Spielräume für künftige Nutzungen aufgezeigt werden, andererseits lassen sich unangemessene Nutzungen, die die Belastbarkeit bzw. Tragfähigkeit der Ökosysteme überschreiten, identifizieren.

Funktionelle Merkmale (*functional traits*)

Manchmal sind nur bestimmte Teile von Ökosystemen, einzelne Arten, Individuen oder Teile von ihnen (Wurzeln oder Blätter von Pflanzen) für ÖSD relevant. So dienen etwa einzelne Pflanzenarten, nicht die ganze Wiese, als Nahrungsquelle für Honigbienen (Bestäubungsleistung), oder nur einzelne Pflanzenteile, wie das Wurzelsystem, halten den Bodenabtrag auf.

Dass funktionelle Gruppen, Populationen oder Biozönosen und verschiedene Genotypen oder Arten in unterschiedlichem Maße zu unterschiedlichen Zeiten oder an verschiedenen Orten zu ÖSD beitragen, wird seit mehreren Jahren diskutiert (de Bello et al. 2010). Ausdruck dessen sind die Konzepte der »funktionellen Merkmale« (*functional traits*; Lavorel et al. 1997) und »Service bereitstellende Einheiten« (*service providing units* – SPU; Luck et al. 2003; Harrington et al. 2010; Haslett et al. 2010): Eine *service providing unit* ist ein Ensemble von Organismen und ihren Merkmalen, die notwendig sind, um eine bestimmte ÖSD auf der von ÖSD-Nutzern geforderten Ebene zu generieren. Kremen (2005) hob die Bedeutung von Schlüssel-ÖSD-Anbietern (*ecosystem service providers* – ESP) und funktionellen Gruppen von Arten für die Bereitstellung von ÖSD hervor. Später wurde das SPU-Konzept mit dem ESP-Konzept kombiniert (SPU-ESP-Kontinuum; Luck et al. 2009) und durch Rounsevell et al. (2010) zum *service provider* (SP)-Konzept vereinfacht.

Trotz ihrer Bedeutung für ÖSD ist nicht allzu viel über die Rolle der einzelnen funktionellen, strukturellen und genetischen Komponenten der Biodiversität bekannt (Diaz et al. 2007). Genannt seien einige Beispiele: So tragen funktionelle Gruppen von Pflanzenarten zur Bodenbildung bei, wie etwa Luftstickstoff-fixierende Leguminosen, oder tiefwurzelnde Pflanzen, die zur Nährstoffverlagerung aus den unteren in obere Bodenschichten in der Lage sind. Die Regulation von Schaderregern in Ackerkulturen kann durch verschiedene unspezifische, aber auch stark spezialisierte Prädatoren (Räuber) und Parasiten erfolgen. Bienen sind die für Bestäubungsleistungen wichtigste Tiergruppe, aber auch Vögel, Fledermäuse, Schmetterlinge und Schwebfliegen übernehmen solche Aufgaben. Eine einzige Vogelart, der Eichelhäher, sorgt durch Verbreitung der Eicheln für die Regeneration von Eichenwäldern. Einige Erholungsleistungen (wie Vogelbeobachtung) sind an ganz bestimmte taxonomische Gruppen gebunden. Das Vorhandensein spezieller Flaggschiff-Arten (z. B. Orchideen, Wildkatze, Wolf, Birkhuhn) vermag den Naturtourismus zu stimulieren (Vandewalle et al. 2008; Haines-Young und Potschin 2009). Der Verlust einer wichtigen funktionellen Gruppe kann drastische Veränderungen der Funktionsweise von Ökosystemen verursachen.

Zur Beachtung der **Resilienz** im Rahmen der Potenzialbetrachtung sind noch einige Ausführungen erforderlich: Unter Resilienz versteht man die Fähigkeit eines Ökosystems, Störungen zu überstehen, ohne sich dauerhaft qualitativ zu verändern und seine funktional wichtigen Eigenschaften einzubüßen (vgl. die Originaldefinition von Holling in Ring et al. 2010: »*the capacity of a system to absorb and utilise or even benefit from perturbations and changes that attain it, and so to persist without a qualitative change in the system*«).

Dies steht in engem Zusammenhang zur **ökologischen Stabilität**, »dem Bestehenbleiben eines ökologischen Systems und seine Fähigkeit, nach Veränderung in die Ausgangslage zurückzukehren«. Innerhalb der »Stabilität« kann zwischen Konstanz und Zyklizität (ohne Fremdfaktoren) differenziert werden sowie zwischen Resistenz und Elastizität (mit Fremdfaktor). Hier sei auch auf die ökologische Tragfähigkeit hingewiesen, den Spielraum für eine mögliche Inanspruchnahme. Sie gibt an, bis zu welchem Umfang bestimmte Nutzungen toleriert werden können. So lässt hohe (natürliche) Bodenfruchtbarkeit ein großes Potenzial für die ackerbauliche Nutzung vermuten; das allein ist aber noch nicht ausreichend, wenn z. B. Risikofaktoren wie hohe Erosionsdisposition über kurz oder lang zu einer Schädigung der Bodenkrume und letztlich zum Verlust der landwirtschaftlichen Nutzbarkeit führen würden.

Ökosystemdienstleistungen (ÖSD)

Im mittleren Teil des EPPS-Schemas (Abb. 3.2) und eine stärker gesellschaftliche bzw. anthropogene Perspektive (Wertebene) widerspiegelnd, beschreiben die eigentlichen ÖSD jene Leistungen, die aktuell von der Gesellschaft nachgefragt (*demand*) oder in Anspruch genommen werden, um

3

Biomasse-Potenziale

Der Potenzialansatz wird nachfolgend anhand des Beispiels »energetische Nutzung von Biomasse« als gegenwärtig stark diskutiertes Themenfeld (Ausnutzung des biotischen Ertragspotenzials zur Produktion von energetisch verwertbarer Biomasse) dargelegt (▶ Abschn. 4.4.2). Das Flächenpotenzial für die Bioenergiegewinnung beträgt in Deutschland ca. drei bis vier Millionen Hektar (SRU 2007). Dabei spielt neben Anbaubiomasse zunehmend sogenannte Aufwuchsbiomasse eine Rolle. Dazu gehört vor allem Material aus der Landschaftspflege, dessen Einsatz mit einem Landschaftspflege-Bonus (nach dem Erneuerbare-Energien-Gesetz; EEG 2009) vergütet werden kann. Die regionale energetische Verwendung von Biomasse aus der Landschaftspflege soll künftig einen spürbaren Beitrag zur Deckung unseres Energiebedarfs leisten.

Das Ingenieurbüro Bosch & Partner hat im Auftrag des Sächsischen Landesamtes für Umwelt, Landwirtschaft und Geologie (LfULG) das Biomassepotenzial aus der Landschaftspflege für den Freistaat Sachsen bilanziert (Peters 2009). Dazu wurden für die relevanten Flächentypen wie Grünland, Gewässerrandstreifen oder Straßenbegleitgrün Datenbanken erstellt (◨ Abb. 3.3) und das Potenzial GIS-gestützt regionalisiert. Demnach stehen im Freistaat Sachsen Biomassepotenziale aus der Landschaftspflege auf ca. 204 000 Hektar mit etwa 667 500 Tonnen Ertrag pro Jahr zur Verfügung, was für tragfähige Verwertungskonzepte ausreichen würde.

Das Beispiel zeigt, wie (potenzielle) Möglichkeiten der Naturnutzung analysiert und bewertet werden können. Dies stellt eine wichtige Planungsgrundlage dar. Darauf aufbauend kann das vorhandene, aber noch weitgehend ungenutzte Potenzial einer tatsächlichen Nutzung – in diesem Fall Bioenergiegewinnung – zugeführt werden, falls die dafür nötigen Rahmenbedingungen stimmig sind (z. B. Technologie, Logistik, Vergütung). Dies käme nicht nur dem Energiesektor zugute, sondern auch der sozioökonomischen Bedeutung und dem gesellschaftlichen Ansehen von Naturschutz und Landschaftspflege.

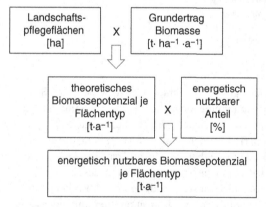

◨ **Abb. 3.3** Algorithmus zur Ermittlung des Biomassepotenzials. Adaptiert nach Peters 2009

ber 1999) bzw. ÖSD (Grunewald und Bastian 2010): Versorgungs-, Regulations- sowie soziokulturelle Leistungen (▶ Abschn. 3.2).

Intakte Ökosysteme bringen vielfältige ÖSD hervor, und diese stehen in komplexen Wechselwirkungen (Trade-offs, ▶ Abschn. »Trade-offs, Grenzwerte, Triebkräfte und Szenarien«). Manche ÖSD sind miteinander verknüpft oder gebündelt und werden demzufolge positiv oder negativ beeinflusst, wenn eine bestimmte ÖSD wächst bzw. einseitig erhöht wird (z. B. die Maximierung der Ertragsleistung eines Ackers zu Lasten von Regulations-ÖSD, wie Treibhausgasbindung, Biodiversität). Wie die einzelnen ÖSD miteinander verbunden sind, gilt nach wie vor als Themenfeld mit großen Kenntnislücken (MEA 2005).

Manche Autoren stellen den ÖSD sogenannte *disservices* gegenüber: Das sind für das menschliche Wohlbefinden negative soziale oder ökonomische Effekte von Ökosystemen (Lyytimäki und Sipilä 2009; Dunn 2010).

Es sei nochmals darauf hingewiesen: Nur wenn Ökosysteme und ihre Prozesse einen Nutzen für den Menschen generieren, ist der Begriff ÖSD ge-

einen Nutzen aus diesen zu ziehen. Leistungen und (gesellschaftliche) Funktionen werden hier als Synonyme betrachtet. Der Funktionsbegriff steht dabei für eine nutzungsorientierte Betrachtungsweise, nicht für das Funktionieren (die Funktionsweise) von Ökosystemen im Sinne von Prozessen, Kreisläufen usw. Wir bevorzugen eine dreigliedrige Klassifikation von Funktionen (Bastian und Schrei-

rechtfertigt. Status und Wertigkeit der einzelnen ÖSD werden durch die Nachfrage in Abhängigkeit von den gesellschaftlichen Rahmenbedingungen bestimmt. Die aktuelle Landnutzung spiegelt eine solche Nachfrage wider. Bei der Anwendung des ÖSD-Konzepts spielt die Berücksichtigung der Bedarfsseite also eine wesentliche Rolle. Dennoch sind im Unterschied zu »ökologischen« Bewertungen und Planungen (z. B. im Rahmen der Landschaftsplanung; vgl. Wende et al. 2011b; Albert et al. 2012) räumlich präzise Darstellungen der Nachfrage oder die Gegenüberstellung von Angebot und Nachfrage noch eher selten umgesetzt (▶ Abschn. 5.3). Die Nachfrage nach Leistungen ist jedoch die Basis für eine bedarfsorientierte räumliche Planung. Zur Erfassung der Nachfrage werden Informationen zur aktuellen, beabsichtigten oder erwünschten Nutzung von ÖSD benötigt, z. B. aus sozioökonomischen Modellierungen, Statistiken oder Befragungen (Burkhard et al. 2012). Geeignete Daten stehen oftmals nur eingeschränkt zur Verfügung. Muss man sie extra erfassen, ist das meist mit einem hohen Aufwand verbunden.

Einen Überblick über gängige Verfahrensansätze zur Erfassung/Bewertung von ÖSD geben ▶ Kap. 4 und ▶ Kap. 5 sowie die Fallstudien (▶ Kap. 6).

Nutzen, Werte, Wohlfahrt

Über das Bindeglied ÖSD ziehen Menschen Nutzen aus Ökosystemen. Das heißt, die ÖSD stiften Nutzen bzw. Werte, von denen die jeweiligen Nutzer profitieren. Insofern verkörpern die beiden im rechten Teil des EPPS-Schemas (◻ Abb. 3.2) stehenden Kategorien eine noch stärker anthropogene Perspektive und sind der sozioökonomischen Betrachtungsebene zuzuordnen. Ein Nutzen (*benefit*) trägt direkt zur Wohlfahrt von Menschen bei (Fisher und Turner 2008). Vielfach wird versucht, einem Nutzen einen ökonomischen bzw. monetären Wert zuzuordnen (▶ Abschn. 4.2).

Als zentrale Faktoren für das Wohlergehen der Menschen gelten z. B. Gesundheit, Vermeidung physischer Schäden, Freude, ästhetischer Genuss, Erholung, Versorgung mit Nahrung und wirtschaftliche Prosperität, die positiv von ÖSD beeinflusst werden. Das Millennium Ecosystem Assessment (MEA 2005) und mehrere andere Autoren

(z. B. Costanza et al. 1997; Wallace 2007) halten allerdings ÖSD und Nutzen für identisch.

Um Nutzen bzw. Werte zu bemessen, bedarf es der Bewertung. Bei einer Bewertung handelt es sich allgemein um eine Relation zwischen einem wertenden Subjekt und einem gewerteten Objekt (Wertträger) bzw. um die Einschätzung des Erfüllungsgrades eines Sachverhalts anhand vorgegebener Zielstellungen. Diese Relation hat zwei Dimensionen:

- Sachdimension: Sachinformationen über das zu bewertende Objekt bzw. Abbildung der Wirklichkeit.
- Wertdimension: Wertsystem bzw. Grundwerte als normative Basis für das auszusprechende Werturteil (Bechmann 1989, 1995).

Die Bewertung stellt dar, inwieweit der heutige Zustand vom gewünschten bzw. geplanten Zustand abweicht (Auhagen 1998). In der Literatur wird der Bewertungsbegriff mehrdeutig gebraucht (Wiegleb 1997), d. h. im Sinne von Auswertung (Skalierung), Beurteilung, Reihung (relativer Vergleich), Soll-Ist-Zustandsvergleich (= Bewertung im engeren Sinne).

Eine Bewertung im eigentlichen Sinne gibt die Ausrichtung dafür an, wie, in welchem Umfang und in welcher Form gehandelt werden soll. Sie liefert die Normen und Orientierungen, nach denen die konkrete Handlung, die stets eine Entscheidung zwischen mehreren Handlungsoptionen ist, gestaltet werden kann (Bechmann 1995). Die Bewertung stellt also den entscheidenden Schritt dar, um einen vorgefundenen (objektiven) Sachverhalt entscheidungs- und handlungsbezogen zu interpretieren. Dabei können je nach Inhalt bzw. Komplexität mehrere Bewertungsebenen unterschieden werden: fachspezifische Bewertung(en) (monosektorale Betrachtungsweise), Abgleich (politische Interessenabwägung) mit anderen Nutzungsansprüchen bzw. Politikfeldern (multisektorale Betrachtungsweise) als Grundlage für die Entscheidungsfindung und schließlich die handlungsorientierte Bewertung. Erst wenn die Beurteilung der vorgefundenen Zustände von Ökosystemen (und Landschaften) anhand vorgegebener Wertmaßstäbe, Zielstellungen (Leitbilder) bzw. Handlungsaufforderungen erfolgt, werden die für eine Bewertung im eigentli-

3

Werte-Klassifikation (▶ Abschn. 2.3 und ▶ Abschn. 4.2)

Werte von Ökosystemdienstleistungen können in zwei Kategorien eingeteilt werden: nutzenabhängige (*use values*) und nutzenunabhängige Werte (*non-use values*). Nutzenabhängige Werte werden der aktuellen, zukünftigen oder potenziellen Nutzung einer ÖSD zugeordnet. Sie umfassen direkte und indirekte nutzenabhängige Werte (*direct* und *indirect use values*), Optionswerte (*option values*) und Quasi-Optionswerte (*quasi-option values*).

Beispiele für direkte nutzenabhängige Werte sind die Werte für Jagd, Fischfang und Heilpflanzen. Alle Versorgungs-ÖSD und einige soziokulturelle ÖSD (z. B. Erholung) bringen direkte nutzenabhängige Werte hervor. Indirekte nutzenabhängige Werte beziehen sich vor allem auf die positiven Wirkungen, die Ökosysteme entfalten. Beispiele sind die Werte für die Blütenbestäubung und den Schadstoffabbau.

Optionswerte und Quasi-Optionswerte hängen mit Information und Unsicherheit zusammen. Weil Menschen im Unklaren über ihre künftigen Ansprüche, Lebensumstände und die dann verfügbaren Informationen sind, schließen sie die Option einer möglichen Inanspruchnahme in der Zukunft ein und sie bewerten den bis dahin erwarteten Informationszuwachs. Optionswerte können allen ÖSD zugeordnet werden.

Quasi-Optionswerte repräsentieren den Wert irreversibler Entscheidungen, ehe nicht neue Informationen zur Verfügung stehen, die auf mögliche, bislang unbekannte Werte von Ökosystemen hinweisen.

Auch Quasi-Optionswerte sind unter Praxisbedingungen schwer zu erfassen (Hein et al. 2006). Sie korrespondieren stark mit dem Potenzialansatz.

Nutzenunabhängige Werte misst die Gesellschaft der bloßen Existenz eines Ökosystems bei, unabhängig von der Nutzung seiner Funktionen und Services (Existenzwerte). In diese Rubrik gehören auch die altruistischen Werte (Nützlichkeit von Ökosystemen für andere Menschen) und die Vermächtnis-Werte (Nutzen, den zukünftige Generationen für ihr Wohlbefinden ziehen können). Die einzelnen Kategorien der nutzenunabhängigen Werte sind oft schwer zu differenzieren, sowohl konzeptionell als auch empirisch (Hein et al. 2006).

---

chen Sinne maßgeblichen Kriterien erfüllt (Bastian und Schreiber 1999).

Es gibt ganz unterschiedliche Motive, ÖSD bestimmte Werte beizumessen. Diese Motive hängen in starkem Maße von ökonomischen, aber auch moralischen, ästhetischen und anderen kulturellen Perspektiven ab (Hein et al. 2006).

Häufig wird das Postulat prinzipieller Wertfreiheit ökologischer Erkenntnisse als Resultat naturwissenschaftlicher Forschung übersehen. Das heißt, ausgehend vom »Sein« (Ist-Zustand, deskriptive Aussage) ergibt sich kein logischer Schluss auf den Soll-Zustand (normative Aussage). Mit anderen Worten: Es ist nicht möglich, aus ökologischen Erkenntnissen Werturteile abzuleiten oder entsprechende Fragen zu beantworten, wie etwa: »Welche Natur wollen wir schützen?« oder »Wie soll die Natur geschützt werden?« Dinge sind nicht an sich wertvoll, sondern weil wir sie wertschätzen.

Auf das Problem der Sein-Sollen-Dichotomie wies Hume bereits 1740 in seinem *Traktat über die menschliche Natur* hin (Erdmann et al. 2002). Als Terminus für das Ableiten von Normen aus der Natur führte Moore in seiner *Prinicipa Ethica* 1903 den Begriff »naturalistischer Fehlschluss« ein

(Erdmann et al. 2002). Begriffe wie Natürlichkeit, Seltenheit usw. nehmen nicht unbedingt eine Wertentscheidung vorweg. Man muss also den Schutz seltener Arten begründen, da nicht alles Seltene *per se* schützenswert ist. Auch ein naturnaher Vegetationsbestand gilt nicht generell als erstrebenswert, so aus der Sicht des Landwirts, wenn dieser seinen »verunkrauteten« Acker betrachtet, aber auch nicht immer vonseiten des Naturschutzes, wenn es z. B. darum geht, durch menschliche Tätigkeit entstandene blumenbunte, artenreiche Mähwiesen zu erhalten und keine Verbrachung, Verbuschung und Bewaldung zuzulassen.

Bewertungsverfahren strukturieren und reglementieren Bewertungsvorgänge sowohl formal als auch inhaltlich. In ökologischen Planungen sollen sie den Planungsprozess rationalisieren und die Akzeptanz der Planungsergebnisse durch die Gesellschaft verbessern.

Um Nutzen bzw. Werte im ÖSD-Kontext zu erfassen, gilt vielfach eine monetäre Bewertung als Mittel der Wahl. Eine alleinige Orientierung auf monetäre Bewertungen von ÖSD wird allerdings zunehmend kritisch betrachtet (Spangenberg und Settele 2010). Es müssen also nicht zwingend Geldwerte zugrunde gelegt werden. Andererseits haben Studien, vor allem jene, die sich mit der konkreten Umsetzung von Maßnahmen und den daraus entstehenden finanziellen Konsequenzen beschäftigten (z. B. Lütz und Bastian 2000; von Haaren und Bathke 2008; Grossmann et al. 2010), gezeigt, wie mit der Ermittlung der Geldwerte der betrachteten Leistungen Anreize für eine Umstellung von Bewirtschaftungsweisen oder Entscheidungshilfen für bestimmte Problemlösungen gegeben wurden. Monetäre Werte dienen dazu, sogenannte Externalitäten (äußere Einflüsse, Wirkungen) in ökonomischen Bewertungsverfahren zu internalisieren, damit sie in Entscheidungsprozessen auf allen Ebenen besser Berücksichtigung finden (▶ Abschn. 4.2).

Zusätzlich zur ökonomischen Bewertung sind jedenfalls auch andere Ansätze zu beachten, um die Bedeutung von ÖSD aufzuzeigen und auch andere Dimensionen des menschlichen Wohlbefindens zu integrieren, die nicht in Geldwerten ausgedrückt werden können oder sollten, z. B. kulturelle und spirituelle Werte. Ein hoher Stellenwert kommt partizipativen Verfahren zu, also der Beteiligung von Interessenträgern. Die Präferenzen für bestimmte ÖSD und die daran gebundenen Managementmaßnahmen werden gesellschaftlich ausgehandelt. Als Grundlage ist aber entsprechendes Hintergrundwissen unverzichtbar, welches sowohl ökologische als auch ökonomische Informationen umfasst (▶ Abschn. 4.3).

Grundsätzlich unterscheiden wir bei der Bewertung von ÖSD drei Verfahrenstypen: expertengestützte quantitative Verfahren (vorwiegend ökologisch bzw. biophysisch basiert, ▶ Abschn. 4.1), ökonomisch/monetär basierte Verfahren (▶ Abschn. 4.2) und partizipative, szenariobasierte Verfahren (▶ Abschn. 4.3). Komplexe Bewertungsverfahren als Kombination aus den drei Ansätzen werden in ▶ Abschn. 4.4 diskutiert.

Nutzer von ÖSD/Akteure

Von ÖSD und den durch sie erzeugten mannigfaltigen Nutzen und Werten profitieren jeweils bestimmte Nutzer (Nutznießer, *beneficiaries*): entweder Einzelpersonen, Personengruppen oder die Gesellschaft insgesamt. Die Nutzer von ÖSD wirken aber auch auf die Ökosysteme zurück (durch

Nutzungsprozesse, Management, Entscheidungen, Steuerungsinstrumente usw. (▶ Kap. 5).

Die Identifikation der Nutznießer von ÖSD hilft, gezielt umweltpolitische Steuerungsinstrumente zu entwickeln, um Anreize für einen schonenden Umgang mit Ökosystemen und ihren Leistungen zu setzen. Die Schlüsselfrage ist: Wer profitiert wo von welchen ÖSD? Folgende Fälle können unterschieden werden (Kettunen et al. 2009):

- Lokale öffentliche Nutzen (*local public benefits*): nicht auf überörtlichen Märkten handelbare Produkte und Leistungen, z. B. Stärkung der lokalen Identität, Naherholung.
- Lokale private Nutzen (*local private benefits*): natürliche Wasserreinigung, wodurch das örtliche Wasserwerk Kosten spart.
- Lokale Nutzen des öffentlichen Sektors (*local public sector benefits*): Vermeidung von Hochwasser hilft öffentliche Investitionen in die Hochwasserbekämpfung und -schadensbeseitigung zu sparen.
- Regionale und grenzübergreifende Nutzen (*regional and cross-border benefits*): Regulation von Klima und Hochwasser, Bereitstellung und Reinigung von Wasser in transnationalen Fließgewässereinzugsgebieten.
- Internationale/globale öffentliche Nutzen (*international/global public benefits*): Habitate für wandernde Arten, Regulation des Klimas (Kohlenstoffabscheidung und -speicherung), Erhaltung der globalen Biodiversität.
- Internationale private Nutzen (*international private benefits*): Entwicklung neuer pharmazeutischer oder medizinischer Produkte aus wild wachsenden Pflanzenarten.

Trade-offs, Grenzwerte, Triebkräfte und Szenarien

Weitere im Zusammenhang mit ÖSD äußerst wichtige Gesichtspunkte betreffen z. B. die sogenannten **Trade-offs**. Dieser vom englischen »*to trade off*« abgeleitete Begriff bedeutet im deutschen Sprachgebrauch Abwägung, Abtausch, Kompromiss oder Ausgleich, wird jedoch unterschiedlich verwendet. Wir nutzen ihn, um die vielfältigen Wechselwirkungen und Verbindungen zwischen ÖSD zu beschreiben. Manche ÖSD sind positiv korreliert, andere negativ oder indifferent. So kann die einseitige Erhöhung von Versorgungs-ÖSD viele Regulations-ÖSD reduzieren, z. B. kann die Steigerung der Agrarproduktion die Speicherung von Kohlenstoff im Boden über eine verschlechterte Humusbilanz oder den Grünlandumbruch herabsetzen oder die Biodiversität vermindern. In der TEEB-Studie (TEEB 2009) wird zwischen folgenden Trade-offs unterschieden: (1) zeitliche Trade-offs: Nutzen jetzt – Kosten später; (2) räumliche Trade-offs: Nutzen hier – Kosten dort; (3) Nutznießer-Trade-offs: Einige gewinnen – andere verlieren; (4) Service-Trade-offs: Eine ÖSD wird gefördert, andere leiden darunter.

Alle Säulen bzw. Kategorien der ÖSD-Bewertung lassen sich hinsichtlich räumlicher (z. B. Maßstab, Dimension, Anordnungsmuster) und zeitlicher Aspekte (z. B. Triebkräfte, Veränderungen, Szenarien) untersuchen und differenzieren (▶ Abschn. 3.3).

Ökosysteme können starken Veränderungen unterliegen. Werden kritische **Schwellen- bzw. Grenzwerte** (Tragfähigkeit u. Ä., siehe oben) überschritten, sind gravierende strukturelle Veränderungen nicht ausgeschlossen, z. B. die Eutrophierung von Seen, Degradation von Agrarland, der Zusammenbruch von Fischbeständen und Korallenriffen.

Als Auslöser von Ökosystemveränderungen treten verschiedene, teilweise sich auch überlagernde **Triebkräfte** in Erscheinung. Artner et al. (2005) unterscheiden zwischen fixen Faktoren bzw. Triebkräften, wie z. B. die fortschreitende Globalisierung, der Klimawandel oder der demographische Wandel, und variablen Faktoren, wie Wirtschaftsentwicklung, gesellschaftliche Steuerung, Freizeitverhalten, Verkehrsaufkommen, Ressourcenverbrauch und Strukturentwicklung.

Zustände von ÖSD können prognostiziert oder unter Annahme verschiedener **Szenarien** untersucht werden. Im Gegensatz zu einer Prognose ist ein Szenario keine Vorhersage und nicht mit einer Aussage über die Eintrittswahrscheinlichkeit verbunden, sondern stellt eine unter definierten Bedingungen absehbare Entwicklungsmöglichkeit dar. Ein Szenariensatz kann verwendet werden, um mögliche Langzeitwirkungen bzw. -folgen von Entscheidungen zu simulieren (Dunlop et al. 2002) (▶ Abschn. 4.3). Szenarien informieren die Ent-

scheidungsfinder über mögliche Wohlfahrtsgewinne und -verluste. Nicht nur die Veränderung von Ökosystemen und ÖSD ist zu berücksichtigen, sondern auch die **Veränderlichkeit von Werten**. Werthaltungen unterliegen Zyklen und Trends (bestes Beispiel sind die Moden). Die zukünftige Entwicklung der gesellschaftlichen Werte hängt von sehr vielfältigen Faktoren ab. Da sich die Wertmaßstäbe, u. a. der Wert des Geldes, ändern können, sind monetäre Bewertungen künftiger Zustände mit besonders großen Unsicherheiten behaftet (siehe Diskontierung von ÖSD, ▶ Abschn. 4.2).

3.1.3 Die Anwendung der EPPS-Rahmenmethodik – Beispiel »Bergwiese«

Abschließend wird die Anwendung der EPPS-Rahmenmethodik an einem Beispiel demonstriert, und zwar anhand des Ökosystem(-typ)s »Bergwiese«.

Bei Bergwiesen handelt es sich um artenreiche, extensiv genutzte Wiesen frischer bis mäßig feuchter Standorte des Berglandes ab etwa 500 m ü. NN. Je nach geographischer Lage, Nährstoffgehalt der Böden und Feuchteregime sowie Art und Intensität der Nutzung bzw. Pflege (z. B. Schnitthäufigkeit, Düngung) kommen sie in verschiedenen Ausprägungsformen vor.

Für die Fähigkeit von Bergwiesen, ÖSD zu generieren, sind jeweils bestimmte Merkmale, Merkmalskombinationen bzw. Bestandteile des Ökosystems maßgeblich, wie z. B. Nährstoff- und Wasserhaushalt, Artenkombination und Nutzungsintensität. Bergwiesen besitzen das Potenzial, mannigfaltige ÖSD aller drei Klassen – Versorgungs-, Regulations- und soziokulturelle Leistungen – hervorzubringen, darunter:

- Versorgungsleistungen (ökonomische Leistungen): Bereitstellung von Futterpflanzen für Haustiere, biochemischen/pharmazeutischen Stoffen (Bärwurz und andere Kräuter), genetischen Ressourcen (Saatgut von Kräutern/Gräsern, z. B. für Heumulchsaat), Trinkwasser;
- Regulationsleistungen (ökologische Leistungen): Kaltluftentstehung, Wasserrückhalt und Hochwasserschutz, Erosionsschutz, Habitatfunktion;

- soziokulturelle Leistungen: ästhetische Werte (z. B. Landschaftsbild), Leistungen in den Bereichen Erholung und Ökotourismus sowie Umweltbildung, kulturhistorische Aspekte.

Nicht alle diese Potenziale werden tatsächlich in Anspruch genommen. So gibt es kaum Bedarf für die beim Wiesenschnitt anfallende Grünmasse, da die moderne, auf Hochleistung getrimmte Milchviehhaltung dafür keine Verwendung vorsieht. Auch die energetische Verwertung von Landschaftspflegematerial ist noch nicht sehr weit gediehen. Solange für den Grünschnitt kein Markt bzw. kein Abnehmer existiert, kann diesem im ökonomischen Sinne auch kein Nutzen bzw. Wert zugebilligt werden. Ganz anders stellt sich die Situation im Hinblick auf Biodiversität und ästhetische Werte dar, wobei eine Quantifizierung oder gar Monetarisierung allerdings alles andere als einfach ist. Ungeachtet dessen tragen bunt blühende Wiesen durch ihre Schönheit zum menschlichen Wohlbefinden bei, und setzt man deren Vorhandensein mit der Attraktivität von Urlaubsregionen in Beziehung, so können auch ökonomische Werte abgeleitet werden, so in Form der Zahl der Touristen, die eben wegen dieser Bergwiesen anreisen. In diesem Falle gelten Touristen und Touristikunternehmen, im Hinblick auf die Bewahrung der Biodiversität sogar die gesamte Gesellschaft bis hin zur Europäischen Gemeinschaft als Nutznießer (im Falle von Natura 2000, ▶ Abschn. 6.6.1).

Da die Bergwiese ein zwar natürlich anmutendes, aber vom Menschen durch regelmäßigen Schnitt geschaffenes Ökosystem darstellt, muss eine adäquate Bewirtschaftung bzw. Pflege aufrechterhalten oder imitiert werden, um die Bergwiese als solche und mit ihr die relevanten ÖSD zu erhalten. Dafür ist menschliche Arbeitsleistung erforderlich, z. B. durch Agrarbetriebe, Landschaftspflegeverbände und Naturschutzvereinigungen. Diejenigen, die mit ihrer Tätigkeit die Bereitstellung von ÖSD durch die Bergwiese gewährleisten, sind nicht immer mit den Nutznießern identisch. Da aber die Gesellschaft beispielsweise an der Erhaltung der biologischen Vielfalt interessiert ist, was sich in zahlreichen Gesetzen, Verträgen, Konventionen und Strategien unterschiedlichster Ebenen niederschlägt, vergütet sie den Pflegeaufwand finanziell

(▶ Abschn. 6.5). Sie legt Naturschutz- bzw. Landschaftspflegeprogramme auf und honoriert Agrarumweltmaßnahmen (▶ Abschn. 6.2). Gleichzeitig sorgt sie in Gestalt der Ausweisung von Schutzgebieten (NSG, FND, Natura 2000 usw.) für die notwendigen juristischen Schutzinstrumente.

Alle diese Ebenen, angefangen vom Ökosystem »Bergwiese« (physische Ebene, Sachebene) über die ÖSD (intermediäre Ebene) bis hin zu den Nutzen und Nutzern (sozioökonomische Ebene), unterliegen mannigfaltigen räumlichen und zeitlichen Aspekten (▶ Abschn. 3.3). So ist auf der Ökosystemebene die Größe der Bergwiese oder ihre Anordnung im Biotopmosaik von Interesse, damit sie den Ansprüchen bestimmter Arten genügt, z. B. Minimalareal von Tieren. Eine große Bergwiese erbringt in der Regel mehr Leistungen als eine kleine, bei ansonsten identischer Ausprägung; gedacht sei etwa an die ästhetische Wirkung. Auch bei Nutzen und Nutzern bestehen starke raumbezogene Zusammenhänge. So sorgt der lokale Landschaftspflegeverband für die Erhaltung der Bergwiese, von den ästhetischen Werten profitieren vor allem zugereiste Touristen. Die Leistung »Erhaltung der Biodiversität« lässt sich in ihrem Wirkradius kaum eingrenzen, sondern kann – wie bei Natura 2000 – die ganze EU und darüber hinaus andere Staaten betreffen.

In Bezug auf zeitliche Aspekte sind zunächst die Veränderungen zu betrachten, denen Ökosysteme unterliegen, bei Bergwiesen vor allem durch unsachgemäße oder ausbleibende Nutzung bzw. Pflege. Im Laufe der Zeit können sich aber auch die Einstellungen bzw. Werthaltungen der Bevölkerung bezüglich des Naturschutzes verändern.

Veränderungen werden durch Triebkräfte ausgelöst: Globalisierung und Gemeinsame Agrarpolitik (GAP) der EU sowie technologischer Fortschritt lassen Bergwiesen für die Landwirtschaft wenig attraktiv erscheinen. Der demographische Wandel geht mit einem Ausdünnen der Personaldecke des ehrenamtlichen Naturschutzes einher, wodurch weniger Akteure zur Verfügung stehen werden, die sich um die Bergwiesen kümmern (Wende et al. 2011a). Auch der Klimawandel bleibt sicherlich nicht ohne Einfluss auf diese sensiblen Ökosysteme.

3.2   Klassifikation von ÖSD

O. Bastian, K. Grunewald und R.-U. Syrbe

» Eine der wichtigsten Denkmethoden ist das Denken in Kästchen, es verstärkt vorhandene Strukturen und betont Unterschiede (W. Symader). «

Angesichts der Vielfalt und Komplexität der Ökosysteme und der von ihnen ausgehenden Leistungen fällt es schwer, eine Klassifikation von ÖSD vorzunehmen, die weithin akzeptiert wird, vielen Ansprüchen genügt oder gar Allgemeingültigkeit beanspruchen kann. Mittlerweile gibt es eine ganze Reihe von Typologien, die sich mehr oder weniger voneinander unterscheiden und die in Abhängigkeit von der Zielstellung der Untersuchung, der räumlichen Betrachtungsebene und dem spezifischen Entscheidungskontext jeweils Stärken und Schwächen aufweisen.

Das Klassifikationsproblem in Bezug auf Ökosystemfunktionen beschäftigt die Wissenschaft seit Langem. So unterschied Niemann (1977) vier Funktionsgruppen: Produktionsfunktionen, landeskulturelle Funktionen, humanökologische Funktionen sowie ethische und ästhetische Funktionen. Van der Maarel und Dauvellier (1978) erklärten Produktions-, Träger-, Informations-, Regulations- und Reservoirfunktionen zu gesellschaftlichen Funktionen des Naturraumes. Bastian und Schreiber (1999) teilten Landschaftsfunktionen in drei Gruppen ein: Produktionsfunktionen (ökonomische Funktionen), Regulationsfunktionen (ökologische Funktionen) und Lebensraumfunktionen (kulturelle Funktionen). Jede dieser Funktionsgruppen untergliederten sie weiter in Haupt- und Teilfunktionen.

De Groot (1992) definierte Regulations-, Produktions-, Standort- und Informationsfunktionen (bzw. -leistungen), verzichtete später aber auf die Standortfunktionen zugunsten von Habitatfunktionen (de Groot et al. 2002). Auch in der TEEB-Studie wurden die *habitat services* zu einer eigenständigen Kategorie erklärt, um die Bedeutung der Ökosysteme für die biologische Vielfalt zu betonen (TEEB 2010).

Fußend auf der Studie von Costanza et al. (1997) hat das Millennium Ecosystem Assessment (MEA 2005) ÖSD vier verschiedenen Klassen zugeordnet, eine Einteilung, an der sich daraufhin zahlreiche Arbeiten orientierten:

- Versorgungsleistungen (*provisioning services*), z. B. Essen, Trinkwasser, Holz;
- Regulationsleistungen (*regulating services*), z. B. Hochwasserschutz und Luftreinhaltung;
- kulturelle Dienstleistungen (*cultural services*), z. B. Erholungsleistungen;
- unterstützende Leistungen (*supporting services*), d. h. sämtliche Prozesse, welche die notwendigen Bedingungen für die Existenz aller Ökosysteme sicherstellen, wie etwa den Nährstoffkreislauf.

Ferner schlüsselte das Millennium Ecosystem Assessment die Wirkungen der ÖSD auf das menschliche Wohlergehen in folgende Kategorien auf: Sicherheit, Gesundheit, materielle Grundlagen für ein gutes Leben, gute soziale Bindungen, Wahl- und Handlungsfreiheit (MEA 2005).

Die skizzierten Klassifikationssysteme zu ÖSD weisen inhaltliche Gemeinsamkeiten überwiegend bei den drei Klassen Versorgungsleistungen, Regulationsleistungen und kulturelle Leistungen auf. Uneinigkeit gibt es hinsichtlich der Einordnung von Phänomenen, die der Bereitstellung der Leistungen aus den drei anderen Klassen zugrunde liegen. Das betrifft die unterstützenden Leistungen (die u. a. von Müller und Burkhard (2007) mit Ökosystemintegrität bzw. Basisleistungen gleichgesetzt werden), die aber gemäß einigen Autoren nur Zwischenschritte (*intermediate services*) zur eigentlichen Leistung darstellen und somit Bestandteil dieser sind. Darüber hinaus sind sie ökonomisch schwer fassbar und einzeln kaum marktfähig.

Letztlich hängt die Einteilung der Kategorien maßgeblich vom jeweiligen Bearbeiter ab. In der Regel werden drei oder vier Gruppen und insgesamt ca. 15 bis 30 Funktionen bzw. Dienstleistungen unterschieden. Für sinnvolle Aussagen müssen diese hinreichend spezifiziert werden. Des Weiteren sind Hinweise zu Indikatoren, die diese beschreiben, erforderlich. Diesbezüglich gibt es in der Literatur noch erhebliche Defizite (Jessel et al. 2009; TEEB 2009).

Nachfolgend geben wir entsprechend dem gegenwärtigen Kenntnisstand und unter Einbeziehung unserer eigenen Erfahrungen und Überlegungen eine Übersicht über ÖSD. Wir klassifizieren die (30) ÖSD in drei Hauptklassen (Versorgungs-, Regulations- und soziokulturelle Dienstleistungen, jeweils mit Untergliederungen) und liefern eine kurze Definition bzw. Beschreibung, nennen Beispiele sowie ausgewählte Indikatoren (zur Erfassung bzw. Bewertung der ÖSD), ohne dabei Anspruch auf Vollständigkeit zu erheben.

3.2.1 Versorgungs- (ökonomische) Dienstleistungen und Güter

Ökosysteme, insbesondere wenn sie natürlich oder naturnah sind, stellen viele Güter bereit, angefangen vom Sauerstoff und Wasser bis hin zu Nahrung und Energie, medizinischen und genetischen Ressourcen, Materialien für Kleidung und Bauen. In der Regel beziehen sich diese Leistungen auf erneuerbare biotische Ressourcen (d. h. Produkte aus lebenden Pflanzen und Tieren). Abiotische Ressourcen (oberflächennahe mineralische Stoffe), Wind- und Sonnenenergie können nicht bestimmten Ökosystemen zugeordnet und demzufolge auch nicht als ÖSD angesehen werden. De Groot et al. (2002) differenzieren zwischen Produkten, die direkt aus der Natur entnommen werden (Fisch, Tropenhölzer, Wildfrüchte), und Produkten von kultivierten bzw. gezüchteten Pflanzen und Tieren. Letztere erfordern einen höheren Aufwand an Arbeitskraft, Zeit und Energie (◻ Tab. 3.1).

3.2.2 Regulations- (ökologische) Dienstleistungen und Güter

Die Biosphäre und ihre Ökosysteme sind für die menschliche Existenz Grundvoraussetzung. Prozesse wie die Energieumwandlung, vorwiegend aus der Sonnenstrahlung in Biomasse, die Speicherung und der Transfer von Mineralstoffen und Energie in Nahrungsketten, biogeochemische Kreisläufe, Mineralisierung organischer Substanzen in Böden oder Klimaregulation sind für das Leben auf der Erde essenziell. Umgekehrt werden diese Prozesse durch das Zusammenspiel abiotischer Faktoren mit lebenden Organismen beeinflusst und ermöglicht.

Damit der Mensch auch weiterhin von diesen Prozessen profitieren kann, müssen die Existenz und Funktionsfähigkeit der Ökosysteme sichergestellt werden. Aufgrund der (»nur«) indirekten Nutzen der Regulationsleistungen (◻ Tab. 3.2) werden diese oftmals nicht beachtet, bis sie Schaden nehmen oder verlorengehen, obwohl sie für die Existenz des Menschen auf der Erde die Grundlage bilden (de Groot et al. 2002).

3.2.3 Soziokulturelle Dienstleistungen und Güter

Insbesondere natürliche und naturnahe Ökosysteme bieten vielfältige Möglichkeiten zur Gesunderhaltung und Erholung, zur geistigen Bereicherung, Erbauung und zu ästhetischem Genuss. Diese sogenannten »psychologisch-sozialen ÖSD« sind für den Menschen nicht minder wichtig als Regulations- und Versorgungs-ÖSD, werden aber häufig übersehen oder nicht ausreichend gewürdigt, nicht zuletzt, weil sie für Bewertungen, insbesondere monetärer Art, nur schwer zugänglich sind. Eine zweite Teilklasse umfasst die Informations-ÖSD, also die Beiträge von Ökosystemen zum Erkenntnisgewinn, zu Bildung und Inspiration (◻ Tab. 3.3).

Die dargestellte und von uns favorisierte Unterteilung in Versorgungs- (ökonomische), Regulations- (ökologische) und soziokulturelle Dienstleistungen hat den Vorteil, dass sie sich in das Konzept der Nachhaltigkeit mit den etablierten ökologischen, ökonomischen und sozialen Entwicklungskategorien einbinden lässt. Die »unterstützenden« ÖSD stellen wir – je nach konkretem Sachverhalt – zu den Regulationsleistungen oder zu den ökologischen Prozessen (z. B. Nährstoffkreisläufe, Nahrungsketten). Auch andere Autoren bzw. Klassifikationssysteme (z. B. Pfisterer et al. 2005; Hein et al. 2006; Burkhard et al. 2009; Haines-Young und Potschin 2010) unterscheiden nur zwischen drei Klassen von ÖSD und verzichten auf die unterstützenden ÖSD als eigenständige Kategorie.

3

◨ **Tab. 3.1**   Versorgungs- (ökonomische) Dienstleistungen und Güter

Code/Name der Dienstleistung	Definition/Beschreibung	Beispiele	ausgewählte Indikatoren
I Nahrung (Bereitstellung von pflanzlichen und tierischen Rohstoffen/Produkten)			
V.1 Nahrungs- und Futterpflanzen	angebaute Pflanzen oder Erntegut zur Ernährung von Menschen oder Tieren	Getreide, Gemüse, Obst, Speiseöl, Heu	Ernteerträge (dt ha^{-1}), Deckungsbeiträge (€ ha^{-1})
V.2 Nutzvieh	Nutz- und Schlachttiere	Rinder, Schweine, Pferde, Geflügel	Viehbesatz (GVE ha^{-1}), Deckungsbeiträge (€ ha^{-1})
V.3 Wildfrüchte und Wildbret	essbare Tiere oder Pflanzen aus der Wildnis	Beeren, Pilze, Wildbret	Abschusszahlen (Tiere je ha), Erlöse (€ ha^{-1})
V.4 Wildfisch	Fische und Meeresfrüchte, die nicht gezüchtet, sondern im Freiwasser gefangen wurden	Aale, Heringe, Krabben, Muscheln	Fangquoten und -zahlen, Erntemengen (t ha^{-1}), Erlöse (€ ha^{-1})
V.5 Aquakultur	Fische, Muscheln oder Algen, die in Teichen oder Zuchtanlagen wachsen	Karpfen, Shrimps, Austern	Produktionsmengen (t ha^{-1}), Erlöse (€ ha^{-1})
II Nachwachsende Rohstoffe			
V.6 Holz und Baumprodukte	Rohstoffe, die von Bäumen in Wäldern, Forsten, Plantagen und Agroforst-Systemen stammen	Bauholz, Cellulose, Harz, Latex	Bestand, Zuwachs, Erträge (FM ha^{-1}, t ha^{-1}), Erlöse (€ ha^{-1})
V.7 Fasern von Nicht-Holzpflanzen	Fasern aus krautigen Pflanzen aus dem Anbau und aus der Natur	Baumwolle, Hanf, Lein, Sisal	Erträge, Erntemengen (t ha^{-1}), Erlöse (€ ha^{-1})
V.8 Nachwachsende Energieträger	Biomasse aus Energiepflanzen, natürliche Düngestoffe	Feuerholz, Holzkohle, Mais, Raps, Dung, Gülle	Erntemengen (t ha^{-1}), Energieertrag (MJ ha^{-1})
V.9 Sonstige Naturmaterialien	Materialien für Industrie, Handwerk, Dekoration und Kunst, Souvenirs	Leder, Aromen, Perlen, Federn, Zierpflanzen, Zierfische	verkaufte Einheiten (z. B. Pelze pro a), Erlöse (€ ha^{-1})
III Sonstige erneuerbare Naturressourcen			
V.10 Genetische Ressourcen	Gene und genetische Informationen für Zucht und Biotechnologie	Samen, Resistenzgene, z. B. *Bacillus thuringiensis*-Gen	Anzahl der Arten
V.11 Biochemikalien, Naturmedizin, Arzneigrundstoffe	medizinisch, kosmetisch oder rituell nutzbare Stoffe für Gesundheit und Wohlbefinden	ätherische Öle, Tees, *Echinacea*, Knoblauch, Blutegel, Nahrungsergänzungsmittel, natürlicher Pflanzenschutz	Ernte-/Wirkstoffmengen (kg ha^{-1}), Erlöse (€ ha^{-1})
V.12 Süßwasser	sauberes Wasser in Grund- und Oberflächengewässern, Niederschlag und im Untergrund für Haushalts-, Industrie- und landwirtschaftliche Nutzung	Regen, Quell- und Brunnenschüttung, Uferfiltrate	Rohwasser, Trinkwasser (Tm^3 a^{-1}), Erlöse (€ ha^{-1})

◘ **Tab. 3.2** Regulations- (ökologische) Dienstleistungen und Güter

Code/Name der Dienstleistung	Definition/Beschreibung	Beispiele	Ausgewählte Indikatoren
I Klimatologische und lufthygienische Dienstleistungen			
R.1 Luftqualitätsregulation	Reinigung der Luft und Gasaustausch	Filterwirkung (Feinstaub, Aerosole), Sauerstoffbildung	Waldanteil (%), Blattflächenindex
R.2 Klimaregulation	Einflüsse auf die Erhaltung natürlicher klimatischer Abläufe und auf die Verminderung von Witterungsextremen	Kaltluftbildung, Befeuchtung, Temperatursenkung durch Vegetation und Gewässer, Abschwächung von Extremtemperaturen, Stürmen	Anteile von Wald, Freiflächen und Gewässern (%), Hangneigung (°), Albedo, Bauhöhen
R.3 Kohlenstofffixierung	Entfernung von Kohlendioxid aus der Atmosphäre und Verlagerung in Senken	Photosynthese, Fixierung in Pflanzendecke, Böden, Ozean	Vegetationsflächenanteile (%), Bodenformen (Moore)
R.4 Lärmschutzwirkung	Verminderung der Lärmimmission durch Vegetation und Oberflächenformen	Lärmschutzwirkung von Pflanzenbeständen	Vitalität, Schichtung und Dichte der Vegetation
II Hydrologische Dienstleistungen			
R.5 Wasserregulation	ausgleichende Einflüsse auf den Wasserstand von Flüssen und Seen sowie auf Höhe, Dauer, Verzögerung bzw. Vermeidung von Hochwasser, Dürren und (Wald-)Bränden, Schutz vor Sturmfluten (z. B. durch Korallenriffe, Mangroven), Wasser als Transportmedium, Wasserkraft	natürliche Bewässerung, Bodenspeicher, Versickerung/Grundwasserneubildung	Hangneigung (°), Flächennutzung (Landbedeckung) (%), Bodenarten
R.6 Wasserreinigung	Filtration, Nähr- und Schadstoffbindung in Grund- und Oberflächenwasserkörpern	Selbstreinigung von Flüssen und Seen	Flächennutzung (%), Bodenarten, Gewässerstruktur und -schutzstreifen (%)
III Pedologische Dienstleistungen			
R.7 Erosionsschutz	Vermeidungswirkung der Vegetation auf Bodenabtrag, Wind- und Wassererosion, Sedimentation, Verschlämmung	Schutz vor Erdrutschen, Lawinen, Windbremsung	Hangneigung (°), Flächennutzung, permanente Bodenbedeckung, Hangschutzwälder Kulturarten-Spektrum, Bodenarten
R.8 Erhaltung der Bodenfruchtbarkeit	Regeneration der Bodenqualität durch Bodenleben, Bodenbildung und Nährstoffkreislauf	Stickstoffbindung, Schadstoffabbau, Humusbildung/-akkumulation	Kulturarten-Diversität, Bodenarten, Entnahme von Ernteresten und Leseholz
IV Biologische Dienstleistungen (Habitatfunktionen)			
R.9 Schädlings- und Krankheitsregulation	mildernde Einflüsse auf die Wirksamkeit von Schadorganismen sowie die Ausbreitung von Epidemien	Singvögel, Marienkäfer, Schlupfwespen, *Anopheles*-Mücke (Malaria), Zecken (Enzephalitis)	Verzicht auf Biozid-Applikation, Natürlichkeit und Vitalität der Vegetation, Anteile (halb-)natürlicher Vegetationsflächen (%), Artenspektrum (Parasiten, Prädatoren, Schaderreger)

3

◘ **Tab. 3.2** Fortsetzung

Code/Name der Dienstleistung	Definition/Beschreibung	Beispiele	Ausgewählte Indikatoren
R.10 Bestäubung	Verbreitung von Pollen und Samen von Wild- und Kulturpflanzen	Honig- und Wildbienen, Hummeln, Schmetterlinge, Schwebfliegen	Anteile naturnaher Vegetationsflächen (%), Biozid-Applikation, Blütenpflanzenanteil, Anteil genveränderter Organismen (GVO)
R.11 Erhaltung der biologischen Vielfalt (Biodiversität)	Erhaltung wild lebender Arten, Nutzpflanzen- und Zuchttierrassen	Lebensräume (Habitate), Teilhabitate wandernder Arten, Fortpflanzungsräume (z. B. Fischlaichplätze), Vogelarten, Rinderrassen	natürliche/halbnatürliche Vegetation (Flächenanteil [%]), Natürlichkeitsgrad, Strukturvielfalt, Biotopverbund, Artenzahl, Seltenheit, Gefährdung

◘ **Tab. 3.3**   Soziokulturelle Dienstleistungen und Güter

Code/Name der Dienstleistung	Definition/Beschreibung	Beispiele	Ausgewählte Indikatoren
I Psychologisch-soziale Güter und Dienstleistungen			
C.1 Ethische, spirituelle, religiöse Werte	Ermöglichung eines Lebens im Einklang mit der Natur, Bewahrung der Schöpfung, Entscheidungsfreiheit, Fairness, Generationengerechtigkeit	Bioprodukte, »heilige« Plätze	natürliche/halbnatürliche Vegetation (%), ausgestorbene/gefährdete Arten, genveränderte Organismen (GVO), Biozid-Applikation
C.2 Ästhetische Werte	Vielfalt, Eigenart, Schönheit, Natürlichkeit von Natur und Landschaft	bunt blühende Bergwiesen, harmonische Landschaft	Flächennutzung, Vegetationstypen, Vielfalt der Kulturarten, Reliefvielfalt/Hangneigung
C.3 Identifikation	Möglichkeit der persönlichen Bindung und zur Entwicklung von Heimatgefühl in einer Landschaft	natürliches und kulturelles Erbe, Orte der Erinnerung	Natur- und Kulturdenkmale, historische Kulturlandschaftselemente, Bauformen, Persistenz/Kontinuität der Landschaft
C.4 Gelegenheiten für Erholung und (Öko-)Tourismus	Möglichkeiten zur Ausübung von Sport-, Freizeit- und Erholungsaktivitäten in Natur und Landschaft	Zugänglichkeit, Sicherheit, Reize	Erschließungsgrad, Belastbarkeit, touristische Infrastruktur, Gewässer, Schneedecke, attraktive Arten, Zahl der Besucher
II Informations-Dienstleistungen			
C.5 Bildungs- und Erziehungswerte, wissenschaftliche Erkenntnisse	Möglichkeiten zum Erkenntnisgewinn über natürliche Zusammenhänge, Prozesse und Genese, wissenschaftliche Forschung und technische Neuerungen	natürliche Bodenprofile, funktionsfähige Ökosysteme, seltene Arten, traditionelles Wissen	Natur- und Kulturdenkmale, Landnutzungsformen, Natürlichkeitsgrad
C.6 Geistige und künstlerische Inspiration	Anregung von Phantasie und Erfindergeist, Inspiration zu Architektur, Malerei, Fotografie, Musik, Tanz, Mode, Folklore	Eindrucksvolle Landschaft, Berge, Steilküsten, Flussauen, alte Bäume	Natur- und Kulturdenkmale, Reliefvielfalt

◻ Tab. 3.3 Fortsetzung

Code/Name der Dienstleistung	Definition/Beschreibung	Beispiele	Ausgewählte Indikatoren
C.7 Indikation von Umweltzuständen	Erkennen von Umweltbedingungen, -veränderungen und -belastungen durch visuell wahrnehmbare Strukturen, Prozesse und Arten	Flechtenindikation (Luftgüte), Zeigerpflanzen (Standortverhältnisse)	Artenspektrum (ökologische Artengruppen), Zahl der Flechtenarten, Testorganismen, Natürlichkeitsgrad

3.2.4 Weitere Klassifikationsaspekte

Klassifikationssysteme, die sowohl Ökosystemprozesse als auch die Resultate dieser Prozesse vermischen, erzeugen Redundanz (Kasten »Problem der Doppelzählung«). Es sollte daher strikt getrennt werden zwischen den »finalen« Leistungen, die unmittelbar zu einem Nutzen führen, und den Mechanismen bzw. Zwischenschritten, die auf dem Weg dorthin erforderlich sind (intermediäre Leistungen).

In der Literatur wird auch die Frage diskutiert, ob ÖSD nur von naturbelassenen und halbnatürlichen oder auch von bewirtschafteten Ökosystemen erbracht werden können (Cowling et al. 2008). Dies mag Verwunderung hervorrufen, denn selbst ein intensiv bewirtschafteter Acker dient einzelnen Pflanzen- und Tierarten als Lebensraum (Habitatfunktion), und auf Äckern ist die Versickerungsrate und damit die Grundwasserneubildung – etwa im Vergleich zu Wäldern – hoch! Städte weisen eine hohe Biodiversität auf. Sicher müssen die ÖSD stark veränderter oder naturferner Ökosysteme spezifisch betrachtet werden (beispielsweise uÖSD – ÖSD urbaner Gebiete, ▶ Abschn. 6.3).

Hermann et al. (2011) thematisieren eine Klassifikation, die zwischen aktiven und passiven Funktionen unterscheidet. Während sich die passiven Funktionen auf die unabhängig vom Menschen hervorgebrachten Leistungen beziehen, insbesondere die »Regulations- und lebenserhaltenden Funktionen« des natürlichen Systems, sind die aktiven Funktionen Dienstleistungen, die durch menschliche Aktivitäten und auf anthropogenen Flächen (Siedlungen, Infrastruktur, Erholungs- und Landwirtschaftsflächen) bereitgestellt werden.

Abgesehen davon, dass es in der Praxis schwierig ist, zwischen bewirtschafteten und natürlichen Ökosystemen eine scharfe Trennlinie zu ziehen, würde ein enger, nur auf natürliche Ökosysteme bezogener ÖSD-Begriff den Gegebenheiten der Kulturlandschaften Mitteleuropas nicht gerecht. Es sollte daher einer weiten Definition von ÖSD gefolgt werden (▶ Abschn. 2.1), die keine Unterscheidung zwischen natürlichen und bewirtschafteten Ökosystemen trifft (Loft und Lux 2010).

Nicht von der Hand zu weisen ist aber das Problem, dass bestimmte ÖSD nicht ausschließlich auf die Wirkungen der Ökosysteme zurückgehen, sondern dass sich diese oftmals mit menschlichen Einflüssen überlagern. So wiesen Boyd und Banzhaf (2007) darauf hin, dass die konventionelle Landwirtschaft den Einsatz unterschiedlicher Eingangsgrößen (Bodengüte, Düngereinsatz, Arbeit) erfordere, die sich auf das Ergebnis der Ernte niederschlagen, was eine Messung bzw. Bewertung der ÖSD erschwere, da zu viele unnatürliche Faktoren wirksam seien. Im Gegensatz dazu könne die Menge an erntbaren Endprodukten in nicht aktiv bewirtschafteten Ökosystemen ein Maßstab für die Bewertung der ÖSD darstellen. Auch das oben angeführte Beispiel des Angelsports zeigt diese Schwierigkeit bei der Analyse und Bewertung von ÖSD. Diese können häufig ihren Nutzen erst im Zusammenwirken mit anderen Gütern oder Leistungen entfalten, denn der Erholungswert, der durch Freizeitangeln entsteht, setzt sich aus den natürlichen Gegebenheiten (Landschaftsumgebung, See, Fische) und den konventionellen Gütern (Angel, Boot etc.) zusammen. Mit anderen Worten: Ohne die technischen Hilfsmittel wie die Angel käme die

Das Problem der Doppelzählung

Insbesondere wenn man die verschiedenen Leistungen von Ökosystemen als Gesamtheit betrachten bzw. »aufsummieren« möchte (z. B. zum Ökonomischen Gesamtwert – *Total Economic Value*), ist eine klare Trennung zwischen den ökologischen Phänomenen einerseits sowie ihren direkten und indirekten Beiträgen zum menschlichen Wohlbefinden andererseits wichtig, um Doppelzählungen zu vermeiden. Diese können dadurch entstehen, dass bestimmte ÖSD als Voraussetzung für andere ÖSD dienen und in diese eingehen (Boyd und Banzhaf 2007; Balmford et al. 2008; Wallace 2008).

Intermediäre ÖSD fußen auf komplexen Interaktionen zwischen Ökosystemstrukturen und -prozessen und tragen zu finalen ÖSD bei, aus denen Menschen Nutzen ziehen und ihr Wohlergehen steigern (Fisher et al. 2009). So wird das saubere Trinkwasser, z. B. aus einem See, auf Märkten gehandelt und als Produkt bei der Wohlfahrtsmessung mit einbezogen, nicht aber der vorgelagerte Prozess der natürlichen Wasserfiltrierung. Diesen kann man aber als intermediäre Dienstleistung beschreiben, deren indirekter

Wert im Trinkwasser enthalten ist (Wallace 2007). Die Fokussierung der ÖSD-Klassifizierung auf finale ÖSD bedeutet jedoch nicht, auf eine umfassende Betrachtung und Wertschätzung von Ökosystemstrukturen, -prozessen und Wirkungszusammenhängen zu verzichten.

Aber auch die Regulationsleistungen sind oft in anderen ÖSD enthalten, z. B. die Bestäubung, die u. a. für die Aufrechterhaltung des Obstbaus wichtig ist, in der ÖSD »Produktion von Nahrung«. Mäler et al. (2008) ordneten nur Versorgungs- und kulturelle ÖSD den finalen ÖSD zu und stellten die Regulationsleistungen ebenso wie die unterstützenden zu den »intermediären« ÖSD, denn sowohl Versorgungs- als auch kulturelle ÖSD würden das menschliche Wohlergehen direkt beeinflussen, während die beiden anderen dies nur indirekt tun.

Laut Costanza (2008) sind alle ÖSD »lediglich« Mittel zur Erreichung des menschlichen Wohlergehens. Ökosystemprozesse könnten auch als ÖSD in Erscheinung treten (die Rollen als Prozess oder Leistung schließen sich nicht gegenseitig aus), wodurch die gleichen ÖSD

von Fall zu Fall intermediär und final seien. So gilt der oben genannte See mit Trinkwasserqualität als ein Endprodukt der Natur, dem direkt ein gesellschaftlicher Nutzen (Wert) beigemessen wird, wenn er als Trinkwasserreservoir dient (finale ÖSD). Derselbe See mit Trinkwasserqualität kann in einem anderen Kontext jedoch einer intermediären ÖSD zugeordnet werden, nämlich dann, wenn der unmittelbare Nutzen im Freizeitangeln besteht und die besondere Wasserqualität lediglich dazu führt, dass in dem See der nötige Fischbestand vorhanden ist, der das Angeln ermöglicht. Der mittelbare Nutzen der besonderen Wasserqualität ist in diesem Fall in dem unmittelbaren Nutzen enthalten, den der Fischbestand dem Angler stiftet (Boyd und Banzhaf 2007; Loft und Lux 2010).

Generell gehen die Meinungen der Experten bezüglich einer eindeutigen Klassifizierung von intermediären und finalen ÖSD weit auseinander und Einheitlichkeit wird kaum erreichbar sein. Letztlich spielen der jeweilige Kontext und pragmatische Gesichtspunkte eine wichtige Rolle.

Erholungsleistung nicht zum Tragen (Boyd und Banzhaf 2007; Loft und Lux 2010).

Man spricht in diesen Fällen, in denen für die Bereitstellung des Nutzens für den Menschen nicht nur ökosystemare Prozesse, sondern auch menschliche Leistungen notwendig sind, auch von Umweltleistungen (Matzdorf et al. 2010). Um eine solche handelt es sich beispielsweise, wenn der an regelmäßig gemähte halbnatürliche Wiesengesellschaften gebundene Biodiversität Existenzmöglichkeiten geschaffen werden. Darüber hinaus wird als menschliche Leistung in diesem Zusammenhang auch der bewusste Verzicht einer erlaubten Handlung (z. B. Düngung) gewertet. Artenreiches Grünland kann somit als finales Umweltgut bezeichnet werden, zu dessen Produktion menschliche und ökosystemare Leistungen notwendig sind.

Von daher muss bei der Bewertung, insbesondere der Monetarisierung der ÖSD, der anthropogene Anteil (menschliche Dienstleistungen = private Kosten) abgezogen werden. Das bedeutet: Die Landwirtschaft erbringt Umweltleistungen, aber keine ÖSD, sondern sie nutzt diese für die Produktion nachgefragter Umweltgüter (▶ Abschn. 6.2.4).

Die für die Umweltberichterstattung der Schweiz durch eine wohlfahrtsorientierte Perspektive entwickelte Methodik definiert insgesamt 23 finale ÖSD (*Final Ecosystem Goods and Services* – FEGS) in den Nutzenkategorien Gesundheit, Sicherheit, natürliche Vielfalt und wirtschaftliche Leistungen (BAFU 2011). Die Eigenschaft »Leistungsart« gibt für jede ÖSD an, ob die durch sie erbrachte Leistung

1. eine direkt nutzbare ÖSD ist,

◻ Tab. 3.4 ÖSD, klassifiziert nach ihren räumlichen Charakteristika (adaptiert nach Costanza 2008)

ÖSD-Gruppe	Beispiele
1. *Global non-proximal* (hängt nicht von einer Nachbarschaftslage ab)	Klimaregulation Kohlenstoffbindung, -speicherung kulturelle Werte/Existenzwerte
2. *Local proximal* (ist an Nachbarschaftslage gebunden)	Regulation von Störungen/Schutz vor Sturm Abfallreinigung Bestäubung biologische Schaderregerkontrolle Habitate/Refugien
3. *Directional flow related*: Fluss vom Ursprungspunkt zum Zielpunkt der Leistung	Wasserregulation/Hochwasserschutz Wasserversorgung Regulation von Bodenabtrag/Erosionsschutz Regulation von Nährstoffstoffkreisläufen
4. *In situ* (Nutzungsort)	Bodenbildung lokale Nahrungsproduktion
5. *User movement related*: Menschen suchen attraktive natürliche Besonderheiten auf	genetische Ressourcen Erholungspotenzial kulturelle/ästhetische Werte

2. einen Inputfaktor für die Produktion von Marktgütern durch die Wirtschaft darstellt,
3. durch einen natürlichen/gesunden Lebensraum zur Verfügung gestellt wird,
4. oder ob sie als intermediäre ÖSD zu finalen ÖSD beiträgt.

Direkt nutzbare ÖSD (1) werden unmittelbar von Menschen genutzt oder wertgeschätzt (z. B. Erholungsleistungen). Bei den Inputfaktoren (2) handelt es sich um finale Leistungen der ökologischen Sphäre, welche in ein Marktgut eingehen (z. B. Holzzuwachs), sie zählen zur Nutzenkategorie »wirtschaftliche Leistungen.« Die Leistungsart natürlicher/gesunder Lebensraum (3) enthält Wohlfahrtsbeiträge der Umwelt, die – im Gegensatz zu den klassischen ÖSD – nicht von Ökosystemen »produziert« werden, sondern eher Qualitäten des Lebensraumes sind, die Menschen ein gesundes Leben erst ermöglichen (z. B. Luftqualität). Die intermediären ÖSD (4) werden nur im Ausnahmefall (Speicherung von CO_2) gesondert berücksichtigt, nämlich wenn die daraus entstehenden finalen ÖSD erst mit großer zeitlicher Verzögerung auftreten und so momentan noch nicht gemessen werden können.

Eine andere Möglichkeit, ÖSD zu klassifizieren, ist die Einteilung nach ihren räumlichen Charakteristika. Dies ist beispielsweise dann sinnvoll, wenn sie als Grundlage für Entscheidungen auf verschiedenen Maßstabsebenen dienen oder wenn der Entstehungsort der Leistungen und die Bereiche, in denen der Nutzen konsumiert wird, nicht deckungsgleich sind (Fisher et al. 2009).

Costanza (2008) gruppierte ÖSD entsprechend räumlicher Aspekte in fünf Kategorien (◻ Tab. 3.4). So bezeichnete er die Kohlenstofffixierung (ein intermediärer Beitrag zur Klimaregulation) als *global non-proximal service*, denn es spiele keine Rolle, wo konkret CO_2 oder andere Treibhausgase aus der Atmosphäre entfernt werden. *Local proximal services* hingegen hängen von räumlicher Nähe des Ökosystems zu den menschlichen Nutznießern ab. So erfordert der Schutz vor Wind oder Sturm, dass das entsprechende Ökosystem siedlungsnah liegt. *Directional flow related services* sind an die Fließrichtung (des Wassers) gebunden, z. B. Wasserversorgung und -regulation.

Ein weiterer Ansatz zur Klassifikation von ÖSD beruht auf dem Ausschluss- und Konkurrenzprinzip bei der Güternutzung (*excludability and rivalness*; Costanza 2008). So können Individuen

◘ Tab. 3.5 ÖSD-Klassifikation nach dem Ausschluss- und Konkurrenzprinzip (adaptiert nach Costanza 2008)

	Ausschließbar *(excludable)*	Nicht ausschließbar *(non-excludable)*
Rivalisierend	am Markt gehandelte Güter und Dienstleistungen (meist Versorgungs-ÖSD)	frei zugängliche Ressourcen (einige Versorgungs-ÖSD)
Nicht rivalisierend	Klubgüter (einige Erholungsleistungen)	öffentliche Güter und ÖSD (die meisten Regulations- und kulturellen ÖSD)

von der Nutzung bestimmter Güter und ÖSD ausgeschlossen werden (◘ Tab. 3.5). Die meisten in Privatbesitz befindlichen marktfähigen Güter und ÖSD sind relativ leicht ausschließbar. Man kann verhindern, dass andere Leute ohne Bezahlung die Tomaten essen, die man selbst angebaut hat. Aber es ist schwierig oder gar unmöglich, Menschen vom Genuss vieler öffentlicher Güter auszuschließen, z. B. von günstigen Klimabedingungen, vom Fisch im Meer oder von der Schönheit eines Waldes. Güter und ÖSD gelten als konkurrierend (*rival*), wenn es bei der Inanspruchnahme zu Konkurrenzen zwischen mehreren Personen oder Gruppen kommt. Wenn man selbst die Tomate oder den Fisch isst, kann dies nicht gleichzeitig ein anderer tun. Wenn ich aber von günstigen Klimabedingungen profitiere, so kommen diese auch anderen zugute. Es gibt kulturelle und institutionelle Mechanismen, um das Ausschlussprinzip durchzusetzen, Konkurrenz hingegen ist eine Funktion der Nachfrage (Wie hängen Nutzen von anderen Nutzern ab?) (◘ Tab. 3.5).

Fazit
Sämtliche Versuche, ein allgemeingültiges **Klassifikationssystem** zu entwickeln, sind mit Vorsicht zu betrachten und nur bedingt hilfreich. ÖSD entstehen durch ein komplexes Zusammenwirken zwischen der biotischen und abiotischen Umwelt, Nutzungsansprüchen und Erwartungen der Nutzer. Ein unangemessenes Klassifikationssystem als

Grundlage für Bewertungen führt daher zu kaum belastbaren Ergebnissen. Ist beispielsweise eine wirtschaftliche Bewertung der ÖSD Grundlage für eine Entscheidung, so erscheint die Klassifikation nach dem Millennium Ecosystem Assessment (MEA 2005) als weniger sinnvoll, da es zu Mehrfachzählungen kommen kann. Eine Klassifizierung zu diesem Zweck sollte die Unterscheidung von ÖSD in intermediäre Leistungen, finale Leistungen und Nutzen verfolgen. Dennoch bestehen Bestrebungen zu einem international vereinheitlichten Klassifikationssystem. So wird das *Common International Classification of Ecosystem Goods and Services* (CICES) von der Europäischen Umweltagentur EEA vorangetrieben. Ziel von CICES ist, ausgehend vom Millennium Ecosystem Assessment ein neues Klassifizierungssystem zu entwickeln, das mit den bereits etablierten Konten der volkswirtschaftlichen Gesamtrechnung (VGR) kompatibel ist (Haines-Young und Potschin 2010).

3.3 Raum-Zeit-Aspekte von ÖSD

K. Grunewald, O. Bastian und R.-U. Syrbe

» Es gibt keine Zeit und keinen Raum, sondern nur die Verbindung der beiden (A. Einstein). **«**

Erhebliche Kenntnisdefizite bzw. viele offene Fragen betreffen räumliche Aspekte von ÖSD. Ökosysteme und ihre Leistungen sind stets an den Raum gebunden. Dieser Sachverhalt wurde in der Literatur zwar immer wieder angesprochen, bislang allerdings relativ wenig unter begrifflich-inhaltlichen und methodischen Aspekten systematisiert und operationalisiert (z. B. Hein et al. 2006; Bastian et al. 2012a). Es gibt allerdings international immer mehr Publikationen, die räumlich explizit arbeiten, siehe z. B. die Ergebnisse des PRESS-Projektes (*PEER Research on EcoSystem Services*, ▶ www.peer. eu/).

Der Raumbegriff wird – wie kaum ein anderer Begriff – in einer Vielzahl wissenschaftlicher Disziplinen benutzt bzw. dort als konstitutiv angesehen, so z. B. traditionell in der Philosophie, der Mathematik und der Physik, aber auch in der Geschichtswissenschaft, der Medizin, der Theologie, der Archäologie, der Pädagogik und der Soziologie. Besondere Bedeutung hat der Raumbegriff in den inter- bzw. multidisziplinär angelegten Geowissenschaften und in den sie strukturierenden raumbezogenen wissenschaftlichen Disziplinen, insbesondere der Geographie, den Umweltwissenschaften, dem Städtebau und der Architektur, der Raumordnung, der Verkehrswissenschaft, aber auch in Soziologie und Ökonomie (Müller 2005).

Unter »Raum« verstehen wir in Anlehnung an Blotevogel 1995:

- physischer Raum (Gefüge unterschiedlicher Volumen und Flächen; objektiv beschreibbar und subjektiv wahrnehmbar),
- natürliche Umwelt des Menschen (Wirkungs- und Prozessgefüge der Komponenten des Landschaftsraumes),
- gesellschaftlicher Raum (soziale Konstruktion von Wirklichkeit, Handlungs- und Ordnungsraum).

Obwohl die Problematik räumlicher Beziehungen von ÖSD in ihrer Vielschichtigkeit erkannt ist, wird immer wieder auf Forschungsdefizite hingewiesen, z. B.: Wie können ÖSD räumlich definiert und visualisiert werden? Wie ist der Flächenbezug? Welche Einflüsse haben räumliche Maßstäbe auf den Wert von ÖSD (de Groot et al. 2010)? So wird bemängelt, dass Anordnungsmuster, Maßstabsabhängigkeiten und weitere räumliche Beziehungen bei der Erfassung bzw. Bewertung von ÖSD kaum beachtet und stattdessen häufig lediglich statistische Angaben, etwa zur Landnutzung (*land cover*), einbezogen werden (Blaschke 2006). In TEEB (2010, Report for Business, S. 6) wird ausgeführt: »*Spatial and temporal dimensions of ecosystem service production, use, and value are not well understood*«. Wenn die Raum-Zeit-Dimensionen des ÖSD-Ansatzes nicht richtig erfasst sind, dann können die Leistungen der Natur auch nicht adäquat in politische Entscheidungsprozesse, insbesondere in Verteilungsoptionen, integriert werden. Es ist daher notwendig, ÖSD auch im Hinblick auf ihre Produzenten und Empfänger genau zu adressieren: Von wem und für wen wird die »Leistung erbracht«? Innerhalb welcher Raumkategorie ist sie relevant, und wo wird sie abgerufen?

Innerhalb der EPPS-Rahmenmethodik (▶ Abschn. 3.1) sollen Prinziplösungen für die Erfassung raumrelevanter Aspekte angeboten werden, ◘ Tab. 3.6 gibt dafür eine Orientierung. Zu berücksichtigen sind auch zweckmäßige Darstellungen bzw. Visualisierungen räumlicher Aspekte bei ÖSD.

In engem Zusammenhang mit den räumlichen sind auch zeitliche Aspekte relevant. ÖSD unterliegen einer differenzierten zeitlichen Dynamik. Von besonderer Bedeutung sind dabei die unterschiedlichen, für die Ausbildung der jeweiligen Leistungen nötigen Zeiträume, die Ungleichzeitigkeit bei der multifunktionalen Nutzung und die zeitlichen Differenzen zwischen Bereitstellung und Nutzung von Leistungen bzw. Gütern (Fisher et al. 2009). Die Veränderungen einzelner Dienstleistungen im Laufe der Zeit sind praktisch äußerst bedeutsam, weil damit funktionale Auswirkungen von Eingriffen, Planungen und anderen politischen Maßnahmen entweder im Nachhinein beurteilt oder im Voraus (Szenarien und Prognosen) abgeschätzt werden können. Ein weiterer Gesichtspunkt ist die Veränderlichkeit individueller und gesellschaftlicher Werthaltungen.

3.3.1 Raumaspekte der Ökosysteme

Der Raumbezug von ÖSD zeigt sich auf vielerlei Weise: So sind diese innerhalb eines bestimmten Gebietes unterschiedlich ausgeprägt, d. h. es liegt in der Regel ein charakteristisches Raummuster vor. Damit eine ÖSD hervorgebracht werden kann, sind **spezifische Flächenanforderungen** zu erfüllen (Minimalareale für ÖSD). Zum Beispiel benötigt eine Tierpopulation für ihre Stabilität und Regeneration eine gewisse Fläche angemessener Qualität (Habitateigenschaften); ein Wald muss eine Größe von einigen Hektar aufweisen, um das Lokalklima positiv beeinflussen zu können; oder ein Grundwasserkörper muss eine Mindestgröße besitzen, um eine nutzbare Menge an Trinkwasser zu reproduzieren.

Häufig ist für ÖSD eine spezifische **Raumstruktur** von Ökosystemen notwendig. Damit sind Lagebeziehungen gemeint, die sich in der räumlichen Kongruenz bzw. Divergenz von ÖSD (z. B. Anderson et al. 2009) sowie in der gegenseitigen Beeinflussung und gesellschaftlichen Aushandlung räumlicher Zielkonflikte manifestieren. Einige

◼ Tab. 3.6   Physische und gesellschaftliche Raumperspektive und EPPS-Ansatz als Rahmenmethodik

Raum	Säule 1: Ökosystemeigenschaften	Säule 2: Ökosystempotenziale	Säule 3: Ökosystemdienstleistungen
Begriffe/Typen/ Bezugseinheiten	Definition, Zuordnung und Abgrenzung von Raumeinheiten Maßstäbe/Skalen, Hierarchie, Homogenität/Heterogenität		
Wirkungszusammenhänge	Stoff-/Energieflüsse zwischen Ökosystemen, Nachbarschaftseffekte, Funktionsweise	Eignungs-, Risikoräume	Trade-offs (z. B. Wertflüsse) zwischen ÖSD, Überlagerungen, Angebot und Nachfrage
komplementäre Raumansätze, Landschaftsperspektive	erweiterte Perspektive, z. B. durch ethisch-ästhetische Aspekte	landschaftsräumliche Besonderheiten, Planungsvarianten	Benefit-Transfer, Kosten von Planungsvarianten, kulturlandschaftliche Bewertungsansätze, komplexe und integrative Ansätze

ÖSD korrelieren positiv: Beispielsweise kann die Erhaltung der Bodenqualität den Nährstoffkreislauf und die Primärproduktion fördern, die Speicherung von Kohlenstoff erhöhen und somit zur Klimaregulierung beitragen; gleichzeitig verbessern sich die meisten Versorgungs-ÖSD, vor allem Nahrung, Fasern u. a. (Ring et al. 2010). Andere ÖSD korrelieren hingegen negativ (▶ Abschn. 3.1).

Darüber hinaus können verschiedene ÖSD miteinander verknüpft oder gebündelt werden (»*bundles*«, MEA 2005). Willemen (2010) verweist in diesem Zusammenhang auf die Wechselwirkungen zwischen Landschaftsfunktionen, die in drei Klassen eingeteilt werden können, was sich auch auf ÖSD übertragen lässt:

1. Konflikte: Die Kombination mehrerer Funktionen der Landschaft reduziert die Erbringung von Dienstleistungen für die Gesellschaft durch eine bestimmte Landschaftsfunktion.
2. Synergien: Die Kombination von Funktionen begünstigt eine oder mehrere Funktionen (bzw. ÖSD).
3. Kompatibilität: Landschaftsfunktionen koexistieren, ohne einander ihre Funktionalität zu reduzieren oder zu erhöhen.

Ob unterschiedliche ÖSD positiv oder negativ korrelieren, hängt häufig von der **Raumkonfiguration** der Ökosysteme oder Landschaftselemente in einem bestimmten Maßstab ab (z. B. räumliche Strukturen, Formen). Produktive Nutzungen verlangen Kompensationsbereiche für die Aufrechterhaltung der wichtigsten Ökosystemprozesse. Im Gegensatz dazu brauchen sensible Ökosysteme Puffer, um sie vor schädlichen Beeinträchtigungen zu schützen. Wo es nicht genügend Raum gibt, alle gewünschten ÖSD in einer Landschaft gleichermaßen zu erfüllen, müssen Raumstrukturen und -konfigurationen von Ökosystemen entwickelt werden, die in der Lage sind, möglichst viele ÖSD zu gewährleisten. In der Praxis wird versucht, dies auf lokal-regionaler Ebene über strukturelle Umweltqualitätsstandards wie Pufferstreifen, Biotopverbundstrukturen oder Wildtierkorridore zu etablieren. Ein bekanntes Beispiel ist die Zonierung innerhalb von Großschutzgebieten (Nationalparks, Biosphärenreservate), wo Kernzonen (Wildnis) durch gemanagte naturnahe Zonen gepuffert werden, die wiederum eine Abstufung zu umgebenden intensiver genutzten Flächen bieten.

3.3.2 Raumaspekte von ÖSD-Anbietern und -Begünstigten (funktionelle Verknüpfungen)

Bezüglich der räumlichen Analyse von ÖSD ist nicht nur der »Quellbereich« einer Leistung von Interesse, sondern auch der »Nachfrageort«, d. h. die Bereiche, in denen Nutzen und Bedarf realisiert werden. Daher müssen sowohl Anbieter als auch Empfänger von ÖSD adressiert werden: Wer bietet die ÖSD an? Für wen sind sie vorgesehen, und wer profitiert von ihnen? Innerhalb welcher räumlichen Position wird die ÖSD generiert und angeboten, und wo wird sie genutzt? Auch räumliche Kosten-Nutzen-Beziehungen müssen beachtet werden. Dem entspricht das Verhältnis von ÖSD-Anbieter (bzw. eines Verantwortungsträgers für eine ÖSD – *environmental responsibility*) und ÖSD-Nutznießer bzw. von Gewinnern und Verlierern (Ring et al. 2010).

Oft besteht eine räumliche Trennung von Gebieten, die ÖSD generieren, wie SPA – *service providing areas*, und Gebieten, die davon profitieren, wie SBA – *service benefiting areas* (▶ Abschn. 3.1.2 »Eigenschaften und Leistungsfähigkeit von Ökosystemen«). Wenn die SPA- und SBA-Räume nicht aneinandergrenzen, existieren zwangsläufig Zwischenräume, die sogenannten *service connecting areas* (SCA) (Syrbe und Walz 2012). Hochwasserschutz wird beispielsweise in Berggebieten durch Rückhaltebecken realisiert, wovon die Bevölkerung in Ortschaften im Mittel- bzw. Unterlauf der Flüsse profitiert. Dazwischen gibt es Bereiche, die die Abflusswelle modifizieren (Buhnen, Wehre, Deiche, Überschwemmungsflächen etc.). Die Identifizierung von Anbietern und Empfängern der Leistungen hilft, sogenannte »Trittbrettfahrer« zu vermeiden oder zumindest ihre Wirkung auf ÖSD zu reduzieren.

Fisher et al. (2009) schlagen folgendes Klassifikationsschema vor, um die Beziehungen zwischen dem Entstehungsort der Leistungen und den Bereichen, in denen der Nutzen konsumiert wird, zu beschreiben:

1. Erbringung von ÖSD und Nutzen am gleichen Ort (z. B. Bodenbildung, Bereitstellung von Rohmaterialien);
2. Erbringung und Nutzen der ÖSD wirken in einem Landschaftsgebiet in alle Richtungen (*omni-directional*, z. B. Bestäubung, Kohlenstoffspeicherung);
3. die Beziehungen sind spezifisch ausgerichtet: (a) vertikal – z. B. profitieren Nutzer im Tal von ÖSD, die bergauf zur Verfügung gestellt werden (z. B. Wasserkraft); (b) horizontal – z. B. Stadt-Umland-Beziehung.

Die Fälle 2 und 3 führen zwangsläufig zum Skalentransfer (▶ Abschn. 3.3.4). Costanza (2008) gruppierte ÖSD entsprechend der dargelegten Raumcharakteristika in fünf Gruppen (▶ Abschn. 3.2). So wird z. B. die Kohlenstoffbindung als »globale und nicht ortsabhängige ÖSD« klassifiziert. Im Zusammenhang mit dem CO_2-Zertifikatehandel wird es allerdings notwendig, die Kohlenstoffspeicherung zu verorten. Wenn jemand für die CO_2-Speicherung zahlt, beispielsweise indem er die Anpflanzung von Bäumen unterstützt, würde er gerne wissen, wo die Bäume gepflanzt werden und wie viel Kohlenstoff festgelegt wird. Andererseits sind lokal wirkende ÖSD von der räumlichen Nähe des Ökosystems zu den Nutznießern abhängig. Beispielsweise erbringt ein Hangwald zum Lawinenschutz die ÖSD für die unmittelbar unterhalb angrenzende Bergsiedlung.

3.3.3 Zeitaspekte

Ökosysteme brauchen nicht nur bestimmte Zeitspannen für ihre Regeneration, sie unterliegen auch natürlichen Schwankungen und Trends, die ihre Funktionalität und Leistungsfähigkeit (zur Bereitstellung von ÖSD) periodisch, episodisch oder permanent beeinflussen. Das Millennium Ecosystem Assessment (MEA 2005) prognostiziert eine Verschlechterung vieler ÖSD weltweit. Die Landnutzung (Intensivierung) ist ein wichtiger Grund dafür (EASAC 2009). In zunehmendem Maße werden Veränderungen der Ökosysteme und der ÖSD, die sie bereitstellen, vom Menschen ausgelöst. Die Kenntnis der zeitabhängigen Änderungen von ÖSD ist von großer praktischer Bedeutung. Sie hilft, die konkreten Folgen dieser Abläufe zu beurteilen sowie Pläne und Projekte entweder *ex post* oder *ex ante* zu bewerten. Die Veränderungen ökologischer Eigenschaften und ganzer Ökosysteme haben häufig erhebliche ökonomische Konsequenzen. Auch die Werte, die verschiedene Interessengruppen den ÖSD beimessen, können sich ändern. So genießen Moore heute in Deutschland einen hohen Schutzstatus. Goethe schrieb seinerzeit hingegen: »Den faulen Pfuhl auch abzuziehen, das letzte wär das Höchsterrungene. Schaffe Räume für Millionen, nicht sicher zwar, doch frei zu wohnen.« (Faust, 2. Teil). Moore trockenlegen und Flussauen eindeichen, um Kulturland zu schaffen, war lange eine Wert-Maxime.

Andererseits können sich Infrastruktur- und Transportkosten ändern, was zu neuen räumlichen und wirtschaftlichen Beziehungen zwischen Dienstleistungsanbietern und Nutznießern führt. Die wenigen Beispiele bestätigen, dass Methoden benötigt werden, um natürliche Schwankungen oder Veränderungen der Ökosysteme im Detail aufzuzeigen und um in der Lage zu sein, Anpassungen an die Auswirkungen von menschlichen Nutzungen vorzunehmen.

Systematisch betrachtet sind die folgenden Zeitaspekte von ÖSD wichtig:

1. Mindest-**Zeitanforderungen** für die Generierung der jeweiligen ÖSD, d. h. wie viel Zeit hinsichtlich der zugrunde liegenden ökologischen Prozesse sowie der Management- und Flächennutzungsaktivitäten nötig ist, um eine ausreichende Regeneration der betroffenen Ökosysteme zu gewährleisten;

2. durchdachte **zeitliche Abläufe** bei der Nutzung von ÖSD, um bei einem möglichst großen Nutzen Risiken und Schäden zu vermeiden (z. B. Fruchtfolgen im Ackerbau, Grünlandschnitt erst nach dem Brüten von Wiesenvögeln, Nutzung der Nährstoffregulationskapazität des Bodens zu geeigneten Zeiten durch Gülleausbringung nur in der Vegetationsperiode und nicht auf unbedecktem Boden);

3. **Ungleichzeitigkeiten** zwischen Angebot und Nachfrage bzw. der Nutzung von Gütern und ÖSD, d. h. sogenannte »Zeitverzögerungen« (z. B. zwischen Wasserentnahme aus einem Gewässer und dem Wasserverbrauch oder zwischen Wasserrücklage in Form von Schnee und Eis in Bergregionen und dem Nutzungsbedarf in Tälern und Becken; z. B. Grunewald et al. 2007).

Im Rahmen der Entwicklung von ÖSD-Konzepten ist es unabdingbar, die Kapazität der Ökosysteme, ÖSD nachhaltig bereitzustellen, zu beachten und methodisch umzusetzen. Somit ist es besonders wichtig, die Abfolge der verschiedenen Landnutzungen auf intelligente Weise zu gestalten, um unerwünschte Auswirkungen zu minimieren. Zum Beispiel kann die Fruchtfolge der Ackerbewirtschaftung nicht nur den Ertrag, sondern auch den Abfluss, die Infiltration und letztlich im Falle von Hochwasser das Gefährdungspotenzial beeinflussen. Eine enge Fruchtfolge, Zwischenfruchtanbau oder konservierende Bodenbearbeitung tragen dazu bei, die Zeiträume ohne Vegetationsbedeckung und somit Oberflächenabfluss bzw. Erosion zu reduzieren.

Eine der wichtigsten Fragen bezieht sich auf die manchmal großen Unterschiede zwischen Zeitabschnitten, in denen natürliche Entwicklungen ablaufen (z. B. Klimawandel), und die Zeiträume für deren Reflexion durch soziale Prozesse (wie Sensibilisierung der Öffentlichkeit, politische Meinungsbildung, parlamentarische Perioden, die menschliche Lebenszeit). Ring et al. (2010) unterstreichen die Frage der zeitlichen Bezüge hinsichtlich der ÖSD: Nutzen jetzt – Kosten später. Solche Abwägungen berühren zentrale Grundsätze der nachhaltigen Entwicklung (▶ Abschn. 2.2).

Zeitunterschiede zwischen der Bereitstellung von Gütern und ÖSD und ihrer Nutzung können sinnvollerweise durch das Konzept der Naturraumpotenziale ausgedrückt werden (▶ Kap. 2 und ▶ Abschn. 3.1). Es zielt darauf ab, die ÖSD-Kapazitäten eines Raumes als Nutzungsmöglichkeit für die Gesellschaft aufzuzeigen. Dabei werden Kategorien wie Risiko, Tragfähigkeit und Stress (heute zunehmend zusammengefasst in dem Begriff »Resilienz«) von Ökosystemen und ÖSD beachtet, um bestimmte Nutzungen zu begrenzen oder sogar auszuschließen (Neef 1966; Haase 1978; Mannsfeld 1979; Bastian und Steinhardt 2002; Burkhard et al. 2009; Grunewald und Bastian 2010; Bastian et al. 2012b). Im Millennium Ecosystem Assessment (MEA 2005) wird dies wie folgt beschrieben »*the capacity of the natural system to sustain the flow of economic, ecological, social, and cultural benefits in the future*« (siehe auch Optionswerte, ▶ Abschn. 3.1 und ▶ Abschn. 4.2).

Der Ansatz der Naturraumpotenziale bildet eine wichtige Planungsgrundlage (▶ Abschn. 5.3). Planungsrelevante Fragen sind beispielsweise: Wo liegen ungenutzte Möglichkeiten der Landnutzung? Wann und wo sind Nutzungen realisiert, die nicht dem Potenzial der Natur (ökologische Tragfähigkeit, Belastbarkeit, Resilienz) entsprechen?

3.3.4 Maßstäbe (Skalen) und Dimensionen

Der Maßstab ist Ausdruck von Größe und Detailgenauigkeit einer Betrachtung: Im großen Maßstab werden kleine Gebiete sehr detailliert untersucht, während eine kleinmaßstäbige Betrachtung sich auf gröbere Darstellungen ausgedehnterer Gebiete bezieht. Reziprok zum Maßstab ist der aus dem Englischen übertragene Begriff der (Raum-)Skale zu verstehen: Mikroskalig (kleinskalig) analysiert man kleine Areale mit großer Genauigkeit. Die Makroskale betrifft Übersichtsbetrachtungen großer Räume, und die Mesoskale vermittelt zwischen beiden Ebenen.

Ein weiterer Gesichtspunkt ist die Maßstabsabhängigkeit von ÖSD, die ebenfalls noch relativ wenig untersucht worden ist (MEA 2005; Hein et al. 2006). Neuere Forschungen betonen, dass sowohl die Art und Weise, wie wir unsere Realität gliedern, als auch der Untersuchungsmaßstab das Ergebnis wesentlich beeinflussen (Blaschke 2006). Ökologische Strukturen und Prozesse sowie ÖSD manifestieren sich auf verschiedenen Ebenen und auf ganz unterschiedliche Weise in lokaler, regionaler und globaler Dimension (◘ Abb. 3.4).

Entsprechend der ursprünglichen Definition (Tansley 1935) können Ökosysteme innerhalb eines breiten Maßstabspektrums beschrieben werden, von der Ebene eines kleinen, flüchtig sonnenbeschienenen Fleckes auf dem Waldboden bis zu einem Wald von mehreren Tausend Kilometern und beständig für Jahrzehnte oder Jahrhunderte (Forman und Godron 1986). Die Bereitstellung von ÖSD hängt vom »Funktionieren« der Ökosysteme ab, welche wiederum durch ökologische Prozesse in verschiedenen Skalen angetrieben werden (MEA 2003; Hein et al. 2006).

ÖSD werden in ganz bestimmten Maßstabsebenen erzeugt (Hein et al. 2006; Costanza 2008; Bastian et al. 2012a). Als Beispiel können Kohlenstoffbindung und Klimaregulierung genannt werden. Beide ÖSD sind besonders auf der globalen Ebene relevant, trotz der Tatsache, dass das globale Gleichgewicht durch eine Vielzahl von lokalen Maßnahmen beeinflusst wird. Andererseits erfordert die ÖSD »Schutz vor Hochwasser in Küsten- oder Feuchtgebieten« oder die ÖSD »Erosionsschutz«

verschiedene Skalenansätze. Die Bestäubung (für die meisten Pflanzen) und die Regulierung von Schädlingen und Krankheitserregern beziehen sich hingegen auf die Ökosystem- oder lokale Ebene (Hein et al. 2006).

Der **Dimensionsbegriff** (Neef 1963) verbindet den Maßstab mit inhaltlichen Zuordnungen: Auf jeder **Maßstabsebene** sind andere Indikatoren und Zusammenhänge relevant. Ökologische Strukturen und Prozesse sowie ÖSD wirken bzw. manifestieren sich in verschiedenen Dimensionsstufen von der lokalen über die regionale bis zur globalen Maßstabsebene auf sehr unterschiedliche Weise. So lassen sich gegebenenfalls die auf lokaler und regionaler Ebene entwickelten Ansätze auf den überregionalen und eventuell sogar globalen Kontext übertragen, anpassen, anwenden und überprüfen (*bottom-up*-Strategie). Aber auch die umgekehrte Herangehensweise (*top-down*) ist denkbar. So wird z. B. gefordert, die für die globale Ebene ermittelten Ergebnisse des Millennium Ecosystem Assessments durch Fallstudien auf lokaler bis regionaler Ebene zu untersetzen (Neßhöver et al. 2007) (▶ Kap. 6).

Es ist notwendig, zwischen Skalen mit sozioökonomischen und ökologischen Bezügen zu unterscheiden:

— Ökologische und institutionelle Grenzen stimmen nur selten überein, und Akteure bezüglich ÖSD überschneiden sich in verschiedenen institutionellen Zonen und Skalen (de Groot et al. 2010). ÖSD, die in einer bestimmten ökologischen Ebene generiert werden, können von Akteuren unterschiedlicher Zuordnung in Anspruch genommen werden, von einzelnen Individuen und Haushalten über lokale, kommunale, regionale, landesweite bis nationale, internationale und globale Gemeinschaften. Andererseits können Akteure auf einer spezifischen administrativen Ebene von ÖSD profitieren, die auf sehr unterschiedlichen ökologischen Ebenen generiert werden (Hein et al. 2006; de Groot et al. 2010).

— Die Tatsache, dass ÖSD in verschiedenen räumlichen Dimensionsstufen/Maßstabsebenen generiert werden, hat einen wesentlichen Einfluss auf den Wert, den Akteure und Akteursgruppen den Leistungen beimessen, weil

3

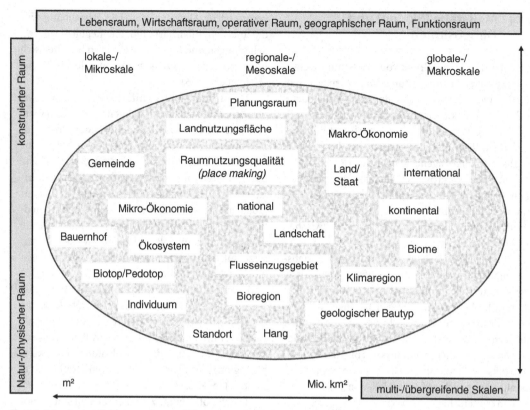

Lebensraum, Wirtschaftsraum, operativer Raum, geographischer Raum, Funktionsraum

konstruierter Raum

Natur-/physischer Raum

lokale-/
Mikroskale

regionale-/
Mesoskale

globale-/
Makroskale

Planungsraum

Landnutzungsfläche

Makro-Ökonomie

Gemeinde

Raumnutzungsqualität
(place making)

Land/
Staat

international

Mikro-Ökonomie

national

kontinental

Bauernhof

Landschaft

Ökosystem

Biome

Biotop/Pedotop

Flusseinzugsgebiet

Klimaregion

Individuum

Bioregion

geologischer Bautyp

Standort   Hang

m²

Mio. km²

multi-/übergreifende Skalen

☐ Abb. 3.4   Ausgewählte raumrelevante Phänomene reflektieren unterschiedliche Maßstabsbereiche bzw. Skalen

der Raum, in dem die ÖSD bereitgestellt wird, bestimmt, welche Individuen bzw. Gruppen gegebenenfalls davon profitieren und welche Interessen damit verbunden sind.

– Räumliche Wechselwirkungen in Bezug zu den lokalen Kosten und regionalen oder globalen Nutzen und umgekehrt (z. B. von Wasserreinigung, Kohlenstoffbindung, Biodiversität, Naturschutz), sogenannte räumliche Externalitäten (Ring et al. 2010), sind auch eine Frage des Maßstabs. Die Kosten zur Erhaltung der Ökosysteme und der Biodiversität fallen meist für lokale Landnutzer und Kommunen an, während die Nutznießer auch weit darüber hinaus profitieren können: auf regionaler, nationaler bis zur globalen Ebene.

– Auch die Entscheidungen über Naturressourcen und ÖSD werden auf verschiedenen Maßstabsbereichen getroffen. Die Identifizierung der relevanten Maßstäbe und Interessen-

gruppen ermöglicht die Analyse potenzieller Konfliktfelder im Umweltmanagement, insbesondere zwischen lokalen Akteuren und den überregionalen Interessen. Die Beachtung der Maßstabsproblematik stellt eine wichtige Grundlage des Landschaftsmanagements dar, u. a. für die Ermittlung von Ausgleichszahlungen an lokale Akteure, für welche Opportunitätskosten zur Erhaltung der Ökosysteme anfallen (Hein et al. 2006).

Die möglichen **Skalenübergänge** von ÖSD und die relevanten Merkmale müssen genau untersucht werden. Gerade die Trade-offs (▶ Abschn. 3.1.2 »Trade-offs, Grenzwerte, Triebkräfte und Szenarien«) sind sehr schwierig zu handhaben, weil sie sowohl in Raum und Zeit Verschiebungen von Kosten und Vorteilen auf allen Ebenen, im großen wie kleinen Maßstab sowie kurz- und langfristig, transzendieren. Veränderungen der Biodiversität und des Klimas, Entwaldung oder Wüstenbildung bedeuten nicht nur die Übertragung von Kosten von einem Gebiet zu anderen Regionen oder Kontinenten, sondern auch Transfers in spätere Perioden und zukünftige Generationen. Das Problem kann Zahlungssysteme für ÖSD sowie unmittelbare politische Reaktionen erschweren oder sogar unmöglich machen. In Bezug auf die Zeitskalen ist es wichtig, dass die Analyse der Dynamik der ÖSD-Bereitstellung die wesentlichen Triebkräfte und Prozesse berücksichtigt (de Groot et al. 2010). Aufgrund des Trade-off-Problems (siehe oben), die Übertragung von ÖSD-Bewertungen über verschiedene Skalen betreffend, müssen die spezifischen Einheiten und Maßstäbe der SPA (*service providing areas*) und SBA (*service benefiting areas*) analysiert werden (▸ Abschn. 3.3.2).

Die Skalenproblematik führt zu der Frage nach den geeigneten **Referenzeinheiten**. Angemessene räumliche Bezugseinheiten sind notwendig für Stichprobenbefragungen, die Analyse und Zuordnung von Daten sowie für die Bewertung und Modellierung von ÖSD (Bastian et al. 2006). Die Referenzeinheiten sollten auf die Skalen, die ökologisch sinnvoll und politisch relevant sind, bezogen werden, und sie sollten die Komplexität der Sachverhalte und Zusammenhänge zum Ausdruck bringen. Beispiele für ökologische Einheiten sind Ökosysteme, Wassereinzugsgebiete, Landschaften und Geochoren (Haase und Mannsfeld 2002; Bastian et al. 2006; Blaschke 2006). Zum Beispiel kann die Bereitstellung von hydrologischen Leistungen von einer Reihe ökologischer Prozesse abhängig sein, die von der Größe des Einzugsgebietes bestimmt wird (de Groot et al. 2010). Beispiele für sozioökonomische Bezugsgrößen sind Verwaltungseinheiten (Gemeinde, Kreis, Bezirk, Bundesland, Land) und Landnutzungseinheiten. Das Missverhältnis von Verwaltungs-/sozioökonomischen und ökologischen Einheiten und Daten stellt ein Problem dar (z. B. passt die Bevölkerungsstatistik über administrative Einheiten nicht zu den Grenzen von Wassereinzugsgebieten), das besondere Aufmerksamkeit verlangt.

Ökologische Bezugseinheiten lassen sich für einen Transfer von Nutzgrößen (Benefit-Transfer, ▸ Abschn. 4.2) verwenden (z. B. Plummer 2009): Ökologische Daten und Analysen von einer bestimmten Bezugseinheit können in einem gewissen Maße auf ökologisch ähnliche und damit vergleichbare Einheiten übertragen werden (einschließlich der Fähigkeit, Güter und ÖSD bereitzustellen).

3.3.5 Kontrollschema für Raum- und Zeitaspekte von ÖSD

In ◘ Tab. 3.7 ist ein Kontrollschema zusammengestellt, das helfen soll zu überprüfen, ob bei der Analyse und Bewertung von ÖSD jeweils die wesentlichen Raum- und Zeitaspekte beachtet werden. Die relevanten Aspekte bezüglich Raum, Zeit und Maßstab wurden oben beschrieben. Die Anwendung des Kontrollschemas wird im Folgenden am Beispiel der EU-Wasserrahmenrichtlinie (WRRL 2000) demonstriert, die viele Raum- und Zeitaspekte von ÖSD thematisiert. Auch wenn dort ÖSD-Begriffe und -Konzept nicht explizit erwähnt werden, zielt die WRRL darauf ab, ÖSD zu erhalten und zu verbessern.

3.3.6 Fallstudie: EU-Wasserrahmenrichtlinie (WRRL) und ÖSD

Inhalte der WRRL

Die Europäische Wasserrahmenrichtlinie vereinheitlicht den rechtlichen Rahmen für die Wasserpolitik innerhalb der Europäischen Union und bezweckt, die Wasserpolitik stärker auf eine nachhaltige und umweltverträgliche Wassernutzung auszurichten. Da die natürlichen Gegebenheiten innerhalb der EU sehr unterschiedlich sind (heterogener Raum, Makroskale), beschränkt die Richtlinie sich darauf, Qualitätsziele aufzustellen und Methoden anzugeben, wie diese zu erreichen und gute Wasserqualitäten zu erhalten sind.

Die Umweltziele der WRRL (2000), die den Kern dieser Rechtsvorschrift bilden, zielen auf nachhaltige Landnutzung (»langfristige nachhaltige Gewässerbewirtschaftung auf der Grundlage eines hohen Schutzniveaus für die aquatische Umwelt«) und Optimierung der ÖSD (Schutz der Gesundheit des Menschen, wirtschaftliche Folgen beachten u. a.) ab.

◘ Tab. 3.7 Prüfliste für Raum- und Zeitaspekte von ÖSD (© Bastian et al. 2012a)

Pos.	Aspekt	Kriterien, Beispiele
1 Raumaspekte		
1.1	Flächenanforderungen	Mindestfläche (für die Generierung von ÖSD) mit spezifischer Qualität (Struktur, abiotische Charakteristik, Biodiversität)
1.2	Raumausstattung	Ausstattung der Lebensräume, Landnutzungsdiversität, relevante ÖSD
1.3	Raumkonfiguration	Form, Zonen und Zonierung (Kern-/Pufferzone), Landnutzungsgradient, Nachbarschaftseffekte/-beziehungen
1.4	funktionale Verknüpfungen	Anbieter-Transfer-Nachfrager-Beziehung, ökologische Abhängigkeiten (z. B. Biotopverbund, Fluss-Aue-Wechselwirkungen)
2 Zeitaspekte		
2.1	Zeitanforderungen	minimale Prozesszeiten, Regenerationszeit (eines Ökosystems bzw. einer ÖSD)
2.2	Zeitabläufe (Sequenzen)	natürliche Oszillation, Zeitmuster der Landnutzung und Interferenzen, Speicherkapazität der Ökosysteme
2.3	Ungleichzeitigkeiten	Vorsorgemaßnahmen, Risiken, Optionswerte, intergenerationale Zeitdifferenzen (Nutzen für die jetzige Generation, die nächste Generation zahlt ggf. dafür)
3 Skalen und Dimensionen		
3.1	adäquate Dimensionen und Maßstäbe	adäquate Bezugseinheiten für ÖSD, Kompatibilität von Skalen und Maßnahmen, passende Raum- und Zeitauflösungen
3.2	Skalenübergänge	Skalenübergänge (*up-scaling*, *down-scaling*), Analyse von Resilienz und Kipp-Punkten (*tipping points*)

Die »Übersetzung« der normativen Begriffsbestimmungen der WRRL in numerische Klassengrenzen für den »guten Zustand« beruht auf wissenschaftlichen Vorgehensweisen. Sozioökonomische Erwägungen werden durch die in der WRRL vorgesehenen integrierten Mechanismen berücksichtigt, nämlich durch »Ausnahmen« vom Erreichen der Ziele nach Artikel 4 und durch Kostenwirksamkeitsanalysen.

Mit den Zielen der WRRL werden vorrangig folgende Wohlfahrtswirkungen angestrebt:
- Schutz der menschlichen Gesundheit durch wasserbezogene Nutzungen, wie Badegewässerqualität und Trinkwasserqualität,
- geringere Kosten der Wasseraufbereitung,
- Gewährleistung der Sicherheit der Wasserversorgung,
- Verbesserung der Lebensqualität durch Erhöhung des Erholungswertes der Oberflächengewässer,
- Bewältigung von Konflikten und regionaler Benachteiligungen durch Interessenausgleich verschiedener Gruppen.

Dabei soll die konsequente Umsetzung des Vorsorgeprinzips, der Information und der Transparenz erfolgen. Die Verwirklichung der Umweltziele bringt zwar beträchtlichen Nutzen, doch können damit auch zusätzliche Kosten verbunden sein. Diese hängen je nach Fluss-Einzugsgebiet vor allem vom Abstand zwischen Ist-Zustand und Zielzustand sowie der Wahl der Instrumente und der Kombination der zu ergreifenden Maßnahmen ab. Raum-Zeit-Ansätze spielen dabei eine entscheidende Rolle. Die WRRL enthält Mechanismen die gewährleisten, dass die sozioökonomischen Auswirkungen ordnungsgemäß in Entscheidungsprozesse einbezogen und die kostengünstigsten Optionen berücksichtigt werden können (Bewirtschaftungsplan und Maßnahmenprogramm, Entscheidungsunterstützungssysteme). Zu den vorgeschlagenen Optionen müssen öffentliche Anhörungen stattfinden.

Ausgewählte Raum- und Maßstabsaspekte der WRRL

Die Richtlinie zeichnet sich durch verschiedene Elemente aus, die gegenüber der bisherigen (deutschen) Wasserpolitik Veränderungen bedeuten und daher Anpassungsbedarf ausgelöst haben. Entscheidend ist dabei die räumliche Ausrichtung an Flussgebietseinheiten. Bislang wurde die Bewirtschaftung überwiegend nach den politischen Grenzen der Gebietskörperschaften durchgeführt. Die Orientierung der Wasserpolitik bzw. der Verwaltung an diesen Flussgebietseinheiten wurde zunächst in Großbritannien und Frankreich praktiziert und gab den Impuls für die europäische Regelung. Da die Einzugsgebiete vieler der großen europäischen Flüsse (Maas, Rhein, Elbe, Oder, Donau) über Staatsgrenzen hinausgehen, lag eine europäische Regelung nahe. Ähnliches gilt für die Grundwasserverhältnisse, die ebenfalls von politischen Grenzen unabhängig sind.

Die internationale Flussgebietseinheit Elbe umfasst 148 268 km² und ist in zehn Koordinierungsräume gegliedert. Für die fünf Koordinierungsräume Obere und Mittlere Elbe, Obere Moldau, Berounka, Untere Moldau sowie Eger und Untere Elbe ist Tschechien und für die fünf Koordinierungsräume Mulde-Elbe-Schwarze Elster, Saale, Havel, Mittlere Elbe/Elde und Tideelbe ist Deutschland federführend zuständig. Außer dem Koordinierungsraum Untere Moldau liegen kleinere Gebietsanteile der Koordinierungsräume mit tschechischer Zuständigkeit in Deutschland (Eger und Untere Elbe, Berounka, Obere Moldau) sowie in Österreich (Obere Moldau) und Polen (Obere und Mittlere Elbe). Die IKSE (Internationale Kommission zum Schutz der Elbe) ist als übergeordnete Koordinierungsstelle tätig (Gewässerüberwachung, überregionale Ziele und Strategien u. a.). Bewirtschaftungspläne für makroskalige Flussgebietseinheiten, wie der für das Elbe-Einzugsgebiet in Deutschland (FGG Elbe 2009), enthalten dimensionsspezifisch stark aggregierte Aussagen. Sie beziehen sich auf Fragen wie: Wer bietet die ÖSD an, und wer bezahlt dafür? Spezifische Raumkategorien für ökologische Analysen, für Planungen und

◘ Tab. 3.8 Schema der Raumebenen für den Bewirtschaftungsplan Elbe

Skale	Physische Ebene	Institutionelle Ebene
Makro-	Gesamteinzugsgebiet, einzugsgebietsbezogene Koordinierungsräume, Biome	Internationale Kommission zum Schutz der Elbe (IKSE), Länder
Meso-	Teileinzugsgebiete, Koordinierungs- und Planungsräume	Länder, Gewässerbereiche, Gebietsforen
Mikro-	kleine Einzugsgebiete, Bearbeitungsgebiete, Oberflächen- und Grundwasserkörper	Kreise, Gemeinden, Arbeitsgruppen und -kreise, Abstimmungstreffen

Entscheidungen werden in den Plänen in der Regel jedoch explizit berücksichtigt.

Die eigentliche Maßnahmenplanung und -umsetzung erfolgt auf regionaler und lokaler Ebene innerhalb meso- und mikroskaliger Teilräume. Dies erfordert einen kombinierten *top-down-* und *bottom-up-*Ansatz (Skalenwechsel): Überregionale Umweltziele und Anforderungen müssen auf regionale und lokale Handlungsziele heruntergebrochen werden. Die einzelnen wasserkörperbezogenen Maßnahmen müssen wiederum im Rahmen der Bewirtschaftungsplanerstellung für die entsprechenden Flussgebietseinheiten auf der Ebene der Bearbeitungsräume und übergeordnet der Koordinierungsräume aggregiert werden (◘ Tab. 3.8).

Nach EFTEC (2010) befasst sich ein zentraler Aspekt der Umsetzung der WRRL mit räumlichen und geographischen Merkmalen der Gewässer. Es ist notwendig zu verstehen, wie die Auswirkungen der Maßnahmen über räumliche Skalen variieren können: einerseits auf den direkten Nutzen im Zusammenhang mit den Gewässern selbst, andererseits auch indirekt an anderer Stelle. Im Falle der Wasserqualität, insbesondere der von Fließgewässern, ist die Beziehung zwischen ÖSD-Bereitstellungsflächen und den Vorteilsarealen flussabwärts gerichtet. In einigen Fällen können die positiven

3

◧ **Tab. 3.9**   Erwartete Reduktion der Nährstofffrachten der Elbe für den Meeresschutz der Nordsee bis 2015 in Zuflussgewässern der Länder (Bezugsjahr 2006; Maßnahmezeitraum 2009–2015; Nährstoffimmissionen in Hauptfließgewässern; adaptiert nach FGG Elbe 2009)

Land	Stickstoff		Phosphor	
	%	t a^{-1}	%	t a^{-1}
TSCHECHIEN	5	~ 3 120	7	~ 150
Brandenburg, Berlin	0,8	~ 47	1,5	~ 8
Bayern	3,5–7,5	~ 195	2–5	~ 3
Hamburg	10	~ 85	10	~ 3
Mecklenburg-Vorpommern	19	~ 400	5	~ 5
Niedersachsen	2,7	~ 270	2,7	~ 12
Schleswig-Holstein	16,6	~ 1650	18,7	~ 70
Sachsen	10–11	~ 2740	11–13	~ 75
Sachsen-Anhalt	3,9	~ 625	13,4	~ 60
Thüringen	5	~ 600	23,6	~ 80

Effekte räumlich sehr weit von den Maßnahmeflächen entfernt liegen. So trägt die Verminderung diffuser Stoffeinträge *in situ* zur Verbesserung der terrestrischen Biodiversität und der Bodenqualität bei und hat weiter flussabwärts bis in die Mündungsbereiche positive Effekte auf die Gewässerqualität (Grunewald et al. 2005, 2008; EFTEC 2010) (◧ Tab. 3.7 und ◧ Tab. 3.10, Pos. 3.2: Skalenübergänge).

Entsprechend den Managementanforderungen (Zustandsbewertung, Einschätzung der Zielerreichung) wurde das Einzugsgebiet der Elbe in 61 Planungsräume (Größe zwischen 300 und 5 600 km²) untergliedert, und es wurden 3 896 Oberflächenwasserkörper und 327 Grundwasserkörper zur Bearbeitung (Zustandsbewertung, Zielformulierung) ausgewiesen. Die institutionellen Gremien wie auch die Informationsebenen und -details einschließlich der Datenauflösung und -genauigkeit müssen adäquat ausgerichtet sein (◧ Tab. 3.7 und ◧ Tab. 3.10, Pos. 3.1: adäquate Dimension).

Die chemische, biologische und strukturelle Qualität der Gewässer ist von einer Vielzahl von Einflüssen abhängig. Um diese zu beurteilen und Maßnahmen abzuleiten, sind ein integriertes Konzept und eine breite Datenbasis notwendig. Die WRRL sieht konsistente und damit vergleichbare Kriterien für die Bereitstellung und Aktualisierung dieser Daten vor. Zum Beispiel ist in Artikel 10 WRRL festgeschrieben, dass die Belastungen aus Punktquellen (vor allem aus Industrieabfällen und Abwasserreinigungsanlagen) und diffusen Quellen (insbesondere aus der Landwirtschaft) zusammen zu betrachten sind.

Dies basiert auf räumlich spezifischen Analysen und Dokumentationen der Belastungen (Hauptquellen). Typische Fragen sind: Welche Gewässer (Oberflächengewässer, Grundwasser) sind mit Nährstoffen (N, P) belastet und in welchem Umfang? Wie hoch ist der Beitrag einzelner Teileinzugsgebiete oder von Ländern/Staaten zur Eutrophierung der Nordsee, und wie hoch sind die jeweiligen Reduzierungspotenziale? Solche räumlich relevanten Verteilungsoptionen wurden im Rahmen der IKSE (Internationale Kommission zum Schutz der Elbe) ausgehandelt (FGG Elbe 2009). Es zeigt sich, dass die Stickstoffreduzierungsanstrengungen in Schleswig-Holstein und Sachsen, diejenigen für Phosphor in Thüringen, Schleswig-Holstein, Sachsen-Anhalt und Sachsen besonders hoch sein müssen (◧ Tab. 3.9).

Diese überregionale Aufteilung der Nährstoffreduzierung muss in den Teilgebieten weiter untersetzt werden. Räumlich bedeutet dies beispielsweise zu unterlegen, ob Fördermaßnahmen zum Zwischenfruchtanbau oder zum Erosionsschutz in der Landwirtschaft auf allen Ackerflächen oder nur in Schwerpunktgebieten umgesetzt werden. Dafür sind Wirksamkeits- und Akzeptanzanalysen nötig (Grunewald und Naumann 2012). Weiterhin müs-

◪ **Tab. 3.10**   Prüfliste zu Raum- und Zeitaspekten in der WRRL (2000)

Pos.	Aspekt	Implementierung in der WRRL (Beispiele)	ÖSD-Beispiel: Grundwasserneubildung
1 Raumaspekte			
1.1	Flächenanforderungen	Mindestgröße von Standgewässern (50 ha) und Flusseinzugsgebieten (10 km²), die nach WRRL in das Monitoring und die Berichtspflichten einbezogen werden; Einzugsgebiete statt Verwaltungsgrenzen	Abgrenzung und Erfassung des Zustands der Grundwasserkörper (GWK)
1.2	Raumausstattung	kombinierte Betrachtung von Oberflächen- und Grundwasser; Management des gesamten Einzugsgebietes	Muster von Aquiferen und Infiltrationsgebieten; Verteilung der Grundwasserneubildung (Versorgung) und Grundwasserentnahme (Nachfrage)
1.3	Raumkonfiguration	Konfigurationsaspekte nur teilweise in WRRL berücksichtigt: Gewässerstrukturgütekartierung, Fischwanderungsmöglichkeiten, beschränkt sich allerdings auf große und mittlere Wasserkörper (d. h. zwei Drittel werden strukturell nicht berücksichtigt)	räumliche Struktur und Form von Landschaftselementen (z. B. Infiltrationsbereiche)
1.4	funktionale Verknüpfungen	Orientierung auf die menschliche Gesundheit, Lebensqualität, die gemeinsame Betrachtung von biologischer, chemischer und ökologischer Qualität	Karten zum Grundwasserschutz; räumliche Zuordnung von Maßnahmen, Leistungen und Zahlungen
2 Zeitaspekte			
2.1	Zeitanforderungen	differenzierte Bewirtschaftungsmaßnahmen in abgestuften Zeiträumen	zeitliche Aspekte der Grundwasserneubildung und -fließzeiten, Überwachung der Grundwasserstände
2.2	Zeitabläufe (Sequenzen)	Ziele im Einklang mit ökologischen Prozesszeiträumen differenziert, flexible Managementprioritäten	Variation der natürlichen Bedingungen (Niederschlag für Infiltration, Fruchtfolge), Trends (z. B. Klimawandel)
2.3	Ungleichzeitigkeiten	strikte Anwendung des Vorsorgeprinzips, (Hochwasser-) Risikominimierung	z. B. Ausweisung von Wasserschutzgebieten
3 Skalen und Dimensionen			
3.1	adäquate Maßstäbe bzw. Dimensionen	kombinierter *top-down-* und *bottom-up-*Ansatz, Planung und Management auf regionaler Ebene, jedoch Maßnahmenebene lokal	Hierarchie der Einzugsgebiete
3.2	Skalenübergänge	teilweise betrachtet: Auswirkungen auf Klimaschutzziele	viele lokale Maßnahmen können die Grundwasserneubildung regional beeinflussen

sen Kooperationen zwischen Landnutzern (Landwirte) und den Nutznießern der ÖSD (hier die Gesellschaft) vereinbart und Lösungen ausgehandelt werden.

Der Zeitfaktor in der WRRL

Die WRRL gibt verschiedene Fristen für die rechtliche Umsetzung der Richtlinie selbst, die Analysen, die Monitoringprogramme, die Bewirtschaftungs- und Managementpläne und die spezifischen Maßnahmenprogramme vor (Zeittabellen). Der konkrete, übergeordnete Zeitplan mit den Meilensteinen ist für alle Beteiligten verbindlich. Es ist genau festgelegt, bis wann der »gute Zustand der Gewässer« erreicht werden soll (von der Umsetzung der WRRL in nationales Recht der EU-Länder im Jahr 2003 bis zur Erreichung des »guten Zustands aller Gewässer« 2015 einschließlich Verlängerungsmöglichkeit bis 2021/2027; WRRL 2000).

Zeitliche Aspekte müssen vor allem im Hinblick auf die praktische Umsetzung der WRRL betrachtet werden. Vorbildlich sind die klaren Vorgaben für ÖSD-Anbieter und -Nutznießer hinsichtlich zeitlicher Fristen für die Umsetzung von Maßnahmen, z. B. bezüglich Nährstoffreduzierung oder Berichtspflichten der Länder (☐ Tab. 3.10, Pos. 2.1: zeitliche Anforderungen).

Zu beachten ist, dass die Gewässerökosysteme Zeit benötigen, um nach Entwicklungsmaßnahmen den Qualitätszielen zu entsprechen (Zeithorizont bis zum Wirksamwerden der Maßnahmen). Die zeitlichen Abläufe (☐ Tab. 3.10, Pos. 2.2: Zeitabläufe) von Anforderungen berücksichtigen die Dauer natürlicher Prozesse, wie auch die passende Reihenfolge von Maßnahmen und den Zeitaufwand für das Management der Maßnahmen.

Die EU-Wasserrahmenrichtlinie sieht zwar vor, dass sich alle Gewässer bis 2015 in einem »guten Zustand« befinden sollen. Die Richtlinie lässt aber auch Ausnahmen zu, bei denen Fristen verlängert oder die Umweltziele abgeschwächt werden können, wenn diese aus objektiven Gründen nicht rechtzeitig erreichbar sind. Die Ausnahmen sollen verhindern, dass Kosten zur Umsetzung von Maßnahmen unverhältnismäßig hoch werden. Ohne nachvollziehbare Kostenschätzungen wird es aber schwer, Ausnahmen zu begründen. Da die Umsetzung in die Zuständigkeit der Länder fällt, interpre-

tiert jedes Bundesland die Richtlinie diesbezüglich eigenständig. Es wurden jedoch Arbeitsgruppen eingesetzt, um die nationalen Vorschriften bis zu einem gewissen Grad zu harmonisieren.

Indem die WRRL sicherstellt, dass wasserbezogene Potenziale der Ökosysteme für die Zukunft zu sichern sind (z. B. Verschlechterungsverbot, Trendumkehr), werden zeitliche Differenzen adäquat beachtet. Das Vorsorgeprinzip wird bereits durch die Qualitätsziele realisiert. Aber auch wirtschaftliche Zeitabwägungen werden so weit wie möglich berücksichtigt, indem wir nicht jetzt etwas in Anspruch nehmen, wofür spätere Generationen bezahlen müssten.

Die Mitgliedsstaaten der EU haben sich verpflichtet, bis zum Jahr 2010 eine angemessene Wassergebührenpolitik einzuführen, die Anreize für eine sparsame Wassernutzung enthält. Die verschiedenen Wassernutzer (Industrie, Haushalte, Landwirtschaft etc.) sind dazu angehalten, in angemessener Weise zur Abdeckung der Kosten für Wasser-ÖSD beizutragen, einschließlich von Umwelt- bzw. Ressourcenkosten (Artikel 9 WRRL). Die Bewertung finanzieller Disproportionen (Verhältnismäßigkeit der Kosten) muss auch eine Kosten-Nutzen-Abwägung enthalten, womit ein Kernaspekt des ÖSD-Ansatzes berücksichtigt wird (▶ Abschn. 4.2). Die WRRL schreibt außerdem vor, dass bis zum Jahr 2010 die Wasserversorgung nach dem Prinzip der Kostendeckung zu organisieren ist. Die Frage lautet diesbezüglich: Wer zahlt dafür? Früher hat die breite Öffentlichkeit für den Schutz von Trinkwasser bezahlt. Nunmehr müssen auch Verursacher von Verunreinigungen (Verursacherprinzip) bzw. Bevorteilte (z. B. ein Wasserwerk in einem Einzugsgebiet) für Kosten aufkommen. Gleichwohl wird hinsichtlich der Wasser-ÖSD immer noch das Solidaritätsprinzip angewandt, und es ist anzumerken, dass bis heute die Regelungen und Verpflichtungen der WRRL nur teilweise umgesetzt worden sind.

Kontrollschema für ÖSD und Raum-Zeit-Überlegungen in der WRRL

Die Prüfliste für Raum- und Zeitaspekte (☐ Tab. 3.7) wurde abgearbeitet und mit Beispielen der EU-WRRL untersetzt. ☐ Tab. 3.10 zeigt, dass die Richtlinie die meisten Raum- und Zeitfacetten von ÖSD berücksichtigt, beispielsweise die Größe von Einzugsgebieten und die Differenzierung von Maßnahmen in Bezug auf Raum und Zeit. Auf der anderen Seite zeigt die Tabelle auch etwaige Mängel auf, wie z. B. die unvollständige Berücksichtigung räumlicher Konfigurationen oder von Skalenübergangsaspekten.

Diskussion und Fazit: ÖSD zeigen eine breite Palette von raum-, zeit- und maßstabsabhängigen Beziehungen

Dies gilt nicht nur für die ökologischen Aspekte, sondern auch für sozioökonomische und kulturelle, sowohl im Hinblick auf die Analyse- und Auswertungsschritte als auch bezüglich der Angebots- und Nachfrageperspektive. Bisher wurden Raum- und Skaleneffekte oft in erster Linie auf ökologische Phänomene bezogen. Diese Raumvorstellung haben wir versucht zu erweitern. Die Verknüpfung mit institutionellen Mechanismen über räumliche Skalen bietet bessere Möglichkeiten der Einbindung und Aktivierung von Interessengruppen und eine engere Zusammenarbeit zwischen den Akteuren.

Perspektiven- und Skalenwechsel sind nötig: Ökologische Strukturen und Prozesse sowie ÖSD wirken bzw. manifestieren sich in verschiedenen Dimensionsstufen von der lokalen über die regionale bis zur globalen Maßstabsebene auf sehr unterschiedliche Weise. Das bedeutet u. a., dass die Erfassung bzw. Bewertung von ÖSD ein räumlich differenziertes methodisches Herangehen erfordert.

Physischen und gesellschaftlichen Raum betrachten: Für die Erfassung und Bewertung von ÖSD sind – abgesehen von geeigneten Maßstabsbereichen – auch adäquate Bezugseinheiten erforderlich. Diese sollen wissenschaftlich begründet (plausibel) und politikrelevant sein und die Komplexität der Sachverhalte zum Ausdruck bringen. Bezugseinheiten können Ökosysteme, geometrische Einheiten, administrative Einheiten, aber auch verschiedenartig definierte Landschaftsräume sein. Aus dem Blickwinkel einer ökologischen Raumentwicklung ist das ÖSD-Konzept von besonderer Bedeutung, weil die Mensch-Umwelt-Beziehung thematisiert wird und dabei der gesellschaftliche Raumbegriff (Wahrnehmungsraum, Handlungsraum) mit dem physischen Raumbegriff (Ordnungsraum, Standorte, Lagebeziehungen, Distan-

zen, Raumgrenzen) verknüpft werden kann. Der Schwierigkeiten des Umgangs mit hybriden Begriffen sollte man sich dabei bewusst sein und einen pragmatischen Zugang wählen.

In der EU-WRRL sind alle wesentlichen Aspekte des ÖSD-Ansatzes wie Konfliktrelevanz, Problemfokussierung, Zieldefinition, ökologische und ökonomische Daten, quantitative und modellbasierte Ansätze, integrierte Betrachtung, partizipative Ansätze, Entscheidungsunterstützungssysteme, Kosten-Nutzen-Abwägungen und Lösungsorientiertheit zu finden. Auch hinsichtlich der Raum- und Zeitansätze stellt die WRRL allein schon aufgrund klarer Definitionen und Begriffshierarchien einen enormen Fortschritt gegenüber früheren Ansätzen dar. Anhand der entwickelten Kontrollliste konnten die wesentlichen Raum-, Zeit- und Skalenaspekte in der WRRL am Beispiel des Flusseinzugsgebietes der Elbe abgeprüft werden. Dazu gehören vor allem: räumliche Konfiguration und Zusammensetzung (Muster), Referenz-Einheiten, Konkordanz der physischen und sozioökonomischen Raumkonzepte, die räumliche Position der Service-Anbieter und Nutznießer, Verbindungsareale (SCA), die Rolle der zeitlichen Abläufe und Ungleichzeitigkeiten oder des Skalentransfers. Wesentlich scheint auch die Frage, ob die Steuerungsgremien zu den Raumebenen passen (Einzugsgebiet Elbe – Flussgebietsgemeinschaft Elbe; regionale Foren in Teilgebieten). Wechselwirkungen konnten u. a. anhand der Ober-Unterlieger-Problematik festgemacht werden. Überregionale Umweltziele und Anforderungen müssen auf regionale und lokale Handlungsziele heruntergebrochen werden. Die einzelnen wasserkörperbezogenen Maßnahmen sollten wiederum im Rahmen der Bewirtschaftungsplanerstellung für die entsprechenden Flussgebietseinheiten auf Ebene der Bearbeitungsräume und übergeordnet der Koordinierungsräume aggregiert werden.

Die WRRL zeigt darüber hinaus die praktische Relevanz von ÖSD, z. B. hinsichtlich der räumlichen und zeitlichen Verteilung der Kosten und Nutzen oder des Zeitrahmens für das Erreichen bestimmter Ziele im Kontext der ökologischen (wie die Regenerationskapazität der Gewässer) und auch der wirtschaftlichen Bedingungen (wirtschaftliche Tragfähigkeit, Zahlungen über ausreichend große Zeiträume verteilen). Die WRRL beachtet ökologische Zeitkategorien (Entwicklung, Saisonalität, Regeneration, Stoffumsatz und -transfer) und gibt eine klare Orientierung in Bezug auf Zeithorizonte zur Zielerreichung, was für die Nutzer und andere Interessengruppen wichtig ist, um sich darauf einstellen zu können. In der WRRL sind solche Probleme besser gelöst worden als etwa in der EU- Fauna-Flora-Habitat-Richtlinie (▶ Abschn. 6.6.1).

3.4   Landschaftsdienstleistungen

O. Bastian, K. Grunewald, M. Leibenath, R.-U. Syrbe, U. Walz und W. Wende

Wie in ▶ Abschn. 3.3 dargelegt, sind die Entstehung, aber auch die Nutzung von ÖSD stets an konkrete Räume gebunden. Sie manifestieren sich in räumlicher Differenzierung und in verschiedenen Größenordnungen bzw. Maßstabsbereichen. Kritische Stimmen bemängeln eine bisher unzureichende bzw. fehlende Verortung, d. h. dass die Anordnungsmuster und Beziehungen von ÖSD im Raum kaum beachtet (Syrbe und Walz 2012) und stattdessen häufig lediglich statistische Angaben, z. B. zur Landnutzung (*land use*), einbezogen werden (Blaschke 2006). Auch seien die praktische Anwendbarkeit und der planerische Bezug von ÖSD unzureichend (Termorshuizen und Opdam 2009).

Ein vielversprechender Weg, diese Defizite zu beheben, ist die Verknüpfung von ÖSD mit einem Landschaftsansatz und die Definition von Landschaftsdienstleistungen, um einerseits den Raumbezug zu betonen und um andererseits zu planerisch bzw. praktisch besser verwertbaren Aussagen zu gelangen (Burkhard et al. 2009; Termorshuizen und Opdam 2009; Frank et al. 2012; Schenk und Overbeck 2012).

Dies gilt trotz der Tatsache, dass der Landschaftsbegriff in der wissenschaftlichen Diskussion heftig umstritten war und noch ist und je nach Bildungsstand, Sozialisation und beruflichem Hintergrund, aber auch in Abhängigkeit von Sprache und Kulturkreis ein breites Spektrum an Deutungen und Sinngehalten existiert. »Landschaft« ist Gegenstand zahlreicher Wissenschaften und Lebensbereiche, darunter der Ästhetik, Malerei, Literatur, Philosophie, Geographie, des Naturschutzes und der Landschaftspflege, der Land- und Forstwirtschaft u. a. m. Ein Landwirt, ein Geologe, ein Forstwirt, ein Erholungssuchender – jeder wird Landschaft anders, mit anderen Schwerpunkten sehen (Jessel 1998).

Gemeinverständlich wird Landschaft häufig als ein Stück Land aufgefasst, welches das Auge auf einmal wahrnehmen kann. Landschaft stammt vom altgermanischen *lantscaf* ab, *scaf* entwickelte sich zu (englisch) *shape* und deutsch »schaffen« (Haber 2002). Somit ist Landschaft das vom Menschen gestaltete Land. Landschaft als visuell erlebbare Dimension war über Jahrhunderte aber weniger ein bewusst geschaffenes Objekt, sondern ein Produkt der im Vordergrund stehenden Versorgung mit Nahrungsmitteln. Trotzdem wurde Landschaft schon früher häufig so gestaltet, dass verschiedenartige positive Nebeneffekte zum Tragen kamen. Beispiele sind Obstbaumreihen auf ansonsten wenig nutzbringenden Böschungen, um Obst als Nahrung zu erzeugen und gleichzeitig noch Schatten für die langen Fußwege zur Arbeit auf den Feldern zu spenden, oder in Hof- oder Siedlungsnähe als Windschutz und für ein günstiges Mikroklima angepflanzte Gehölze. Auch ästhetische Aspekte mögen durchaus eine Rolle gespielt haben. Die bewusst gestaltete und später auch touristisch vermarktete Landschaft hatte dagegen ihren Anfang in der Aufklärung (Ideal des englischen Landschaftsgartens), kulminierte in den Parkgestaltungen der Großstädte des 19. Jahrhunderts (z. B. Central Park in New York) und ist heute ein fester Bestandteil der Landschafts- und Raumplanung (Kienast 2010).

Nach Leibenath und Gailing (2012) lässt sich Landschaft auf vierfache Weise deuten: (1) Landschaft als physischer Raum oder Ökosystemkomplex, (2) (Kultur-)Landschaft im Kontext der Mensch-Umwelt-Beziehung, (3) (Kultur-)Landschaft als Metapher und (4) (Kultur-)Landschaft als soziales Konstrukt oder als Kommunikationsgegenstand. Backhaus und Stremlow (2010) unterscheiden folgende vier grundsätzliche disziplinäre Landschaftszugänge: (1) ökosystemare und geomorphologische, (2) psychologische und phänomenologische, (3) konstruktivistische und kulturwissenschaftliche sowie (4) politologische und sozialwissenschaftliche Zugänge.

Das Verständnis von Landschaft als intermediäre Erscheinung zwischen (natur-)wissenschaftlich erfassbarer objektiver Realität und gedanklichem Konstrukt bringt Definitionen wie die des Europarates in der Europäischen Landschaftskonvention (Artikel 1; Czybulka 2007) zum Ausdruck: »ein Gebiet, wie es vom Menschen wahrgenommen wird, dessen Charakter das Ergebnis der Wirkungen und Wechselwirkungen von natürlichen und/oder menschlichen Faktoren ist«; oder von Fry (2000): »physische und mentale Reflexion der Wechselwirkungen zwischen Gesellschaften und Kulturen mit ihrer natürlichen Umwelt.« In diesem Sinne kann Landschaft auch gesehen werden als »ein von den Naturbedingungen vorgezeichneter, von menschlicher Tätigkeit in unterschiedlichem Maße überprägter, von Menschen als charakteristisch wahrgenommener bzw. empfundener und nach vorzugebenden Regeln abgrenzbarer Ausschnitt aus der Erdhülle unterschiedlicher Größenordnung« (Bastian 2006, 2008).

Laut Millennium Ecosystem Assessment (MEA 2005) ist eine Landschaft typischerweise aus einer Anzahl unterschiedlicher Ökosysteme zusammengesetzt, die jeweils ein ganzes Bündel verschiedener ÖSD generieren. Insofern ist es durchaus gerechtfertigt, Landschaftsräume mit gleichartigem oder ähnlichem Gesamtcharakter auszuweisen (bzw. als Bezugseinheiten zu verwenden), um deren Gegebenheiten für eine effektive und zugleich schonende Nutzung durch die Gesellschaft zu interpretieren (Bernhardt et al. 1986; Hein et al. 2006; TEEB 2009).

Die meisten Landschaftsdefinitionen erfüllen den Anspruch des räumlichen Bezuges bzw. der räumlichen Ausdehnung sowie der Ganzheitlichkeit im Sinne Alexander von Humboldts »Totaleindrucks einer Gegend« bzw. »des Landschaftlichen« (Humboldt 1847, S. 92, 97). Bisweilen werden Landschaft und Mensch als zwei sich gegenüberstehende Pole aufgefasst, wozu übrigens schon die Sprachregelung »Mensch und Natur« verführt. Dabei gerät leicht aus dem Blick, dass der Mensch immer auch Teil der Natur ist (Oldemeyer 1983 in Gebhard 2000). Zunehmend werden aber materielle und geistige Gesichtspunkte ausgewogener berücksichtigt sowie der Mensch unmittelbar einbezogen.

Für das ÖSD-Konzept halten wir die Definition von Landschaft als physischer Raum oder Ökosystemkomplex für besonders hilfreich. Viele ÖSD werden von der Landschaftsstruktur und vom geographischen Kontext beeinflusst, so von der Anordnung von Landschaftselementen oder Landnutzungseinheiten. Die Landschaftsstruktur bestimmt maßgeblich die Flüsse und Kreisläufe von Wasser, Nährstoffen und Organismen. Die räumliche Beziehung zwischen biotischen (Vegetation) und abiotischen Faktoren (Boden) ist für die Ausprägung vieler ÖSD entscheidend, deshalb ist das Ganze (die Landschaft und das an sie geknüpfte ökologische Mosaik) bedeutender als die Summe seiner Einzelteile (Odum 1971; Haber 2004). Die Landschaftsmatrix bestimmt die Effektivität und Bedeutung der einzelnen biotischen Komponenten in weitaus stärkerem Maße, als wenn man nur die einzelnen Komponenten addiert (Frank et al. 2012; Syrbe und Walz 2012).

Die Bereitstellung von ÖSD hängt nicht nur von den Eigenschaften des einzelnen Ökosystems ab, sondern auch von den räumlichen Wechselwirkungen zwischen mehreren Ökosystemen sowie zwischen diesen und anthropogenen Elementen wie Straßen, Bauwerke usw. Ein Beispiel ist die natürliche Schaderregerregulation in der Agrarlandschaft durch Vögel und räuberische und parasitische Insekten, die eine spezifische Struktur bzw. Anordnung von Landschaftselementen (Sommer-/Winterlebensräume, Nahrungs- und Bruthabitate) erfordert. Für die Nutzung von ÖSD sind ebenfalls räumliche Beziehungen und landschaftliche Besonderheiten zu beachten (▶ Abschn. 3.3).

Landschaftsdienstleistungen bilden das Verbindungsglied zwischen Landschaft und menschlichem Wohlergehen. Sie implizieren eine starke räumliche Orientierung und regionale Differenzierung sowie Akteurs-, Planungs- und Entscheidungsbezug. Das Konzept der Landschaftsdienstleistungen ist auch insofern von besonderer Bedeutung, weil es die Mensch-Umwelt-Beziehung und anthropogene Überprägungen (z. B. Landnutzung) stärker thematisiert und dabei den gesellschaftlichen Raumbegriff (Wahrnehmungsraum, Hand-

Landschaft versus Ökosystem

Angesichts der Bedeutungsvielfalt des Landschaftsbegriffs und der schwierigen Abgrenzbarkeit konkreter Landschaftsräume mag das Landschaftskonzept im Vergleich zum Ökosystemkonzept als zu unkonkret, schwammig und unwissenschaftlich angesehen werden. Doch ist im Vergleich hierzu das Ökosystemparadigma tatsächlich völlig unproblematisch? Dem ist nicht so, denn auch dieses steht in der Kritik, es sei diffus und widersprüchlich (O'Neill et al. 1986) und es leide unter methodischen Defiziten bei seiner Anwendung in Forschung und Praxis. Naveh und Lieberman (1994) stellten die Frage, ob Ökosysteme tatsächlich als real existierende Phänomene angesehen werden können oder ob sie nicht lediglich konzeptionelle Hilfsmittel zur Analyse von Energie-, Stoff- und Informationsflüssen in ökologischen Systemen seien?

Noss (2001) betrachtet Ökosysteme als funktionale Systeme mit räumlich nicht oder eher willkürlich definierten Grenzen. Es handle sich um offene Systeme, zwischen denen der Austausch von Stoffen, Energie und Organismen stattfinde. Ernsthafte Probleme des Ökosystemparadigmas stellt Naveh (2010) im Hinblick auf räumliche Aspekte fest: Erstens handle es sich um die Annahme, dass Wechselwirkungen und Rückkopplungsschleifen innerhalb von Ökosystemgrenzen bestehen würden. In Wirklichkeit aber könne die räumliche Verbreitung der beteiligten Organismenpopulationen viel größer sein. Zweitens würde häufig räumliche Homogenität unterstellt. Diese Simplifizierung übersieht einige der wesentlichen Eigenschaften des Systems, denn gerade die Heterogenität ist Voraussetzung für das Leben dieser Organismen. Ein anderer wesentlicher Mangel des Paradigmas vom »natürlichen« Ökosystem sei die übliche Einstufung menschlicher Aktivitäten als externe Störungen (Naveh 2010).

Trotzdem ist es durchaus sinnvoll, den abstrakten Ökosystembegriff für das ÖSD-Konzept grundsätzlich zu bevorzugen (▶ Kap. 1, ▶ Kap. 2, ▶ Kap. 3), da dieser stärker die natürlichen Strukturen und Prozesse betont und besser die Bezüge zur »Ökologie« als Kategorie der Nachhaltigkeit bzw. als Klasse der Funktionen und Leistungen herstellt.

lungsraum) mit dem physischen Raumbegriff verknüpft.

Die Einbeziehung von Landschaftsdienstleistungen als Spezialform des ÖSD-Ansatzes hat folgende Vorteile:

- Landschaften als Bezugseinheiten erweitern die Perspektive über die von Ökosystemen erbrachten Leistungen hinaus und betonen stärker ästhetische, ethische und soziokulturelle Aspekte sowie anthropogene Überprägungen (z. B. Landnutzung) und den Gesamtcharakter eines Gebietes (Eigenart der Landschaft).
- Es werden räumliche Aspekte stärker zum Ausdruck gebracht, so die Anordnung von Ökosystemen und Landnutzungseinheiten im Raum, struktur- und prozessbedingte Wechselwirkungen, die räumliche Unterscheidung von Angebot und Nachfrage (in Form sogenannter *service providing areas* und *service benefiting areas*), der Bezug auf unterschiedliche Dimensionsstufen bzw. Maßstabsbereiche (▶ Abschn. 3.3). Wechselwirkungen zwischen Räumen und ÖSD können an vielen praxisrelevanten, funktionalen Aspekten aufgezeigt werden: Ober-/Unterliegerproblematik in Flusseinzugsgebieten, Stadt-Umland-Beziehungen, Beziehungen zwischen Wirtschaftsräumen, Eingriffsraum und Orte für Ausgleichs- und Ersatzmaßnahmen u. v. a. Teilweise sind auch an bestimmten Orten entstehende ÖSD nur über besondere Räume in die Gebiete der Nachfrage zu transferieren (*service connecting areas*, z. B. Kaltluft über Kaltluftabflussgebiete in Städte hinein; ▶ Abschn. 3.3).
- Die Betonung des Landschaftsbezuges verbessert das Zusammenwirken (die Integration) verschiedener Fachdisziplinen, da Natur-, Kultur- und Nutzungsaspekte gleichermaßen angesprochen werden (wenn auch die in den einzelnen Wissenschaftsdisziplinen gebräuchlichen Landschaftsdefinitionen voneinander abweichen).

Ein weiterer Pluspunkt für den Bezug auf Landschaften ergibt sich aus der Tatsache, dass trotz des strittigen wissenschaftlichen Diskurses zur Definition von Landschaften ihre nachhaltige

Nutzung und ihr Schutz weltweit wachsende Aufmerksamkeit finden, u. a. 1995 im »Aktionsplan für Europäische Landschaften« der EU und im ersten Europa-Umweltbericht (*Dobřiš-Assessment*) der Europäischen Umweltagentur sowie 2000 in der *Europäischen Landschaftskonvention* des Europarates. Gefordert wird u. a., Visionen (Leitbilder) für europäische Landschaften aufzustellen und den Landschaftsschutz in die sektorale Politik zu integrieren, so in die Gemeinsame Agrarpolitik und die Regionalpolitik der EU, um regionale Identitäten und landschaftliche Eigenarten zu unterstützen (Czybulka 2007).

Kulturlandschaften werden in der *Territorialen Agenda der Europäischen Union* von 2007 als »Grundlage einer natur- und kulturwirtschaftlich orientierten Entwicklung« bezeichnet, »die besonders strukturschwachen bzw. vom Strukturwandel betroffenen Regionen Entwicklungsperspektiven ermöglicht«. Fürst et al. (2008) sprechen sich dafür aus, Kulturlandschaftsentwicklung (wieder) verstärkt als Katalysator und Vehikel, d. h. als »wesentliches Element neuer Problemlösungen in der Regionalentwicklung«, zu betrachten. In alle diesbezüglich relevanten Politikbereiche müsse das Landschaftskonzept integriert werden, z. B. im Zusammenhang mit der Gemeinsamen Agrarpolitik der EU nach 2013, bei Natura 2000 sowie bei Fragen der Bioenergie.

> Wir halten Landschaftsdienstleistungen einerseits für einen Spezialfall innerhalb des Gesamtkonzeptes der ÖSD (analog Kienast 2010; Hermann et al. 2011). Andererseits ist der Landschaftsansatz breiter und komplexer, da er zusätzlich zu ökologischen in stärkerem Maße als der Ökosystemansatz ästhetische, kulturelle, psychologische und andere Aspekte einschließt. In diesem Fall werden Leistungen betrachtet, die einen spezifischen Landschaftsbezug aufweisen. Damit wird explizit auf die Analyse und Bewertung von Landschaftsdienstleistungen gesetzt, was meist allein schon aus den Schwerpunkten der Bearbeitungen hervorgeht: so in Landschaftsplanung, Landschaftspflege,

Kulturlandschafts- und Landschaftsbildbewertung (vgl. ▶ Abschn. 5.3 und insbesondere ▶ Abschn. 6.5).

Der Landschaftsbegriff weist darüber hinaus einen stärkeren Planungsbezug auf und ist Raumplanern besonders vertraut. Auch die breite Öffentlichkeit kann sich unter Landschaft mehr vorstellen als unter Ökosystem. Nach Termorshuizen und Opdam (2009) betrachtet die Landschaftsplanung bereits seit Jahrzehnten Landschaft als human-ökologisches Konzept und befasst sich mit ihren ökonomischen, kulturellen und ökologischen Werten.

Gerade in der Landschaftsplanung ist es ein ureigenes Anliegen, die Komplexität ihres Betrachtungsgegenstandes zu berücksichtigen und nicht die Einzelkomponenten bzw. Schutzgüter isoliert voneinander zu behandeln. Schon die Landschafts- und Raumplanung der 1970er- und 1980er-Jahre wies der Landschaft verschiedene (potenzielle) Funktionen zu, die meist kartographisch festgehalten wurden. Damit war die Landschafts- und Raumplanung eigentlich bereits sehr nahe am Konzept der Landschaftsdienstleistungen, auch wenn sie die landschaftsspezifischen Funktionen noch nicht als Dienstleistungen benannte (▶ Abschn. 2.2).

Insbesondere der physische Landschaftsansatz erhöht nicht nur die Relevanz für praktische räumliche Planungen (u. a. Landschaftsplanung; ▶ Abschn. 5.3) sowie für Landschaftsentwicklung und -management (▶ Abschn. 6.5), sondern er begünstigt auch partizipative Ansätze (Landschaft als identitätsstiftendes Element und als Handlungsraum; ▶ Abschn. 4.3; Fürst und Scholles 2008). Landschaft, nicht das Ökosystem, ist der Bezugsraum für öffentliche Beteiligung; sie erlaubt es einer Vielzahl an lokalen Interessenträgern, sich mit der Landschaft, in der sie leben, arbeiten und an der sie sich erfreuen, zu identifizieren und auf sie Einfluss zu nehmen, für die sie sich verantwortlich fühlen und die sie gestalten können. Demgegenüber werden mit »Ökosystem« häufig naturnahe, mehr oder weniger unberührte Gebiete, häufig mit Schutzstatus assoziiert, mit Erholungsfunktion, mit Artenvielfalt und ungestört verlaufenden natürlichen Prozessen (Termorshuizen und Opdam 2009). Landschaft ist auch ein Werbeträger, sie lässt sich »verkaufen« als ein guter Platz, an dem man sich erholen, leben und arbeiten kann (Wascher 2005).

Fazit

Es bleibt festzuhalten, dass sich Ökosystem- und Landschaftsdienstleistungen nicht grundsätzlich voneinander unterscheiden. Letztere stellen räumliche Aspekte mehr in den Vordergrund und orientieren auf eine komplexere Herangehensweise durch ihren Bezug auf die Schnittstelle von ökologischen, ökonomischen und sozialen Aspekten. Außerdem sind sie mehr auf die räumliche Planung ausgerichtet, auf Kommunikation und die Beteiligung von Akteuren und Interessenträgern bzw. der Menschen »vor Ort«. Die Methoden der Erfassung und Bewertung ähneln sich zum großen Teil oder sind identisch, bei Landschaftsdienstleistungen ist aber infolge des breiteren, multidisziplinären Ansatzes ein umfangreicheres Methodenspektrum in Betracht zu ziehen.

Literatur

Albert C, von Haaren C, Galler C (2012) Ökosystemdienstleistungen. Alter Wein in neuen Schläuchen oder ein Impuls für die Landschaftsplanung? Naturschutz Landschaftsplanung 44:142–148

Anderson BJ, Armsworth PR, Eigenbrod F, Thomas CD, Gillings S, Heinemeyer A, Roy DB, Gaston KJ (2009) Spatial covariance between biodiversity and other ecosystem service priorities. J Appl Ecol 46:888–896

Artner A, Frohnmeyer U, Matzdorf B, Rudolph I, Rother J, Stark G (2005) Future Landscapes. Perspektiven der Kulturlandschaft. Bundesamt für Bauwesen und Raumordnung, Bonn

Auhagen (1998) Verbal-Argumentation oder Punkte-Ökologie – Bewertungsverfahren unter der Lupe des Planers. Sächsische Akademie für Natur und Umwelt im Sächsischen Staatsministerium für Umwelt und Landesentwicklung in Zusammenarbeit mit dem Lehr- und Forschungsgebiet Landschaftsplanung der Technischer Universität Dresden (Hrsg): Dresdner Planergespräche – Vom Leitbild zur Quantifizierung – Bewertungsprobleme und ihre Lösung in der Landschafts- und Grünordnungsplanung. Bericht zur wissenschaftlichen Arbeitstagung am 14. und 15. November 1997. Dresden, S 137

Backhaus N, Stremlow M (2010) Handlungsraum Landschaft: Wege zur Förderung transdisziplinärer Zusammenarbeit. Nat Landsch 85:345–349

BAFU – Bundesamt für Umwelt (2011) Indikatoren für Ökosystemleistungen. Systematik, Methodik und Umsetzungsempfehlungen für eine wohlfahrtsbezogene Umweltberichterstattung. Herausgegeben vom Bundesamt für Umwelt BAFU, Bern

Balmford A, Rodrigues ASL, Walpole M, ten Brink P, Kettunen M, Braat L, de Groot R (2008) The Economics of Biodiversity and Ecosystems: Scoping the Science. European Commission, Cambridge

Barkmann J (2001) Angewandte Ökosystemforschung zwischen Biodiversitäts-, Landschafts- und Ressourcenschutz. Petermanns Geographische Mitteilungen 145:16–23

Bastian O (2006) Landschaft als Basiskonzept für integrative Forschungsansätze in der Geographie. Vortrag im Institut für Länderkunde Leipzig. Workshop »Raum – Landschaft – Region als Bezugsgrößen integrativer Projekte in der Geographie«, 14./15.7.2006, Leipzig

Bastian O (2008) Landscape classification – between fact and fiction. In: Lechnio J, Kulczyk S, Malinowska E, Szumacher I (Hrsg) Landscape classification. Theory and practice. Warsaw, S 13–20

Bastian O, Grunewald K, Syrbe RU (2012a) Space and time aspects of ecosystem services, using the example of the European Water Framework Directive. Int J Biodivers Sci Ecosyst Serv Manag (Special issue). doi:10.1080/2151373 2.2011.631941

Bastian O, Haase D, Grunewald K (2012b) Ecosystem properties, potentials and services – the EPPS conceptual framework and an urban application example. Ecol Indic 21:7–16

Bastian O, Krönert R, Lipsky Z (2006) Landscape diagnosis on different space and time scales – a challenge for landscape planning. Landscape Ecol 21:359–374

Bastian O, Schreiber KF (Hrsg) (1999) Analyse und ökologische Bewertung der Landschaft, 2. Aufl. Spektrum Akademischer, Heidelberg, S 564

Bastian O, Steinhardt U (Hrsg) (2002) Development and Perspectives of Landscape Ecology. Kluwer, Dordrecht, S 498

Bechmann A (1989) Die Nutzwertanalyse. In: Storm P-C, Bunge T (Hrsg) Handbuch der Umweltverträglichkeitsprüfung. Schmidt, Berlin, S 1–31

Bechmann A (1995) Anforderungen an Bewertungsverfahren im Umweltmanagement – Dargestellt am Beispiel der Bewertung für die UVP-Dokumentation zu den 11. Pillnitzer Planergesprächen am 29./30.9.1995, S 6–39

de Bello F, Lavorel S, Diaz S, Harrington R, Cornelissen JHC, Bardgett RD, Berg MP, Cipriotti P, Feld CK, Hering D, da Silva PM, Potts SG, Sandin L, Sousa JP, Storkey J, Wardle DA, Harrison PA (2010) Towards an assessment of multiple ecosystem processes and services via functional traits. Biodivers Conserv. doi:10.1007/s10531-010-9850-9

Bernhardt A, Haase G, Mannsfeld K, Richter H, Schmidt R (1986) Naturräume der sächsischen Bezirke. Sächsische Heimatblätter 4, 5

Blaschke T (2006) The role of the spatial dimension within the framework of sustainable landscapes and natural capital. Landsc Urban Plan 75:198–226

Blotevogel HH (1995) Raum. In: Akademie für Raumforschung und Landesplanung (Hrsg) Handwörterbuch der Raumordnung, Hannover, S 733–740

Boyd J, Banzhaf S (2007) What are ecosystem services? The need for standardized environmental accounting units. Ecol Econ 63:616–626

Burkhard B, Kroll F, Müller F, Windhorst W (2009) Landscapes' capacities to provide ecosystem services – a concept for land-cover based assessments. Landsc Online 15:1–22

Burkhard B, Kroll F, Nedkov S, Müller F (2012) Mapping ecosystem service supply, demand and budgets. Ecol Indic 21:17–29

Costanza R (2008) Ecosystem services: multiple classification systems are needed. Biol Conserv 141:350–352

Costanza R, d'Arge R, de Groot R, Farber S, Grasso M, Hannon B, Limburg K, Naeem S, O'Neill R, Paruelo J et al (1997) The value of the world's ecosystem services and natural capital. Nature 387:253–260

Cowling RM, Egoh B, Knight AT, O'Farrell PJ, Reyers B, Rouget M, Roux DJ, Welz A, Wilhelm-Rechman A (2008) An operational model for mainstreaming ecosystem services for implementation. Proc Natl Acad Sci USA 105:9483–9488

Czybulka D (2007) Die Europäische Landschaftskonvention. Z Europäisches Umwelt Planungsrecht (EurUP) 6:250–258

Díaz S, Fargione J, Chapin FS, Tilman D (2007) Biodiversity loss threatens human well-being. PLoS Biol 4:e277. doi:10.1371/journal.pbio.0040277

Dunlop M, Turner G, Foran B, Poldy F (2002) Decision points for land and water futures. Resource Futures Program Working Document 2002/2008, CSIRO Sustainaible Ecosystems, Canberra, Australia

Dunn RR (2010) Global mapping of ecosystem disservices: the unspoken reality that nature sometimes kills us. Biotropica 42:555–557

Durwen KJ, Schreiber KF, Thöle R (1980) Ein pragmatischer Ansatz zur Aufbereitung ökologischer Determinanten für die Raumplanung. Arb.-Ber. Landschaftsökologie 2:3–12, Münster

EASAC – European Academies Science Advisory Council (2009) Ecosystem services and biodiversity in Europe. EASAC policy report 09, London

EEG (2009) Gesetz zur Neuregelung des Rechts der Erneuerbaren Energien im Strombereich und zur Änderung damit zusammenhängender Vorschriften. Bundesgesetzblatt 2008, Teil I(49), Bonn, 21.10.2008

EFTEC (2010) Scoping study on the economic (or non-market) valuation issues and the implementation of the Water Framework Directive. Final Report for the EU Comm. DGE (ENV.D1/ETU/2009/0102rl) (Economics for the Environment Consultancy – eftec, Ozdemiroglu E, Provins A, Hime S), London

Erdmann KH, Shell C, Todt A, Küchle-Krischun J (2002) Natur und Gesellschaft: Humanwissenschaftliche Aspekte zum Naturschutz. Nat Landsch 77:101–104

FGG Elbe (2009) Nationales Überwachungsprogramm Elbe 2009 – Deutscher Teil des internationalen Messprogramms, aufgestellt: Wassergütestelle Elbe, 1/09 www.fgg-elbe.de. Zugegriffen: 03. Jan. 2011

Fisher B, Turner RK (2008) Ecosystem services: classification for valuation. Biol Conserv 141:1167–1169

Fisher B, Turner RK, Morlin P (2009) Defining and classifying ecosystem services for decision-making. Ecol Econ 68:643–653

Forman RTT, Godron M (1986) Landscape ecology. Wiley, New York

Frank S, Fürst C, Koschke L, Makeschin F (2012) A contribution towards a transfer of the ecosystem service concept to landscape planning using landscape metrics. Ecol Indic 21:30–38

Fränzle O (1998) Grundlagen und Entwicklung der Ökosystemforschung. Handbuch der Umweltwissenschaften, 3. Erg. Lfg. 12/98, S 1–24

Fry G (2000) The landscape character of Norway – landscape values today and tomorrow. In: Pedroli B (Hrsg) Landscape our Home/Lebensraum Landschaft. Indigo, Zeist, S 93–100

Fürst D, Gailing L, Pollermann K, Röhring A (Hrsg) (2008) Kulturlandschaft als Handlungsraum – Institutionen und Governance im Umgang mit dem regionalen Gemeinschaftsgut Kulturlandschaft. Rohn, Dortmund, S 328

Fürst D, Scholles F (Hrsg) (2008) Handbuch Theorien und Methoden der Raum- und Umweltplanung, 3. Aufl. Rohn, Dortmund

Gebhard U (2000) Naturschutz, Naturbeziehung und psychische Entwicklung. Naturschutz Landschaftsplanung 32:45–48

de Groot RS (1992) Functions of Nature: Evaluation of Nature in Environmental Planning, Management and Decision Making. Wolters-Noordhoff, Groningen

de Groot RS, Alkemade R, Braat L, Hein L, Willemen L (2010) Challenges in integrating the concept of ecosystem services and values in landscape planning, management and decision making. Ecol Complex 7:260–272

de Groot RS, Wilson M, Boumans R (2002) A typology for description, classification and valuation of ecosystem functions, goods and services. Ecol Econ 41:393–408

Grossmann M, Hartje V, Meyerhoff J (2010) Ökonomische Bewertung naturverträglicher Hochwasservorsorge an der Elbe, Abschlussbericht des F+E-Vorhabens »Naturverträgliche Hochwasservorsorge an der Elbe und Nebenflüssen und ihr volkswirtschaftlicher Nutzen. Teil: Ökonomische Bewertung naturverträglicher Hochwasservorsorge an der Elbe und ihren Nebenflüssen«, BfN 89

Grunewald K, Bastian O (2010) Ökosystemdienstleistungen analysieren – begrifflicher und konzeptioneller Rahmen aus landschaftsökologischer Sicht. GEÖKO 31:50–82

Grunewald K, Naumann S (2012) Bewertung von Ökosystemdienstleistungen im Hinblick auf die Erreichung von Umweltzielen der Wasserrahmenrichtlinie am Beispiel des Flusseinzugsgebietes der Jahna in Sachsen. Nat Landsch 1:17–23

Grunewald K, Dehnert J et al (2008) Nährstoffmodellierung zur Aufstellung der Maßnahmenprogramme nach WRRL in Sachsen. Wasser+Abfall 3:15–19

Grunewald K, Scheithauer J, Monget JM, Nikolova N (2007) Mountain water tower and ecological risk estimation of the Mesta-Nestos transboundary river basin (Bulgaria-Greece). J Mt Sci 4:209–220

Grunewald K, Weber C, Schröder K (2005) Schadstoffbelastung und Auennutzung nach dem Elbehochwasser 2002 in Sachsen – eine Synopse. In: Steinberg C, Calmano W, Klapper H, Wilken R-D (Hrsg) Handbuch Angewandte Limnologie. 22. Erg.Lfg. 7/05, 42 S

Haaren C von, Bathke M (2008) Integrated landscape planning and remuneration of agri-environmental services, Results of a case study in the Fuhrberg region of Germany. J Environ Manage 89:209–221. doi:10.1016/j.jenvman.2007.01.058

Haase G (1978) Zur Ableitung und Kennzeichnung von Naturraumpotenzialen. Petermanns Geogr Mitt 22:113–125

Haase G, Mannsfeld K (2002) Naturraumeinheiten, Landschaftsfunktionen und Leitbilder am Beispiel von Sachsen. Deutsche Akademie für Landeskunde, Flensburg

Haber W (2002) Kulturlandschaft zwischen Bild und Wirklichkeit. In: Schweizerische Akademie der Geistes- und Sozialwissenschaften, Bern, Akademievorträge, Heft IX, 19 S

Haber W (2004) Über den Umgang mit Biodiversität. In: Bayerische Akademie für Naturschutz und Landschaftspflege (ANL): Schwerpunkte: Leitbilddiskussion: Traditionen und Trends/Biodiversität als Aufgabe/Biografie: Alwin Seifert. Berichte der ANL 28:25–43; Laufen/Salzach (Bayerische Akademie für Naturschutz und Landschaftspflege)

Haines-Young RH, Potschin MB (2009) Methodologies for defining and assessing ecosystem services. Final Report, JNCC, Project Code C08-0170-0062, S 69

Haines-Young RH, Potschin MB (2010) Proposal for a Common International Classification of Ecosystem Goods and Services (CICES) for Integrated Environmental and Economic Accounting (V1). Report to the European Environment Agency

Harrington R, Anton C, Dawson TP, de Bello F, Feld CK, Haslett JR, Kluvánkova-Oravská T, Kontogianni A, Lavorel S, Luck GW, Rounsevell MDA, Samways MJ, Settele J, Skourtos M, Spangenberg JH, Vandewalle M, Zobel M, Harrison PA (2010) Ecosystem services and biodiversity conservation: concepts and a glossary. Biodiv Conserv. doi:10.1007/s10531-010-9834-9

Haslett J, Berry P, Bela G, Jongman RG, Pataki G, Samways M, Zobel M (2010) Changing conservation strategies in Europe: a framework integrating ecosystem services and dynamics. Biodivers Conserv 19:2963–2977. doi:10.1007/s10531-009-9743-y

Hein L, van Koppen K, de Groot RS, van Ierland EC (2006) Spatial scales, stakeholders and the valuation of ecosystem services. Ecol Econ 57:209–228

Hermann A, Schleifer S, Wrbka T (2011) The Concept of Ecosystem Services Regarding Landscape Research: A Review. Living Rev Landscape Res 5 http://landscaperesearch.livingreviews.org/Articles/lrlr-2011-1/. 01. Apr. 2011

Humboldt A von (Hrsg) (1847): Kosmos. Entwurf einer physischen Weltbeschreibung, Bd 2. Cotta, Stuttgart, S 544

Jessel B (1998) Landschaften als Gegenstand von Planung. Schmidt, Berlin

Jessel B, Tschimpke O, Waiser M (2009) Produktivkraft Natur. Hoffmann und Campe, Hamburg

Kettunen M, Bassi S, Gantioler S, ten Brink P (2009) Assessing socioeconomic benefits of Natura 2000 – a toolkit for practitioners. Institute for European Environmental Policy, London

Kienast F (2010) Landschaftsdienstleistungen: ein taugliches Konzept für Forschung und Praxis? Forum Wissen:7–12

Kontogianni A, Luck GW, Skourtos M (2010) Valuing ecosystem services on the basis of service-providing units: a potential approach to address the ‚endpoint problem' and improve stated preference methods. Ecol Econ 69:1479–1487. doi:10.1016/j.ecolecon.2010.02.019

Kremen C (2005) Managing ecosystem services: what do we need to know about their ecology? Ecol Lett 8:468–479

Lavorel S, McIntyre S, Landsberg J, Forbes TDA (1997) Plant functional classifications: from general groups to specific groups based on response to disturbance. Trends Ecol Evol 12:474–478

Lavorel S, Touzard B, Lebreton JD, Clement B (1998) Identifying functional groups for response to disturbance in an abandoned pasture. Acta Oecol 19:227–240

Leibenath M, Gailing L (2012) Semantische Annäherung an die Worte »Landschaft« und »Kulturlandschaft«. In: Schenk W, Kühn M, Leibenath M, Tzschaschel S (Hrsg) Suburbane Räume als Kulturlandschaften. ARL, Hannover, S 58–79

Leser H, Klink HJ (Hrsg) (1988) Handbuch und Kartieranleitung Geoökologische Karte 1: 25000 (KA GÖK 25). Forsch z. dt. Landeskunde 228

Loft L, Lux A (2010) Ecosystem Services – eine Einführung. BiKF – Biodiversität und Klima. Knowledge Flow Paper 6

Luck GW, Daily GC, Ehrlich PR (2003) Population diversity and ecosystem services. Trends Ecol Evol 18:331–336

Luck GW, Harrington R, Harrison PA, Kremen C, Berry PM, Bugter R, Dawson TP, de Bello F, Diaz S, Feld CK, Haslett JR, Hering D, Kontogianni A, Lavorel S, Rounsevell M, Samways MJ, Sandin L, Settele J, Sykes MT, Van Den Hove S, Vandewalle M, Zobel M (2009) Quantifying the contribution of organisms to the provision of ecosystem services. BioScience 59:223–235

Lütz M, Bastian O (2000) Vom Landschaftsplan zum Bewirtschaftungsentwurf. Z Kulturtechnik Landesentwickl 41:259–266

Lyytimäki J, Sipilä M (2009) Hopping on one leg – the challenge of ecosystem disservices for urban green management. Urban For Urban Green 8:309–315

Maarel E Van Der, Dauvellier PJ (1978) Naar een globaal ecologisch model voor de ruimlijke entwikkeling van Niederland. Studierapp. Rijksplanologische Dienst, Den Haag, 9

Mäler KG, Aniyar S, Jansson A (2008) Accounting for ecosystem services as a way to understand the requirements for sustainable development. Proc Natl Acad Sci USA 105:9501–9506

Maltby E (Hrsg) (2009) Functional assessment of wetlands: towards evaluation of ecosystem services. Woodhead, Cambridge

Mannsfeld K (1979) Die Beurteilung von Naturraumpotentialen als Aufgabe der geographischen Landschaftsforschung. Petermanns Geogr Mitt 123:2–6

Matzdorf B, Reutter M, Hübner C (2010) Gutachten-Vorstudie: Bewertung der Ökosystemdienstleistungen von HNV-Grünland (High Nature Value Grassland) – Abschlussbericht im Auftrag des Bundesamtes für Naturschutz, Bonn (z2.zalf.de/oa/46452aad-17c1-45ed-82b6-fd9ba62fc9c2.pdf)

MEA – Millennium Ecosystem Assessment (2003) Ecosystems and human well-being: a framework for assessment. Island Press, Washington

MEA – Millennium Ecosystem Assessment (2005) Ecosystems and human well-being. Synthesis. Island Press, Washington

Müller B (2005) Stichwort »Raumwissenschaft«. In: Handwörterbuch der Raumordnung, 4. Aufl. ARL, Hannover, S 906–911

Müller F, Burkhard B (2007) An ecosystem based framework to link landscape structures, functions and services. In: Mander Ü, Wiggering H, Helming K (Hrsg) Multifunctional Land Use – Meeting Future Demands for Landscape Goods and Services. Springer, Heidelberg, S 37–64

Naveh Z (2010) Ecosystem and landscapes – a critical comparative appraisal. J Landscape Ecol 3:64–81

Naveh Z, Lieberman AS (1994) Landscape ecology. Theory and application, 2. Aufl. Springer, Berlin

Neef E (1963) Dimensionen geographischer Betrachtungen. Forschungen und Fortschritte 37:361–363

Neef E (1966) Zur Frage des gebietswirtschaftlichen Potentials. Forsch Fortschr 40:65–70

Neßhöver C, Beck S, Born W, Dziock S, Görg C, Hansjürgens B, Jax K, Köck W, Rauschmeyer F, Ring I, Schmidt-Loske K, Unnerstall H, Wittmer H, Henle K (2007) Das Millennium Ecosystem Assessment – eine deutsche Perspektive. Nat Landsch 82:262–267

Niemann E (1977) Eine Methode zur Erarbeitung der Funktionsleistungsgrade von Landschaftselementen. Arch Natschutz Landschforsch 17:119–158

Noss RF (2001) Beyond Kyoto: Forest management in a time of rapid climate change. Conserv Biol 15:578–590

Odum EP (1971) Fundamentals of ecology, 3. Aufl. Saunders, Philadelphia, S 574

O'Neill RV (2001) It is time to bury the ecosystem concept? Ecology 82:3275–3284

O'Neill RV, DeAngelis DL, Waide JB, Allen TFH (1986) A hierarchical concept of ecosystems. Princeton University Press, Princeton

Peters W (2009) Biomassepotenziale aus der Landschaftspflege in Sachsen. FuE-Bericht im Auftrag des Sächsischen Landesamtes für Umwelt. Landwirtschaft und Geologie (unveröffentlicht). Bosch & Partner, Berlin

Pfisterer AB, Balvanera P, Buchmann N, He JS, Nakashizuka T, Raffaelli D, Schmid B (2005) The Role of Biodiversity for Ecosystem Services: Current Knowledge. Institute of Environmental Sciences, University of Zurich

Plummer M (2009) Assessing benefit transfer for the valuation of ecosystem services. Front Ecol Environ 7:38–45

Ring I, Hansjürgens B, Elmqvist T, Wittmer H, Sukhdev P (2010) Challenges in framing the economics of ecosystems and biodiversity: the TEEB initiative. ScienceDirect. Curr Opin Environ Sustain 2:15–26

Rounsevell DA, Dawson TP, Harrison PA (2010) A conceptual framework to assess the effects of environmental change on ecosystem services. Biodivers Conserv 19:2823–2842

Schenk W, Overbeck G (2012) Suburbane Räume als Kulturlandschaften – Einführung. In: Schenk W, Kühn M, Leibenath M, Tzschaschel S (Hrsg) Suburbane Räume als Kulturlandschaften. ARL, Hannover, S 1–12

Spangenberg JH, Settele J (2010) Precisely incorrect? Monetising the value of ecosystem services. Ecol Complex 7:327–337

SRU (2007) Klimaschutz durch Biomasse. Sondergutachten des Sachverständigenrates für Umweltfragen (SRU). Schmidt, Berlin

Staub C, Ott W et al (2011) Indikatoren für Ökosystemleistungen: Systematik, Methodik und Umsetzungsempfehlungen für eine wohlfahrtsbezogene Umweltberichterstattung. Bundesamt für Umwelt, Bern. Umwelt-Wissen 1102, S 106

Syrbe R-U, Walz U (2012) Spatial relations and structural indicators for ecosystem services. Ecol Indic 21:80–88

Tacconi L (2000) Decentralization, forests and livelihoods: theory and narrative. Global Environ Chang 17:338–348

Tansley AG (1935) The use and abuse of vegetational concepts and terms. Ecology 16:284–307

TEEB – The Economics of Ecosystems and Biodiversity (2009) An interim report. Europ. Comm., Brussels (www.teebweb.org)

TEEB – The Economics of Ecosystems and Biodiversity (2010) Ecological and Economic Foundations. Earthscan, London (Kumar P, Hrsg)

Termorshuizen JW, Opdam P (2009) Landscape services as a bridge between landscape ecology and sustainable development. Ecol Soc 16(4):17. http://dx.doi.org/10.5751/ES-04191-160417

Territoriale Agenda der Europäischen Union (2007) Für ein wettbewerbsfähigeres nachhaltiges Europa der vielfältigen Regionen. Angenommen anlässlich des Informellen Ministertreffens zur Stadtentwicklung und zum territorialen Zusammenhalt in Leipzig am 24./25. Mai 2007 http://www.bmvbs.de/SharedDocs/DE/Artikel/SW/territoriale-agenda-der-europaeischen-union.html. Zugegriffen: 10. Juli 2012

Vandewalle M, Sykes MT, Harrison PA, Luck GW, Berry P, Bugter R, Dawson TP, Feld CK, Harrington R, Haslett JR, Hering D, Jones KB, Jongman R, Lavorel S, Martins da Silva P, Moora M, Paterson J, Rounsevell MDA, Sandin

3

L, Settele J, Sousa JP, Zobel M (2008) Review paper on concepts of dynamic ecosystems and their services. RUBICODE Deliverable D2.1. www.rubicode.net/rubicode/RUBICODE_e-conference_report.pdf Zugegriffen: 05. Feb. 2009

Wallace KJ (2007) Classification of ecosystem services: problems and solutions. Biol Conserv 139:235–246

Wallace KJ (2008) Ecosystem services: multiple classifications or confusion? Biol Conserv 141:353–354

Walz U (2011) Landscape Structure, Landscape Metrics and Biodiversity. Living Rev Landsc Res 5:3–23

Wascher DM (Hrsg) (2005) European Landscape Character Areas – Typologies, Cartography and Indicators for the Assessment of Sustainable Landscapes. Final Project Report. Alterra Report 1254

Wende W, Kästner A, Bastian O, Walz U, Blum A, Oertel H (2011a) Analyse des ehrenamtlichen und privaten Naturschutzes in Sachsen. Abschlussbericht im Auftrag des Sächsischen Staatsministeriums für Umwelt und Landwirtschaft. www.umwelt.sachsen.de/umwelt/download/Abschlussbericht_Ehrenamt_01_09_2011_mit_Anlagen.pdf. Zugegriffen: 04. Mai 2012

Wende W, Wojtkiewicz W, Marschall I, Heiland S, Lipp T, Reinke M, Schaal P, Schmidt C (2011b) Putting the Plan into Practice: Implementation of Proposals for Measures of Local Landscape Plans. Landsc Res. doi:10.1080/01426 397.2011.592575

Wiegleb G (1997) Leitbildmethode und naturschutzfachliche Bewertung. Z Ökol Nat.schutz 6:43–62

Willemen L (2010) Mapping and modeling multifunctional landscapes. Ph.D. Thesis, Wageningen, S 152

WRRL (2000) Richtlinie 2000/60/EG des Europäischen Parlaments und des Rates vom 23. Oktober 2000 zur Schaffung eines Ordnungsrahmens für Maßnahmen der Gemeinschaft im Bereich der Wasserpolitik. Amtsblatt der Europäischen Gemeinschaft vom 22.12.2000 L 327/1

Erfassung und Bewertung von ÖSD

Von Warenwerten und wahren Werten.

4.1   Indikatoren und Quantifizierungsansätze

B. Burkhard und F. Müller

4.1.1   Erfassung von ÖSD

Nach der relativ lange andauernden Phase der theoretischen ÖSD-Konzepterarbeitung und nach zahlreichen vielversprechenden Methodenentwicklungen ist der Bedarf an praktischen Anwendungen des ÖSD-Konzepts in den letzten Jahren immer deutlicher geworden (Daily et al. 2009). Anwendungsbezogene Umsetzungen sind einerseits notwendig, um das ÖSD-Konzept konstruktiv und nutzungsorientiert weiterzuentwickeln, und andererseits, um ÖSD als Werkzeuge für das Umwelt- und Ressourcenmanagement fortschreitend zu etablieren (Kienast et al. 2009). Der Bewertung von Ökosystemdienstleistungen geht stets eine Erfassung und Quantifizierung der entsprechenden Leistungen voraus. Diese Arbeitsschritte stellen eine der größten Herausforderungen für die moderne Ökosystemforschung dar (Wallace 2007).

Die Bereitstellung von ÖSD ist von geobiophysikalischen Strukturen und Prozessen abhängig, die sich in räumlicher und zeitlicher Verteilung sowie in ihrer Intensität aufgrund anthropogen bedingter Veränderungen, insbesondere der Landnutzungsstrukturen und der klimatischen Rahmenbedingungen, stetig wandeln. Räumliche Landnutzungsmuster und Veränderungen in der Bodenbedeckung können großräumig erfasst und bewertet werden, liefern direkte Rückschlüsse auf menschliche Aktivitäten (Riitters et al. 2000) und zeigen deutliche Zusammenhänge zu ÖSD-Angebot und -Nachfrage (Burkhard et al. 2012). Daher ermöglichen die räumlich explizite Erfassung und Kartierung von ÖSD-Verteilungen und die Analyse ihrer raumzeitlichen Veränderungen die Aggregation von äußerst komplexen Informationen. Derartige ÖSD-Visualisierungen können von Entscheidungsträgern im Umweltbereich als ein nützliches Werkzeug zur nachhaltigen Landnutzungsplanung und zu entsprechenden Trade-off-Bewertungen genutzt

werden (Swetnam et al. 2010). Deshalb wurde die räumlich konkrete Quantifizierung und Kartierung von ÖSD als eine der Hauptanforderungen zur Implementierung des ÖSD-Konzeptes in Umweltinstitutionen und Entscheidungsfindungsverfahren benannt (Daily und Matson 2008).

Ein immer wiederkehrendes Problem bei ÖSD-Quantifizierungen ist es, neben den schwierigen und umfangreichen Datenerfassungen die für die jeweilige Fragestellung und das entsprechende Gebiet geeignete ÖSD-Kategorisierung zu finden (▸ Abschn. 3.2).

Insbesondere in den letzten Jahren wurden zahlreiche Methoden und Techniken entwickelt, um Ökosystemfunktionen und -dienstleistungen in der Landschaft zu charakterisieren. Hinzu kommen zahlreiche bereits existierende Verfahren und Datenerfassungen, die sich aufgrund der thematischen Breite des ÖSD-Konzepts leicht integrieren lassen (z. B. Langzeitmessungen im Rahmen der ökologischen Langzeitbeobachtung, LTER; Müller et al. 2010). Hierzu zählen Messungen, Monitoringaktivitäten, Kartierungen, Experteninterviews, statistische Auswertungen, Modellanwendungen oder Transfer-Funktionen (de Groot et al. 2010a). Im Gegensatz zu monetären Bewertungen, bei denen die letztendliche Bewertung einer tatsächlichen Inwertsetzung nahekommt, bildet bei der biophysikalischen Bewertung die möglichst realistische Abbildung natürlicher Strukturen und Prozesse wie der Energie-, Stoff- und Wasserflüsse die zentrale Grundlage. Monetäre Ansätze wie Kosten-Nutzen-Analysen oder Zahlungsbereitschaftserfassungen sind anwendbare und etablierte Konzepte (Farber et al. 2002; ▸ Abschn. 4.2), die Ergebnisse jedoch oftmals enttäuschend, vor allem bei nicht vermarktbaren Gütern und Leistungen, wozu z. B. viele der Regulationsleistungen und die Biodiversität zählen (Ludwig 2000; Spangenberg und Settele 2010).

Für alle Quantifizierungsverfahren sind entsprechend geeignete ÖSD-Indikatoren erforderlich. Diese müssen quantifizierbar, sensitiv gegenüber Landnutzungsveränderungen, zeitlich und räumlich explizit und skalierbar sein (van Oudenhoven et al. 2012). Indikatoren sind Kommunikationswerkzeuge, welche die Reduzierung von Informationen über hochkomplexe Mensch-Umweltsysteme erleichtern. Nach Wiggering und Müller (2004) sind Indikatoren im Allgemeinen Variablen, die aggregierte Informationen über bestimmte Phänomene liefern. Sie werden ausgewählt, um spezifische Managementzwecke durch die Bereitstellung integrierender, synoptischer Werte, die nicht direkt zugängliche Qualitäten, Quantitäten, Zustände oder Interaktionen darstellen, zu unterstützen (Dale und Beyeler 2001; Turnhout et al. 2007; Niemeijer und de Groot 2008).

4.1.2 Bewertung von ÖSD-Angebot und -Nachfrage auf der Landschaftsebene – die »Matrix«

Unterschiedliche Landschaften verfügen, abhängig sowohl von natürlichen Gegebenheiten als auch von menschlichen Handlungen (Landnutzungen), über unterschiedliche Ökosystemstrukturen und -prozesse und somit über abweichende Kapazitäten zur Bereitstellung von ÖSD (Burkhard et al. 2009). Andererseits kommt es aufgrund verschiedener Landnutzungsmuster, Bevölkerungsverteilungen und weiterer ökologischer sowie sozioökonomischer Rahmenbedingungen auch zu unterschiedlichen Nachfragen nach ÖSD (▶ Abb. 3.2). Zur Bewertung der vorliegenden Angebots- und Nachfragemuster sowie der damit verbundenen Stoffflüsse sind wiederum entsprechende Erfassungen und Quantifizierungen notwendig. Derartige Informationen können genutzt werden, um ÖSD-Bilanzen auf unterschiedlichen räumlichen Skalen, von lokal und regional bis national, kontinental und global, aufzustellen und die ÖSD-bezogenen Selbstversorgungsgrade der jeweiligen Räume zu bestimmen.

In diesem Abschnitt soll daher eine Methode zur Bewertung der Kapazitäten verschiedener Landnutzungsarten zur Unterstützung von ÖSD (hier bewertet anhand des Konzepts der ökologischen Integrität und entsprechender Indikatoren zu Ökosystemstrukturen und -prozessen; für genauere Informationen siehe Müller 2005; Burkhard et al. 2009, 2012) sowie zu Angebot und Nachfrage unterschiedlicher ÖSD kurz vorgestellt werden. Die Methode wurde bereits erfolgreich in verschiedenen Fallstudien zur Bewertung von ÖSD angewendet, z. B. in borealen Waldlandschaften in Nordfinnland (Vihervaara et al. 2010), in Stadt-Umland-Gebieten in Mitteldeutschland (Kroll et al. 2012) sowie

zur Abschätzung von Flutregulationskapazitäten in Bulgarien (Nedkov und Burkhard 2012).

Der Ansatz beruht auf einer **Bewertungsmatrix**, in der relative und in erster Linie nicht-monetäre Leistungskapazitätsbewertungen und Nachfrageintensitäten in verschiedenen Landnutzungstypen zueinander in Bezug gesetzt werden. Auf der Grundlage dieser Interaktionsanalyse werden die resultierenden Werte zu ÖSD anschaulich in Karten visualisiert. Zu unterscheiden ist hierbei zwischen ÖSD-Angebot und -Nachfrage sowie zwischen Leistungspotenzial und -kapazität. Angebot und Nachfrage nach einzelnen Gütern und Leistungen sind in der globalisierten Welt von heute durch Transport, Handel und langfristige Lagermöglichkeiten oftmals räumlich und zeitlich weit voneinander entkoppelt. Dennoch kann eine Bewertung dieser beiden Variablen wichtige Informationen zu Bilanzen in bestimmten Raum- und Zeiteinheiten und damit zur Abschätzung des Selbstversorgungsgrades bzw. der Stoffflüsse innerhalb einer Region liefern. Ausnahmen bilden in der Regel viele der Regulationsleistungen, wie z. B. Nährstoffregulierung, Erosions- oder Naturkatastrophenkontrolle. Diese sind im Normalfall nicht transportabel, und daher muss eine physikalische Verbindung zwischen Leistungsangebots- und -nachfrageregion bestehen (Nedkov und Burkhard 2012; Syrbe und Walz 2012).

Für das Umwelt- und Ressourcenmanagement sowie für eine ÖSD-bezogene Landschaftsplanung sind derartige Informationen, vor allem solche mit räumlichem Bezug, von höchster Relevanz, und die Nachfrage nach geeigneten Werkzeugen ist bereits entsprechend groß (Kienast et al. 2009). Bei der Bewertung oder Abschätzung des Potenzials einer Landschaft (▶ Abschn. 2.1 und ▶ Abschn. 3.4), eines Landnutzungstyps oder eines Ökosystems wird in der Regel die (hypothetische) maximale Leistungsbereitstellung unter den gegebenen Bedingungen bewertet. Dabei spielt es zunächst keine Rolle, ob diese Leistungen auch tatsächlich durch den Menschen genutzt werden. Die **Kapazität** beschreibt die Fähigkeit einer abgrenzbaren Raumeinheit (z. B. Ökosystem), ein spezifisches Angebot an ÖSD, das in einem bestimmten Zeitabschnitt durch den Menschen genutzt wird, bereitzustellen (Burkhard et al. 2012). Bei bestimmten Dienstleis-

4

Konzeptioneller Hintergrund zu ÖSD-Angebot und -Nachfrage (nach Burkhard et al. 2012)

- **ÖSD-Angebot** bezieht sich auf die Kapazität eines bestimmten Gebietes innerhalb einer festgelegten Zeitperiode, spezifische ÖSD bereitzustellen. Dabei bezieht sich die Kapazität hier auf die Bereitstellung von aktuell genutzten natürlichen Ressourcen und ÖSD. Daher unterscheidet sich das ÖSD-Angebot vom ÖSD-Potenzial, das dem maximalen hypothetischen

Ertrag ausgewählter, optimierter ÖSD entspricht.
- **ÖSD-Nachfrage** ist die Summe aller aktuell in einem bestimmten Gebiet in einem bestimmten Zeitraum genutzten ÖSD. Derzeit wird die Nachfrage ohne Berücksichtigung des tatsächlichen Ortes der eigentlichen Bereitstellung bewertet.
- Derartige detaillierte Bereitstellungsmuster wären Teil des **ÖSD-Fußabdrucks**, der (in

enger Anlehnung an das Konzept des ökologischen Fußabdrucks; Rees 1992) die Flächen berechnet, die zur Produktion ausgewählter, durch den Menschen genutzter ÖSD in einem bestimmten Gebiet in einem festgelegten Zeitraum benötigt werden. Hierbei müssen verschiedene Aspekte der ÖSD-Bereitstellung berücksichtigt werden (Bereitstellungskapazitäten, Abfallentsorgung etc.).

---

tungen wird diese Unterscheidung – etwa bei der Bewertung von geschützten Ökosystemen – relevant. Diese Systeme stellen eine Vielzahl an Gütern und Leistungen bereit. Zum Beispiel können im Falle von Kernzonen in Nationalparks, in denen jegliche Art der menschlichen Aktivität untersagt ist, viele der Leistungen (z. B. Holz, Wildprodukte) nicht direkt genutzt werden. Ökosystemprozesse wie Nährstoffkreislauf oder biologische Aktivität finden selbstverständlich weiterhin statt und haben in der Regel positive Auswirkungen auf die ökologische Integrität im geschützten Gebiet selbst, aber auch auf umliegende Ökosysteme. Generell gilt bei vielen der Regulationsleistungen, dass die Höhe des Leistungspotenzials mit der -kapazität vergleichbar ist (▶ Abschn. 2.1).

Die Bewertung der Ökosystemstrukturen und -prozesse der einzelnen Landnutzungstypen sowie deren Kapazitäten und Nachfragen in Bezug auf ÖSD erfolgt bei der hier vorgestellten Methode in einer **Matrix**, bei der die einzelnen Indikatoren der ökologischen Integrität und die ÖSD auf der x-Achse und die Landnutzungstypen (hier z. B. nach der CORINE-Nomenklatur der Europäischen Umweltagentur; EEA 1994) auf der y-Achse eingetragen sind (nach Burkhard et al. 2009, 2012). An den Schnittstellen werden alle relevanten Kapazitäten auf einer relativen Skala von 0 (= keine relevante Kapazität zur Unterstützung der jeweiligen Funktion bzw. zur Bereitstellung der entsprechenden Leistung), über 1 (geringe relevante Kapazität), 2 (relevante Kapazität), 3 (mittlere relevante Kapazi-

tät), 4 (hohe relevante Kapazität) bis 5 (maximale Kapazität im Untersuchungsgebiet) bewertet. Da die CORINE-Landnutzungstypen 44 Klassen beinhalten und die hier verwendete Liste der ökologischen Integrität/ÖSD 39 Kategorien enthält, sind insgesamt 1 716 Kapazitätsbewertungen vorzunehmen (◘ Abb. 4.1). Aufgrund der hohen Anzahl der erforderlichen Bewertungen und des damit verbundenen Aufwands, muss hierbei zunächst oft auf existierende Datenquellen sowie auf Expertenabschätzungen zurückgegriffen werden. Diese können anschließend schrittweise durch Modellierungs-, Mess- und Monitoringdaten ersetzt werden (Burkhard et al. 2009).

In der Matrix in ◘ Abb. 4.1 erscheinen eindeutige Muster der ÖSD-Kapazitätsverteilungen zwischen den unterschiedlichen Landnutzungstypen. So zeigen vor allem die Waldlandnutzungstypen (Laub-, Nadel- und Mischwälder) hohe Werte für eine Vielzahl von ÖSD, was deutlich die hohe Multifunktionalität von Wäldern ausdrückt. Auch die anderen naturnahen Landnutzungstypen wie Wiesen und Weiden, Feuchtgebiete oder Wasserflächen sind durch hohe ÖSD-Kapazitäten gekennzeichnet. Auf der anderen Seite stehen die stark anthropogen geprägten Ökosysteme wie Siedlungsflächen, Industrie- und Gewerbeflächen sowie Infrastruktureinrichtungen in der oberen Hälfte der Matrix, die allesamt niedrige bis nicht relevante Ökosystemfunktions- oder -dienstleistungskapazitäten aufweisen. Selbstverständlich stellen diese Bereiche ebenfalls ÖSD bereit, im Vergleich mit den übrigen

The following matrix lists land-use types (rows) against ecological integrity / ÖSD indicators (columns). Values range from 0 (no relevant capacity) to 5 (maximum relevant capacity).

		Ökologische Integrität	1 Exergieaufnahme	2 Entropieproduktion	3 Speicherkapazität	4 Stoffkreislauf & Stoffverlustreduzierung	5 Biotische Wasserflüsse	6 Metabolische Effizienz	7 Heterogenität	8 Biodiversität	Regulationsleistungen	9 Globale Klimaregulierung	10 Lokale Klimaregulierung	11 Lufterhaltung	12 Wasserkreislaufregulierung	13 Wasserreinigung	14 Nährstoffregulierung	15 Erosionskontrolle	16 Naturkatastrophenkontrolle	17 Bestäubung *	18 Schädlings- und Krankheitskontrolle *	19 Abfallregulierung *	Versorgungsleistungen	20 Pflanzen	21 Biomasse zur Energiegewinnung	22 Futter **	23 Tierhaltung	24 Fasern	25 Holz	26 Brennholz	27 Fisch, Meeresfrüchte & essbare Algen	28 Aquakultur	29 Wildprodukte	30 Biochemikalien & Medizin	31 Frischwasser	32 Mineralien ***	33 Abiotische Energieressourcen ***	Kulturelle Leistungen	34 Erholung & Tourismus	35 Landschaftsästhetik & Inspiration	36 Wissenssysteme	37 Religiöse & spirituelle Erfahrungen	38 Kulturelles Erbe & kulturelle Diversität	39 Naturerbe & Biodiversität
1	Durchgängig städtische Prägung		0	0	0	0	0	0	0	0		0	0	0	0	0	0	0	0		0	0		0	1	0	0	0	0	0	0	0	0	0	0	0	1		3	3	1	5	1	0
2	Nicht durchgängig städtische Prägung		1	1	1	1	1	1	1	1		0	0	0	0	0	0	0	0		0	0		1	1	1	0	0	0	0	0	0	1	0	0	0	1		3	2	1	5	1	0
3	Industrie- und Gewerbeflächen		0	0	0	0	0	0	1	1		0	0	0	0	0	0	0	0		0	0		0	1	0	0	0	0	0	0	0	1	0	0	1	0		1	0	1	0	1	0
4	Straßen, Eisenbahn		0	0	0	0	0	2	2			0	0	0	0	0	0	0	0		0	0		0	0	0	0	0	0	0	0	0	0	0	0	0	0		0	0	0	0	1	0
5	Hafengebiete		0	0	0	0	0	2	1			0	0	0	0	0	0	0	3		0	0		0	0	0	0	0	0	0	0	0	0	0	0	1	2		0	0	1	0	1	0
6	Flughäfen		1	1	0	2	1	1	1	1		0	0	0	0	0	0	0	1		0	1		0	1	0	0	0	0	0	0	0	0	0	0	0	0		0	0	0	0	1	0
7	Abbauflächen		0	0	0	0	0	2	2			0	0	0	0	0	0	0	0		0	0		0	0	0	0	0	0	0	0	0	0	0	0	1	0		0	0	1	0	0	0
8	Deponien und Abraumhalden		0	0	5	0	0	0	2	1		0	0	0	0	0	0	0	0		0	0		0	1	0	0	0	0	0	0	0	0	0	0	0	0		0	0	0	0	0	0
9	Baustellen		0	0	0	0	0	0	2	1		0	0	0	0	0	0	0	0		0	0		0	0	0	0	0	0	0	0	0	0	0	0	1	0		0	0	0	0	0	0
10	Städtische Grünflächen		4	3	2	3	2	1	3	3		1	2	1	2	1	1	2	0		1	1		0	0	0	0	0	0	0	1	0	1	0	0	0	0		3	3	1	0	2	0
11	Sport- und Freizeitanlagen		4	3	2	3	2	1	2	2		1	1	1	2	1	1	0	0		1	1		0	0	0	0	0	0	0	0	0	0	0	0	0	0		5	1	0	0	1	0
12	Nicht bewässertes Ackerland		5	4	4	1	3	4	3	2		1	2	0	1	0	0	0	1		0	2		5	3	0	0	0	0	0	0	1	0	0	0	0	0		1	1	2	0	3	0
13	Permanent bewässertes Ackerland		5	4	3	1	5	2	3	2		1	3	0	0	0	0	0	1		0	1		5	1	2	0	2	0	0	0	0	0	0	0	0	0		1	1	2	0	3	0
14	Reisfelder		5	4	3	1	5	1	3	2		0	2	0	2	0	0	0	0		0	1		5	2	0	0	0	0	0	0	0	0	0	0	0	0		1	1	2	0	4	0
15	Weinbauflächen		3	2	2	0	3	1	3	2		1	1	0	1	0	0	0	1		1	4		1	0	0	0	0	0	0	0	1	0	0	0	0	0		5	2	2	0	4	0
16	Obst- und Beerenobstbäume		3	2	2	4	2	4	4	3		2	2	2	1	1	2	2	5		3	2		4	1	0	0	0	0	4	0	0	0	0	0	0	0		5	2	2	0	4	0
17	Olivenhaine		3	2	3	1	3	2	3	2		1	1	1	1	1	1	1	0		0	3		2	1	0	0	0	0	0	0	0	0	0	0	0	0		5	2	2	0	4	0
18	Wiesen und Weiden		5	5	4	2	4	5	2	2		1	1	0	1	0	0	4	1		0	2		4	0	5	5	0	0	0	0	0	1	0	0	0	0		3	2	2	0	2	0
19	Jährliche und permanente Pflanzen		4	3	3	2	3	2	2	2		1	2	1	1	0	1	1	0		2	2		5	1	5	5	0	0	0	0	0	1	0	0	0	0		1	1	2	0	2	0
20	Komplexe Parzellenstruktur		4	3	3	1	3	2	4	3		1	2	0	1	0	0	3	2		4	3		5	1	3	4	0	0	0	0	2	0	0	0	0	0		2	2	2	0	3	0
21	Landwirtschaft & natürl. Bodenbed.		3	2	3	2	3	2	3	3		2	3	1	2	1	0	3	1		3	3		3	2	3	4	3	0	0	0	3	1	0	0	0	1		2	3	0	2	3	0
22	Agro-Forstflächen		4	3	4	4	4	3	4	4		4	1	2	1	1	1	1	2		3	3		2	2	3	2	3	2	3	0	3	1	0	0	0	0		3	2	2	0	3	0
23	Laubwälder		5	4	5	5	5	4	3	4		4	5	2	5	5	5	5	3		0	1		0	1	0	0	0	5	5	0	0	5	5	0	0	0		5	5	5	3	3	5
24	Nadelwälder		5	4	5	5	4	4	4	4		4	5	2	5	5	5	5	3		0	1		0	1	0	0	0	5	5	0	0	5	5	0	0	0		5	5	5	3	4	5
25	Mischwälder		5	4	5	5	4	4	3	5		4	5	2	5	5	5	5	3		5	5		0	1	0	0	0	5	5	0	0	5	5	0	0	0		5	5	5	3	4	5
26	Natürliches Grünland		4	3	5	4	4	3	4	4		3	2	0	1	5	5	5	1		0	1		0	1	3	0	0	0	0	1	0	0	0	0	0	0		3	4	5	1	4	3
27	Heiden und Moorheiden		4	3	5	5	4	5	3	4		5	2	0	2	3	2	2	3		0	2		0	0	1	0	0	0	0	1	0	0	0	0	0	0		4	4	1	2	2	5
28	Hartlaubvegetation		3	2	4	2	3	3	4			1	2	1	0	0	0	1	2		3	0		0	0	0	0	0	1	3	0	0	0	0	0	0	0		2	3	4	1	2	4
29	Wald-Strauch-Übergangsstadien		3	2	4	2	3	3	4			1	2	1	0	0	0	2	2		3	0		0	1	0	2	1	0	2	0	0	0	0	0	0	0		5	4	4	1	2	2
30	Strände, Dünen, Sandflächen		1	0	1	0	1	1	3	3		0	0	0	0	0	0	5	0		0	1		1	0	0	0	0	0	0	0	0	0	0	0	0	0		5	4	2	2	2	2
31	Felsflächen ohne Vegetation		0	0	0	0	0	0	3	3		0	0	1	1	0	0	1	0		0	0		0	0	0	0	0	0	0	0	0	0	0	1	0	0		4	3	4	0	2	0
32	Flächen mit spärlicher Vegetation		1	1	1	1	1	0	3	3		0	1	0	1	0	0	0	1		0	1		0	0	1	0	0	0	0	0	0	0	0	0	0	0		4	4	1	0	2	0
33	Brandflächen		0	0	0	0	0	0	2	1		0	1	0	0	0	0	0	0		0	0		0	0	0	0	0	0	0	0	0	0	5	0	0	0		0	5	1	0	0	0
34	Gletscher und Dauerschneegebiete		0	0	0	0	0	0	2	1		3	3	0	4	0	0	0	0		0	0		0	0	0	0	0	0	0	0	0	0	5	0	0	0		5	5	2	0	0	0
35	Sümpfe		4	3	5	3	4	3	4	2		2	2	0	4	0	0	0	2		0	3		0	0	3	0	0	0	0	6	2	0	0	0	0	0		4	2	4	0	2	0
36	Torfmoore		3	3	5	5	4	4	3	3		5	4	0	3	0	3	0	2		0	2		0	2	0	0	0	0	0	0	0	0	0	0	0	0		4	3	5	0	2	4
37	Salzwiesen		3	2	3	4	3	2	2	3		0	1	0	1	0	0	2	4		0	2		0	2	0	0	0	0	0	0	0	0	0	0	0	0		4	3	2	0	2	0
38	Salinen		0	0	0	0	0	1	1			0	1	0	0	0	0	0	0		0	1		0	0	0	0	0	0	0	0	0	0	0	5	0	0		4	2	2	0	2	0
39	In der Gezeitenzone liegende Flächen		1	1	1	4	0	2	2	3		0	1	0	0	0	0	2	4		0	1		0	0	0	0	0	0	0	5	3	0	0	0	0	0		4	2	2	0	2	0
40	Gewässerläufe		3	1	3	3	0	4	3	4		0	1	0	3	3	3	0	3		0	3		0	2	0	0	0	0	0	3	0	0	0	5	0	0		4	4	3	0	3	5
41	Wasserflächen		4	3	4	4	0	5	4	4		1	2	0	1	0	1	0	5		0	3		0	0	0	0	0	0	0	5	5	0	0	5	0	0		4	4	3	0	3	4
42	Lagunen		5	4	3	0	5	4	4			0	1	0	0	0	0	0	4		0	3		0	0	0	0	0	0	0	4	5	0	0	0	0	0		4	4	4	0	2	2
43	Mündungsgebiete		5	4	3	2	5	4	4			0	0	0	3	3	0	0	4		0	3		0	0	0	0	0	0	0	5	5	0	0	0	0	0		4	4	4	0	2	3
44	Meere und Ozeane		3	2	1	4	0	3	2			5	3	0	0	0	0	0	5		0	3		0	2	0	0	0	0	0	5	5	0	0	0	1	3		4	5	4	0	2	3

* Diese Ökosystemleistungen wurden aufgrund ihrer teilweise großen Bedeutung in einigen Ökosystemen miteinbezogen; es besteht jedoch die Gefahr der Doppelbewertung (double-counting) mit anderen Leistungen.
** Doppelbewertung möglich, wenn das erzeugte Futter auf dem selben Hof verfüttert wird.
*** Diese Leistungen werden oft nicht als Ökosystemleistungen bezeichnet, sie haben jedoch große Bedeutung für das Landschaftsmanagement.

Abb. 4.1 Landnutzungstypen (y-Achse) und ökologische Integrität/ÖSD (x-Achse) mit Kapazitäten der einzelnen Landnutzungstypen zur Unterstützung der Ökosystemfunktionen bzw. zur Bereitstellung von ÖSD auf einer Skala von 0 (keine relevante Kapazität) bis 5 (maximale relevante Kapazität); exemplarisch für mitteleuropäische »Normallandschaften« bewertet. Adaptiert nach Burkhard et al. 2009, 2012 (Abb. in Farbe unter www.springer-spektrum.de/978-8274-2986-5)

Landnutzungstypen fallen diese jedoch sehr gering aus oder die dort gelisteten Leistungen beziehen sich auf andere Dienste (► Abschn. 6.4).

Aufgrund des stark anthropozentrischen Charakters des gesamten ÖSD-Konzepts und wegen der einschränkenden Definition durch Fisher et al. (2009), nach der es sich nur dann um eine ÖSD handelt, wenn aus der jeweiligen Leistung ein Nutzen für den Menschen entsteht, müssen Leistungen ohne diesen (direkten) anthropogenen Nutzen den Ökosystemfunktionen (ökologische Integrität) zu-

geordnet werden. Das heißt, von ÖSD kann man nur sprechen, wenn eine gesellschaftliche Nachfrage für diese Leistungen besteht. Um diese ÖSD-Nachfragen bewerten zu können, sind Daten über die aktuellen Nutzungen der einzelnen ÖSD erforderlich (siehe oben). Viele dieser Informationen können aus Statistiken und Modellen, dem sozioökonomischen Monitoring oder aus Interviews abgeleitet werden. ■ Abb. 4.2 zeigt eine entsprechende Matrix, die ähnlich wie die ÖSD-Angebotsmatrix (■ Abb. 4.1), exemplarische Angaben zu Nachfra-

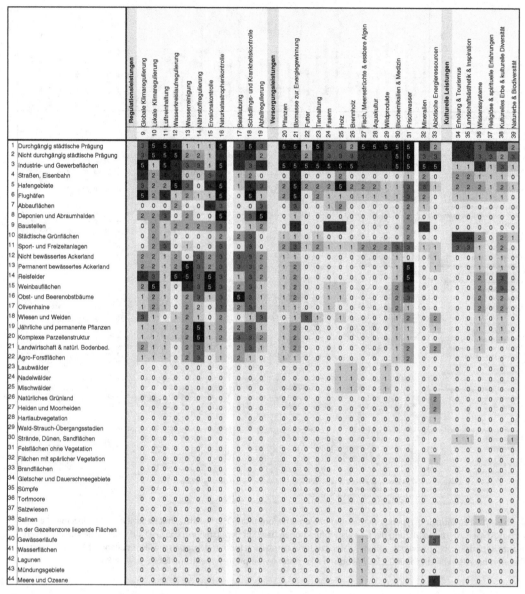

◘ Abb. 4.2 Gesellschaftliche Nachfrage nach ÖSD auf einer Skala von 0 (keine relevante Nachfrage) bis 5 (maximale relevante Nachfrage), abgeleitet aus der Landnutzung und bezogen auf ÖSD (x-Achse) in den einzelnen Landnutzungstypen (y-Achse); exemplarisch für mitteleuropäische »Normallandschaften« bewertet. Adaptiert nach Burkhard et al. 2012 (Abb. in Farbe unter www.springer-spektrum.de/978-8274-2986-5)

gen nach ÖSD in den einzelnen CORINE-Landnutzungstypen (y-Achse) bewertet. Auf der x-Achse sind die Regulations-, Versorgungs- und die soziokulturellen ÖSD aufgetragen. Die Integritäts-Variablen spielen bei der Nachfrage keine Rolle, da aus ihnen (laut Definition) kein direkter Nutzen für den Menschen erwächst. Die Bewertungen in der ÖSD-Nachfragematrix wurden nach einem ähnlichen Prinzip wie beim ÖSD-Angebot vergeben, wobei hier 0 keiner relevanten Nachfrage der Menschen in dem jeweiligen Landnutzungstyp und 5 der maximalen relevanten Kapazität entspricht.

Die Matrix in ◘ Abb. 4.2 zeigt deutlich, dass die Nachfragen nach ÖSD in den stark anthropogen geprägten Landnutzungstypen im oberen Teil der Matrix am stärksten ausfallen. So befinden sich die größten Nachfrage-Werte in den städtisch geprägten Bereichen sowie in den Industrie- und Gewerbeflächen. Auffällig ist weiterhin, dass es in den naturnahen Landnutzungstypen (untere Hälfte der Matrix) allgemein geringere Nachfragen nach ÖSD gibt, was natürlich durch die geringeren Bevölkerungszahlen und die damit verbundenen geringer ausfallenden Konsumraten zu begründen ist. Die agrarisch geprägten Bereiche zeigen hohe Nachfragen nach Regulationsleistungen (z. B. Nährstoffregulierung, Wasserreinigung, Erosionskontrolle). Wie bereits bei der ÖSD-Angebotsmatrix, lassen sich auch aus der Nachfragematrix entsprechende Nachfragekarten erstellen.

Basierend auf den Informationen in den Angebots- und Nachfragematrizen lassen sich entsprechende Quellen und Senken für die einzelnen Leistungen identifizieren. Da beide Komponenten – Angebot und Nachfrage – auf dieselben relativen Einheiten (0–5) normalisiert wurden, lassen sich durch Substraktion der Nachfragewerte von den Angebotswerten ÖSD-Budgets errechnen, die dann wiederum in einer entsprechenden Matrix und einer darauf aufbauenden ÖSD-Budgetkarte dargestellt werden können. ◘ Abb. 4.3 zeigt die entsprechende ÖSD-Budgetmatrix für die einzelnen CORINE-Landnutzungstypen. Jedes Feld in der Matrix wurde basierend auf den entsprechenden Feldern in der Angebotsmatrix (◘ Abb. 4.1) und der Nachfragematrix (◘ Abb. 4.2) errechnet. Die Bewertungsskala reicht daher von −5 = die Nachfrage übersteigt das Angebot deutlich (Unterversorgung), über 0 = Nachfrage = Angebot (neutrales Budget), bis 5 = das Angebot übersteigt die Nachfrage deutlich (Überversorgung). Leere Felder zeigen an, dass es weder ein relevantes Angebot für die jeweilige ÖSD noch eine relevante Nachfrage danach gibt. Um genauere Informationen zum eigentlichen Ort des ÖSD-Angebots und zu entsprechenden Stoffflüssen zwischen Angebots- und Nachfrageregionen einzubeziehen, könnte ein ÖSD-Fußabdruck berechnet werden (▶ Kasten S.

82). Hierzu liegen allerdings noch keine Erfahrungen vor, weil sehr komplexe Import- und Exportbilanzen zu erstellen sind, für die auf vielen Skalen keine Daten zugänglich sind.

Das in ◘ Abb. 4.3 auftretende Muster zeigt, dass es eine deutliche Unterversorgung mit ÖSD in den anthropogen geprägten Landnutzungstypen gibt, insbesondere in den städtisch geprägten Bereichen sowie in den Industrie- und Gewerbegebieten. Die eher naturnahen Landnutzungstypen, insbesondere die Wälder, zeigen ein charakteristisches Muster, in dem das Angebot die aktuelle Nachfrage oftmals übersteigt.

Die folgenden Beispielanwendungen aus der mitteldeutschen Region Leipzig-Halle zeigen, wie empirische ÖSD-Quantifizierungen in die relative 0–5-Skala übertragen und anschließend räumlich explizit dargestellt werden können. Die Arbeiten sind im Rahmen des EU-Projektes PLUREL (*Peri-urban Land Use Relationships*, ▶ www.plurel. net/) entstanden; ausführlichere Informationen zu den einzelnen Methoden der ÖSD-Quantifizierung und zu den Kartenerstellungen sind in Kroll et al. (2012) sowie Burkhard et al. (2009, 2012) zu finden. Die Karten der Fallstudienregion Leipzig-Halle zeigen CORINE-Landnutzungskarten aus den Jahren 1990 und 2006 sowie die räumlichen Verteilungen der Versorgungs-ÖSD »Energie«, deren Angebot, Nachfrage und die Angebot-Nachfragebudgets (◘ Abb. 4.4 und ◘ Abb. 4.5). Die Einheiten in den sechs ÖSD-Karten beziehen sich jeweils auf Endenergien in Gigajoule (GJ) pro Hektar pro Jahr. In diesen Darstellungen werden Bodenschätze (Braunkohle) – abweichend zur Definition in ▶ Kap. 2 – ausdrücklich in die Klasse der Versorgungsdienstleistungen einbezogen. Einige Autoren halten diese Integration für kritisch, weil das aktuelle Ökosystem an der Bereitstellung der Leistung nicht direkt beteiligt ist. Allerdings lässt sich einerseits feststellen, dass die Kohlegewinnung erheblichen Einfluss auf die Strukturen und Prozesse in den Ökosystemen der Förderlandschaft nimmt, sodass eine Vernachlässigung die Realität nur unzureichend widerspiegeln würde. Außerdem scheint es für Zwecke der Landschaftsplanung und für die Entscheidungsfindung zur Landnutzungsstrategie sehr wichtig zu sein, diese Informationen

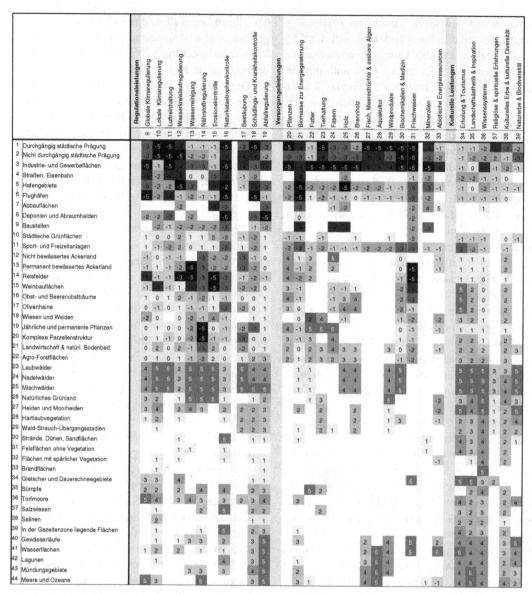

◻ Abb. 4.3 Matrix mit dem Vergleich von ÖSD-Angebot und -Nachfrage in den verschiedenen Landnutzungstypen, basierend auf den Matrizen in ◻ Abb. 4.1 und ◻ Abb. 4.2. Die Werte indizieren Vergleiche von −5 = Nachfrage überschreitet das Angebot deutlich (Unterversorgung); über 0 = Nachfrage = Angebot (neutrales Budget); bis 5 = Angebot übersteigt Nachfrage deutlich (Überangebot). Leere Felder indizieren, dass für die entsprechende ÖSD weder ein relevantes Angebot noch eine relevante Nachfrage besteht. Adaptiert nach Burkhard et al. 2012 (Abb. in Farbe unter www.springer-spektrum.de/978-8274-2986-5)

über entscheidende Komponenten des Naturkapitals zu berücksichtigen.

Die Energieangebotskarte aus dem Jahr 1990 (◻ Abb. 4.4, oben rechts) zeigt, dass die großen Braunkohletagebaue die einzige genutzte regionale Energiequelle zu dieser Zeit mit einem Endenergiebeitrag von 20 000 GJ ha^{-1} a^{-1} waren. Im Jahr 2007 (◻ Abb. 4.5, oben rechts) ist eine deutliche Reduzierung der Tagebauflächen sowie der energetischen Erträge erkennbar. Zusätzlich wurden er-

Abb. 4.4 CORINE-Landnutzungskarte 1990 (links) sowie Energieangebotskarte (oben rechts) und Energienachfragekarte (unten rechts) für die Region Leipzig-Halle im Jahr 1990 (Energiedaten in GJ ha^{-1} a^{-1}). Adaptiert nach Kroll et al. 2012 und Burkhard et al. 2012 (Abb. in Farbe unter www.springer-spektrum.de/978-8274-2986-5)

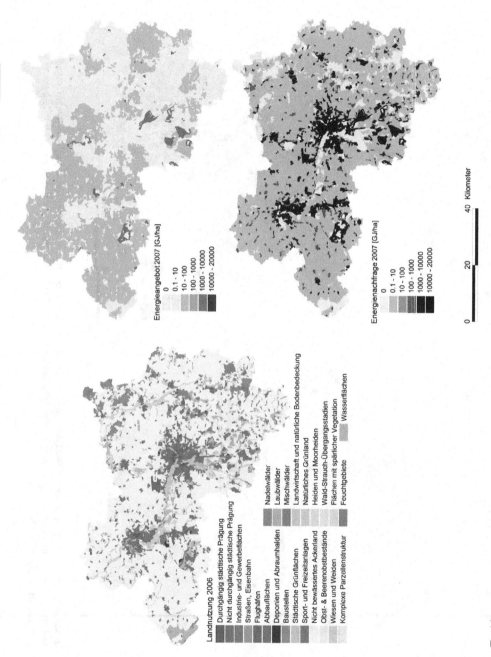

□ **Abb. 4.5** CORINE Landnutzungskarte 2006 (links) sowie Energieangebotskarte (oben rechts) und Energienachfragekarte (unten rechts) für die Region Leipzig-Halle im Jahr 2007 (Energiedaten in GJ ha^{-1} a^{-1}). Adaptiert nach Kroll et al. 2012 und Burkhard et al. 2012 (Abb. in Farbe unter www. springer-spektrum.de/978-8274-2986-5)

neuerbare Energiequellen wie Windkraft, Biomasse, Solarenergie und Wasserkraft erschlossen, was sich in einer deutlich gleichmäßigeren Verteilung des Energieangebots in der Region widerspiegelt.

Die Nachfragen nach Energieversorgungs-ÖSD (◘ Abb. 4.4 und ◘ Abb. 4.5, jeweils unten rechts) zeigen eine klare Senkenfunktion der Industrie- und Gewerbeflächen sowie der städtisch geprägten Flächen. Auch die Tagebaue haben eine hohe Nachfrage nach Energie. Allgemein nahm der Energiebedarf der Region als Folge des Rückgangs energieintensiver Industrien und Energiesparmaßnahmen zwischen 1990 und 2007 um 20 % ab. Die Angebot-Nachfragebudgetkarten (Burkhard et al. 2012) machen die oben genannten Quelle-Senken-Funktionen von den ländlichen Regionen hin zu den städtischen Bereichen deutlich. Hieraus lassen sich wichtige Informationen sowohl für die regionale Versorgung als auch für die Landschaftsplanung ableiten.

4.1.3 Schlussfolgerungen und Ausblick

Die wichtigste Stärke des vorgestellten Matrixansatzes liegt in der Veranschaulichung und Vergleichbarmachung der Effekte unterschiedlicher Land- und Raumnutzungen auf Ökosystemstrukturen und -prozesse (-integrität) und die Bereitstellung von ÖSD. Erst hierdurch wird die Bewertung von »Trade-offs« zwischen den einzelnen Landnutzungstypen ermöglicht. So kann einerseits eine große Bandbreite an ÖSD abgebildet werden, andererseits bestehen große Potenziale zur Integration von Expertenabschätzungen, Statistiken, Mess- und Modellierungsergebnissen. Durch die Normierung auf die einheitliche relative 0–5-Skala lassen sich verschiedenste biophysikalische Dimensionen (Joule, Tonnen, Diversitäts-Indices etc.), aber auch ökonomische Einheiten (Euro, Dollar u. a.) integrieren und werden dadurch bis zu einem gewissen Grade vergleichbar.

Die Verwendung frei verfügbarer Raumdaten, wie sie etwa vom CORINE-System bereitgestellt werden, ermöglicht die Abdeckung größerer Raumeinheiten mit einheitlicher Landnutzungstypen-Klassifizierung in fast allen europäischen Ländern, wobei Klassifizierungs- und Generalisierungskonflikte sowie räumliche Ungenauigkeiten unvermeidbar sind. Ähnlich wie bei den ÖSD-Bewertungen, lassen sich hier ebenfalls weitere Daten, gegebenenfalls mit höherer raumzeitlicher oder thematischer Auflösung, integrieren.

Die gesamte Methode ist, vor allem wenn ein Großteil der Bewertungen auf Expertenabschätzungen basiert, mit technischen und thematischen Unsicherheiten verbunden. Dies umfasst die Auswahl geeigneter Untersuchungsgebiete und deren Repräsentativität, die Festlegung der relevanten Landnutzungstypen (y-Achse der Matrix), die Zusammenstellung der räumlichen und geobiophysikalischen Daten, die Auswahl der relevanten ÖSD (x-Achse der Matrix) und der entsprechenden Indikatoren, des Weiteren die Quantifizierung der entsprechenden Indikatoren in den Bewertungsmatrizen anhand der relativen 0–5-Skala, die Verbindung der Bewertungszahlen mit räumlichen biophysikalischen Einheiten (Kartenerstellung) sowie die Interpretation der Ergebnisse. Eine ausführliche Diskussion der einzelnen Unsicherheiten befindet sich in Hou et al. (2012).

Um diesen Problemfeldern zu begegnen, müssen weitere Entwicklungsschritte gegangen werden. Vor allem gilt es, die quantitative Klassifizierung – wie am Beispiel des Energiehaushalts dargestellt – auf weitere Dienstleistungen auszuweiten. Dies geschieht durch direkte Messungen, durch die Nutzung amtlicher Statistiken und zusätzliche Erhebungen, etwa im Bereich der kulturellen Leistungen.

Weiterhin verändern sich Potenziale und Kapazitäten unter Umständen stark durch die regionalen geologischen, geomorphologischen, bodenkundlichen und geobotanischen Standortgegebenheiten. Diese sind als weitere Einflussgrößen neben der Landbedeckung und der Landnutzungsintensität in Zukunft stärker einzubeziehen, um die Unsicherheiten der getroffenen Aussagen weiter zu minimieren. Dadurch können den Akteuren von partizipativen Prozessen exaktere Klassifizierungen (0–5) der ökologischen Charakteristika bereitgestellt werden.

Diese Optimierung der Intersubjektivität hat allerdings Grenzen: Aufgrund der vielen Interaktionen in den unterschiedlichen Matrizentypen wird es wahrscheinlich nicht möglich sein, kurzfristig gänzlich auf die Einbeziehung von Expertenurteilen zu verzichten. Diese Einschränkung kann sicher noch mittelfristig als Kritikpunkt gewertet werden, sie kann aber auch nützlich sein, denn in anwendungsbezogenen Verfahren bietet der Ansatz den Vorteil einer sehr schnellen Umsetzbarkeit, die mit einer zielgerichteten, problemorientierten Bewertung der Schnittstellen und ihrer Bedeutung einhergehen kann.

Da in der Umweltplanung immer wieder nach den Auswirkungen möglicher zukünftiger Entwicklungen gefragt wird, muss ein weiterer Entwicklungsschritt des Matrizenansatzes in einer Kopplung mit Modellen bestehen (▶ Abschn. 4.4.3). Hierdurch wird es ermöglicht, auch Entwicklungsszenarien in ihren räumlichen Ausprägungen in Bezug auf die Bereitstellung von ÖSD abzubilden. Damit wäre ein sehr wichtiger Schritt zur verbesserten Anwendbarkeit des ÖSD-Konzepts getan, der allerdings von einer solch enormen Komplexität geprägt ist, dass nur gemeinsame, interdisziplinäre und überregionale Anstrengungen zu einem positiven Ergebnis führen können.

4.2   Ansätze zur ökonomischen Bewertung von Natur

B. Schweppe-Kraft und K. Grunewald

» In Wirklichkeit werden Dinge nicht mit Geld gekauft (*It is not with money that things are really purchased;* Mill 1848). «

4.2.1   Grundlagen

Die Ökonomie ist – kurz gesagt – die Kunst des vernünftigen und sparsamen Umgangs mit knappen Ressourcen zur Erfüllung menschlicher Werte und Bedürfnisse. Da ÖSD begrenzt sind und sich ihre Nutzung häufig zumindest teilweise gegenseitig ausschließt (Trade-offs), bedarf es Entscheidungsregeln, um zwischen Alternativen wählen zu können, die ÖSD mehr oder weniger stark beeinflussen. Nach diesen sucht die Ökonomie aus Sicht der allgemeinen Wohlfahrt und unter Beachtung intergenerationeller Verteilungen sowie konsensfähiger ethischer Regeln.

ÖSD werden zu einem ökonomischen Gut bzw. weisen einen ökonomischen Wert auf, indem sie Nutzen stiften und knapp sind. Nutzen stiften nicht nur Konsumgüter wie Lebensmittel, Trinkwasser, oder Erholung. Auch immaterielle Werte sind Teil der menschlichen Präferenzen und damit nutzenrelevant. Der Wert, den wir einem Existenzrecht von Arten unabhängig von deren sonstigen Funktionen bzw. Leistungen zuerkennen, ist – ökonomisch gesehen – eine Komponente der Natur, die Nutzen stiftet; die Lebensraumfunktion eines Ökosystems für wild lebende Arten ist in diesem Sinne eine soziokulturelle ÖSD.

Knappheit bedeutet, dass die Bereitstellung bzw. Erhaltung von ÖSD mit Kosten verbunden ist (Baumgärtner 2002). Als Beispiel können die Aufwendungen für Maßnahmen der Landschaftspflege genannt werden (ausführlicher in ▶ Abschn. 6.5). Fast 50 % der biologischen Vielfalt in Deutschland ist auf traditionelle oder extensive Bewirtschaftungsformen angewiesen, die im Weltmarkt ökonomisch nicht wettbewerbsfähig sind. Die Mittel für den Erhalt solcher anthropogenen Biotope und Lebensräume sind knapp. Kosten und damit Knappheit entstehen auch dann, wenn vordergründig kein Geld fließt, z. B. bei der Einschränkung der Land- und Forstwirtschaft in Schutzgebieten. Man spricht dann von sogenannten Opportunitätskosten. Das sind Leistungen, auf die die Gesellschaft oder der Einzelne verzichten muss, wenn sie andere Ziele (Nutzen) für sich realisieren wollen.

Ökosysteme stellen kontinuierlich Leistungen für die Gesellschaft zur Verfügung. Sie sind in dieser Hinsicht dem Sach- und Produktivvermögen vergleichbar, auf dessen Basis unsere Gesellschaft Güter und Waren produziert. Damit ein Vermögen nachhaltig Wohlfahrt sichern kann, darf es nicht verbraucht oder zerstört werden. Für natürliches gilt dasselbe wie für menschengemachtes Kapital: »Wir müssen von den Zinsen leben und dürfen es nicht verzehren« (Hampicke und Wätzold 2009). Zerstörte oder degradierte Ökosysteme sind kaum oder nur langfristig wiederherstellbar. Die Kosten der Wiederherstellung übersteigen zumeist die Kosten der Erhaltung um ein Vielfaches. Die genetischen Informationen ausgestorbener Arten sind unwiederbringlich verloren. Der ökonomische

Wertverlust von Naturkapital ist allerdings – wenn überhaupt – nicht einfach zu ermitteln.

Anders als bei Gebäuden, Industrieanlagen oder Maschinen stiftet natürliches Kapital in der Regel gleichzeitig eine Vielzahl unterschiedlicher Nutzenkomponenten, die einzeln bewertet werden müssen. Dazu gehören in aller Regel auch sogenannte öffentliche Güter (Luftqualitätsregulation, Erholung in der freien Landschaft etc.). Sie sind dadurch gekennzeichnet, dass sie nicht privat angeeignet werden können. Deshalb gibt es für sie keine funktionierenden Märkte, innerhalb derer sich durch Nachfrage und Angebot ein gesellschaftlich akzeptables »Versorgungsniveau« ergeben könnte und bei denen die sich ergebenden Preise als Werte, im Sinne einer subjektiven Zahlungsbereitschaft und gleichzeitig als Knappheitsindikator im Sinne einer Kostengröße, genutzt werden können.

Das einzelne Ökosystem steht darüber hinaus in einem engen ökologischen Wirkungsgeflecht mit anderen Naturkomponenten, sodass allein schon die Wirkungsabschätzung zum Problem werden kann. Überdies hat man es häufig mit schleichenden Auswirkungen zu tun, die erst spät (Problem der Diskontierung zukünftiger Größen), dann aber zusätzlich und zum Teil auch noch sprunghaft Wirkungen zeigen (Problem nicht marginaler Änderungen).

Wenn Ökonomen einer Leistung oder einem Gut einen Wert zuschreiben, meinen sie in der Regel einen instrumentellen Wert. Das heißt, es handelt sich um ein nützliches Instrument zur Erreichung eines bestimmten Ziels. Damit sind der ökonomische Wertbegriff wie der ÖSD-Begriff vom Ansatz anthropozentrisch (Hampicke 1991). Ökonomische Bewertungen beruhen zudem auf einem »methodologischen Subjektivismus« (Baumgärtner 2002). Sie gehen also von den individuellen Präferenzen des einzelnen Bürgers aus (zumindest sollten sie dies, siehe unten).

Ökonomische Bewertungen sind immer auf Wahlhandlungen bzw. Entscheidungsalternativen gerichtet. Ökosystemdienstleistungen (und auch alle anderen eventuell zusätzlich im Rahmen einer Kosten-Nutzen-Analyse zu bewertenden Güter und Leistungen) werden nicht absolut bewertet, sondern im Hinblick auf ihre relative Vorzüglichkeit im Vergleich zu anderen Gütern, auf die – wegen der genannten Knappheit der Ressourcen – gegebenenfalls alternativ verzichtet werden muss. Die relative Vorzüglichkeit eines Gutes im Vergleich zu anderen wird in der ökonomischen Bewertung praktischerweise nicht in konkreten Gütern ausgedrückt (wie viel Gläser Bier ist mir etwas wert), sondern im (maximalen) Einkommensverzicht bzw. der maximalen Zahlungs- (oder minimalen Verkaufs-)bereitschaft des Einzelnen. Alle Methoden der ökonomischen Bewertung – auch die marktbasierten und kostenorientierten Methoden – versuchen letztendlich Einkommensverluste und Zahlungsbereitschaften mehr oder weniger genau zu bestimmen oder zumindest plausible Hilfsgrößen für sie zu finden.

Ökonomische Bewertungen müssen, um den methodischen Ansprüchen zu genügen, immer auf konkrete Alternativen gerichtet sein (z. B. Projekt zur Auenrenaturierung durchführen oder nicht; Grünland erhalten oder in Acker umwandeln; Wohnumfeld mit oder ohne Parkanlage bewerten). Ökonomische Bewertungen von ÖSD sind häufig Teil einer sogenannten Kosten-Nutzen-Analyse, mit der – soweit wie möglich – versucht wird, alle ökonomischen Auswirkungen der Umsetzung und Nicht-Umsetzung eines Projektes oder Programms oder verschiedener Projekt- und Programmvarianten ökonomisch zu bewerten. Hierzu müssen zunächst alle relevanten Wirkungen eines Projektes prognostiziert werden. Was öffentliche Güter, wie z. B. Erholung, Wohnumfeldqualität oder das Stadtklima anbelangt, muss zusätzlich prognostiziert werden, wie viele Personen hiervon betroffen sind. Anschließend sind alle Kosten, Kosteneinsparungen, Einkommenszuwächse und Einkommensabnahmen zu ermitteln; hierzu gehören auch alle Kosten und Nutzen gemessen in Einkommensäquivalenten, die sich aus den Änderungen der öffentlichen Güter ergeben.

Der letzte Schritt einer Kosten-Nutzen-Analyse und jeder ökonomischen Bewertung ist die Aggregation der Einzelwerte zu einem Gesamtwert. Sie erfolgt durch Addition aller positiven und negativen Einkommenseffekte (Kosten und Nutzen) einschließlich der gemessenen Einkommensäquivalente (Zahlungsbereitschaften). Das heißt u. a.: Der gesellschaftliche Wert beispielsweise der Erhaltung der Erholungsfunktion eines Landschafts-

4

Diskontierung zukünftiger Kosten und Nutzen

Die zukünftigen Verläufe von Kosten und Nutzen können in Abhängigkeit von den Entscheidungsalternativen zum Teil sehr verschieden ausfallen. Ein Deichrückbau führt heute einmalig zu hohen Kosten, die Nutzen in Form vermiedener Hochwasserschäden, einer verringerten Nährstofffracht im Gewässer und der Entwicklung neuer Lebensräume fallen in der Zukunft an. Ein Verzicht auf den Rückbau bedeutet dagegen mehr Spielraum für konsumtive Ausgaben heute, dagegen höhere Schadenskosten und höhere Ausgaben für die Vermeidung von Nährstoffbelastungen sowie geringeren Nutzen aus zusätzlicher Artenvielfalt in den Folgejahren.

Um unterschiedliche zeitliche Kosten-Nutzen-Verteilungen vergleichbar zu machen, werden in der Kosten-Nutzen-Analyse zukünftige Werte abgezinst und alle Werte auf den heutigen Zeitpunkt aufsummiert (Barwertmethode, erläutert am Beispiel Naturschutz; Herrmann et al. 2012).

Die Abzinsung zukünftiger Werte rechtfertigt sich aus der Überlegung heraus, dass Investitionen uns helfen, zukünftig mehr zu produzieren und wir bereit sind, heute im Rahmen von Sparen und Investieren auf Güter zu verzichten, um in Zukunft ein höheres Versorgungsniveau zu erlangen. Das Modell der Abzinsung baut damit im Prinzip auf der Vorstellung weiteren Wachstums auf. Wenn wir zukünftig insgesamt mehr zur Verfügung haben, hat es durchaus Sinn, dasselbe Gut heute, falls die Versorgungssituation schlechter ist, höher zu bewerten als in Zukunft, wenn sich das Versorgungsniveau durch Investitionen und Wachstum insgesamt verbessert hat. Sofern insgesamt kein Wachstum mehr zu erwarten ist, heißt das nicht, dass jede Berechnung, die auf Abzinsung beruht, von vornherein falsch wäre. Man müsste dann aber zusätzliche Nachhaltigkeitskriterien für die jeweiligen Perioden berücksichtigen. Eine allgemein anerkannte Methode hierfür existiert noch nicht.

Die Wahl der Höhe des in Kosten-Nutzen-Analysen zu verwendenden Zinssatzes ist davon abhängig, mit welcher Art von Investitionen man sich vergleichen will. Private Investitionen in die Produktion innovativer Güter können eine sehr hohe Kapitalverzinsung erreichen. Als unteren Level könnte man aus dem privaten Bereich die Verzinsung von Spareinlagen ansetzen. Die gesamten Aktivitäten der privaten Wirtschaft sind darüber hinaus nur dadurch möglich, dass der staatliche Sektor »Vorprodukte« und komplementäre Produkte etwa in Form von Infrastruktur, Bildung, Rechtswesen oder sozialen Sicherungssystemen zur Verfügung stellt. Rechnet man deren Kosten den privaten Aktivitäten zu, so verringert sich die volkswirtschaftliche Rentabilität privater Investitionen entsprechend.

Für die konkrete Anwendung in Kosten-Nutzen-Analysen schlägt das Umweltbundesamt (UBA 2007) Zinssätze zwischen 3 und 1,5 % vor (Letztere für generationenübergreifende Betrachtungen von über 20 Jahren).

Einige Autoren (Baumgärtner et al. 2012) empfehlen zusätzlich, mit unterschiedlichen Zinssätzen zu arbeiten. Umweltgüter bzw. Ökosystemdienstleistungen sollen mit geringeren Zinssätzen abgezinst werden als andere Güter. Dahinter steht die Annahme, dass sich die Versorgung mit Umweltgütern und ÖSD in Zukunft verschlechtert, sodass sie pro Einheit wertvoller werden, oder dass die Konsumentenpräferenzen so strukturiert sind, dass Umweltgüter mit zunehmendem Einkommen vermehrt nachgefragt werden.

Generell sei darauf verwiesen, dass die aus Umweltsicht und aufgrund von Wachstumskritik festzustellende Tendenz, eher niedrige Zinssätze vorzuschlagen, für Umwelt- und Naturgüter bei der konkreten Bewertung auch negative Auswirkungen haben kann. Je geringer der Abzinsungssatz ist, desto höher ist zwar der Wert eines langfristigen zusätzlichen Nutzenstroms durch ÖSD, wie er sich etwa im oben genannten Beispiel des Deichrückbaus ergeben würde. Gleichzeitig wird aber auch der Zeitpunkt des Beginns des Nutzenstroms für seinen Wert immer weniger relevant. Der Gesamtwert (Barwert) eines unendlichen konstanten Nutzenstroms ist bei einer Abzinsungsrate von 3 % bei sofortigem Beginn um 80 % höher als bei einem Beginn in 20 Jahren. Bei einer Verzinsung von 1 % wäre der Gesamtwert des Nutzenstroms, wenn er bereits heute beginnt, nur noch 20 % mehr wert, als wenn er erst in 20 Jahren beginnen würde. Eine geringe Verzinsung kann also auch als Grund genommen werden, mit einem Projekt erst später zu beginnen.

Fazit: Man sollte immer Alternativrechnungen mit unterschiedlichen Zinsen und Betrachtungshorizonten durchführen und ihre Ergebnisse kritisch gegenüberstellen.

ausschnitts und der Lebensraumfunktion seiner Ökosysteme für Pflanzen und Tiere ist bei der ökonomischen Bewertung nichts anderes als die Summe der individuellen Bereitschaften, zugunsten des Erhalts dieser Funktionen bzw. Leistungen auf Einkommen zu verzichten. Der gesellschaftliche Wert eines Projektes zum Bau eines Industriebetriebes auf den betreffenden Flächen ergäbe sich aus den Nettoeinkommenszuwächsen, die der Industriebetrieb mit sich bringen würde, abzüglich der Zahlungsbereitschaften zur Erhaltung des Erholungs- und Artenschutzwertes, der entgangenen Bodenrente, die in der Regel im Kaufpreis der Fläche enthalten ist, sowie weiteren nicht im Preis enthaltenen Kosten, wie z. B. durch Versiegelung steigende Hochwasserschäden bzw. -schadensvermeidungskosten.

Das Verfahren der Bewertung und Aggregation ähnelt in gewisser Weise dem Prinzip einer Wahl (Osborne und Turner 2007), allerdings mit einigen Unterschieden:

- Der Einzelne kann nur entsprechend seiner Betroffenheit votieren (wie häufig nutzt er das Erholungsgebiet, wie stark ist er am Einkommenszuwachs beteiligt?).
- Das Votum kann nach Intensität differieren (Höhe der positiven oder negativen Veränderung des realen Einkommens bzw. der Einkommensäquivalente/Zahlungsbereitschaften).
- Der Einzelne wird nicht direkt nach seinem Votum befragt, sondern sein »Votum« wird in Höhe seines Nettoeinkommenseffektes (positiv oder negativ) ermittelt.
- Der Nettoeffekt braucht nicht für jeden im Einzelnen ermittelt zu werden, es reicht, wenn die Summe bekannt ist.
- Zur Ermittlung des Nutzens öffentlicher Güter werden in der Regel repräsentative Methoden angewandt (▶ Abschn. 4.2.3).

Anders als bei der Regel *one man one vote* (»Jeder Bürger eine Stimme«) ist man bei der Bewertung von öffentlichen Gütern faktisch an sein Einkommen gebunden. Ob die gegebene Einkommensverteilung gerecht ist, wird in der Regel im Rahmen einer Kosten-Nutzen-Analyse nicht thematisiert. Für die Bewertung von Umweltgütern sind in Industrieländern Verteilungsfragen im Allgemeinen auch irrelevant. Unterschiedliche Gewichtungen der Zahlungsbereitschaften nach den jeweiligen Einkommen beeinflussen das Gesamtergebnis in der Regel nur unerheblich. Bei weltweiten Bewertungen können sich aber bei Nicht-Berücksichtigung von Verteilungsunterschieden schnell ethisch unvertretbare Verfahrensansätze ergeben.

Die oben genannten Prinzipien und Grundsätze ökonomischer Bewertung:

- das Individuum als Grundlage,
- der Wert als relative Vorzüglichkeit ausgedrückt durch monetäre Verzichtsbereitschaft bzw. Einkommenszu- und -abnahmen und
- die Bildung des gesellschaftlichen Wertes durch einfache Aggregation der individuellen Werte

bedeuten nicht, dass innerhalb ökonomischer Verfahren keinerlei Platz ist für Werthaltungen, die für den Einzelnen subjektiv außerhalb seiner eigenen Person liegen, wie z. B. göttliche Gebote, Rechte von Tieren oder die Vorstellung bindender Regeln für eine harmonische Mensch-Natur-Beziehung. Nur wird die Gültigkeit entsprechender Werte allein auf das jeweilige Individuum beschränkt. Wer z. B. davon ausgeht, dass das Existenzrecht von Arten generell über dem Streben nach mehr Wohlfahrt steht, kann nicht verlangen, dass in einer Kosten-Nutzen-Analyse alle wirtschaftlichen Vorteile, egal bei wem sie auftauchen, zugunsten des Arterhalts auf Null gesetzt werden. Er kann aber verlangen, dass seine eigenen individuellen in Zukunft absehbaren Einkommenszuwächse komplett als Zahlungsbereitschaft gegen das Aussterben von Arten gewertet werden.

❯ Demnach stellen einerseits Individuen wie auch die Wahlhandlungen, die aus ihren jeweils individuellen Präferenzen und Handlungsbeschränkungen resultieren, elementare Erklärungseinheiten dar. Das bedeutet, dass der ökonomische Wert durch repräsentativ erfasste subjektive Bewertungen der Individuen in einer Gesellschaft bestimmt ist. Expertenurteile sind im strengen Sinne in eine Kosten-Nutzen-Analyse nur einbeziehbar, wenn sie als Annäherungen an die nicht anders

4

erfassbaren Präferenzen der einzelnen Betroffenen interpretiert werden können. Der ökonomische Wert (einer ÖSD) ist in der dargestellten Sichtweise keine Eigenschaft, die einer Sache (z. B. einem Biotop) inhärent ist. Welcher ökonomische Wert letztlich einer Sache (z. B. dem Biotop) zugesprochen wird, hängt vom gesamten, nicht nur ökonomischen Kontext ab.

Betrachtet man beispielsweise die ÖSD »Trinkwasserbereitstellung«, können für die Frage, welchen Nutzen sauberes Wasser stiftet, folgende Aspekte bei der Bewertung relevant sein (Baumgärtner 2002): Wie viel sauberes Wasser gibt es insgesamt? Wie ist dieses Vorkommen räumlich und zeitlich verteilt? Wie sind die Zugriffsmöglichkeiten auf die Ressource institutionell geregelt? Welche alternativen Verwendungsmöglichkeiten gibt es neben der Verwendung als Trinkwasser, und welche institutionellen Einschränkungen treten auf? Welche Alternativen gibt es zu Wasser in seinen unterschiedlichen Verwendungsmöglichkeiten, und was kosten diese jeweils? Wie viel kostet der Transport sauberen Wassers aus anderen Regionen? Wie viel kostet die technische Aufbereitung von Wasser?

Der Anlass für eine ökonomische Bewertung ist im Verständnis der Ökonomie dann gegeben, wenn Märkte, private Produktion und privater Konsum nicht zu gesellschaftlich akzeptablen bzw. optimalen Ergebnissen führen (Marktversagen). Dies ist u. a. der Fall, wenn:

- Produktion und Konsum zu Nutzeneinbußen oder Kostenerhöhungen bei Dritten führen (sogenannte negative Effekte). Beispiele: Einschränkung der Erholungswirkung durch Entfernung von Landschaftselementen im Rahmen von Intensivlandwirtschaft, Erhöhung von Hochwasserschäden stromabwärts durch Eindeichung ehemals überfluteter Auen stromaufwärts;
- öffentliche Güter vorliegen: Dies sind Güter, von denen der Einzelne nicht oder nur teilweise ausgeschlossen werden kann oder soll. Beispiel: Erholungslandschaft, Badegewässer, Existenz von Arten/Artenvielfalt, pharmazeutisches Potenzial von Arten. In solchen Fällen kommt es zu keiner Zahlung von Preisen durch die Nutzer und damit verbunden auch

zu keinem aktiven Marktangebot, das Übernutzungstendenzen verhindern oder negative externe Effekte auf diese Güter vermeiden könnte;
- Kosten auftreten, die erst langfristig, zum Teil erst für kommende Generationen relevant und deshalb von den heutigen Marktteilnehmern nicht ausreichend berücksichtigt werden. Beispiel: Bodenerosion, CO_2-Emissionen durch intensive landwirtschaftliche Nutzung von Moorböden.

Die ökonomische Bewertung hat bei Marktversagen die Funktion, gesamtgesellschaftliche Kosten deutlich zu machen und staatlichen Entscheidungsträgern Informationen darüber zu geben, in welchem Umfang externe Kosten zu mindern und öffentliche Güter zu sichern und bereitzustellen sind, damit unter Berücksichtigung von Nutzen und Bereitstellungskosten ein gesellschaftlich optimales Versorgungsniveau erzielt werden kann. Ähnlich demoskopischen Methoden und Verfahren der Bürgerbeteiligung kann sie damit Wahlen, die in einer parlamentarischen Demokratie den Willen der Wähler immer nur undifferenziert zum Ausdruck bringen können, ergänzen, indem sie versuchen, Präferenzen der Bürger konkreter zu verdeutlichen. Darüber hinaus kann sie Staatsversagen aufdecken, wenn z. B. durch den Einfluss starker Interessengruppen politische Entscheidungen gegen das Wohl der Allgemeinheit getroffen werden (z. B. durch ökologisch kontraproduktive Subventionen; Brown et al. 1993).

Ökonomische Bewertungen müssen nicht zwangsläufig in Geldeinheiten erfolgen (Abeel 2010). Geld kann sogar als Bewertungseinheit hinderlich sein. Es kann etwa die Vorstellung hervorrufen, dass nur die Welt der Waren (Marktproduktion und Konsum) wirklich zählen würde. Tatsächlich geht es jedoch darum, die Ergebnisse des Marktes zu korrigieren, indem z. B. deutlich gemacht wird, dass die Güterproduktion Kosten hervorruft, die die wahren Preise der verschiedenen Güter verschleiern, dass wir in diesem System Dinge produzieren, auf die wir gerne zugunsten anderer, nicht handelbarer Güter verzichten würden, oder dass offenbar wird, dass das Volkseinkommen zu einem erheblichen Teil aus Reparaturkosten zur

Behebung von Schäden an Umwelt und Natur besteht (Leipert 1989).

Geld als Bewertungseinheit kann suggerieren, dass die bewerteten Güter tatsächlich bepreist und danach bezahlt bzw. gehandelt werden sollen. Ausschlaggebend ist jedoch die Entscheidung, wie ein festgestelltes Marktversagen zu korrigieren ist, ob durch staatliche Angebote, Ge- und Verbote, durch Abgaben oder durch die Schaffung marktbasierter Regulierungen, unabhängig vom Akt der Bewertung. Ökonomische Bewertungen zielen weder *per se* noch in der Tendenz darauf ab, öffentliche Güter in Waren umwandeln und Angebot und Nachfrage durch Märkte regulieren zu wollen.

Ein weiterer Irrtum kann darin bestehen, dass angenommen wird, dass eine an einem bestimmten Ort, unter ganz bestimmten ökologischen und sozioökonomischen Bedingungen getroffene Bewertung universell gilt – so wie auch der Preis vieler Waren an den verschiedensten Orten relativ gleich ist. Hierbei wird jedoch übersehen, dass (viele) ÖSD nicht beliebig transportierbar sind, sodass sich keine gleichmäßige Güterverteilung einstellt, die eine Voraussetzung für relative Preisgleichheit darstellt.

Auf der anderen Seite ist die Bewertung in Geldeinheiten aber in höchstem Maße praktisch. Sie erlaubt eine Abwägung zwischen Kosten, Einkommen und unterschiedlichen Gütern, einschließlich öffentlichen Gütern, die auf den jeweiligen Einschätzungen einer repräsentativen Auswahl von Bürgern basiert. Andere Bewertungsverfahren, wie z. B. die Nutzwertanalyse (Zangemeister 1971; Hanke 1981) und vergleichbare Arten der sogenannten Multi-Criteria-Analyse (Zimmermann und Gutsche 1991), konstruieren zum Teil über Punktesysteme und Gewichtungen ebenfalls Abwägungsmodelle (▶ Abschn. 4.1). Solche Modelle basieren jedoch häufig auf den Meinungen einer begrenzten Auswahl von Experten und/oder »Bürgerexperten« (Dienel 2002). Diese haben zwar im Einzelfall gegebenenfalls eine höhere Problemlösungskompetenz, es fehlt aber die repräsentative Absicherung.

Unterschiedliche Entscheidungsunterstützungsmethoden, wie die auf ökonomischen Bewertungen basierende Kosten-Nutzen-Analyse, die expertenbasierte Nutzwertanalyse oder diskursive Verfahren einer aktiven Bürgerbeteiligung, sollten ent- sprechend ihrer jeweiligen Stärken und Schwächen genutzt werden. Wenn es z. B. darum geht, ein gegebenes Budget für Maßnahmen der städtischen Grünpflege und Entwicklung in einem Stadtteil optimal einzusetzen, wird wahrscheinlich eine repräsentativ zusammengesetzte Bürgergruppe sehr hilfreiche Beiträge zur Erarbeitung eines Konzepts vorschlagen können, welches den Bürgerwünschen am nächsten kommt. Wenn es um ein möglichst kostensparendes Konzept zur Verringerung der Bodenerosion in einem Landkreis geht (Grunewald und Naumann 2012), dürfte eine expertenbasierte Nutzwertanalyse gute Ergebnisse liefern. Die Kosten-Nutzen-Analyse zeigt ihre besonderen Stärken dann, wenn Fragen zu beantworten sind, die bezüglich Finanzierung und Wirkungen eine Vielzahl von Bürgern in unterschiedlicher Weise betreffen. Ein solcher Fall wäre gegeben, wenn es darum geht, zu entscheiden, wie viele Mittel eine Stadt überhaupt für Grüngestaltung ausgeben soll. Ein anderes Beispiel wäre eine Bewertung von Maßnahmen zur Reduzierung der Bodenerosion, die zusätzlich weitere Wirkungen z. B. auf Artenschutz, Landschaftsbild und Gewässerreinhaltung berücksichtigt und bei der darüber hinaus geprüft werden soll, ob die Maßnahmenkosten insgesamt gerechtfertigt sind.

Beispiel

Grossmann et al. (2010) haben eine Kosten-Nutzen-Analyse naturverträglicher Hochwasservorsorge an der Elbe durchgeführt (▶ Abschn. 6.6.3). Sie berechneten vermiedene Hochwasserschäden, ersparte Kosten für alternative Maßnahmen zur Erreichung der Wirkungen des verbesserten Schadstoffabbaus im Gewässer und befragten Bürger nach ihrer Zahlungsbereitschaft für den Beitrag zu Naturschutz und Erholung. Die so bewerteten ÖSD waren dreimal so hoch wie die Maßnahmenkosten.

4.2.2 Das Konzept des Ökonomischen Gesamtwertes

Für die ökonomische Bewertung von ÖSD stellt das Konzept des Ökonomischen Gesamtwertes (TEV, *Total Economic Value*; Pearce und Turner 1990) die derzeit anerkannteste methodische Ba-

◻ Abb. 4.6 Das Konzept des Ökonomischen Gesamtwertes (TEV). Adaptiert nach Pearce und Turner 1990; Bräuer 2002

sis dar (◻ Abb. 4.6). Die verschiedenen Nutzen von Ökosystemen werden dabei differenziert in Nutzungswerte (*use values*) und Nicht-Nutzungswerte (*non-use values*). Bei den Nutzungswerten werden direkte und indirekte Nutzungswerte sowie Optionswerte unterschieden. Die Nicht-Nutzungswerte differenzieren sich in Existenzwerte (*existence values*) und Vermächtniswerte (*bequest values*).

■ **Direkte Nutzungswerte** *(direct use values)*
Direkte Nutzungswerte ergeben sich durch die unmittelbare Nutzung von ÖSD für Konsum und Produktion (z. B. Nahrung, Brennholz, Medizin, Bauholz, Trinkwasser, Kühlwasser etc.). Auch die Nutzung einer Landschaft zu Erholungszwecken, Freizeitaktivitäten, Tourismus, Wissenschaft und Bildung wird den direkten Nutzungswerten zugeordnet (Baumgärtner 2002). Es wird eine konsumtive (verbrauchende) Nutzung (Beispiel: Brennholz) von einer nicht-konsumtiven Nutzung (Beispiel: Erholung) unterschieden. Direkte Nutzungswerte sind mit Versorgungsdienstleistungen und -gütern und mit einigen soziokulturellen ÖSD (z. B. Erholung, kulturelle Identität, Landschaftsästhetik, Wissensbasis) verknüpft.

■ **Indirekte Nutzungswerte** *(indirect use values)*
Indirekte Nutzungswerte ergeben sich, wenn ÖSD direkt oder indirekt auf Nutzungen einwirken (z. B. Hochwasserschutzwirkung von Auen, Selbstreinigungskraft von Gewässern, Wasserfilterkapazität von Böden). Relevant ist dies in erster Linie für die sogenannten Regulationsleistungen. Der Wert ist dabei auf der Grundlage des Beitrags zu den jeweiligen konkreten Nutzungen zu erfassen (z. B. Min-

derung von Hochwasserschäden, Veränderung der Nutzung als Badegewässer, verminderte Kosten der Trinkwassergewinnung; vgl. entsprechend auch das Konzept der *final ecosystem services* nach Boyd und Banzhaf (2007) (▶ Abschn. 3.2).

■ **Optionswerte** *(option values)*
Der Optionswert drückt aus, dass Menschen eine Zahlungsbereitschaft dafür besitzen, theoretisch nutzbare Dinge zu erhalten, auch wenn eine spätere Nutzung tatsächlich nicht stattfindet (hier bestehen Parallelen zum Potenzialansatz; ▶ Kap. 2 und ▶ Abschn. 3.1). Der Optionswert wird auch als Versicherungsprämie interpretiert, die man bereit ist, in der Gegenwart zu zahlen, um für den Fall eines künftigen Gebrauchs die Nutzungsmöglichkeit zu erhalten (Weitzmann 2000). Optionswerte sind besonders im Zusammenhang mit Landschaften und Ökosystemen bedeutsam, die eine hohe Bekanntheit und Singularität besitzen (Beispiel: der Brocken im Harz) oder bezüglich Arten und ihrem Genom, bei denen eine hohe Unsicherheit über zukünftige Nutzungsmöglichkeiten besteht (z. B. Norton 1988).

■ **Vermächtniswerte** *(bequest values)*
Der Vermächtniswert drückt die Bereitschaft der heute lebenden Bürger aus, auf Einkommen zu verzichten, um Dinge für künftige Generationen zu erhalten. Relevant ist dieser Wert insbesondere für soziokulturelle ÖSD, aber auch für Versorgungsdienstleistungen und -güter.

■ **Existenzwerte** *(existence values)*
Der Existenzwert umfasst Zahlungsbereitschaften, um Dinge zu erhalten, unabhängig davon, ob sie heute oder in Zukunft jemals genutzt werden. Relevant ist dies insbesondere im Zusammenhang mit Dingen, denen ein Eigenwert zugeordnet wird, z. B. der Eigenwert oder das Existenzrecht von Arten.

Die einzelnen Werttypen des TEV sind in sich abschließend. Die Summe aus allen Wertkategorien des TEV wäre der Ökonomische Gesamtwert. Allerdings ist es in der Praxis der Bewertung nahezu ausgeschlossen, alle Teilwerte methodisch sauber voneinander zu trennen.

Untersuchungen in Natura-2000-Gebieten ergaben, dass über 50 % des TEV aus indirekten Nutzungswerten und Nicht-Nutzungswerten (Options-, Vermächtnis- und Existenzwerten) bestehen (Jacobs 2004). Das heißt, Umfang und Bedeutung dieser Wertekategorien sind aus Naturschutzsicht entscheidend. Auf der anderen Seite nehmen aber die Probleme einer verlässlichen Bewertung von den direkten Nutzungswerten zu den Nicht-Nutzungswerten zu.

4.2.3 Bewertungsmethoden und -techniken (Wertermittlung von Nutzungs- und Nicht-Nutzungswerten)

Zur Zeit der Erstellung des Textes war den Autoren noch keine deutschsprachige Publikation mit einer systematischen Darstellung ökonomischer Bewertungsmethoden am Beispiel von Ökosystemdienstleistungen bekannt. Es wird deshalb zur Vertiefung auf die englischsprachige Webseite ▶ www.ecosystemvaluation.org verwiesen.

Methoden zur Erfassung von Nutzungswerten

■ **Marktpreise**
Wenn Güter, die die Natur direkt bereitstellt, in gleicher oder ähnlicher Form auch marktmäßig gehandelt werden (z. B. Pilze, Fische, Wild), kann man sich zu ihrer Bewertung an Marktpreisen orientieren (Marktpreismethode). Voraussetzung ist u. a., dass die Produkte in vergleichbarer Qualität vorliegen und auf eine vergleichbare Nachfragesituation stoßen. Dies ist nicht immer gewährleistet. Beispielsweise schmecken die Blaubeeren, die im Wald auf einer Wanderung gepflückt werden, erfahrungsgemäß besonders gut. Allein schon durch die besondere Art der Aneignung erlangen sie psychologisch eine andere Qualität. Sie könnten deshalb durchaus höher bewertet werden als gekaufte Blaubeeren. Andererseits ist das Pflücken eine Tätigkeit, die eher nebenher ohne erheblichen Zusatzaufwand durchgeführt wird. Man würde die Beeren vielleicht auch pflücken, wenn der Wunsch nach Blaubeeren aktuell eher gering ist. Dann müsste man sie eventuell zu einem geringerem als dem Marktpreis bewerten. Ähnliches gilt für selbst geangelten Fisch. Er könnte als aktiv angeeignetes Produkt einen höheren Wert als Marktprodukte haben, er könnte aber auch als ein eher nebensächliches Nebenprodukt des eigentlich gewünschten Angelns gelten. Wenn der Fisch in der Familie des Anglers verwertet wird (bzw. werden muss), ist auch deren vielleicht abweichende Präferenz entscheidend.

Mit der Marktpreismethode könnte man beispielsweise die Veränderung der Bewirtschaftungsform eines Waldes hinsichtlich des Angebots an Waldfrüchten oder die Auswirkung der verbesserten Wasserqualität eines Sees auf den Fischfang durch Angler bewerten (weniger Biomasse, aber höherer Anteil an Edelfischen). Zusätzlich zur Änderung des Angebots müsste man in beiden Fällen abschätzen, in welcher Höhe das Angebot auch wirklich genutzt wird. Schließlich sollte man durch Umfragen ermitteln, ob der Wert der Produkte tatsächlich dem Marktpreis entspricht bzw. in welchem Maße er höher oder geringer eingeschätzt wird.

■ **Änderung von Wertschöpfung, Gewinnen, Verkaufserlöse abzüglich Produktionskosten**
Der überwiegende Anteil der mithilfe von ÖSD erstellten und auf Märkten gehandelten Produkte, wie Trinkwasser, Holzprodukte, Lebensmittel etc., wird in Kombination mit Arbeits- und Kapitaleinsatz produziert. Bei Veränderungen der ÖSD sind für die Bewertung solcher Güter dann nicht die Markterlöse allein entscheidend, sondern die jeweilige Differenz aus Markterlösen und Kosten für Kapitaleinsatz, Vorprodukte, Betriebsmittel und die Arbeitskosten einschließlich einer üblichen Entlohnung des Arbeitseinsatzes des Unternehmers. Das, was bei dieser Rechnung als Differenz übrig bleibt, entspricht in der Tendenz ungefähr den Pachtkosten der bewerteten oder einer vergleichbaren Fläche. Deshalb wird in Bewertungsstudien häufig vereinfachend die Bodenrente (Pacht) als (Netto-)Wert der landwirtschaftlichen Produktionsleistung von Flächen verwendet (Hampicke et al. 1991).

Beispiel
Welcher Wertverlust ergibt sich hinsichtlich der landwirtschaftlichen Produktion bei Aufgabe der Bewirtschaftung dieses Ackers (⬛ Abb. 4.7)? Von den

☒ Abb. 4.7 Der ökonomische Wert der Versorgungsdienstleistung eines Ackers (hier Getreidefeld bei Sulingen in Niedersachen) lässt sich anhand des Einkommensverlustes bei Aufgabe der agrarischen Nutzung bemessen. © Burkhard Schweppe-Kraft

entgangenen Markterlösen sind zunächst die variablen Kosten abzuziehen. Darüber hinaus werden Anpassungen hinsichtlich des Arbeits- und Kapitaleinsatzes erfolgen. Auf Dauer bleibt als Wertverlust die entgangene Bodenrente (Pacht). Sie bestimmt sich aufgrund verschiedener Gunst- und Ungunstfaktoren wie Bodenfruchtbarkeit, Wasserversorgung, Klima, Hangneigung etc. Bei der Bewertung großflächiger Bodenverluste in Entwicklungsländern wäre abweichend davon aufgrund fehlender alternativer Beschäftigungsmöglichkeiten von deutlich höheren Einkommensverlusten auszugehen. Auf die Gesamtheit der landwirtschaftlichen Flächen der Erde würden wir sogar um nichts in der Welt verzichten wollen – ihr Verlust hätte einen Wert von »minus unendlich« (Costanza et al. 1998).

Wird beispielsweise aufgrund von Naturschutzmaßnahmen ein Maisacker in eine artenreiche Feuchtwiese umgewandelt, so wäre zum Vergleich der beiden unterschiedlichen Versorgungsleistungen (Mais, Wiesenschnitt) jeweils zu berechnen, welche Differenz sich aus Produktverkauf und den oben genannten Produktionskosten ergibt. Beim Mais wäre diese Differenz positiv, beim Wiesenschnitt eher neutral oder sogar negativ.

Für einen Vergleich des Ökonomischen Gesamtwertes (TEV) von intensiven (Beispiel: Mais) und extensiven Bewirtschaftungsformen (Beispiel: Wiese) kann eine korrekte Bewertung der Versorgungsleistungen (Mais, Wiesenschnitt) entscheidend sein. Die Differenz zwischen den Gewinnen ist häufig deutlich geringer als die Differenz zwischen den Verkaufserlösen, auch deshalb, weil intensive Bewirtschaftungsformen häufig einen höheren Input benötigen. Die unterschiedliche Bewertung von Versorgungsleistungen, einmal auf der Grundlage von Verkaufserlösen, einmal auf der Grundlage von Verkaufserlösen abzüglich Kosten, erklärt, warum in der Studie von Ryffel und Grêt-Regamey (2010) der berechnete Gesamtwert von artenreichem Grünland geringer ist als der von Intensivgrünland, in der Studie von Matzdorf et al. (2010) dagegen das artenreiche Grünland vergleichsweise besser abschneidet als Ackerland (▶ Abschn. 6.2.4).

Würde man Versorgungsleistungen auf der Grundlage von Verkaufserlösen bewerten, bedeutete dies, dass nicht nur ÖSD bewertet werden, sondern zusätzlich auch die Wertschöpfung durch Kapital und Arbeit. Bei korrekter Anwendung der Kosten-Nutzen-Analyse müssen von den geschaffenen Werten immer die Kosten, die zur Erstellung erforderlich sind, abgezogen werden, um den Nettoeffekt zu berechnen. Im Falle von Versorgungsleistungen ist dies in der Konsequenz der jeweilige Gewinn abzüglich eines kalkulatorischen Lohns für die Arbeit des Unternehmers zuzüglich der für das Land gezahlten Pachten (siehe Umweltleistungen, ▶ Abschn. 2.1).

Implizit steht hinter der oben genannten Berechnungsweise von Versorgungsleistungen anhand von Gewinnen bzw. Pachten die Annahme, dass »freigesetzte« Arbeit und – zumindest mittel- bis längerfristig – auch »freigesetztes« Kapital an anderer Stelle wieder Verwendungen finden und dort eine Wertschöpfung ermöglichen, die ihren Kosten entspricht. Kosten-Nutzen-Analysen, die in Industrieländern durchgeführt werden, gehen aufgrund der Flexibilität der Märkte für Arbeit und Kapital im Allgemeinen von dieser vereinfachenden Annahme aus. Abweichungen sollten besonders gekennzeichnet und begründet werden. In vielen Regionen in Entwicklungsländern sind die nötigen Alternativangebote insbesondere für den Faktor Arbeit nicht vorhanden. Werden mit der Zerstörung der Versorgungsleistungen eines Ökosystems (z. B. Verlust der Bodenfruchtbarkeit oder Überfischung) auch die auf dieser Basis wirtschaftenden Menschen langfristig arbeitslos, so wären in einer Kosten-Nutzen-Analyse als Wert der entsprechenden Versorgungsleistung nicht nur die verlorenen Gewinne, sondern die gesamte Wertschöpfung einschließlich der Arbeits- und gegebenenfalls Kapitalkosten anzusetzen. In den Industrieländern wie Deutschland sind eher Anpassungsprobleme und -fristen beim Faktor Kapital zu beachten.

Bei der Ermittlung der Kosten einer Aufgabe bzw. Umwandlung der landwirtschaftlichen Produktion wird deshalb auch häufig in kurz- bis mittelfristiger Perspektive von den Deckungsbeiträgen ausgegangen. Deckungsbeiträge sind Markterlöse abzüglich der variablen Kosten. Der Deckungsbeitrag pro Hektar sagt entsprechend seiner Bezeichnung aus, welchen Beitrag die Produktion auf einem Hektar Fläche zur Deckung der Fixkosten eines Betriebes beiträgt, also etwa zu den Kreditzinsen, die für Stallungen bezahlt werden müssen (siehe Fallbeispiel in ▶ Abschn. 6.2.3). Eine Deckungsbeitragsrechnung geht davon aus, dass ungenutztes Kapital unflexibel ist, also nicht anderweitig ebenso gewinnbringend eingesetzt werden kann. Kurzfristig ist eine solche Berechnungsweise gerechtfertigt. Mittelfristig ist aber von Anpassungsmöglichkeiten auszugehen. Spätestens nach der technischen Abschreibungsdauer der betrachteten Kapitalien sollte man zur Berechnung der Werte von Produktionsverlusten zu Größen wie Pacht oder langfristige Gewinnaussicht übergehen. Für die konkreten Berechnungsergebnisse kann ein korrekter Umgang mit Kapitalkosten entscheidend sein. Röder und Grützmacher (2012) berechnen beispielsweise auf der Grundlage von Deckungsbeiträgen Kosten von 40 Euro pro Tonne eingesparter CO_2-Emission, bei Wiedervernässung und Nutzungsaufgabe vorher landwirtschaftlich genutzter Moorböden. Würde man lediglich Pachtkosten von beispielsweise 250 Euro pro Hektar ansetzen, würde sich ein deutlich günstigerer Wert von ca. 9 Euro pro eingesparter Tonne CO_2 ergeben. Kalkuliert man eine 20-jährige Anpassungszeit mit gleichbleibend hohen Anpassungsraten, ergäben sich bei 3 % Kalkulationszins Kosten von gut 17 Euro. Für alle drei Berechnungsarten lassen sich in Studien praktische Berechnungsbeispiele finden. Dies macht deutlich, dass man nicht nur bei der Bewertung von ÖSD auf große methodische Unterschiede stoßen kann. Auch bei ganz konventioneller Kostenkalkulation können hohe Spannen auftreten, die auf unterschiedlichen, zum Teil problematischen Annahmen fußen.

Am Beispiel der Pacht als Annäherung für den (langfristigen) Wert der landwirtschaftlichen Produktionsfunktion von Ökosystemen (Versorgungsdienstleistung) lässt sich weiterhin anschaulich zeigen, dass ökonomische Bewertungen in der Regel nur für relativ kleine Änderungen gelten: Der günstigere Gesamtwert von Grünland im Vergleich zu Ackerland, der sich auf der Grundlage der Studie von Matzdorf et al. (2010) (▶ Abschn. 6.2.4) errechnen lässt, gilt nur für den Fall der derzeitigen Verteilung zwischen Grünland und Ackerland. Würde man mit dem Hinweis auf den höheren Ökonomischen Gesamtwert (TEV) von Grünland immer mehr Ackerland in Grünland verwandeln, so würde sich das Angebot der mithilfe dieser Flächen produzierten unterschiedlichen öffentlichen und privaten Güter nach und nach so stark ändern, dass sich auch die Preise und Zahlungsbereitschaften für diese Güter immer stärker verändern. Der Ökonomische Gesamtwert pro umgewandelter Einheit Ackerland könnte sich dem TEV pro zusätzlicher Einheit Grünland angleichen und danach sogar darüber hinausgehen. Dies könnte z. B. im Hinblick auf die Artenschutzfunktion bzw. -leistung schon relativ schnell geschehen. Denn zur Erhaltung der Artenvielfalt ist oftmals, übergreifend gesehen, ein Mix aus Grünland und Ackerland optimal und nicht eine Grünland-Monokultur.

Ebenso wird deutlich, warum der Wert der Summe aller ÖSD sich nicht aus dem Wert errechnen lässt, der für eine zu bewertende relativ kleine Änderung anzusetzen ist. Multipliziert man den Gesamtbestand an landwirtschaftlichen Flächen in den Industrieländern mit den jeweiligen Pachtwerten pro Hektar, so erhält man mitnichten den Wert, den die Gesellschaft zur Erhaltung der landwirtschaftlichen Produktionsleistung dieser Flächen zu zahlen bereit wäre. Der wahre Wert wäre deutlich höher. Denn die Preise würden bei zunehmendem Verlust an Produktionsflächen extrem steigen und die dadurch ausgelösten sozialen Verwerfungen würden unkontrollierbare Folgen haben.

Beispiel
Innerhalb der EU wird die Bestäubungsleistung auf einen Wert von ca. 14 Milliarden Euro geschätzt (Gallai et al. 2009). Dies ist der Wert der landwirtschaftlichen Produkte, die in starkem Maße von Insektenbestäubung abhängig sind. Für konkrete Bewertungen hilft dieses Wissen wenig. Bei der Bewertung der Veränderungen von Bestäuberpopulationen in konkreten Anbaugebieten ist es nämlich u. a. entscheidend, ob die Populationen dort bereits ein limitierender Faktor für die Produktion oder ob sie noch im Überfluss vorhanden sind. Bisher weiß man noch relativ wenig darüber, wie sich z. B. Blühstreifen innerhalb von Obstbaugebieten auf die Nettoerträge auswirken (◘ Abb. 4.8).

■ **Änderung von Produktionskosten**
Die Produktionskostenmethode erfasst ebenfalls die Änderung der Differenz zwischen Verkaufs-

◘ **Abb. 4.8** Der Obstbau ist in besonderem Maße auf Bestäubungsleistungen angewiesen. © Burkhard Schweppe-Kraft

erlösen und Produktionskosten, allerdings für den speziellen Fall, dass Produktmenge und Erlöse konstant bleiben und sich lediglich die Produktionskosten ändern. Das typische Beispiel für diesen Fall ist der verringerte Aufwand zur Bereitstellung von sauberem Trinkwasser, wenn eine belastende Ackernutzung durch Grünland ersetzt wird. Ein anderes Beispiel wäre ein erhöhter Einsatz von Düngemitteln, um eine verringerte Bodenfruchtbarkeit zu kompensieren, die sich z. B. durch Intensivnutzung ergeben hat oder durch eine Bodenerosion, die im Zuge der Beseitigung von Hecken und anderen Kleinstrukturen ausgelöst wurde.

In den genannten Fällen würde mit der Produktionskostenmethode direkt die Versorgungsleistung von Ökosystemen bewertet (Wasserdargebot, landwirtschaftliche Produktion) und indirekt gleichzeitig die Auswirkung von Regulationsleistungen (Schadstoffminderung, Verminderung von Bodenerosion durch Kleinstrukturen) auf die jeweilige Versorgungsleistung.

■ **Schadenskosten, (Schadens-)Vermeidungskosten, Anpassungs-, Reparatur-, Ersatzkosten**
Viele Regulationsleistungen beeinflussen die Wirkungen natürlicher Gefahren (Hochwasser, Lawinen und Muren, Sturmschäden etc.) sowie anthropogen verursachter Risiken (Klimaerwärmung, Luftschadstoffe, stadtklimatische Belastun-

gen). Zur Bewertung lassen sich hier zum Teil die Schadens- und Schadensvermeidungskosten sowie die Anpassungs-, Reparatur-, Ersatz- oder Vermeidungskosten ansetzen. Hierbei wird untersucht, inwieweit Schäden (einschließlich Krankheitskosten) oder die Kosten zur ihrer Vermeidung und Reparatur (Rehabilitation) durch Änderungen von Ökosystemen und ÖSD beeinflusst werden. Beispiele sind die Vermeidung von Hochwasserschäden durch Renaturierung von Auen oder vermiedene Kosten für die Behandlung von Atemwegserkrankungen durch die Staubfilterwirkung von Stadtgrün.

Generell gilt in der Ökonomie der Grundsatz, dass ein Ziel mit möglichst geringen Kosten erreicht werden sollte. Wenn ein Schaden einen geringeren Wert hat als die Kosten seiner Reparatur, ist es für alle günstiger, die geschädigte Person monetär zu entschädigen, als den Schaden reparieren zu lassen. Dieser Grundsatz gilt nicht nur für die Entschädigung bei Schäden an Personenkraftwagen. Er ist auch bei der volkswirtschaftlichen Bewertung im Rahmen der Ermittlung des Ökonomischen Gesamtwertes (TEV) anzuwenden. Entsprechendes gilt, wenn die Schadensvermeidungskosten höher sind als der Schaden. Auch dann ist es günstiger, die geringere Versicherungssumme für den Schadensfall zu zahlen, als stattdessen die höheren Kosten aufzubringen, um den möglichen Schadensfall vollständig zu vermeiden. Man spricht bei solchen Überlegungen auch vom *least-cost*-Prinzip (Prinzip der geringsten Kosten).

Häufig lässt sich durch Schadens- oder Reparaturkosten nur ein Teil des Wertes einer Ökosystemdienstleistung quantifizieren: Krankheitskosten erfassen häufig nur die Kosten der Behandlung, nicht aber die körperlichen oder psychischen Leiden des Kranken. Wenn durch Nutzungsintensivierung in einem Gebiet keine Feldlerchen oder Rebhühner mehr vorkommen, können die Kosten für Wiederansiedlung oder Vermeidung des Verlustes deutlich geringer sein als die ethische und ästhetische Bedeutung des Verlustes. Über Schadens- oder Vermeidungskostenansätze nicht erfassbare Leistungen oder Leistungsbestandteile sollte man über andere Methoden versuchen zu erfassen, z. B. über Zahlungsbereitschaftsanalysen.

Beispiel
Pimentel et al. (1995) haben die *on-site-* und *off-site-*Kosten der Erosion für die USA abgeschätzt und sind Mitte der 1990er-Jahre auf ca. 100 Dollar pro Hektar und Jahr gekommen. Stellt man diese Größenordnung der Ersatz- und Schadenskosten den Kosten für Erosionsminderungsmaßnahmen gegenüber, ergibt sich bei hohen Erosionsgefährdungen ein sehr positives Kosten-Nutzen-Verhältnis von 1 zu 5 (dabei Reduzierung der Bodenerosion durch Wasser und Wind von 17 t ha^{-1}a^{-1} auf 1 t ha^{-1}a^{-1}). Grunewald und Naumann (2012) haben mittels analoger Ansätze für ein lössbedecktes, agrarisch dominiertes Gebiet in Sachsen ein Kosten-Nutzen-Verhältnis von ca. 1 zu 2 bestimmt (▶ Abschn. 6.6.2).

■ **Alternativkosten**
Mit den oben genannten Methoden inhaltlich eng verbunden ist der sogenannte Alternativkostenansatz. Bei diesem werden oft nicht faktisch auftretende Kosten bewertet, sondern die Kosten theoretisch möglicher Varianten, um ein Ziel alternativ zu erreichen. Beispiele sind die Bewertung der zusätzlichen Selbstreinigungskraft eines renaturierten Gewässers anhand der alternativ erforderlichen Maßnahmen zur Reduzierung des Schadstoffeintrags durch die Landwirtschaft oder durch den Bau zusätzlicher Kläranlagen, um den gleichen Effekt auf die Wasserqualität zu erreichen. Die Erosionsschutzwirkung von Hecken und Kleinstrukturen ließe sich beispielsweise nicht nur, wie oben dargestellt, mit der Produktionskostenmethode, sondern auch anhand alternativer, gleich wirksamer bodenerhaltender Bewirtschaftungsmaßnahmen auf den Produktionsflächen bewerten.

Ob ein entsprechender Alternativkostenansatz zulässig ist, ist davon abhängig, ob die gesellschaftlichen Ziele ausreichend bindend formuliert sind. Streng genommen führt der Alternativkostenansatz nur dann zu einem korrekten Ergebnis, wenn die Ziele so verbindlich formuliert sind, dass die nötigen Maßnahmen zur alternativen Zielerreichung (in nicht allzu langer Zukunft) auch tatsächlich umgesetzt würden. Ein Beispiel für ein entsprechend bindendes gesellschaftliches Ziel ist die EU-Wasserrahmenrichtlinie (WRRL), die die Erreichung einer bestimmten Gewässerqualität vorschreibt (▶ Abschn. 3.3.6 und ▶ Abschn. 6.6.2). Wandelt man Ackerflächen in Grünland um, verringern sich die Nährstoffeinträge in Grund- und Oberflächengewässer und man kommt den vorgegebenen Zielen der WRRL näher. Einen entsprechenden Beitrag zur Gewässerentlastung kann man auch durch verschiedene Maßnahmen bei der Ackerbewirtschaftung oder durch die Verbesserung von Klärstufen erreichen. Als Wert für die Nährstoffentlastung durch Umwandlung in Grünland ist nach dem *least-cost*-Prinzip diejenige Alternativmaßnahme auszuwählen, die eine vergleichbare Entlastung zu den geringsten Kosten erlaubt und gleichzeitig eine realistische Umsetzungschance besitzt. Matzdorf et al. (2010) verwendeten zur Bewertung der verminderten Nährstoffeinträge durch Erhaltung von Grünland einen Wert von 40 bis 120 Euro pro Hektar, der auf der Auswertung von Daten über kosteneffiziente Maßnahmen zur Minderung von Stickstoffemissionen von Osterburg et al. (2007) basierte (▶ Abschn. 6.2.4).

Maßnahmen zur Wiedervernässung und Renaturierung ehemals landwirtschaftlich genutzter Moorböden stoppen die Mineralisierung der organischen Bodenbestandteile und führen dadurch in erheblichem Maße zur Reduzierung von Treibhausgasemissionen. Die Bewertung dieser Regulationsleistung wiedervernässter Moorböden ist sowohl auf der Grundlage von Schadenskosten als auch auf der Grundlage von Alternativkosten möglich. In Anlehnung an den Stern-Report schlägt die Methodenkonvention des Umweltbundesamtes (UBA 2007) auf der Grundlage von Schadenskosten einen Ansatz von ca. 70 Euro pro Tonne CO_2 vor. Bei Einsatz von Windkraft kostet eine Tonne vermiedene CO_2-Emissionen ca. 40 Euro, auf dem europäischen Kohlenstoffmarkt kostete die Tonne CO_2 Anfang April 2012 zwischen 6 und 7 Euro. Die Frage, welcher der genannten Werte für die Bewertung der durch Wiedervernässung eingesparten CO_2-Emissionen anzusetzen ist, hängt davon ab, wie die zukünftige Entwicklung eingeschätzt wird (▶ Abschn. 6.6.4).

Es ist davon auszugehen, dass die erforderliche Senkung von CO_2-Emissionen nicht allein mit den derzeit günstigen Maßnahmen umgesetzt werden kann, die den aktuell niedrigen Preis am Kohlenstoffmarkt ermöglichen. Die Erreichung des Ziels mit diesen Kosten ist also unrealistisch.

Realistischer sind beispielsweise Maßnahmen in der Kostenkategorie von CO_2-Vermeidung durch Windkraft. Wenn man davon ausgeht, dass auch das Ziel einer Begrenzung des Temperaturanstiegs um maximal 2°C bei Weitem nicht erreicht wird – was immer wahrscheinlicher wird –, sind sogar die 70 Euro Schadenskosten zu gering angesetzt. Das Beispiel zeigt, dass es auch unter realistischen Annahmen sehr weit auseinandergehende Bewertungsansätze geben kann. Bewertungen sollten deshalb immer die jeweiligen Annahmen offenlegen und nach Möglichkeit Alternativkalkulationen unter unterschiedlichen Annahmen durchführen.

Beispiel
Die Stadt New York City, die Anfang der 1990er-Jahre die Trinkwasser-Qualitätsstandards der Behörden nicht mehr erfüllte, musste Maßnahmen ergreifen. Eine Wasserfiltrations- und -reinigungsanlage sollte für 6 bis 8 Millionen Dollar gebaut werden und Betriebskosten von rund 300 Millionen Dollar pro Jahr wären dazugekommen. Alternativ wurde geprüft, die ökologischen Funktionen der Ökosysteme in den Catskill Mountains, dem Trinkwasser-Einzugsgebiet der Stadt, zu verbessern. Diese Investition wurde mit einmalig 1 bis 1,5 Milliarden Dollar veranschlagt. Es fand eine Abwägung zwischen den Kosten der Verbesserung der Ökosysteme und dem Aufbau künstlicher Reinigungsanlagen als Ersatz für die verminderten ÖSD der degradierten Ökosysteme statt, und man entschied sich für die ÖSD-Variante (Chichilnisky und Heal 1998).

- **Immobilienpreismethode** – *hedonic pricing*
Die bisher dargestellten Bewertungsansätze richteten sich in der Systematik des MEA (2005a) bzw. der ÖSD-Klassifikation in ▶ Abschn. 3.2 in erster Linie auf Versorgungs- und Regulationsleistungen. Die Immobilienpreismethode zielt auf die soziokulturellen Leistungen Erholung und Ästhetik bzw. darüber hinausgehend allgemeiner formuliert auf die subjektiv bewerteten Wohlfahrtsfunktionen von Grünelementen und Grünflächen im Wohnumfeld ab.

Bei der Immobilienpreismethode versucht man, durch statistische Analyse den Einfluss der wohnungsnahen Grünausstattung auf die Immobilienpreise zu erfassen. Hoffmann und Gruehn

(2010) kommen zu dem Ergebnis, dass in dicht besiedelten Innenstadtbezirken die Grünausstattung des Wohnumfeldes 36 % des Immobilienwertes erklärt. In weniger dicht besiedelten, kleineren Städten ist der Einfluss geringer (▶ Abschn. 6.4).

Die Immobilienpreismethode erfasst nur denjenigen Teil des Nutzens von Stadtgrün, der vom Immobilienbesitzer »abgeschöpft« werden kann. Den Nutzen, der über den »abgeschöpften« Teil hinausgeht, müsste man mit anderen Methoden ermitteln, indem man zusätzlich eine Zahlungsbereitschaftsanalyse durchführt, oder aufgrund der statistischen Daten eine Nachfragefunktion schätzt, ähnlich wie bei der Reisekostenanalyse.

- **Reisekostenanalyse – *travel cost approach***

Ein ganzer Kanon unterschiedlicher Methodenvarianten verbirgt sich hinter dem Begriff der Reisekostenanalyse, die vor allem zur Bewertung von Erholungsgebieten verwendet wird. Hierbei analysiert man statistisch die Zusammenhänge zwischen der Anzahl an Reisen in ein Gebiet oder in einen bestimmten Gebietstyp, abhängig davon, wie hoch die Erreichungskosten sind und – in den neueren Methodenvarianten – auch welche Qualität das Gebiet für die Erholung besitzt (z. B. Landschaftsbild, Landschaftsvielfalt, Ausstattung mit Erholungsinfrastruktur), und schätzt auf dieser Basis eine Nachfragefunktion für Erholung für das jeweilige Gebiet bzw. den Gebietstyp. Aus dem Vergleich des Verhaltens von Besuchern mit hohen und niedrigen Erreichungskosten lässt sich ableiten, dass man für die ersten Besuche, die man innerhalb eines Betrachtungszeitraums in ein bestimmtes Gebiet oder einen Gebietstyp unternimmt, höhere Kosten zu zahlen bereit ist als für die weiteren Besuche. Besucher mit geringen Erreichungskosten brauchen diese höheren Zahlungsbereitschaften für die ersten Besuche real nicht aufzubringen und realisieren dadurch eine sogenannte Konsumentenrente. Die Summe aller Konsumentenrenten ergibt den Gesamtnutzen der Erholung in den bewerteten Gebieten. Die Konsumentenrente ist die Zahlungsbereitschaft, die der Einzelne für eine Erholungsaktivität hat, abzüglich seiner tatsächlichen Kosten.

In einigen Methodenvorschlägen und Bewertungsstudien (Ewers und Schulz 1982; zum Teil auch Getzner et al. 2011) werden die tatsächlichen Kosten einer Erholungsaktivität als deren Nutzen angesehen. Zwar muss der Nutzen – bei Annahme rationalen Handelns – in der Regel mindestens so hoch sein, wie die dafür gezahlten Kosten. Wie oben im Zusammenhang mit den Kosten zur Herstellung landwirtschaftlicher Produkte erläutert wurde, zielt die Kosten-Nutzen-Analyse jedoch darauf ab, für jede Alternative die Differenz bzw. das Verhältnis von Kosten und Nutzen zu ermitteln. Bei einer solchen Differenzbildung wäre das Ergebnis einer Erholungsaktivität, deren Nutzen genauso hoch ist wie deren Kosten, vom Ergebnis her immer neutral; der Nettonutzen, die Differenz zwischen Nutzen und Kosten wäre immer Null. Dieses Ergebnis würde sich bei allen untersuchten Alternativen ergeben, egal ob die Erholungsgebiete durchschnittlich geeignet sind, noch verbessert werden oder durch Eingriffe in ihrem Wert vermindert würden. Verzichtet man auf das Gegenrechnen der Kosten und stellt die Kosten lediglich in ihrer Indikatorfunktion für den Mindestnutzen dar, so kann man beim Vergleich von Varianten zu völlig unsinnigen Bewertungsergebnissen kommen. Wenn z. B. der Bau einer Umgehungsstraße dazu führt, dass der Aufwand der Bewohner für Erholung steigt, würde dies nicht als eine Behinderung der Erholung, sondern als eine Erhöhung des Erholungsnutzens verbucht. Reine Aufwandsberechnungen sind deshalb zur Bewertung des Erholungsnutzens ungeeignet. Ziel muss es sein, die Konsumentenrente zu berechnen, die Differenz zwischen Nutzen (bzw. Zahlungsbereitschaft) und Kosten.

Bei der Reisekostenmethode, die mit diesem Ansatz arbeitet, wird die Zahlungsbereitschaft aus beobachtetem faktischen Verhalten einer Vielzahl von unterschiedlichen Erholungssuchenden mit statistischen Methoden abgeleitet. Man zählt sie – ebenso wie die Immobilienpreismethode – zu den sogenannten »*revealed preference*-Methoden« die auf der Untersuchung offenbarter Präferenzen basieren, im Gegensatz zu den *stated preference*-Methoden, bei denen die Präferenzen direkt erfragt werden.

Beispiel

In der Region Eibenstock-Carlsfeld im Westerzgebirge in Sachsen wurde eine Befragung von Besuchern und touristischen Dienstleistern zur Wertschätzung der Landschaft durchgeführt (Grunewald et al. 2012). Erfragt wurden qualitative Landschaftsbildeigenschaften, -präferenzen sowie die Reisegründe, Reisekosten und die Bereitschaft, finanziell zur Erhaltung des Landschaftsbildes beizutragen. Darauf wurden die Monetarisierungsansätze der Reisekostenmethode und Zahlungsbereitschaftsanalyse angewendet. Die Studie umfasste eine *face-to-face*-Befragung von 105 Sommer- und 95 Wintertouristen, womit die Reisekosten von insgesamt 584 Personen erfasst werden konnten. Das Ziel bestand in der Analyse und monetären Bewertung konkreter soziokultureller ÖSD als Grundlage planerischer und politischer Abwägungen im Landschaftsmanagement. Die ästhetische Landschaftswahrnehmung der Touristen in der Region wird insbesondere von sichtbaren naturnahen Landschaftselementen (Wald, Gewässer etc.) sowie von deren harmonischem Zusammenspiel beeinflusst. Die Landschaft ist ein wesentliches Anreisemotiv für Besucher, pro Jahr werden dafür rund 5,5 Millionen Euro an Reisekosten aufgewendet (hochgerechnet auf die Gesamtzahl der Touristen in der betrachteten Region). Darüber hinaus wären die Besucher (hypothetisch) bereit, 170 000 Euro pro Jahr zusätzlich für Schutz und Entwicklung der Natur zu zahlen. Dies drückt eine hohe Wertschätzung für öffentliche Güter und Leistungen aus, die es in Planungen stärker zu berücksichtigen gilt (Grunewald et al. 2012).

■ **Jagdpachten, Angellizenzen etc.**

Für einige Freizeitaktivitäten wie das Jagen oder das Angeln gibt es Preise etwa in Form von Angelscheinen oder Jagdpachten. Sie sind, anders als etwa die Ausgaben für die Angelausrüstung oder Benzinkosten zur Erreichung der Angelstelle, ein Aufwand, der mit keinen oder nur zu einem gewissen Anteil mit realen Kosten verbunden ist. Vergütungen, hinter denen keine Arbeits- oder Kapitalkosten stehen, werden als »Renten« bezeichnet. Auch die Pacht für landwirtschaftliche Flächen ist eine solche »Rente«. Mit der Zahlung einer Jagd- oder Angelpacht zeigt der Pächter, dass sein Nutzen aus der Angel- oder Jagdtätigkeit mindestens dieser Pacht entspricht. Dieser Anteil seines Nutzens fällt – ähnlich wie bei der Immobilienpreismethode – nicht bei ihm selbst (dem Nutzer), sondern bei den Eigentümern (Verpächtern) an. Der Nutzen, der sich aus Angel- oder Jagdpachten berechnen lässt, ist eine Untergrenze des tatsächlichen Nutzens der jeweiligen Aktivität.

Will man auch noch den darüber hinausgehenden Nettonutzen der Angler oder Jäger zusätzlich erfassen, müsste man neben der Berechnung der Pachtpreise noch andere Methoden einsetzen, wie z. B. die Reisekosten- oder die Zahlungsbereitschaftsanalyse.

Wichtig ist es, bei Veränderungen der Bedingungen für Freizeitausübung, immer auch die Substitutionsmöglichkeiten zu erfassen. In der Regel gibt es andere Orte, an denen die Freizeitaktivitäten ebenso ausgeübt werden können. In solchen Fällen wäre die Berechnung eines Nutzenverlustes durch erhöhte Reisekosten im Sinne der Erfassung von Anpassungskosten möglich, oder noch besser die Durchführung einer Reisekostenanalyse, da diese zusätzlich auch die »Konsumentenrenten« erfasst, also diejenigen Nutzenanteile, die über die Kostenbetrachtung hinausgehen.

■ **Eintrittspreise**

Eine insbesondere früher häufiger benutzte Methode, um Freizeit- und Erholungsnutzen zu berechnen, ist die Eintrittspreismethode. Hierbei vergleicht man das zu bewertende Erholungsangebot (von der städtischen Parkanlage bis hin zu Nationalparks) mit ähnlichen Erholungsangeboten, für die Eintrittspreise gezahlt werden müssen. Problematisch an dieser Methode ist u. a., dass Personen, die sich in kostenpflichtigen Freizeiteinrichtungen (z. B. ehemalige Bundes- oder Landesgartenschaugelände, Freizeitparks) aufhalten, möglicherweise andere Präferenzen besitzen als Personen, die kostenlose Freizeitmöglichkeiten nutzen (Stadtwälder, Naturparke), und dass es schwierig ist, wirklich vergleichbare Situationen zu finden. So haben z. B. kostenpflichtige Freibäder und bewachte Badestrände häufig einen deutlich anderen Charakter als freie Bademöglichkeiten. Außerdem kennzeichnet der Eintrittspreis jeweils die geringste Zahlungsbereitschaft unter denen, die das Angebot annehmen. Ein Teil der Besucher würde einen höheren Eintrittspreis zahlen. Aufgrund dieser Probleme sollte man eine Bewertung mithilfe von Eintrittspreisen ebenfalls durch andere alternative Bewertungsverfahren wie die Reisekosten- oder die Zahlungsbereitschaftsanalyse ergänzen.

- **Zahlungsbereitschaftsanalyse (*contingent valuation*), Auswahlanalyse (*choice analysis,* im Folgenden als Choice-Analyse bezeichnet)**

Zusätzlich oder alternativ zu den oben genannten Methoden können alle direkten und indirekten Nutzungswerte theoretisch auch auf der Grundlage direkter Befragungen mit der Zahlungsbereitschaftsanalyse und der Choice-Analyse abgeschätzt werden. Diese Bewertungsmethoden sind sowohl für die Erfassung von Nutz- als auch Nicht-Nutzungswerten (siehe unten) einsetzbar. Reisekostenanalysen und Zahlungsbereitschaftsanalysen erbringen, angewendet auf das gleiche Bewertungsobjekt, oft relativ nah beieinander liegende Ergebnisse (Löwenstein 1994; Luttmann und Schröder 1995; Whitehead et al. 2010). In den Fällen, in denen Spezialwissen zur Bewertung erforderlich ist (z. B. Bewertung von Veränderungen der Bodenfruchtbarkeit, Erosion, Wirkungen auf die Wasserqualität, Hochwasserschäden), sollten zusätzlich zu einer Zahlungsbereitschaftsanalyse, bei der – entsprechend des repräsentativen Ansatzes – vor allem Nicht-Experten befragt werden, auch ergänzende expertenbasierte Methoden eingesetzt werden.

Methoden zur Erfassung von Nicht-Nutzungswerten

- **Zahlungsbereitschaftsanalyse (*contingent valuation*) und Auswahlanalyse (*choice analysis*)**

Präferenzen für Nicht-Gebrauchswerte, wie der Wunsch, dass Arten und Lebensräume als » Wert an sich« erhalten bleiben sollen (Existenzwert) oder von den kommenden Generationen genutzt und erlebt werden können (Vermächtniswert), können ebenso wie Optionswerte derzeit im Wesentlichen nur durch direkte, repräsentative Befragungen ermittelt werden. Die wesentlichen Methoden hierzu sind die Zahlungsbereitschaftsanalyse und die Choice-Analyse.

Bei der Zahlungsbereitschaftsanalyse wird gefragt, auf wie viel Geld oder Einkommen der Einzelne etwa in Form einer allgemein verbindlichen Landschaftspflegeabgabe maximal verzichten würde, damit Natur erhalten bleibt oder ein bestimmtes Naturschutzprogramm durchgeführt wird. Bei der Choice-Analyse werden den Befragten unterschiedliche Optionen über die Zukunft vorgelegt, die man mit unterschiedlichen Verfahren befürworten oder ablehnen soll. Jede Option beschreibt dabei verschiedene Zustände bezüglich der natürlichen Umwelt sowie eine einkommensrelevante Größe, z. B. einen Zuschlag oder Abschlag bei der Einkommensteuer. Über statistische Analysen lassen sich aus den verschiedenen »Entscheidungen« Zahlungsbereitschaften bezüglich der unterschiedlichen Zustandsparameter ableiten.

Zur Validität von direkten Befragungsmethoden (*stated preference*-Methoden) und den Möglichkeiten, ihre Validität zu verbessern und abzusichern, gibt es eine umfangreiche wissenschaftliche Literatur (Hoevenagel 1994; Marggraf et al. 2005).

> **Zur Zahlungsbereitschaft für Naturschutzmaßnahmen liegt inzwischen in Deutschland eine ganze Reihe von Ergebnissen vor (❑ Abb. 4.9; ▶ Abschn. 6.6.1). Sie betreffen umfangreiche Aktivitäten wie nationale Programme zur Erhaltung der biologischen Vielfalt (durchschnittlich 140 Euro pro Haushalt und Jahr) bis herunter auf lokale Aktivitäten wie Maßnahmen zur Erhaltung des Ameisenbläulings auf 64 Hektar in Landau/Pfalz (22 Euro pro Haushalt und Jahr). Faktisch zahlt heute jeder Haushalt über seine Steuer ca. 16 bis 20 Euro pro Jahr für den Naturschutz.**

Von einigen Autoren wird argumentiert, dass man nach möglichst konkreten überschaubaren Maßnahmen fragen sollte, weil dadurch eher eine realistische Einschätzung der Zahlungsbereitschaft erreicht werden könnte (Fischer und Menzel 2005). Andererseits ergibt sich bei kleineren, konkreten Maßnahmen immer die unbeantwortete Frage, wie die Gruppe der Zahlungsbereiten abgegrenzt werden soll: nur die Gemeinde, auch der Kreis, das gesamte Land oder die Bundesrepublik. Bei Befragungen auf örtlicher Ebene hat man es mit dem

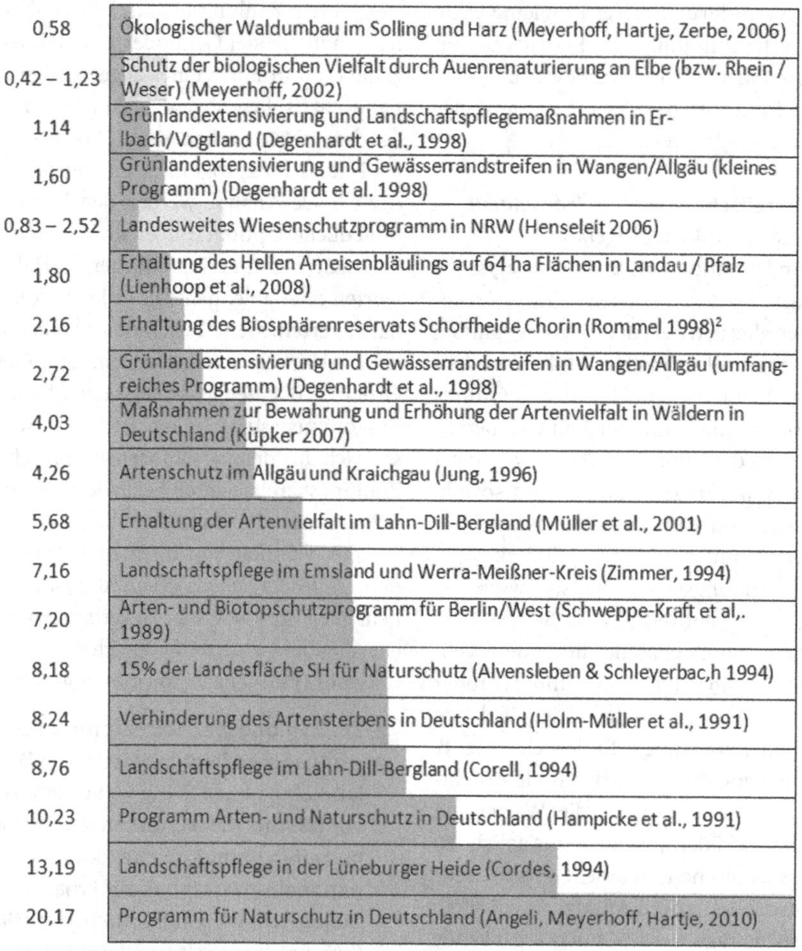

0,58	Ökologischer Waldumbau im Solling und Harz (Meyerhoff, Hartje, Zerbe, 2006)
0,42 – 1,23	Schutz der biologischen Vielfalt durch Auenrenaturierung an Elbe (bzw. Rhein / Weser) (Meyerhoff, 2002)
1,14	Grünlandextensivierung und Landschaftspflegemaßnahmen in Erlbach/Vogtland (Degenhardt et al., 1998)
1,60	Grünlandextensivierung und Gewässerrandstreifen in Wangen/Allgäu (kleines Programm) (Degenhardt et al. 1998)
0,83 – 2,52	Landesweites Wiesenschutzprogramm in NRW (Henseleit 2006)
1,80	Erhaltung des Hellen Ameisenbläulings auf 64 ha Flächen in Landau / Pfalz (Lienhoop et al., 2008)
2,16	Erhaltung des Biosphärenreservats Schorfheide Chorin (Rommel 1998)[2]
2,72	Grünlandextensivierung und Gewässerrandstreifen in Wangen/Allgäu (umfangreiches Programm) (Degenhardt et al., 1998)
4,03	Maßnahmen zur Bewahrung und Erhöhung der Artenvielfalt in Wäldern in Deutschland (Küpker 2007)
4,26	Artenschutz im Allgäu und Kraichgau (Jung, 1996)
5,68	Erhaltung der Artenvielfalt im Lahn-Dill-Bergland (Müller et al., 2001)
7,16	Landschaftspflege im Emsland und Werra-Meißner-Kreis (Zimmer, 1994)
7,20	Arten- und Biotopschutzprogramm für Berlin/West (Schweppe-Kraft et al,. 1989)
8,18	15% der Landesfläche SH für Naturschutz (Alvensleben & Schleyerbac,h 1994)
8,24	Verhinderung des Artensterbens in Deutschland (Holm-Müller et al., 1991)
8,76	Landschaftspflege im Lahn-Dill-Bergland (Corell, 1994)
10,23	Programm Arten- und Naturschutz in Deutschland (Hampicke et al., 1991)
13,19	Landschaftspflege in der Lüneburger Heide (Cordes, 1994)
20,17	Programm für Naturschutz in Deutschland (Angeli, Meyerhoff, Hartje, 2010)

◘ Abb. 4.9 Zahlungsbereitschaften für räumlich und sachlich unterschiedlich umfassende Naturschutzprogramme (Angaben in Euro pro Monat). Beim Vergleich der Daten ist u. a. zu beachten, dass keine Anpassung an die Inflationsrate vorgenommen wurde. Adaptiert und ergänzt nach BfN 2012 (Referenzen außer Angeli, Meyerhoff, Angeli, Hartje, 2010 siehe dort)

Effekt zu tun, dass Maßnahmen in dünn besiedelten Gebieten aufgrund der geringeren Einwohnerzahl (= Zahl der potenziell Zahlungsbereiten) tendenziell immer einen geringeren Wert erhalten als Maßnahmen in dicht besiedelten Gebieten. Für die Bewertung von Natur als »Wert an sich« wäre dies ein vom Inhalt her inakzeptables Ergebnis. Weiterhin wurde nachgewiesen, dass in die Bewertung spezieller Maßnahmen implizite Verteilungsannahmen eingehen (wenn ich für Maßnahme A zahle, gehe ich davon aus, dass andere für Maßnahme B zahlen) (Degenhardt und Gronemann 1998). Wie eine Auswertung von ◘ Abb. 4.9 zeigt,

werden für spezielle Maßnahmen zwar tendenziell geringere Zahlungsbereitschaften geäußert als für umfassende Maßnahmen, pro Maßnahmeneinheit ist die Zahlungsbereitschaft jedoch auf der lokalen und regionalen Ebene deutlich höher. Im Falle der Erhaltung des Dunklen Wiesenknopf-Ameisenbläulings (*Glaucopsyche nausithous*) in Landau ergibt die Umrechnung der Zahlungsbereitschaft der Bevölkerung auf einen Hektar Maßnahmendurchführung einen Wert von 6656 Euro pro Hektar und Jahr. Bei dem bundesweiten Programm, das von Meyerhoff et al. (2010) untersucht wurde, ergeben sich dagegen Werte von nur 1000 Euro pro Hektar

Umsetzungsmaßnahme, die tatsächlichen Kosten flächenhafter Naturschutzmaßnahmen liegen üblicherweise deutlich unter diesem Wert.

Für konkrete Entscheidungen über Naturschutzprojekte oder Eingriffe auf Landes- oder Bundesebene sind Einflüsse durch unterschiedliche Bevölkerungsdichten, regionale Präferenzen oder implizite Verteilungsannahmen wenig hilfreich. Solche Entscheidungen sollten deshalb auf Zahlungsbereitschaftsanalysen aufbauen, mit denen umfassende Programme bewertet wurden. Spezielle Zahlungsbereitschaften für Einzelmaßnahmen innerhalb dieser Programme könnte man dann anteilmäßig, z. B. anhand von Flächenanteilen, überschlägig bewerten oder exakter durch genauere expertenbasierte Punktebewertungsverfahren bestimmen (Schweppe-Kraft 1998).

- **Wiederherstellungskostenmethode**

Eine nicht präferenzbasierte Methode zur Bewertung von Existenzwerten ist die Wiederherstellungskostenmethode. Sie wird insbesondere zur Bewertung von Funktionen bzw. Leistungen von Lebensräumen zur Erhaltung der Artenvielfalt angewandt. Hierbei wird ermittelt, welche Kosten auftreten würden, wenn man einen Lebensraum zunächst zerstört und danach wiederherstellt.

Ist die Wiederherstellung gesetzlich vorgeschrieben, erfasst man mit dieser Methode lediglich das, was eine Maßnahme, z. B. der Bau einer Straße, zusätzlich in Form der erforderlichen Kompensationsmaßnahmen kostet. Gibt es keine Pflicht zur Wiederherstellung, würde man Kosten erfassen, die entstehen, wenn die Gesellschaft in Zukunft erkennt, dass eine Wiederherstellung nötig oder erwünscht ist. Ökonomietheoretisch ist dieses Vorgehen akzeptabel, da internationale Übereinkommen und politische Willensäußerungen wie die Europäische Biodiversitätsstrategie sich bezüglich der Erhaltung der biologischen Vielfalt zu einem *no net loss* (kein Nettoverlust) verpflichten. Das heißt, dass man (hoffentlich!) mit relativ hoher Wahrscheinlichkeit davon ausgehen kann, dass eine Wiederherstellung erfolgen wird.

Eine besondere Herausforderung besteht bei Wiederherstellungskostenverfahren darin, zwischenzeitliche Funktionsverluste zu monetarisieren. Anders als bei technischer Infrastruktur ist die Wiederherstellung der Artenvielfalt von Ökosystemen nicht mit dem Ende der Wiederherstellung der physischen Ausgangsbedingungen (z. B. Einstellung der Intensivnutzung, Wiedervernässung) abgeschlossen, sondern benötigt darüber hinaus weitere Jahre bis Jahrhunderte. Zur Bewertung der zwischenzeitlichen Funktionsverluste gibt es verschiedene Verfahren (Schweppe-Kraft 1998). Weit verbreitet in den USA ist ein Abzinsungsverfahren, das im Rahmen der sogenannten *Habitat Equivalency Analysis* seit ca. 1995 zur Quantifizierung von Schadensersatzleistungen verwendet wird. Vorher wurde dieses Verfahren auch in Deutschland bereits für die Bewertung von Baumschäden und die Schädigung von Biotopen vorgeschlagen (Buchwald 1988; Schweppe-Kraft 1996; ▶ Abschn. 6.6.1). Der Wiederherstellungskostenansatz findet auch in der deutschen Eingriffsregelung Anwendung (Köppel et al. 2004).

Bewertet man mit diesem Verfahren die ca. 10 % der Fläche Deutschlands, die für die Erhaltung der biologischen Vielfalt von besonderer Bedeutung sind, so erhält man Werte zwischen 50 Cent pro m² für Ackerflächen mit gefährdeter Segetalflora und knapp 200 Euro pro m² für intakte Hochmoore. Der Gesamtwert dieser 10 % Fläche Deutschlands umfasst ca. 740 Milliarden Euro, was zum Zeitpunkt der Berechnung etwa 80 % des Wertes des deutschen Produktivkapitals entsprach (❏ Tab. 4.1).

❯ Ökonomische Bewertungsverfahren wie die Kosten-Nutzen-Analyse haben zum Ziel, den volkswirtschaftlichen Nutzen von Maßnahmen zu bewerten. Für die Entscheidung vor Ort sind jedoch häufig andere Größen entscheidend, wie z. B. die Wirkung auf regionales Einkommen und Beschäftigung, die von Job et al. (2005, 2009) für ausgewählte Schutzgebiete bewertet wurden (❏ Tab. 4.2).

4.2.4 Übertragbarkeit ökonomischer Werte – Benefit-Transfer

Hierbei werden Ergebnisse aus anderen Primärstudien, in denen ÖSD-Werte bereits erfasst wurden, auf das Untersuchungsgebiet und die zu untersu-

4

◻ **Tab. 4.1** Schadensersatzwerte für Biotope in Deutschland, berechnet analog der *Habitat Equivalency Analysis*-Methode unter Berücksichtigung von mittleren Wiederherstellungskosten und –zeiten (© Schweppe-Kraft 2009)

Biotoptyp	€ pro m²	Flächenanteil in %	Gesamtwert in Mio. €
Heide	41,83	0,22	34 790
Trocken- und Magerrasen	8,06	0,27	8 037
Pfeifengraswiesen	18,51	0,04	2 591
feuchte Auenwiesen- und Hochstaudenfluren	6,14	0,10	2 315
extensive Mähwiesen	6,14	0,48	10 991
Niedermoore und Sümpfe	9,80	0,03	1 088
extensiv genutztes Grünland	2,66	1,19	11 897
extensiv genutzter Acker	0,49	1,26	2 318
extensiv genutztes Rebland	13,31	0,02	982
Streuobstwiesen	9,75	0,93	34 125
extensiv genutzte Fischteiche	48,93	0,01	1 541
Hecken, Gebüsche und Feldgehölze	16,28	2,00	122 100
natürliche und naturnahe Wälder	18,44	1,96	135 430
Hutewälder	20,64	0,09	6 594
Nieder- und Mittelwald	4,47	0,49	8 172
natürliche und naturnahe Waldränder	22,79	0,01	786
natürliche und naturnahe Waldsäume	2,82	0,00	22
Hochmoor, natürlich und naturnah	195,46	0,18	131 914
Übergangsmoore und degradierte Hochmoore	127,42	0,21	100 023
naturnahe Still- und Fließgewässer	48,93	0,66	120 698
Total	–	**9,48**	**736 416**

◻ **Tab. 4.2** Wirtschaftliche Effekte des Schutzgebietstourismus (© Job et al. 2005, 2009)

	Nationalpark Berchtesgaden (2002)	Naturpark Altmühltal (2005)
Besucherzahl	114 100	910 000
Ø Tagesausgaben pro Kopf	44,27 €	22,80 €
Bruttoumsatz	5,1 Mio. €	20,7 Mio. €
Einkommen 1. und 2. Umsatzstufe	4,4 Mio. €	10,3 Mio. €
Beschäftigungsäquivalent	**206 Personen**	**483 Personen**

chenden Leistungen übertragen. Man unterscheidet vier Stufen des Benefit-Transfers (Wronka 2004; TEEB 2010): der direkte Transfer, der korrigierte Transfer, der Transfer von Bewertungsfunktionen und die Meta-Analyse. Diese Unterscheidung ist aber eher technischer Natur. Ob ein direkter Transfer zu akzeptablen Ergebnisse führt oder der Transfer mit einer Bewertungsfunktion erforderlich ist, hängt von der jeweiligen Problemstellung ab.

Standardwerte und vereinfachte Bewertungsverfahren zur Übertragung des Wertes von ÖSD sind relativ einfach zu bestimmen, wenn der Wert der Ökosystemdienstleistung unabhängig vom jeweiligen Standort ist. Ein Beispiel hierfür ist der Wert von CO_2-Emissionen und Kohlenstofffestlegung. Beides hat globale Auswirkungen, die unabhängig vom Entstehungsort sind. Das Problem liegt in einem solchen Fall eher bei der korrekten Abschätzung der physischen Wirkungen, die beispielsweise bei der Umwandlung von Grünland in Acker vom Umfang und vom Anteil der organischen Substanz im Boden abhängen. Auch Wiederherstellungskosten für die Arten- und Biotopschutzfunktion bzw. -leistung müssen einigermaßen standortunabhängig definiert werden, denn der Ort der Kompensation ist in der Regel immer ein anderer als der Ort der Beeinträchtigung. Natürlicher Abbau bzw. Festlegung von Nitrat und Phosphor haben nicht nur positive Auswirkungen auf die lokalen Gewässer, sondern letztlich auch auf die Situation von Nord- und Ostsee. Deshalb können auch hier mehr oder weniger einheitliche Werte sinnvoll sein. Ähnliches gilt für Bodenerosion (▶ Abschn. 5.3 und ▶ Abschn. 6.6.2). Die langfristige Erhaltung der Sicherheit der Lebensmittelversorgung ist ein globales Problem. Ein langfristiger Minder- oder Mehrertrag kann also global gleich gewertet werden. Das lokal differenzierende Merkmal wäre dann die jeweilige landwirtschaftliche Eignung, einschließlich der Bodenfruchtbarkeit als einem wesentlichen Eingangsfaktor.

Problematischer ist ein Benefit-Transfer, sobald der Wert der jeweiligen Leistung sehr stark vom Standort abhängt. Beispiele sind die Erholungsleistung von Landschaften und die Vermeidung von Hochwasserschäden. Eine vergleichbar attraktive Landschaft wird ganz unterschiedliche Leistungen bezüglich der Erholungsfunktion erbringen, je nachdem, ob sie in der Nähe von Ballungsgebieten liegt, innerhalb bekannter Tourismusregionen oder im dünn besiedelten ländlichen Raum. Der Wert der Wasserretentionsleistung von Waldgebieten oder Auen ist entscheidend davon abhängig, wie umfangreich und dicht besiedelt die hochwassergefährdeten Flächen im Abflussbereich der jeweiligen Wassereinzugsgebiete sind (▶ Abschn. 3.3).

Bei der Bewertung der Leistung von Ökosystemen zur Erhaltung der Biodiversität mithilfe einer Zahlungsbereitschaftsanalyse ist die Frage der Übertragbarkeit u. a. davon abhängig, ob die Grundlage des jeweiligen Wertes eine lokale oder eine überregionale Analyse war (siehe oben).

4.2.5 Synthese und Ausblick

Ökonomische Bewertung sollte als eine entscheidungsunterstützende Methode unter anderen angesehen werden. Ihr Einsatzschwerpunkt ist dort zu sehen, wo es darum geht, Umweltgüter und Aspekte der langfristigen Nachhaltigkeit (z. B. Erholung, Schutz der Biodiversität, Wohnumfeldqualität, Selbstreinigungskraft der Gewässer, Bodenfruchtbarkeit) gegen kurzfristige Aspekte der Einkommenserzielung abzuwägen. Sie kann sowohl bei der Entscheidung über Projekte und Programme mit negativen Wirkungen auf ÖSD eingesetzt werden als auch bei der Frage, wie viel Geld man für die Wiederherstellung und Erhaltung von ÖSD investieren will.

Einige Methoden der ökonomischen Bewertung sind wenig kontrovers, so ist es beispielsweise unbestritten hilfreich, bei Maßnahmen, die die Hochwassergefahr beeinflussen, eine monetäre Abschätzung der Schadenskosten vorliegen zu haben. Auch gegen den Vergleich von Kosten zur Reduzierung von Nährstoffeinträgen in Gewässer im Rahmen der landwirtschaftlichen Bewirtschaftung mit äquivalenten Maßnahmen zur Erhöhung der Selbstreinigungskraft von Gewässern dürften keine grundsätzlichen Einwände bestehen.

Andere Methoden – insbesondere die *stated preference*-Methoden – sind dagegen umstrittener. Können wir tatsächlich davon ausgehen, dass die Aussagen von Befragten über ihre Zahlungsbereitschaft zugunsten öffentlicher Güter ihre wirklichen Präferenzen widerspiegeln? Wie müssen Fragen formuliert sein und nach welchen Gütern sollte man fragen, damit die Ergebnisse sinnvoll in realen Standardentscheidungssituationen verwendet werden können? Hier gibt es sicherlich noch einiges an Forschungsbedarf. Nach den derzeitigen Ergebnissen sind die Zahlungsbereitschaften für öffentliche Umweltgüter in der Regel deutlich höher als das, was die Bürger als Einkommensverluste zur Erhaltung oder Bereitstellung dieser Güter zahlen müssten.

Bisher gibt es noch längst nicht für alle ÖSD Bewertungsansätze, die einfach anzuwenden sind. Die Kritik, dass ökonomische Bewertungen nur Teilaspekte von Problemen aufgreifen, hat deshalb oft weniger mit dem Konzept ökonomischer Bewertung zu tun. Der zugrunde liegende Ökonomische Gesamtwert (*Total Economic Value*, TEV) geht zwar von den Präferenzen des Einzelnen aus – was in einer Demokratie sicherlich nicht die schlechteste Prämisse ist –, sieht innerhalb dieser Beschränkung aber eine denkbar breite Palette an Bedürfnissen, Wünschen und Motiven bezüglich Schutz und Nutzung von Natur vor, die durchaus auch eine altruistische oder ökozentrische Basis haben können. Wenn häufig nur ein Teil der relevanten Aspekte bewertet wird, hat dies eher mit fehlenden Möglichkeiten oder Ressourcen zu tun, alle Wirkungen der zu bewertenden Alternativen vollständig zu erfassen und zu bewerten. Dabei ist häufig die naturwissenschaftliche/ökologische Wirkungserfassung problematischer als die ökonomische Bewertung (Beispiel Hochwasserschutz).

Bei der Entwicklung übertragbarer Standardbewertungen oder -bewertungsverfahren steht man noch am Beginn der Entwicklung. Es sind zum einen in vielen Bereichen mehr Primärstudien erforderlich, auf denen übertragbare Methoden ansetzen könnten – Reisekostenanalysen, die auch die Qualität von Gebieten erfassen, sind bisher kaum in Deutschland eingesetzt worden –, und es ist zum anderen die Entwicklung von Standards nötig, nach denen Primärstudien auf ihre Validität hin überprüft werden können.

Ökonomische Bewertung ist eine »Kunst«, die ein hohes Maß an Wissen im ökologischen und ökonomischen Bereich voraussetzt. Nicht jede ökonomische Bewertung erfüllt die wissenschaftlichen Anforderungen. Für den Laien ist dies selten zu erkennen, was manchmal den Eindruck der Beliebigkeit aufkommen lässt. De Groot et al. (2002) weisen darauf hin, dass entsprechend der angewandten Methoden und räumlichen Ausprägungen die monetären Ergebnisse der Bewertung einzelner ÖSD in weitem Rahmen schwanken (vgl. auch oben zur Bewertung der landwirtschaftlichen Versorgungsleistung). Wissenschaftliche Mindeststandards für Bewertungen könnten (scheinbare) Beliebigkeit verhindern und die Akzeptanz von ökonomischen Bewertungen – gerade auch bei denen, die nicht die Belange von Umwelt und Natur vertreten – erhöhen.

Einer dieser Standards wäre die Forderung nach einer allgemein verständlichen nicht-technischen Zusammenfassung, in der neben dem Ökonomischen Gesamtwert bzw. dem Kosten-Nutzen-Verhältnis auch die jeweiligen Teilwerte einschließlich Erläuterung der verwendeten Methoden und ihrer wichtigsten Annahmen dokumentiert sind.

Insgesamt zeigt sich in den inzwischen umfangreich vorliegenden ÖSD-Studien, die die Kosten und Nutzen von Maßnahmen zum Schutz von Natur und biologischer Vielfalt gegenüberstellen, dass der Nutzen dieser Maßnahmen die damit verbundenen Kosten oft deutlich übersteigt. Mehr Naturschutz und die Sicherung von ÖSD führen demnach zu Wohlfahrtsgewinnen.

Eine kritische, Annahmen und Methoden offenlegende Praxis ökonomischer Bewertung könnte Wirtschaft und Gesellschaft dabei helfen, einen nachhaltigeren Umgang mit Natur, Ökosystemdienstleistungen und biologischer Vielfalt zu finden.

4.3   Szenario-Entwicklung und partizipative Verfahren

R.-U. Syrbe, M. Rosenberg und J. Vowinckel

4.3.1   Grundlagen und Anwendungsbereich

Die Ökosysteme unserer Landschaften unterliegen einem immer schnelleren Wandel (Bernhardt und Jäger 1985; Antrop 2005). Die Gründe dafür sind unter anderem in einer verstärkten Nutzung regenerativer Energien, im demographischen Wandel oder dem ungebremsten Ausbau von Siedlungs- und Verkehrsflächen zu suchen. Anhand von Szenarien kann geklärt werden, was diese Entwicklungen für bestimmte ÖSD bedeuten und wie der Mensch steuernd eingreifen kann (Carpenter et al. 2006).

Die Erstellung von Szenarien ist nur eine von verschiedenen Zugängen zur Untersuchung zukünftiger Entwicklungen. Weitere Methoden der Zukunftsforschung sind z. B. Delphi-Studien (Dörr 2005), Prognosen (Jessel 2000), Trendfortschreibungen (Bork und Müller 2002), Rollenspiele (Armstrong 2002), Neuronale Netze (Pijanowski et al. 2002) oder die Analyse von Planungsdokumenten und Strategien sowie Landschaftsexperimente (Oppermann 2008). Die Erarbeitung von Szenarien gilt jedoch als Schlüsselmethode zur Auseinandersetzung mit Fragen der Nachhaltigkeit (Walz et al. 2007). Sie erlaubt eine umfassende Analyse räumlicher, zeitlicher und dimensionsbezogener Aspekte von ÖSD (▶ Abschn. 3.3.), da z. B. die Beurteilung der intergenerationellen Gerechtigkeit einen plausiblen Blick in die Zukunft verlangt und mitunter langfristige Entwicklungen untersucht werden. Die Erstellung von Szenarien kann zudem als Brückenkonzept für interdisziplinäres Arbeiten in der Mensch-Umwelt-Forschung fungieren (Santelmann et al. 2004).

Szenarien wurden definiert als »plausible und oft vereinfachte Beschreibungen, wie die Zukunft sich entwickeln kann, basierend auf einem kohärenten und in sich plausiblen Satz an Annahmen über Schlüssel-Triebkräfte und Beziehungen« (MEA 2005b). Einfacher kann man sagen: »Szenarien sind hypothetische Folgen von Ereignissen, welche konstruiert wurden, um die Aufmerksamkeit auf Folgewirkungen bestimmter Entscheidungen zu richten« (Rotmans et al. 2000). Ziel eines Szenarios ist es also, Handlungsoptionen erst zu identifizieren und dann vergleichend zu bewerten. Anstatt nur eine bestimmte Zukunftsentwicklung zu analysieren, gilt es, »einen Möglichkeitsraum auszuloten« (Oppermann 2008), was eine Beurteilung von Wünschbarkeit und Machbarkeit erlaubt.

Durch ihre entscheidungsvorbereitende Funktion sind Szenarien Teil des Handlungsprozesses

und damit Management-Werkzeuge, die helfen können:

- Entwicklungsmöglichkeiten zu skizzieren, um sich auf künftige Ereignisse vorzubereiten;
- das Risikopotenzial von Strategien zu beurteilen, um Handlungsbedarf anzumahnen;
- Handlungsoptionen zu entwerfen und abzuwägen, um die geeignetsten auszuwählen;
- Auswirkungen bestimmter Maßnahmen auf andere Handlungsfelder zu beschreiben, um die Eignung im komplexen Umfeld besser beurteilen zu können«.

Je nach Anwendungsbezug kann die Erstellung von Szenarien stärker durch Experten (analytisch) oder »partizipativ«, d. h. unter Einbeziehung eines größeren Kreises von projektfremden Personen aus Politik, Wirtschaft, Verbänden, Vereinen oder der Bevölkerung durchgeführt werden. Die Darstellung der Grundmethodik in ▶ Abschn. 4.3.2 beschränkt sich auf die analytische Variante; partizipative Techniken sind an einem Fallbeispiel in ▶ Abschn. 4.3.3 genauer beschrieben. In beiden Varianten gibt es zwei methodische Grundformen zur Erstellung von Szenarien: Einerseits kann man Szenarien als »Storyline« (Rotmans et al. 2000) erzählen, worin auch qualitative Aussagen enthalten sind. Demgegenüber greifen quantitative Ansätze oft auf modellgestützte Simulationen zu speziellen Themen zurück. Analytische Szenarien sind meist quantitativ und die partizipativen Ansätze eher qualitativ aufgebaut (ebd.). Zu unterscheiden sind projektive Szenarien, die Auswirkungen bestimmter Triebkräfte untersuchen, gegenüber normativen Szenarien, welche erwünschte Zukünfte abbilden und den Weg dorthin finden sollen (Nassauer und Corry 2004).

4.3.2 Methodik zur Szenario-Erstellung

Die hier im Weiteren vorgestellte Methodik wurde speziell zur Erstellung von Szenarien der Landschaftsentwicklung unter Einbeziehung und Bewertung von ÖSD entworfen. Ihre Erprobung erfolgte im Rahmen des Forschungsprojektes »Landschaft Sachsen 2050« (gefördert vom Sächsischen

4

Bekannte Szenarien zu Umweltthemen

Umweltthemen standen schon oft im Mittelpunkt integrierter Szenarien, wie z. B. die Übersichten von Alcamo (2008) oder Albert (2009) zeigen. Erste quantitative Studien nutzten hydrologische Modelle (Aurada 1979), ein prominentes Beispiel ist die *World Water Vision* (Gallopin und Rijsberman 2000). Eine im Auftrag des BfN entstandene Studie von Wolf und Appel-Kummer (2005) beschäftigte sich mit den Konsequenzen des demographischen Wandels für den Naturschutz. Mehrere Analysen befassten sich mit den Auswirkungen von Landnutzungsänderungen in der Agrarlandschaft (Dunlop et al. 2002; Nassauer et al. 2002; Haberl et al. 2004; Bastian et al. 2006; Bolliger et al. 2007; Lütz et al. 2007; Tappeiner 2007; Tötzer et al. 2007). Aber auch Küsten und Meere waren Gegenstand von Zukunftsszenarien, wie die deutsche Nordsee (Burkhard und Diembeck 2006) oder das Einzugsgebiet des Großen Barriere-Riffs (*Great Barrier Reef*) in Australien (Bohnet et al. 2008).

Eine wachsende Zahl neuerer Veröffentlichungen bewertet Umweltszenarien mittels Landschaftsfunktionen oder Ökosystemdienstleistungen. Hierzu zählen Dunlop et al. (2002), Nassauer et al. (2002), Fidalgo und Pinto (2005) sowie Seppelt und Holzkämper (2007). Der vom Intergovernmental Panel on Climate Change (IPCC) vorgelegte *Fourth Assessment Report* (Pachauri und Reisinger 2008) setzt sich auf globaler Ebene mit den Auswirkungen des klimatischen und sozioökonomischen Wandels bezüglich einer Vielzahl an ÖSD auseinander. Beispiele integrierter Mensch-Umwelt-Forschung mithilfe von Szenarien sind das Millennium Ecosystem Assessment (MEA 2005b) mit Vor- und Rückblicken über jeweils 50 Jahre und die *Global Environment Outlooks* der UNEP, von denen die vierte Generation vorliegt (UNEP 2007) und die fünfte sich gerade in der Diskussion befindet (UNEP 2011).

Staatsministerium für Wissenschaft und Kunst) am Beispiel des ostsächsischen Landkreises Görlitz. Die Szenario-Methodik basiert auf einer Kombination bewährter Einzelmethoden und passt diese an die besonderen Fragestellungen der Landschaftsentwicklung an. Als Basis für die Methodik wurden insbesondere die Arbeiten von Reibnitz (1991), Gausemeier et al. (2009) aus der Unternehmenswissenschaft sowie von Alcamo (2008) aus dem Bereich der Umweltwissenschaften zugrunde gelegt.

In dieser Szenario-Methodik findet der explorative *forecast*-Ansatz Verwendung. Der Ansatz ist ergebnisoffen, d. h. die Richtung und Spannweite der zu betrachtenden Entwicklungen ist nicht begrenzt. Möglich ist ein kombinierter Einsatz von quantitativen und qualitativen Verfahren. Die Methodik besteht aus maximal sieben Arbeitsschritten, die aber je nach Anwendungsfall und Fragestellung nicht alle vollständig durchlaufen werden müssen. Einen Überblick über den schrittweisen Aufbau bietet ◘ Abb. 4.10.

In **Arbeitsschritt 1** wird der Szenario-Prozess organisatorisch vorbereitet und der Untersuchungsgegenstand durch Formulierung einer Leitfrage definiert sowie (falls nötig) durch speziellere Kernthemen weiter eingegrenzt. Die Leitfrage bestimmt die übergeordnete Zielstellung. Dazu gehören Randbedingungen wie der Zeithorizont und die Festlegung des Untersuchungsgebietes. Ist die Thematik komplex, sollte der Untersuchungsgegenstand durch Bestimmung von Kernthemen genauer fokussiert werden. Das Beispiel-Projekt »Landschaft Sachsen 2050« war zunächst so allgemein gefasst, dass die Leitfrage »Wie verändern sich die ÖSD aufgrund des künftigen Landschaftswandels?« erst thematisch eingegrenzt werden musste, während der Zeithorizont (2050) und das Untersuchungsgebiet schon vorgegeben waren. Innerhalb dieser Leitfrage wurden die zwei Kernthemen »Biodiversität« und »Erneuerbare Energien« durch das Projektteam identifiziert, die Gegenstand der aktuellen politischen und gesellschaftlichen Diskussion sind und hohe Relevanz für die zukünftige Entwicklung von ÖSD haben.

Arbeitsschritt 2 umfasst die Auswahl der zu untersuchenden Triebkräfte und der ÖSD. Es ist also zu entscheiden, welche Einflussfaktoren auf die zukünftige Landschaftsentwicklung für die Leitfrage bzw. das Kernthema interessant sind und deutliche Wirkungen auf die zu untersuchenden Dienstleistungen haben. Auch die Auswahl der ÖSD (▸ Abschn. 3.2) gehört zu diesem Arbeits-

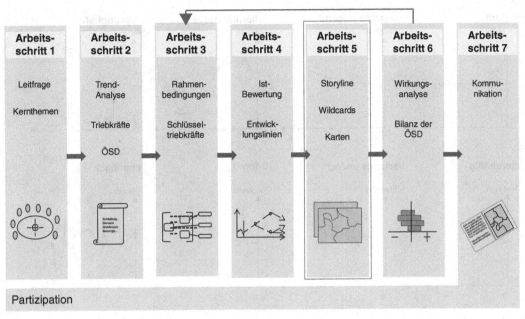

Arbeits-schritt 1	Arbeits-schritt 2	Arbeits-schritt 3	Arbeits-schritt 4	Arbeits-schritt 5	Arbeits-schritt 6	Arbeits-schritt 7
Leitfrage	Trend-Analyse	Rahmen-bedingungen	Ist-Bewertung	Storyline	Wirkungs-analyse	Kommu-nikation
Kernthemen	Triebkräfte	Schlüssel-triebkräfte	Entwick-lungslinien	Wildcards	Bilanz der ÖSD	
	ÖSD			Karten		

Partizipation

Abb. 4.10   Arbeitsschritte der Szenario-Methodik

schritt, weil sie und die Triebkräfte einander bedingen. Eine exakte Definition und gute Wahl der Triebkräfte entscheidet über den Erfolg der Szenario-Entwicklung, denn eine Überzahl potenziert den Arbeitsaufwand und verhindert die Kommunizierbarkeit der Szenarien. Wählt man zu unscharf definierte Triebkräfte, die keine Indikatoren darstellen, wie z. B. die Entwicklung ganzer Sektoren, wie »Energiewirtschaft und Bergbau«, so lassen sie sich nicht exakt bearbeiten. Bei genauer Analyse sind oft hunderte verschiedene Einflussfaktoren identifizierbar, sodass schon die Auswahl aufwendig sein kann. Wichtig ist, dass nur eine geringe Anzahl (z. B. < 10) an Triebkräften übrig bleibt und jede möglichst exakt mit Bezugs- und Maßeinheit, Quelle und Ist-Werten beschreibbar ist. Dafür sind Recherchen nötig, die jedoch nicht umsonst bleiben, weil sie später erneut genutzt werden können.

Im folgenden **Arbeitsschritt 3** muss entschieden werden, welche der ermittelten Triebkräfte mit verschiedenen Annahmen in das Szenario einfließen. Der Sinn eines Szenarios besteht darin, verschiedene Entwicklungen zu untersuchen, indem man für eine oder mehrere der Triebkräfte abweichende Verläufe annimmt. Diese Unterscheidung ist jedoch nur für sehr wenige Triebkräfte sinnvoll.

Für alle anderen Faktoren wird eine Entwicklung angenommen, exakt beschrieben und so für alle Szenarien einheitlich festgesetzt. Letztere nennen wir »Rahmenbedingungen«. Die variablen Triebkräfte spannen den Möglichkeitsraum verschiedener Zukünfte auf und werden deswegen als »Schlüsseltriebkräfte« bezeichnet. Die Erfahrungen im Projekt zeigen, dass mehr als vier Schlüsseltriebkräfte als Auswahl keinesfalls zu empfehlen sind und letztlich nur zwei oder höchstens drei wirklich sinnvoll unterschieden und in ihren Kombinationsmöglichkeiten betrachtet werden können.

Im **Arbeitsschritt 4** geht es darum, für die Schlüsseltriebkräfte unterschiedliche Entwicklungsmöglichkeiten festzulegen. Dafür ist die Charakterisierung des Ausgangszustands unerlässlich. Die ÖSD werden also bewertet, wofür sich die mittlere Säule der EPPS-Rahmenmethodik eignet (▶ Abschn. 3.1.2). Es geht um das Leistungspotenzial der Landschaft für zukünftige Entwicklungen. Darauf aufbauend werden Annahmen für die Veränderung der Schlüsseltriebkräfte gesetzt und diese sogenannten »Verlaufstypen« qualitativ oder schematisch beschrieben. An dieser Stelle ist auch zu entscheiden, ob die Fortschreibung der bisherigen Trends als ein Verlaufstyp einbezogen wird. Es kön-

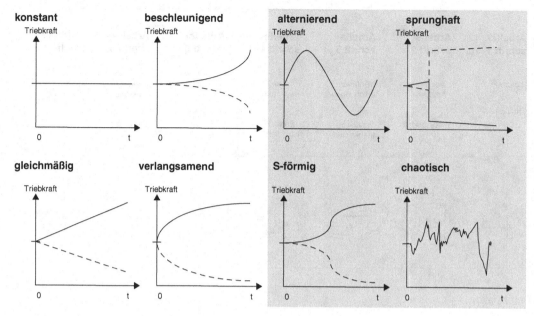

Abb. 4.11   Piktogramme für die Entwicklungslinien von Schlüsseltriebkräften. Durchgezogene Linie: positive Änderung, gestrichelte Linie: negative Änderung; weiß unterlegt: Grundformen, grau unterlegt: kombinierte Formen

nen auch nicht-lineare Verläufe angenommen werden (d. h. ein Trend schwächt sich ab, verstärkt sich, kehrt sich um oder alterniert). In Tabellen mit kleinen Piktogrammen lässt sich gut veranschaulichen, welche Veränderungen der verschiedenen Faktoren zu betrachten sind und wie sie kombiniert werden können (☐ Abb. 4.11). Nicht jede dieser Kombinationen kann später als Szenario untersucht werden, denn einige Verlaufstypen könnten sich gegenseitig ausschließen, also inkonsistent sein. Nur dort, wo sich zwischen bestimmten Verlaufstypen **aller** betrachteten Schlüsseltriebkräfte keine logischen Konflikte ergeben, findet man konsistente »Bündel«. Aus diesen Bündeln müssen die Szenario-Bearbeiter nun auswählen, welche tatsächlich untersucht werden sollen. An der Konsistenzanalyse erweist sich die Qualität der bisherigen Arbeiten: Sind die Triebkräfte nämlich zu zahlreich, zu unscharf oder schlecht gewählt, erhält man entweder gar keine, unermesslich viele oder eine triviale Auswahl von konsistenten Bündeln.

Arbeitsschritt 5 ist der Kern der Szenario-Entwicklung. Aus den gewählten konsistenten Triebkraft-Bündeln werden die sogenannten Trajektorien der Szenarien entwickelt. Das Bündel mit

den Trendfortschreibungen wird gegebenenfalls als »Trendszenario« oder *business as usual* (kurz BAU) bezeichnet. Alle anderen Trajektorien erhalten Kurzbezeichnungen, die nicht alle Annahmen beschreiben, aber eine markante Eigenschaft der Zukunft (einen sogenannten »Archetyp«) benennen. Die Szenarien im Projekt »Landschaft Sachsen 2050« heißen z. B. »Trendszenario«, »Ökologisierung« (Szenario 1) sowie »Technisierung und Braunkohle« (Szenario 2, ☐ Abb. 4.12). In diesem Arbeitsschritt werden die Wechselwirkungen aller Triebkräfte auf die Landschaftsentwicklung untersucht, was aus pragmatischen Gründen paarweise erfolgt. Diese sogenannte Cross-Impact-Analyse wird in Form einer Matrix abgearbeitet, wobei jede berücksichtigte Kombination abgehakt werden kann. Komplexere Zusammenhänge lassen sich durch Modelle formalisieren. Die qualitativen Ergebnisse werden gegebenenfalls zusammen mit wichtigen Zahlen als textliche Beschreibung in einer Storyline festgehalten, in der auch die Begründungen nicht fehlen sollten. Zur Vorbereitung und Übersicht eignen sich auch Tabellen oder Grafiken. Von besonderer Bedeutung für alle Szenarien und als Grundlage für die ÖSD-Bewertung unerlässlich

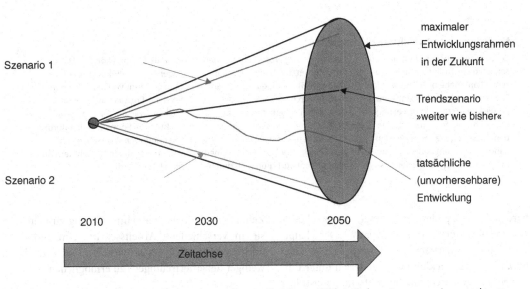

○ **Abb. 4.12**   Szenario-Trichter mit schematisch angedeuteten Trajektorien (Abb. in Farbe unter www.springer-spektrum.
de/978-8274-2986-5)

ist die kartographische Abbildung der Szenarien, d. h. exakte oder zumindest relative Festlegungen, **wo** sich angenommene Veränderungen oder deren Konsequenzen in einem Bearbeitungsraum niederschlagen. Dafür werden die Potenziale des vorangegangenen vierten Arbeitsschrittes ausgewertet. Somit entstehen Karten möglicher zukünftiger Landschaftszustände, die durch die räumliche Zusammenführung vieler Einzelaussagen einen wichtigen Prüfstein für die Qualität der Szenarien insgesamt darstellen.

Im **Arbeitsschritt 6** werden die Storylines, Tabellen und Karten einer vergleichenden Bewertung unterzogen. Je nachdem, wie flächenkonkret die Szenarien dargestellt sind, ist eine räumliche oder nicht-räumliche Bewertung möglich. Dabei geht es nicht nur um einzelne Kategorien. Vielmehr soll dieser Schritt auch die Wechselwirkungen der Ökosystemdienstleistungen, ihre sogenannten Trade-offs (▶ Abschn. 3.1.2 »Trade-offs, Grenzwerte, Triebkräfte und Szenarien«) und Synergien offenlegen. Dazu werden u. a. Risiko- und Eignungsgebiete ausgewiesen. Hauptziel dieses Arbeitsschrittes ist es, aus der Szenarien-Entwicklung Schlussfolgerungen für Handlungsoptionen und Managementmaßnahmen zu ziehen. Nicht nur die Auswahl der besten Storyline steht im Mittelpunkt, sondern welche Bedingungen zu den erwünschten Entwick-

lungen führen und mit welchen Maßnahmen diese erreicht werden können. Wenn in der Diskussion Managementmaßnahmen auf den Prüfstand gestellt werden, kann es erforderlich sein, die Szenarien ab Arbeitsschritt 4 damit noch einmal erneut zu durchdenken.

Arbeitsschritt 7 fasst alle Maßnahmen zur Kommunikation und Partizipation der Szenarien mit den betroffenen Akteuren (oder den Auftraggebern) zusammen, die im Detail im folgenden Abschnitt erläutert sind. Die Partizipation sollte bereits am Anfang einer Szenario-Erarbeitung beginnen und die Methodik wie einen roten Faden durchziehen. Dabei kann es zwischen Experten-betonten Arbeitsschritten und solchen mit sehr starker öffentlicher Beteiligung mehrere Wechsel geben, um die Meinungen zu quantifizieren, Expertenwissen in allgemein verständliche Form zu übersetzen und den Szenarien durch breite öffentliche Beteiligung ein hohes Maß an Geltung zu verschaffen.

4.3.3   Partizipation und Fallbeispiel Görlitz

Die Mitwirkung von Akteuren, Entscheidungsträgern oder interessierten Personen an einer Szenario-Entwicklung oder an einem Bewertungsprozess

4

Nicht-lineare Entwicklungsphänomene

Bei der Szenario-Ausarbeitung müssen einige nicht-lineare, aber typische Phänomene beachtet werden: So können sich aus bestimmten Entwicklungsstadien Vor-Festlegungen für die weitere Zukunft ergeben. Diese sogenannten »Pfadabhängigkeiten« entstehen z. B. durch Erschöpfung von (Entwicklungs-, Flächen-, Ressourcen-) Potenzialen. Mitunter setzt sich unter konkurrierenden Technologien auch eine einzige durch und erhält später Ausschließlichkeit. Interessant, doch schwierig zu vermitteln, sind die seltenen, aber sehr wirkmächtigen Einzelereignisse, welche einen Zukunftsentwurf gründlich durcheinanderbringen können. Diese sogenannten »Wildcards« sollte man getrennt von der sonstigen Szenario-Entwicklung diskutieren, weil sie zwar zur Vorsorge sehr wichtig sein können, aber aufgrund ihrer geringen Wahrscheinlichkeit von ungeschulten Teilnehmern oft abgelehnt werden.

wird als Partizipation bezeichnet, entsprechende Methoden nennen wir »partizipativ«. Der Hauptgrund für die partizipative Bewertung von ÖSD bzw. für die Entwicklung von Szenarien unter Einbeziehung gesellschaftlicher Entscheidungsträger (»Stakeholder«) ist die öffentliche Legitimation der Ergebnisse. Für partizipative Ansätze in der ÖSD-Bewertung spricht auch, »dass […] Bewertungen sich dann am hilfreichsten zeigen, wenn die Nutzer selbst am Bewertungsprozess teilhaben« (Carpenter et al. 2006). Partizipative Szenario-Übungen leisten zudem Bildungsarbeit für die Beteiligten (Alcamo 2008). Für langfristige Szenarien bedeutet dies, auf junge Menschen zuzugehen und sich deren Sprache und Kommunikationsmittel zu bedienen.

Die Zusammenarbeit mit Nicht-Fachleuten in methodisch anspruchsvollen Prozessen stellt große Anforderungen an die Qualität der Kommunikation, mit der Teilnehmer interessiert und zur Mitarbeit bewegt werden sollen. Vor allem muss ein möglichst verlustarmer Informationsfluss zwischen wissenschaftlichen Erkenntnissen einerseits und allgemeinsprachlichen Aussagen von bzw. für die Akteure andererseits sichergestellt werden. Hierfür soll eine Reihe von Vorschlägen unterbreitet werden, die jederzeit kreativ erweitert werden dürfen.

Die partizipative Arbeit an Szenarien in Form eines Workshops bezeichnen wir als »Szenario-Übung«. Sie stellt den methodischen Kern der gesamten Szenario-Entwicklung dar. Darin werden die wichtigsten Schritte aus ▸ Abschn. 4.3.2 abgearbeitet. Die Szenario-Übung sollte mit Arbeitsschritten kombiniert werden, die im engeren Kreise von Experten ablaufen, vor allem aber auch mit anderen Partizipationsformen (▸ Kasten), um den Zeitaufwand für die Teilnehmer gering zu halten, sie in verschiedene Arbeitsschritte einzubinden und ein hohes Maß an Mitwirkung (auch für die weniger debattierfreudigen) zu ermöglichen.

Partizipationsformen für die Erstellung von Szenarien oder zur ÖSD-Bewertung

- Workshop (mit Gruppenarbeit, Vorträgen, evtl. Podiumsdiskussion)
- Mini-Werkstatt-Arbeitsformen (z. B. Ideenwerkstatt, Choice-Experimente)
- Interviews (Gespräch mit vorbereiteten Fragen oder Leitfaden)
- Umfragen (mündlich, schriftlich oder computergestützt)
- Fachstände auf Messen, Ausstellungen oder Veranstaltungen
- Exkursionen (erfahrungsgemäß mit hoher Motivationswirkung)
- Kulturveranstaltungen (z. B. Filmvorführung, Theater mit anschließender Diskussion)
- Unterrichtseinheiten in Schulen, anderen Bildungsstätten oder im Gelände
- Diskussionsforen, Blogs usw. in elektronischen Medien

Die eigentliche Szenario-Übung kann aus unterschiedlichen Elementen zusammengebaut werden (▸ Kasten). Wesentliche Vorinformationen, vor allem der zeitliche Rahmen, sollten bereits in der Einladung enthalten sein, denn nichts erscheint schlimmer als unzufriedene Teilnehmer, die ständig vom Thema abweichen oder den Sinn der Veranstaltung infrage stellen. Besonders wichtig ist eine Einführung mit klarer Darlegung von Sinn, Ziel und Hintergrund der Veranstaltung, eventuell sogar verbunden mit einer Szenario-Schulung. Sogenannte »Geistöffner« helfen, die Teilnehmer auf eine kreative Arbeit mit Zukunftsentwürfen einzustimmen und von ihren individuellen Problemen, Vorurteilen oder Denk-Stereotypen zu lösen. Dazu eignen sich ungewöhnliche Fragen ebenso wie ein Quiz oder ein Vortrag über die Vergangenheit; diese Elemente können aber auch an späterer Stelle zur Auflockerung eingesetzt werden. Spontane Ideen werden zuerst wertfrei nebeneinander gestellt und später erst systematisiert. Regelmäßig müssen Zwischenstände abgestimmt werden, um den Diskussionsfortschritt zu sichern. Da eintägige Workshops sehr anstrengend sind und nur bei eingespielten Gruppen funktionieren, empfiehlt Ringland (1997) eher zwei halbtägige Veranstaltungen, die durch eine Nacht (mit informeller Abendveranstaltung) getrennt sind. Zur Erleichterung der Kommunikation werden grafische, textliche, filmische und interaktive Medien eingesetzt, die auf den Teilnehmerkreis zugeschnitten sein sollten.

Nicht unerwähnt bleiben sollen auch vermeidbare Fehler bei Szenario-Übungen. Die Irritation der Teilnehmer durch ungenügende Information zu Beginn wurde schon erwähnt. Hinzu kommt ihre mögliche Frustration durch überladene Vorträge, eintönigen Ablauf oder zu geringe Fortschritte in der Szenario-Bearbeitung. Um Stillstand zu vermeiden, empfiehlt es sich, Unterbrechungen einzuplanen, in denen eine Kerngruppe aus Experten die Zwischenergebnisse aufarbeitet und mit fachlichen Informationen (z. B. Modellergebnissen) anreichern kann. Die Erwartung, in einem Workshop von den Teilnehmern quantitative Angaben zu erhalten oder direkt im Partizipationsprozess aushandeln zu können, wird zumeist enttäuscht. Abgefragte Daten bleiben lückenhaft und müssen durch Expertenstudien später komplettiert werden. Oft zeigt sich auch, dass ein erfolgreicher Partizipationsprozess mehr Zeit und eine stringentere Vorbereitung braucht als gedacht (Walz et al. 2007).

Elemente einer Szenario-Übung

- Einladung der Teilnehmer
- Einführung, Ziele, Erläuterung der Methodik und des Ablaufs
- Geistöffner u. a. Auflockerungselemente zur Anregung der Kreativität (z. B. Quiz)
- Ideenwerkstatt ohne inhaltliche Vorgaben zur Abschöpfung kreativer Ideen
- Impulsvorträge von Experten
- Abstimmung über alternative Vorschläge (z. B. »mit den Füßen« oder mittels Klebepunkten)
- Plenum mit Diskussion und Festlegung notwendiger Entscheidungen
- Gruppenarbeit zum Entwurf spezifischer Szenarien (textlich, grafisch)
- Pausen mit sozialen Einlagen (auch Matinee)
- Vorstellung der Gruppen-Arbeitsergebnisse und Generaldiskussion im Plenum
- Zusendung der Protokolle/Ergebnisse nach der Übung an alle Teilnehmer

---

Tipps zur Gestaltung von Szenario-Übungen

Rechtzeitige Einladung der Teilnehmer
- Infos zu Ort, Ziel, Dauer und Kosten(-erstattung)
- motivierend, provokativ, witzig, hintergründig oder spannend, je nach Zielgruppe
- eine Hausaufgabe (Fragebogen) vorab spart einen Arbeitsschritt und stimmt auf das Thema ein

Einführung der Teilnehmer durch den Veranstalter
- Ziel und Ablauf des Gesamtprojektes und der Veranstaltung
- kurz halten, aber organisatorische Infos geben (Pausen, Essen)
- Möglichkeiten der Mitwirkung benennen

Geistöffner zur Aktivierung der Kreativität (Möglichkeiten)
- Wunsch und/oder Albtraum zur Zukunft erfragen
- Wunschszenarien entwickeln (ggf. zeichnen) lassen

- Provokationen auslösen (z. B. mit Thesen oder künstlerischen Darstellungen)
- Frage: »Was würden Sie eine Person fragen, die die Zukunft kennt?«

Ideenwerkstatt zur Abschöpfung der Kreativität vor der Gleichschaltung durch fachliche Inputs
- Abstimmung über Triebkräfte oder Bewertungskriterien
- unerwartete Ereignisse (Wildcards) definieren oder auswählen
- Risiken und Probleme der Zukunft

Impulsvorträge aus dem Szenario-Team oder von geladenen Experten
- Teilnehmer erhalten vergleichbare Informationen als Grundlage der Diskussionen
- aktueller Stand des Wissens über Trends der wesentlichen Triebkräfte
- Ergebnisse der Ist-Analyse zum gewählten Untersuchungsgebiet

Gruppenarbeit zum Entwurf spezifischer Szenarien
- keine stark/schwach-Einteilung (weil die schwachen Gruppen in ihrer Kreativität eingeengt werden)
- Gruppenbildung nach Interesse der Teilnehmer (keiner wird in eine Gruppe gezwungen)
- jede Gruppe bekommt einen Moderator aus dem Szenario-Team
- Aufgabenstellung für den Moderator und für die Gruppe vorbereiten
- Referent für Vortrag der Ergebnisse wird zuerst gewählt

Vorstellung der Gruppenergebnisse im Plenum und Gesamtdiskussion
- orientiert am Gesamtziel der Szenario-Übung
- Abfragen und festhalten kritischer Unsicherheiten
- Feedback der Teilnehmer zum Workshop abfragen

Weitere Erfahrungen aus den Szenario-Übungen sind im Exkurs auf der nächsten Seite zusammengestellt. Es handelt sich um das bereits genannte Projekt »Landschaft Sachsen 2050« im Landkreis Görlitz (Ostsachsen), wo Szenarien zur Nutzung erneuerbarer Energien bzw. zur Untersuchung der künftigen Situation der Biodiversität partizipativ entwickelt wurden.

4.4 Komplexe Bewertung und Modellierung von ÖSD

4.4.1 Grundlagen

K. Grunewald und G. Lupp

Das Einfache kompliziert zu machen, ist alltäglich; das Komplizierte einfach zu machen, schrecklich einfach, das ist Kreativität (Charles Mingus).

Die Natur, unsere Umwelt und die Gesellschaft stellen komplexe Systeme dar. Komplexität bedeutet, dass ein System in seinem Gesamtverhalten nicht als Ganzes fassbar ist, selbst wenn weitreichende Erkenntnisse über Einzelprozesse und ihre Wechselwirkungen vorhanden sind. Ein Merkmal von Komplexität ist eine Vielzahl von Einzelelementen, die miteinander interagieren und deren Reaktion nicht eindeutig vorhergesagt werden kann (Riedel 2000). Das gilt z. B. für das Wetter, für die Börsen, für Systeme des Lebens und auch für ÖSD. Eingriffe in ein komplexes Ökosystem können zu schwerwiegenden Veränderungen und irreversiblen Zuständen führen (SRU 2007). Das Landmanagement kann man als ein solches komplexes System auffassen. Land- und forstwirtschaftliche Aktivitäten wirken auf vielfältige Weise auf die Natur und beeinflussen beispielsweise den Wasserhaushalt, die Bodenfruchtbarkeit, die Biodiversität und regionale Wertschöpfungsmöglichkeiten (▶ Kap. 6).

Ziel des ÖSD-Konzepts ist es, trotz aller Schwierigkeiten die Komplexität von Ökosystemen und Wirkungszusammenhängen fassbar zu machen und Auswirkungen sowie Konsequenzen für das menschliche Wohlbefinden aufzuzeigen. Eine umfassende Bewertung von ÖSD erfordert einen hohen Aufwand und eignet sich damit zunächst

Erfahrungen aus dem Fallbeispiel Görlitz

Als eine der ersten Veranstaltungen wurde eine Ideen-Werkstatt durchgeführt und an mehreren Stationen die wichtigsten Eingangsgrößen abgearbeitet. Somit konnten in kurzer Zeit viele vorbereitende Schritte (Auswahl von Triebkräften, erkennbare Trends, Wünsche, Ziele, Wertmaßstäbe) erledigt werden, ohne die Teilnehmer in Plenar-Diskussionen zu ermüden.

Zur Vorbereitung des Workshops kamen Internet-Umfragen zum Einsatz. Hierzu gibt es Online-Tools, wie z. B. http://kwiksurveys.com/, die sich leicht programmieren lassen und die Ergebnisse statistisch aufbereiten. Leider ist dazu eine persönliche E-Mail der Befragten notwendig, ebenso deren Einverständnis und Engagement. Das Tool funktionierte im Expertenkreis. Für weniger versierte Teilnehmer ist ein Fragebogen-Formular (als PDF per E-Mail, Fax, Post) die einzig sichere Variante. Als untauglich erwiesen sich seitenlange Word-/Excel-Kataloge, die selbst vom eigenen Team nicht immer rechtzeitig und sachgerecht bearbeitet wurden.

In Workshops wurden vor allem die Ergebnisse der Experten zur Diskussion gestellt und durch zusätzliche Gedanken angereichert. Die üblichen Vorstellungsrunden (»Jeder sagt kurz, wer er ist und was er erwartet«) führten mitunter zu zeitraubenden Koreferaten. Drei konkrete Fragen zu Beginn (Name, eigene Veranlassung, erster Eindruck) begrenzten den Mitteilungseifer hingegen auf ein erträgliches Maß. Die Auswahl von Triebkräften, Trends und Trajektorien erwies sich für eine breite Diskussion als ungeeignet und sollte in einer anderen Form (siehe oben) vorgenommen werden. Gut funktionierte es, wenn die Teilnehmer mehrere Vorschläge erhielten, die sie durch Teilnahme (an einem Tisch, einer Gruppe) selbst auswählen konnten. Nach einiger Arbeitszeit beteiligten sich alle Teilnehmer auch gern an spielerischen Einlagen. Gruppenarbeiten (bis fünf Teilnehmer pro Gruppe) waren stets am effektivsten. Viele Teilnehmer gingen versiert mit Karten um, sogar die Frage, wo sich künftige Entwicklungen verwirklichen dürften, wurde sehr fundiert diskutiert. Dazu erwiesen sich gute Vorgaben (thematische Karte mit Pergament zum Zeichnen) als nützlich. Der Moderator sollte nicht nur genau auf den Zeitplan achten, sondern auch auf Teilnehmer, welche sich in der freien Diskussion nicht selbst in den Vordergrund drängen und jene direkt ansprechen.

Komplex oder kompliziert?

Ein Flugzeug ist kompliziert. Es besteht aus einer Vielzahl von Komponenten, birgt aber kein wirkliches Geheimnis in sich. Das heißt, komplizierte Aufgaben sind mit Wissen lösbar.

Ein Fünf-Gang-Menü ist komplex. Man kann zwar die einzelnen Komponenten kennen, doch wenn man die Speisen zubereitet, muss daraus nicht unbedingt ein schmackhaftes Gericht entstehen. Komplex sind Systeme mit vielfältigen Wechselwirkungen, die nicht nach einfachen »Wenn-dann«-Prinzipien funktionieren, sondern vielschichtig und dynamisch sind.

nur bedingt, als verständliche Grundlage für Entscheidungsträger und gesellschaftliche Gruppen in Aushandlungsprozessen zu verbesserten, alle Interessen berücksichtigenden Entscheidungen zu gelangen.

Durch Zerlegen in einzelne Bausteine und Wichtungen sollen mittels einer Vereinfachung und Abstrahierung Sachverhalte nachvollziehbar und verständlich gemacht werden, ähnlich einer Karikatur, die mit einfachen Mitteln prägnant Merkmale und Eigenschaften einer Person oder Situation darstellt. Man kann komplexe Systeme nur durch die Beobachtung von Mustern wahrnehmen. Diese sind in der abiotischen und biotischen Umwelt und in der menschlichen Gesellschaft erkennbar (z. B. Substratformen, Routinen, Verhaltensweisen). ÖSD-Muster wurden u. a. mittels der »Matrix« bezüglich Angebot und Nachfrage hinsichtlich Landnutzungstypen (▶ Abschn. 4.1) und im Rahmen der kontingenten ökonomischen Bewertungsverfahren (Beispiele in ▶ Abschn. 4.2 und ▶ Kap. 6) analysiert.

Visionen und Intentionen wie die »Nachhaltigkeitsidee« und das »ÖSD-Konzept« können als ein Schlüssel gesehen werden, um Muster und Typen, z. B. der Landnutzung, zu beeinflussen. Entsteht in dem komplexen System eine neue Ordnung, wurde ein Umkipp-Punkt (*tipping point*) überschritten. Eine Aufgabe der ÖSD-Forschung besteht darin, herauszufinden, wo und wann solche *tipping points* eintreten und wie wir Menschen diese beeinflussen können. Dies stellt vor allem eine Herausforderung für die Abschätzung der künftigen Entwicklung der Systeme dar (Szenarien, Alternativen, ▶ Abschn. 4.3; Modellierung, ▶ Abschn. 4.4.3) und ist Grundlage für die Steuerungsmechanismen (Politik, Anreize, Planung, Governance, ▶ Kap. 5).

Der ÖSD-Ansatz soll helfen, insbesondere Methoden und Werkzeuge bereitzustellen, um die Lösung komplexer Probleme sinnvoll aufeinander abzustimmen. Ziel ist eine ganzheitliche, integrierte, alle relevanten Erfordernisse abwägende Herangehensweise der Analyse und Bewertung von ÖSD auf Grundlage geeigneter wissenschaftlicher Methoden, aller verfügbaren Informationen und Einbeziehung der Wünsche der Menschen. Dies verlangt nicht zuletzt auch eine Abwägung zwischen einfachen, schnellen und kostengünstigen Bewertungen (grobe Abschätzung mit Orientierungscharakter auf Basis von »Schnellbewertungstools«) und umfassenden, aufwendigen, langwierigen, teuren Untersuchungen (intensive Bearbeitung aller ÖSD-Facetten).

Im Folgenden soll unter anderem anhand des Problemfeldes »zunehmender Anbau von Biomasse zur energetischen Verwertung« eine umfassende Anwendung des ÖSD-Konzepts aufgezeigt werden. Dabei wird dargestellt, wie eine Vielzahl möglicher ÖSD auszuwählen bzw. zu bearbeiten ist, wie verschiedene Bewertungsansätze verwendet werden und wie eine partizipative Einbindung von Akteuren erfolgen kann. Anschließend wird das ÖSD-Modell InVest vorgestellt, in seiner Zweckmäßigkeit beispielhaft demonstriert und hinsichtlich seiner Stärken und Schwächen einzuschätzen versucht.

4.4.2 Anbau nachwachsender Rohstoffe als komplexes ÖSD-Problem

G. Lupp, O. Bastian und K. Grunewald

Die Steigerung der Produktion von Energie aus Biomasse ist ein Beispiel für eine sehr stark politisch gesteuerte Triebkraft, die eine zunehmende Inanspruchnahme von Ökosystemen bedingt. Die Europäische Kommission hat für alle Mitgliedstaaten verpflichtende Ziele festgesetzt, wonach sich

der Anteil erneuerbarer Energieträger von 2010 bis 2020 verdoppeln soll. Etwa die Hälfte soll dabei aus Biomasse stammen (Commission of the European Communities 2007). Im Hinblick auf Konflikte und deren Minimierung hat die EU-Kommission den europäischen Biomasseaktionsplan vorgelegt und in diesem Zusammenhang die Erstellung nationaler Biomasseaktionspläne gefordert. Der Biomasseaktionsplan der Bundesregierung (BMELV/BMU 2009) nennt Klimaschutz, regionale Wertschöpfung und Stärkung des ländlichen Raumes als vordringliche Ziele, die der Biomasseanbau ebenfalls erfüllen soll, aber auch Belange wie der Erhalt von Biodiversität, der Bodenfruchtbarkeit sowie Gewässer- und Immissionsschutz. Es sollen zur konfliktarmen Erreichung dieser Ziele die Akteure fest eingebunden und die Akzeptanz in der Bevölkerung durch eine geeignete Öffentlichkeitsarbeit und Beratung gesteigert werden (BMELV/BMU 2009). Mit in diesem Dokument festgelegten Zielen, die auf eine nachhaltige Sicherung von ÖSD hinauslaufen, auch wenn diese nicht explizit als solche benannt werden, ergeben sich bereits erste Hinweise zu methodischen Schritten der ÖSD-Bewertung.

Für eine bessere Einbeziehung von ÖSD und Biodiversität im Sinne eines nachhaltigen Landnutzungsmanagements empfiehlt sich nachfolgend beschriebener und in ◘ Abb. 4.13 dargestellter Untersuchungs- und Bewertungsansatz (Lupp et al. 2011): Zunächst sind relevante ökonomische und ökologische Sachverhalte, insbesondere ÖSD, für eine nähere Analyse auszuwählen, im vorliegenden Falle Nahrungs- und Futtermittelproduktion, Bereitstellung von Energie, Deckungsbeiträge für landwirtschaftliche Betriebe, Biodiversität, CO_2-Fixierung, Bestäubung, Trinkwasserbereitstellung, Abflussregulierung, Erosion und Erholungseignung. Die Vorgehensweise zur Analyse und Bewertung und der Erarbeitung von Handlungsempfehlungen orientiert sich am **DPSIR**-Ansatz (OECD 2003). Dieser beschreibt ein methodisches Vorgehen zur Analyse von Zusammenhängen zwischen menschlichen Aktivitäten und deren Auswirkungen auf die Umwelt sowie Korrekturmaßnahmen (BAFU/BFS 2007).

Anschließend sind die Triebkräfte (*driving forces*) eines zunehmenden Anbaus von nachwach-

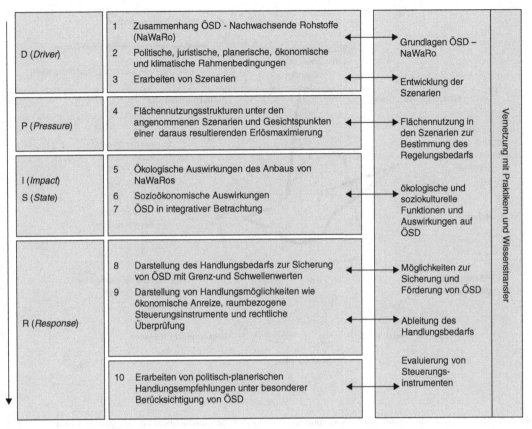

■ **Abb. 4.13**   Schema des Vorgehens bei der Erfassung und Bewertung ÖSD-bezogener Szenarien

senden Rohstoffen zu ermitteln, d. h. politische, juristische, planerische, ökonomische und klimatische Rahmenbedingungen. Darauf aufbauend werden Landnutzungsszenarien entworfen. Durch die Anwendung der Szenarien lassen sich mögliche künftige Flächennutzungsstrukturen (*state*) sowie deren Auswirkungen auf ÖSD (*impact*), insbesondere Belastungen (*pressures*), ermitteln. Auf dieser Grundlage können der für die Aufrechterhaltung bzw. Optimierung von ÖSD notwendige Handlungsbedarf identifiziert und mögliche Steuerungsmaßnahmen (*responses*) erarbeitet werden (■ Abb. 4.13).

Um den aufgezeigten Herausforderungen von Veränderungen mit geeigneten Managementkonzepten und -strategien begegnen zu können, eignet sich aufgrund der differenzierten Auswirkungen auf unterschiedliche Standorte besonders eine regionale Betrachtungsweise auf Landschaftsebene

(Rode und Kanning 2006). Es sollte daher darauf geachtet werden, möglichst heterogen strukturierte Untersuchungsräume auszuwählen, da trotz des oftmals weltweiten Auftretens bestimmter Faktorenkonstellationen unterschiedliche Landschaftsräume auf die gleichen (anthropogenen) Einwirkungen ganz unterschiedlich reagieren können.

Um dem Problem der Dimensionsstufen (Maßstabsabhängigkeit) zu entsprechen, ist es auch sinnvoll, unterschiedliche Betrachtungsebenen von Regionen bis hinunter zu Beständen oder Feldblöcken einzubeziehen – Letztere insbesondere im Hinblick auf Akteure wie Land- und Forstwirte, die bei der Bewirtschaftung die Belange bestimmter Arten berücksichtigen sollten, etwa durch Belassen von Totholz im Wald oder durch Anlage von Feldlerchenfenstern (Bereiche extensiver Nutzung als Brutvogelhabitat) auf dem Acker. Unterschiedliche Feldfrüchte bzw. Anbauformen führen zu spezifi-

4

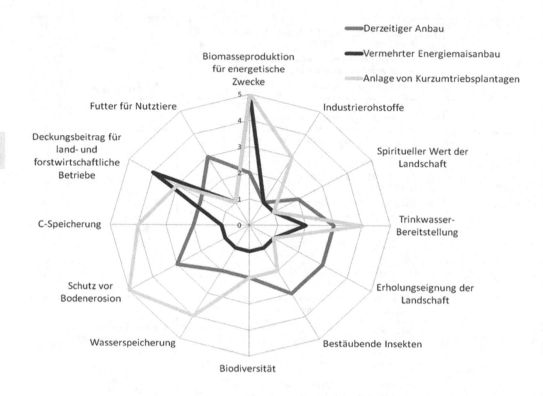

Legend:
- Derzeitiger Anbau
- Vermehrter Energiemaisanbau
- Anlage von Kurzumtriebsplantagen

Axes (clockwise from top):
- Biomasseproduktion für energetische Zwecke
- Industrierohstoffe
- Spiritueller Wert der Landschaft
- Trinkwasser-Bereitstellung
- Erholungseignung der Landschaft
- Bestäubende Insekten
- Biodiversität
- Wasserspeicherung
- Schutz vor Bodenerosion
- C-Speicherung
- Deckungsbeitrag für land- und forstwirtschaftliche Betriebe
- Futter für Nutztiere

Abb. 4.14   Beispielhafte Darstellung der Änderung von ÖSD durch Anbau von Biomasse zur Energiegewinnung

schen Wirkungen auf ÖSD – einige Beispiele sind in ◘ Tab. 4.3 zu finden. Aber auch die jeweiligen Naturraumbedingungen bzw. die landschaftliche Eigenart können einen modifizierenden Einfluss haben.

In einer integrierenden Betrachtung lassen sich – nachdem sie bewertet worden sind – die einzelnen ÖSD miteinander vergleichen. Zur Veranschaulichung eignen sich Spinnennetzdiagramme (◘ Abb. 4.14).

▪ **Szenarien**

Szenarienanalysen haben das Ziel, künftige Auswirkungen des Biomasseanbaus aufzuzeigen. Unerwünschte Wirkungen (Trade-offs, *disservices*) des Energiepflanzenanbaus sollen ausgeschlossen, zumindest aber minimiert werden. Wie in ▸ Abschn. 4.3 dargelegt, eignen sich Szenarien in besonderer Weise dazu, zeitliche, aber auch räumliche Aspekte, Entwicklungsmöglichkeiten sowie

verschiedene Handlungsoptionen von ÖSD zu erforschen, aufzuzeigen, zu bewerten und gegeneinander abzuwägen. Zudem bietet die Erstellung von Szenarien breiten Raum für die Einbindung von Akteuren.

In der Moritzburger Kleinkuppenlandschaft wurden expertenbasierte Szenarien zu unterschiedlichen Rahmenbedingungen entwickelt, die auf unterschiedlichen politischen Maßnahmen, also Festlegungen durch Gesetze, aber auch Anreize wie Fördermittel oder Zahlungen der EU an die Landwirte basieren (▸ Abschn. 6.2.3). Diese Annahmen wurden zu verschiedenen Szenarien verarbeitet, die es erlauben, mögliche Auswirkungen verschiedener Entwicklungspfade auf die Landnutzung zu analysieren. Folgende drei Szenarien sind erstellt worden:

1. Szenario »Aufgabe der Viehhaltung«
2. Szenario »Bioenergie«
3. Szenario »Optimierung von ÖSD aus Sicht des Naturschutzes«

◼ Tab. 4.3 Auswirkungen des Energiepflanzenanbaus auf ÖSD am Beispiel von Mais, Raps und Getreide sowie von Kurzumtriebsplantagen (KUP) (adaptiert nach Lupp et al. 2011*)

ÖSD	Faktor	Auswirkungen von einjährigen Pflanzen (Mais, Raps oder Getreide)	Auswirkungen von mehrjährigen Kurzumtriebsplantagen (KUP)
Versorgungsleistungen			
Bereitstellung von Biomasse (für energetische Zwecke)	Landnutzung, Fruchtartenfolge	steigende Preise für Lebensmittel, steigende Pacht- bzw. Kaufpreise für landwirtschaftliche Flächen; sinkende Vielfalt der angebauten Feldfrüchte, Monokulturen, in einigen Fällen nachweislich Umbruch von Grünland in Ackerland	in einigen Fällen Anbau von KUP auf Grünland
	Einkommen der Landwirte und Pachteinnahmen der Landbesitzer	zusätzliche Einkommensmöglichkeiten für Landwirte, jedoch vor allem durch Subventionen und Zahlungen aufgrund des EEG (2008) gesteuert; Möglichkeit, sich jährlich neu an der tatsächlichen Nachfrage am Markt zu orientieren	neue Einkommensmöglichkeiten, jedoch vor allem durch Subventionen und Zahlungen aufgrund des EEG (2008) gesteuert; keine Möglichkeit zum Wechsel der Anbauform über 20 bis 30 Jahre, geringe Flexibilität am Markt
Wasserbereitstellung	Grundwasserpegel, Feuchtegehalt im Boden	Grundwasserpegel hängt vom Wasserbedarf der angebauten Pflanzen ab; Wasserqualität kann durch Dünger und Pestizide beeinträchtigt werden	Grundwasserspiegel kann aufgrund des höheren Wasserbedarfs von KUP stärker als bei einjährigen Anbauformen absinken; geringere Grundwasserneubildung als bei einjährigen Anbauformen aufgrund höherer Interzeption; bessere Wasserqualität durch geringere Dünger- und Pestizidgaben
Regulationsleistungen			
CO_2-Speicherung	Energieeinsatz für Pflanzung, Düngung, Schädlingsbekämpfung und Ernte	Einsparung fossiler Treibstoffe, jedoch vergleichsweise hoher Energieeinsatz bei der Erzeugung	Einsparung fossiler Treibstoffe; Energiebedarf steigt, wenn neben dem Häckseln eine weitere Aufbereitung erfolgt
	CO_2-Speicherung, Treibhausgasemission	Freisetzung von gespeicherten Treibhausgasen bei Grünlandumbruch sowie bei Ackernutzung auf anmoorigen Böden; zusätzliche Treibhausgasfreisetzung infolge Stickstoffdüngung	kann als Speicher für Treibhausgase fungieren, da Humus und unterirdische Biomasse angereichert werden; zusätzliche Freisetzung von Treibhausgasen, wenn für KUP Feuchtgebiete entwässert werden oder Wälder in KUP umgewandelt werden

4

■ Tab. 4.3 Fortsetzung

ÖSD	Faktor	Auswirkungen von einjährigen Pflanzen (Mais, Raps oder Getreide)	Auswirkungen von mehrjährigen Kurzumtriebsplantagen (KUP)
Nährstoff- und Humusregulation	Nährstoffeintrag	häufig hoher Nährstoffeintrag und starker Einsatz von Bioziden bei intensiven Anbauformen	KUP haben im Vergleich zu einjährigen Anbauformen einen geringeren Nährstoffeintrag, jedoch nicht, wenn extensiv bewirtschaftetes Grünland in KUP umgewandelt und dazu umgebrochen wird
	Nährstoffauswaschung	hoher Nährstoffaustrag bei bestimmten Feldfrüchten und ungeeigneten Bearbeitungstechniken	geringerer Nährstoffaustrag im Vergleich zu einjährigen Anbauformen
Verminderung der Bodenerosion	Bodenbedeckung	hohe Erosionsanfälligkeit durch Wasser und Wind, wenn keine Pflanzendecke vorhanden ist	dauerhafte Bestockung mit Gehölzen reduziert Wasser- und Winderosion; rasche, intensive Bodendurchwurzelung mindert Bodenerosion, angrenzende landwirtschaftliche Flächen profitieren dabei von KUP
Wasserrückhaltung	Oberflächenabfluss	starker Oberflächenabfluss in der vegetationsfreien Phase (relevant insbesondere bei Mais)	geringerer Oberflächenabfluss, Interzeption steigt mit zunehmender Größe der Gehölze
Wasserreinhaltung	Pestizide im Grundwasser und in Oberflächengewässern, Kosten der Trinkwasseraufbereitung	hohe Nährstoffauswaschung führt zu Kostensteigerungen bei der Wasserreinhaltung, z. T. erfüllt die Wasserqualität trotz technischer Reinigung nicht mehr gesetzliche Mindeststandards für Trinkwasser – d. h. Bedarf von Rohwasser aus weniger belasteten Gebieten	geringere Nährstoffauswaschung, bessere Wasserreinigungswirkung als einjährige Kulturen
Grundwasserneubildung	Grundwasserpegel	höhere Neubildungsraten als bei mehrjährigen Kulturen oder Wald	geringere Grundwasserneubildungsrate, dichterer Pflanzenwuchs und höhere Interzeptionsraten als bei einjährigen Pflanzen, höherer Wasserbedarf, Grundwasserspiegel kann dadurch sinken

□ Tab. 4.3 Fortsetzung

ÖSD	Faktor	Auswirkungen von einjährigen Pflanzen (Mais, Raps oder Getreide)	Auswirkungen von mehrjährigen Kurzumtriebsplantagen (KUP)
Schutz vor Schädlingen	Widerstandsfähigkeit, Biozideinsatz	höheres Schädlingsrisiko, stärkere Gefährdung und größeres Verbreitungsrisiko durch Schadinsekten wie Maiszünsler (*Ostrinia nubilalis*) oder Maiswurzelbohrer (*Diabrotica virgifera virgifera*), erhöhter Biozidbedarf bzw. Einsatz gentechnisch veränderter Sorten	bessere Widerstandskraft gegenüber Schadinsekten, einjähriger Befall fällt weniger ins Gewicht, Probleme u. a. mit Blattrost (*Melampsora*), Blattkäferbefall (*Melasoma populi*) und Nagern
Bestäubung	Populationen bestäubender Insekten	Mais und Getreide als Windbestäuber sind nicht auf Insekten angewiesen; kurze Rapsblüte hält nur sehr kurzzeitig Nahrung für Insekten bereit; intensiver Ackerbau dezimiert Begleitflora, wodurch über das Sommerhalbjahr kontinuierliche Nahrung für bestäubende Insekten kaum zur Verfügung steht	Bäume werden z. T. vor der Geschlechtsreife geerntet, wenig Begleitflora, einige Weidenarten könnten als Nektarquelle fungieren
Biodiversität	angebaute Arten, Rassen und Provenienzen, Anbaustruktur, Bewirtschaftung	intensive Bewirtschaftung, wenige angebaute, z. T. genetisch veränderte Sorten, spärliche Begleitflora, z. T. früher Erntezeitpunkt vor der Kornreife	wenige wuchskräftige (Hybrid-)Sorten, z. T. genetisch verändert; relativ einförmige Struktur innerhalb der KUP, jedoch längere Umtriebszeiten von 2–5 Jahren
	Vogelarten	intensive Bewirtschaftung lässt sehr wenig Lebensraum für Arten, die an extensive Landnutzungsformen gebunden sind, z. B. Ortolan und Feldlerche; frühe Erntezeitpunkte vor der Kornreife reduzieren die Nahrung für körnerfressende Zugvögel (z. B. Wildgänse)	Habitate für Vogelarten, die Gehölze und Hecken als Nistplätze benötigen, vor allem jedoch Ubiquisten; Umwandlung von Ackerflächen reduziert Lebensraum von Bodenbrütern
	Begleitflora und -fauna	Artenarme, spärliche Begleitflora sowie schlechte Habitateignung für wild lebende Tierarten (z. B. Insekten) durch intensive Bodenbearbeitung und Biozideinsatz	oftmals Zunahme an Begleitfauna und -flora, jedoch vorwiegend Ubiquisten; bei längeren Umtriebszeiten in begrenztem Umfang Beitrag zur Schaffung, Strukturierung und Vernetzung von Lebensräumen; jedoch Lebensraumverluste, wenn KUP extensiv genutzte Ackerflächen, Brachen oder Grünland ersetzen

◘ Tab. 4.3 Fortsetzung

ÖSD	Faktor	Auswirkungen von einjährigen Pflanzen (Mais, Raps oder Getreide)	Auswirkungen von mehrjährigen Kurzumtriebsplantagen (KUP)
Soziokulturelle Leistungen			
Ethische Werte	Verhältnis von Nahrungsmittelanbau zu Energiepflanzenanbau	Verwendung von Getreide und anderen Nahrungspflanzen wird aus ethisch-moralischen Gesichtspunkten kritisch gesehen (steigende Lebensmittelpreise und angespannte Ernährungssituation in vielen Entwicklungsländern)	keine direkten ethischen Probleme, da KUP nicht der Ernährung dienen, jedoch indirekte Effekte: landwirtschaftliche Flächen wurden der Nahrungsmittelproduktion entzogen
Identifikation	kulturelles Erbe und Aufgreifen/Fortführung von landwirtschaftlichen Traditionen	Rückgang traditioneller Landnutzungsformen und von Sonderkulturen; kaum noch Anbau weniger leistungsstarker Sorten	neuartige Landschaftselemente, können z. T. an traditionelle Landnutzungsformen anknüpfen oder diese neu interpretieren, z. B. Anbau von Weide als traditionelles Landschaftselement – einst zum Körbeflechten – heute im Kontext einer modernen, nachhaltigen Energieversorgung
Bildungs- und Erziehungswerte	Energiepflanzen als Forschungsgegenstand	nur wenige Arten, Forschung vor allem zu Ertragssteigerung	neuartige Landnutzungsform als multidisziplinärer Forschungsgegenstand
Landschaftsästhetik	Vielfalt der Landschaftsstrukturen	meist Monotonie großer Schläge und verkürzte Fruchtfolgen, jedoch unterschiedliche Landschaftseindrücke im Jahresverlauf; Rapsblüte im Frühjahr	kann zur Strukturierung in ausgeräumten Agrarlandschaften beitragen
	Blickbeziehungen, Wahrnehmbarkeit besonderer Landschaftsmerkmale	eingeschränkte bzw. nicht vorhandene Sichtbeziehungen in den Sommermonaten (z. B. durch hohe Maisbestände), weite Blicke im Winter	blockieren Sichtbeziehungen bis auf wenige Monate dauerhaft

* aufbauend auf Daten von Kort et al. 1998; McLaughlin und Walsh 1998; Börjesson 1999a, b; Heidmann et al. 2000; Liesebach und Mulsow 2003; Londo et al. 2004; Windhorst et al. 2004; Bringezu und Steger 2005; Burger 2005; NABU 2005; Rode et al. 2005; SRU 2007; Bardt 2008; Lee et al. 2008; Ericsson et al. 2009; Hillier et al. 2009; Rowe et al. 2009; Cherubini und Stromman 2010; Greiff et al. 2010

Aus den Szenarien resultieren drei unterschiedliche Landnutzungsmuster. Im Falle des Bioenergieszenarios nimmt der Maisanteil auf den Ackerflächen weiter zu. Auf Grünlandstandorten entlang der Gewässerläufe werden vielfach Gehölze bzw. Kurzumtriebsplantagen (KUP) angepflanzt. Dies ist insgesamt mit einer Nutzungsintensivierung verbunden, um den Flächenbedarf für die Bioenergieerzeugung auf den Ackerflächen zu kompensieren. Im Szenario »Optimierung von ÖSD aus Sicht des Naturschutzes« stellt sich eine sehr vielfältige Nutzung der Landschaft ein.

- **Biophysische Ansätze**

Zur Beurteilung der Folgen eines verstärkten Anbaus von Energiepflanzen für Biodiversität und ÖSD eignen sich expertengestützte Verfahren, so wie sie z. B. in der Landschaftsplanung zum Einsatz kommen und in verschiedenen Methodenhandbüchern beschrieben sind (z. B. Bastian und Schreiber 1999). Dabei erfolgt meist eine halbquantitative Bewertung der Ausprägung einer Landschaftsfunktion, eines Schutzgutes, eines Potenzials, Risikos oder – angebotsseitig – einer ÖSD, in der Regel entlang einer fünfstufigen Skala von »sehr guter« bis »sehr schlechter Zustand«. Das betrifft z. B. die Erosionsanfälligkeit von Böden, das Landschaftsbild oder die biologische Vielfalt, die durch großflächige Monokulturen von Mais und Raps beeinflusst werden können (◘ Tab. 4.3). Ausgewählte, besonders auffällige, breiten Bevölkerungskreisen bekannte und als Sympathieträger geltende Vogelarten, wie z. B. Feldlerche und Kiebitz, eignen sich stellvertretend für bestimmte Artengruppen und Lebensräume, um besser mit verschiedenen Akteursgruppen und Nicht-Experten zu kommunizieren und diese für die Gesamtproblematik Biodiversität und ÖSD zu sensibilisieren.

- **Monetäre Ansätze**

Verschiedenen ÖSD können – zumindest in einigen Fällen – auch ökonomische Werte zugeordnet werden, etwa wenn eine tatsächliche Nachfrage besteht oder die Bereitstellung bzw. Erhaltung von ÖSD mit Kosten verbunden ist (Baumgärtner 2002). Für gesamträumliche Betrachtungen in der Landnutzung eignen sich beispielsweise die in Waldwachstumssimulatoren wie SILVA 2.2 integrierten ökonomischen Bewertungen (Pretzsch 2001) oder im landwirtschaftlichen Kontext ökonometrische Entscheidungsmodelle (Kächele und Zander 1999). Damit lassen sich Anbauentscheidungen von Landwirten und Förstern unter Berücksichtigung von gesetzlichen und förderpolitischen Rahmensetzungen (z. B. zwingende Einhaltung eines Fruchtfolgenwechsels oder Baumartenmischungen) abbilden, wenn diese nach rein rationalen begründeten ökonomischen Kriterien handeln würden.

Ein weiterer geeigneter Ansatz sind Berechnungen von Opportunitätskosten (▶ Abschn. 4.2), also die Bezifferung von Mindererlösen, die für den Erhalt von extensiv genutzten Strukturen in Feldern als Element zur Sicherung von Biodiversität dienen. Beispielsweise erzielt der Landwirt Mindererlöse, wenn etwa im Ackerland zur Stärkung der Feldlerchenpopulation sogenannte Lerchenfenster angelegt werden, auf denen der Anbau von Feldfrüchten unterbleibt (Brüggemann 2009).

- **Nachfrageorientierte Ansätze**

Eine Möglichkeit zur Ermittlung der Nachfrage nach ÖSD sind Befragungen bzw. die Erhebung von Meinungsbildern in der Bevölkerung. In beispielhaften Untersuchungen wurden von den Autoren an ausgewählten Stichtagen an verschiedenen Orten derartige Analysen durchgeführt. Die Befragungen zeigten interessante Ergebnisse: So ergaben die Meinungsbilder, dass die Bereitstellung von sauberem Trinkwasser und ausreichend Lebensraum für wild lebende Tiere und Pflanzen in der Bevölkerung als besonders wichtig angesehen wird, die Erzeugung von erneuerbarer Energie hingegen in der Wahrnehmung und Wertschätzung der Bevölkerung nur eine untergeordnete Rolle einnimmt.

- **Transdisziplinarität und Partizipation**

Transdisziplinäre Forschungsansätze zeichnen sich durch eine enge Zusammenarbeit von Wissenschaft und Praxis aus. Diese soll die Wirksamkeit von Forschungsaktivitäten und die Lösung praktischer Probleme verbessern (Müller et al. 2000). Partizipation bedeutet dabei die aktive Einbindung von Akteuren und Interessengruppen in die Entscheidungs- und Willensbildung (UBA 2000; Förster et al. 2001).

Es ist sinnvoll, Schlüsselakteure in die verschiedenen Projektschritte einzubinden, die aktiv mitwirken, beispielsweise bei der Szenarien-Erstellung und bei der Auswahl der Schlüsseltriebkräfte (▶ Abschn. 4.3). Um die Akteure aus verschiedenen Bereichen wie Verwaltung oder Interessenvertretern gezielt zu gewinnen, sind aktivierende Interviews (L.I.S.T. 2011) zweckmäßig, um die Standpunkte und Meinungen zu ermitteln und Interesse für eine aktive Teilnahme an Workshops zu wecken.

Wie eigene Untersuchungen in der Oberlausitz und im Erzgebirge (Sachsen) zeigten, treffen Akteure und Landnutzer ihre Entscheidungen in

vielen Fällen nicht im Sinne eines maximal er-
zielbaren Deckungsbeitrags, sondern legen ihrem
Handeln auch nicht-monetäre Kriterien wie Traditionen, das eigene Selbstverständnis, verschiedene
Wertvorstellungen bis hin zu ethischen Aspekten
zugrunde und messen der Bereitstellung vielfältiger ÖSD für die Gesellschaft große Bedeutung bei,
auch wenn sie diese nicht als solche bezeichnen.

■ **Steuerung des Biomasseanbaus**

Im Kontext des Energiepflanzenanbaus erfolgt die
Steuerung vor allem über erzielbare Marktpreise,
Fördermittel aus der EU-Agrarpolitik und direkte
und indirekte Zahlungen über das Erneuerbare-
Energien-Gesetz (EEG 2008). Es ist daher nötig,
die einzelnen Steuerungsinstrumente zu analysieren und deren Steuerwirkung hinsichtlich der Bereitstellung von ÖSD zu interpretieren. Allerdings
ist in Rechnung zu stellen, dass ÖSD bislang meist
nur bruchstückhaft in Form einzelner Schutzgüter
bzw. Leistungen in der Gesetzgebung und in den
Anreizsystemen verankert sind. Minimalstandards
werden in den bestehenden Instrumenten nicht
näher ausformuliert, sondern meist nur in Form
von »Verschlechterungsverboten« benannt. Oder
es wird die Einhaltung einer nicht näher definierten »guten fachlichen Praxis« angemahnt, die eher
einem Verhaltenskodex gleicht, ohne eindeutige
Anforderungen an zu erfüllende Mindeststandards
zu stellen (Hafner 2010).

4.4.3 Anwendung von Modulen des ÖSD-Modells InVEST

M. Holfeld und M. Rosenberg

Modelle bilden Vorstellungen der Wirklichkeit ab.
Es kann sich dabei um Bilder, gedankliche und
sprachliche Konstrukte oder auch um mathema-
tische Formeln handeln. Die Modellierung von
ÖSD dient zunächst der abstrakten Darstellung der
Ökosysteme, der ablaufenden Prozesse und möglicher Veränderungen. Dies wird zwar mit Ökosys-
temmodellen zum Teil bereits recht gut abgedeckt,
die Herausforderung besteht aber darin, Nachfrage
und Nutzen in die Modelle zu integrieren.

In dieser Hinsicht sind derzeit vor allem folgende Modellansätze relevant: InVEST (*Integrated Valuation of Ecosystem Services and Tradeoffs*, ▶ www.
naturalcapitalproject.org), ARIES (*ARtificial Intel-
ligence for Ecosystem services*, ▶ www.ariesonline.
org), das BGS *ecosystem services model* (▶ www.bgs.
ac.uk) sowie MIMES (*Multi-scale Integrated Models
of Ecosystem Services*, ▶ www.uvm.edu). Alle diese
Ansätze haben das Ziel, die Wirklichkeit für eine
Betrachtung komplexer ÖSD-Zusammenhänge zu
vereinfachen.

Im Folgenden sollen der frei verfügbare Mo-
dellansatz InVEST vorgestellt und Erfahrungen der
Anwendung an einem Beispiel diskutiert werden.
InVEST ist nach Angaben der Entwickler geeignet,
integrierte ÖSD-Bewertungen auf lokaler, regionaler und globaler Ebene zu realisieren. Es wurde
weltweit schon in zahlreichen lokalen bis nationalen Projekten und Studien sowie bei alltäglichen
Entscheidungsprozessen eingesetzt (Daily et al.
2009; Nelson et al. 2009; Tallis und Polasky 2009;
Bhagabati et al. 2012). Als Anwendungsbeispiele sind das Willamette-Becken in Oregon, Oahu
auf Hawaii, British Columbia, Kalifornien, Puget
Sound im US-Staat Washington, der östliche Ge-
birgsbogen in Tansania, das obere Yangtse-Becken
in China, Sumatra, das Amazonas-Becken und die
nördlichen Anden in Südamerika sowie Ecuador
und Kolumbien zu nennen. Hierbei stehen die
Identifikation und der Schutz bedeutender Flächen
für Biodiversität und ÖSD im Vordergrund, genauso wie die Darstellung der Zusammenhänge zwischen beiden Aspekten.

■ **Charakterisierung des Modellansatzes InVEST**

InVEST wurde als ein Szenario-Tool zur Entscheidungsfindung in Planungsprozessen entwickelt.
Die Basis der Bewertung von ÖSD stellen ökologische Eigenschaften und ökonomische Wertbe-
stimmungsmethoden dar (Nelson et al. 2009; Tallis
und Polasky 2009). InVEST ist in Kombination mit
einem ArcGIS-Geoinformationssystem (GIS) der
Firma ESRI nutzbar, wodurch insbesondere die
kartographische Darstellung der ÖSD-Bewertung
ermöglicht wird. Mittlerweile gibt es auch eine Ent-

wicklung mit Idrisi (www.clarklabs.org/about/Clark-Labs-Receives-Grant-from-Moore-Foundation.cfm).

Die Weiterentwicklung und Betreuung des Meta-Modells erfolgt durch das *Natural Capital Project* unter Beteiligung mehrerer namhafter amerikanischer Forschungseinrichtungen sowie dem *Nature Conservancy* und dem WWF (*World Wildlife Fund*) (Natural Capital Project 2012). Je nach Anspruch und Kenntnissen der Nutzer sollen in der Komplexität unterschiedlich abgestufte Modelle, vom einfachen Nachweis bestehender Zusammenhänge mittels weniger Daten bis hin zum komplexen Modell unter Berücksichtigung von Zeitschritten und Rückkopplungen der umfassenden ÖSD-Analyse, bereitgestellt werden (Nelson et al. 2008; Daily et al. 2009). Derzeit werden jedoch erst die vereinfachten Verfahren angeboten, sodass die Modelle noch einen geringen Umfang an Eingangsdaten benötigen. Trotzdem finden bereits jetzt im *Open-Source*-Modell InVEST bedeutende Aspekte der Vorgehensweise bei einer flächenhaften ÖSD-Modellierung Berücksichtigung. Dazu zählen die räumliche Darstellung und Verortung von Leistungen und Wohlfahrtswirkungen im GIS, die integrierte Betrachtung von Versorgungs-, Regulations- und soziokulturellen Dienstleistungen (TEEB 2009; Tallis et al. 2011) sowie die Einbindung von abiotischen und biotischen Basisparametern im Bewertungsprozess. Dadurch erfolgt die Quantifizierung der ÖSD in den einzelnen Modulen nicht ausschließlich auf Basis der vorhandenen Landnutzung.

Anhand der 14 derzeit in InVEST enthaltenen Module ist es möglich, eine Auswahl von ÖSD aus den Bereichen terrestrische sowie maritime Systeme biophysikalisch bzw. zum Teil auch ökonomisch zu bewerten. In ◘ Tab. 4.4 sind die sieben terrestrischen Module zur Beschreibung von Dienstleistungen und Gütern des Festlandes und Süßwassers dargestellt und entsprechenden ÖSD-Klassen zugeordnet.

Neben den einzelnen Endergebnissen der Module sind hierbei die Teilergebnisse bzw. Zwischenprodukte berücksichtigt. Diese lassen sich jedoch nicht in jedem Fall eindeutig den im ▶ Abschn. 3.2 vorgestellten ÖSD zuweisen. Eine Zuordnung der Module gemäß produktiver, regulativer oder soziokultureller ÖSD bzw. Wohlfahrtswirkungen findet nicht statt. In den Erläuterungen der einzelnen

Module und deren Hintergründe wird die Bedeutung im Einzelnen jedoch kurz angeschnitten. Eine Kategorisierung gemäß der Wohlfahrtswirkung ist auch deshalb nicht möglich, da einige der Module keine direkte Leistungsfähigkeit, Produkte oder Prozesse der ÖSD beschreiben, sondern Gefährdungen aufzeigen – also Auswirkungen auf die Funktionalität eines Raumes bei einer bestimmten vorliegenden Nutzung der Landschaft beschreiben (z. B. Sedimentrückhalt).

Die Programmiersprache aller aufgeführten Module ist Python, welche unter anderem für den Einsatz in ArcGIS vorgesehen ist. Dabei werden von den Anwendern für die Berechnung mittels InVEST grundsätzlich keine Kenntnisse in der Python-Programmierung gefordert, jedoch verlangt der Umgang mit den InVEST-Modulen grundlegende bis fortgeschrittene Kompetenzen im Umgang mit ArcGIS (Tallis et al. 2011). Des Weiteren bestehen Anforderungen an das System des verwendeten Computers. Zum Beispiel ist in der Systemsteuerung die Umstellung der Regions- und Sprachfunktion auf »Englisch (USA)« nötig. Dadurch wird die Abgrenzung der Dezimalstellen mittels Punkt festgelegt. Andernfalls drohen fehlerhafte Ergebnisse oder Abbrüche, weil die Modul-Skripte die Kommas der Eingangsparameter nicht erfassen und verarbeiten können. Weiterhin wird eine aktuelle ArcGIS-Lizenz – einige Module verlangen dabei die ArcInfo-Lizenzstufe – benötigt. Zusätzlich ist die ArcGIS-Erweiterung *Spatial Analyst* erforderlich. Neben der Installation schließt dies ebenso die Aktivierung des Add-In ein. Das Modul zur Bewertung der Bestäubung und alle Module zur Bewertung des maritimen Systems erfordern außerdem Python-Sammlungen, wie *Numeric Python, Scientific Library for Python, Python for Windows* und *Matplotlib* sowie für ArcGIS 9.3 die *Geospatial Data Abstraction Library*.

Die laufende Fortschreibung der einzelnen Module von InVEST soll zu einer stetigen Verbesserung in der Modellierung führen. In diesem Zusammenhang sind vom Anwender die steigenden Anforderungen an Hard- und Software zu berücksichtigen. Aktuell wird eine ArcGIS-Lizenz 9.3 bzw. 10 gefordert, deren Berechnungsalgorithmen in den Modulen von InVEST verwendet werden.

4

▢ Tab. 4.4   Terrestrische InVEST-Module zur Bewertung von ÖSD (Adaptiert nach Tallis et al. 2011; Stand Mai 2012)

InVEST-Modul	ÖSD	Indikatoren und Teilergebnisse/Zwischenprodukte	▶ Abschn. 3.2
Biodiversität	spezifische Habitatqualität	– allgemeine Habitatqualität – Beeinträchtigungsgrad der Habitate – Gefährdungsgrad Habitatverlust	R.11
Kohlenstoffspeicher und -fixierung	ökonomischer Ertrag aus Kohlenstoffspeicherung	– Kohlenstoffspeicher – Kohlenstofffixierung und -freisetzung – Volumen und Biomasse aus Waldbewirtschaftung	V.6; V.8; R.2; R.3
Wasserkraft	ökonomischer Ertrag durch Stromerzeugung aus Wasserkraft	– Wasserregeneration im Teileinzugsgebiet – Wasserertrag im Teileinzugsgebiet – Energieerzeugung im Einzugsgebiet	V.12; R.5
Wasserregeneration: Nährstoffretention	Kostenvermeidung durch Filtration von Nährstoffeinträgen	– Wasserregeneration im Teileinzugsgebiet – aufgenommene Nährstoffeinträge (kg) – zurückgehaltene Nährstoffe	R.5; R.6
Sedimentrückhalt	Kostenvermeidung bei Erosionsereignissen	– allgemeiner Bodenabtrag – zurückgehaltene Sedimente	R.7
Holzproduktion	ökonomischer Ertrag aus Waldbewirtschaftung	– Volumen und Biomasse aus Waldbewirtschaftung	V.6; V.8
Bestäubung	potenzieller Beitrag der Bestäuber für die Landwirtschaft	– potenzielle Bestäuberhabitate auf Grundlage von Nahrungs- und Nistplatzangeboten – potenzieller Beitrag der Bestäuber in der Landschaft aufgrund ihres Vorkommens	R.10

■ **Anwendungsbeispiel Landkreis Görlitz**

Im Rahmen von Projektarbeiten am Leibniz-Institut für ökologische Raumentwicklung (Projekt »Landschaft Sachsen 2050«, ▶ www.ioer.de/index.php?id=812) wurden fast alle terrestrischen sowie ein maritimes Modul von InVEST ausgewählt und auf ein Untersuchungsgebiet – den Landkreis Görlitz in Ostsachsen – angewandt. Dazu zählen die Wasserkraft, der Sedimentrückhalt, die ästhetische Qualität, die Biodiversität, die Kohlenstoffspeicherung, die Holzproduktion und die Bestäubung. Die meisten dieser Module basieren in der einfachsten Komplexitätsstufe von InVEST auf einer Matrix, in welcher den Landnutzungsklassen Parameter der durchschnittlichen Leistungsfähigkeit zugewiesen sind. Die Variablen können sowohl absolute Werte, wie Tonnen pro Hektar gespeicherter Kohlenstoff, annehmen, aber ebenso relative Werte abbilden, wobei der höchste Wert in der Regel 1 beträgt und alle übrigen Werte sich an diesem mittels Verhältnisbetrachtung orientieren. Entsprechend der Programmierung der einzelnen Module erfolgen unterschiedlich komplexe Berechnungen. Diese beginnen bei einer Übernahme der in den Matrizen festgeschriebenen Variablen für die Landnutzungsflächen, wie bei der Kohlenstoffspeicherung, und enden bei aggregierten, gepufferten, überlagerten Berechnungen (Biodiversität) oder Nachbarschaftsanalysen (ästhetische Qualität) mit geringer werdendem Einfluss, der allein auf die Landnutzung zurückzuführen ist. Im Ergebnis stehen entweder relative Werte zwischen 0 und 1, absolute Werte mit Kennwerten und/oder ökonomisierte Bewertungen der bereitgestellten ÖSD in Form von Rasterkarten und Tabellen.

Aus den oben aufgeführten InVEST-Modulen zur Bewertung von ÖSD wird im Folgenden auf das Modul Biodiversität und deren Berechnung für

Modell InVEST

Zur Anwendung des Szenario-Tools InVEST ist dieses im Vorfeld beim *Natural Capital Project* (www.naturalcapitalproject.org) herunterzuladen und zu installieren. Die Installation des Programms erweist sich als sehr nutzerfreundlich, da eine vollständige Ordnerstruktur mit allen Skripten und einem Übungsdatensatz – soweit die entsprechende Installationsdatei vor dem Download ausgewählt ist – entpackt wird. Neuanwender von InVEST profitieren von der strukturierten Datenbereitstellung, da sie ohne große Vorkenntnisse sowie

Hintergrundwissen das Programm öffnen und die Module testen können. Um InVEST für eigene Fragestellungen anzuwenden, müssen die Eingangsdaten entsprechend den beschriebenen Anforderungen der einzelnen Module für die jeweilige Untersuchungsregion angepasst werden. Teilweise sind diese Daten in frei verfügbaren Datenbanken unterschiedlicher Landesbehörden bzw. einzelnen Studien zu entnehmen. Für diese Daten ist das Format anschließend in Analogie der Demodaten anzupassen. Dabei gilt es, neben der Beachtung

der identischen Bezeichnung von Spaltenköpfen ebenso die Hinweise aus dem Handbuch bezüglich der Bezeichnung von Objekten und die allgemeinen Einschränkungen der Datenverwaltung in der Geoinformatik zu berücksichtigen. Weiterhin ist zu beachten, dass die Berechnungsdauer der Module von der Auflösung der Rasterdaten zu Beginn und am Ende der Modellierung abhängig ist. Zur Beschleunigung der Berechnung wird deshalb empfohlen, eine geringere räumliche Auflösung (Rasterzellengröße) zu wählen.

den Landkreis Görlitz näher eingegangen. Das Modul Biodiversität wird deshalb hier vorgestellt, da es sich durch hohe Komplexität auszeichnet, aber auch durch vielfältige Möglichkeiten, zusätzliche Parameter in der Berechnung zu berücksichtigen, weil der Biodiversität hohe Bedeutung zukommt und weil sie die Möglichkeit bietet, ein umfangreiches Thema in einer stark vereinfachten Form abzubilden.

Mithilfe des Moduls Biodiversität lassen sich zwei Bewertungen durchführen: die Habitatqualität und der Gefährdungsgrad eines Habitatverlustes. Letzterer beschreibt die gegenwärtige Abnahme der Fläche eines Habitats (in der Beispielsanwendung einer Landnutzung) gegenüber einem früheren Zeitpunkt innerhalb eines Raumes. Das tatsächliche Risiko oder die Folgen eines Habitatverlustes werden nicht bestimmt bzw. aufgezeigt.

Das gewählte Untersuchungsgebiet mit einer Fläche von ca. 2 106 km² liegt im Dreiländereck zur Republik Polen und zur Tschechischen Republik. Der Landkreis weist eine große Vielfalt an Naturräumen auf, die sich vom Tiefland bis ins Mittelgebirge erstrecken. Großflächige Veränderungen haben Braunkohle-Tagebaue und Rekultivierungsmaßnahmen gebracht. Bemerkenswert sind kulturhistorische Besonderheiten, wie die Volksarchitektur (Umgebindehäuser) und die Kultur der Sorben.

Seltene Arten, wie Fischotter, Kranich, Seeadler und neuerdings sogar der Wolf, finden hier geeignete Lebensräume. Die Region ist sowohl demographisch wie auch wirtschaftlich von einem starken Wandel betroffen (▶ Abschn. 4.3).

Durch das Aufrufen des ausgewählten Moduls aus der Toolbox von InVEST öffnet sich ein Eingabefenster. In diesem werden die Eingangsdaten und die Zielverzeichnisse der Ergebnisse festgelegt. Hierfür müssen die bestehenden Pfade auf die von InVEST mitgelieferten Beispieldaten durch eigene Daten über das Untersuchungsgebiet ersetzt werden. Die Grundlage der Eingangsdaten zur Abgrenzung von Habitaten bilden dabei Karten der Landnutzung bzw. -bedeckung, die auf Biotoptypen- und Landnutzungskartierungen (BTLNK) im Freistaat Sachsen von 1992 und 2005 basieren. Diese spiegeln eine Vielzahl von Nutzungsklassen wider. Zur Vereinfachung der Modellierung wurden deshalb jeweils die Klassen zu einer aggregierten BTLNK mit 25 Klassen (BTLNK_25) zusammengefasst und deren Inhalte in einem Raster mit einer Auflösung von 20 Metern abschließend bereitgestellt. Im Weiteren musste für jede Landnutzungsklasse ein relativer Habitatwert (Habitat) im Verhältnis zu den übrigen Klassen in einem Tabellenblatt festgelegt werden (◘ Abb. 4.15). Dabei liegen die Werte zwischen 0 (ungeeignet) und 1 (ideale Voraussetzung als Habitat). Als Grundlage für die Habitatwerte wurden im Fallbeispiel nicht-artspezifische Angaben nach Bastian und Schreiber (1999) verwendet. Darunter sind Parameter zu verstehen, die keine Habitatqualitäten spezifischer Arten oder Artengruppen (Offenland-, Waldarten oder Arten der Gewässer- und Feuchtstandorte) dokumentieren, sondern einzelnen Biotoptypen allgemeine Bewertungen hinsichtlich ihrer Bedeutung für den Arten- und Flächenschutz zuweisen.

Neben der Festlegung zur allgemeinen Habitatqualität einer jeden Landnutzung wurden landschaftszerschneidende Elemente bestimmt, welche diese Habitatqualität beeinträchtigen können. Im Einzelnen betrifft dies die Autobahnen, Bundes-, Staats-, Kreis- und Gemeindestraßen sowie die Bahntrassen, die für beide Betrachtungsjahre aus dem ATKIS-Basis-DLM im Maßstab 1:25 000 extrahiert und in ein Rasterformat überführt wurden. Die flächenhaften Beeinträchtigungen der zusätzlich berücksichtigten urbanen Räume und landwirtschaftlich genutzten Flächen basieren dagegen auf den Grenzen der BTLNK_25. Anhand einer Bewertung des Einflusses der aufgeführten Beeinträchtigungen auf die Habitatqualität der aufgezeigten Landnutzungsklassen wurde der Grad der Verschlechterung, der allein auf die jeweilige Beeinträchtigung zurückzuführen ist, zwischen 0 und 1 festgelegt (◘ Abb. 4.15). Der Wert 1 steht hierbei für die höchste Beeinträchtigung und der Wert 0 für keine oder keine wahrnehmbare Störung. Eine Landnutzung, die nicht als Habitat ausgewiesen ist (Habitat = 0), besitzt dementsprechend auch keine Koeffizienten der Verschlechterung aufgrund von Beeinträchtigungen.

Zuletzt wurden die Beeinträchtigungen anhand ihrer Reichweite in Kilometern, der Bedeutung gegenüber den übrigen Beeinträchtigungen zwischen 0 und 1 sowie dem Verlaufstyp der Beeinträchtigung mit zunehmender Entfernung von der Quelle charakterisiert. Letzterer wird unterschieden in 1 für linear und 0 für exponentiell. Die maximale Reichweite fußt auf den Erkenntnissen von Baier (2000), die übrigen Parameter wurden von den Autoren festgelegt.

Nach dem Abschluss und der Bestätigung der Dateneingabe startet die Berechnung. Die einzelnen Schritte werden dabei in einem separaten Prozessfenster protokolliert. Auf Basis der Angaben der Habitatwerte einzelner Landnutzungsklassen aus ◘ Abb. 4.15 erfolgt eine Reklassifizierung der Landnutzungskarten (H_j als allgemeine Habitatqualität). Parallel dazu findet ein Vergleich der Flächengrößen einzelner Landnutzungsklassen im Untersuchungsgebiet zwischen dem Zeitschnitt 2005 und dem Basisjahr 1992 statt (Gefährdungsgrad Habitatverlust). Dazu wird sich der Gleichung 4.1 bedient.

$$R_j = 1 - \frac{N_j}{N_{j\,Basisjahr}} \qquad (4.1)$$

R_j steht für den Grad des Flächenumbruchs der einzelnen Landnutzungen im Untersuchungsgebiet gegenüber dem Basisjahr; N_j definiert die Flächengröße einzelner Landnutzungen im Basisjahr bzw. dem Vergleichsjahr. Ist $N_j \geq N_{j\,Basisjahr}$, so ist $R_j \leq 0$ und wird als $R_j = 0$ ausgegeben, andernfalls liegt ein Flächenumbruch vor und R_j ist größer 0. Das Ergebnis der Berechnung wird als Grid ausgegeben, wobei die Werte des R_j auf jeweils alle Landnutzungsflächen der Gegenwart projiziert werden. Als Teilergebnis dieses Berechnungsschrittes lässt sich eine Karte der Flächenentwicklung der Landnutzungsklassen (ein sogenannter Gefährdungsgrad für Flächenumbruch) zwischen einem Basisjahr (hier 1992) und einem späteren Zeitschnitt (in der Beispielanwendung das Jahr 2005) darstellen.

In einem zweiten Schritt wird mithilfe der maximalen Reichweite und dem Verlaufstyp für jede Beeinträchtigung und jede Rasterzelle die Auswirkung auf ihre umliegenden Rasterzellen unter Berücksichtigung der Empfindlichkeiten einer jeweils vorliegenden Landnutzung (◘ Abb. 4.15) bestimmt. Die einzelnen Einflüsse einer jeden Beeinträchtigung auf die Rasterzellen werden anschließend zusammengefasst, wodurch sie die potenziellen Gefährdungen der Habitatqualität aufzeigen. Unter Beachtung der Gewichte der einzelnen Beeinträchtigungen werden zum Schluss die Gefahrenpotenziale aggregiert. Das Ergebnis der summierten Degradation (D_{xj} als Beeinträchtigungsgrad der Habitate) kann in Form einer Rasterkarte für das jeweilige Bezugsjahr dargestellt und verglichen werden.

Im letzten Schritt werden die durch Habitatwerte (H_j) reklassifizierten Landnutzungsklassen

OID	LULC	NAME	HABITAT	L_astr	L_bstr	L_sstr	L_kstr	L_gstr	L_urb	L_agra	L_bahn
0	0	unbekannt	0	0	0	0	0	0	0	0	0
1	11	Wohnflächen mit mittleren bis hohen Versiegelungsgrad	0,1	0	0	0	0	0	0	0	0
2	12	Flächen gemischter baulicher Nutzung (sehr hoher Vers.-grad)	0	0	0	0	0	0	0	0	0
3	13	Wohn- und Baugebiet mit geringen Versiegelungsgrad	0,3	0,2	0,2	0,1	0	0	0	0	0,2
4	14	Industrie und Gewerbe	0,1	0,1	0,1	0	0	0	0	0	0,1
5	15	Verkehrs- und Infrastruktur	0	0	0	0	0	0	0	0	0
6	20	Aufschüttung/Abgrabung	0,3	0,2	0,2	0	0	0	0	0	0,2
7	30	Freizeit und Erholung	0,4	0,2	0,2	0,1	0	0	0,2	0	0,2
8	40	Ackerfläche und Sonderkulturen	0,4	0,2	0,2	0,1	0	0	0	0	0,2
9	41	Ackerfläche	0,2	0,2	0,2	0,1	0	0	0	0	0,2
10	42	Sonderkulturen	0,6	0,1	0,1	0	0	0	0	0	0,1
11	43	Ackerbrache	0,4	0,1	0,1	0	0	0	0	0	0,1
12	50	Wiesen und Weiden	0,8	0,3	0,3	0,2	0,1	0,1	0,5	0,2	0,3
13	60	Waldflächen und Gehölze	0,9	0,1	0,1	0	0	0	0,2	0,2	0,1
14	61	Laubwald	0,9	0,1	0,1	0	0	0	0,2	0,1	0,1
15	62	Nadelwald	0,8	0,1	0,1	0	0	0	0,3	0,1	0,1
16	63	Mischwald	0,9	0,1	0,1	0	0	0	0,2	0,1	0,1
17	64	Kahlschläge und Aufforstungsflächen	0,7	0,1	0,1	0	0	0	0,3	0,2	0,1
18	65	Gehölze und Gebüsch	0,8	0,1	0,1	0	0	0	0,2	0,1	0,1
19	70	Wasserflächen	0,9	0,6	0,5	0,4	0,3	0,2	0,5	0,9	0,5
20	81	offene Bauflächen	0	0	0	0	0	0	0	0	0
21	82	Ruderalflur	0,7	0,2	0,2	0,1	0	0	0,2	0,1	0,2
22	91	Feuchtstandorte	0,9	0,5	0,4	0,3	0,2	0,1	0,2	0,5	0,4
23	92	Trockenstandorte	0,9	0,5	0,4	0,3	0,2	0,1	0,2	0,1	0,4
24	99	nicht vorhanden	0	0	0	0	0	0	0	0	0

Record: 1 Show: All Selected Records (0 out of 25 Selected) Options

LULC	Landnutzungskodierung
Habitat	Habitatqualität
L_astr	Beeinträchtigung durch Autobahn
L_bstr	Beeinträchtigung durch Bundesstraßen
L_sstr	Beeinträchtigung durch Staatsstraßen
L_kstr	Beeinträchtigung durch Kreisstraßen
L_gstr	Beeinträchtigung durch Gemeindestraßen
L_urb	Beeinträchtigung durch urbane Räume
L_agra	Beeinträchtigung durch landwirtschaftlich genutzte Flächen
L_bahn	Beeinträchtigung durch Eisenbahnstrecken

Abb. 4.15 Landnutzungsklassen, Habitatwert und Empfindlichkeit gegenüber Beeinträchtigungen (Screenshot aus der Beispielsanwendung von InVEST im Landkreis Görlitz)

sowie die Gesamtdegradation D_{xj} unter Einbindung der Halbwertskonstante k zur spezifischen Habitatqualität (Q_{zj}) als Index zusammengeführt (Gleichung 4.2). Die Halbwertskonstante wird dabei als halber Wert aus der maximalen Degradation im Untersuchungsgebiet abgeleitet. Der Exponent z entspricht dem Wert 2,5.

$$Q_{zj} = H_j\left(1 - \left(\frac{D^z_{zj}}{D^z_{zj} + k^z}\right)\right) \quad (4.2)$$

Als erstes Ergebnis aus der Modellierung der Biodiversität von InVEST wird der Gefährdungsgrad der Habitate (hier der Landnutzungsklassen) hinsichtlich ihrer Flächengröße ausgewiesen. Im Rahmen der Beispielsanwendung im Landkreis Görlitz zeigte sich, dass zwischen 1992 und 2005 insbesondere die Landnutzungskategorien Flächen der Aufforstungsgebiete, Ackerbrachen, Tagebau sowie Verkehrs- und Infrastrukturflächen von einer starken Flächenabnahme im Verhältnis zu ihrer jeweiligen Gesamtfläche im Basisjahr betroffen waren. Zudem

wurde im Untersuchungsgebiet eine Flächenabnahme für Wiesen und Weiden analysiert.

Im Weiteren wird das aggregierte Degradationspotenzial der Beeinträchtigungen für das Untersuchungsgebiet dargestellt. Die größten negativen Einflüsse werden danach im Randbereich urbaner Räume und entlang bedeutender Verkehrsachsen (Autobahn und Bundesstraßen) festgestellt. Die Gebiete dazwischen zeigen keine oder kaum wahrnehmbare Beeinträchtigungen auf. Gleiches ist für die urbanen Räume festzustellen, die im Untersuchungsgebiet aufgrund der im Modell nicht berücksichtigten Funktion als Habitat von keiner Beeinträchtigung betroffen sein können.

Auf dem Ergebnis der Degradation aufbauend und unter Berücksichtigung des gegebenen Habitatwertes einer jeden Landnutzung wird abschließend die spezifische Habitatqualität der einzelnen Rasterzellen abgebildet (Abb. 4.16). Danach lässt sich festhalten, dass vorwiegend im bewaldeten Norden gegenüber dem landwirtschaftlich stark geprägten Süden des Landkreises die höchsten Habitatwerte aufzufinden sind. Die geringsten Habitatwerte weisen die großen urbanen Räume flächenhaft sowie die Siedlungen entlang der Verkehrsachsen linienhaft auf. Ein Vergleich zwischen dem Basisjahr 1992 und dem Zeitschnitt 2005 ist anhand der Grauwert-Abstufung in der Karte (◪ Abb. 4.16, links bzw. rechts) kaum möglich, aber auch nicht gestattet, da sie auf verschiedenen Datengrundlagen basieren. Um die Habitatqualität beider Zeitschnitte vergleichen zu können, muss die Summe über alle Rasterzellen eines Jahres gebildet werden. Die Modellierung führt diese Berechnung automatisch durch und schreibt dessen Ergebnis in eine Log-Datei, in der ebenso alle Eingangsparameter protokolliert sind. Danach liegt die summierte Qualität für die 5 304 420 Rasterzellen des Basisjahres 1992 bei 2 857 030. Der Gesamtwert für 2005 wird mit 2 884 710 angegeben. Die Habitatqualität als Gesamtwert für den Landkreis Görlitz hat sich somit zwischen den beiden Bewertungsjahren geringfügig verbessert, obwohl räumlich differenziert auch großflächige Verschlechterungen in der Habitatqualität, z. B. aufgrund einer veränderten Landnutzung, festzustellen sind. Deren Umfang konnte aber durch andere Teilflächen im Untersuchungsgebiet vollständig kompensiert werden. Diese Herangehensweise gleicht auch den Ansätzen konventioneller Landschaftsplanung.

▪ Diskussion

Die Ergebnisse der Biodiversitätsanalyse mit InVEST bieten ein vereinfachtes Abbild der realen Habitatqualität im Untersuchungsgebiet an. Mit den Eingangsdaten von Bastian und Schreiber (1999) wurde für den Landkreis Görlitz versucht, mittlere Habitatwerte in Abhängigkeit vom Bioptyp zu berücksichtigen. Das Zwischenprodukt Degradationspotenzial (Beeinträchtigungsgrad der Habitate) zeigt die Herabstufung der Habitatqualität infolge ausgewählter infrastruktureller Beeinträchtigungen auf. Grundlegend wird in der Modellierung davon ausgegangen, dass sich die Einflüsse einzelner Beeinträchtigungen addieren. In der Realität kann deren Wirkung jedoch bedeutend höher liegen (Tallis et al. 2011). Zudem ist darauf zu verweisen, dass das Ergebnis nur ein Beispiel von vielen potenziellen Habitatqualitäten, in Abhängigkeit von der Auswahl und Berücksichtigung einzelner Beeinträchtigungen sowie der betrachteten Biotope/Arten, darstellt (Nelson et al. 2008, 2009).

Die Untersuchung des Gefährdungsgrades eines Habitatverlustes erscheint aufgrund der Art und Weise der räumlichen Verortung kaum zielführend. Dabei ist die Berücksichtigung der Flächenumbrüche in der Biodiversitätsanalyse als durchaus sinnvoll zu erachten. Dazu würde aber auch eine einfache Übergangsmatrix zwischen den einzelnen Landnutzungen ausreichen. Die aktuelle Darstellungsform ist jedoch als sehr kritisch anzusehen. Flächentypen, die keine absolute Flächenabnahme oder sogar einen absoluten Flächenzuwachs für das gesamte Untersuchungsgebiet verzeichnen, weisen danach keinen Gefährdungsgrad auf. Darunter fallen auch Landnutzungen, die in einem Teil des Untersuchungsgebietes bilanzierten Flächenverlusten unterliegen, welche aber in einem anderen Teil des Untersuchungsgebietes durch bilanzierte Flächenzunahmen der entsprechenden Landnutzung vollständig kompensiert werden.

Wie anhand der Biodiversitätsanalyse aufgezeigt, weist InVEST durch die zum Teil noch geringe Komplexität der einzelnen Module eine leichte Bedienbarkeit auf, sofern zumindest Grundkenntnisse im Umgang mit Geoinformationssystemen vorhanden sind. Mittels der Ergebnisse lassen sich erste vereinfachte Zusammenhänge zwischen der Landnutzung und der Biodiversität bzw. ÖSD darlegen (Polasky et al. 2008; Daily et al. 2009; Nelson et al. 2009; Tallis und Polasky 2009). Dabei ist der Fokus eher auf die ÖSD, kombiniert aus Angebot und Nachfrage, als auf biophysikalische Prozesse gerichtet. Nach aktuellem Entwicklungsstand der Modelle kann im Einzelfall für eine produzierte Einheit oder einen spezifischen Prozess ein ökonomischer Wert zugewiesen werden, welcher für das Untersuchungsgebiet als Bewertungsgrundlage dient. Somit ist es möglich, die ÖSD trotz räumlich getrennter Orte der Bereitstellung einer Dienstleistung und deren Nachfrage angemessen zu bewerten. Der an der Nachfrage orientierte Ansatz wird jedoch noch nicht für alle in InVEST enthaltenen Modelle angeboten. Ebenso ist zu berücksichtigen, dass beispielsweise bei nicht vorhandenem Wasserspeicher auch keine Dienstleistung der Energieerzeugung (Modul Wasserkraft) bereitgestellt

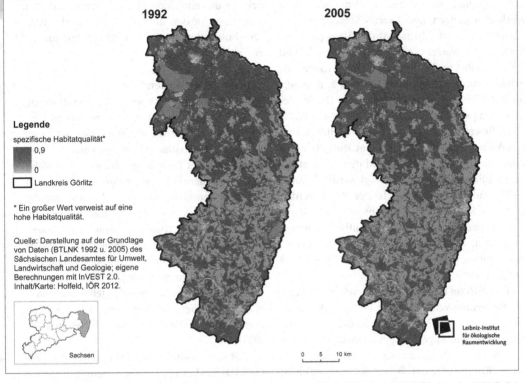

◻ Abb. 4.16 Ergebnis der Bewertung der ÖSD-Habitatqualität für den Landkreis Görlitz mit InVEST für die Jahre 1992 (links) und 2005 (rechts) (Abb. in Farbe unter www.springer-spektrum.de/978-8274-2986-5)

werden kann. Die Modellierung mittels abgestufter Komplexitätsgrade, die auf bestehenden Ansätzen spezifischer Modellierungen der Landschaftsfunktionen – wie z. B. SWAT oder USLE – basieren (Tallis und Polasky 2009), erlaubt es, sich bei der Wahl der Modellkomplexität an der Datenverfügbarkeit bzw. der Nutzergruppe zu orientieren. Während die einfachen Modelle zu einer besseren Verständlichkeit der Zusammenhänge der ÖSD beitragen, sollen die komplexeren Modelle der Abschätzung der genau bemessenen Dienstleistungen dienen. Einhergehend mit dem angestrebten Ausbau der Module unter Einbeziehung weiterer Parameter erhöht sich der Anspruch an die Bereitstellung von Daten sowie an die Bedienbarkeit von InVEST (Tallis und Polasky 2009). Daher wäre die Bereitstellung von Daten bzw. von Datenquellen in einer zentralen Datenbank für unterschiedliche Untersuchungsregionen wünschenswert, um den Aufwand der Recherche zu minimieren.

Aufgrund des Bezuges zu ArcGIS lassen sich die Ergebnisse räumlich sowohl groß- wie auch kleinmaßstäbig abbilden (Daily et al. 2009). Hierfür ist jedoch entscheidend, dass ausreichend spezifische sowie differenzierte Informationen als Eingangsdaten für ein Untersuchungsgebiet vorliegen. Ebenso ist zu beachten, dass die Größe des Untersuchungsgebietes von der zu betrachtenden ÖSD abhängt (Tallis und Polasky 2009). Danach sind z. B. auf Wasser beruhende Dienstleistungen oder die Bestäubung eher auf lokaler Ebene von größerer Bedeutung (▸ Abschn. 3.3), während klimaregulierende Prozesse einer globalen Betrachtung bedürfen.

Neben kartographischen Ergebnissen können Resultate auch in Tabellenform ausgegeben werden. Für eine professionelle Nutzung, wie etwa bei der Entwicklung detaillierter Wasser- sowie Landschaftspläne oder für Umweltverträglichkeitsprüfungen, sind die gegenwärtigen Ergebnisse jedoch nicht geeignet, da zahlreiche Funktionen und Wechselwirkungen noch vernachlässigt werden (Tallis et al. 2011). Ebenso ist die Abwägung von Kosten und Nutzen verschiedener Module von InVEST selbst in den Reihen der Entwickler umstritten bzw. lassen sich die ÖSD, wie z. B. Biodiversität, nicht ökonomisch darstellen. Die Monetarisierung steht auch deswegen in der Kritik, da deren Bewertung von räumlichen, zeitlichen und soziokulturellen Aspekten abhängt, die in InVEST jedoch noch nicht entsprechend den Erkenntnissen so differenziert berücksichtigt werden können (Tallis und Polasky 2009). In der Regel werden für jede ÖSD-Bewertung durchschnittliche Parameter verwendet, die je nach inhaltlich zu untersuchendem Aspekt sowie Maßstab des Untersuchungsraumes die Aussagekraft des Ergebnisses einschränken.

Das *Natural Capital Project* bietet mit InVEST ein Bewertungsverfahren mit großem Potenzial, aber aktuell in der Modellierung noch vorhandenen Schwächen. Allgemein gilt als positive Anwendererfahrung festzuhalten, dass trotz der teilweise hohen Komplexität der Berechnungsalgorithmen InVEST als *Open-Source*-Modell angeboten wird. Der offene Umgang erlaubt auch den weniger erfahrenen Programmierern, die Berechnungsschritte nachzuvollziehen. Durch die offene Entwicklungsarbeit der einzelnen Module ist gewährleistet, dass jeder Experte aber ebenso Laie Vorschläge zur Verbesserung der Modellierung unterbreiten kann. Gleichzeitig wird durch die kostenfreie Bereitstellung eine schnelle Verbreitung und Weiterentwicklung von InVEST gefördert. Der Nachteil der stetigen Weiterentwicklung der Module besteht darin, dass sich die Entwickler immer an den neuesten ArcGIS-Versionen von ESRI orientieren, um die neuesten *Features* aus ArcGIS einbinden zu können. Damit einhergehend werden erhöhte Systemvoraussetzungen der Hardware gefordert, aber ebenso die neuesten ArcGIS-Lizenzen.

Allgemein ist trotz der aufgezeigten Kritik und der vorhandenen Schwächen zusammenfassend festzuhalten, dass InVEST eine beachtenswerte Methode darstellt, um klein- sowie großräumig ÖSD zu bewerten und unterschiedliche Regionen zu vergleichen, vor allem weil der Parametrisierungsaufwand aktuell noch gering und die Handhabung der einzelnen Module relativ einfach ist. Allerdings müssen die Modellierungsschritte und -ergebnisse stets kritisch geprüft werden, um nicht zu Fehlschlüssen zu gelangen.

Fazit zur Modellanwendung

Modellierungen bieten interessante Möglichkeiten, ÖSD zu analysieren und zu bewerten. Dabei können sowohl der bereits erfolgte Landschaftswandel als auch Szenarien zukünftiger Entwicklungen Gegenstand der Bewertung sein. Auf diese Weise lassen sich den Entscheidungsträgern, wie auch der betroffenen Bevölkerung, Zusammenhänge und Wechselwirkungen ihres Handelns aufzeigen. Dadurch wird die Wissensvermittlung und Kommunikation hinsichtlich der Bedeutung von ÖSD gestärkt. Die bereits in vielfacher Ausführung vorhandenen Ansätze zur Bewertung von ÖSD zielen meist auf unterschiedliche Fragestellungen inhaltlicher, räumlicher und/oder zeitlicher Art ab und zeigen noch deutliche Defizite auf (Nelson et al. 2009).

Mit InVEST wird zurzeit ein Instrument entwickelt, das den bestehenden Anforderungen an eine ÖSD-Bewertung nahekommt. Im Unterschied zu Burkhard et al. (2009) und Koschke et al. (2012), die bereits eine ganzheitliche Betrachtung der ÖSD innerhalb abgegrenzter Räume erlauben, werden bei dem Ansatz neben der Landnutzung auch weitere biotische und abiotische Parameter beachtet, deren Berücksichtigung jedoch noch am Anfang steht und ausbaufähig ist, um differenzierte Betrachtungen der ÖSD zuzulassen (Nelson et al. 2009). Neben der Weiterentwicklung der Berechnungsalgorithmen in den Modellen sind vor allem besser strukturierte Zugänge zu quantifizierbaren Daten aufzubauen, da deren Verfügbarkeit bisher noch deutlich eingeschränkt ist. Gleichzeitig bedarf es der Entwicklung von Methoden, die es erlauben, die häufig einzeln betrachteten ÖSD miteinander zu vergleichen und abzuwägen sowie deren Ergebnisse zu kommunizieren (Holfeld et al. 2012).

4.5 Kommunikation über ÖSD

K. Anders

4.5.1 Bedeutung von Kommunikation

In den letzten Jahren hat sich mit der Nachhaltigkeitskommunikation ein ganzes Forschungsfeld gebildet, das die Möglichkeiten von Kommunikation über Umweltthemen betrachtet. Es umfasst einen weiten Gradienten an Fragen, die fachlich differenziert nach theoretischen Grundlagen, methodischen Ansätzen und praktischen Anwendungsbereichen bearbeitet worden sind (Michelsen und Godemann 2005). Hier können nur einige systematische Entscheidungen verfolgt werden. Grundsätzlich gilt: Ohne Kommunikation ist eine gesellschaftliche Geltung ökologischer Fragen undenkbar. Nur durch Kommunikation werden die relevanten Informationen in den sozialen Systemen überhaupt selektiert, mitgeteilt und verstanden. Kommunikation ist deshalb der für soziale Systeme entscheidende Prozess gesellschaftlicher Autopoiesis, d. h. dass sie sich durch Kommunikation selbst produzieren und reproduzieren (im Anschluss an Luhmann für dieses Themenfeld z. B. präzise gefasst von Schack 2004).

Dabei lässt sich jedoch nur bedingt beeinflussen, wie dieser Prozess tatsächlich vonstattengeht (Ziemann 2005). Die Machbarkeit von Kommunikation wird landläufig überschätzt, das Verständnis von Kommunikation wird oft mechanistisch auf ein mehr oder weniger kompliziertes Verhältnis von Sender und Empfänger reduziert. Der heute verbreitete Sprachgebrauch »Ich kommuniziere dieses und jenes« unterstellt fälschlicherweise sogar die Möglichkeit, Kommunikation ohne Gegenüber zu stiften. Aus der Schwierigkeit, Kommunikation zu beherrschen, lässt sich aber wiederum nicht ableiten, dass sie grundsätzlich nicht gestaltbar ist. Vielmehr können sich aus der eigenen Rolle als Teilnehmer an einem Kommunikationsprozess durchaus Chancen ergeben, Argumente, Positionen und Urteile geltend zu machen. Um für sehr verschiedene Anwendungsfelder (von der Werbung bis zum Diskurs) Spielräume für die gesellschaftliche Geltung von ÖSD zu ermitteln (also davon ausgehend,

dass Kommunikation trotz ihrer Eigendynamik ein gestaltbarer Prozess ist; Schack 2004), müssen die mit dem Begriff »Ökosystemdienstleistungen« verbundenen Intentionen zunächst genauer betrachtet werden.

4.5.2 »Ökosystemdienstleistungen« als Sammelbegriff in kommunikativer Absicht

Das Konzept der »Ökosystemdienstleistungen« beruht auf einer äußerst großen Anzahl an verschiedenen Eigenschaften von Ökosystemen und Landschaften. Die zunächst rein summarische Systematik von Versorgungs-, Regulierungs- und soziokulturellen ÖSD (▶ Abschn. 3.2) folgt keiner wissenschaftlichen (analytischen oder systematischen) Notwendigkeit, sie soll vielmehr gewährleisten, dass asymmetrische Prozesse und Perspektiven innerhalb einer thematischen Klammer öffentliche Aufmerksamkeit erlangen. Eine ähnliche Strategie ließ sich Jahre zuvor auch am Konzept der biologischen Vielfalt beobachten, bei dem genetische Diversität, Artenvielfalt und landschaftliche Vielfalt zusammengefasst wurden, ohne dass das Verhältnis dieser verschiedenen Ebenen geklärt war. Wilson und Piper (2010) charakterisieren den Sprachgebrauch der ÖSD »*as a route to better understanding their importance and also of improving their protection*« (ein Weg zum besseren Verständnis ihrer Wichtigkeit und auch zur Verbesserung ihres Schutzes).

Folglich wird in unterschiedlicher Weise von »Dienstleistung« gesprochen und der Begriff weit gedehnt. Das räumen auch die Autoren des Millennium Ecosystem Assessment ein: »*The condition of each category is evaluated in somewhat different ways, although in general a full assessment of any service requires consideration of stocks, flows, and resilience of the service*« (MEA 2005a, S. 29). Während der Begriff z. B. bei Versorgungsfunktionen noch relativ nahe am Sprachgebrauch einer Leistung (für den Menschen) orientiert bleibt (der darin enthaltene Anthropomorphismus wird pragmatisch gerechtfertigt), müssen kulturelle Dienstleistungen eher im Beziehungsgefüge zwischen Mensch, Natur und Landschaft angesiedelt werden (MEA 2005a;

Freese und Anders 2010). Regulierungsleistungen wiederum betreffen zunächst die Selbstorganisationsfähigkeit des Ökosystems, der Vorteil für den Menschen ist also indirekt.

Dies führt zu Schwierigkeiten bei der Operationalisierung: Verschiedene unter ÖSD zusammengefasste Prozesse sind in den jeweiligen Landschaften in sehr unterschiedlicher Qualität vorzufinden, woraus ein Problem der Bewertungskriterien resultiert. Es gibt ÖSD, die prinzipiell unbegrenzt erbracht werden können (z. B. Bodenbildung) während andere unzweifelhaft Prinzipien der Nachhaltigkeit verletzen, wenn man bei ihrer Aktivierung nicht Maß hält. Oft werden die einen Dienstleistungen auch auf Kosten anderer erbracht (Trade-offs; Stallmann 2011, ▸ Abschn. 3.1.2 »Trade-offs, Grenzwerte, Triebkräfte und Szenarien«), woraus sich methodisch bislang ungelöste Abwägungsanforderungen ergeben, sobald das Konzept in Planungszusammenhängen genutzt werden soll. Man muss aus dieser Reihe an Ungenauigkeiten an Luhmanns Urteil über die ökologische Kommunikation in den Wissenschaften denken (◘ Abb. 4.17):

>> Die Unbekümmertheit in der Wortwahl und das mangelnde Gespür für folgenreiche Theorieentscheidungen sind eines der auffälligsten Merkmale dieser Literatur – so als ob die Sorge um die Umwelt die Sorglosigkeit der Rede darüber rechtfertigen könnte (Luhmann 2008, S. 8). «

Es verdiente eine genauere Untersuchung, ob ÖSD Teil diskursiver Rahmungen oder Deutungsmuster (wie z. B. von Brand und Jochum 2000 geschildert) geworden sind, ob sich also beispielsweise die Erwartung, Aspekten des Natur- und Ressourcenschutzes zu einer besseren Geltung zu verhelfen, erfüllt hat.

Die Attraktivität des Konzepts innerhalb der Umweltwissenschaften, Ökonomie und Finanzwelt sowie der Politik scheint jedenfalls immer noch zuzunehmen, was jedoch nicht mit einer höheren Geltung der damit bezeichneten Prozesse verwechselt werden darf. Es ist durchaus möglich, dass sich die Bezeichnung »Ökosystemdienstleistungen« etabliert, ohne dass dies Folgen für die gesellschaftlichen Umweltverhältnisse hat.

4.5.3 Politik und Markt statt Kommunikation?

Der Kommunikationsbegriff selbst spielt im Millennium Ecosystem Assessment keine Rolle, die Wissenschaft versteht sich hier vielmehr selbst als kommunizierender Akteur, ihr Zielsystem ist die Politik. Die Zusammenfassung der Studie für »Entscheidungsträger« thematisiert zwar Partizipation und Transparenz als Anforderungen an eine Politik der »Ökosystemdienstleistungen«, dies allerdings lediglich als Erfordernis des Managements, nicht als konstituierendes Moment von gesellschaftlicher Kommunikation (MEA 2005b). Auch einen theoretisch verankerten Öffentlichkeitsbegriff sucht man bisher in der Debatte über ÖSD vergeblich. Hin und wieder sind lediglich Verweise auf den Nutzen öffentlich verfügbarer Informationen zu finden (Ruhl et al. 2007), was auch grundsätzlichen Forderungen nach Transparenz z. B. von Planungsprozessen entspricht. Der Grund für diese systematische Blindheit mag in einem ökonomischen Kalkül liegen: Im Gegensatz zur »Tragödie der Gemeingüter« (Allmende) wird die Tragödie der »Ökosystemdienstleistungen« nicht als ein Problem der Überkonsumtion, sondern als eines der Unterproduktion begriffen (Ruhl et al. 2007).

Damit erscheint die gesellschaftliche Anerkennung von ÖSD allein durch die Schaffung von Marktbedingungen für eben diese in greifbare Nähe zu rücken. Kommunikation wird also nicht ausgeschlossen, vielmehr wird angenommen, für ökologische Fragen ließe sich das bereits erfolgreich etablierte symbolisch generalisierte Kommunikationsmedium Geld nutzen. Über die Erfolgsaussichten dieser Idee soll hier nicht geurteilt werden. Allerdings ist die Identifikation und Anerkennung ökologischer Prozesse als Dienstleistungen und die Herausbildung entsprechender Märkte wiederum nur durch Kommunikation zu erreichen, d. h. das Medium Geld lässt sich nicht durch eine bloße Behauptung auf ökologisches Planen und Handeln übertragen. Die Autoren des Millennium Ecosystem Assessments gehen offenbar davon aus, dass nur die Politik von der Plausibilität ihrer Argumentation überzeugt werden muss, um entsprechende Gesetze und Regeln zu schaffen. Büscher und Japp (2010) weisen in diesem Zusammenhang darauf hin, »dass in den aktuellen öffentlichen Debatten

Abb. 4.17 Ein Regal mit zweierlei Honig stellten die Künstler Christiane Wartenberg und Robert Lenz bei der Tagung der International Association for Landscape Ecology (Sektion Deutschland) im Jahr 2010 in Nürtingen aus. In den einen Gläsern fand sich echter Bienenhonig, etikettiert mit genauen Angaben zum jeweiligen Ort, an dem er erzeugt wurde, sowie zu den damit verbundenen landschaftlichen Entwicklungsfragen. Daneben fand sich »Kunsthonig« – Gläser mit Kaltnadelradierungen der gebräuchlichen Begriffe in der Umweltforschung (von »Akzeptanz« bis »invasive Art«). Was in dieser Kunstinstallation auseinandergehalten wird – Potenziale des Naturraums, Ansprüche der Nutzung und Begriffe der wissenschaftlichen Forschung –, sollte auch in der Debatte über »Ökosystemdienstleistungen« sorgfältiger getrennt werden. © Kenneth Anders

über Problemlösungen hinsichtlich einer »Ökologischen Krise« soziologische Argumente keinerlei Rolle spielen. Die Rettung der Welt wird sozusagen ohne Vorstellungen von »Gesellschaft« betrieben.«

4.5.4 Kommunikationsanstrengungen als Gestaltungsansätze der Umweltwissenschaften

Um in der Folge trotz dieser bisher ungeklärten Fragen einige Aussagen treffen zu können, wird im Sinne eines berechtigten Wunsches nach Gestaltung von Kommunikation von Kommunikationsanstrengungen gesprochen. Unter einer Kommunikationsanstrengung soll der Versuch verstanden werden, wissenschaftliche Erkenntnisse in Bezug auf die Bedeutung von Ökosystemen für den Men-

schen außerhalb des Wissenschaftssystems geltend zu machen. Hierbei ist ein sich veränderndes Selbstverständnis in der Umweltforschung spürbar, die in den letzten Jahren ihre Kommunikationsanstrengungen massiv verstärkt hat: Heute wird oft erwartet, dass die Umweltwissenschaftler im Angesicht allgemeiner Unsicherheit weniger einzelne Erkenntnisse in den Diskurs einbringen, sondern mit der Politik in einen Austausch über die Gewichtung ökosystemarer Zusammenhänge treten und dabei eine avantgardistische Rolle einnehmen (in diesem Kontext ist das Wort »pro-aktiv« in Mode gekommen).

Dass dieses neue Selbstverständnis auf einer realistischen Analyse der Möglichkeiten von Wissenschaft beruht, würde ein Autor wie Luhmann bezweifeln, denn es »[…] kommt auf andere Funktionssysteme die Aufgabe zu, Brauchbares und Unbrauchbares zu sortieren« (Luhmann 2008, S. 108). Genau dieser Schritt zum Handeln wird denn auch in der Regel nur unvollständig vollzogen (Bechmann und Stehr 2004), was wiederum kein Zufall ist, denn die Forschung läuft schließlich durch die Konstruktion »konsensualen Wissens« (Bechmann und Stehr 2004, S. 30) Gefahr, sich durch die Preisgabe ihres eigenen Mediums (nach dem Informationen anhand von wahr/unwahr selektiert werden) selbst als Teilsystem zu schwächen. Mit anderen Worten: Das Kerngeschäft der Wissenschaft ist die Frage, ob eine Aussage stimmt oder ob sie nicht stimmt. Verlässt man dieses Kerngeschäft, kann der Boden schwankend werden. Um in dieser Falle zu bestehen, müssen Wissenschaftler letztlich in zwei Rollen auftreten – als Kommunizierende im Nachhaltigkeitsdiskurs und als Kommunizierende im Wissenschaftssystem. Ein gutes Beispiel ist der Stern-Report *The Economics of Climate Change* (Stern 2007), in dem vor allem im Hinblick auf die Konsequenzen gestörter klimatischer Regulierungsfunktionen aus der Wissenschaft trotz eines hohen Maßes an Unsicherheit eine politische Agenda entwickelt wird, die vom Emissionsrechtehandel bis zur Reduzierung der Entwaldung und gezielter Klimaanpassung reicht.

Kuckartz und Schack (2002) haben darauf hingewiesen, dass die Zwecke von Umweltkommunikation einen weiten Gradienten umfassen, der nicht hinreichend reflektiert wird: Der Versuch, Akzeptanz für Gesetze zu erreichen oder ökologische Produkte anzupreisen, zieht völlig andere Konsequenzen nach sich als angestrebte Verhaltensänderungen oder sogar der Anspruch, Menschen zu befähigen, sich selbst in komplexen Fragen unseres ökologischen Handelns zu orientieren: Im einen Fall herrschen Öffentlichkeitsarbeit (*Public Relation*) und Werbung, im zweiten Fall dagegen die Bildung. Diese Vielfalt gilt auch für die Kommunikation über ÖSD. Im Folgenden werden deshalb einige mehr oder weniger etablierte Formen wissenschaftlicher oder planerischer Kommunikationsanstrengungen im Hinblick auf ihre Eignung diskutiert, gesellschaftliche Resonanz für bestimmte ÖSD zu erzeugen.

▪ Klassischer Wissenstransfer

Wissenstransfer soll eine elementare Brücke zwischen der Wissenschaft und anderen Systemen schlagen, indem die Ergebnisse der Forschung im Wortsinne »veröffentlicht« werden, also einer über Fachkreise hinausgehenden Kommunikation verfügbar gemacht werden. Auch in diesem Bereich wurden die Anstrengungen der Umweltforschung und -planung in den letzten Jahren massiv verstärkt. Der Anspruch, Wissensdefizite zu beheben (z. B. Schmidt et. al. 2010) ist angemessen, weil die Bereitstellung und Verfügbarmachung von hinreichenden Informationen letztlich Kommunikation ermöglicht (wenn sie auch noch keine Kommunikation ist). Totalitäre Systeme verweigern aus genau diesem Grund die Preisgabe von Informationen, da sie die Folgen in der öffentlichen Kommunikation nicht steuern können. Über den Begriff der Öffentlichkeitsbeteiligung in der Planung (Schmidt et al. 2010) hinausgehend müsste man, der partizipativen Intention der Autoren folgend, davon sprechen, dass durch Kommunikation Öffentlichkeit erst gebildet wird und dass eben hierin eine Aufgabe von Planungsprozessen besteht. Die Kommunikationsanstrengung realisiert sich hier darin, dass Informationen bereitgestellt werden, man weist also Funktionen von Ökosystemen nach, die für Menschen unerlässlich sind bzw. deren Verlust von allgemeinem Interesse sein sollte. In dieser Rolle können Umweltwissenschaftler durchaus eine engagierte Rolle einnehmen, ohne ihr eigenes Terrain zu verlassen. Dies betrifft die Darstellung ökosystemarer Zusammenhänge wie Bodenbildung, Wasserrückhalt oder wichtiger Nahrungsketten (Regulationsdienstleistungen) ebenso wie Erkenntnisse zur Land- und Wassernutzung (Versorgungsdienstleistungen) oder Beschreibungen des Beziehungsreichtums von Mensch und Landschaft (soziokulturelle Dienstleistungen).

In allen diesen Fällen von Wissenstransfer sind weniger professionelle Marketingstrategien oder Kampagnen erforderlich, sondern vor allem klare Aussagen und eine allgemein verständliche Sprache, die in eben dieser Klarheit gründet. Es gibt hierzu hinreichend historische Vorbilder, in denen Umweltwissenschaftler direkt Informationen vermittelt und auf eine aggregierte Aufbereitung durch »Kommunikationsprofis« aus guten Gründen verzichtet haben. Der Wissenstransfer ist traditionell in hoher Qualität unter dem Leitmotiv »Wohlfahrtswirkungen« erfolgt (z. B. Albert 1932; Hornsmann 1958; Altrogge 1986). Das Unbehagen an dieser klassischen Rolle der Wissenschaft wird hin und wieder als Enttäuschung über die gesellschaftliche Wirkung beschrieben. Es gibt hiervon zwei Spielarten: Während z. B. Barkmann und Schröder (2011) auf eine fehlende Aufnahme wissenschaftlicher Erkenntnisse in der Gesellschaft zielen, gehen zahlreiche andere Autoren davon aus, dass das Umweltwissen grundsätzlich ausreichend sei, es aber an Verhaltenskonsequenzen mangele (z. B. Wehrspaun und Schoembs 2002). Tatsächlich lässt sich aus der Haltung des klassischen Wissenstransfers nicht gewährleisten, dass das bereitgestellte Wissen auch gesellschaftlich genutzt wird. Im Sinne des einführend dargelegten Begriffs gesellschaftlicher Kommunikation muss allerdings gefragt werden, inwiefern eine solche Gewährleistung überhaupt zu erzwingen ist.

- **Wissenstransfer in transdisziplinären Zusammenhängen**

Jenseits der »klassischen« Domäne des Wissenstransfers – im Kontext von Transdisziplinarität, also eines im Hinblick auf die genutzten Methoden und sogar im Hinblick auf die konkreten Forschungsfragen teilweise offenen Prozesses – bestimmen wiederum konzeptionelle Defizite das Bild (ein Systematisierungsansatz bei Jenssen und Anders 2010). Wissenstransfer wird zwar zu Recht im Hinblick auf veraltete Modelle eines Verhältnisses von Sender und Empfänger kritisiert (Karmanski et al. 2002), jedoch fehlen in den meisten Forschungsprozessen dialogische Arbeitsweisen, in denen landschaftsprägende Akteure die Möglichkeit haben, die Relevanz des produzierten Forschungswissens zu gewichten und ihre eigenen Wissensformen (also auch ihr Verhältnis zu verschiedenen ÖSD) ins Spiel zu bringen. Unter Bedingungen der Transdisziplinarität wird Wissenstransfer also zu einer aktiven Kommunikationsaufgabe, d. h. die Wissenschaftler müssen sich auf die vorhandene Heterogenität von Wissen einlassen und ihre eigene Arbeit den daraus folgenden Geltungskonflikten aussetzen (◘ Abb. 4.18). Auch aus Qualitätsgründen werden die Auseinandersetzungen notwendig, denn wo

Vertreter verschiedener Disziplinen und Praxisfelder aufeinanderstoßen, können die eingebrachten fachlichen Standards schlecht kontrolliert werden, sodass geltendes Wissen nur durch intensive und kritische Diskussionen selektiert werden kann. Im Hinblick auf ÖSD bedeutet dies, jene Widersprüche zuzulassen, die sich aus der Tatsache ergeben, dass Landschaften gleichzeitig genutzt, genossen und geschützt werden. Die Umweltwissenschaften können sich also nicht *per se* als Anwalt der verschiedenen ÖSD verstehen. Der appellative Gestus des Millennium Ecosystem Assessments gleitet in solchen Prozessen an der Wirklichkeit ab, Umweltwissenschaftler müssen ihre Rolle im Kommunikationsprozess vielmehr möglichst sauber definieren, d. h. sich entweder auf die relativ passive Haltung des »klassischen Wissenstransfers« zurückzuziehen (und die Eigendynamik der Kommunikation hinzunehmen) oder sich selbst den Widersprüchen auszusetzen, die sich aus der sozialen, ökonomischen und ökologischen Dimension der Nachhaltigkeit (in der Landschaft) tatsächlich ergeben. Dass Letzteres nur selten geschieht, resultiert aus einem Verständnis, nach dem Wissen lediglich in den Wissenschaften monopolisiert ist und nichtwissenschaftliche Perspektiven keinen Wissensstatus beanspruchen können, sondern vielmehr lediglich als Identität, Gewohnheit, individuelle Erfahrung, Interesse oder Befindlichkeit beschrieben werden. Die nun verbleibende Kommunikation wird als Mittel der Erzeugung von Akzeptanz oder Konsens verstanden (kritisch dazu Adomßent 2004), rückt also wiederum nahe an das eingangs geschilderte mechanistische Verständnis.

- ***Social Marketing* und Berücksichtigung von Lebensstilen im Hinblick auf das Konsumverhalten**

Ein in Deutschland verbreiteter Ansatz, Nachhaltigkeitsthemen zu gesellschaftlicher Geltung zu verhelfen, ist das *Social Marketing* (z. B. Buba und Globisch 2009). Auch für verschiedene ÖSD können die hier entwickelten Methoden genutzt werden. Beispielsweise könnte ihre Anerkennung für den Bereich der Landwirtschaft dadurch erfolgen, dass nicht die Landwirte als Versacher nachlassender biologischer und landschaftlicher Diversität betrachtet werden, sondern die Verbraucher selbst

4

*Totholz
im Wald ist
Mist,
die reine
Parasitenzucht.*

Der Kampf
um die Rohstoffe
hat begonnen.

**Naturnahe artenreiche
Wälder – wenn es die
nicht mehr gibt,
vergessen wir, wie
der Wald aussieht
und nehmen
Kiefernmonokulturen
auch als Wald hin.**

Die

Kiefer

ist

der

märkische Brotbaum.

▣ Abb. 4.18   Schon vier Positionen zur Waldentwicklung deuten die Widersprüche an, in denen man angesichts von ÖSD agieren muss, wenn man über sie kommunizieren will. In der Landschaftswerkstatt Schorfheide-Chorin, realisiert zwischen 2006 und 2009 als Teil des BMBF-Forschungsverbundes»Nachhaltige Entwicklung von Waldlandschaften im Nordostdeutschen Tiefland« (NEWAL-NET), waren es über 100 solcher Positionen. Gelingt es, in diese Vielfalt eine Ordnung zu bringen und Spielräume dafür zu schaffen, bisher unbeachteten Aspekten zur Geltung zu verhelfen, ist viel gewonnen

(Adomßent 2004) – jedenfalls solange die Landwirte keine Möglichkeit haben, Praktiken zur Erhaltung dieser Vielfaltsformen auf dem Markt zu finanzieren. Vielfalt wird also als (zu schaffendes) Produkt und nicht mehr als (gegebenes und gefährdetes) Gut betrachtet, und dadurch kann es zum Gegenstand von Marketing werden.

Gegenüber der sozialwissenschaftlichen Analyse umweltrelevanter Konsumgewohnheiten und der ihnen zugrunde liegenden gesellschaftlichen Komplexität (z. B. Brand et al. 2001) bildet das *Social Marketing* eine Verengung des Blicks mit dem Ziel, sozialwissenschaftliche Forschung mit betriebswirtschaftlichen Konzepten der Kundengewinnung zu verknüpfen, um letztlich Verhaltensänderungen zu bewirken. Auch hiermit geht ein verändertes Selbstverständnis der Wissenschaft einher – weg von der kritischen Analyse hin zum »*Change Management*« (Buba et al. 2009). Zunächst werden soziale Gruppen mit bestimmten Wertemustern, Konsumgewohnheiten und milieubestimmten Prägungen in Anlehnung an die SINUS-Milieus identifiziert (z. B. Theßenvitz 2009). Anschließend werden die gewonnenen Identifikationen zur Konstruktion von Zielgruppen genutzt, die für die jeweils angestrebten Ziele durch jeweils

angepasste mediale Codes gewonnen werden sollen (umgangssprachlich wird dies gern auch ausgedrückt mit: Man muss die Leute da abholen, wo sie stehen. Diese scheinbar einfache Wahrheit wird als Verzerrung kenntlich, wenn man sich klar macht, dass Kommunikation ein Prozess ist, in dem sich alle Teilnehmer bewegen und niemand darauf wartet, abgeholt zu werden).

Lange (2005) hat das *Social Marketing* ausgehend von der Lebensstilforschung als eher bescheidenen und insofern realistischen Erwartungshorizont beschrieben, mittels dessen das Konsumverhalten zu beeinflussen wäre (eine gründliche Prüfung der Spielräume für den Konsum hat z. B. Bilharz 2009 vorgelegt). Die Erwartung, dass sich entsprechende Konsummuster über die gezielte Beeinflussung von Lebensstilen dauerhaft verankern lassen, wird allerdings auch von Lange bezweifelt. Weder lassen sich Lebensstile politisch steuern, noch ist es möglich, Distinktionseffekte (z. B. bei der Rolle von Öko-Pionieren) konstruktiv zu nutzen – die soziale Distinktion ist Teil einer sozialen Dynamik und trägt also ebenso viel zur Erosion kultureller Muster bei wie zu ihrer Ausprägung. Die schwache Korrelation von Lebensstil und Handeln verweist zudem auf die begrenzten Möglichkeiten innerhalb unserer Gesellschaft, überhaupt nachhaltige Konsumgewohnheiten zu praktizieren, sodass der Ball letztlich an die politischen Strukturentscheidungen zurückgespielt werden muss. Kuckartz und Schack (2002) bestätigen empirisch, dass Einstellungs- und Bewusstseinswandel inzwischen gar nicht mehr als Aufgabenfeld von Akteuren der Umweltkommunikation wahrgenommen werden. Angesichts diverser ÖSD verschärft sich dieser Umstand, weil nicht alle hierbei zusammengefassten Prozesse unmittelbar durch individuelles Konsumverhalten beeinflussbar sind. Da ein großer Teil unserer Handlungen aus gesamtgesellschaftlichen (und nicht lebensstilbedingten) Mustern resultiert, kann zudem eine Entscheidung über die Wahrnehmung von bestimmten ÖSD (vor allem der Regulierungsleistungen) überhaupt nicht dem freien Markt überlassen werden, sondern muss durch Gesetze gewährleistet werden (Bilharz 2009). Zum Beispiel ist der Bodenschutz eindeutig besser durch Gesetze zu gewährleisten als durch einen Markt für intakte Böden.

Insofern ist auch beim *Social Marketing* mehr Vorsicht in Bezug auf die zu erwartenden Effekte und auf die geeigneten Anwendungsfelder geboten, als derzeit waltet. Die Vertreter der Schule betonen, dass neben einer Konstruktion der sozialen Gruppen als Objekte des Marketings ausdrücklich deren selbstbestimmte Übernahme von Verantwortung angestrebt wird (Buba und Globisch 2009). Es muss jedoch bezweifelt werden, dass die Tautologie des konventionellen Marketings von Bedürfnisweckung und Bedürfnisbefriedigung durchbrochen werden kann, denn die gewählten Informationen und ihre Zurichtung antizipieren ja bereits die in den Milieus etablierten Macht- und Geltungsprinzipien, denen die fehlende Nachhaltigkeit unserer Lebenspraxis zu verdanken ist. Es ist denkbar, dass ein Vertreter des LoHaS (*Lifestyle of Health and Sustainability*) oder ein »Konsum-Materialist« sich durch *Social Marketing* zu einer bestimmten Kaufentscheidung motivieren lässt, die Erwartung allerdings, Vertreter dieser Zielgruppen würden ihre Einstellungen dadurch ändern, indem man versucht, ihre Sprache zu sprechen, ist irrig, da gerade dadurch »die Leitideen und Mythen der bislang vorherrschenden institutionellen Praktiken« (Brand 2005, S. 153) **nicht** infrage gestellt werden.

Hinzu kommt der Umstand, dass die an Kommunikation beteiligten Akteure letztlich immer entscheidungsoffen sind (Ziemann 2005), sowie die Tatsache, dass durch Kommunikation eine zwangsläufige Veränderung der eigenen Wahrnehmung eintritt, in deren Ergebnis die jeweiligen Wissenschaftler selbst mit modifizierten Sichtweisen aus diesem Prozess herausgehen müssten. Mit anderen Worten: Wer Kommunikation stiften will und deren Eigendynamik ausgrenzt, kommuniziert letztlich nicht.

■ **Kampagnen**

Denkbar ist in diesem Kontext das Bemühen um eine öffentliche Geltung von ÖSD durch Kampagnen. Dabei ist die konzeptionelle Unklarheit des Begriffs erst einmal kein Hindernis. Wie Lisowski (2006) zeigt, ist zumindest im europäischen Kontext die lineare Abfolge von Planung, Strategie und Kampagne im Hinblick auf demokratische Einflussnahme kaum anzutreffen, vielmehr entwickeln sich Kampagnen »evolutionär« entlang bestehender finanzieller und professioneller Spielräume. Insofern können sich Aspekte je nach Erfolg durchsetzen, andere dagegen in den Hintergrund treten. Voraussetzung sind Organisationen, die ein bestimmtes Interesse gegenüber der Öffentlichkeit vertreten. Deren Praxis ist auch im Bereich der Umweltkommunikation bekannt: Kampagnen für die Einrichtung von Wildnisgebieten, für die Erhaltung gefährdeter Arten und Lebensräume, für den Schutz bestimmter Landschaftstypen, für Essen, das mit Rücksicht auf die Ökosysteme produziert wurde etc. sind heute alltäglich. Sie können Entscheidungen beeinflussen und helfen, gesellschaftliche Entwicklungen zu befördern (z. B. in der »Stand-by-Kampagne«; Schack 2004). Frankel (1998) schildert schließlich auch ein *greening of communication* für die industrielle Werbung. Gerade anhand des Begriffs der ÖSD wird hier aber deutlich, dass sich die Werbung wirksamer auf die jeweiligen Organisationen oder Unternehmen, die bestimmte landschaftliche Prozesse steuern oder nutzen, jedoch kaum auf das Ökosystem selbst bezieht (vgl. die Tigerkampagne des WWF, dargestellt in Conta Gromberg 2006). Insofern entsteht für diese Form von Kommunikation ein Authentizitätsproblem, da immer ein Motivverdacht aufkommt (Japp 2010). Zudem steht es Organisationen mit gegensätzlichen Anliegen frei, jeweils Kampagnen zu veranstalten, in denen letztlich verschiedene Umweltziele verfolgt und angesprochen werden. Da nicht alle Funktionen und Prozesse in genutzten Landschaften *per se* widerspruchsfrei zueinander stehen, sind Kampagnen zur Verdeutlichung von ÖSD zwar zweifellos möglich, ihre Nutzung in Planungsprozessen ist aber eher unwahrscheinlich – Widersprüche gelten nicht als kampagnentauglich.

- **Bildung für nachhaltige Entwicklung und landschaftspolitische Bildung**

Das Anliegen der Bildung für nachhaltige Entwicklung, eine generationenübergreifende, selbst organisierte Auseinandersetzung und persönliche Kompetenzen im Umgang mit dem Thema Nachhaltigkeit zu fördern, scheint nahe an der Intention des ÖSD-Begriffs zu liegen und sogar eine adäquate Lösung für die geschilderte Asymmetrie der subsummierten Funktionen zu bieten: Begreifen, in Beziehung setzen, Perspektivvielfalt zulassen und verantwortlich Handeln bilden Eckpunkte, innerhalb derer jeweils angepasste und adäquat kontextualisierte Zugänge zu diesem Thema geschaffen werden könnten. Gemeint ist deshalb hier nicht Bildung für nachhaltige Entwicklung als »Reklame für Nachhaltigkeit« (Siemer 2007) oder als Unterfunktion von Social Marketing bzw. als Selbstlob der Umweltpolitik, sondern als Kommunikation. Das verlangt allerdings, den autopoietischen Prozess in der Bildung selbst zu fördern, dessen Ergebnisse also nicht vorwegzunehmen. Genau gegen dieses Gebot wird in vielen, unter dem Label »Bildung für nachhaltige Entwicklung« stattfindenden Arbeiten verstoßen und vielmehr auf alte Konzepte der Umweltbildung zurückgegriffen, wenn auch in neuem Gewand. Rollenspiele etwa, in denen Kindern grundsätzlich eine »konstruktive Lösung« von Konflikten vorgegeben wird, haben nichts mit dem geschilderten Anspruch des Konzepts zu tun, offene Lernprozesse zu stiften. Auch die häufige Verengung des Ansatzes auf Fragen des Konsums führt letztlich nicht zu einer befriedigenden Nähe zu den ökologischen Aspekten der betreffenden Dienstleistungen. Kommunikation von ÖSD durch Bildung für nachhaltige Entwicklung führt also nicht automatisch zum Erfolg, sondern hängt von der konkreten Ausgestaltung des Programms ab. Sie kann sogar Verwirrung und Frustration hervorrufen, wenn die erarbeiteten individuellen Handlungsspielräume letztlich schematisch bleiben, was nach eigener Beobachtung oft der Fall ist.

Am meisten leiden entsprechende Ansätze an ihrer Abstraktion und fehlenden Raumgebundenheit, denn Handeln findet immer in Handlungsräumen statt, auf welche die Inhalte also in ihrer ganzen Komplexität auch bezogen sein sollten. Szenarien, die nicht die Logik des Lokalen aufnehmen, bleiben ohne Wirkung. World-Cafés, in denen kritische Positionen, die aus einer räumlichen Beziehung erwachsen, wegmoderiert werden, statt sie auszutragen, verfehlen ihren Erfolg. Es reicht nicht, eine artenreiche Wiese anzusäen oder eine Senke zu vernässen, auch wenn es zweifellos eine gute Tat ist – eine Beziehung zum Landschaftsraum und den darin herrschenden Verhältnissen ist unabdingbar, auch wenn die daraus folgende Bilanz düster ausfällt. Die Logik des Schulgartens ist nützlich, fördert aber noch kein Verständnis des Spannungsverhältnisses verschiedener ÖSD.

De Haan und Kuckartz (1998) beschreiben ein »Entfernungsgefälle« in Bezug auf die Wahrnehmung kritischer Umweltlagen, das sie in verschiedener Hinsicht (Rolle der Medien, Interesse an der Ferne, globalisiertes Umweltbewusstsein) interpretieren. Demnach nehmen die Umweltbelastungen mit wachsendem Abstand zu, das eigene Umfeld scheint dagegen intakt. Dieser Effekt wird durch bestimmte Arbeitsweisen in der Bildung für nachhaltige Entwicklung oftmals unfreiwillig verstärkt, indem vor allem globale und menschheitliche Zusammenhänge fokussiert werden (vgl. die Entwicklung des Problemhorizonts bei Rieß 2010 oder die Hauptsyndrome des globalen Wandels bei de Haan und Harenberg 1999) und das entsprechende Umweltverhalten sich in erster Linie wieder in der Wahrnehmung von Konsumoptionen erschöpft. Will man Methoden der Bildung für nachhaltige Entwicklung für die Kommunikation von ÖSD und deren Fruchtbarmachung in partizipativen Planungsprozessen nutzen, ist genau dieses Prinzip umzukehren: Die Nachhaltigkeitskonflikte liegen zuallererst vor der Haustür. Ein solcher Paradigmenwechsel verlangt allerdings eine kritische Auseinandersetzungen nicht scheuende, wissenschaftliche Beschreibung dieser Konflikte und offenen Fragen. Es wird eingeschätzt, dass solche Vorlagen in der gegenwärtigen Umweltkommunikation eher die Ausnahme bilden.

Einen aussichtsreichen Weg weist in diesem Zusammenhang das von Deutschland weder unterzeichnete noch ratifizierte Landschaftsübereinkommen (ELC 2000), das selbstverständlich einen Raumbezug in der landschaftspolitischen Bildung vorsieht (begründet und in einem Fallbeispiel erprobt von Kulozik 2009). Dieser, an der Eigenart konkreter Landschaften und an ihrer stattfindenden Veränderung orientierte Ansatz ist auch für das Thema der ÖSD entwicklungsfähig (▶ Abschn. 3.4), weil er

1. das jeweilige landschaftliche Verhältnis der verschiedenen unter dem Begriff ÖSD zusammengefassten Prozesse, also eine spezifische ökosystemare Balance oder Disbalance, zum Ausgangspunkt nimmt und
2. an der Landschaftswahrnehmung der Bewohner selbst anschließt, d. h. aus einem Kommunikationsprozess heraus jene Potenziale weiterentwickelt, bearbeitet und qualifiziert, die Aussicht auf Resonanz haben.

Eine Orientierung an der einfachen und in sich logisch geordneten Agenda des Landschaftsübereinkommens für eine Kommunikation über diverse ÖSD ist daher auch ohne die politische Etablierung der hier erhobenen Forderungen zu empfehlen. Sie kann durch landschaftskundlichen Unterricht leicht vorbereitet werden, erlaubt die Integration von Partnern (Künstler, Landnutzer, Naturschützer, Kommunalpolitiker etc.) und ist erkennbar – wie jede Landschaftsentwicklung auch – ergebnisoffen. Vor wohlfeilen Antworten muss man sich im Kontext konkreter Landschaften nicht schützen, da die Widersprüche und die Interdependenzen des eigenen Raumes erheblich leichter erkennbar sind als in global vermittelten Zusammenhängen: Hinter jeder landschaftlichen Praxis steht ein Akteur mit gesellschaftlichen Handlungszwängen. Michelsen (2002) stellt in diesem Zusammenhang fest, »dass der Kontext des Wissenserwerbs über die Handlungsrelevanz des Wissens mitentscheidet.«

Eben dieser Umstand macht Landschaft zu einem idealen Kontext für Bildung. Dass trotz-

dem entsprechende Ansätze in Deutschland die Ausnahme bilden, liegt einerseits am Fehlen entsprechender diskursiver Rahmungen (der Begriff »Landschaft« hat in den deutschen Nachhaltigkeitsdiskurs kaum Eingang gefunden) und zum anderen an der irrigen Vorstellung, eine Beschäftigung mit einzelnen Landschaften führe letztlich zur Verzettelung, sodass man das große Ganze (den globalen Wandel) aus den Augen verliere. Hierzu ist zu sagen, dass Kompetenz im Umgang mit ÖSD nur im sorgfältigen Umgang mit dem Einzelfall wachsen kann und, einmal gebildet, immer über sich hinausweist.

- **Landschaftswerkstätten als Verknüpfung lokaler Diskussionen, regionaler Debatten und gesellschaftlicher Diskurse**

Als gesellschaftliche Wesen haben wir verschiedene soziale Bezüge. Wir leben in einer Familie, teilen das Leben einer Dorfgemeinschaft oder eines Stadtviertels, zählen uns zu einer Berufsgruppe und sind Bürger eines Staates. In der Kommunikation über ökologische Sachverhalte werden die aus diesem Umstand resultierenden unterschiedlichen Ebenen, Sprachen, Logiken und Themen gegenwärtig nicht hinreichend berücksichtigt. Das oft zitierte Leitmotiv »Global denken – lokal handeln«, das auch für Agenda-21-Prozesse in Anspruch genommen wird, verwischt leicht die unterschiedlichen Kommunikationsprozesse, die zwar parallel, aber oftmals unvermittelt ablaufen und in denen jeweils verschiedene Umwelten konstituiert werden.

Für die Bewohner einer großen Stadt ist der ländliche Raum in der Nähe Umwelt, während er für die dort lebenden Landbewohner eher als eigener Gestaltungsraum in Erscheinung tritt. Je nachdem haben auch Fragen der Nachhaltigkeit jeweils einen anderen symbolischen Ort. Über Massenmedien gesamtgesellschaftlich etablierte Themen können u. U. in Dorfgemeinschaften vollkommen ausgeblendet werden, wiederum zeigen sich gesellschaftliche Diskurse oft blind gegenüber regional spezifischen Bedingungen. Die aus diesem Umstand resultierenden Grenzen von wissenschaftlichen Kommunikationsanstrengungen können hier nicht systematisch entwickelt werden, es ist aber auf jeden Fall zu empfehlen, die Ebene, auf der eine ÖSD geltend gemacht werden soll, genau zu benennen.

Ein lokaler Konflikt, z. B. über ein Wiedervernässungsvorhaben, muss die am Ort herrschenden kommunikativen Spielräume nutzen, die Rhetorik des Klimawandels wird hier selten von Nutzen sein. Geht es dagegen um internationale Abkommen zum Klimaschutz, ist es umgekehrt. Schon im Übergang von einem kulturlandschaftlichen Handlungsraum auf eine lokale Ebene treten oft erhebliche Probleme auf. Mit Landschaftswerkstätten (Anders und Fischer 2010) kann man über einen längeren Zeitraum hinweg versuchen, kontinuierlich lokale, regionale und gesellschaftliche Diskurse miteinander zu verknüpfen und sie so letztlich auch im Hinblick auf die Wahrnehmung von ÖSD zu beeinflussen.

Da Akteure selten sind, die eine Übertragung z. B. massenmedialer Themen in den konkreten Raum überzeugend vertreten können (dies geschieht in der Regel nur vorübergehend durch das Auftreten politischer Prominenz), gleiten gesamtgesellschaftliche Beiträge meistens an den Regionen ab. In diesem Fall bleibt immer noch die Möglichkeit, lokale Aspekte zu handlungsräumlichen Perspektiven zu verknüpfen und sie in die Debatte einzuspeisen. Dieser Ansatz liegt nahe an einem Verständnis der Kommunikationswissenschaft als kommunizierender Wissenschaft (Ivanišin 2006), die letztlich auf eine Qualifizierung raumbezogener Diskurse gerichtet ist.

Fazit

Die wesentlichen Aussagen seien hier noch einmal in thesenartiger Form zusammengefasst:

- Kommunikation ist die Voraussetzung dafür, dass ÖSD geltend gemacht werden können, sie ist aber nur begrenzt gestaltbar, d. h. wer kommuniziert, hat nicht die alleinige Verfügung über den Ausgang des Kommunikationsprozesses.
- Der Begriff der »Ökosystemdienstleistungen« versammelt in kommunikativer Absicht verschiedene Prozesse in Ökosystemen und Landschaften, die bisher nicht befriedigend miteinander verknüpft sind, was letztlich in der Kommunikation Verwirrung stiftet.

- Politik und Markt können Kommunikation nicht ersetzen, sie sind vielmehr selbst durch Kommunikation gesellschaftlich ausdifferenzierte Teilsysteme. Es gibt Ansätze in den Umweltwissenschaften, sich der Medien dieser Systeme zu bedienen, was erhebliche Veränderungen im Selbstverständnis von Wissenschaft erfordert, für die es bisher keine hinreichenden Begründungen gibt.

Im berechtigten Anspruch, Kommunikation trotzdem zu gestalten, haben sich im Kontext der Nachhaltigkeitskommunikation verschiedene Schulen und Ansätze gebildet:

- **Klassischer Wissenstransfer** ist heute oft als Populärwissenschaft verpönt. Die hier zu Gebote stehenden Mittel erlauben aber eine präzise Bereitstellung wissenschaftlicher Ergebnisse für die außerwissenschaftliche Kommunikation und sollten deshalb weiterhin genutzt werden.
- **Transdisziplinärer Wissenstransfer** ist ein lohnendes Unterfangen, verlangt aber von den Umweltwissenschaften eine Preisgabe ihres monopolisierten Wissensbegriffs im Dienste der Kommunikation. Ohne Auseinandersetzungen erleiden transdisziplinäre Prozesse zudem Qualitätsverluste durch das Nachlassen fachlicher Standards.
- *Social Marketing* und zielgruppenspezifische **Kommunikationsstrategien** sollten in Bezug auf ihre Reichweite kritisch überprüft werden. Ihr Kerngeschäft sind Konsummuster und Verhaltensformen, die konsumnah sind (z. B. die Hinnahme von Gesetzen und gesellschaftlichen Praktiken).
- **Kampagnen** können wirksam genutzt werden, repräsentieren aber letztlich eher eine dienstleistende Institution als eine ÖSD.
- Im Kontext der **Bildung für nachhaltige Entwicklung** dominieren oftmals globale Perspektiven – diese sind wichtig, müssen aber in den eigenen Raum vermittelt werden. Eine Kommunikation über einzelne ÖSD und ihr Verhältnis zueinander kann sehr gut im Kontext der landschaftspolitischen Bildung gelingen.
- **Lokale, regionale und gesellschaftliche Diskurse** lassen sich nur schwer miteinander verknüpfen, da sie jeweils verschiedene Umwelten konsti-

tuieren und verschiedene Themen etablieren. Anstelle der Frage:»Welche Zielgruppe will ich ansprechen?« ist es für die Kommunikation vielversprechender, zu fragen:»Welche Öffentlichkeit will ich ansprechen, d. h. innerhalb welcher Themen will ich Beiträge platzieren, die kommuniziert werden?«

Literatur

Abeel K (2010) Diverse Methods In Cost-Benefit Analysis: Searching for Adept Practices in the Face of Environmental and Economic Problems. Glossalia 2.1:13–18

Adomßent M (2004) Umweltkommunikation in der Landwirtschaft. Berliner Wissenschafts-Verlag, Berlin

Albert C (2009) Scenarios for Sustainable Landscape Development – A Comparative Analysis of Six Case Studies. Proceedings of the IHDP Open Meeting, The 7th International Science Conference on the Human Dimensions of Global Environmental Change. Bonn, Germany

Albert R (1932) Der Einfluß des Waldes auf den Stand der Gewässer und den Bodenzustand. In: Die Wohlfahrtswirkungen des Waldes. Vorträge und Aussprache auf der 9. Vollversammlung des Reichsforstwirtschaftsrates am 3. Feb. 1932 in Berlin. Sonderdruck aus Heft 34 vom 15.3.32 der Mitteilungen des Reichsforstwirtschaftsrates

Alcamo J (2008) Environmental Futures: The Practice of environmental scenario analysis. Elsevier, Amsterdam

Altrogge D (1986) Die Wohlfahrtswirkungen des Waldes in Zahlen. Beiträge zur Lebensqualität, Walderhaltung und Umweltschutz, Volksgesundheit, Wandern und Heimatschutz. Siegen, Heft 13

Anders K, Fischer L (2010) Landschaftswerkstatt Schlabendorfer Felder. In: Hotes S, Wolters V (Hrsg) Wie Biodiversität in der Kulturlandschaft erhalten und nachhaltig genutzt werden kann. Fokus Biodiversität, Oekom, München, S 262–272

Antrop M (2005) Why landscapes of the past are important for the future. Landsc Urban Plan 70:21–34

Armstrong JS (2002) Principles of Forecasting: A Handbook for Researchers and Practitioners. Springer, Netherlands

Aurada KD (1979) Ergebnisse geowissenschaftlich angewandter Systemtheorie (Vorhersage und Steuerung lang- und kurzfristiger Prozeßabläufe). Petermanns Geogr Mitt 20:409–413

BAFU – Bundesamt für Umwelt/BFS – Bundesamt für Statistik (Hrsg) (2007) Umwelt Schweiz 2007. Bern, Neuchâtel

Baier H (2000) Die Bedeutung landschaftlicher Freiräume für Naturschutzfachplanungen. In: Bundesamt für Naturschutz (Hrsg) Vorrangflächen, Schutzgebietssysteme und naturschutzfachliche Bewertung großer Räume in Deutschland. Schriftenreihe Landschaftspflege Naturschutz 63:101–116

Bardt H (2008) Entwicklungen und Nutzungskonkurrenz bei der Verwendung von Biomasse in Deutschland. IW-Trends, Vierteljahresschrift zur empirischen Wirtschaftsforschung, Institut der Deutschen Wirtschaft Köln, 35

Barkmann J, Schröder K (2011) Workshop »Ökosystemdienstleistungen«. Warum ein sperriges Konzept Karriere macht. Endbericht zum F&E-Vorhaben. Georg-August-Universität Göttingen

Bastian O, Lütz M, Röder M, Syrbe RU (2006) The assessment of landscape scenarios with regard to landscape functions. In: Meyer BC (Hrsg) Sustainable Land Use in Intensively Used Regions. Landscape Europe. Alterra report no. 1338, Wageningen, S 15–22

Bastian O, Schreiber KF (1999) Analyse und ökologische Bewertung der Landschaft, 2. Aufl. Spektrum Akademischer, Heidelberg

Baumgärtner S (2002) Der ökonomische Wert der biologischen Vielfalt. In: Bayerische Akademie für Naturschutz und Landschaftspflege (Hrsg) Grundlagen zum Verständnis des Artenvielfalt und seiner Bedeutung und der Maßnahmen, dem Artensterben entgegenzuwirken. Laufener Seminarbeiträge 2, Laufen, Salzach, S 73–90

Baumgärtner S, Klein A, Thiel D, Winkler K (2012) Ramsey discounting of ecosystem services. Paper presented at the Monte Verità Conference on Sustainable Resource Use and Economic Dynamics – SURED 2012, Ascona, Switzerland, June 4-7, 2012, www.cer.ethz.ch/sured_2012/programme/SURED-12_068_Baumgartner_Klein_Thiel_Winkler.pdf. Zugegriffen: 13. Aug 2012

Bechmann G, Stehr N (2004) Praktische Erkenntnis: Vom Wissen zum Handeln. In: BMBF (Hrsg) Vom Wissen zum Handeln? Die Forschung zum Globalen Wandel und ihre Umsetzung. Bonn, Berlin, S 27–30

Bernhardt A, Jäger K-D (1985) Zur gesellschaftlichen Einflussnahme auf den Landschaftswandel in Mitteleuropa in Vergangenheit und Gegenwart. Sitzungsberichte Sächs Akad Wiss Leipzig Math-Nat Kl 117(4):5–56

BfN – Bundesamt für Naturschutz (2012) Daten zur Natur. Bundesamt für Naturschutz, Bonn

Bhagabati N, Barano T, Conte M, Ennaanay D, Hadian O, McKenzie E, Olwero N, Rosenthal A, Suparmoko, Shapiro A, Tallis H, Wolny S (2012) A Green Vision for Sumatra: Using ecosystem services information to make recommendations for sustainable land use planning at the province and district level. A Report by The Natural Capital Project, WWF-US, and WWF-Indonesia. www.ncp-dev.stanford.edu/~dataportal/pubs/Sumatra%20InVEST%20report%20combined%20Feb%202012_final.pdf. Zugegriffen: 12. Juli 2012

Bilharz M (2009) »Key Points« nachhaltigen Konsums. Ein strukturpolitisch fundierter Strategieansatz für Nachhaltigkeitskommunikation im Kontext aktivierender Verbraucherpolitik. Metropolis, Marburg

BMELV/BMU (2009) Nationaler Biomasseaktionsplan für Deutschland. Beitrag der Biomasse für eine nachhaltige Energieversorgung www.bmu.de/files/pdfs/allgemein/

application/pdf/broschuere_biomasseaktionsplan_anhang.pdf. Zugegriffen: 12. Juli 2012

Bohnet I, Bohensky E, Waterhouse J (2008) Future Scenarios for the Great Barrier Reef Catchment. CSIRO Water for a Healthy Country National Research Flagships www.clw.csiro.au/publications/waterforahealthycountry/2009/wfhc-future-scenarios-GBR-catchment.pdf. Zugegriffen: 12. Juli 2012

Bolliger J, Kienast F, Soliva R, Rutherford G (2007) Spatial sensitivity of species habitat patterns to scenarios of land use change (Switzerland). Landsc Ecol 22:773–789

Börjesson P (1999a) Environmental effects of energy crop production – part I: Identification and quantification. Biomass Bioenerg 16:137–154

Börjesson P (1999b) Environmental effects of energy crop production – part II: Economic valuation. Biomass Bioenerg 16:155–170

Bork HR, Müller K (2002) Landschaftswandel von 500 bis 2500 n. Chr. Offenhaltung der Landschaft. Hohenheimer Umwelttagung. Heimbach, Stuttgart, S 11–26

Boyd J, Banzhaf S (2007) What Are Ecosystem Services? The Need for Standardized Environmental Accounting Units. Ecol Econ 63:616–626

Brand KW (2005) Nachhaltigkeitskommunikation: eine soziologische Perspektive. In: Michelsen G, Godemann J (Hrsg) Handbuch Nachhaltigkeitskommunikation: Grundlagen und Praxis. Ökom, München, S 149–159

Brand KW, Gugutzer R, Heimerl A, Kupfahl A (2001) Sozialwissenschaftliche Analysen zu Veränderungsmöglichkeiten nachhaltiger Konsummuster. UBA-FB 000330, München

Brand KW, Jochum G (2000) Der Deutsche Diskurs zu Nachhaltiger Entwicklung. Abschlussbericht eines DFG-Projekts zum Thema »Sustainable Development/Nachhaltige Entwicklung – Zur sozialen Konstruktion globaler Handlungskonzepte im Umweltdiskurs«. Münchner Projektgruppe für Sozialforschung e. V.

Bräuer I (2002) Artenschutz aus volkswirtschaftlicher Sicht. Die Nutzen-Kosten-Analyse als Entscheidungshilfe. Hochschulschriften, Metropolis, Marburg

Bringezu S, Steger S (2005) Biofuels and competition for global land use. Global Issue Papers 20, Heinrich-Böll-Stiftung, Berlin

Brown K, Pearce D, Perrings C, Swanson T (1993) Economics and the Conservation of Global Biological Diversity. The Global Environment Facility: Working Paper nr. 2, Washington

Brüggemann T (2009) Feldlerchenprojekt – 1000 Fenster für die Lerche. In: Landesamt für Natur, Umwelt und Verbraucherschutz Nordrhein-WestfalenNatur in NRW (Hrsg) Natur in NRW 3, S 20–21

Buba H, Globisch S (2009) Kommunikation und Social Marketing von Nachhaltigkeitskultur am Beispiel pädagogischer Initiativen. Umweltbundesamt, Dessau-Roßlau

Buba H, Globisch S, Grötzbach J (2009) Anregungen für die Nachhaltigkeitskommunikation aus kulturpolitischer Perspektive. Bausteine eines Orientierungsrahmens zu

einem kulturbezogenen Konzept der Nachhaltigkeitskommunikation. Umweltbundesamt, Dessau-Roßlau

Buchwald HH (1988) Wertermittlung von Ziergehölzen – Ein neuer methodischer Vorschlag. Schriftenreihe des Hauptverbandes der landwirtschaftlichen Buchstellen und Sachverständigen e. V., Pflug und Feder, St. Augustin, Heft 122

Burger F (2005) Energiewälder und Ökologie. LWFaktuell 48:26–27

Burkhard B, Diembeck D (2006) Zukunftsszenarien für die deutsche Nordsee. Forum Geoökologie 17:27–30

Burkhard B, Kroll F, Müller F, Windhorst W (2009) Landscapes´ capacities to provide ecosystem services – a concept for land-cover based assessments. Landsc Online 15:1–22

Burkhard B, Kroll F, Nedkov S, Müller F (2012) Mapping supply, demand and budgets of ecosystem services. Ecol Indic 21:17–29

Büscher C, Japp KP (Hrsg) (2010) Ökologische Aufklärung. 25 Jahre »Ökologische Kommunikation«. VS Verlag für Sozialwissenschaften, Wiesbaden

Carpenter SR, Bennett EM, Peterson GD (2006) Editorial: Special Feature on Scenarios for Ecosystem Services. Ecol Soc 11:32

Cherubini F, Stromman AH (2010) Life cycle assessment of bioenergy systems: state of the art and future challenges. Bioresour Technol 102:437–451

Chichilnisky G, Heal G (1998) Economic Returns from the Biosphere. Nature 391:629–630

Conta Gromberg E (2006) Handbuch Sozial-Marketing. Cornelsen, Berlin

Costanza R, d'Arge R, de Groot R, Farber S, Grasso M, Hannon B, Limburg K, Naeem S, O'Neill R, Paruelo J et al (1998) The value of ecosystem services: putting the issues in perspective. Ecol Econ 25:67–72

Daily GC, Matson PA (2008) Ecosystem services: from theory to implementation. Proc Natl Acad Sci USA 105:9455–9456

Daily GC, Polasky S, Goldstein J, Kareiva PM, Mooney HA, Pejchar L, Ricketts TH, Salzman J, Shallenberger R (2009) Ecosystem services in decision making – time to deliver. Front Ecol Environ 7:21–28

Dale VH, Beyeler SC (2001) Challenges in the development and use of ecological indicators. Ecol Indic 1:3–10

Degenhardt S, Gronemann S (1998) Die Zahlungsbereitschaft von Urlaubsgästen für den Naturschutz. Theorie und Empirie des Embedding-Effektes. Lang, Frankfurt a. M.

Dienel PC (2002) Die Planungszelle. Der Bürger als Chance, 5. Aufl. Westdeutscher, Wiesbaden

Dörr H (2005) Die Zukunft der Landschaft in Mitteleuropa – Verantwortung für die Kulturlandschaft im 21. Jahrhundert – Delphi-Umfrage 2002: Dokumentation und Interpretation/Future Landscape, ein länderübergreifendes Projekt des Forschungsschwerpunktes Kulturlandschaft KLF2 im Auftrag des Österreichischen Wissenschaftsministeriums. Arp-Planning.Consulting. Research, Wien

Dunlop M, Turner G, Foran B, Poldy F (2002) Decision points for land and water futures. Resource Futures Program Working Document 2002/2008, CSIRO Sustainable Ecosystems, Canberra, Australia

EEA – European Environment Agency (1994) Corine Land Cover report – part 2: nomenclature. www.eea.europa.eu/publications/COR0-part2. Zugegriffen: 12. März 2012

EEG (2008) Erneuerbare-Energien-Gesetz (EEG). FNA: 754–22; Artikel 1 G. v. 25.10.2008 BGBl. I S 2074; zuletzt geändert durch Artikel 2 Abs. 69 G. v. 22.12.2011 BGBl. I S 3044

ELC (2000) European Landscape Convention. www.conventions.coe.int/Treaty/EN/Treaties/Html/176.htm. Zugegriffen: 12. März 2012

Ericsson K, Rosenqvist H, Nilsson LJ (2009) Energy crop production costs in the EU. Biomass Bioenerg 33:1577–1586

Commission of the European Communities (2007) Renewable Energy Road Map – Renewable energies in the 21st century: building a more sustainable future. Communication from the Commission to the Council and the European Parliament, Brussels

Ewers HJ, Schulz W (1982) Die monetären Nutzen gewässerqualitätsverbessernder Maßnahmen, dargestellt am Beispiel des Tegeler Sees in Berlin. Umweltbundesamt, Schmidt, Berlin, Berichte 3/82

Farber SC, Costanza R, Wilson MA (2002) Economic and ecological concepts for valuing ecosystem services. Ecol Econ 41:375–392

Fidalgo B, Pinto LM (2005) Linking landscape functions and preferences in forest landscapes – a tool for scenario building and evaluation. In: Lange E, Miller D (Hrsg) Proceedings of our shared landscape: integrating ecological socio-economic and aesthetic aspects in landscape planning and management. A contribution from the VisuLands Project, Ascona, Switzerland, S 34–35

Fischer A, Menzel S (2005) Die Eignung von Gütern für Zahlungsbereitschaftsanalysen. In: Marggraf R, Bräuer I, Fischer A, Menzel S, Stratmann U, Suhr A (Hrsg) Ökonomische Bewertung bei umweltrelevanten Entscheidungen. Einsatzmöglichkeiten von Zahlungsbereitschaftsanalysen in Politik und Verwaltung. Metropolis, Marburg, S 113–147

Fisher B, Turner RK, Morling P (2009) Defining and classifying ecosystem services for decision making. Ecol Econ 68:643–653

Förster R, Christian P, Scheringer M, Valsangiacomo A (2001) Partizipation in der transdisziplinären Forschung – Eine Positionierung und die Ankündigung des nächsten SAGUFNET-Workshops. Schweizerische Akademische Gesellschaft für Umweltforschung und Ökologie. GAIA 10:146–149

Frankel C (1998) In earth's company: business, environment, and the challenge of sustainability. Gabriola Island BC

Freese J, Anders K (2010) Kulturelle Dienstleistungen von Ökosystemen – was kann man sich darunter vorstellen? In: Hotes S, Wolters V (Hrsg) Wie Biodiversität in der Kulturlandschaft erhalten und nachhaltig genutzt werden kann. Fokus Biodiversität. Oekom, München, S 194–199

Gallai N, Salles JM, Settele J, Vaissière BE (2009) Economic valuation of the vulnerability of world agriculture confronted with pollinator decline. Ecol Econ 68:810–821

Gallopin GC, Rijsberman F (2000) Three global water scenarios. Int J Water 1:16

Gausemeier J, Plass C, Wenzelmann C (2009) Zukunftsorientierte Unternehmensplanung – Strategien, Geschäftsprozesse und IT-Systeme für die Produktion von morgen. München

Getzner M, Jungmeier M, Köstl T, Weiglhofer S (2011) Fließstrecken der Mur – Ermittlung der Ökosystemleistungen – Endbericht. Studie im Auftrag von: Landesumweltanwaltschaft Steiermark, Bearbeitung: E.C.O. Institut für Ökologie, Klagenfurt, S 86

Greiff KB, Weber-Blaschke G, Faulstich M, von Haaren C (2010) Förderung eines umweltschonenden Energiepflanzenanbaus. Naturschutz Landschaftsplanung 42:101–107

de Groot RS, Alkemade R, Braat L, Hein L, Willemen L (2010a) Challenges in integrating the concept of ecosystem services and values in landscape planning, management and decision making. Ecol Complex 7:260–272

de Groot RS, Fisher B, Christie M, Aronson J, Braat L, Haines-Young R, Gowdy J, Maltby E, Neuville A, Polasky S, Portela R, Ring I (2010b) Integrating the ecological and economic dimensions in biodiversity and ecosystem service valuation. Kap 1. In: Kumar P (Hrsg) The Economics of Ecosystems and Biodiversity (TEEB): Ecological and Economic Foundations. Earthscan, London, S 9–40

de Groot RS, Wilson M, Boumans R (2002) A typology for description, classification and valuation of ecosystem functions, goods and services. Environ Econ 41:393–408

Grossmann M, Hartje V, Meyerhoff J (2010) Ökonomische Bewertung naturverträglicher Hochwasservorsorge an der Elbe. Bundesamt für Naturschutz, Bonn, Naturschutz und Biologische Vielfalt 89

Grunewald K, Naumann S (2012) Bewertung von Ökosystemdienstleistungen im Hinblick auf die Erreichung von Umweltzielen der Wasserrahmenrichtlinie am Beispiel des Flusseinzugsgebietes der Jahna in Sachsen. Nat Landsch 1:17–23

Grunewald K, Syrbe RU, Renner C (2012) Analyse der ästhetischen und monetären Wertschätzung der Landschaft am Erzgebirgskamm durch den Tourismus. Geoöko 33:1–2

de Haan G, Harenberg D (1999) Expertise »Förderprogramm Bildung für nachhaltige Entwicklung« im Auftrage des Bundesministeriums für Bildung. Wissenschaft Forschung und Technologie, Freie Universität Berlin

de Haan G, Kuckartz U (1998) Die Bedeutung der Umweltkommunikation im Kontext der Nachhaltigkeit. In: Umweltkommunikation und Lokale Agenda 21, Ergebnisse eines Fachgesprächs im Umweltbundesamt am 11. und 12. Dez. 1997, Berlin, S 30–53

Haberl H, Fischer-Kowalski M, Krausmann F, Weisz H, Winiwarter V (2004) Progress towards sustainability? What the conceptual framework of material and energy flow accounting (MEFA) can offer. Land Use Policy 21:199–213

Hafner S (2010) Rechtliche Rahmenbedingungen für eine an den Klimawandel angepasste Landwirtschaft. Umw Planungsrecht (UPR) 30:371–377

Hampicke U (1991) Naturschutz-Ökonomie. Ulmer, Stuttgart

Hampicke U, Horlitz T, Kiemstedt H, Tampe K, Timp D, Walters M (1991) Kosten und Wertschätzung des Arten- und Biotopschutzes. Umweltbundesamt. Schmidt, Berlin, Berichte 3/91, S 629

Hampicke U, Wätzold F (Sprecher der Initiative) (2009) Memorandum: Ökonomie für den Naturschutz – Wirtschaften im Einklang mit Schutz und Erhalt der biologischen Vielfalt. Greifswald www.bfn.de/fileadmin/MDB/documents/themen/oekonomie/MemoOekNaturschutz.pdf. Zugegriffen: 12. Juli 2012

Hanke H (Projektleiter), Boese P, Ophoff W, Rauschelbach B, Schier V (1981) Handbuch zur Ökologischen Planung, Bd 1. Umweltbundesamt, Schmidt, Berlin, Berichte 3/81

Heidmann T, Thomsen A, Schelde K (2000) Modelling soil water dynamics in winter wheat using different estimates of canopy development. Ecol Model 129:229–243

Herrmann S, Kliebisch C, Schmitt F, Schweppe-Kraft B (2012) Naturschutz – effizient planen, managen und umsetzen. Methodenhandbuch und Ratgeber für Wirtschaftlichkeit im Naturschutz. Bundesamt für Naturschutz/Bundesverband Beruflicher Naturschutz e. V., Bonn, Bad Godesberg

Hillier J, Whittaker C, Dailey G, Aylotts M, Casella E, Richter GM, Riche A, Murphy R, Taylor G, Smith P (2009) Greenhouse gas emissions from four bioenergy crops in England and Wales: integrating spatial estimates of yield and soil carbon balance in life cycle analysis. GCB Bioenergy 1:267–281

Hoevenagel R (1994) An Assessment of the Contingent Valuation Method. In: Pethig R (Hrsg) Valuing the Environment: Methodological and Measurement Issues. Kluwer, Dordrecht

Hoffmann A, Gruehn D (2010) Bedeutung von Freiräumen und Grünflächen in deutschen Groß- und Mittelstädten für den Wert von Grundstücken und Immobilien. Technische Universität, Lehrstuhl Landschaftsökologie und Landschaftsplanung, Dortmund, LLP-Report 010

Holfeld M, Stein C, Rosenberg M, Syrbe RU, Walz U (2012) Entwicklung eines Landschaftsbarometers zur Visualisierung von Ökosystemdienstleistungen. In: Strobl J, Blaschke T, Griesebner G (Hrsg) Angewandte Geoinformatik 2012, Beiträge zum 24. AGIT-Symposium Salzburg. Berlin, Wichmann, S 646–651

Hornsmann E (1958) Allen hilft der Wald. Seine Wohlfahrtswirkungen. BLV, München

Hou Y, Burkhard B, Müller F (2012) Uncertainties in landscape analysis and ecosystem service assessment. J Environ Manage (submitted)

Ivanišin M (2006) Regionalentwicklung im Spannungsfeld von Nachhaltigkeit und Identität. Deutscher Universitätsverlag, Wiesbaden

Jacobs (2004) An Economic assessment of the costs and benefits of Natura 2000 sites in Scotland. Final report www.scotland.gov.uk/resource/doc/47251/0014580.pdf

Japp KP (2010) Risiko und Gefahr. Zum Problem authentischer Kommunikation. In: Büscher C, Japp KP (Hrsg) Ökologische Aufklärung. 25 Jahre »Ökologische Kommunikation«. VS Verlag für Sozialwissenschaften, Wiesbaden

Jenssen M, Anders K (2010) Wald und Wirtschaft. Ein systematischer Blick auf unseren Umgang mit einer nachwachsenden Ressource. In: Helmholtz-Zentrum für Umweltforschung – UFZ (Hrsg) Nachhaltige Waldwirtschaft. Ein Förderschwerpunkt des BMBF in der Bilanz. UFZ, Leipzig

Jessel B (2000) Von der »Vorhersage« zum Erkenntnisgewinn. Aufgaben und Leistungsfähigkeit von Prognosen in der Umweltplanung. Naturschutz Landschaftsplanung 32:197–203

Job H, Harrer B, Metzler D, Hajizadeh-Alamdary D (2005) Ökonomische Effekte von Großschutzgebieten. Untersuchung der Bedeutung von Großschutzgebieten für den Tourismus und die wirtschaftliche Entwicklung der Region. Bundesamt für Naturschutz, Bonn, Bad Godesberg, BfN-Skripten 135

Job H, Woltering M, Harrer B (2009) Regionalökonomische Effekte des Tourismus in deutschen Nationalparken. Bundesamt für Naturschutz, Bonn (Naturschutz und Biologische Vielfalt 76)

Kächele H, Zander P (1999) Der Einsatz des Entscheidungshilfesystems MODAM zur Reduzierung von Konflikten zwischen Naturschutz und Landwirtschaft am Beispiel des Nationalparks »Unteres Odertal«. Schriften der Gesellschaft für Wirtschaft- und Sozialwissenschaften des Landbaus, Agrarwirtschaft in der Informationsgesellschaft, Bd 35, Münster-Hiltrup, S 191–198

Karmanski A, Jacob K, Zieschank R (2002) Integration des sozialwissenschaftlichen Wissens in die Umweltkommunikation: Verbesserung des Wissenstransfers zwischen den Sozialwissenschaften und den umweltpolitischen Akteuren. Forschungsbericht. UNESCO-Verbindungsstelle im Umweltbundesamt, Berlin

Kienast F, Bolliger J, Potschin M, de Groot RS, Verburg PH, Heller I, Wascher D, Haines-Young R (2009) Assessing landscape functions with broad-scale environmental data: insights gained from a prototype development for Europe. Environ Manage 44:1099–1120

Köppel J, Peters W, Wende W (2004) Eingriffsregelung, Umweltverträglichkeitsprüfung, FFH-Verträglichkeitsprüfung. Ulmer, Stuttgart

Kort J, Collins M, Ditsch D (1998) A review of soil erosion potential associated with biomass crops. Biomass Bioenerg 14:351–359

Koschke L, Fürst C, Frank S, Makeschin F (2012) A multi-criteria approach for an integrated land-cover-based assessment of ecosystem services provision to support landscape planning. Ecol Indic 21:54–66

Kroll F, Müller F, Haase D, Fohrer N (2012) Rural-urban gradient analysis of ecosystem services supply and demand dynamics. Land Use Policy 29:521–535

Kuckartz U, Schack K (2002) Umweltkommunikation gestalten. Eine Studie zu Akteuren, Rahmenbedingungen und Einflussfaktoren des Informationsgeschehens. Leske und Budrich, Opladen

Kulozik A (2009) Focus on Landscape – Ein Beitrag zur Stärkung des Landschaftsbewusstseins von Bewohnern der North Isles in Shetland durch ein umweltbildnerisches Programm für Grundschulkinder. Diplomarbeit, FH Osnabrück

Lange H (2005) Lebensstile – der sanfte Weg zu mehr Nachhaltigkeit? In: Michelsen G, Godemann J (Hrsg) Handbuch Nachhaltigkeitskommunikation: Grundlagen und Praxis. Ökom, München, S 160–172

Lee YH, Bückmann W, Haber W (2008) Bio-Kraftstoff, Nachhaltigkeit, Natur- und Bodenschutz. NuR: 821–831

Leipert C (1989) Die heimlichen Kosten des Fortschritts – Wie Umweltzerstörung das Wirtschaftswachstum fördert. Fischer, Frankfurt a. M.

Liesebach M, Mulsow H (2003) Der Sommervogelbestand einer Kurzumtriebsplantage, der umgebenden Feldflur und des angrenzenden Fichtenwaldes im Vergleich. Die Holzzucht 54:27–31

Lisowski R (2006) Die strategische Planung politischer Kampagnen in Wirtschaft und Politik. Isensee, Oldenburg

L.I.S.T. Stadtentwicklungsgesellschaft mbH (Hrsg) (2011) Handbuch zur Partizipation. Kulturbuch, Berlin

Londo M, Roose M, Dekker J, de Graaf H (2004) Willow short-rotation coppice in multiple land-use systems: evaluation of four combination options in the Dutch context. Biomass Bioenerg 27:205–221

Löwenstein W (1994) Die Reisekostenmethode und die Bedingte Bewertungsmethode als Instrumente zur monetären Bewertung der Erholungsfunktion des Waldes. Ein ökonomischer und ökonometrischer Vergleich. JD Sauerländer's, Frankfurt a. M.

Ludwig D (2000) Limitations of economic valuation of ecosystems. Ecosystems 3:31–35

Luhmann N (2008) Ökologische Kommunikation. Kann die moderne Gesellschaft sich auf ökologische Gefährdungen einstellen? 5. Aufl. Verlag für Sozialwissenschaften, Wiesbaden

Lupp G, Albrecht J, Bastian O, Darbi M, Denner M, Gies M, Grunewald K, Kretschmer A, Lüttich K, Matzdorf B, Neitzel H, Starick A, Steinhäußer R, Syrbe RU, Tröger M, Uckert G, Zander P (2011) Land use management, ecosystem services and biodiversity – Developing regulatory measures for sustainable energy crop production (LOBESTEIN). In: Frantál B (Hrsg) Exploring new landscapes of energies. Collection of extended abstracts of papers from the 8th International Geographical Conference & Workshop CONGEO 1.–5. Aug. Brno, Czech Republic. Institute of Geonics, Academy of Science of the Czech Republic, S 51–52

Luttmann V, Schröder H (1995) Monetäre Bewertung der Fernerholung im Naturschutzgebiet Lüneburger Heide. JD Sauerländer's, Frankfurt a. M.

Lütz M, Bastian O, Röder M, Syrbe RU (2007) Szenarienanalyse zur Veränderung von Agrarlandschaften. Naturschutz Landschaftsplanung 39:205–211

Marggraf R, Bräuer I, Fischer A, Menzel S, Stratmann U, Suhr A (Hrsg) (2005) Ökonomische Bewertung bei umweltrelevanten Entscheidungen. Einsatzmöglichkeiten von Zahlungsbereitschaftsanalysen in Politik und Verwaltung. Ökologie und Wirtschaftsforschung 55, Metropolis, Marburg, S 380

Matzdorf B, Reutter M, Hübner C (2010) Gutachten-Vorstudie: Bewertung der Ökosystemdienstleistungen von HNV-Grünland (High Nature Value Grassland) – Abschlussbericht im Auftrag des Bundesamtes für Naturschutz, Bonn. www.z2.zalf.de/oa/46452aad-17c1-45ed-82b6-fd9ba62fc9c2.pdf

McLaughlin SB, Walsh ME (1998) Evaluating environmental consequences of producing herbaceous crops for bioenergy. Biomass Bioenerg 14:317–324

MEA – Millenium Ecosystem Assessment (2005a) Ecosystems and Human Well-being. Policy Responses, Bd 3. Island Press, Washington

MEA – Millenium Ecosystem Assessment (2005b) Our Human Planet: Summary for Decision-makers. Island Press, Washington

Meyerhoff J, Angeli D, Hartje V (2010) Social benefits of implementing a national strategy on biological diversity in Germany. Paper presented to the 12th International BIOECON Conference «From the Wealth of Nations to the Wealth of Nature: Rethinking Economic Growth«, Venedig www.bioecon.ucl.ac.uk/12th_2010/Angeli.pdf. Zugegriffen: 27.–28. Sept. 2010

Michelsen G (2002) Bildung und Kommunikation für eine nachhaltige Entwicklung: Sozialwissenschaftliche Perspektiven. In: Beyer A (Hrsg) Fit für Nachhaltigkeit? Biologisch-anthropologische Grundlagen einer Bildung für nachhaltige Entwicklung. Leske und Budrich, Opladen, S 193–216

Michelsen G, Godemann J (Hrsg) (2005) Handbuch Nachhaltigkeitskommunikation: Grundlagen und Praxis. Oekom, München

Mill JS (1848) The Principles of Political Economy with some of their applications to social philosophy, 7. Aufl. 1909 by Longmans, Green and Co., London

Müller F (2005) Indicating ecosystem and landscape organisation. Ecol Indic 5:280–294

Müller F, Baesler C, Schubert H, Klotz S (Hrsg) (2010) Long-Term Ecological Research – Between Theory and Application. Springer, Dordrecht

Müller K, Bork HR, Dosch A, Hagedorn K, Kern J, Peters J, Petersen HG, Nagel UJ, Schatz T, Schmidt R, Toussaint V, Weith T, Wotke A (Hrsg) (2000) Nachhaltige Landnutzung im Konsens. Ansätze für eine dauerhaft-umweltgerechte Nutzung der Agrarlandschaften in Nordostdeutschland. Focus, Gießen, S 190

NABU – Naturschutzbund Deutschland e. V. (2005) Nachwachsende Rohstoffe und Naturschutz: Argumente des NABU an einen naturverträglichen Anbau. NABU Positionspapier 04/2005. www.nabu.de/imperia/md/content/nabude/energie/biomasse/1.pdf. Zugegriffen: 07. Juni 2010

Nassauer JI, Corry RC (2004) Using normative scenarios in landscape ecology. Landsc Ecol 19:343–356

Nassauer JI, Corry RC, Cruse RM (2002) The landscape in 2025: alternative future landscape scenarios: a means to consider agricultural policy. J Soil Water Conserv 57:44A–53A

Natural Capital Project (2012) Startseite. www.naturalcapitalproject.org/. Zugegriffen: 28. März 2012

Nedkov S, Burkhard B (2012) Flood regulating ecosystem services – mapping supply and demand in the Etropole Municipality. Bulgaria. Ecol Indic 21:67–79

Nelson E, Mendoza G, Regetz J, Polasky S, Tallis H, Cameron DR, Chan KMA, Daily GC, Goldstein J, Kareiva PM, Lonsdorf E, Naidoo R, Ricketts TH, Shaw MR (2009) Modeling multiple ecosystem services, biodiversity conservation, commodity production, and tradeoffs at landscape scales. Front Ecol Environ 7:4–11

Nelson E, Polasky S, Lewis DJ, Plantinga AJ, Lonsdorf E, White D, Bael D, Lawler JJ (2008) Efficiency of incentives to jointly increase carbon sequestration and species conservation on a landscape. Proc Natl Acad Sci USA 105:9471–9476

Niemeijer D, de Groot R (2008) A conceptual framework for selecting environmental indicator sets. Ecol Indic 8:14–25

Norton B (1988) Commodity, amenity, and morality: the limits of quantification of valuing biodiversity. In: Wilson EO (Hrsg) Biodiversity. National Academy Press, Washington, Kap. 22

OECD (2003) Environmental Indicators – Development, Measurement and Use. OECD Environment Directorate, Paris

Oppermann B (2008) Zur Kunst der Landschaftsvorhersage. Gedanken anlässlich des FLL-Fachforums zum Thema Zukunftslandschaften. Stadt Grün:35–38

Osborne JM, Turner MA (2007) Cost benefit analysis vs. referenda. University of Toronto, Department of Economics. Working Paper 286. www.economics.utoronto.ca/index.php/index/research/workingPaperDetails/286

Osterburg B, Rühling I, Runge T, Schmidt TG, Seidel K, Antony F, Gödecke B, Witt-Altfelder P (2007) Kosteneffiziente Maßnahmenkombinationen nach Wasserrahmenrichtlinie zur Nitratreduktion in der Landwirtschaft. In: Osterburg B, Runge T (Hrsg) Maßnahmen zur Reduzierung von Stickstoffeinträgen in die Gewässer – eine wasserschutzorientierte Landwirtschaft zur Umsetzung der Wasserrahmenrichtlinie. Landbauforschung Völkenrode, Sonderheft 307

Oudenhoven APE van, Petz K, Alkemade, R, de Groot RS, Hein L (2012) Indicators for assessing effects of management on ecosystem services. Ecol Indic 21:110–122

Pachauri RK, Reisinger A (2008) Contribution of Working Groups I, II and III to the Fourth Assessment Report of the Intergovernmental Panel on Climate Change. IPCC, Geneva

Pearce DW, Turner RK (1990) Economics of Natural Resources and the Environment. Wheatsheaf, New York

Pijanowski BC, Brown DG, Shellito BA, Manik GA (2002) Using neural networks and GIS to forecast land use changes: a Land Transformation Model. Comput Environ Urban Syst 26:553–575

Pimentel D, Harvey C, Resoosudarmo P, Sinclair K, Kurz D, McNair M, Crist S, Shpritz L, Fitton L, Saffouri R, Blair R (1995) Environmental and economic costs of soil erosion and conservation benefits. Science 267:1117–1123

Polasky S, Nelson E, Camm J, Csuti B, Fackler P, Lonsdorf E, Montgomery C, White D, Arthur J, Garber-Yonts B, Haight R, Kagan J, Starfield A, Tobalske C (2008) Where to put things? Spatial land management to sustain biodiversity and economic returns. Biol Conserv 141:1505–1524

Pretzsch H (2001) Modellierung des Waldwachstums. Parey, Berlin

Rees WE (1992) Ecological footprints and appropriated carrying capacity: what urban economics leaves out. Environ Urban 4:121–130

Reibnitz U von (1991) Szenariotechnik. Instrumente für die unternehmerische und persönliche Erfolgsplanung. Gabler, Wiesbaden

Riedel R (2000) Strukturen der Komplexität – Eine Morphologie des Erkennens und Erklärens. Springer, Heidelberg

Rieß W (2010) Bildung für nachhaltige Entwicklung. Theoretische Analysen und empirische Studien. Waxmann, Münster

Ringland G (1997) Scenario planning. Managing for the future. Wiley, Chichester

Riitters KH, Wickham JD, Vogelmann JE, Jones KB (2000) National land-cover pattern data. Ecology 81:604

Rode M, Kanning H (2006) Beiträge der räumlichen Planung zur Förderung eines natur- und raumverträglichen Ausbaus des energetischen Biomassepfades. Informationen Raumentwickl 1:103–110

Rode M, Schneider C, Ketelhake G, Reißhauer D (2005) Naturschutzverträgliche Erzeugung und Nutzung von Biomasse zur Wärme- und Stromgewinnung. BfN-Skripten 136, Bonn

Röder N, Grützmacher F (2012) Emissionen aus landwirtschaftlich genutzten Mooren – Vermeidungskosten und Anpassungsbedarf. Natur Landschaft 87:56–61

Rotmans J, Asselt M van, Anastasi C, Greeuw S, Mellors J, Peters S, Rotman D, Rijkens N (2000) Visions for a Sustainable Europe. Futures 32:809–831

Rowe RL, Street NR, Taylor G (2009) Identifying potential environmental impacts of large-scale deployment of dedicated bioenergy crops in the EU. Renew Sust Energ Rev 13:271–290

Ruhl JB, Kraft SE, Lant CL (2007) The Law and Policy of Ecosystem Services. Island Press, Washington

Ryffel A, Grêt-Regamey A (2010) Bewertung der Ökosystemdienstleistungen von Trockenwiesen und -weiden.

Vortrag an der internationalen Naturschutzakademie Insel Vilm. www.bfn.de/0610_v_oekosystemdienstleistunge.html

Santelmann MV, White D, Freemark K, Nassauer JI, Eilers JM, Vaché KB, Danielson BJ, Corry RC, Clark ME, Polasky S, Cruse RM, Sifneos J, Rustigian H, Coiner C, Wu J, Debinski D (2004) Assessing alternative futures for agriculture in Iowa, U.S.A. Landsc Ecol 19:357–374

Schack K (2004) Umweltkommunikation als Theorielandschaft. Eine qualitative Studie über Grundorientierungen, Differenzen und Theoriebezüge der Umweltkommunikation. Ökom, München

Schmidt C, Hage G, Galandi R, Hanke R, Hoppenstedt A, Kolodziej J, Stricker M (2010) Kulturlandschaft gestalten – Grundlagen. Bundesamt für Naturschutz (Hrsg), Bonn

Schweppe-Kraft B (1996) Bewertung von Biotopen auf der Basis eines Investitionsmodells – Eine Weiterentwicklung der Methode Koch. Wertermittlungsforum 1

Schweppe-Kraft B (1998) Monetäre Bewertung von Biotopen. Bundesamt für Naturschutz, Bonn

Schweppe-Kraft B (2009) Natural capital in Germany – State and Valuation; with special reference to Biodiversity. In: Döring R (Hrsg) Sustainability, natural capital and nature conservation. Metropolis, Marburg

Seppelt R, Holzkämper A (2007) Multifunctional use of landscape services. Applications and results of optimization techniques of land use scenario development. Proceedings 7. IALE World Congress. Wageningen

Siemer SH (2007) Das Programm der Bildung für nachhaltige Entwicklung. Eine systemische Diagnose mit den Schemata Qualität und Nachhaltigkeit. Dissertation, Lüneburg

Spangenberg JH, Settele J (2010) Precisely incorrect? Monetising the value of ecosystem services. Ecol Complex 7:327–337

SRU – Sachverständigenrat für Umwelt (2007) Umweltschutz im Zeichen des Klimawandels. Umweltgutachten. Schmidt, Berlin

Stallmann HR (2011) Ecosystem services in agriculture: determining suitability for provision by collective management. Ecol Econ 71:131–139

Stern N (2007) The Economics Of Climate Change. The Stern Review. Cambridge University Press, Cambridge

Swetnam RD, Fisher B, Mbilinyi BP, Munishi PKT, Willcock S, Ricketts T, Mwakalila S, Balmford A, Burgess ND, Marshall AR, Lewis SL (2010) Mapping socio-economic scenarios of land cover change: a GIS method to enable ecosystem service modelling. J Environ Manage 92:563–574 doi:10.1016/j.jenvman.2010.09.007

Syrbe RU, Walz U (2012) Spatial indicators for the assessment of ecosystem services: providing, benefiting and connecting areas and landscape metrics. Ecol Indic 21:80–88

Tallis H, Polasky S (2009) Mapping and Valuing Ecosystem Services as an Approach for Conservation and Natural-Resource Management. Year Ecol Conserv Biol 1162:265–283

Tallis H, Ricketts T, Guerry A (2011) InVEST 2.1 Beta User's Guide – Integrated Valuation of Ecosystem Services and Tradeoffs www.invest.ecoinformatics.org/tool-documentation/InVEST_Documentation_v2.1.pdf/preview_popup/fil. Zugegriffen: 12. Juli 2012

Tappeiner U (2007) Land-use change in the European Alps: effects of historical and future scenarios of landscape development on ecosystem services. In: Heinz Veit, Universität Bern – Thomas Scheurer, ICAS/ICAR – Günter Köck, Österreichische Akademie der Wissenschaften (Hrsg) Proceedings of the ForumAlpinum 2007, 18.–21. Apr., ÖAW, Engelberg/Switzerland, S 21–23

TEEB – The Economics of Ecosystems and Biodiversity (2009) TEEB Climate Issues Update. www.teebweb.org/Portals/25/Documents/TEEB-ClimateIssuesUpdate-Sep2009.pdf

TEEB – The Economics of Ecosystems and Biodiversity (2010) Ecological and Economic Foundations. Earthscan, London (Kumar P, Hrsg)

Theßenvitz S (2009) Wer interessiert sich für Umwelt? – Lebenswelten und Zielgruppen in Deutschland. In: Für Natur und Umwelt begeistern. Umweltkommunikation Fachtagung des LfU am 28.04.2009. Bayer. Landesamt f. Umwelt (Hrsg), S 5–7

Tötzer T, Köstl M, Steinnocher K (2007) Scenarios of land use change in Europe based on socio-economic and demographic driving factors. Schrenk M, Popovich VV, Benedikt J (Hrsg) Real Corp: To Plan Is Not Enough: Strategies, Plans, Concepts, Projects and their successful implementation in Urban, Regional and Real Estate Development. Proc. Wien, 20.–23. Mai 2007, S 141–150

Turner RK, Pearce D, Bateman I (1994) Environmental economics: an elementary introduction. Wheatsheaf, New York

Turnhout E, Hisschemöller M, Eijsackers H (2007) Ecological indicators: between the two fires of science and policy. Ecol Indic 7:215–228

UBA – Umweltbundesamt (2000) Weiterentwicklung und Präzisierung des Leitbildes der nachhaltigen Entwicklung in der Regionalplanung und regionalen Entwicklungskonzepten. Texte 59/00, Berlin

UBA – Umweltbundesamt (2007) Ökonomische Bewertung von Umweltschäden. Methodenkonvention zur Schätzung externer Umweltkosten. Umweltbundesamt, Dessau www.umweltdaten.de/publikationen/fpdf-l/3193.pdf

UNEP (2007) GEO-4 – Global Environment Outlook. www.unep.org/geo/geo4.asp. Zugegriffen: 30. Juni 2012

UNEP (2011) Keeping Track of Our Changing Environment: From Rio to Rio+20 (1992–2012). Division of Early Warning and Assessment (DEWA), United Nations Environment Programme (UNEP), Nairobi

Vihervaara P, Kumpula T, Tanskanen A, Burkhard B (2010) Ecosystem services – a tool for sustainable management of human–environmental systems. Case study Finnish Forest Lapland. Ecol Complex 7:410–420

Wallace KJ (2007) Classification of ecosystem services: problems and solutions. Biol Conserv 139:235–246

Walz A, Lardelli C, Behrendt H, Grêt-Regamey A, Lundström C, Kytzia S, Bebi P (2007) Participatory scenario analysis for integrated regional modelling. Landsc Urban Plan 81:114–131

Wehrspaun M, Schoembs H (2002) Die Kluft zwischen Umweltbewusstsein und Umweltverhalten als Herausforderung für die Umweltkommunikation. In: Beyer A (Hrsg) Fit für Nachhaltigkeit? Biologisch-anthropologische Grundlagen einer Bildung für nachhaltige Entwicklung. Leske und Budrich, Opladen, S 141–162

Weis M (2008) Methode zur Entwicklung von Landschaftsleitbildern mithilfe einer dynamischen Landschaftsmodellierung – erarbeitet am Fallbeispiel Hinterzarten im Hochschwarzwald. Dissertation, Universität Freiburg www.freidok.uni-freiburg.de/volltexte/6389/

Weitzman, M (2000) Economic profitability versus ecological entropy. Q J Econ 115:237–263

Whitehead C, Phaneuf D, Dumas CF, Herstine J, Hill J, Buerger B (2010) Convergent validity of revealed and stated recreation behavior with quality change: a comparison of multiple and single site demands. Environ Resour Econ 45:91–112

Wiggering H, Müller F (Hrsg) (2004) Umweltziele und Indikatoren. Springer, Berlin

Wilson E, Piper J (2010) Spatial Planning and Climate Change. Taylor Francis, New York

Windhorst W, Müller F, Wiggering H (2004) Umweltziele und Indikatoren für den Ökosystemschutz. Geowissen und Umwelt, Springer, Berlin, S 345–373

Wolf A, Appel-Kummer E (2005) Demografische Entwicklung und Naturschutz. Perspektiven bis 2015. BfN.

Wronka TC (2004) Ökonomische Umweltbewertung. Vergleichende Analysen und neuere Entwicklungen der kontingenten Bewertung am Beispiel der Artenvielfalt und Trinkwasserqualität. Vauk, Kiel

Zangemeister C (1971) Nutzwertanalyse in der Systemtechnik. Eine Methodik zur multidimensionalen Bewertung und Auswahl von Projektalternativen, 4. Aufl. (1976). Dissertation, Technische Universität Berlin, 1970, München, S 370

Ziemann A (2005) Kommunikation der Nachhaltigkeit. Eine kommunikationstheoretische Fundierung. In: Michelsen G, Godemann J (Hrsg) Handbuch Nachhaltigkeitskommunikation: Grundlagen und Praxis. Ökom, München, S 121–131

Zimmermann H-J, Gutsche L (1991) Multi-Criteria Analyse. Einführung in die Theorie der Entscheidungen bei Mehrfachzielsetzungen. Springer, Berlin

Ausgewählte Steuerungsansätze zum Schutz und zur nachhaltigen Nutzung von ÖSD und Biodiversität

Der hat am besten für die Zukunft gesorgt, der für die Gegenwart sorgt (Franz Kafka).

5.1   Zur Auswahl des geeigneten Politikmixes

I. Ring und C. Schröter-Schlaack

5.1.1   Warum ein Politikmix?

Das Konzept der Ökosystemdienstleistungen ist eng mit dem Schutz und der nachhaltigen Nutzung der biologischen Vielfalt verknüpft, in diesem Zusammenhang entstanden und besonders durch das Millennium Ecosystem Assessment bekannt geworden (MEA 2005a, b; Beck et al. 2006). ÖSD stellen den direkten und indirekten Nutzen der Natur für den Menschen in den Mittelpunkt. Mit diesem Schritt wird von vielen die Hoffnung verbunden, Naturschutz und die nachhaltige Nutzung der Biodiversität gesellschafts- und politikrelevanter zu machen. Von der überwiegenden Anzahl der Autoren wird dabei Biodiversität selbst nicht als Ökosystemdienstleistung verstanden, bildet aber die Grundlage für das Funktionieren und die Erhaltung der Ökosysteme (MEA 2005b; Elmqvist et al. 2010).

Zwischen Biodiversität und ÖSD auf der einen Seite und verschiedenen ÖSD untereinander auf der anderen Seite bestehen zahlreiche Wechselbeziehungen, sei es in positiver (Synergien) oder negativer Weise (Zielkonflikte) (Elmqvist et al. 2010; Ring et al. 2010b). So war ein Hauptergebnis des MEA (2005b), dass die starke Konzentration auf Versorgungsleistungen der Natur in den letzten 50 Jahren, z. B. über die Intensivierung der landwirtschaftlichen Produktion, negative Auswirkungen auf die biologische Vielfalt, aber auch auf die Regulierungsleistungen und manche kulturellen Leistungen der Natur hatte. Aufgrund der engen Beziehungen zwischen Biodiversität und ÖSD müssen bei der Betrachtung von Politik- und anderen Steuerungsmaßnahmen immer beide Felder im Blick behalten werden, denn mit einer Förderung bestimmter ÖSD erhält man nicht notwendigerweise die biologische Vielfalt, und umgekehrt.

Der Schutz und die nachhaltige Nutzung von Biodiversität bauen in der Praxis gewöhnlich auf einer Vielzahl von Strategien und Instrumenten auf.

Dies ist auch theoretisch gut begründbar, denn biologische Vielfalt ist *per se* komplex und dynamisch (OECD 1999). Die Heterogenität und Komplexität des zu schützenden Gutes führt zu unterschiedlichen Zielen, die oft nur durch verschiedene Instrumente erreichbar sind (Gunningham und Young 1997). Im Gegensatz zu manchen umweltpolitischen Zielen wird aufgrund der inhärenten Komplexität der Ökosysteme von den gerade genannten Autoren sogar gefordert, ein naturschutzpolitisches Ziel mit zwei oder mehreren Instrumenten gleichzeitig zu verfolgen, um den Wissens- und Informationslücken im Zusammenhang mit der Biodiversität und der daraus folgenden Unsicherheit in der Zielerreichung Rechnung zu tragen.

Ein gemischter Instrumenteneinsatz ist sogar noch bedeutender, wenn es um die nachhaltige Bereitstellung von ÖSD geht. Mit der Perspektive auf die Dienstleistungen der Ökosysteme müssen zusätzliche Politiksektoren mit ihren jeweiligen Instrumenten und Auswirkungen betrachtet werden, sei es durch synergistische, sich positiv verstärkende Beziehungen oder aufgrund von Zielkonflikten und entsprechenden negativen Effekten (Ring und Schröter-Schlaack 2011a). Diese Synergien oder Zielkonflikte können, wie oben angedeutet, zwischen dem Schutz der Biodiversität und der Nutzung bzw. Förderung bestimmter ÖSD bestehen. Andererseits gibt es auch positive oder negative Wechselwirkungen zwischen verschiedenen ÖSD untereinander (Elmqvist et al. 2010). Beispielsweise wirkt sich eine Reduktion oder gar ein Verbot von Düngemitteln zum Schutz des Trinkwassers auch positiv auf die Artenvielfalt aus. Manche agrarpolitische Fördermaßnahme, die zu einer Erhöhung ausgewählter Versorgungsleistungen aus der Landwirtschaft führt, hat dagegen negative Auswirkungen auf die biologische Vielfalt und/oder andere Leistungen der betreffenden Agrarökosysteme. So kann die Förderung der Bioenergie zu einer Intensivierung der Flächennutzung führen, die mit einem Rückgang der Artenvielfalt verbunden ist. Gleichzeitig könnte die Bioenergieförderung andere, finanziell weniger unterstützte Versorgungsleistungen der Landwirtschaft verdrängen, wie z. B. die Nahrungsmittelerzeugung, da durch entsprechende Subventionen die Flächennutzung für Bioenergiegewinnung rentabler gemacht wird (► Abschn. 4.4.2).

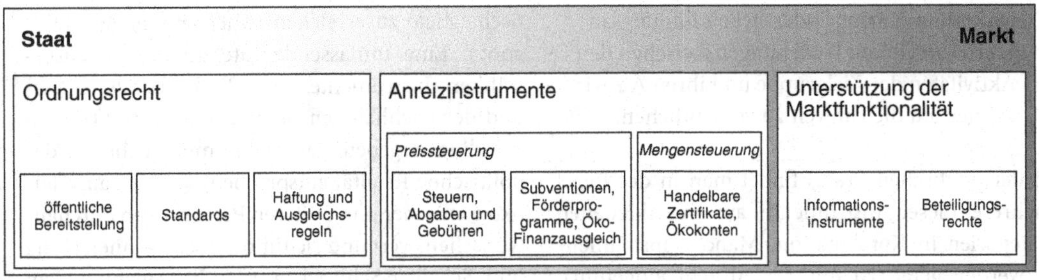

Staat							Markt	
Ordnungsrecht			**Anreizinstrumente**				**Unterstützung der Marktfunktionalität**	
			Preissteuerung		*Mengensteuerung*			
öffentliche Bereitstellung	Standards	Haftung und Ausgleichs-regeln	Steuern, Abgaben und Gebühren	Subventionen, Förderpro-gramme, Öko-Finanzausgleich	Handelbare Zertifikate, Ökokonten		Informations-instrumente	Beteiligungs-rechte

■ **Abb. 5.1** Kontinuum von Politikinstrumenten für die Steuerung von Biodiversität und ÖSD. © Schröter-Schlaack und Ring 2011

Aufgrund dieser Wechselwirkungen muss bei der Auswahl und Beurteilung von Politikinstrumenten für den Biodiversitätsschutz und die nachhaltige Bereitstellung von ÖSD stets der relevante Politikmix untersucht werden (▶ Definition im Kasten). Welche bestehenden oder auch neuen Instrumente jeweils in die Untersuchung einzubeziehen sind, ergibt sich aus der konkreten Fragestellung. Obwohl bei der umweltpolitischen Instrumentenanalyse in der Literatur häufig noch die Konzentration auf ein Instrument überwiegt, plädieren wir aus den genannten Gründen für die umfassende Betrachtung des relevanten Instrumentenmixes. Für die geeignete Auswahl eines Politikmixes ist eine schrittweise Vorgehensweise angeraten. Eine systematische Untersuchung beginnt mit der Eingrenzung der Problemstellung, arbeitet in einem zweiten Schritt die Rolle einzelner Instrumente im Politikmix heraus und nimmt schließlich eine differenzierte und gründliche Analyse und Bewertung eines zu verbessernden oder neuen Instrumentes vor, um konkrete Politikempfehlungen abzuleiten (Schröter-Schlaack und Ring 2011). Bevor wir diese drei Schritte ausführlicher dargestellt werden, folgt im nächsten Abschnitt ein kurzer Überblick der uns zur Verfügung stehenden Instrumente und Instrumententypen.

Was ist ein Politikmix?

Ein Politikmix ist eine Kombination von Politikinstrumenten mit quantitativen und qualitativen Auswirkungen auf den Biodiversitätsschutz und die Bereitstellung von ÖSD in privaten und öffentlichen Sektoren (Ring und Schröter-Schlaack 2011b, S. 15).

5.1.2 Der Instrumentenkasten

Einzelne Politikinstrumente, die einen Politikmix darstellen oder zu einem Politikmix kombiniert werden können, lassen sich gängig nach ihren Haupteigenschaften einteilen. In der Literatur werden überwiegend folgende drei Hauptkategorien verwendet (z. B. Michaelis 1996; Gunningham und Young 1997; Sterner 2003) (■ Abb. 5.1):

— Ordnungsrecht in Form von Ver- und Geboten kontrolliert in direkter Form das Verhalten der betroffenen Akteure. Umweltschädigendes Verhalten wird verboten oder eingeschränkt, was z. B. durch einzuhaltende Emissionsstandards, Raumplanung oder Schutzgebietsausweisungen geschehen kann.

— Ökonomische Instrumente oder Anreizinstrumente, wie z. B. Umweltsteuern, Abgaben oder Gebühren belegen umweltschädigendes Verhalten mit einem Preis, um negative Externalitäten zu internalisieren. Für den Biodiversitätsschutz und die nachhaltige Bereitstellung von ÖSD ist die Internalisierung positiver externer Effekte von besonderer Bedeutung (TEEB 2011). Dazu gehört die Honorierung ökologischer Leistungen von Landnutzern über Förderprogramme genauso wie die Honorierung dezentraler Gebietskörperschaften über ökologische Finanzzuweisungen (Ring 2011; ▶ Abschn. 5.2).

— Informatorische, motivatorische und pädagogische Instrumente zielen darauf, Personen oder Gruppen in ihren Präferenzen mehr in Richtung Schutz und nachhaltiger Nutzung natürlicher Ressourcen zu bewegen. Sie informieren die jeweilige Zielgruppe über bestimmte Zusammenhänge oder stellen Bildungsangebote bereit, um Beziehungen zwischen den Aktivitäten der Zielgruppe und ihren Auswirkungen auf die Umwelt zu verdeutlichen.

In der politischen Praxis findet man in der Regel mehrere dieser Instrumente aus verschiedenen Kategorien in Kombination. Manche Instrumente werden geradezu mit der Absicht eingeführt, das Ergebnis eines anderen Instrumentes zu verbessern. So werden beispielsweise ergänzende informatorische Instrumente wie die Beratung eingesetzt, um relevante Adressaten von Förderprogrammen (ökonomische Instrumente) mit dem notwendigen Wissen für die Antragstellung zu versorgen. Ökonomische Instrumente wie Ausgleichszahlungen können auch mit der Absicht eingeführt werden, Landnutzer für Kosten zu kompensieren, die ihnen aus Landnutzungseinschränkungen durch bestimmte Trinkwasser- oder Naturschutzgebiete (Ordnungsrecht) entstehen.

Zur Bewertung und Analyse einzelner Instrumente finden sich in der Literatur zahlreiche Kriterien, die wir im Folgenden zu vier Hauptgruppen zusammenfassen:

1. Ökologische Effektivität, d. h. der Grad der ökologischen Zielerreichung.
2. Kosteneffektivität bzw. ökonomische Effizienz: Wurde das Umweltziel mit minimalen Kosten erreicht? Neben den Opportunitätskosten der nächstbesten Alternative des Schutzziels werden hier auch Implementations- und Transaktionskosten der Instrumente selbst betrachtet.
3. Soziale und distributive Auswirkungen: Wer sind die Gewinner und Verlierer nach Einführung eines neuen Instrumentes? Werden bestimmte Nutzergruppen vernachlässigt, unverhältnismäßig belastet oder gefördert?
4. Institutionelle Erfordernisse, worunter z. B. die administrative Praktikabilität fällt oder die Notwendigkeit, weitere Gesetze oder gar die Verfassung zu novellieren, um die jeweiligen Instrumente einzuführen.

Im Vergleich zu ordnungsrechtlichen Lösungen bewertet die ökonomische Analyse umweltpolitischer Instrumente in der Regel anreizbasierte Instrumente als flexibler und kosteneffektiver, um umweltpoli

tische Ziele zu erreichen (Michaelis 1996; OECD 2007). Eine umfassende Literaturanalyse ausgewählter Instrumente des Biodiversitätsschutzes und der nachhaltigen Bereitstellung von ÖSD hat allerdings ergeben, dass Politikmixe nicht nur der politischen Realität entsprechen, sondern auch aus ökonomischer und weiterer Perspektiven durchaus wünschenswert und zielführend sein können (Ring und Schröter-Schlaack 2011a). In Anlehnung an diese Ergebnisse werden in ◘ Tab. 5.1 Hauptmerkmale und Hypothesen zur Leistungsfähigkeit der für unser Themenfeld relevantesten Instrumente Ordnungsrecht, Eingriffs-/Ausgleichsmaßnahmen und handelbare Zertifikate, Steuererleichterungen, ökologischer Finanzausgleich, Zahlungen für ÖSD (auch PES – *Payments for Ecosystem Services*) und Zertifizierung am Beispiel Wald dargestellt (Schröter-Schlaack und Ring 2011, S. 178f.). Für eine ausführlichere Diskussion von PES und ökologischem Finanzausgleich sei auf ▶ Abschn. 5.2 verwiesen.

5.1.3   Instrumentenanalyse im Politikmix zur Steuerung von Biodiversitätsschutz und ÖSD

Im Folgenden entwickeln wir ein schrittweises Verfahren für die systematische Analyse von umweltpolitischen Instrumenten im Politikmix zur Steuerung von Biodiversitätsschutz und ÖSD (Schröter-Schlaack und Ring 2011). Dieses Verfahren synthetisiert Erkenntnisse aus bestehenden Verfahren zur Politikmix-Analyse in meist anderen Politiksektoren (Ring und Schröter-Schlaack 2011b) und wendet diese auf die spezifischen Eigenschaften von Biodiversität und ÖSD an.

Die drei Hauptschritte des Analyseverfahrens gliedern sich jeweils in verschiedene Kriterien zur Beurteilung des Problems bzw. der Instrumente oder des Politikmixes (◘ Tab. 5.2). Diesen groben Beurteilungsbereichen schließen sich in Schritt 1 und 2 weitere relevante Fragen und Aspekte an, die es bei der Analyse und dem Design von Instrumenten im Politikmix zu berücksichtigen gilt, während in Schritt 3 spezifischere Indikatoren oder Methoden zur Beurteilung des jeweiligen Kriteriums aufgeführt sind.

□ **Tab. 5.1** Hypothesen zur Leistungsfähigkeit ausgewählter Instrumente für die Steuerung von Biodiversität und ÖSD (adaptiert nach Schröter-Schlaack und Ring 2011)

Instrument	Ordnungsrecht; z. B. Schutzgebietsausweisung	Eingriffs- und Ausgleichsmaßnahmen, handelbare Zertifikate	Steuererleichterungen	Ökologischer Finanzausgleich	Zahlungen für ÖSD (PES)	Zertifizierung; am Beispiel Wald
Ziel	Schutz wichtiger Gebiete für den Arten- und Habitatschutz	Vermeidung bzw. Minderung und Ausgleich unvermeidlicher Eingriffe in Natur und Landschaft; Flexibilisierung von Eingriff und Ausgleich	Anerkennung positiver Umweltexternalitäten von Landnutzern und Unternehmern, die naturschutzverträglich wirtschaften	positiver ökonomischer Anreiz für dezentrale Gebietskörperschaften durch Ausgleich von Opportunitäts- und Managementkosten bzw. Nutzen-spillover von Schutzgebieten	positive ökonomische Anreize für Biodiversitätsschutz und Bereitstellung von ÖSD, z. B. durch Ausgleich von Opportunitäts- und Managementkosten	Förderung naturschutz- und umweltverträglicher Waldwirtschaft in Übereinstimmung mit rechtlichen Anforderungen und Zertifizierungskriterien
Adressaten	private und öffentliche Akteure	private und öffentliche Akteure	private Akteure	öffentliche Akteure	überwiegend private Akteure/ Landnutzer	private Akteure (Konsumenten)
Referenz für die Beurteilung und politischer Kontext	Schutz, der durch andere Instrumente (z. B. Emissions-, Managementstandards) oder das bis dahin bestehende Schutzgebietsnetzwerk gewährleistet wird; oft gar kein Schutz	zulässige Eingriffe aufgrund bestehender Instrumente und Standards (Management-, Emissions- oder Verfahrensstandards)	Verhalten der Steuerzahler ohne Steuererleichterung	Schutzgebiete (Menge, Qualität) bei Einführung des Instrumentes	Landnutzungspraktiken ohne Zahlungen für ÖSD (beachte statische, abnehmende oder zunehmende Service-Bereitstellung im Referenzszenario)	nationale Waldgesetzgebung, Zertifizierungsprozess meist progressiv und adaptiv
Ökologische Effektivität	hoch – Zunahme von Biodiversitätsschutz oder Bereitstellung von ÖSD; Effektivität kann jedoch durch unzureichenden Vollzug oder Veränderung der Umweltbedingungen beeinträchtigt werden (z. B. Klimawandel)	mittel – obgleich Design typischerweise »keinen Nettoverlust« zum Ziel hat, entstehen Probleme durch die Äquivalenz von Minderungs- und Ausgleichsmaßnahmen und deren langfristiges Monitoring	niedrig – abhängig von der erlassenen Steuerlast (und von bestehenden Steuerarten, Steuersatz und Nachverfolgung von Steuerhinterziehung); kein zielgenaues Instrument	mittel bis hoch – Zunahme von Schutzgebieten hinsichtlich Quantität und Qualität ist wahrscheinlich (insbesondere wenn Nutznießer der Zuweisungen Einfluss auf Quantität und Qualität der Schutzgebiete haben)	niedrig bis hoch – abhängig vom Design des Instrumentes im Hinblick auf das Referenzszenario, zusätzlichem ökologischen Nutzen, Ausweichreaktionen, Beständigkeit und Teilnahme am Programm	mittel – abhängig von der Strenge des Zertifizierungsstandards und der Rahmenbedingungen, z. B. Investitionsintensität, Transportschwierigkeiten, Besitzverhältnisse und konfligierende Landnutzungen

5

Tab. 5.1 Fortsetzung

Instrument	Ordnungsrecht; z. B. Schutzgebietsausweisung	Eingriffs- und Ausgleichsmaßnahmen, handelbare Zertifikate	Steuererleichterungen	Ökologischer Finanzausgleich	Zahlungen für ÖSD (PES)	Zertifizierung, am Beispiel Wald
Kosten und Kosteneffektivität	mittel – obgleich Schutzgebiete häufig ein positives Nutzen-Kosten-Verhältnis aufweisen, können lokale Opportunitätskosten beträchtlich sein	hoch – insbesondere durch die Option handelbarer Ausgleichsmaßnahmen signifikante Reduktion der Opportunitätskosten; allerdings dürften die Wiederherstellungskosten für manche Ökosysteme oder Habitattypen (zu) hoch sein	mittel – niedrige Transaktionskosten, da auf bestehenden Verwaltungsverfahren aufsetzend; allerdings sind Anreize oft nicht ausreichend, um nötige Landnutzungsveränderungen auszulösen	mittel bis niedrig – niedrige Transaktionskosten, da Instrument auf bestehenden Finanzausgleichsmechanismen aufbaut; auch abhängig vom gewählten ökologischen Indikator (niedrige Kosten für schutzgebietsbezogenen Flächenindikator)	mittel bis hoch – keine öffentlichen Ausgaben für Flächenankauf; auktionsbasierte Programme begrenzen übermäßige Renditeabschöpfung seitens der Landnutzer, potenziell hohe Transaktionskosten	mittel – Verwaltungskosten von Zertifizierungsprogrammen können beträchtlich sein (besonders in tropischen Regenwäldern)
Soziale und distributive Auswirkungen	mittel – durch Schutzgebiete gesicherte ÖSD können für die (lokale) Bevölkerung von Nutzen sein; Schutzgebietsausweisung kann aber auch beträchtliche Opportunitätskosten und das Risiko der Aufhebung informeller (Zugangs- oder Entnahme-)Rechte mit sich bringen	mittel – Zunahme der Ausbildungs-, Beschäftigungs- und Einkommensmöglichkeiten für Landbesitzer in peripheren Räumen, die Ausgleichsflächen vermarkten; Ausgleich von Opportunitätskosten des Flächenschutzes (handelbare Flächenausweisungsrechte)	mittel – Ausgleich von Opportunitätskosten naturverträglicher Landnutzungspraktiken; allerdings lediglich Anreiz für Steuerschuldner (z. B. Landeigentümer)	mittel – abhängig vom Einfallstor in das Finanzausgleichssystem; Finanzausgleich an sich ist distributives Instrument, das Finanzkraft und Finanzbedarf zwischen Gebietskörperschaften ausgleicht	mittel – Beitrag zum Lebensunterhalt in ländlichen Regionen und Ressourcenmanagement; eingeschränkte Teilnahmemöglichkeiten bei unsicheren Eigentumsrechten und Transaktionskosten; gemischte Ergebnisse hinsichtlich Armutsreduktion	niedrig bis mittel – kleine Firmen schwer erreichbar ohne subventionierte Programme; örtliche Gemeinschaften profitieren durch Nachfrage nach ihrer Arbeitskraft und positive Nebeneffekte

◻ Tab. 5.1 Fortsetzung

Instrument	'Ordnungsrecht', z. B. Schutzgebietsausweisung	Eingriffs- und Ausgleichsmaßnahmen, handelbare Zertifikate	Steuererleichterungen	Ökologischer Finanzausgleich	Zahlungen für ÖSD (PES)	Zertifizierung, am Beispiel Wald
Rechtliche und institutionelle Erfordernisse	mittel bis hoch – einfache Umsetzung für wenige ausgewählte Gebiete; zunehmend schwierig bei hoher Landnutzungskonkurrenz	hoch – starke Beteiligung der öffentlichen Hand in Form von Standardsetzung und Monitoring nötig; hohe Anfangsinvestitionen, um Rahmenbedingungen für den Zertifikatehandel zu schaffen	niedrig – Steuererleichterungen politisch relativ konsensfähig; Implementation nutzt bestehende Verwaltungsstrukturen	mittel – setzt auf bestehendem Finanzausgleichssystem auf; allerdings bedarf die Einführung neuer Indikatoren einer Änderung der Finanzverfassung und neuer Finanzausgleichsgesetze, was politische Mehrheiten voraussetzt	mittel bis hoch – Definition und rechtliche Durchsetzung von Eigentumsrechten als Schlüssel für den Programmerfolg, effektivere Programme erfordern hohe Anfangskosten durch Bestimmung des Referenzszenarios, Verhandlungen, Fundraising und Bewusstseinsbildung	mittel bis hoch – effektive Forstgesetzgebung/ Eigentumsrechte; bei Beteiligung örtlicher Gemeinschaften Verfahren zur Gewinnverteilung nötig

* adaptiert nach Schröter-Schlaack und Ring 2011; basierend auf Schröter-Schlaack und Blumentrath 2011; Santos et al. 2011; Oosterhuis 2011; Ring et al. 2011; Porras et al. 2011; Kaechele et al. 2011

◘ Tab. 5.2 Schrittweises Verfahren für Analyse und Design von Instrumenten im Politikmix zur Steuerung von Biodiversitätsschutz und ÖSD (adaptiert nach Schröter-Schlaack und Ring 2011, S. 184)

	Beurteilungskriterien	Was ist zu berücksichtigen?
1. Schritt		
Herausforderungen und Kontext des spezifischen Problems identifizieren Vorbereitungsphase	spezifische Charakteristika von Biodiversität und ÖSD	mögliche Zielkonflikte zwischen Biodiversitätsschutz und ÖSD
		Irreversibilität des Biodiversitätsverlustes
		Kipppunkte und Schwellenwerte
		fehlende Eigentumsrechte für Biodiversität und viele ÖSD
		Abgrenzung der relevanten ÖSD
	Ziele bezüglich Biodiversitätsschutz und Management von ÖSD	Bandbreite der Nutzungsmöglichkeiten von ÖSD
		Zielkonflikte zwischen verschiedenen ÖSD
	Triebkräfte des Biodiversitätsverlustes und der Beeinträchtigung von Ökosystemen	direkte und indirekte Triebkräfte
		Potenzielle Verstärkung negativer Auswirkungen durch diverse Sektorpolitiken
	Akteure und Handlungsebenen	öffentliche und private Akteure
		lokale, regionale, nationale und globale Akteure
		Berücksichtigung unterschiedlicher Entscheidungsprozesse und Instrumente auf den verschiedenen Handlungsebenen – angepasste Politik nötig
	kulturelle und rechtliche Rahmenbedingungen	lokales Wissen und traditionelle Verfahren
		Möglichkeiten und Grenzen monetärer Bewertung und marktbasierter Naturschutzpolitik (kulturelle Unterschiede)
		rechtliche und verfassungsmäßige Möglichkeiten und Grenzen
2. Schritt		
Fehlstellenidentifikation und Instrumentenauswahl Bestimmung der funktionellen Rolle der Instrumente im Politikmix	bestehende Politikinstrumente versus Berücksichtigung neuer Instrumente	Politikmix unter Berücksichtigung relevanter Politiksektoren und Handlungsebenen (EU, Bund, Land, Kommune)
		Erfahrungen mit bestimmten Instrumenten
		Persistenz bestehender Instrumente

☐ **Tab. 5.2** Fortsetzung

	Beurteilungskriterien	Was ist zu berücksichtigen?
	kontextspezifische Stärken und Schwächen von Instrumenten	Umgang mit Unsicherheit und Unwissen
		fehlende Eigentumsrechte
		räumliche Steuerungsmöglichkeiten durch Instrumente
		zusätzlicher ökologischer Nutzen/Leistung
		Typen von ÖSD
	Interaktionen zwischen Instrumenten	inhärent komplementäre Beziehungen
		inhärent negative Beziehungen
		zeitliche Abfolge/Pfadabhängigkeit
		kontextabhängige Beziehungen
3. Schritt		
Politikanalyse und Design Wirkungsanalyse für bestehende (*ex post*) und Szenario-Analyse für neue Instrumente (*ex ante*)	ökologische Effektivität	Anzahl/Zunahme gefährdeter Arten
		z. B. Klimaregulation von Stadtwald: Temperatur
	Kosteneffektivität oder andere Effizienzkriterien	z. B. Transaktionskosten des Instrumentes im Verhältnis zur ökologischen Zielerreichung
	Verteilungswirkungen und Legitimität	Nutznießer und Kostenträger einer Maßnahme
		Mitbestimmungs- und Beteiligungsmöglichkeiten
	institutionelle Möglichkeiten und Grenzen	Stakeholder-Analyse, Rechtsanalyse, Verfassungskonformität, administrative Praktikabilität

Schritt 1: Problemstellung eingrenzen, spezifische Herausforderungen und Kontext identifizieren

Bei der Analyse von Politikmixen liegt der Fokus nicht auf der Maximierung der ökologischen Effektivität oder ökonomischen Effizienz einzelner Politikmaßnahmen, sondern auf Komplementarität oder Konfliktpotenzial der relevanten Instrumente, ihren Wechselwirkungen untereinander und der Eignung des Politikmixes, alle Faktoren anzusprechen, die für das bestehende Problem verantwortlich sind (Ring und Schröter-Schlaack 2011b). Der geeignete Mix aus Instrumenten und

Akteuren wird also notwendigerweise von der Natur des Problems, den Zielgruppen und den kontextspezifischen Rahmenbedingungen abhängen (Gunningham et al. 1998).

Vor diesem Hintergrund besteht der 1. Schritt des vorgeschlagenen Verfahrens darin, ein differenziertes Verständnis des Politikgegenstands und der damit verbundenen spezifischen Ziele hinsichtlich des Biodiversitätsschutzes bzw. der Bereitstellung bestimmter ÖSD zu erlangen.

Obgleich die Fragen im ► Kasten nicht als allumfassend betrachtet werden können, denken wir doch, dass sie in der Vorbereitungs- oder Scree-

Spezifische Herausforderungen und Kontext umweltpolitischer Instrumente zur Steuerung von Biodiversitätsschutz und ÖSD

1. Was sind die wichtigsten Eigenschaften von Biodiversität und Ökosystemen, welche die Eignung, Anwendbarkeit und den Erfolg bestimmter Instrumente und ihrer Kombinationen beeinflussen?
2. Was sind die politischen Ziele des Biodiversitätsschutzes und des Managements von ÖSD?
3. Was sind die Triebkräfte des Biodiversitätsverlustes und der Ökosystemdegradation, und wie können diese adäquat adressiert werden?

ningphase für die eigentliche Politikmix-Analyse die relevantesten Fragen beinhalten, auf die es mindestens eine Antwort zu finden gilt.

Darüber hinaus ist es notwendig, relevante – öffentliche und private – Akteure betroffener politischer und wirtschaftlicher Sektoren auf den verschiedenen für das Problem wichtigen Handlungsebenen zu identifizieren sowie kulturelle und rechtliche Rahmenbedingungen angemessen zu berücksichtigen. Gerade der soziokulturelle und rechtliche Kontext kann die verfügbaren Optionen für den Instrumenteneinsatz signifikant beeinflussen. Dies betrifft sowohl die Öffnung des Möglichkeitenspielraums als auch den Ausschluss bestimmter Optionen aufgrund mangelnder Kompatibilität mit den kulturellen Grundwerten einer Gesellschaft (Brondízio et al. 2010).

Schritt 2: Fehlstellenidentifikation und Auswahl von Instrumenten für die Tiefenanalyse

Der 2. Schritt des Analyseverfahrens ermittelt Schwachstellen und Lücken im bestehenden Politikmix, identifiziert eingeführte oder potenziell neu einzuführende Instrumente, deren funktionelle Rolle im Politikmix untersucht wird und die im 3. Schritt einer Detailanalyse unterworfen werden sollen. Dazu müssen erstens im Hinblick auf das oben festgestellte Problem alle relevanten bestehenden Politikinstrumente identifiziert werden, denn viele Aspekte des Biodiversitätsverlustes oder des Managements von ÖSD sind bereits (mehr oder weniger) durch vorhandene Politikinstrumente angesprochen. Diese Instrumente werden nicht immer im Bereich der Umweltpolitik zu finden sein, sondern anderen Sektorpolitiken zuzuordnen sein, wie z. B. der Land- oder Forstwirtschaft, dem Energiesektor, der Verkehrs- oder Handelspolitik. Eine gründliche Bestandsaufnahme bestehender Politikinstrumente kann auf Schwachstellen, nicht bedachte Zielkonflikte und blinde Flecken des momentanen Politikmixes hinweisen (▶ Kasten).

Basierend auf solch einer Bestandsaufnahme haben politische Entscheidungsträger zwei Optionen oder Verfahrenswege, um insgesamt die Leistungsfähigkeit des Politikmixes zu steigern (◘ Abb. 5.2): Einerseits können sie den bestehenden Instrumentenmix verbessern, indem sie explizit die Auswirkungen von Interaktionen zwischen den Instrumenten im Detail untersuchen und ein oder mehrere Instrumente im Hinblick auf ihre Funktionsfähigkeit im Politikmix optimieren (*ex post*-Analyse). Andererseits kann die Entscheidung für die Einführung eines neuen Instrumentes fallen, das bis dahin unberücksichtigte Aspekte des untersuchten Problems einbezieht (*ex ante*-Analyse). Dies kann bis dahin vernachlässigte Akteure, Aktivitäten oder Sektoren betreffen oder die Berücksichtigung neuester wissenschaftlicher Erkenntnisse im Hinblick auf die Problemlage.

Zweitens müssen die Stärken und Schwächen der individuellen Instrumente in den Blick genommen werden, denn einige Instrumente(-typen) mögen besser als andere geeignet sein, den obigen Herausforderungen zu entsprechen. Direkte Regulierung durch das Ordnungs- und Planungsrecht spielt eine wesentliche Rolle, ein nötiges Mindestmaß an Biodiversitätsschutz zu garantieren, um das Überschreiten kritischer Schwellenwerte zu verhindern. Ökonomische Instrumente sind besonders geeignet, die Bereitstellung marktfähiger ÖSD und die nachhaltige Nutzung all jener ÖSD zu steuern, deren Nutzung sich im Rahmen gesicherter Grenzen für das Funktionieren von Ökosystemen befindet. Informatorische, motivatorische und pädagogische Instrumente sind stets wichtige Komponenten eines jeden Politikmixes, da sie Bewusstsein für die Erhaltung der Biodiversität schaffen sowie die Akzeptanz umweltpolitischer Instrumente und die Beteiligung an freiwilligen Umweltmaßnahmen

Beurteilung existierender Politikinstrumente hinsichtlich der spezifischen Herausforderungen des Biodiversitätsschutzes und des Managements von ÖSD

1. Berücksichtigen eingeführte Instrumente die Irreversibilität des Biodiversitätsverlustes sowie Schwellen und Grenzwerte der Resilienz von Ökosystemen, die, einmal überschritten, zu einem Umkippen der betroffenen Systeme führen können und die Bereitstellung damit verbundener ÖSD beeinträchtigen oder ganz gefährden?

2. Berücksichtigen die vorhandenen Instrumente die Zielkonflikte zwischen dem Schutz der biologischen Vielfalt und der Bereitstellung von ÖSD einerseits und die Zielkonflikte in der Bereitstellung unterschiedlicher ÖSD andererseits?

3. Sind die Triebkräfte des Biodiversitätsverlustes und der Ökosystemdegradation erkannt und durch vorhandene Politikmaßnahmen adressiert?

4. Sind alle relevanten Akteure angesprochen bzw. welche relevanten Akteure fehlen in der Ansprache durch geeignete Politikinstrumente?

5. Welches Potenzial hätten neue Instrumente, fußend auf der Urteilskraft politischer Entscheidungsträger, der Politikadressaten sowie gesellschaftlicher Interessengruppen auf der Grundlage wissenschaftlicher Erkenntnisse?

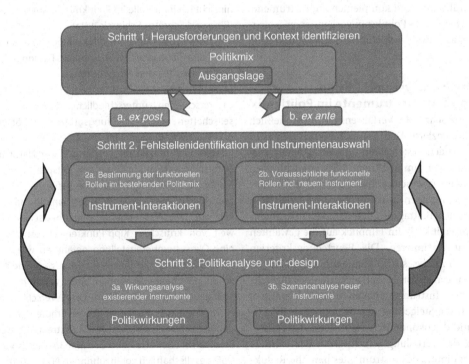

☐ **Abb. 5.2** Dreistufiges Politikmix-Analyseverfahren mit *ex post*- und *ex ante*-Verfahrenswegen

erhöhen. Im Gegensatz zum Einsatz umweltpolitischer Instrumente bei anderen Umweltproblemen (z. B. Luftverschmutzung), wo eine Überlappung von Instrumenten als ineffizient betrachtet wird (OECD 2007), wird im Bereich der Biodiversitätspolitik von einigen Autoren eine Überlappung verschiedener Instrumente sogar empfohlen. Diese Überlappung von naturschutzpolitischen Instrumenten wird aufgrund bestehender Wissenslücken und Unsicherheiten, Politik- und Marktversagen sowie Vollzugsdefiziten etablierter Instrumente als Sicherheitsnetz gerechtfertigt (Gunningham und Young 1997). Die räumliche Heterogenität des Biodiversitätsschutzes und der Bereitstellung von

ÖSD erfordert dabei in der Regel einen Politikmix. So bauen beispielsweise ökonomische Instrumente wie Förderprogramme häufig hinsichtlich der Antragsberechtigten auf der Schutzgebietskulisse (Ordnungsrecht) auf oder gewähren räumliche Boni in speziell für Naturschutzzwecke ausgewählten Zielgebieten.

Da verschiedene Instrumente bei gleichzeitiger Implementation nicht unbedingt alle zur Erreichung des gewünschten Politikziels beitragen, ist drittens zu untersuchen, welche Wechselwirkungen zwischen den Instrumenten bestehen, die letztlich die Leistungsfähigkeit des Politikmixes als Ganzes beeinflussen. Hierzu ist es notwendig, verschiedene Typen von Interaktionen zu berücksichtigen, die funktionelle Rolle des Instrumentes im Politikmix zu identifizieren und komplementäre Instrumente zu den bereits im Politikmix vorhandenen Instrumenten auszuwählen (Schröter-Schlaack und Ring 2011).

Schritt 3: Analyse und Design ausgewählter Instrumente im Politikmix

Der dritte Schritt des Verfahrens nimmt schließlich eine differenzierte Analyse und Bewertung eines zu verbessernden bestehenden oder eines neuen Instrumentes vor, um konkrete Politikempfehlungen abzuleiten. Dabei schlagen wir vor, dass die Bewertung des einzelnen Instrumentes darauf zielt, den zusätzlichen Beitrag des betreffenden Instrumentes zum Politikmix im Hinblick auf die gewählten Ziele zu maximieren. Die Beurteilungskriterien für diesen Analyseschritt können in Anlehnung an die oben genannten Hauptkategorien der umweltpolitischen Instrumentenanalyse gewählt werden, nämlich die Steigerung der ökologischen Effektivität und der ökonomischen Effizienz, die Verbesserung der Verteilungsgerechtigkeit, der Fairness und Legitimität des Instrumentes bzw. die Reduktion der Transaktionskosten und der institutionellen Barrieren. Dabei ist das ultimative Ziel der Instrumentenbewertung allerdings nicht mehr im Design von erst- oder zweitbesten (*first-best-* oder *second-best-*) Instrumenten und Politiklösungen zu suchen, sondern in der Optimierung des Designs des betreffenden Instrumentes hinsichtlich seiner funktionellen Rolle im Politikmix.

Fazit

Praktische Politik ist stets durch das Vorhandensein von Politikmixen geprägt. Dies trifft im Besonderen auch für Politiklösungen zu, die den andauernden Biodiversitätsverlust und die damit verbundene Beeinträchtigung von Ökosystemen, ÖSD nachhaltig bereitzustellen. Trotz dieser Beobachtung hat sich die umweltpolitische Instrumentenanalyse bislang überwiegend mit der Analyse und Optimierung einzelner Instrumente beschäftigt, und nicht mit der Untersuchung von Politikmixen. Aufbauend auf einer Literaturauswertung zur Analyse von Politikmixen und verschiedener Instrumente des Biodiversitätsschutzes sowie des Managements von ÖSD haben wir in diesem Kapitel ein schrittweises Verfahren entwickelt (◘ Abb. 5.2), um Instrumente hinsichtlich ihrer Rolle im Politikmix zu analysieren (Ring und Schröter-Schlaack 2011a).

Wie in jedem anderen Politiksektor gibt es auch hier keine Blaupause für ein optimales Design eines Politikmixes für den Biodiversitätsschutz und das Management von ÖSD. Jedes Land, jede Ortschaft ist verschieden, unterschiedliche Kulturen, Gesellschaften und Bevölkerungsgruppen schätzen den Wert von Biodiversität und ÖSD unterschiedlich ein und nutzen die Leistungen der Natur in unterschiedlichem Maße mit den entsprechenden Folgen (TEEB 2010a). Ökosysteme befinden sich in unterschiedlichen Zuständen der Funktionsfähigkeit oder Beeinträchtigung, sind unterschiedlich weit von kritischen Kipp-Punkten entfernt, die eine Ökosystembereitstellung gefährden würden. Schließlich sind die bestehenden sozioökonomischen Rahmenbedingungen und vorhandenen Politikinstrumente in jedem Land verschieden. Nichtsdestotrotz mögen wohl zwei Empfehlungen generell sinnvoll sein, um ein Mainstreaming des Biodiversitätsschutzes und des Managements von ÖSD gesellschaftlich voranzubringen (TEEB 2011):

- Der zu betrachtende Politikmix sollte sich nicht auf »Umwelt- oder Naturschutzpolitik« beschränken, sondern auch weitere Sektorpolitiken umfassen, wie z. B. Landwirtschaft, Energie und Transport.
- Ein Politikmix kann Schritt für Schritt entwickelt werden und mit den einfacheren Optionen zur Umsetzung von Instrumenten beginnen.

5.2 · Ausgewählte Finanzmechanismen: Zahlungen für ÖSD und ökol. Finanzausgleich

167

5

5.2 Ausgewählte Finanzmechanismen: Zahlungen für ÖSD und ökologischer Finanzausgleich

I. Ring und M. Mewes

Der Verlust an Biodiversität und Ökosystemdienstleistungen lässt sich meistens durch Marktversagen bei öffentlichen Gütern begründen. Einerseits haben Lebensraumzerstörung und -verschlechterung sowie Umweltverschmutzung (z. B. durch Stickstoff- und Phosphoreinträge in Gewässer) ungünstige Folgen und stellen sogenannte negative externe Effekte dar, die bislang nicht oder nicht ausreichend internalisiert werden. Naturbelastendes Wirtschaften und Konsumieren ist heute noch zu preiswert. Dies betrifft auch die intensive Erzeugung zahlreicher Versorgungsleistungen von Ökosystemen wie z. B. in der Landwirtschaft auf Kosten ihrer Regulationsleistungen. Die gesellschaftlichen Kosten dieses Verhaltens werden bislang nicht in den Preisen der entsprechenden Güter und Leistungen widergespiegelt.

Andererseits sind Leistungen von Landnutzern und öffentlichen Akteuren für den Biodiversitätsschutz und die Erhaltung von Ökosystemen und deren Leistungen häufig mit positiven externen Effekten verbunden, stellen also einen gesellschaftlichen Nutzen dar. Aufgrund mangelhafter Internalisierung der positiven externen Effekte zahlt sich dieser gesellschaftliche Nutzen aber für die Anbieter dieser Leistungen unter den gegenwärtigen gesellschaftlichen Rahmen- und Marktbedingungen oft nicht entsprechend aus, sie bekommen die Kosten ihrer Maßnahmen nicht adäquat vergütet. Deshalb werden insgesamt zu wenig von diesen gesellschaftlich wünschenswerten Leistungen bereitgestellt, sei es für Maßnahmen zur Erhaltung gefährdeter Arten oder für die Erhaltung der Regulationsfunktionen der Ökosysteme (Ring 2011).

In ► Abschn. 5.1 zum Politikmix wurde schon ausführlich auf mögliche Instrumente eingegangen, mit denen diesen Problemen begegnet werden kann. Dazu gehören das Ordnungsrecht mit seinen Ge- und Verboten, Planungsrecht, ökonomische Instrumente wie Steuern, Abgaben oder Honorierung ökologischer Leistungen sowie informatorische, motivatorische und pädagogische Instrumente. Warum ökonomische Instrumente auch im Naturschutz und bei der Erhaltung von ÖSD sinnvoll sind, haben die Ergebnisse der globalen TEEB-Studie (The Economics of Ecosystems and Biodiversity) eindrucksvoll dargelegt (Ring et al. 2010b; TEEB 2010b, 2011).

In die gleiche Richtung zielte in Deutschland das Memorandum »Ökonomie für den Naturschutz« (Hampicke und Wätzold 2009). Wie können durch stärkeren Einsatz ökonomischer Instrumente wirtschaftliche Aktivitäten mit den Zielen des Naturschutzes in Einklang gebracht werden, und wie kann Naturschutz hierdurch wirksamer und auch effizienter durchgeführt werden? Dafür spielen klare Anreizsetzungen, Zielsteuerung, Schaffung von Märkten und die Nutzung von Synergieeffekten eine entscheidende Rolle. In diesem Abschnitt werden zwei der ökonomischen Instrumente detaillierter vorgestellt: Zahlungen für ÖSD und ökologischer Finanzausgleich.

5.2.1 Zahlungen für Ökosystemdienstleistungen

Zahlungen für ÖSD sind seit einiger Zeit weltweit unter dem Begriff *Payments for Ecosystem Services* (PES) bekannt geworden (Wunder 2005; Wunder et al. 2008; Gundimeda und Wätzold 2010; Porras et al. 2011; Ten Brink et al. 2011). Ziel dieses Instrumentes ist es, ökonomische Anreize für den Schutz der Biodiversität und die Bereitstellung von ÖSD zu schaffen. Dabei werden vor allem Opportunitäts- und Managementkosten ausgeglichen (◘ Abb. 5.3). In der Wissenschaft wird dieses Instrument in thematischen Sonderausgaben von Zeitschriften (z. B. *Ecological Economics* 2008 (65), 2010 (69)) in breiter Facette diskutiert.

Anwendungsbeispiele von Zahlungen für ÖSD gibt es weltweit auf lokaler, regionaler oder nationaler Ebene. In Europa sind im Rahmen der EU-Agrarpolitik seit 1992 Agrar-Umweltprogramme für die Mitgliedstaaten im Rahmen ihrer Pläne für die ländliche Entwicklung verpflichtend (http://ec.europa.eu/agriculture/envir/measures/index_de.htm; Hartmann et al. 2006; ► Kasten Fallbeispiel 1). Über die darin angebotenen Agrar-Umweltmaßnahmen

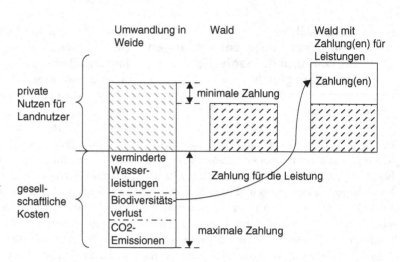

Abb. 5.3 Hintergrund der Einführung von Zahlungen für ÖSD: Die Umwandlung einer Waldfläche in eine Weide führt einerseits zu einem höheren privaten Nutzen des Landnutzers, andererseits aber zu gesellschaftlichen Kosten aufgrund des Verlustes von ÖSD. Dem Landnutzer kann eine Zahlung für die Erhaltung der Waldfläche angeboten werden, die mindestens seinem Nutzengewinn bei einer Umwandlung entspricht. Adaptiert nach Engel et al. 2008

können Landwirte Verträge abschließen und Zahlungen für ÖSD in Anspruch nehmen (wobei Biodiversität aus Vereinfachungsgründen mit darunter gefasst wird). Diese Agrar-Umweltprogramme sind vor allem auf eine Zahlung von Opportunitätskosten für die Durchführung bestimmter Maßnahmen in der Landwirtschaft gerichtet. Da dies nicht immer zu den gewünschten Ergebnissen im Bereich Biodiversitätsschutz etc. geführt hat, werden seit einigen Jahren vermehrt ergebnisorientierte Programme getestet, bei denen eine direkte Honorierung ökologischer Leistungen erfolgt (Freese et al. 2011; ▶ Kasten Fallbeispiel 2).

Im Folgenden wird zunächst ein allgemeiner Überblick über das Instrument »Zahlungen für ÖSD« gegeben. Die Einführung von solchen Zahlungen garantiert nicht *per se* auch eine Zielerreichung (z. B. Klejn und Sutherland 2003). Daher sind Kriterien zur Bewertung der Programme notwendig. Einige wichtige Kriterien werden im Anschluss daran vorgestellt.

Definitionen und Gestaltungsoptionen

In der Literatur bezieht sich der englische Begriff *Payments for Ecosystem Services* in der Regel auf ein marktbasiertes Instrument und folgt der Definition von Wunder (2005, S. 3) »*(a) a* voluntary *transaction where (b) a* well-defined *environmental service (or a land use likely to secure that service) (c) is being «bought» by a (minimum one) service* buyer *(d) from a (minimum one) service provider (e) if and only if the service provider secures service provi-*

sion (conditionality)«. (Übersetzt: »eine freiwillige Transaktion, bei der genau definierte Umweltleistungen (oder eine Landnutzung, die diese Leistung sicherstellt) durch mindestens einen Käufer von mindestens einem Verkäufer eingekauft werden, wenn (und nur dann) die Leistung erbracht wird.«)

Die erste Voraussetzung ist demnach, dass die Teilnahme an einem Programm mit Zahlungen für ÖSD freiwillig erfolgt. Weitere wichtige Voraussetzungen für die Klärung folgender Fragen, die sich aus der Definition ergeben, sind:

1. Wofür wird gezahlt?
   Das Ziel des Instrumentes ist in der Regel die Bereitstellung einer definierten Ökosystemdienstleistung, z. B. sauberes Wasser. Dazu muss festgelegt werden, wie die Leistung zu messen ist, damit festgestellt werden kann, ob das gewünschte Ziel auch erreicht wird. Es gibt Leistungen, die direkt messbar sind wie z. B. Kohlenstoffbindung, aber auch Leistungen, die häufig nur über einen Proxy bestimmt werden können, wie z. B. Auswirkungen auf die Biodiversität (Gundimeda und Wätzold 2010). Hiermit eng verknüpft ist die Frage, ob eine ergebnisorientierte Honorierung oder eine maßnahmenorientierte Zahlung vorgenommen werden soll. Bei Letzterer kann das Problem auftreten, dass Landnutzer zwar Maßnahmen durchführen, sich aber das gewünschte Ergebnis in Form von mehr Arten oder geforderter Wasserqualität trotzdem nicht einstellt. Eine großzügige Definition (FAO 2007) für die zu erbringende Leistung gewährt Zahlungen für

Fallbeispiel 1: KULAP, Brandenburg und Berlin

Ziel des Agrarumweltprogramms in den Ländern Berlin und Brandenburg ist die Förderung umweltgerechter landwirtschaftlicher Produktionsverfahren und die Erhaltung der Kulturlandschaft (KULAP 2012). Agrarumweltprogramme der Länder sind Bestandteil des Europäischen Landwirtschaftsfonds für die Entwicklung des ländlichen Raums (ELER). Das Programm umfasst u. a. Maßnahmen zum Schutz der Umwelt sowie zur Erhaltung der natürlichen Ressourcen (weitere Informationen unter www.mil.brandenburg.de/cms/detail.php/bb1.c.213972.de). Mit Blick auf das Konzept der Ökosystemleistungen werden damit die natur- und umweltverträgliche Bereitstellung von Versorgungsleistungen sowie der Schutz von Regulationsleistungen angesprochen. Die Finanzierung erfolgt durch EU, Bund und Länder. Anbieter sind in der Regel Landwirte.

Fallbeispiel 2: Northeim-Projekt, Niedersachsen

Im Northeim-Pilotprojekt (www.zlu.agrar.uni-goettingen.de/index.php?option=com_content&view=article&id=47&Itemid=56&lang=de) kam ein Ausschreibungsverfahren in Form einer Auktion zur ergebnisorientierten Honorierung zur Anwendung (Bertke 2005; Klimek et al. 2008). Initiiert wurde das Pilotprojekt von der Universität Göttingen in Zusammenarbeit mit den verantwortlichen Behörden. Ziel des Programms im Pilotprojekt war die Erhaltung der Agrobiodiversität im Grünland. Dafür wurde für eine festgelegte Artenanzahl eine Zahlung geleistet. Anbieter waren Landwirte in der Modellregion.

ÖSD, sofern die mit der Bewirtschaftung erzeugten Leistungen über die Leistungen hinausgehen, die ohne Zahlungen bereitgestellt worden wären. Des Weiteren gibt es auch die Möglichkeit, die Bereitstellung von mehreren ÖSD mit einer Zahlung zu bündeln.

2. Wer zahlt?
In der Regel zahlt derjenige, der einen Nutzen aus der (den) Ökosystemdienstleistung(en) erzielt. Es lassen sich zwei Formen unterscheiden: (1) Private nutzerfinanzierte Programme (*user-financed*): Mit diesen Programmen werden private Interessen und Nutzen vertreten, z. B. wenn ein Mineralwasserunternehmen Landnutzern in seinem Wassereinzugsgebiet Zahlungen für eine bessere Wasserqualität und -verfügbarkeit anbietet. Die Zahlung erfolgt üblicherweise durch Unternehmen oder Nicht-Regierungsorganisationen. (2) Öffentlich finanzierte Programme (*government-financed*): Durch sie werden öffentliche Interessen vertreten. Die staatliche Seite als »Käufer« bezieht gewöhnlich keinen eigenen Nutzen aus dem Programm. Mitnutznießer ist im Allgemeinen die »Gesellschaft« als Ganzes, z. B. in Bezug auf CO_2 oder Biodiversität. Die Zahlung erfolgt von staatlicher Seite.

3. Wie wird gezahlt?
Als Zahlungsform bietet sich in Industrieländern in der Regel Geld an, grundsätzlich sind aber auch Sachleistungen denkbar. Die Höhe der Zahlung entspricht meistens den Opportunitätskosten des Bereitstellers, die ihm aufgrund der Bereitstellung der Ökosystemdienstleistung entstehen. Zusätzlich können auch administrative Kosten berücksichtigt werden. Die Zahlung kann entweder einmal ausgerechnet und mit einer feststehenden Summe im Vertrag verankert oder aber variabel gehalten werden. Denkbar sind Einmalzahlungen oder auch laufende Zahlungen. Für den Zeitpunkt der Zahlung gibt es ebenfalls verschiedene Gestaltungsmöglichkeiten in Form von monatlichen, jährlichen, *ex ante-* oder *ex post*-Zahlungen. Zudem sind Vereinbarungen bezüglich der Dauer des Vertrags zu treffen (kurz-, mittel- oder langfristig). Nicht zuletzt kann eine räumliche Differenzierung der Zahlung vorgenommen werden.

4. Wer wird bezahlt?
Die Adressaten eines Programms für Zahlungen für ÖSD sind überwiegend private Akteure bzw. Landnutzer, die als Lieferant, Anbieter oder ÖSD-Bereitsteller bezeichnet

werden. Neben der direkten Aushandlung von Programmen zwischen Käufer und ÖSD-Bereitsteller sind auch Mittler wie z. B. Zertifizierungsstellen oder Forschungseinrichtungen zwischen den Parteien möglich.

5. Wann wird bezahlt?
Wichtig ist, dass in einem Programm genau festgelegt wird, wann gezahlt wird, d. h. nur unter der Bedingung, dass die vereinbarte Leistung tatsächlich erbracht wurde. Im Englischen wird hierfür der Begriff *conditionality* verwendet.

Es zeigt sich, dass die einzelnen Definitionen bei der Ausgestaltung von Zahlungen für ÖSD sehr wichtig sind und sorgfältig festgelegt werden müssen. Aufgrund des Gestaltungsspielraums sind verschiedene Programmtypen möglich. Übersichten finden sich z. B. bei Wunder et al. (2008), Nill (2011) oder Porras et al. (2011). Wann welche Ausgestaltung erfolgen sollte, hat insbesondere damit zu tun, dass der kurz-, mittel- oder langfristige Zeithorizont sowie die räumliche (lokale, regionale oder globale) Handlungsebene für Käufer, Bereitsteller und ÖSD-Bereitstellung zusammenpassen müssen. Der Erfolg von Programmen für Zahlungen für ÖSD wird durch viele Faktoren beeinflusst. Im Folgenden werden verschiedene Kriterien näher beleuchtet, über die eine Bewertung der Programme erfolgen kann.

Ökologische Effektivität

Ein wichtiges Kriterium zur Bewertung des Erfolgs eines Programms von Zahlungen für ÖSD ist seine ökologische Effektivität. Inwieweit trägt das Programm zu einer Verbesserung/Erhöhung der Ökosystemdienstleistung oder einem Einhalten einer Verschlechterung (z. B. Stoppen des Biodiversitätsverlustes) bei? Der Grad der Zielerreichung ist nicht immer einfach zu bestimmen. Er hängt insbesondere von der Messbarkeit der ÖSD ab (siehe oben: Wofür wird gezahlt?) und dem Umgang mit Unsicherheit. Die ökologische Effektivität kann je nach Ausgestaltung eines Programms gering bis hoch sein, wobei die folgenden Faktoren eine entscheidende Rolle spielen (Wunder 2007; Engel et al. 2008; Porras et al. 2011):

1. Monitoring: Für die Beurteilung der Zielerreichung ist ein Monitoring der Ökosystemdienstleistung(en) notwendig. Dafür stehen verschiedene Methoden zur Verfügung, wie z. B. Labormessungen, Vor-Ort-Begehungen, Indikatoren etc. Es muss geklärt sein, welche Art von Monitoring durchgeführt werden kann und soll, die Häufigkeit, wer für das Monitoring zuständig ist und wie die Kosten für das Monitoring getragen werden. Auch für den Fall, dass im Rahmen eines Monitorings festgestellt wird, dass der Service-Bereitsteller gegen die vertragliche Vereinbarung verstößt, müssen im Vorfeld Regelungen geschaffen werden. Denkbar ist, dass keinerlei Zahlung erfolgt, nur eine Teilzahlung geleistet wird oder gegebenenfalls sogar Sanktionen zum Tragen kommen könnten.

2. Zusätzlicher Nutzen, d. h. eine Festlegung der Referenzsituation und Szenarien in Verbindung mit einem zusätzlichen ökologischen Nutzen durch das Programm (*additionality*; ◨ Abb. 5.4): Es muss gewährleistet sein, dass tatsächlich eine zusätzliche Einheit an ÖSD durch eine Zahlung entsteht, die es ohne das Programm nicht geben würde. Um diesen Zusatznutzen bestimmen zu können, müssen die Ausgangssituation sowie deren voraussichtliche Entwicklung ohne die Anreizzahlung festgelegt werden. Es ist sicherzustellen, dass nicht im Vorfeld einer erwarteten Programmeinführung die Referenzsituation absichtlich z. B. durch eine starke Abholzung beeinträchtigt wird, um einen höheren Zusatznutzen nach Start des Programms »Waldmehrung« erzielen zu können.

3. Ausweichreaktionen (*leakage* oder *spillover*): Es kann passieren, dass die Einführung eines Programms mit Zahlungen für ÖSD nur dazu führt, dass die beeinträchtigende Nutzung räumlich verlagert wird. Es kommt somit insgesamt nicht zu einem »Mehr« an der gewünschten ÖSD, weil an anderer Stelle eine neue Beeinträchtigung dieser ÖSD stattfindet.

4. Beständigkeit (*permanence*): Mit einem Programm sollte ein langfristiger Erhalt bzw. eine Erhöhung von ÖSD einhergehen, wünschenswert auch dann noch, wenn die Zahlungen

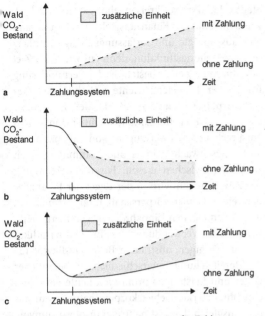

□ **Abb. 5.4** Drei verschiedene Szenarien für Zahlungen für ÖSD: **a** statisch; **b** abnehmend; **c** Verbesserung der Service-Bereitstellung im Referenzszenario. Gestrichelte Linien zeigen die Service-Bereitstellung mit einem Zahlungssystem, durchgehende Linien ohne. Die zusätzliche Einheit ist der Zuwachs an Service-Bereitstellung durch das Zahlungssystem verglichen mit dem Referenzszenario. Adaptiert nach Wunder 2005

eingestellt werden. Dies hängt entscheidend von der Dauer der den Zahlungen zugrunde liegenden negativen Externalität ab (Wunder et al. 2008).

Kosten und Kosteneffizienz

Eine wichtige Anforderung an die Ausgestaltung der Programme ist, dass sie kosteneffizient sind. Dazu sollten die Ziele (z. B. gute Wasserqualität, hohes Biodiversitätsniveau) mit einem möglichst geringen Budget erreicht werden, bzw. das verfügbare Budget soll so ausgegeben werden, dass der Grad der Zielerreichung maximiert wird (Wätzold und Schwerdtner 2005). Die Kosteneffizienz von Programmen wird durch verschiedene Faktoren beeinflusst:

1. Unzureichende Kenntnis über die Kosten bei den Service-Bereitstellern: Liegen keine oder nur ungenügende Informationen über die tatsächlichen Opportunitätskosten von Service-

Bereitstellern bei einem Käufer vor, können Zahlungen zu hoch angesetzt sein und die Kosteneffizienz von Programmen verschlechtert sich. Dieses Problem kann z. B. über den Einsatz von Auktionen gelöst werden, in denen die Service-Bereitsteller selbst Angebote für die Zahlung machen und damit ihre Kosten offenlegen (▶ Kasten Fallbeispiel 2; Ferraro 2008). Derart differenzierte Zahlungen zwischen einzelnen Verträgen können insgesamt finanzielle Ressourcen, d. h. das vorhandene Budget für das Programm, schonen und dazu beitragen, dass insgesamt mehr Verträge abgeschlossen werden können. Allerdings steigen bei dem Einsatz derartiger Instrumente wie Auktionen in der Regel die Transaktionskosten (Verwaltungs- und Verhandlungskosten), was zu einem Zielkonflikt oder sogenanntem Trade-off zwischen den zusätzlichen Kosten der Wahl und Ausgestaltung des Instrumentes und den Einsparungen bei den Zahlungen führt (Wätzold et al. 2010). Mögliche Trade-offs sollten bei der Ausgestaltung eines Programms berücksichtigt werden.

2. Notwendigkeit der Abwägung (Trade-offs) zwischen verschiedenen Kostenkategorien: Eine stärkere Partizipation von potenziellen Service-Bereitstellern bei der Ausgestaltung eines Programms für Zahlungen für ÖSD führt in der Regel zu höheren Kosten im Vorfeld des Programms für den Käufer, aber auch zu einer hohen Akzeptanz durch die späteren Service-Bereitsteller (z. B. Perrot-Maître 2006).

3. Eine ungenügende Verknüpfung von ökonomischem und ökologischem Wissen: Es hat sich gezeigt, dass die Integration von ökonomischem und ökologischem Wissen in Modellen (Wätzold et al. 2006) ein vielversprechender Ansatz ist, um Zahlungen so auszugestalten, das sie effektiv und kosteneffizient sind. Beispielsweise können softwarebasierte Entscheidungsunterstützungssysteme hilfreich sein (z. B. Mewes et al. 2012), die nicht nur in der Lage sind, bestehende Programme zu bewerten, sondern mithilfe von Optimierungsalgorithmen auch Vorschläge für neue, kosteneffiziente Programme machen können.

Sonstige Kriterien

Unter die sonstigen Kriterien fallen soziale und distributive Auswirkungen sowie rechtliche und institutionelle Erfordernisse:

1. Soziale und distributive Auswirkungen: Neben dem Kriterium der Kosteneffizienz spielt die Frage nach der Fairness eines Zahlungssystems eine wichtige Rolle (z. B. im Hinblick auf Akzeptanz). Kritisch im Blick behalten werden sollte, wer sich an dem Programm beteiligt/beteiligen kann, ob es Hindernisse für potenziell Beteiligte gibt und wie diesen begegnet werden kann. Dies gilt auch für eine Partizipation bei der Ausgestaltung von Programmen. Verteilungsfragen sind besonders bedeutsam, wenn es um Zahlungen für ÖSD in strukturschwachen, ländlichen Räumen oder Entwicklungsländern geht. Wenn die institutionellen und rechtlichen Voraussetzungen entsprechend gestaltet werden, können Zahlungen die ländliche Bevölkerung unterstützen und in Entwicklungsländern zur Armutsbekämpfung beitragen (Gundimeda und Wätzold 2010).

2. Rechtliche und institutionelle Erfordernisse: Damit Zahlungssysteme funktionieren können, müssen Eigentums- und Besitzverhältnisse (*property rights*) definiert und durchsetzbar sein, was vor allem in Entwicklungsländern oft schwierig ist. In Deutschland und Europa ist in dieser Hinsicht relevant, inwieweit eine Pacht von landwirtschaftlichen Flächen dazu führt, dass Programme oder einzelne Maßnahmen möglicherweise nicht angenommen werden.

5.2.2 Ökologischer Finanzausgleich

Ökologischer Reformbedarf des Finanzausgleichs in Deutschland

Das finanzpolitische Instrument »Finanzausgleich« dient der Verteilung und Zuweisung öffentlicher Einnahmen zwischen und innerhalb der staatlichen Ebenen. In seiner vertikalen Dimension dient der Finanzausgleich in Deutschland der Verteilung und Zuweisung öffentlicher Einnahmen von der nationalen Ebene auf die Länder bzw. von der Landesebene auf die kommunale Ebene (kreisfreie Städte, Landkreise, kreisangehörige Gemeinden). Zusätzlich hat der Finanzausgleich in Deutschland eine ausgeprägte und verfassungsmäßig verankerte Umverteilungsfunktion, denn ein wichtiges Ziel des Finanzausgleichs besteht in der Verminderung fiskalischer Ungleichgewichte zwischen den Gebietskörperschaften. So bewirkt der Finanzausgleich in seiner horizontalen Dimension durch entsprechende Zuweisungen von finanzstarken an finanzschwache Länder und Kommunen einen Ausgleich zwischen diesen. Für die Berechnung der Zuweisungen wird in der Regel der Finanzbedarf einer Gebietskörperschaft ihrer Finanzkraft, d. h. ihren eigenen Einnahmen, gegenübergestellt. Durch die Verwendung des Einwohnerindikators als gängigen, abstrakten Bedarfsindikator für die Bereitstellung unterschiedlichster öffentlicher Güter und Leistungen profitieren heute vor allem einwohnerstarke Gebietskörperschaften vom Finanzausgleich. Dies ist natürlich insofern sinnvoll, als dass zahlreiche öffentliche Leistungen für die Bewohner der jeweiligen Gebietskörperschaft erbracht werden.

Ein weiteres Ziel des Finanzausgleichs besteht im Ausgleich von Ausgaben für die Bereitstellung öffentlicher Leistungen, die Gebietskörperschaften über ihre eigenen räumlichen Grenzen hinaus für Einwohner anderer Gebietskörperschaften erbringen. Traditionell stellen kreisfreie Städte und Großstädte zahlreiche Bildungs-, Gesundheits- und kulturelle Leistungen für das Umland und seine Bewohner bereit, wie z. B. Universitäten und höhere Schulen, Krankenhäuser, Theater und Opernhäuser. Dem Nutzen dieser Leistungen über die Stadtgrenzen hinaus (sogenannte Nutzen-Spillover) stehen Kosten gegenüber, die in der Stadt selbst anfallen. Zum Ausgleich von räumlich auseinanderfallenden Kosten und Nutzen und zur Anerkennung dieser Leistungen für das Umland wird in vielen Bundesländern bei der Berechnung des jeweiligen Finanzbedarfs einem Städter künstlich ein höheres Gewicht verliehen als einem Landbewohner, die Einwohnerzahl wird »veredelt«.

Nun erbringen aber ländliche und naturnahe Räume sowie das Stadtumland auch zahlreiche Ausgleichsleistungen für die Städte. Sie dienen der Nahrungsproduktion und der Trinkwasserbereitstellung (Versorgungsleistungen), regulieren durch stadtnahe Wälder das Klima, stellen Flächen für den Hochwasserrückhalt bereit (Regulationsleistungen) und dienen der Erholung der Städter (kulturelle Leistungen). Neben zahlreichen ÖSD erfüllen ländliche und naturnahe Räume auch wichtige Naturschutzfunktionen, deren Nutzen der ganzen Bevölkerung zugutekommt (Ring 2004). In Deutschland wird deshalb seit geraumer Zeit gefordert, den Finanzausgleich um eine ökologische Komponente zu ergänzen. Prominent hat dies bereits der Sachverständigenrat für Umweltfragen in seinem Gutachten von 1996 vorgeschlagen (SRU 1996). Nach Untersuchungen von Ring (2001, 2008a) werden in den kommunalen Finanzausgleichsgesetzen der Länder zwar ökologische öffentliche Aufgaben bereits bei einigen Zweckzuweisungen berücksichtigt, dabei handelt es sich aber vor allem um nachsorgende und infrastrukturelle Aufgaben der Kommunen, wie die Trinkwasserversorgung, die Abwasser- und Abfallbeseitigung. Vorsorgende und intergenerative Aufgaben, wie Naturschutz und Landschaftspflege, Gewässer- und Bodenschutz, fristen ein Schattendasein (Ring 2001).

Gestaltungsoptionen und internationale Erfahrungen

Ein ökologischer Finanzausgleich sollte neben den herkömmlichen sozioökonomischen Indikatoren auch systematisch ökologische Indikatoren berücksichtigen, welche die Bereitstellung ökologischer öffentlicher Güter und Leistungen abbilden (Ring 2002). Diese ökologischen Indikatoren bilden die Basis für die Verteilung ökologischer Finanzzuweisungen, deren Integration in den Finanzausgleich unterschiedlich motiviert sein kann (▶ Kasten) (Ring et al. 2011). Ökologische Finanzzuweisungen können als Zweckzuweisungen für die Erfüllung bestimmter Aufgaben gewährt werden. Sie können auch als allgemeine oder Schlüsselzuweisungen ohne Verwendungsauflagen konzipiert werden. Schließlich sind Kombinationen von allgemeinen und Zweckzuweisungen denkbar, je nach zu berücksichtigendem Ausgleichstatbestand.

Im Gegensatz zu den oben ausgeführten Zahlungen für ÖSD, die in erster Linie auf private Akteure zielen, setzt ein ökologischer Finanzausgleich ökonomische Anreize für öffentliche Akteure. Je nach Ausgestaltung könnte die Integration von

> **Mögliche Gründe für die Einführung ökologischer Finanzzuweisungen (nach Ring et al. 2011)**
>
> 1. Ausgleich von Managementkosten für die Bereitstellung ökologischer öffentlicher Güter und den Schutz von ÖSD
> 2. Ausgleich von Opportunitätskosten des Biodiversitätsschutzes und des Schutzes von ÖSD
> 3. Zahlungen für externe Nutzen des Biodiversitätsschutzes und des Schutzes von ÖSD über die Grenzen der Gebietskörperschaft hinaus
> 4. Vertikaler bzw. horizontaler Finanzausgleich zwischen finanzstarken und finanzschwachen Gebietskörperschaften unter Berücksichtigung ökologischer Indikatoren (Verteilungsgerechtigkeit)

ökologischen Indikatoren in den Länderfinanzausgleich Anreize für die Länder setzen und deren überdurchschnittlichen Beitrag für den Naturschutz bzw. die Bereitstellung von ÖSD honorieren. Die Integration von ökologischen Indikatoren in die kommunalen Finanzausgleichsgesetze der Länder würde entsprechende Anreize auf kommunaler Ebene bieten.

Internationale Erfahrungen mit ökologischen Indikatoren im Finanzausgleich bestehen seit Anfang der 1990er-Jahre in einigen brasilianischen Bundesstaaten (May et al. 2002; Ring 2008b). Dabei wurden in bislang 16 von 26 Bundesstaaten ökologische Indikatoren in der jeweiligen Landesfinanzverfassung für die Rückverteilung der auf Landesebene aufkommensstärksten Mehrwertsteuer (ICMS Ecológico) an die Kommunen verankert. 13 Bundesstaaten verwenden Schutzgebiete für den Biodiversitätsschutz als Basisindikator, daneben wurden von Bundesstaat zu Bundesstaat verschiedene weitere ökologische Indikatoren berücksichtigt (Ring et al. 2011).

In Europa ist Portugal das erste Land, das mit seinem neuen Kommunalfinanzierungsgesetz von 2007 Natura-2000-Gebiete sowie weitere nach nationalen Standards ausgewiesene Schutzgebiete als Indikatoren für Finanzzuweisungen von der nationalen an die kommunale Ebene eingeführt hat (Santos et al. 2012). ◘ Tab. 5.3 veranschaulicht, inwieweit gerade ländliche Gemeinden mit hohen Schutzge-

◘ Tab. 5.3 Auswirkungen ökologischer Finanzzuweisungen auf den Kommunalhaushalt ausgewählter Gemeinden und Städte in Portugal (2008) (adaptiert nach Santos et al. 2012)

	Gemeinden und Städte	Anteil aller Finanzzuweisungen am kommunalen Haushalt	Anteil ökologischer Zuweisungen am kommunalen Haushalt	Anteil Schutzgebiete an Gemeindefläche
Gemeinden mit mehr als 70 % Schutzgebietsanteil an der Gemeindefläche	Campo Maior	89 %	25 %	100 %
	Murtosa	78 %	6 %	81 %
	Porto de Mós	75 %	11 %	76 %
	Aljezur	70 %	16 %	73 %
	Barrancos	97 %	26 %	100 %
	Terras de Bouro	94 %	22 %	95 %
	Freixo de Espada à Cinta	93 %	21 %	91 %
	Castro Verde	90 %	34 %	76 %
Gemeinden mit weniger als 70 % Schutzgebietsanteil an der Gemeindefläche	Lisboa	25 %	0 %	0 %
	Grândola	71 %	2 %	9 %
	Viana do Castelo	60 %	0,5 %	24 %
	Lamego	80 %	1 %	33 %
	Almeirim	62 %	0 %	0 %
	Peso da Régua	87 %	0,4 %	12 %
	Évora	62 %	1 %	16 %
	Vimioso	96 %	8 %	38 %

bietsanteilen von den ökologischen Finanzzuweisungen profitieren. In der Gemeinde Castro Verde beispielsweise, deren Schutzgebietsanteil an der Gemeindefläche 76 % beträgt, tragen Schutzgebiete über die neuen ökologischen Finanzzuweisungen mit 34 % zum Kommunalhaushalt bei. Da Finanzzuweisungen an die Gemeinden auch von zahlreichen anderen Indikatoren abhängen (in erster Linie Einwohner, aber auch Fläche oder soziale Lasten), ist der Anteil ökologischer Zuweisungen am kommunalen Haushalt nicht proportional zum Anteil der Schutzgebietsfläche an der Gemeindefläche. Deshalb kann der Anteil ökologischer Zuweisungen am Haushalt in Gemeinden, deren Fläche zu 100 % aus Schutzgebieten besteht, auch unter demjenigen von Castro Verde liegen.

Wie würde sich ein ökologischer kommunaler Finanzausgleich in Deutschland auswirken?

Konkrete Vorschläge für die Ökologisierung des Finanzausgleichs heben in Deutschland überwiegend auf die Einbeziehung von Naturschutz in den kommunalen Finanzausgleich ab (Perner und Thöne 2005; Ring 2008a). Naturschutz ist ein wichtiger Baustein für den Schutz von ÖSD, insbesondere von Regulationsleistungen und kulturellen Leistungen. Naturschutz ist eine öffentliche Aufgabe, die auf nationaler und internationaler Ebene von Nutzen ist, der also weit über die Gemeindegrenzen hinausgeht. Gleichzeitig sind die Kosten des Naturschutzes räumlich ungleichmäßig verteilt, was u. a. der räumlich unterschiedlichen Verteilung von Schutzgebieten geschuldet ist (Ring 2004).

Ring (2008a) hat für den kommunalen Finanzausgleich (KFA) in Sachsen verschiedene Varianten vorgeschlagen, Naturschutz als einen Indikator für die Zuweisungen von der Landesebene an die Kommunen zu berücksichtigen. Diese Varianten wurden in Form von Szenarien für Sachsen modelliert und ihre Auswirkungen mithilfe Geographischer Informationssysteme (GIS) räumlich explizit veranschaulicht. Die Ergebnisse basieren auf den administrativen Grenzen und den für die Berechnung von Finanzbedarf (Hauptansatz: Einwohner, Nebenansatz: Schülerzahlen) und Finanzkraft (eigene Gemeindeeinnahmen) relevanten Daten für den sächsischen kommunalen Finanzausgleich 2002.

In der hier vorgestellten Variante wird der Finanzbedarf um einen Naturschutzansatz erweitert, der die lokalen ökologischen Leistungen repräsentiert, deren Nutzen über die Gemeinde- bzw. Stadtgrenzen hinausreichen. Der Naturschutzansatz basiert auf der normierten überschneidungsfreien Schutzgebietsfläche innerhalb der Gemeinde- bzw. Stadtgrenzen. Überschneidungsfrei heißt: Liegt ein naturschutzfachlich wertvolleres FFH-Gebiet in einem Naturpark, so geht die Fläche des FFH-Gebietes in die Berechnung ein, während die Fläche des Naturparks entsprechend reduziert wird, um Doppelzählungen zu vermeiden. Dazu wurden die verschiedenen Schutzgebietskategorien nach Sächsischem Naturschutzgesetz (Nationalpark, Natura-2000-Gebiete, Naturschutzgebiete, Biosphärenreservat, Naturparke und Landschaftsschutzgebiete) mit den Gemeindegrenzen verschnitten und nach deren Bedeutung für den Naturschutz und den damit verbundenen Landnutzungseinschränkungen gewichtet (Ring 2008a). So wird z. B. ein Hektar Nationalparkfläche mit 100 % seiner Fläche, ein Hektar Landschaftsschutzgebiet aber nur mit 30 % seiner Fläche berücksichtigt. Vergleichbar mit dem Umgang mit allgemeinen Flächenindikatoren in Bundesländern wie Brandenburg und Sachsen-Anhalt wird nun ein Hektar »normierter Schutzgebietsfläche« einer bestimmten Einwohneranzahl äquivalent gesetzt. ◻ Abb. 5.5 veranschaulicht im Ergebnis die relativen Veränderungen der Schlüsselzuweisungen an die Gemeinden und Städte in Sachsen, wenn neben den Einwohner- und Schülerzahlen auch Schutzgebiete im Finanzbedarf berücksichtigt würden und ein Hektar (normierter) Schutzgebietsfläche einem Einwohner entspräche.

Beurteilung der umweltpolitischen Leistungsfähigkeit von ökologischen Finanzzuweisungen

Der ökologische Finanzausgleich ist als vergleichsweise neues Instrument, das erst in wenigen Ländern tatsächlich eingeführt wurde, noch relativ wenig untersucht. Ring et al. (2011) haben ökologische Finanzzuweisungen als umweltpolitisches Instrument erstmals nach den Kriterien der ökologischen Wirksamkeit, der Kosteneffektivität, den sozialen Auswirkungen, dem institutionellen Kontext und rechtlichen Anforderungen beurteilt. Im Folgenden soll exemplarisch auf die beiden ersten Kriterien sowie kurz auf den Stand der Umsetzung verbunden mit den rechtlichen Anforderungen in Deutschland eingegangen werden.

Die Beurteilung der Effektivität von ökologischen Finanzzuweisungen steht in engem Zusammenhang mit den Zielen, die zur Einführung der entsprechenden ökologischen Indikatoren führen (► Kasten S. 173). Es bietet sich an, die Effektivität anhand der Entwicklung des gewählten ökologischen Indikators nach Einführung des Instrumentes zu beurteilen. Beispielsweise haben im brasilianischen Bundesstaat Paraná, der Schutzgebiete bereits seit 1992 als Indikator für Finanzzuweisungen verwendet, die Schutzgebietsflächen um ca. 165 % zugenommen (May et al. 2002; Ring et al. 2011).

Bei der Kosteneffektivität werden in der Regel die Kosten eines umweltpolitischen Instrumentes seiner ökologischen Wirksamkeit gegenübergestellt. Welche Kostenkategorien (Managementkosten, Opportunitätskosten, Transaktionskosten) tatsächlich anfallen, hängt wieder mit den Zielen der Einführung des Instrumentes ab (► Kasten S. 173). Transaktionskosten wie die Kosten der Einführung und Umsetzung von ökologischen Finanzzuweisungen sind jedoch vergleichsweise gering, insbesondere wenn bereits gut verfügbare Indikatoren wie Schutzgebietsflächen verwendet werden, da dieses Instrument auf den bestehenden Finanzausgleichsbeziehungen mit vertrauten Verwaltungsstrukturen und -abläufen aufbaut (Ring et al. 2011).

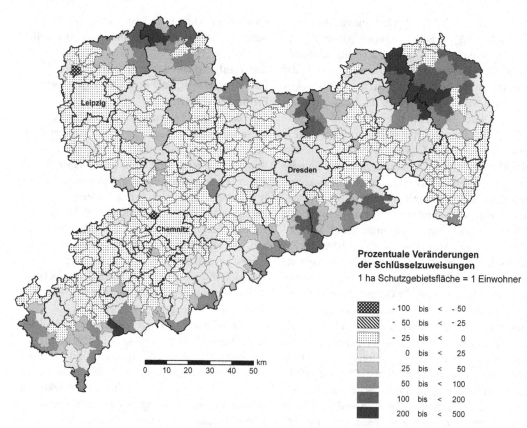

**Prozentuale Veränderungen
der Schlüsselzuweisungen**

1 ha Schutzgebietsfläche = 1 Einwohner

▓	- 100	bis	<	- 50
▨	- 50	bis	<	- 25
⬚	- 25	bis	<	0
	0	bis	<	25
	25	bis	<	50
	50	bis	<	100
	100	bis	<	200
	200	bis	<	500

▣ Abb. 5.5   Prozentuale Veränderungen der Schlüsselzuweisungen im sächsischen kommunalen Finanzausgleich von 2002, wenn Schutzgebiete im Finanzbedarf der Gemeinden und Städte berücksichtigt würden und ein Hektar überschneidungsfreier, normierter Schutzgebietsfläche einem Einwohner entspräche. © Ring 2008a, basierend auf Schutzgebietsdaten des Landesamtes für Umwelt und Geologie 2004; Verwaltungsgrenzen VG 250, Bundesamt für Kartographie und Geodäsie 2002; Kartographie und GIS: Hartmann und Kindler, Helmholtz-Zentrum für Umweltforschung – UFZ (Abb. in Farbe unter www.springer-spektrum.de/978-8274-2986-5)

Zusammenfassend lässt sich für die Situation in Deutschland sagen, dass es bislang ökologische Finanzzuweisungen in Form von Zweckzuweisungen für überwiegend nachsorgende und infrastrukturelle ökologische Aufgaben im Rahmen der kommunalen Finanzausgleichsgesetze gibt (Ring 2001, 2008a). Allerdings finden sich sowohl im akademischen wie im politischen Raum zunehmend Stimmen, die eine systematischere Einbeziehung ökologischer Leistungen auch in den Länderfinanzausgleich fordern und entsprechende Konsequenzen aufzeigen. So diskutieren Czybulka und Luttmann (2005) Argumente für die Berücksichtigung von Leistungen der Länder für das Naturerbe im Finanzausgleichssystem des Bundes. Ring et al. (2012)

präsentieren erstmals modellhaft die Ergebnisse der Einbeziehung unterschiedlicher ökologischer Indikatoren in den bundesdeutschen Länderfinanzausgleich. Doch ohne breite politische Unterstützung werden notwendige Verfassungsänderungen für einen ökologischen Finanzausgleich nicht erreicht werden. So ist es immerhin ein Anfang, dass entsprechende Vorschläge auch im politischen Raum ernsthaft geprüft werden. So forderte Umweltminister Till Backhaus aus Mecklenburg-Vorpommern wiederholt die Einbeziehung der Leistungen seines Landes für die biologische Vielfalt in den Länderfinanzausgleich (z. B. Backhaus 2008). Auch die Partei der Grünen (Bundestagsfraktion Bündnis 90/Die Grünen 2012) hat im Rahmen ihres Positionspapiers »Biodiversität 2020« als eines der Kernziele formuliert, zu prüfen »wie für die unterschiedlichen Naturschutzaufwendungen der Länder ein finanzieller Ausgleichsmechanismus zwischen den Bundesländern geschaffen werden kann.«

Fazit

In ▶ Abschn. 5.2 wurden zwei ökonomische Instrumente detaillierter vorgestellt, um Aktivitäten privater und öffentlicher Akteure besser mit dem Biodiversitätsschutz und der Bereitstellung von ÖSD in Einklang zu bringen. Zahlungen für ÖSD dienen in erster Linie der Anreizsetzung bei privaten Akteuren und werden inzwischen bei einer Vielzahl unterschiedlicher ÖSD eingesetzt. Das vergleichsweise neue Instrument »ökologischer Finanzausgleich« zielt auf öffentliche Akteure und kompensiert deren Ausgaben bzw. honoriert deren Leistungen für den Naturschutz und die Bereitstellung von ÖSD.

5.3   Integration des ÖSD-Konzepts in die Landschaftsplanung

A. Grünwald und W. Wende

Verfolgt man die internationalen Trends der Debatte über neue Bewertungsansätze in der Landschaftsökologie und über neue Wege zum Schutz der Biodiversität, so kommt man unmittelbar mit dem ÖSD-Konzept in Berührung (Jessel 2011; ▶ Kap. 1). Es erscheint sinnvoll, die ÖSD-Methodik um einen planungsinstrumentellen Aspekt zu erweitern, um stärker auch ein Management von Ökosystemdienstleistungen in den Fokus nehmen zu können (Vasishth 2008; Jedicke 2010; Kienast 2010; von Haaren und Albert 2011). Endlicher (2011) spricht im Kontext von urbanen ÖSD davon, dass eine Optimierung der Wechselwirkungen zwischen Mensch und Umwelt evident sei (Breuste et al. 2011; Richter und Weiland 2012). Es stellt sich also die Frage, ob und wie das Konzept von ÖSD in die Planungspraxis überführt und damit vor allem auch »verräumlicht« werden kann. Hinzu kommt die Schwierigkeit, ÖSD in die eingeführten und vor allem rechtlich verankerten Planungsinstrumente so einzupassen, dass deren Anwendung

Akzeptanz bei den Planungsträgern sowie bei den genehmigenden Verwaltungsinstanzen, mithin der Planungspraxis, findet.

Der kommunale Landschaftsplan ist das für Deutschland gültige Planungsinstrument zur flächigen Darstellung der Naturschutzbelange im Geltungsbereich von Städten und Gemeinden (von Haaren 2004; von Haaren et al. 2008; Heiland 2010). Die persuasive und umweltinformatorische Wirkung, wie sie der Landschaftsplan auch unabhängig von dessen Integration in die vorbereitende Bauleitplanung bereits entfaltet, sollte dabei nicht unterschätzt werden (Gruehn und Kenneweg 1998; Wende et al. 2011). Gleichwohl lässt sich die Landschaftsplanung – zunächst zumindest theoretisch – um Bewertungsansätze zu ÖSD optimieren. Aus Sicht der Autoren jedenfalls erscheint eine instrumentelle Verankerung von ÖSD in räumlichen Planungs- und Entscheidungsinstrumenten erforderlich, wenn ÖSD-Konzepte Erfolg haben wollen. Welche Instrumente sonst als der kommunale Landschaftsplan bzw. die räumliche Planung generell könnten diese Ansätze sinnvoll inkorporieren? Deshalb befasst sich dieser Abschnitt mit den praktisch-methodischen Möglichkeiten der Integration von ÖSD in die deutsche Landschaftsplanung.

- **Methodische Weiterentwicklung der kommunalen Landschaftsplanung?**

Die Landschaftsplanung ist, abgesehen von unterschiedlichen Begrifflichkeiten, dem Konzept der Ökosystem- bzw. Landschaftsdienstleistungen[1] (Kienast 2010) bereits sehr nah. Sowohl die Landschaftsplanung als auch der ÖSD-Ansatz zielen auf das Bewahren und Entwickeln von Naturbestandteilen durch allgemein akzeptierte Bewertungsmaßstäbe.

Von Haaren und Albert (2011) sowie Albert et al. (2012) zeigen in ihrer Gegenüberstellung von Landschaftsplanung und ÖSD-Konzept, dass

---

1   Landschaftsdienstleistungen (▶ Abschn. 3.4): Hierbei wird die Sichtweise über die Ökosysteme hinaus erweitert und eine Betonung auf ästhetische, ethische und soziokulturelle Aspekte sowie anthropogene Veränderungen gelegt. Durch die stärkere räumliche Ausrichtung kann diese Betrachtungsweise eine höhere Relevanz für die praktische räumliche Planung, vor allem auch die Landschaftsplanung, haben und partizipative Ansätze begünstigen (Kirchhoff et al. 2012).

neben zahlreichen Gemeinsamkeiten auch unterschiedliche theoretische und methodische Schwerpunkte vorhanden sind. Dies betrifft vor allem die Maßstabsebenen, die Berücksichtigung von öffentlichen und privaten Gütern, die ökonomische Bewertung und die Beteiligung der Akteure. Sowohl die Landschaftsplanung als auch das Konzept der ÖSD können jedoch von der Nutzung der Stärken des jeweils anderen Ansatzes profitieren. Landschaftsplanung kann beispielsweise durch eine Einbindung ökonomischer Betrachtungen die Strategien zur Kommunikation und Umsetzung der Planung verbessern (Stokman und von Haaren 2012). Umgekehrt können normative Gesetzesstandards und politisch-administrative formale Entscheidungsprozeduren bei der Aufstellung und Inkraftsetzung eines Landschaftsplans die Grundlage für transparente und monetäre, das »Naturkapital« betonende Bewertungsprozesse bieten. Eine Verknüpfung beider Ansätze liegt daher durchaus nahe bzw. ist zumindest diskussionswürdig. Albert et al. (2012) sehen in der Landschaftsplanung, als in Deutschland etabliertes Instrument, eine mögliche Trägerin des ÖSD-Ansatzes auf den unteren Planungsebenen.

Vor- und Nachteile einer Einbindung des Konzepts auf der lokalen Ebene allgemein und speziell auf der Ebene der örtlichen Landschaftsplanung werden bereits diskutiert (TEEB 2010a; Jedicke 2010; NeFo 2011). Übereinstimmend wird die durch ÖSD-Bewertungen veränderte Kommunikationsgrundlage sowohl mit Laien als auch mit Entscheidungsträgern als positiv eingeschätzt. Problematisch erscheinen sowohl die gegebenenfalls zu geringe Wichtung von Biodiversität gegenüber der Bewertung anderer ÖSD (Anderson et al. 2009; NeFo 2011) und die Risiken bei der Einordnung der monetären Werte innerhalb der ÖSD sowie gegenüber kommerziellen Marktgütern als auch deren Kommunikation mit den Akteuren (von Haaren und Albert 2011).

Wie die Einbindung von ÖSD im Detail und in der Praxis der Erarbeitung eines kommunalen Landschaftsplans aussehen kann, wurde bisher erst ansatzweise erprobt. Die Studien auf lokaler und regionaler Ebene beschäftigen sich jeweils mit Teilaspekten und liegen außerhalb der formalen Planungsinstrumente des deutschen Planungsrechts.

Im weitergefassten Rahmen von räumlicher und ökologischer Planung wurden bisher beispielsweise die Auswahl von Flächen für neue Baugebiete mit den geringsten Gemeinkosten (Grêt-Regamey et al. 2008), die kostenbezogenen Vorteile einer naturnahen Lösung für den Hochwasserschutz unter Einbeziehung der Werte der ÖSD (Grossmann et al. 2010) oder die Auswirkungen verschiedener Landnutzungsoptionen (z. B. Vihervaara et al. 2010; Swetnam et al. 2010) untersucht. Ein direkter Anwendungsbezug von ÖSD in der Landschaftsplanung ist den Autoren jedoch bisher (noch) nicht bekannt.

5.3.1 Verknüpfung von ÖSD mit dem Landschaftsplan

Der kommunale Landschaftsplan ist ein bereits sehr gut entwickeltes Planungsinstrument, welches hohe fachliche Standards und inhaltliche Anforderungen erfüllt. Im Landschaftsplan werden die gesellschaftlichen Werte und Naturgüter, an denen ein öffentliches Interesse besteht, betrachtet und Expertenwissen wird zusammengeführt. Die Maßnahmen zum Schutz, zur Pflege und zur Entwicklung der Naturgüter resultieren aus den fachplanerischen Erfordernissen des Naturschutzes.

Im Landschaftsplan sind die Schutzgüter sowie die Naturhaushalts- und Landschaftsfunktionen auf Basis der Naturschutzgesetzgebung, also vor allem im öffentlichen Interesse liegende Güter, das zentrale Element der Planungen. Der ÖSD-Ansatz zielt dagegen sowohl auf öffentliche als auch private Güter und Leistungen für die menschliche Existenz und auf das menschliche Wohlbefinden. Eine monetäre Bewertung von Natur und Landschaft und ihrer Funktionen sowie von Maßnahmen zum Schutz, zur Pflege und Entwicklung ist bisher nicht Gegenstand des örtlichen Landschaftsplans.

Landschaftsplanung und ÖSD-Bewertung haben zunächst einen unterschiedlichen Fokus und lassen sich somit nicht direkt miteinander verbinden. Der kommunale Landschaftsplan bleibt ein Planungsinstrument der lokalen Verwaltungsebene und soll die gewohnte Qualität und die naturschutzfachliche Informationstiefe beibehalten. Eine umfassende und praktisch erprobte Methodik zur Integration von ÖSD in den Landschaftsplan ist noch nicht bzw. erst ansatzweise entworfen. Unter der Voraussetzung, ein etabliertes Planungsinstrument durch ein aktuell viel diskutiertes Konzept weiterzuentwickeln und nicht grundlegend zu verändern, bilden in diesem Fall die anerkannten Bearbeitungsschritte den Rahmen für die Verknüpfung. Daher sollte die Abschätzung der ÖSD entsprechend der Hauptbearbeitungsstufen des Landschaftsplans parallel erfolgen (► Kasten).

> ### Hauptbearbeitungsstufen des Landschaftsplans
>
> Auf der Stufe der »Grundlagenermittlung/Bestandserfassung« werden neben den planerischen Rahmenbedingungen vor allem der Zustand von Natur und Landschaft sowie die bestehenden und abzusehenden Raumnutzungen erfasst. Daran kann die Ermittlung der im Gebiet vorhandenen Leistungen, der damit in Verbindung stehenden Akteure sowie auch die Erfassung des Bedarfs an ÖSD gekoppelt werden. Darauf folgt die »Konfliktanalyse, Konfliktprognose und Bewertung«. Mittels indikatorbasierten Methoden entsprechend normativen Vorgaben werden die Leistungsfähigkeit von Natur und Landschaft und die Verträglichkeit von Nutzungen sowohl gegenwärtig als auch zukünftig bewertet. Parallel dazu kann die Einschätzung der ÖSD hinsichtlich ihrer Menge, Qualität und räumlichen Verteilung sowie deren aktueller und zukünftiger Nutzen gemessen am Bedarf und an der Zielkonzeption erfolgen. Die Quantifizierung der Leistung bildet die Basis für einen Übertrag in monetäre Werte und somit auch für die räumliche Abbildung des Naturkapitals als einer Möglichkeit der Darstellung. Der anschließende Schritt ist die Erarbeitung der Entwicklungs- und Maßnahmenkonzeption – »Ziel- und Maßnahmenkonzept« – sektoral für die einzelnen Naturgüter und integriert in eine Gesamtkonzeption. Der Schwerpunkt liegt hierbei auf den Naturgütern.

Eine Verknüpfung und Rückkopplung zwischen beiden Konzepten kann an ausgewählten Stellen stattfinden. Der ÖSD-Ansatz ergänzt dabei die Aussagen der Landschaftsplanung, ersetzt aber nicht deren rechtlich vorgeschriebenen Arbeitsschritte. Eine genauere Kenntnis der in einem lokalen Gebietsausschnitt vorhandenen ÖSD sowie deren Zustands bzw. ökonomischen Wertes kann auch dazu genutzt werden, Maßnahmen des Landschaftsplans zu priorisieren, Kosten-Nutzen-Verhältnisse von Maßnahmen zu ermitteln und den Entscheidungsträgern eine Begründung bei der Durchsetzung von Maßnahmen zum Schutz, zur Pflege und zur Entwicklung von Natur und Landschaft zu liefern. Darüber hinaus können die Ergebnisse aus lokalen ÖSD-Bewertungen als Kommunikationsgrundlage mit den Akteuren für ein besseres Verständnis der Landschaftsplanung dienen. Umgekehrt bilden die für die Erfassung des Zustandes von Natur und Landschaft ermittelten Daten auf der Seite des Landschaftsplans bereits eine Grundlage für die Operationalisierung der ÖSD, sodass nicht alle Daten neu erhoben werden müssen, jedoch gegebenenfalls weiter zu monetisieren sind.

5.3.2 Umsetzung in der Praxis – Test am Beispiel der Leistung »Erosionsschutz«

Ob der theoretisch entworfene Rahmen für die Integration des ÖSD-Ansatzes in den örtlichen Landschaftsplan auch praktisch umsetzbar ist und welche Schwierigkeiten dabei auftreten, wurde von den Autoren in einem Modellausschnitt der Stadt Dippoldiswalde in Sachsen getestet. Dazu wurden die Bearbeitungsstufen der Konfliktanalyse und der Bewertung ausgewählt.

Da sich die Betrachtungen des Teilaspekts auf die Methodik beziehen, ist die Untersuchung eines repräsentativen Landschaftsausschnitts von angemessener Größe zunächst ausreichend. Eine Übertragung auf die gesamte Gemeindefläche wäre ohne Weiteres möglich.

In dem untersuchten Bereich dominiert landwirtschaftliche Nutzung auf teils stark geneigten Flächen. Die Grenzen des Untersuchungsgebietes orientieren sich an den Blattschnitten der TK 10 und an den Gemeindegrenzen. Die für die Untersuchung gewählte ÖSD »Erosionsschutz« (aus der Klasse Regulationsleistungen; ▶ Abschn. 3.2) ergibt sich zum einen aus der besonderen Problemlage im Gebiet – Bodenerosion durch Wasser – und zum anderen aus den für die Operationalisierung benötigten Daten und deren Beschaffungsaufwand. Einschränkend betonen die Autoren des hier vorliegenden Beitrags, dass mit dem Erosionsschutz nur eine Komponente von ÖSD analysiert wurde und die Ergebnisse aus dieser Studie nicht ohne Weiteres auf andere ÖSD übertragbar sind. Insbesondere eine Operationalisierung und monetäre Bewertung von Leistungen, die sich im Zusammenhang mit der Biodiversität ergeben, bleibt im Kontext der lokalen Landschaftsplanung schwierig, wenn nicht gar unmöglich. Eine alleinige monetäre Bewertung kann auch nicht das abschließende Ziel der Anwendung des ÖSD-Konzepts darstellen.

■ **Daten und Methoden**

Mit aggregierten Daten zum Bodentyp, zur Landnutzung und zur Topographie lassen sich bereits die räumlichen Variationen vieler Landschaftsfunktionen und Leistungen erklären (Willemen et al. 2008). Somit sollten auch die für eine ÖSD-Bewertung im Landschaftsplan zusammengestellten Datengrundlagen genutzt und nicht neu erhoben werden. Daran kann eine Verknüpfung dieser Werte mit ökonomischen Indikatoren anschließen, um für bestimmte Fragestellungen eine Abschätzung in »Geldwerten« zu erreichen.

De Groot et al. (2010) und auch Burkhard et al. (2011) schlagen als Indikatoren für eine Operationalisierung der Leistung Erosionsschutz die »Menge an zurückgehaltenem Boden« bzw. den »Verlust von Bodenpartikeln durch Wind oder Wasser« vor. Im hier gewählten Beispiel erfolgte die Quantifizierung der Leistung durch eine flächige Einordnung in sogenannte Erosionswiderstandsklassen mittels Indikatoren für die Beschreibung des mechanischen Erosionswiderstands des Bodens, welche Bastian und Schreiber (1999) bereits für den Einsatz in der Landschaftsplanung auf kommunaler Ebene empfehlen. Dafür wurde, unter Berücksichtigung der Niederschläge, der naturbedingte Bodenabtrag in Tonnen pro Hektar und Jahr (t ha^{-1} a^{-1}) aus dem bodenartbedingten Erosionswiderstand

und den Hangneigungen ermittelt. Durch die Multiplikation des naturbedingten Bodenabtrags mit einem nutzungsabhängigen Faktor ließ sich der nutzungsbedingte Bodenabtrag, ebenfalls in t ha^{-1}a^{-1}, errechnen. Bei dieser Vorgehensweise kam ein vereinfachtes Verfahren (Bastian und Schreiber 1999, S. 216ff.) auf der Grundlage der universellen Bodenverlustgleichung zum Einsatz. Außerdem wurde hier nur die Erosion durch Wasser berücksichtigt. Da die Anfälligkeit gegenüber Winderosion laut vorliegendem Landschaftsplan (Stand: Entwurf 2009) sehr gering bis gering ist, wurde auf eine Modellierung mit einem Ergebnis des Bodenabtrags in t ha^{-1}a^{-1} (z. B. mittels der *Revised Wind Erosion Equation*) analog dem Bodenabtrag durch Wasser verzichtet. Dies bedeutet aber auch, dass die ÖSD »gesamthafter Erosionsschutz« noch höher ausfallen würde, als in dem folgenden Beispiel vorgestellt.

Für die Bewertung der Erosionsanfälligkeit von Böden werden im Landschaftsplan meist Erosionswiderstandsklassen von I–VI oder Erosionsanfälligkeitsstufen von 0–5, d. h. Statuswerte, angegeben. Diese beruhen auf dem mittleren Bodenabtrag in t ha^{-1}a^{-1}, welcher wiederum als Flussgröße im vorliegenden Beispiel die Basis für die anschließende Monetarisierung bildet.

Für die folgende monetäre Bewertung wurde eine Ersatzkostenmethode angewendet. In diesem Fall kamen jene Schäden, die durch den Bodenabtrag entstehen, sowie die für deren Behebung bzw. für deren Ersatz aktuell üblichen Marktpreise in Betracht. Dabei waren jeweils die Kosten zu berücksichtigen, die auf der Fläche (*on-site*) zum Erhalt des vorhandenen Zustandes anfallen, und die Kosten, welche außerhalb der Erosionsflächen (*off-site*) durch die Beseitigung von Sedimenten in verschiedenen Formen und an verschiedenen Orten entstehen.

Durch die Erosion wird Oberboden einschließlich der organischen Substanz abgetragen, was die Bodenfruchtbarkeit und das Wasserhaltevermögen bzw. die Wasserverfügbarkeit verringert. Zudem vermindert sich die Dicke des Oberbodens und zurück bleiben die größeren Skelettanteile des Bodens. In Anlehnung an eine Studie aus den USA (Pimentel et al. 1995) wurden für die Berechnung der *on-site*-Kosten der Ersatz der Nährstoffe, des Wassers und des abgetragenen Oberbodens berücksichtigt. Als *off-site*-Kosten fanden Maßnahmen für gebaute Infrastruktur wie z. B. Straßen, Schienen, Gebäude, Rohrleitungen oder auch Hochwasser- und Regenrückhaltebecken, in denen sich durch Sedimentation die Rückhaltekapazität verringert, Eingang in die Berechnung. Nicht enthalten sind Kosten von Schäden bzw. Auswirkungen auf die Biodiversität und wirtschaftliche Einbußen in Fischzuchtbetrieben. Für Schäden an Landhabitaten oder auch aquatischen Lebensräumen hinsichtlich der charakteristischen Artenzusammensetzung gibt es keine kurzfristig wirksamen, technischen Ersatzlösungen. Außerdem sind die Auswirkungen stark vom betroffenen Biotop und weiteren Rahmenbedingungen abhängig. Daher können diese Kosten mit der Ersatzkostenmethode kaum beziffert werden. Im Untersuchungsraum gibt es des Weiteren keine kommerziellen Fischzuchten oder Fischfanggebiete, sodass diese nicht relevant waren.

Die *on-site*-Kosten setzen sich aus den oben genannten einzelnen Positionen zusammen. Für die Einzelpositionen der *off-site*-Kosten von typischerweise im Plangebiet vorkommenden Schäden wurde ein Durchschnittswert gebildet, da in dieser Maßstabsebene eine Berechnung je einzelner Teilfläche zu weit führen würde. Der Berechnung lagen die derzeit aktuellen Preise aus dem Garten- und Landschaftsbau (Bodenauftrag, Bodenberäumung) und der Landwirtschaft (Bewässerung und Düngemittel) zugrunde.

Für eine Tonne Verlust an Boden ergaben sich Ersatzkosten von 58,84 Euro *on-site* und 15,83 Euro *off-site* pro Jahr, d. h. insgesamt 74,67 Euro pro Tonne (Grünwald 2011).

Mit der flächigen und räumlich konkreten Darstellung des nutzungsbedingten Bodenabtrags wurde die Leistung quantitativ erfasst. Die Verknüpfung mit monetären Werten erfolgte auf Basis des entsprechend der Erosionswiderstandsklassen angegebenen mittleren Bodenabtrags in t ha^{-1}a^{-1}. Die ermittelten Ersatzkosten von rund 75 € t^{-1} Bodenabtrag wurden invertiert auf die Erosionswiderstandsklassen übertragen und stellen den entgangenen Nutzen dar. Die Minderung des Ertrages auf der Fläche und die Beseitigung der Schäden außerhalb kann mit technischen Mitteln ausgeglichen werden (Ersatz). Die dafür errechneten Kosten sind folglich der Wert der ÖSD, wenn die Leistung erhalten bliebe und insoweit von der Natur erbracht würde. Das heißt, die geringste Erosionswiderstandsklasse (VI – sehr geringer Widerstand) wird mit dem Nutzen »null« angenommen, und somit wird auch das Naturkapital gleich 0 Euro auf diesen Flächen angesetzt. Auf Grundlage dieser Verknüpfung konnte auch der Wert der Leistung – das Naturkapital – flächig dargestellt werden (◯ Abb. 5.6).

Die bei der Operationalisierung zugrunde gelegte Rastergröße betrug 15 × 15 m, um bei der Überlagerung von Relief, Bodenarten und Landnutzung eine zu starke Generalisierung bereits zu Beginn zu vermeiden. Hinsichtlich einer Zusammenfassung mit den Werten weiterer Leistungen müsste eine stärkere Generalisierung vorgenommen werden, wobei die relativ detaillierten Informationen zu den Einzelleistungen wieder verloren gingen.

Das Raster in ◯ Abb. 5.6 beträgt demzufolge ebenfalls noch 15 × 15 m, sodass auch die Änderungen der Leistung innerhalb eines Landnutzungstyps, z. B. Acker aufgrund von verschiedenen Hangneigungen, annähernd erkennbar sind. Die berechneten monetären Werte beziehen sich jeweils auf einen Hektar.

Diskussion

Die Quantifizierung und Monetarisierung von ÖSD auf der kommunalen Ebene ist für das Beispiel – Erosionsschutz – grundsätzlich möglich. Verschiedene Studien (Egoh et al. 2008; de Groot et al. 2010; Willemen et al. 2010) zeigen darüber hinaus, wie eine räumlich konkrete Darstellung, Quantifizierung und Verknüpfung mit monetären Werten auch für andere Leistungen realisierbar ist (▶ Kap. 4).

Die Karte in ◯ Abb. 5.6 verdeutlicht die räumliche Verteilung des vorhandenen Naturkapitals der ÖSD »Erosionsschutz«. Vorausgesetzt, eine solche räumliche Verteilung liegt für alle im Gebiet vorkommenden ÖSD vor, kann eine Abschätzung des gesamten Naturkapitals in der Gemeinde dargestellt werden. Generell zeigen solche Darstellungen, dass Natur und Landschaft einen nicht unwesentlichen, gesellschaftlichen Wert haben, der oft nicht wahrgenommen wird. Sie sind jedoch noch keine Bewertungen der Leistungen und geben auch keine Auskunft über die Multifunktio-

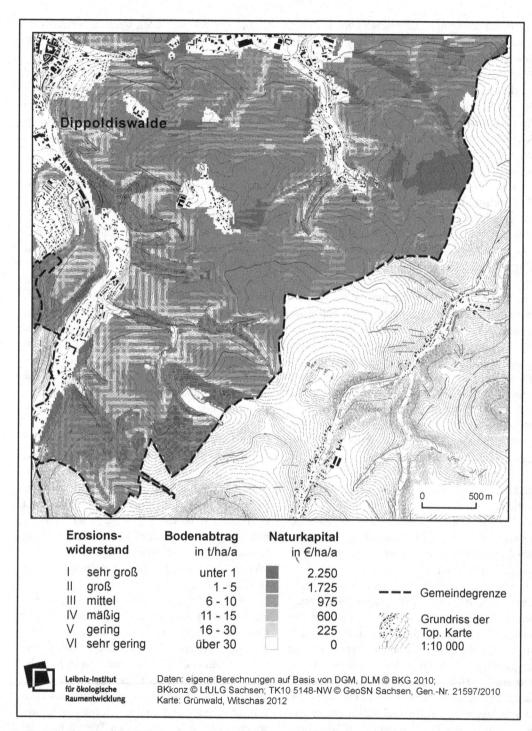

Erosions-widerstand		Bodenabtrag in t/ha/a	Naturkapital in €/ha/a
I	sehr groß	unter 1	2.250
II	groß	1 - 5	1.725
III	mittel	6 - 10	975
IV	mäßig	11 - 15	600
V	gering	16 - 30	225
VI	sehr gering	über 30	0

‒ ‒ ‒ Gemeindegrenze

Grundriss der Top. Karte 1:10 000

Leibniz-Institut für ökologische Raumentwicklung

Daten: eigene Berechnungen auf Basis von DGM, DLM © BKG 2010;
BKkonz © LfULG Sachsen; TK10 5148-NW © GeoSN Sachsen, Gen.-Nr. 21597/2010
Karte: Grünwald, Witschas 2012

◘ **Abb. 5.6**   Darstellung der ÖSD »Regulation der Bodenerosion durch Wasser« als potenzieller Bodenabtrag bzw. Naturkapital (vermiedene Schadenskosten)

nalität der Landschaft. Als Entscheidungshilfe für bestimmte Fragestellungen erweisen sie sich unter Umständen als hilfreich. So können sie bezüglich des Nutzens der Ökosysteme für den Menschen beispielsweise in Planungsfällen die Basis für die Bildung von Szenarien oder den Vergleich von Alternativen sein.

Die Leistung »Erosionsschutz« ist recht gut ermittelbar, da sie sich bereits aufbauend auf Daten, die im Landschaftsplan ohnehin vorliegen und für die gegebenenfalls auch schon eine Quantifizierung vorgenommen wurde, einschätzen lässt. Daran kann die Berechnung der Geldwerte direkt anknüpfen. Dennoch ist der zusätzliche Aufwand zur Ermittlung der Mengen des Bodenabtrags und der Monetarisierung hoch. Wird diese Vorgehensweise konsequenterweise auf alle im Plangebiet identifizierten Leistungen angewendet, entsteht dadurch ein sehr hoher Arbeits- und Dokumentationsaufwand und setzt eine genaue Kenntnis des Konzeptes der ÖSD durch den Planer voraus. Hinzu kommt, dass sich dabei nicht alle Leistungen aus den räumlichen Eigenschaften und mit exakt umrissenen Grenzen ermitteln lassen (Willemen et al. 2008). Möglicherweise müssen auch Modellierungen zum Einsatz kommen, die spezielle Kenntnisse anderer Fachdisziplinen erfordern.

Das Konzept der ÖSD stellt als sehr komplexes Konzept hohe Anforderungen an den Planer, insbesondere bei der Operationalisierung, Ermittlung und Übertragung ökonomischer Größen der Leistungen des Naturhaushalts sowie bei der Interpretation und Auswertung der Ergebnisse. Die Entscheidungsträger in den Kommunen, vor allem aber die Planer, die den örtlichen Landschaftsplan erarbeiten, sind bislang vermutlich nicht ausreichend mit dem Konzept vertraut. Eine rechtliche Anforderung zur Anwendung besteht nicht.

Hinsichtlich der Bewertung des Nutzens der Ökosysteme für den Menschen wird das Konzept der ÖSD u. a. von objektivierbaren, möglichst numerischen bzw. monetarisierbaren Grundlagen bestimmt, während der Landschaftsplan teilweise auch durch normativ-qualitative Standards und Bewertungsmaßstäbe geprägt ist. Für eine Integration des ÖSD-Ansatzes in den Landschaftsplan müsste dieser aber stärker auf quantitative und monetarisierbare Bewertungsmaßstäbe ausgerichtet werden.

Bezüglich einer breiten Anwendung, auch durch die Naturschutzbehörden, ist der ÖSD-Ansatz in seiner bisherigen Form für die Belange und Rahmenbedingungen der gesetzlich verankerten Landschaftsplanung somit nicht einsetzbar. Damit das Konzept in der Praxis zukünftig angewendet werden kann, eine hohe Qualität der Planung gewährleistet und Inhalte vergleichbar werden, müssen verschiedene Voraussetzungen erfüllt sein:

- Standardisierungen/Regeln zur klaren Abgrenzung und Nachvollziehbarkeit der Begrifflichkeiten und Methoden (Quantifizierung sowie Monetarisierung);
- Standardisierungen hinsichtlich der Datenverfügbarkeit und Datenqualität bzw. zur Datenerhebung;
- Erarbeitung und Verankerung von Bewertungsmaßstäben für ÖSD;
- Schulung der mit der Planerstellung betrauten Fachleute (und gegebenenfalls der politischen Entscheidungsträger);
- Schaffen einer Vergütungsgrundlage für den bei der Planung entstehenden Mehraufwand (z. B. in der Honorarordnung für Architekten und Ingenieure – HOAI).

In den Untersuchungen (Grünwald 2011) zeigte sich, dass eine vollständige Erfassung aller Kostenfaktoren nicht möglich ist. Zum Beispiel konnte der Schaden an Landbiotopen, der durch den Eintrag von Boden und Nährstoffen entsteht, nicht beziffert werden. Das liegt daran, dass die Auswirkungen der Nährstoffeinträge von verschiedenen Faktoren abhängig sind, sodass es keine technischen Standardlösungen gibt. Daher wurde diese Komponente nicht mit berechnet, sodass die realen Ersatzkosten sogar noch über den ermittelten Kosten liegen müssten.

Der dazu durchgeführte Versuch der Übertragung von Werten mittels Benefit-Transfer aus einer bereits vorhandenen Studie ist ebenfalls kritisch zu beurteilen, erscheint jedoch als der einzig gangbare Weg unter den Budgetvoraussetzungen für die deutsche Landschaftsplanung. Eigenständige Erhebungen von Kostengrößen vor Ort sind unter den derzeitigen HOAI-Leistungsbildern nicht vorgesehen. Auch wird deutlich, dass die ausgewiesenen Kosten, insbesondere wenn sie über größere Räume interpoliert werden müssen, eine gewisse Genauigkeit suggerieren, die u. U. so nicht gegeben ist. Die monetäre Gesamtbewertung des Naturkapitals hängt schließlich auch von der Größe der betrachteten räumlichen Verhältnisse ab. Bei Berechnungen entstehende Kommawerte geben den Wert einer ÖSD ebenso nur annähernd genau wieder und sollten daher nur entsprechend zusammengefasst weiterverwendet werden. Das wirft die Frage auf, ob und wie detailliert eine monetäre Bewertung grundsätzlich notwendig ist bzw. als sinnvoll erscheint.

Durch die Quantifizierung und auch die Monetarisierung bekommen vor allem Regulationsleistungen sowie Kultur- und Erholungsvorsorgeleistungen einen ökonomischen Wert. Diese Information kann gegenüber den politischen Entscheidungsträgern als wichtige Argumentationsgrundlage bei der Durchsetzung von naturschutzfachlichen Maßnahmen dienen. Insoweit liefert der ÖSD-Ansatz in jedem Fall zusätzliche und womöglich weitere »gewichtige« Argumente zugunsten der Implementation von Schutz-, Pflege- und Entwicklungsmaßnahmen für Natur und Landschaft.

Fazit
Die Landschaftsplanung ist als Planungswerkzeug grundsätzlich geeignet, zumindest bestimmte ÖSD zu integrieren. Eine regelmäßige praktische Anwendung des Konzepts der ÖSD steht noch am Anfang, und der Test nur einer Leistung auf praktische Umsetzbarkeit wirft bereits zahlreiche weitere Fragen auf.

Bei einem Einsatz des ÖSD-Ansatzes im Landschaftsplan werden zusätzliche Methoden für die Operationalisierung der einzelnen Leistungen sowie zur ökonomischen Bewertung anzuwenden sein. Als günstige Möglichkeit für die ortsbasierte Abschätzung von bestimmten ÖSD mittels GIS verweisen Syrbe und Walz (2012) z. B. auf Landschaftsstrukturmaße. Mit solchen landschaftsbasierten Maßen der Biotope, der Oberflächen und der Landschaftsstruktur als kosteneffektive Indikatoren lässt sich die Bewertung einfacher und exakter realisieren. Soll das Konzept langfristig Eingang in die planerische Praxis finden, müssen deshalb Anreize für deren Anwendung oder aber rechtliche Vorgaben geschaffen sowie Arbeitshilfen entwickelt werden. In der Schweiz hat das Bundesamt für Umwelt be-

reits eine Umsetzungsempfehlung (Staub et al. 2011) herausgegeben, die neben der grundsätzlichen Einordnung der im Lande relevanten ÖSD die Kriterien für die Operationalisierung und auch die Datenquellen für die Kriterien betrachtet.

Eine besondere Herausforderung und – wie auch die umfassende Quantifizierung – mit hohem Aufwand verbunden, ist die Monetarisierung der Leistungen. Zudem können Geldwerte bereits für die Einzelleistung und auch in der Gesamtdarstellung nur annähernd genau ermittelt werden. Einerseits ist es sinnvoll, die für das Plangebiet spezifischen Werte heranzuziehen, andererseits ist der hohe Aufwand in Relation zum Ergebnis aus arbeitskapazitären und finanziellen Gründen kritisch zu beurteilen. Mit Blick auf Arbeitskapazitäten sollten der Aufwand und die Komplexität für eine Kalkulation von Geldwerten möglichst gering gehalten werden. Auf der anderen Seite ist mit einer zu stark vereinfachten Herangehensweise, z. B. einer zu groben Abschätzung der Werte oder dem Benefit-Transfer aus anderen Kontexten, gegebenenfalls die Aussagekraft der Ergebnisse eingeschränkt.

Das Konzept der ÖSD zielt im Kern auf die Betonung der nutzenbringenden Wirkung von Ökosystemen für den Menschen. Die Übertragung dieses Naturkapitals in Geldwerte ist dabei ein Teilaspekt. Bei der Auseinandersetzung mit den ÖSD rücken zudem die Akteure stärker in das Blickfeld, sodass die Partizipation wesentlich an Bedeutung gewinnt. Für die Einbindung des ÖSD-Ansatzes in den Landschaftsplan können zum einen die Betonung der Leistung an sich und zum anderen der intensivere Kontakt zu den Akteuren bereits die gewünschten Impulse geben. Ein gänzlicher Verzicht auf eine Monetarisierung wäre zwar möglich, schöpft aber nicht die Potenziale aus, die dieser Ansatz bietet. Die Aussagen sollten sich demnach nicht ausschließlich auf die Ergebnisse der Monetarisierung stützen, in bestimmten Fällen sind sie jedoch eine wichtige Arbeitsgrundlage und Entscheidungshilfe.

Es bleibt aber auch die Befürchtung, dass schwer quantifizierbare bzw. monetarisierbare ÖSD, wie beispielsweise Leistungen der Biodiversität, in einer Gesamtbewertung der ÖSD eines Raumausschnitts systematisch unterrepräsentiert bzw. sogar ganz »ausgeblendet« werden könnten. Hier kann eine gewisse generelle Unausgewogenheit der Bewertung zwischen abiotischen und biotischen Leistungen aufgrund methodischer Defizite nicht ausgeschlossen werden. Jessel (2011) weist auf grundsätzliche Unterschiede in den Konzepten »Ökosystemdienstleistungen« und »Biodiversität« hin und stellt die zunächst anthropozentrische Sicht der ÖSD als nicht identisch mit dem Konzept der »Biodiversität« heraus.

Die Landschaftsplanung ist von der stärkeren Wertschätzung von Natur und Landschaft als Grundvoraussetzung für die kulturelle, soziale und ökonomische Entwicklung der Gesellschaft abhängig. Mit der Integration des Konzepts der ÖSD in die kommunale Landschaftsplanung ist es möglich, diese Wertschätzung zu steigern. Der örtliche Landschaftsplan ist bereits ein wichtiges Instrument für die Entwicklung von Natur und Landschaft in den Kommunen in Deutschland und kann im Zusammenhang mit einer stärkeren Etablierung der ÖSD an Bedeutung gewinnen. Trotz der derzeit noch bestehenden Schwierigkeiten ist es lohnend, die Debatte fortzusetzen, ob und wie das ÖSD-Konzept in die räumliche ökologische Planung integriert werden kann.

5.4 Governance im Naturschutz

O. Bastian

5.4.1 Governance und Schutz der Biodiversität

In Anbetracht des fortschreitenden Verlustes an biologischer Vielfalt, der Beeinträchtigung und Zerstörung natürlicher Ökosysteme sowie der verminderten Bereitstellung von ÖSD wird es immer dringlicher, geeignete Strategien zu finden, die diesem ungünstigen Trend erfolgreich begegnen. Notwendig ist die Anwendung einer breiten Palette an Politikinstrumenten, neben staatlichen Regularien (Gesetze, Verordnungen usw.) auch das Engagement bzw. die Partizipation von Personengruppen oder Organisationen bis hin zu eigentums- und marktbasierten Ansätzen (Kenward et al. 2011; Southern et al. 2011; ▶ Abschn. 5.1).

Mehr und mehr wird anerkannt, dass regionale und lokale Akteure sich nicht nur auf Lösungen berufen können und sollten, die von staatlichen Behörden angeboten werden. Staatliche Aktivitäten müssen durch freiwillige Bemühungen auf lokaler und regionaler Ebene ergänzt werden, um Innovationen und Kreativität zu beflügeln. Demzufolge messen Praktiker und Forscher gleichermaßen dem Konzept der regionalen Governance in ihren vielfältigen Facetten große Aufmerksamkeit bei (z. B. Danson et al. 2000; Diller 2002; Knieling 2003; Wirth et al. 2010).

Governance in ihrem weitesten Sinne kann verstanden werden als »ein Prozess der Koordination von Akteuren, sozialen Gruppen und Institutionen, sich auf Ziele zu verständigen und diese gemeinsam zu erreichen« (Le Galès 1998; siehe auch Definition in ▶ Abschn. 2.1). Dabei muss man unterscheiden zwischen verschiedenen Typen bzw. Mechanismen der Koordination (z. B. Markt, Hierarchien, Netzwerke, hybride Formen der Koordination), institutionellen Ebenen (z. B. lokal, regional, staatlich) und zwischen Akteuren aus verschiedenen Bereichen der Gesellschaft (z. B. Wirtschaft, Bildung, Politik usw.). Das Konzept der Governance dient dazu, die komplizierte Konstellation der Akteure in einem sozial-ökologischen System zu analysieren (Wirth et al. 2010).

Während Management die Handlungen auf einer bestimmten Fläche oder in einem bestimmten Ökosystem beschreibt, befasst sich Governance damit, wer Verantwortung trägt, wer Entscheidungen fällt und wie dies geschieht (Kenward et al. 2011). Analog dazu definierten Graham et al. (2003) Governance als »die Wechselbeziehungen zwischen Strukturen, Prozessen und Traditionen, die für die Machtausübung maßgeblich sind und die bestimmen, wie Entscheidungen bezüglich öffentlicher Angelegenheiten getroffen werden und wie Bürger und andere Interessenträger dabei mitwirken«. *Collaborative governance* ist die Integration von (ökonomischen, sozialen und Umwelt-) Werten in einen Entscheidungsprozess, in dem zahlreiche Partner zusammenwirken (»[…] a collaborative, multi-partner decision making process«) (Lamont 2006).

Government und Governance haben ähnliche Wurzeln, aber *government* bezieht sich nur auf Einrichtungen und Prozesse, die weitgehend vom Bürger, dem privaten Sektor und der Zivilgesellschaft getrennt sind. Regierungen wirken als Schlüsselakteure in Governance-Prozessen, aber sie stellen nur einen von vielen möglichen Akteuren dar. Mit anderen Worten: Governance bezieht den Staat ein, greift aber über ihn hinaus und reicht in den privaten Sektor und die Zivilgesellschaft hinein. Alle drei Sektoren sind für eine nachhaltige Entwicklung der menschlichen Gesellschaft entscheidend: Der Staat schafft einen zielführenden politischen und rechtlichen Rahmen. Der Privatsektor generiert Arbeitsplätze und Einkommen. Die Zivilgesellschaft erleichtert politische und soziale Interaktionen, indem sie gesellschaftliche Gruppen mobilisiert, an ökonomischen, sozialen und politischen Aktivitäten teilzunehmen. Da jeder dieser drei Sektoren Stärken und Schwächen hat, zielt *good governance* auf ein konstruktives Zusammenwirken bzw. Miteinander (Kenward et al. 2011).

Governance-Strukturen hängen in hohem Maße von formalen Mandaten, Institutionen, Prozessen und relevanten rechtlichen Normen und Nutzerrechten ab. Die Komplexität der Phänomene lässt sich oft kaum ermessen. Ungeachtet der bestehenden Machtverhältnisse in einer Gesellschaft werden die Entscheidungen (bezüglich Biodiversität und ÖSD) in der Regel von einer Vielzahl an Faktoren beeinflusst und geleitet, so von Geschichte und Kultur, Informationszugang, ökonomischen Erwägungen (UNDP 1999).

◼ Tab. 5.4 gibt einen Überblick über die verschiedenen Governance-Typen, die sich u. a. je nach Rolle der Akteure und Entscheidungsebene zum Teil beträchtlich voneinander unterscheiden (Hahn et al. 2008; Kenward et al. 2011).

5.4.2 Das Projekt GEM-CON-BIO

Die CBD (*Convention on Biological Diversity*) empfiehlt, neben gesetzlichen auch ökonomische und soziale Instrumente einzusetzen, um einen effektiven Schutz von Biodiversität und ÖSD zu erzielen. Jedoch steht nach wie vor zur Diskussion, welche Vorzüge und Nachteile die einzelnen Instrumente haben (etwa Schutzverordnungen gegenüber sozialen und ökonomischen Anreizen (James et al. 1999;

Ferraro und Kiss 2002; Adams et al. 2004). Viele dieser regulativen Instrumente (z. B. Zugangs- oder Nutzungsbeschränkungen), soziale sowie ökonomische Instrumente (wie Moratorien, Steuern und Subventionen) kommen zur Anwendung, ohne dass ihre Wirksamkeit bislang umfassend untersucht und durch ausreichende Studien unterlegt worden wäre.

Dieses Defizit ein wenig zu beheben, war das Ziel der im Rahmen eines EU-Projektes (unter Mitwirkung des Autors) erarbeiteten Studie GEM-CON-BIO (*Governance and Ecosystems Management for the Conservation of Biodiversity*) (Manos und Papathanasiou 2008; Simoncini et al. 2008; Kenward et al. 2011). Diese ging der Frage nach, welche Governance-Typen und -Institutionen am besten zur nachhaltigen Entwicklung und zur Erhaltung der biologischen Vielfalt beitragen.

▪ Zielstellung
Im Rahmen von GEM-CON-BIO wurden 34 Fallstudien in zwei Maßstabsebenen durchgeführt, um Governance-Strategien zu identifizieren, die gleichzeitig drei Anliegen befriedigen können, nämlich (1) die Steigerung der Bereitstellung von ÖSD, (2) die Sicherung der nachhaltigen Nutzung natürlicher Ressourcen und (3) die Erhaltung der Biodiversität. Diese sogenannte *biodiversity governance* wurde als Weg definiert, wie die Gesellschaft auf allen Ebenen ihre politischen, ökonomischen und sozialen Angelegenheiten im Hinblick auf die Nutzung und den Schutz der Biodiversität und ÖSD ausrichtet bzw. steuert.

▪ Methodik
Um die Eignung mehrerer Governance-Strategien für den effektiven Schutz von Biodiversität und ÖSD zu vergleichen, wurde ein geeigneter Untersuchungsrahmen entwickelt (◼ Abb. 5.7). Dieser befasst sich mit der Analyse folgender vier Teilbereiche:

1. Ausgangssituation,
2. Managementprioritäten,
3. Hauptprozesse und Werkzeuge zur Erreichung dieser Prioritäten,
4. Umweltwirkungs-Indikatoren, die potenziell von den drei oben genannten Kategorien abhängen.

▢ **Tab. 5.4** Im Projekt GEM-CON-BIO festgestellte Governance-Typen und ihre wesentlichen Merkmale (© Hahn et al. 2008)

	Staatlich kontrolliert				Gemeinschafts-basiert	Politiknetzwerk-basiert	Marktbasiert
	National/Föderal	Dezentral	Delegiert	Korporativ			
Beschreibung	streng zentralisierte Kontrolle des Managements durch staatliche Behörden	Management an die geeignetste administrative Ebene delegiert	Management an eine Nicht-Regierungs-Organisation delegiert, z. B. akadem. Verbands- und Privatsektor. Dennoch führende Rolle des Staates	Management auf der Grundlage einer Vereinbarung zwischen staatlicher Behörde und interessierter Organisation	Ziele und Prozesse des Managements durch selbst-organisierte, auf Ökosysteme angewiesene Gemeinschaften festgelegt	Ziele und Politiken zwischen lokalen Interessensträgern, Behörden und NGOs ausgehandelt und umgesetzt	Ziele am ökonomischen Gewinn orientiert
Hauptziele des Managements	regulatorische Compliance und ökonomische Entwicklung				Ökosystem-Resilienz, ökonomische Entwicklung	regulatorische Compliance, Ökosystem-Resilienz, ökonomische Entwicklung	ökonomische Entwicklung
Schlüsselinstrument der Politik	Gesetzgebung und politische Führung				dezentrale und informelle Institutionen	gemischt	ökonomische Anreize
Vorherrschende Eigentümerstruktur	staatlich	staatlich/gemischt			Gemeinschaft/gemischt	staatlich/gemischt	privat
Vertikale Integrationsebene	hoch (mit staatlichen Behörden)			mittel	variabel		niedrig
Horizontale Integrationsebene	niedrig	mittel		niedrig	hoch		variabel
Erkenntnisgewinnung	niedrig	mittel		niedrig	variabel		niedrig
Partizipation lokaler Gemeinschaften	niedrig	variabel		niedrig	hoch	variabel	niedrig

Tab. 5.4 Fortsetzung

	Staatlich kontrolliert				Gemeinschafts-basiert	Politiknetzwerk-basiert	Marktbasiert
	National/Föderal	Dezentral	Delegiert	Korporativ			
Adaptives Management	niedrig	mittel		niedrig	variabel	hoch	variabel
Multi-Level-Governance	begrenzt	möglich		wichtig			unwichtig
Leitung	begrenzt	möglich		stark	wichtig		unwichtig
Markt/Finanz-Instrumente	mittel		hoch	mittel			hoch
Regulatorische Instrumente	hoch	mittel	niedrig	mittel	mittel		niedrig
Soziale Instrumente	niedrig		mittel	niedrig	hoch	mittel	niedrig

a Untersuchungsrahmen

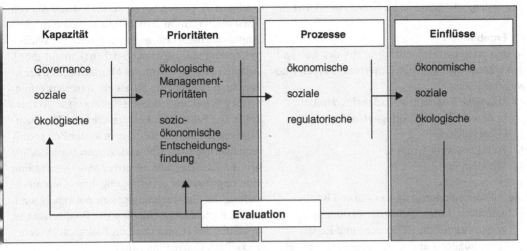

b Modellvariablen

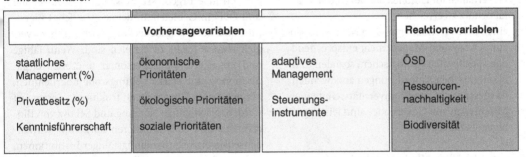

⬛ Abb. 5.7 a Untersuchungsrahmen zur Analyse verschiedener Governance-Strategien; **b** verwendete Modellvariablen. Adaptiert nach Kenward et al. 2011

Für statistische Analysen wurden solche Variablen ausgewählt, die die logische Struktur des Untersuchungsrahmens repräsentieren. IT-Modelle fanden Verwendung, um zu ermitteln, welche Variablen oder Kombinationen von ihnen am besten die unterschiedlichen Verhältnisse im Hinblick auf ÖSD, nachhaltige Ressourcennutzung und Schutz der Biodiversität erklären.

Die Daten wurden mittels standardisierter Fragebögen und Experteneinschätzungen gesammelt. Insgesamt 26 Fallstudien bezogen sich auf Testgebiete auf lokaler bis subnationaler Ebene: 15 davon kamen aus acht europäischen Staaten, zwei aus den USA und neun aus verschiedenen Entwicklungsländern. Acht zusätzliche Fallstudien beschäftigten sich mit der Nutzung spezifischer ÖSD auf inter-

nationaler Ebene, darunter mit Ökolandbau in Ostsee-Anrainerstaaten und mit Nordseefischerei. Hinzu kam eine 27 Länder umfassende, EU-weite Übersicht über sechs Erholungsaktivitäten, die von Ressourcen wild lebender Tiere und Pflanzen abhängig sind (Jagd, Vogelbeobachtung, Sammeln von Wildfrüchten usw.).

In jeder der Fallstudien sollten 70 Forschungsfragen in fünf Clustern beantwortet werden. Natürliche, soziale, ökonomische, institutionelle Ressourcen, externe Triebkräfte und Belastungen im Testgebiet wurden als bestimmende Faktoren der *governance initial capacity* und als Basis für Managementziele und Entscheidungsfindung angesehen. Die *initial capacity* bestimmt maßgeblich die jeweils angewendeten Governance-Typen, die wiederum auf die ökonomische, finanzielle, soziale und ökologische Situation im Gebiet zurückwirken.

■ **Ergebnisse**

In den analysierten Fallstudien aus der EU und den USA spielten folgende Governance-Typen eine wichtige Rolle:

1. Staatliche Kontrolle: a) national/föderal, b) dezentralisiert, c) delegiert, d) korporativ
2. Gemeindebasis
3. Politiknetzwerk-Gruppe
4. Marktbasiert

Die Fallstudien zeigten, dass es sinnvoll ist,

- natürliche, soziale, kulturelle, ökonomische und institutionelle Ressourcen und Kapazitäten möglichst umfassend zu berücksichtigen und zu koordinieren, um ein hohes Niveau der Governance im Hinblick auf den Biodiversitätsschutz zu erreichen;
- einen Mix verschiedener Governance-Typen zum Ökosystem-Management entsprechend den spezifischen ökologischen, sozialen und ökonomischen Anforderungen anzuwenden, da dieser auch dem Biodiversitätsschutz dient. Mischtypen von Governance sind leistungsfähiger als Einzeltypen.

Eine zweckmäßige Mischung besteht aus regulativen, partizipativen und ökonomischen/finanziellen, sozialen/kulturellen Instrumenten und bindet öffentliche Verwaltung, Bürgerbeteiligung und marktbasierte Ansätze ein. Marktinstrumente und/oder Quasi-Markt-Maßnahmen (z. B. Agrarumweltmaßnahmen) sind vor allem dann hilfreich, wenn Schutzmaßnahmen Opportunitätskosten verursachen und mit ökonomischen Aktivitäten konkurrieren. Der Markt hat sowohl positive als auch negative Einflüsse auf Biodiversität und ÖSD. So kann z. B. die Realisierung des Biotopverbundes zwischen Natura-2000-Gebieten mit gemischten Governance-Typen vorangebracht werden, die in der Lage sind, langfristige Strategien zu entwerfen und Managementpläne aufzustellen und auch umzusetzen.

Zukünftig dürfte dem »adaptiven Management« eine größere Bedeutung zukommen. Darunter versteht man die Strukturierung von Politik- oder Management-Optionen als ein Set überprüfbarer Hypothesen, um aus der Umsetzung von Entscheidungen zu lernen und um eine größere Anpassungsfähigkeit gegenüber unvermeidlichen Systemveränderungen zu erreichen (Lamont 2006). Adaptives Management, das Monitoring und Rückkopplung einschließt, gilt als ein durchaus erfolgreiches Schutzinstrument (Holling 1978; Walters 1986). Die Fallstudien konnten die hohe Wirksamkeit bestätigen. Verschiedene, in letzter Zeit getroffene internationale Übereinkommen berücksichtigen die Tatsache, dass adaptives Management und eine angemessene Übertragung bzw. Dezentralisierung der Entscheidungsgewalt notwendig sind, um eine nachhaltige Nutzung von Biodiversität zu gewährleisten (Convention on Biological Diversity 2004; Bern Convention 2007).

Außerdem zeigten die Studien mehrheitlich, dass positive Ergebnisse hinsichtlich Biodiversität und ÖSD in Gebieten, in denen staatliches Eigentum und/oder Waldbedeckung vorherrschen, vergleichsweise leicht zu erzielen sind. Wenn fähige und engagierte Einzelpersonen und/oder Organisationen eine starke Leitungsrolle übernehmen, können die Governance-Strukturen verbessert werden. Nachhaltige Nutzung und Schutz von Biodiversität und ÖSD profitieren stark vom Vorhandensein geeigneter handlungsfähiger Institutionen, insbesondere wenn ein hohes Niveau vertikaler und horizontaler Integration unter und zwischen diesen vorliegt.

Die Schutz- und Entwicklungsziele müssen klar formuliert und mit sozialen und ökonomischen Zielen verknüpft und in Management- und Fachplänen festgelegt werden. Die Eignung bzw. Angemessenheit der Ziele ist ein wichtiger Garant für den Erfolg. Alle relevanten ÖSD sollten einbezogen werden. Wenn nur Versorgungs-ÖSD berücksichtigt werden, die den Charakter privater Güter haben, ohne die vor allem auf regulativen ÖSD fußenden öffentlichen Güter – die für die menschliche Wohlfahrt grundlegend sind – zu beachten, bestehen ernsthafte Risiken für Biodiversität und ÖSD insgesamt. Beispielsweise ist in der Landwirtschaft die Produktion von Gütern gut durch den Markt geregelt, nicht aber die der Gemeinwohlleistungen. Für diese werden zwar Ausgleichszahlungen angeboten, die häufig allerdings zu gering bemessen und ökonomisch kaum attraktiv sind. Die einseitige Ausrichtung von Subventionen auf Versorgungs-ÖSD, neuerdings insbesondere für den Energiepflanzenanbau, verzerrt das ohnehin schon nicht vorhandene Gleichgewicht der verschiedenen ÖSD zusätzlich (▶ Abschn. 6.2).

Die Fallstudien haben ferner unterstrichen, dass besonders bei Vorliegen negativer Einflüsse auf Ökosysteme und ÖSD und im Falle ernster Risiken und Gefahren ein hoher Bedarf für Regulierungen und Umweltstandards (z. B. Wasserrahmenrichtlinie, Natura 2000) besteht. Wo Märkte für Biodiversität und ÖSD genutzt werden (z. B. Ökolandbau, Erholungswesen) oder Quasi-Märkte für den Austausch eines öffentlichen Gutes zwischen Unternehmern und Staaten (z. B. spezifische Agrarumweltmaßnahmen) geschaffen werden können, sind Marktinstrumente durchaus effektiv. Umgekehrt wird aber auch eine höhere Belastung der Biodiversität dort beobachtet, wo Marktinstrumente nicht nennenswert genutzt werden und die Akteure nur über unzureichende Kenntnisse verfügen.

Obwohl der Schutz der biologischen Vielfalt vom Setzen ökologischer Prioritäten und von geeigneten Regularien profitiert, zeigte sich, dass die Bereitstellung von ÖSD von der lokalen bis zur internationalen Ebene stark an ökonomische Prioritäten gebunden ist. Diese Ergebnisse bestätigen die Notwendigkeit eines dualen Ansatzes, der sowohl Schutz als auch Nutzung einbezieht.

Um adaptive Managementstrategien erfolgreich einzusetzen, negative Einflüsse auszuschalten oder wenigstens zu mildern und positive Einflüsse zu fördern, ist gezieltes Monitoring hilfreich. Die Frage lautet: Wie reagieren Biodiversität und ÖSD auf Managementmaßnahmen? Effektives Monitoring der Biodiversität erfordert die Entwicklung und Anwendung neuartiger Governance-Indikatoren (z. B. typ- und qualitätsbezogene Variablen zur Bewertung der Partizipation). Um den Verlust an Biodiversität aufzuhalten, müssen nicht nur die Belastungen und ihre Triebkräfte, sondern auch die Schnelligkeit und Effektivität von Reaktionen seitens der Politik berücksichtigt werden (Manos und Papathanasiou 2008; Kenward et al. 2011).

Letztlich können keine Pauschalrezepte verordnet werden, sondern Governance und Management von Ökosystemen müssen die Vielfalt der ökologischen, sozialen, ökonomischen, kulturellen, historischen und institutionellen Aspekte innerhalb und zwischen den Ländern berücksichtigen. Wichtig ist auch, Entscheidungen zu Governance und Ökosystem-Management auf nationaler und internationaler Ebene besser zu kommunizieren, um die Zusammenarbeit der jeweiligen Interessenträger (unterschiedlicher Hierarchien – horizontal und vertikal) zu verbessern.

Ferner besteht die dringende Notwendigkeit, das öffentliche Bewusstsein zu den Werten der biologischen Vielfalt als Voraussetzung für die menschliche Lebensqualität und für ökonomische Aktivitäten zu erhöhen. Laut einer Umfrage aus dem Jahr 2007 wussten nur 35 % der europäischen Bürger mit dem Begriff der Biodiversität etwas anzufangen (Manos und Papathanasiou 2008).

- **Fallstudie Moritzburger Kleinkuppenlandschaft**

Eine der Fallstudien des GEM-CON-BIO-Projektes war in der Moritzburger Kleinkuppenlandschaft nördlich der sächsischen Landeshauptstadt Dresden angesiedelt (Charakteristik des Untersuchungsgebietes; ▶ Abschn. 6.2). Die Nachbarschaft zur Großstadt Dresden zieht hier Landnutzungsinterferenzen zwischen Landwirtschaft, Siedlungswesen, Verkehr, Erholung/Tourismus und Naturschutz nach sich. Die in dieser Landschaft für den Naturschutz maßgeblichen Governance-Strukturen lassen sich wie folgt charakterisieren: Der bedeutsamste Wirtschaftszweig ist die Landwirtschaft (Nahrungsgüterproduktion: Feldbau und Viehzucht) durch Privatbauern und eine große Agrargenossenschaft. Externe Triebkräfte, speziell ökonomische, die vor allem von der Gemeinsamen Agrarpolitik der EU (GAP) gesteuert werden (Marktpreise, Beihilfen) haben einen großen Einfluss. Bedingt durch die starken Eigentümerrechte in Bezug auf die Nutzung und Behandlung der natürlichen Ressourcen und die geringe Schlagkraft bestehender Naturschutzregularien, stehen die externen Triebkräfte den staatlichen und privaten Bemühungen um den Schutz der biologischen Vielfalt deutlich entgegen. Die vorherrschenden Interessen belasten die Biodiversität, so durch die industrieähnlichen Anbausysteme mit Großschlägen,

Monokulturen, Technisierung und Chemisierung. Hinzu kommen Konflikte mit dem Ausbau der Infrastruktur (Verkehrsprojekte).

Naturschutz und Landschaftspflege werden durch Gesetze und Verordnungen (Naturschutzgesetze des Bundes und des Landes, Bundesbodenschutzgesetz, Schutzgebietsverordnungen usw.), vor allem aber durch finanzielle Anreize gesteuert. In der Moritzburger Kleinkuppenlandschaft sind Schutzgebiete mehrerer Kategorien eingerichtet worden. Das öffentliche Bewusstsein für die Bedeutung des Naturschutzes hängt von der jeweiligen sozialen Gruppe ab.

Hinsichtlich der Managementziele und Entscheidungswege ist eine größere Zahl an teils überlappenden Fachplänen relevant, die die Nutzung und Pflege der natürlichen Ressourcen steuern. Die meisten dieser natur- bzw. biodiversitätsbezogenen Pläne haben allerdings nur eine eingeschränkte Wirksamkeit. Von individuellen ökonomischen Interessen der Landbesitzer oder Pächter geleitete Entscheidungen stehen im Vordergrund – allerdings meist im Rahmen der gesetzlichen Spielräume. Nur einem sehr kleinen Teil der Flächen wird eine spezielle Biotoppflege zur Erhaltung und Förderung der Biodiversität zuteil. Es existieren mehrere Monitoring-Programme, insbesondere in Bezug auf die Vogelwelt. Aber die Ergebnisse, z. B. der fortschreitende Rückgang an Feldvögeln (Offenlandbrütern), haben kaum Konsequenzen für die agrarische Landnutzung.

Im Allgemeinen werden alle Fachpläne mit einem speziellen Fokus auf die Biodiversität von staatlichen Behörden unter Beteiligung von Trägern öffentlicher Belange erarbeitet, um den für die Biodiversität ungünstigen ökonomisch begründeten Entscheidungen der Landnutzer entgegenzuwirken. Einige Planungsinstrumente haben eine starke naturschutzfachliche Orientierung (z. B. Natura-2000-Managementplanung, Schutzgebietsverordnungen), andere suchen nach einem ausgeglichenen Verhältnis ökonomischer, ökologischer und sozialer Dimensionen (Flächennutzungsplan, Regionalplan). Die praktische Umsetzung der biodiversitätsbezogenen Ziele vor Ort lässt allerdings – wie bereits erwähnt – zu wünschen übrig.

Unter den auf Biodiversität und Ökosystemmanagement gerichteten Instrumenten kommen in der Moritzburger Kleinkuppenlandschaft die folgenden, drei Komplexen zuordenbaren Ansätze am häufigsten zur Anwendung:

1. Ökonomische/finanzielle Instrumente (Marktmechanismen, finanzielle Anreize): Subventionen bzw. finanzielle Beihilfen/Anreize erweisen sich als die relevantesten Instrumente zur Stimulation naturbezogener Management-Maßnahmen im Gebiet. Die Finanzmittel für die Landschaftspflege/Erhaltung der Biodiversität werden – wie es in ganz Deutschland außerhalb geschützter Gebiete üblich ist – hauptsächlich von den staatlichen Behörden bereitgestellt und kommen den privaten Landnutzern zugute (Ausgleich von Einkommensminderungen).

2. Gesetzliche Regelungen: Das Management der Ökosysteme wird auch von den Verordnungen der Naturschutzgesetze von Bund und Land sowie des Bundesbodenschutzgesetzes geleitet, aber auch von weiteren Regelungen wie der Gemeinsamen Agrarpolitik der EU (z. B. *Cross Compliance*).

3. Soziale Prozesse (Zusammenarbeit zwischen lokalen Akteuren, leitende Rolle in Managementprozessen): Kooperationsbeziehungen in Bezug auf Naturschutzaktivitäten resultieren aus der langjährigen Arbeit der sehr aktiven Naturschutzbund-Fachgruppe »Ornithologie Großdittmannsdorf« (Ansatz von unten nach oben – *bottom-up*). Diese Organisation hält erfolgreich Kontakte bzw. kooperiert mit einer großen Zahl an Interessenträgern und nimmt daher eine führende Rolle im lokalen Biodiversitäts-Managementprozess ein. Zwar ist ihr Einfluss auf die landwirtschaftlichen Praktiken der Agrarbetriebe äußerst begrenzt, doch haben die von dieser lokalen Naturschutzorganisation seit mehr als 30 Jahren angeschobenen und gepflegten partizipatorischen Prozesse sehr positive soziale Effekte im Gebiet bewirkt. Dies ist hauptsächlich ihrer kontinuierlichen, kooperativen und erfolgreichen Arbeit im Naturschutz zu verdanken. Wachstum von Vertrauen zwischen den einzelnen lokalen Akteuren sowie zwischen lokaler, regionaler und überregionaler Ebene schafft einen günstigen Hintergrund für alle Natur-

schutzbemühungen. Damit unterscheidet sich die Moritzburger Kleinkuppenlandschaft von zahlreichen anderen Regionen, wo keine oder nur wenige Naturschutz-Engagierte aktiv sind und beispielsweise die Einhaltung der Naturschutzgesetze einfordern.

Dennoch sind negative Veränderungen hinsichtlich des Zustandes der Biodiversität und der Bereitstellung von ÖSD auch in der Moritzburger Kleinkuppenlandschaft nicht ausgeblieben. Die Monitoringdaten zeigen Verluste oder Populationsrückgänge zahlreicher Vogelarten, insbesondere von Offenlandbewohnern (Feldvögel), für die extra ein Europäisches Vogelschutzgebiet (SPA) ausgewiesen worden war. Ursache ist vor allem die weiter fortschreitende Intensivierung der Landwirtschaft, neuerdings mit einem deutlichen Trend zum Anbau von Energiepflanzen, insbesondere Mais und Raps (Bastian und Schrack 2007; Schrack 2008; Lupp et al. 2011; ▶ Abschn. 4.4.2).

Diese Einflüsse werden vor allem von externen Triebkräften verursacht, die eine intensive Landwirtschaft begünstigen. Die im Gebiet vorhandenen Governance-Strukturen bzw. -Aktivitäten führen nicht zu ausreichenden Erfolgen bei der Erhaltung der Biodiversität. Trotz des hohen Wertes der Moritzburger Kleinkuppenlandschaft, des umfangreichen Netzes verschiedener Schutzgebietskategorien und der existierenden einschlägigen Fachpläne und Regelungen sowie formaler Planungsinstrumente des Naturschutzes, reicht die Wirksamkeit des Naturschutzes nicht aus, um die Probleme und Herausforderungen bei der Erhaltung der biologischen Vielfalt zu bewältigen. Es mangelt vor allem an adäquaten Möglichkeiten bzw. Instrumenten und Institutionen, die Planungsinhalte tatsächlich in die Praxis umzusetzen. Ökonomische Interessen haben gegenüber den Naturschutzerfordernissen vielfach eine Vorrangstellung. Die Bemühungen von staatlichen Behörden und Landwirten im Naturschutz werden den Anforderungen an eine nachhaltige, Biodiversität und ÖSD bewahrende bzw. stärkende Landnutzung nicht in ausreichendem Maße gerecht. Fußend auf ehrenamtlicher Arbeit, kann die im Territorium maßgeblich aktive Naturschutzorganisation diese Lücke bestenfalls ansatzweise füllen.

Fazit

Erhaltung und Entwicklung der Biodiversität, aber auch von ÖSD, können im Prinzip durch geeignete Governance-Strukturen und -Prozesse wesentlich vorangebracht werden. Das gilt insbesondere für Regulations- und soziokulturelle ÖSD, während Versorgungs-ÖSD eher marktbasierten Mechanismen folgen. Insgesamt zeigen die in zahlreichen Ländern durchgeführten Fallstudien, dass die Anwendung eines breiten Spektrums verschiedener, miteinander verknüpfter Instrumente und Governance-Formen, von ökonomischen über legislative bis hin zu sozialen bzw. partizipativen Ansätzen, am ehesten zielführend ist.

Literatur

Adams WM, Aveling R, Brockington D, Dickson B, Elliott J, Hutton J, Roe D, Vira B, Wolmer W et al (2004) Biodiversity conservation and the eradication of poverty. Science 306:1146–1149

Albert C, von Haaren C, Galler C (2012) Ökosystemdienstleistungen. Alter Wein in neuen Schläuchen oder ein Impuls für die Landschaftsplanung? Naturschutz Landschaftsplanung 44:142–148

Anderson BJ, Armsworth PR, Eigenbrod F, Thomas CD, Gillings S, Heinemeyer A, Roy DB, Gaston KJ (2009) Spatial covariance between biodiversity and other ecosystem service priorities. J Appl Ecol 46:888–896

Backhaus T (2008) Backhaus begrüßt Erklärung des Bundes und der Länder zur biologischen Vielfalt. Natur & Umwelt vom 7. Mai 2008, www.mv-schlagzeilen.de/. Zugegriffen: 7. Mai 2008

Bastian O, Schrack M (2007) Energie vom Acker – Traum oder Albtraum? – Mitt. Landesverein Sächs. Heimatschutz 3:57–66

Bastian O, Schreiber K-F (1999) Analyse und ökologische Bewertung der Landschaft. 2. Aufl. Spektrum Akademischer, Heidelberg

Beck S, Born W, Dziock S, Görg G, Hansjürgens B, Jax K, Köck W, Neßhöver C, Rauschmayer F, Ring I, Schmidt-Loske K, Unnerstall H, Wittmer H, Henle K (2006) Die Relevanz des Millennium Ecosystem Assessment für Deutschland. UFZ-Bericht Nr. 02/2006, UFZ Umweltforschungszentrum Leipzig, S 106

Bern Convention (2007) European Charter on Hunting and Biodiversity (Council of Europe, Strasbourg, France) http://www.facenatura2000.net/conference 2009/2.4.Lasen-Dias.pdf. Zugegriffen: 19. Juli 2012

Bertke E (2005) Ökologische Güter in einem ergebnisorientierten Honorierungssystem für ökologische Leistungen der Landwirtschaft. Herleitung – Definition – Kontrolle. Dissertation, Universität Göttingen, ibidem, Stuttgart

Breuste J, Haase D, Elmquist T (2011) Urban landscapes and ecosystem services. In: Sandhu H, Wratten S, Cullen R, Costanza R (Ed) ES2: Ecosystem Services in Engineered Systems. Wiley-Blackwell, Oxford

Brondízio ES, Gatzweiler FG, Zografos C, Kumar M (2010) Socio-cultural context of ecosystem and biodiversity evaluation: Biodiversity, Ecosystems and Ecosystem Services. In: Kumar P (Hrsg) The Economics of Ecosystems and Biodiversity: Ecological and Economic Foundations. Earthscan, London, S 149–181

Burkhard B, Kroll F, Nedkov S, Müller F (2011) Mapping ecosystem service supply, demand and budgets. Ecol Indic 21:17–29

Bundestagsfraktion Bündnis 90/Die Grünen (2012) Biodiversität 2020. Das grüne Handlungskonzept zum Schutz der biologischen Vielfalt. www.gruene-bundestag.de/themen/biologische-vielfalt/der-gruene-aktionsplan-fuer-den-schutz-der-biologischen-vielfalt.html

Convention on Biological Diversity (2004) Addis Ababa Principles and Guidelines for the Sustainable Use of Biodiversity. Secretariat Conv Biol Divers, Montreal, www.cbd.int/doc/publications/addis-gdl-en.pdf. Zugegriffen: 19. Juli 2012

Czybulka D, Luttmann M (2005) Die Berücksichtigung von Leistungen der Länder für das Naturerbe im Finanzausgleichssystem des Bundes. Natur Recht 2:79–86

Danson M, Halkier H, Cameron G (Hrsg) (2000) Governance, Institutional Change and Regional Development. Ashgate, Aldershot

Diller C (2002) Zwischen Netzwerk und Institution. Eine Bilanz regionaler Koopertionen in Deutschland. VS Verlag für Sozialwissenschaften, Opladen

Egoh B, Reyers B, Rouget M, Richardson DM, Le Maitre DC, van Jaarsveld AS (2008) Mapping ecosystem services for Planning and management. Agric Ecosyst Environ 127:135–140

Elmqvist T, Maltby E, Barker T, Mortimer M, Perrings C, Aronson J, de Groot R, Fitter A, Mace G, Norberg J, Sousa Pinto I, Ring I (2010) Biodiversity, Ecosystems and Ecosystem Services. In: Kumar P (Hrsg) The Economics of Ecosystems and Biodiversity: Ecological and Economic Foundations. Earthscan, London, S 41–111

Endlicher W (2011) Introduction: From Urban Nature Studies to Ecosystem Services. In: Endlicher W et al (Hrsg) Perspectives in Urban Ecology. Springer, Heidelberg

Engel S, Pagiola S, Wunder S (2008) Designing payments for environmental services in theory and practice: an overview of the issues. Ecol Econ 65:663–674

FAO – Food and Agriculture Organization of the United Nations (2007) The state of food and agriculture. Paying farmers for environmental services. FAO Agriculture Series No. 38. Rome, Italy

Ferraro PJ (2008) Asymmetric information and contract design for payments for environmental services. Ecol Econ 65:810–821

Ferraro PJ, Kiss A (2002) Direct payments to conserve biodiversity. Science 298:1718–1719

Freese J, Klimek S, Marggraf R (2011) Auktionen und ergebnisorientierte Honorierung bei Agrarumweltmaßnahmen. Nat Landsch 4:156–159

Graham J, Amos B, Plumptre T (2003) Governance principles for protected areas in the 21st century, a discussion. www.earthlore.ca/clients/WPC/English/grfx/sessions/PDFs/session_1/Amos_plenary.pdf. Zugegriffen: 08. Juni 2012

Grêt-Regamey A, Walz A, Bebi P (2008) Valuing ecosystem services for sustainable landscape planning in Alpine regions. Mt Res Dev 28:156–165

de Groot RS, Alkemade R, Braat L, Hein L, Willemen L (2010) Challenges in integration the concept of ecosystem services and values in landscape planning, management and decision making. Ecol Complex 7:260–272

Grossmann M, Hartje V, Meyerhoff J (2010) Ökonomische Bewertung naturverträglicher Hochwasservorsorge an der Elbe, Abschlussbericht des F+E-Vorhabens »Naturverträgliche Hochwasservorsorge an der Elbe und Nebenflüssen und ihr volkswirtschaftlicher Nutzen. Teil: Ökonomische Bewertung naturverträglicher Hochwasservorsorge an der Elbe und ihren Nebenflüssen«. BfN Heft 89

Gruehn D, Kenneweg H (1998) Berücksichtigung der Belange von Naturschutz und Landschaftspflege in der Flächennutzungsplanung. Ergebnisse aus dem F+E-Vorhaben 80806011 des Bundesamtes für Naturschutz. Bundesamt für Naturschutz, BfN-Schriftenvertrieb im Landwirtschafts, Münster

Grünwald A (2011) Zukunft Landschaftsplan – Perspektiven einer methodischen Weiterentwicklung unter Anwendung des Konzeptes der Ökosystemdienstleistungen. Masterarbeit, TU Dresden

Gundimeda H, Wätzold F (2010) Payments for ecosystem services and conservation banking. In: Wittmer H, Gundimeda H (Koordinatoren), TEEB The Economics of Ecosystems and Biodiversity for Local and Regional Policy Makers, Kap. 8, S 141–160 www.teebweb.org

Gunningham N, Young MD (1997) Toward optimal environmental policy: The case of biodiversity conservation. Ecol Law Quart 24:243–296

Gunningham N, Sinclair D, Grabosky P (1998) Smart regulation: designing environmental policy. Clarendon, Oxford

Haaren C von (Hrsg) (2004) Landschaftsplanung. Ulmer, Stuttgart

Haaren C von, Albert C (2011) Integrating ecosystem services and environmental planning: limitations and synergies. Int J Biodivers Sci Ecosyst Serv Manag 7. doi:10.1080/21513732.2011.616534

Haaren C von, Galler C, Ott S (2008) Landscape Planning. The basis of sustainable landscape development. Bundesamt für Naturschutz, Bonn

Hahn T, Galaz V, Terry A (2008) The GEM-CON-BIO analysis framework. In: Manos B, Papathanasiou J (2008) GEM-CON-BIO Governance and Ecosystem Management for the Conservation of Biodiversity. Aristoteles-Universität Thessaloniki, Griechenland, S 39–52

Hampicke U, Wätzold F (Sprecher der Initiative) (2009) Memorandum Ökonomie für den Naturschutz – Wirtschaften im Einklang mit Schutz und Erhalt der biologischen Vielfalt, Greifswald. www.bfn.de/fileadmin/MDB/documents/themen/oekonomie/MemoOekNaturschutz.pdf

Hartmann E, Thomas F, Luick R (2006) Agrarumweltprogramme in Deutschland. Anreiz für umweltfreundliches Wirtschaften in der Landwirtschaft und Kooperationen mit dem Naturschutz. Naturschutz Landschaftsplanung 38:205–213

Heiland S (2010) Landschaftsplanung. In: Henckel D, Kuczkowski K v, Lau P, Pahl-Weber E, Stellmacher F (Hrsg) Planen – Bauen – Umwelt. Ein Handbuch. VS Verlag für Sozialwissenschaften, Wiesbaden, S 294–300

Holling CS (1978) Adaptive Environment Assessment and Management. Wiley, London

James AN, Gaston KJ, Balmford A (1999) Balancing the Earth's accounts. Nature 401:323–324

Jedicke E (2010) Kann die TEEB-Studie den Landschaftsplan reanimieren? Naturschutz Landschaftsplanung 42:289

Jessel B (2011) Ökosystemdienstleistungen – Potenziale und Grenzen eines aktuellen umweltpolitischen Konzepts. In: BBN (Hrsg) Frischer Wind und weite Horizonte – Jahrbuch für Naturschutz und Landschaftspflege, Bd 3. Naturschutz und Gesellschaft, Bonn, S 72–87

Kaechele K, May P, Primmer E, Ludwig G (2011) Forest certification: a voluntary instrument for environmental governance. In: Ring I, Schröter-Schlaack C (Hrsg) Instrument mixes for biodiversity policies. POLICYMIX report 2/2011. Helmholtz-Zentrum für Umweltforschung – UFZ, Leipzig, S 162–174. http://policymix.nina.no

Kenward R, Whittingham M, Arampatzis S, Manos B, Hahn T, Terry A, Simoncini R, Alcorn J, Bastian O, Donlan M, Elowe K, Franzén F, Karacsyonyi Z, Larsson M, Manou D, Navodaru I, Papadopoulou O, Papathanasiou J, von Raggamby A, Sharp R, Söderqvist T, Soutukorva A, Vavrova L, Aebischer N, Leader-Williams N, Rutz C (2011) Identifying governance strategies that effectively support ecosystem services, resource sustainability, and biodiversity. Proc Natl Acad Sci USA 108:5308–5312

Kienast F (2010) Landschaftsdienstleistungen: Ein taugliches Konzept für Forschung und Praxis? Forum Wissen: 7–12

Kirchhoff T, Trepl L, Vicenzotti V (2012) What is landscape ecology? An analysis and evaluation of six different conceptions. Landsc Res. doi:10.1080/01426397.2011.640751

Kleijn D, Sutherland WJ (2003) How effective are European agri-environment schemes in conserving and promoting biodiversity? J Appl Ecol 40:947–969

Klimek S, Richter-Kemmermann A, Steinmann H-H, Fresse J, Isselstein J (2008) Rewarding farmers for delivering vascular plant diversity in managed grasslands: A transdisciplinary case-study approach. Biol Conserv 131:2888–2897

Knieling J (2003) Kooperative Regionalplanung und Regional Governance: Praxisbeispiele, Theoriebezüge und Perspektiven. Inf Raumentwickl 8/9:463–478

Krönert R, Steinhardt U, Volk M (Hrsg) (2001) Landscape balance and landscape assessment. Springer, Berlin

KULAP – Kulturlandschaftsprogramm (2012) Richtlinie des Ministeriums für Infrastruktur und Landwirtschaft des Landes Brandenburg zur Förderung umweltgerechter landwirtschaftlicher Produktionsverfahren und zur Erhaltung der Kulturlandschaft der Länder Brandenburg und Berlin (KULAP 2007) vom 27. Aug. 2010, geändert mit Erlass vom 29. Juli 2010 und vom Erlass 30. Jan. 2012

Lamont A (2006) Policy characterization of ecosystem management. Environ Monit Assess 113:5–18

Le Galès P (1998) Regulations and Governance in European Cities. Int J Urban Reg 22:482–506

Lupp G, Albrecht J, Darbi M, Bastian O (2011) Ecosystem services in energy crop production – a concept for regulatory measures in spatial planning? J Landsc Ecol 4:49–66

Manos B, Papathanasiou J (2008) GEM-CON-BIO Governance and Ecosystem Management for the Conservation of Biodiversity. Aristoteles-Universität Thessaloniki, Griechenland

May PH, Veiga Neto F, Denardin V, Loureiro W (2002) Using fiscal instruments to encourage conservation: Municipal responses to the »ecological« value-added tax in Paraná and Minas Gerais, Brazil. In: Pagiola S, Bishop J, Landell-Mills N (Hrsg) Selling forest environmental services: Market-based mechanisms for conservation and development. Earthscan, London, S 173–199

MEA – Millennium Ecosystem Assessment (2005a) Ecosystems and human well-being: Biodiversity synthesis. World Resources Institute, Washington

MEA – Millennium Ecosystem Assessment (2005b) Ecosystems and human well-being: Synthesis. Island Press, Washington

Mewes M, Sturm A, Johst K, Drechsler M, Wätzold F (2012) Handbuch der Software Ecopay zur Bestimmung kosteneffizienter Ausgleichszahlungen für Maßnahmen zum Schutz gefährdeter Arten und Lebensraumtypen im Grünland. UFZ-Bericht 01/2012. Helmholtz-Zentrum für Umweltforschung – UFZ, Leipzig

Michaelis P (1996) Ökonomische Instrumente der Umweltpolitik. Physica, Heidelberg

NeFo – Netzwerkforum zur Biodiversitätsforschung Deutschland (2011) Endbericht zum F&E-Vorhaben. Workshop: Ökosystemdienstleistungen – warum ein sperriges Konzept Karriere macht. Georg-August-Universität Göttingen, www.biodiversity.de/index.php/de/fuer-presse-medien/experteninterviews/1657-interview-barkmann-2. Zugegriffen: 10. Feb. 2012

Nill D (2011) Bezahlung von Ökosystemdienstleistungen für den Erhalt der landwirtschaftlichen genetischen Vielfalt. Konzepte, Erfahrungen und Relevanz für die Entwicklungszusammenarbeit. GIZ, Bonn

OECD (1999) Handbook of incentive measures for biodiversity: Design and implementation. OECD, Paris

OECD (2007) Instrument Mixes for Environmental Policy. OECD, Paris

Oosterhuis F (2011) Tax reliefs for biodiversity conservation. In: Ring I, Schröter-Schlaack C (Hrsg) Instrument Mixes for Biodiversity Policies. POLICYMIX Report 2/2011. Helmholtz-Zentrum für Umweltforschung – UFZ, Leipzig, S 89–97. http://policymix.nina.no

Perner A, Thöne M (2005) Naturschutz im Finanzausgleich. Erweiterung des naturschutzpolitischen Instrumentariums um finanzielle Anreize für Gebietskörperschaften. FiFo-Berichte Nr. 3, Mai 2005, Finanzwissenschaftliches Forschungsinstitut an der Universität zu Köln

Perrot-Maître D (2006) The Vittel payments for ecosystem services: a »perfect« PES case? International Institute for Environment and Development, London

Pimentel D, Harvey C, Resoosudarmo P, Sinclair K, Kurz D, McNair M, Crist S, Shpritz L, Fitton L, Saffouri R, Blair R (1995) Environmental and economic costs of soil erosion and conservation benefits. Science 267:1117–1123

Porras I, Chacón-Cascante A, Robalino J, Oosterhuis F (2011) PES and other economic beasts: a policy mix within a policy mix in conservation. In: Ring I, Schröter-Schlaack C (Hrsg) Instrument mixes for biodiversity policies. POLICYMIX Report 2/2011. Helmholtz-Zentrum für Umweltforschung – UFZ, Leipzig, S 119–144. http://policymix.nina.no

Richter M, Weiland U (Hrsg) (2012) Applied urban ecology – a global framework. Wiley-Blackwell, West-Sussex

Ring I (2001) Ökologische Aufgaben und ihre Berücksichtigung im kommunalen Finanzausgleich. Z Angew Umweltforsch 13:236–249

Ring I (2002) Ecological public functions and fiscal equalisation at the local level in Germany. Ecol Econ 42:415–427

Ring I (2004) Naturschutz in der föderalen Aufgabenteilung: Zur Notwendigkeit einer Bundeskompetenz aus ökonomischer Perspektive. Nat Landsch 79:494–500

Ring I (2008a) Compensating municipalities for protected areas. Fiscal transfers for biodiversity conservation in Saxony, Germany. GAIA 17/S1:143–151

Ring I (2008b) Integrating local ecological services into intergovernmental fiscal transfers: the case of the ecological ICMS in Brazil. Land Use Policy 25:485–497

Ring I (2011) Economic Instruments for Conservation Policies in Federal Systems. UFZ Habilitation Nr. 1/2011; zugleich Habilitationsschrift, Wirtschaftswissenschaftliche Fakultät der Universität Leipzig, Leipzig, S 219. www.ufz.de/index.php?de=13920

Ring I, Schröter-Schlaack C (Hrsg) (2011a) Instrument Mixes for Biodiversity Policies. POLICYMIX Report 2/2011. Helmholtz-Zentrum für Umweltforschung – UFZ, Leipzig. http://policymix.nina.no

Ring I, Schröter-Schlaack C (2011b) Justifying and Assessing Policy Mixes for Biodiversity and Ecosystem Governance. In: Ring I, Schröter-Schlaack C (Hrsg) Instrument Mixes for Biodiversity Policies. POLICYMIX Report 2/2011. Helmholtz-Zentrum für Umweltforschung – UFZ, Leipzig, S 14–35. http://policymix.nina.no

Ring I, Drechsler M, van Teeffelen AJ, Irawan S, Venter O (2010a) Biodiversity conservation and climate mitigation: what role can economic instruments play? Curr Opin Environ Sustain 2:50–58

Ring I, Hansjürgens B, Elmqvist T, Wittmer H, Sukhdev P (2010b) Challenges in framing the economics of ecosystems and biodiversity: the TEEB initiative. Curr Opin Environ Sustain 2:15–26

Ring I, May P, Loureiro W, Santos R, Antunes P, Clemente P (2011) Ecological fiscal transfers. In: Ring I, Schröter-Schlaack C (Hrsg) Instrument Mixes for Biodiversity Policies. POLICYMIX Report 2/2011. Helmholtz-Zentrum für Umweltforschung – UFZ, Leipzig, S 98–118. www.ufz.de/index.php?de=1718

Ring I, Schröter-Schlaack C,, Möckel S, Schulz-Zunkel C, Lienhoop N, Klenke R, Lenk T (2012) Intergovernmental fiscal transfers for biodiversity conservation in Germany. Presentation at the TEEB Conference 2012: Mainstreaming the Economics of Nature: Challenges for Science and Implementation. März, Leipzig, S 19–22

Santos R, Clemente P, Antunes P, Schröter-Schlaack C, Ring I (2011) Offsets, habitat banking and tradable permits for biodiversity conservation. In: Ring I, Schröter-Schlaack C (Hrsg) Instrument mixes for biodiversity policies. POLICYMIX Report 2/2011. Helmholtz-Zentrum für Umweltforschung – UFZ, Leipzig, S 59–88. http://policymix.nina.no

Santos R, Ring I, Antunes P, Clemente P (2012) Fiscal transfers for biodiversity conservation: the Portuguese Local Finances Law. Land Use Policy 29: 261–273

Schrack M (Hrsg) (2008) Der Natur verpflichtet. Projekte, Ergebnisse und Erfahrungen der ehrenamtlichen Naturschutzarbeit in Großdittmannsdorf. Veröff. Mus. Westlaus. Kamenz, Sonderheft, S 180

Schröter-Schlaack C, Blumentrath S (2011) Direct regulation for biodiversity conservation. In: Ring I, Schröter-Schlaack C (Hrsg) Instrument mixes for biodiversity policies. POLICYMIX Report 2/2011. Helmholtz-Zentrum für Umweltforschung – UFZ, Leipzig, S 36–58. http://policymix.nina.no

Schröter-Schlaack C, Ring I (2011) Towards a framework for assessing instruments in policy mixes for biodiversity and ecosystem governance. In: Ring I, Schröter-Schlaack C (Hrsg) Instrument Mixes for Biodiversity Policies. POLICYMIX Report 2/2011. Helmholtz-Zentrum für Umweltforschung – UFZ, Leipzig, S 175–208. http://policymix.nina.no

Simoncini R, Borrini-Feyerabend G, Lassen B (2008) Policy guidelines on governance and ecosystem management for biodiversity conservation. GEM-CON-BIO project report, IUCN Regional Office for Europe, Brüssel

Southern A, Lovetta A, ORiordana T, Watkinson A (2011) Sustainable landscape governance: lessons from a catchment based study in whole landscape design. Landsc Urban Plan 101:179–189

SRU – Der Rat vonSachverständigen für Umweltfragen (1996) Konzepte einer dauerhaft-umweltgerechten Nutzung ländlicher Räume, Sondergutachten. Stuttgart

Staub C, Ott W, Heusi F, Klingler G, Jenny A, Häcki M, Hauser A (2011) Indikatoren für Ökosystemdienstleistungen: Systematik, Methodik und Umsetzungsempfehlung für eine wohlfahrtsbezogene Umweltberichterstattung. Bundesamt für Umwelt, Bern. Umwelt-Wissen Nr. 1102

Sterner T (2003) Policy Instruments for Environmental and Natural Resource Management. RFF Press, Washington

Stokman A, von Haaren C (2012) Integrating science and creativity for landscape planning and design of urban areas. In: Richter M, Weiland U (Hrsg) Applied urban ecology – A global framework. Wiley-Blackwell, West-Sussex, S 170–185

Swetnam RD, Fisher B, Mbilinyi BP, Munishi PKT, Willcock S, Ricketts T, Mwakalila S, Balmford A, Burgess ND, Marshall AR, Lewis SL (2010) Mapping socio-economic scenarios of land cover change: a GIS method to enable ecosystem service modelling. J Environ Manage 92:1–12

Syrbe R-U, Walz U (2012) Spatial indicators for the assessment of ecosystem services: providing, benefiting and connecting areas and landscape metrics. Ecol Indic 21:80–88

TEEB – The Economics of Ecosystems and Biodiversity (2010a) Mainstreaming the Economics of Nature. A Synthesis of the Approach, Conclusions and Recommendations of TEEB. www.teebweb.org

TEEB – The Economics of Ecosystems and Biodiversity (2010b) The Economics of Ecosystems and Biodiversity for Local and Regional Policy Makers. www.teebweb.org

TEEB – The Economics of Ecosystems and Biodiversity (2011) The Economics of Ecosystems and Biodiversity in National and International Policy Making. Earthscan, London (Ten Brink P, Hrsg)

ten Brink P, Bassi S, Bishop J, Harvey CA, Ruhweza A, Verma M, Wertz-Kanounnikoff S (2011) Rewarding Benefits through Payments and Markets. Section 1: Payments for ecosystem services. In: Ten Brink P (Hrsg) TEEB – The Economics of Ecosystems and Biodiversity in National and International Policy Making. Earthscan, London, S 181–199

Termorshuizen J, Opdam P (2009) Landscape services as a bridge between landscape ecology and sustainable development. Landscape Ecol 24:1037–1052

Troy A, Wilson MA (2006) Mapping ecosystem services: practical challenges and opportunities in linking GIS and value transfer. Ecol Econ 60:435–449

UNDP – United Nation Development Programme (1999) Human Development Report 1999 – Globalisation with a Human Face. United Nations Development Programme, New York, USA

Vasishth A (2008) A scale-hierarchic ecosystem approach to integrative ecological planning. Prog Plan 70:99–132

Vihervaara P, Kumpula T, Tanskanen A, Burkhard B (2010) Ecosystem services – a tool for sustainable management of human – environment systems. Case study in Finish Forest Lapland. Ecol Complex 7:410–420

Walters K (1986) Adaptive Management of Renewable Resources. Macmillan, New York

Wätzold F, Schwerdtner K (2005) Why be wasteful when preserving a valuable resource? A review article on the cost-effectiveness of European conservation policy. Biol Conserv 123:327–338

Wätzold F, Drechsler M, Armstrong CW, Baumgärtner S, Grimm V, Huth A, Perrings C, Possingham HP, Shogren JF, Skonhoft A, Verboom-Vasiljev J, Wissel C (2006) Ecological-economic modeling for biodiversity management: potential, pitfalls, prospects. Conserv Biol 20:1034–1041

Wätzold F, Mewes M, van Apeldoorn R, Varjopouro R, Chmielewski TJ, Veeneklaas F, Kosola MJ (2010) Cost-effectiveness of managing Natura 2000 sites: an exploratory study for Finland, Germany, the Netherlands and Poland. Biodivers Conserv 19:2053–2069

Wende W, Marschall I, Heiland S, Lipp T, Reinke M, Schaal P, Schmidt C (2009) Umsetzung von Maßnahmenvorschlägen örtlicher Landschaftspläne – Ergebnisse eines hochschulübergreifenden Projektes in acht Bundesländern. Naturschutz Landschaftsplanung 41:145–149

Wende W, Reinsch N, Jülg D, Funke J (2005) Kommunale Landschaftspläne – Rahmenbedingungen der praktischen Umsetzung von Erfordernissen und Maßnahmen. Landschaftsentwicklung und Umweltforschung – Schriftenreihe der Fakultät Architektur Umwelt Gesellschaft TU Berlin, Nr. 126

Wende W, Wojtkiewicz W, Marschall I, Heiland S, Lipp T, Reinke M, Schaal P, Schmidt C (2011) Putting the Plan into Practice: Implementation of Proposals for Measures of Local Landsc Plans. Landscape Res. doi:10.1080/01426 397.2011.592575

Willemen L, Hein L, Verburg PH (2010) Evaluating the impact of regional development policies on future landscape services. Ecol Econ 69:2244–2254

Willemen L, Verburg PH, Hein L, van Mensvoort MEF (2008) Spatial characterization of landsc functions. Landsc Urban Plan 88:34–43

Wirth P, Hutter G, Schanze J (2010) Flood risk management and regional governance – The case of Weisseritz Regio (Germany). In: Kluvánková-Oravská T et al (Hrsg) From government to governance? New governance for water and biodiversity in an enlarged Europe. Alfa Nakladatelství, Prag, S 128–141

Wunder S (2005) Payments for environmental services: some nuts and bolts. Occasional Paper No. 42, Center for International Forestry Research, Nairobi, Kenya. www.cifor.org/publications/pdf_files/occpapers/op-42.pdf

Wunder S (2007) The efficiency of payments for environmental services in tropical conservation. Conserv Biol 21:48–58

Wunder S, Engel S, Pagiola S (2008) Taking stock: a comparative analysis of payments for environmental services programs in developed and developing countries. Ecol Econ 65:834–852

Landnutzungs-, Pflege- und Schutzaspekte zur Sicherung von ÖSD

Die Natur bewertet nicht.

6.1 Konzept zur Auswahl der Fallbeispiele

K. Grunewald und O. Bastian

Das ÖSD-Konzept soll nicht einem Selbstzweck dienen, sondern helfen, bessere Handlungsoptionen für die Nutzung und den Schutz der Natur zu erarbeiten und umzusetzen. Auf Gemeinsamkeiten und Unterschiede zwischen ÖSD und Biodiversität wurde bereits in ▶ Kap. 1 hingewiesen. ◘ Abb. 6.1 veranschaulicht, dass ÖSD, Biodiversität, Nachhaltigkeit und Landnutzung einschließlich der Umweltmedien verschiedene Zugänge im Spannungsfeld »wachsende Bedürfnisse des Menschen und Naturhaushalt/Naturkapital sichern« darstellen, die sich mehr oder weniger überlagern. Es handelt sich um komplementäre, in ihrem Anliegen nicht einfach zu differenzierende Konzepte, wobei entsprechend der Schwerpunkte und Perspektiven die Indikatoren und Methoden unterschiedlich sind.

Wissenschaft und Politik müssen dafür sorgen, dass der Praxis Hilfestellungen gegeben werden: Was ist eigentlich gemeint, welche Wechselwirkungen sind relevant, was ist wichtig? Das Nationale Komitee für Global Change Forschung (NKGCF 2011) fordert z. B. eine »Good Practice Definition von regional spezifischen Indikatoren und Monitoring-Strategien, inkl. Vergleich von Messgrößen der Biodiversität, Funktion und Dienstleistung von Ökosystemen, Landnutzung und sozioökonomischen Trends« oder »die Entwicklung und Überprüfung von Modellen und Konzepten in der Nachhaltigkeitsforschung mit Blick auf Biodiversität und ökosystemare Leistungen«. Dadurch werden hohe forschungspolitische Erwartungen in einem schwierigen, integrativen Feld geweckt. Zielsysteme, z. B. der Landwirtschaft und des Artenschutzes, können dabei durchaus gegenläufig sein, sodass Grundlagen für Abwägungsprozesse zu entwickeln sind.

Zur Wahrung unserer Lebensgrundlagen kommt dem nachhaltigen Landmanagement und der Landschaft eine Schlüsselrolle zu. Deshalb richten wir den Fokus der ÖSD-Fallbeispiele auf das Themenfeld Landnutzung/Landnutzungsänderungen sowie Schutz und Pflege von Landschaften.

Die Landoberfläche stellt den primären Lebensraum des Menschen dar, den er seit Jahrhunderten beeinflusst und aktiv gestaltet. Aktuelle Entwicklungen des globalen Wandels, wie demographische Veränderungen, Klimawandel sowie Globalisierung der Wirtschaftssysteme, stellen enorme Herausforderungen an den Umgang mit dieser endlichen Ressource dar. Dies betrifft neben dem Bereich der Ernährung auch die Bereitstellung von Energie und Lebensraum oder die Erhaltung von Ökosystemen.

Die Landnutzung und Triebkräfte der Landnutzungsänderung bilden in erster Linie eine sozioökonomische Kategorie. Der Mensch ist als handelndes Wesen auf Eingriffe in die Natur, auf Flächennutzungen festgelegt (Ott 2010). Das bedeutet, es geht nicht um das Ob, sondern um das Wie des Eingreifens in die Ökosysteme und um die Bewertung bestimmter Eingriffsarten. Dabei soll und kann das ÖSD-Konzept helfen, Zusammenhänge zu verstehen. Auch hier sind die Bezüge zur Biodiversität relevant, dargelegt vor allem im Rahmen der Nationalen Biodiversitätsstrategie (BMU 2007) und im Bundesprogramm Biologische Vielfalt (BMU 2011).

Missstände in der natürlichen Umwelt, wie der Verlust von Tieren und Pflanzen, das Eindringen von Neobiota, erhöhte Schadstoffkonzentrationen in Boden, Wasser und Luft, Bodenerosion, Versiegelung und Zerschneidung von Räumen, Verlust oder Schädigung von Landschaftselementen oder die Verlärmung durch Verkehrswege gehen zumeist ursächlich auf Landnutzungen durch den Menschen zurück. Diese Veränderungen der Ökosysteme sind in der Umweltforschung seit Jahrzehnten thematisiert, aber inwieweit beeinträchtigen sie Nutzungen, Nutzer und das menschliche Wohlbefinden? Auch wenn Gegebenheiten der Raumnutzung nach naturwissenschaftlichen Kategorien analysiert, systematisiert und dargestellt werden (biophysikalische Methoden, ▶ Abschn. 4.1), erfolgen die Problembewertungen und Handlungsentscheidungen im öffentlichen Diskurs. Gerade hierbei soll das integrative ÖSD-Konzept hilfreich sein und neue Einsichten ermöglichen (▶ Abschn. 4.5).

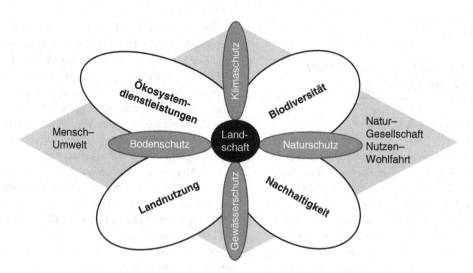

◘ **Abb. 6.1**   Schema sich überlagernder Begriffe und Konzepte im Mensch-Umwelt-Bereich. (Entwurf und Kartographie: K. Grunewald)

In demokratischen Ländern wie Deutschland wird die Landnutzung bzw. das Verursachen möglicher Missstände (siehe oben) auf Grundlage rechtlich verbindlicher Vorgaben zum Tun und Lassen verpflichtend geregelt. Die Regelungsdichte in der EU und in Deutschland kann als sehr hoch angesehen werden. Den rechtlichen Vorgaben gehen in der Regel langwierige gesellschaftliche Aushandlungsprozesse voraus. Diese setzen sowohl ökologische Analysen als auch die Wahrnehmung und Abschätzung des Risikos oder der Gefahr für Mensch und Umwelt voraus (= konstruktivistischer gesellschaftlicher Prozess). Rechtzeitiges Erkennen von Landnutzungsproblemen ist die Voraussetzung für angemessenes gesellschaftliches Handeln, aber kein Garant für »richtige« Reaktionen.

An der Schnittstelle ÖSD – Landnutzung geht es um ein integratives Management, das dazu beiträgt, ein Gleichgewicht zwischen Zielsetzungen des Schutzes, der nachhaltigen Nutzung und der gerechten Aufteilung der Gewinne aus den Nutzungen herzustellen (Jessel 2011). Der Mensch wird dabei als expliziter Teil der Ökosysteme betrachtet (Landschaftsansatz, ▶ Abschn. 3.4). Dies entspricht den Prinzipien des Ökosystemansatzes der Biodiversitätskonvention (CBD 2010), den sogenannten »Malawi-Prinzipien« (Häusler und Scherer-Lorenzen 2002).

Die Zielstellung, die mit den im Folgenden dargestellten **Fallstudien** verknüpft ist, besteht hauptsächlich darin:

1. das ÖSD-Konzept in Anwendungsfacetten aufzuzeigen: Begriffe, Kategorien, Analyse- und Bewertungsansätze, Kosten-Nutzen-Abwägungen, Steuerungs- und Finanzierungsmechanismen (Methodenaspekte);

2. Möglichkeiten darzustellen, wie ÖSD-Ansätze zur nachhaltigeren Landnutzung beitragen können (neue Sichtweisen, Gestaltungsoptionen, Möglichkeiten und Grenzen des Konzepts);

3. für Deutschland den Stand der Erfassung von ÖSD zu diskutieren (regionale und ökosystem-/nutzungstypenspezifische Aspekte).

Die unterschiedliche fachliche Herkunft der Autoren der Fallbeispiele bedingt verschiedene Perspektiven und Gewichtungen. Es bestand die Notwendigkeit, die Beiträge kurz zu halten, sodass die einzelnen Probleme nicht sehr ausführlich und tief greifend dargestellt werden konnten. Entsprechend der Schwerpunktsetzung auf Landnutzung und Ökosystemtypen wurden die Fallbeispiele zunächst nach den Flächenanteilen der Hauptnutzungstypen in Deutschland (Agrar-, Forst-, urbane Ökosysteme) geordnet. Meeres-, Küsten- und Hochgebirgsökosysteme wurden ausgeklammert. Alle betrachteten Ökosysteme stellen, wenn auch in unterschiedlicher Gewichtung, sowohl einen Produktions-, Lebens- als auch Regenerationsraum dar, sodass prinzipiell ÖSD aller drei Kategorien relevant sind.

Überall wo der Mensch zur Sicherung seiner Existenz in die Natur eingreifen muss, ist zum Erhalt der Werte und Leistungen von Ökosystemen ein zielgerichtetes Landschaftsmanagement notwendig. Die hierfür nötigen Aufwendungen stellen einen Minimum-Indikator für die Wertermittlung der Ökosysteme dar, weil deren Existenz ohne diese Leistungen nicht gesichert ist. Derartige Analysen stehen im Mittelpunkt der Landschaftspflegebewertungen (▶ Abschn. 6.5). Abschließend werden spezifische Aspekte des Naturschutzes, des Boden-, Gewässer- und Hochwasserschutzes sowie des Klima- und Moorschutzes thematisiert. Dabei spielen Aspekte der Hemerobie, der Strukturmerkmale, aber auch des Prozessgeschehens und des Stoffhaushalts eine Rolle.

Die Fallbeispiele wurden des Weiteren nach folgenden Gesichtspunkten ausgewählt:

- ÖSD sind in Projektarbeiten analysiert und bewertet und die Ergebnisse in der Öffentlichkeit diskutiert worden (»gute Datenlage«);
- Repräsentanz und Übertragbarkeit: ÖSD wurden auf regionaler Ebene bearbeitet, sie sind typisch, verifiziert und validierbar (»beispielhafte Problemdarstellungen«).

◳ Abb. 6.2 veranschaulicht die Lage der Fallbeispiele. Diese sind überwiegend in Mittel- und Ostdeutschland angesiedelt (Bundesländer Sachsen und Mecklenburg-Vorpommern/Brandenburg, Stadtgebiet Leipzig, Landkreis Görlitz, Erzgebirge, Mulde-Lösshügelland, Auen und Einzugsgebiet der Elbe). Auf regionale Beispiele zur Veranschaulichung der Methoden und Verfahren wurde im Einzelfall bereits in ▶ Kap. 3, ▶ Kap. 4 und ▶ Kap. 5 hingewiesen.

6.2 Bewertung ausgewählter Leistungen von Agrarökosystemen

6.2.1 Einführung

O. Bastian

Landwirtschaftlich genutzte Flächen nehmen gegenwärtig etwa die Hälfte des EU-Territoriums ein. Die im Laufe einer viele Jahrhunderte währenden Entwicklung vom Menschen hervorgebrachten Agrarökosysteme waren und sind teilweise noch Hort der biologischen Vielfalt und Produzent mannigfaltiger ÖSD. Allerdings haben seit Jahrzehnten die andauernde und ständig zunehmende Intensivierung der Agrarproduktion in Gunstlagen (Flurausräumung, Großflächenwirtschaft, Mechanisierung, Chemisierung) einerseits sowie Nutzungsaufgabe und Aufforstung in benachteiligten Gebieten andererseits zu einem gravierenden Rückgang an Biodiversität und vieler Regulations- und soziokultureller ÖSD geführt – ein Prozess, der weiterhin anhält.

Um Landwirten und einer breiten Öffentlichkeit die Bedeutung der biologischen Vielfalt und der zahlreichen von schonend bewirtschafteten Agrarflächen ausgehenden positiven Wirkungen bzw. Leistungen nahezubringen, ist die Anwendung des ÖSD-Konzepts aus mehreren Gründen sehr sinnvoll (Plieninger und Schleyer 2010):

- Über kaum ein anderes Ökosystem liegt so gut abgesichertes Wissen darüber vor, wie ÖSD durch bestimmte Bewirtschaftungsmaßnahmen erbracht werden können (z. B. Reduktion des Eintrags von Düngemitteln und Pestiziden in Oberflächengewässer durch Anpflanzung von Gehölzen in der Agrarlandschaft).
- Viele ÖSD werden als Koppelprodukte gemeinsam mit Agrarprodukten bereitgestellt; in den seltensten Fällen ist zur Förderung von ÖSD ein vollständiger Verzicht auf die landwirtschaftliche Produktion erforderlich.
- In der europäischen Landwirtschaft liegen bereits umfangreiche Erfahrungen mit ökonomischen Anreizinstrumenten vor, die zur gezielten Bereitstellung von ÖSD eingesetzt werden können.

◘ Abb. 6.2 Räumliche Verortung der Fallbeispiele. Die Nummer darunter verweist auf den behandelnden Abschnitt. (Entwurf: K. Grunewald; Kartographie: S. Witschas, IÖR)

— Viele Agrarökosysteme verfügen über hohe Potenziale zur Stärkung von ÖSD. Einerseits greift die Landwirtschaft in hohem Maße auf ÖSD zurück (Regulationsleistungen), andererseits stellt sie Leistungen in erheblichem Umfang bereit (Versorgungsleistungen). Je nach Bewirtschaftungsweise kann sie der Gesellschaft aber auch externe Kosten aufbürden, etwa in Form von Habitatverlust, Nährstoffabfluss oder Treibhausgasemissionen.

Gleichwohl ist festzustellen, dass der ÖSD-Begriff in der Europäischen Agrarpolitik bisher kaum vorkommt.

Agrarflächen (Äcker und Grünland)

haben neben ihrer Hauptaufgabe, der Produktion von Nahrungsmitteln und Rohstoffen (Versorgungs-ÖSD), auch noch weitere Aufgaben. Sie tragen zur Trinkwasserbereitstellung durch Grundwasserneubildung bei, sie bieten Offenlandbewohnern unter den wild lebenden Pflanzen- und Tierarten geeignete Lebensräume, und sie prägen den Charakter von Landschaften. Kurz, sie erfüllen eine Vielzahl an ÖSD aus den Kategorien Versorgungs-, Re-gulations- und soziokulturelle ÖSD. Die Bewirtschaftung der Agrarflächen ist so auszurichten, dass eine einseitige Orientierung auf Höchsterträge zu Lasten anderer ÖSD weitgehend vermieden wird. Das »normale« Maß dieser Anforderungen ist durch die »gute fachliche Praxis« vorgegeben: Erbringt der Landwirt über dieses »normale« Maß hinausgehende Leistungen und erduldet er dafür verminderte Erntemengen und Einkommensverluste, so hat er Ansprüche auf Schadensausgleich seitens der Gesellschaft, denn diese profitiert ja von den ÖSD. Die Gesellschaft kann auch gezielt den Landwirt mittels finanzieller Anreize dahingehend stimulieren, dass er freiwillig bestimmten höheren Anforderungen im Interesse des Naturschutzes entspricht. Dies geschieht über die Agrar-Umweltmaßnahmen bzw. über ganze Agrar-Umweltprogramme.

Nachfolgend werden drei Fallstudien vorgestellt, in denen ÖSD bzw. vergleichbare Ansätze im Bereich der Landwirtschaft zum Einsatz kamen:

1. die Entwicklung lokaler Agrar-Umweltprogramme und -Maßnahmen (▶ Abschn. 6.2.2),
2. die agrarökonomische Bewertung der Umsetzung eines Landschaftsplans (▶ Abschn. 6.2.3),
3. die Ermittlung von ÖSD in extensiv genutztem, artenreichem Grünland (sogenanntes HNV[*High Nature Value*]-Farmland; ▶ Abschn. 6.2.4)

6.2.2 Agrar-Umweltmaßnahmen – die AEMBAC-Methodik

O. Bastian

Um biologische Vielfalt, ÖSD und Nachhaltigkeit der Agrarökosysteme zu bewahren bzw. zu erhöhen, setzt die EU auf Anreize für eine umweltgerechte Landwirtschaft. Die im Rahmen der Gemeinsamen Agrarpolitik (GAP) den EU-Landwirten gewährte finanzielle Unterstützung gliedert sich in zwei Hauptsäulen: Säule 1 enthält Direktzahlungen (zur Stützung des Einkommens bei Einhaltung von Mindestanforderungen an die Umweltverträglichkeit, sogenannte *Cross Compliance*-Regeln) und marktbeeinflussende Subventionen. Säule 2 – ländliche Entwicklungspolitik – zielt auf die Steigerung der Wettbewerbsfähigkeit des Agrar- (inklusive Forst-)Sektors, auf Biodiversität, Umwelt- und Landschaftsschutz sowie auf die Verbesserung der Lebensverhältnisse in ländlichen Gebieten. Dazu werden Zahlungs- bzw. Honorierungsmechanismen (*Payments for Ecosystem Services*) in Kraft gesetzt, bei denen fest definierte Leistungen (direkt oder indirekt) gegen Zahlung eines bestimmten Betrages freiwillig bereitgestellt werden. Agrar-Umweltprogramme umfassen eine breite Palette an Maßnahmen, die auf eine Verbesserung der ökologischen Situation im Agrarraum und letztlich auf die Erhaltung bzw. Stärkung von Biodiversität und ÖSD zielen. So dient z. B. die »dauerhaft konservierende Bodenbearbeitung« dazu, die Bodenerosion zu vermindern, und die »naturschutzgerechte Wiesennutzung« soll die Artenvielfalt im Grünland erhalten oder erhöhen. Allerdings ist laut Plieninger und Schleyer (2010) die konkret zu erbringende ÖSD meist unscharf definiert.

Abgesehen davon, dass Agrar-Umweltprogramme kaum auf ÖSD Bezug nehmen, sind sie nur unzureichend auf Gebietskulissen bezogen, d. h. die jeweiligen regionalen Besonderheiten und Anforderungen finden nicht ausreichend Beachtung. Um entsprechende Defizite zu überwinden, bietet die AEMBAC-Methodologie einen vielversprechenden Ansatz, der im Rahmen eines EU-Projektes ausgearbeitet und in mehreren europäischen Ländern, darunter auch in Deutschland, getestet wurde (AEMBAC = *Definition of a common European framework for the development of local agri-environmental programmes for biodiversity and landscape conservation* = Definition eines gemein-

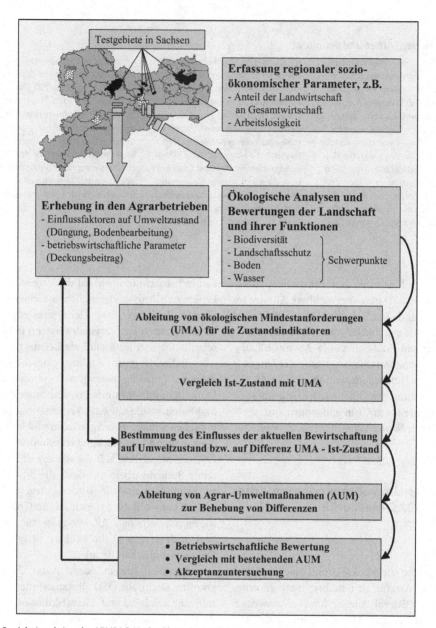

☑ Abb. 6.3 Arbeitsschritte der AEMBAC-Methodik am Beispiel von Testgebieten in Sachsen. © Bastian et al. 2003

samen europäischen Rahmens zur Entwicklung lokaler Agrar-Umweltprogramme für Biodiversität und Landschaftsschutz) (Bastian et al. 2003, 2005, 2007; Lütz et al. 2006).

Zu den Eckpfeilern der AEMBAC-Methodik gehören die Berücksichtigung der regionalen/lokalen Besonderheiten bzw. des Gebietscharakters und der Abgleich mit vorhandenen Ökosystemeigen-

schaften, Potenzialen und Funktionen (bzw. ÖSD). Die AEMBAC-Methodik untergliedert sich in drei Phasen (☑ Abb. 6.3):

— Phase I: Bewertung der ökologischen Leistungsfähigkeit der Agrarlandschaft anhand verschiedener Landschaftsfunktionen (bzw. ÖSD, mit den Schwerpunktbereichen »Biodiversität«, »Landschaftsbild«, »Böden«, »Ge-

Landschaftsfunktion und Zustandsindikatoren \ Belastungsindikatoren	Betriebsstruktur	Median Feldgröße	Verhältnis Pflanzen- / Tierproduktion	Pflanzenbau	Kulturartenvielfalt	Getreide in der Fruchtfolge	Raps in der Fruchtfolge	Hackfrüchte in der Fruchtfolge	Silomais in der Fruchtfolge	Leguminosen und Gras-(Gemenge)	Pflanzenschutz	Anteil und Typ von Brachflächen	Tierhaltung	Rinderbestand (GV/ha)	Aufstallungsformen	Energie- und Nährstoffmanagement	Humusbilanz	Stickstoffbilanz
Habitatfunktion																		
Biotopwert	-											+		-				+
Vegetation und Flora		0			+												0	-
Fauna		0			+							+					0	0
Bewertung der Nachhaltigkeit der Landnutzung	NS	-2	0	NS	0	+1	-1	+1	-2	-1	-1	+1	S	0	+1	NS	0	-2
Landschaftsschutz																		
Lineare Biotope	-																	
Landschaftsdiversität		0	+															
Kulturlandschaftselemente	?																	
Erholungswert		0	+		0			0							0			
Bewertung der Nachhaltigkeit der Landnutzung	S	-1	+1	S	0			0					S		0			A
Bodenfunktion																		
Biotisches Ertragspotential	-	0			0	+	+		-	-		0					0	0
Erosion		0			0	+	+		-	-				0	0	0	0	
Verlagerung von Stoffen[1]					0	+	+		-					0		0	0	0
Bewertung der Nachhaltigkeit der Landnutzung	NS	-1	0	S	0	+1	+1	0	-1	-1	-1	0	S	0	+1	S	0	0
Wasserfunktion																		
Wasserqualität					0	+	+	0	-	-	-			0	0		0	
Fließgewässerzustand	-																	
Bewertung der Nachhaltigkeit der Landnutzung	NS	-1	-1	S	0	+1	+1	0	-1	-1	-1	0	S	0	0	S	0	-1

[1]) Nährstoffe und Pflanzenschutzmittel

Nachhaltigkeit (in Bezug zur Realisierung der UMA)
- S nachhaltig ("sustainable")
- NS nicht nachhaltig
- A ohne Wirkung ("absent")

Einfluss des Belastungsindikators auf den Zustandsindikator
- kein Einfluss
- geringer Einfluss
- bedeutender Einfluss
- sehr hoher Einfluss
- ? unbekannt

Wirkung (in Relation zur Realisation der UMA)
- - negative Wirkung
- 0 Erfüllung der UMA
- + positiver Einfluss

◻ **Abb. 6.4**   Ökologische Wirkungsmatrix: Gegenüberstellung von Belastungs- und Zustandsindikatoren (bzw. Landschaftsfunktionen/ÖSD) und Einschätzung der Nachhaltigkeit. © Bastian et al. 2005

wässer«), Erfassung positiver und negativer Umweltwirkungen sowie Bewertung der ökologischen Nachhaltigkeit der aktuellen Agrarproduktion in den Bearbeitungsgebieten;
- Phase II: Ableitung lokaler Agrar-Umweltmaßnahmen;
- Phase III: Abstimmung der Vorschläge mit Landwirten und Behörden.

Phase I enthält folgende Teilschritte:

1. Festlegung wichtiger **Ökosystemdienstleistungen** (bzw. Landschaftsfunktionen) und

geeigneter Indikatoren. Das *Pressure-State-Response*-Modell der OECD dient als Grundlage (Eckert et al. 2000). Zustandsindikatoren *(state)* beschreiben Umweltzustände (z. B. Artenvielfalt, Wasserqualität; ◻ Abb. 6.4 und ◻ Tab. 6.1). Durch Vergleich mit vorgegebenen sowie für den konkreten Fall zu definierenden Umweltqualitätszielen kann eine Aussage über den Zustand der Umwelt getroffen werden (◻ Tab. 6.2). Belastungsindikatoren *(pressure)* benennen Ursachen und Risiken für die Umwelt (z. B. N-Saldo, Nitratbelastung des

Grundwassers, Erosionsdisposition, Kulturartenvielfalt, Schlaggröße, Fruchtfolge, Einsatz von Düngern und Pflanzenschutzmitteln, Verfahren der Tierhaltung). Reaktionsindikatoren *(response)* kennzeichnen die Konsequenzen, die Gesellschaft und Politik zu ziehen bereit sind, um die gegebene Situation zu verbessern.

2. Definition von **Umwelt-Mindestanforderungen** (UMA, engl. *Environmental Minimum Requirements – EMR*) für ausgewählte Indikatoren im Hinblick auf die Aufrechterhaltung der Funktionsfähigkeit der Ökosysteme (inkl. Agroökosysteme), um die Festlegung von Agrar-Umweltzielen und -maßnahmen zu erleichtern. UMA stellen einen Fixpunkt, eine »rote Linie« dar, unterhalb derer die betreffende ÖSD im Bezugsraum nicht mehr aufrechterhalten werden kann. Dabei kann ein und derselbe UMA-Wert eines Zustandsindikators zwei oder mehreren ÖSD genügen, es ist aber auch möglich, dass jeweils ganz spezifische UMA-Werte zutreffen. UMA bzw. Umweltqualitätsziele für Agrarlandschaften sind in einer Vielzahl von Publikationen aufgeführt (z. B. Breitschuh et al. 2000; Knickel et al. 2001). Stärker spezifizierte Zielsetzungen wurden in Gesetzen (z. B. Naturschutzgesetze der Länder) und den verschiedenen Instrumenten der räumlichen Planung niedergelegt (z. B. Regionalpläne, Flächennutzungspläne), unterlagen hier aber in der Regel bereits einem politischen Abwägungsprozess. Die Entwicklung lokaler Agrar-Umweltmaßnahmen (AUM) sollte sich an ganz spezifischen, für das jeweilige Gebiet zugeschnittenen, zunächst ökologisch begründeten UMA orientieren. Die sogenannte »gute fachliche Praxis« ist nicht identisch mit den UMA. Das, was als gute fachliche Praxis heute üblich ist, kann durchaus ökologische Schäden verursachen und das Nachhaltigkeitsprinzip verletzen.

3. Erfassung und Bewertung der von der Landwirtschaft verursachten (negativen, aber auch positiven) **Umweltwirkungen**. Hierbei ist interessant, ob ein Agrarsystem bzw. eine bestimmte Maßnahme (in Form eines Belastungsindikators) auf eine oder mehrere ÖSD wirkt. Anhand dieser Analyse sind Prioritäten

in Bezug auf negative/positive Einflüsse (aus Agrarpraktiken) zu setzen, die dringend einzudämmen oder zu fördern sind.

4. Beurteilung der **Tragfähigkeit** des Agrarökosystems/der Landschaft gegenüber landwirtschaftlichen Aktivitäten sowie Einschätzung der Nachhaltigkeit landwirtschaftlicher Praktiken/Produktionsweisen auf der Basis des Vergleichs (Defizitanalyse) zwischen Ist-Zustand (Zustands-, Belastungsindikatoren) und UMA (◘ Abb. 6.4).

Aussagen zur Nachhaltigkeit dienen dazu, einzuschätzen, ob die gegenwärtige Praxis der Landnutzung langfristig für Natur und Gesellschaft verträglich ist oder ob Veränderungen herbeigeführt werden müssen, d. h. AUM erforderlich sind. Nachhaltigkeit bedeutet hier dauerhafter Erhalt der Produktionsleistungen, ohne dabei die sonstigen ÖSD des Agrarökosystems oder angrenzender Ökosysteme zu beeinträchtigen, d. h. Produktion und Umwelterhalt werden nicht als Gegensätze aufgefasst. Bewertungsmaßstäbe, die nur die natürliche Umwelt betrachten, sind in Agrarökosystemen ebenso fragwürdig wie solche, die nur den wirtschaftlichen Erfolg gelten lassen.

Die Gegenüberstellung des Ist-Zustandes mit den Umwelt-Mindestanforderungen (UMA) offenbart Defizite, die nach Möglichkeit durch AUM zu beheben sind. Erreicht oder überschreitet ein Indikator (Ist-Zustand) den UMA-Wert, so ist keine Maßnahme notwendig.

Phase II enthält folgende Teilschritte:

1. **Definition lokaler Agrar-Umweltziele** auf der Basis von Mindestanforderungen (UMA aus Phase I) und sozioökonomischen Bedingungen im Bearbeitungsgebiet.

2. Suche nach den **geeignetsten AUM** zur Erreichung der Ziele.
   Allerdings muss man sich dessen bewusst sein, dass es zwar möglich ist, den Handlungsbedarf und den Inhalt von AUM zu ermitteln, die zu mehr Nachhaltigkeit in der Agrarlandschaft führen können, eine wissenschaftlich zweifelsfreie Quantifizierung des notwendigen

◼ **Tab. 6.1** Verschneidung von einzelnen Handlungsempfehlungen zu einem multifunktionalen Maßnahmenpaket im Testgebiet »Jahna« (Mittelsächsisches Lösshügelland; Abstimmung von Maßnahmen für verschiedene Zustandsindikatoren, Ausgleich von Redundanzen)

Maßnahmen	Quantität
Pufferung durch Grünlandstreifen: – naturnahe, kulturhistorisch wertvolle Auenbereiche – naturnahe, gehölzbestandene Feuchtbiotopkomplexe – bestehende Gehölzstrukturen inkl. Streuobstwiesen	265 ha
Anlage und Pflege flächiger, extensiv genutzter Streuobstwiesen auf Ackerland	580 ha
Schaffung von linearen und flächigen Gehölzen entsprechend der potenziellen natürlichen Vegetation	1000 ha
Umwandlung von Ackerland in extensiv genutztes Dauergrünland in den Auen sowie auf erosionsgefährdeten Ackerflächen (Hohlformen)	3500 ha
Einrichtung dauerhafter Ackerrandstreifen (ohne Pflanzenschutz, N-Düngung und Verbreiterung der Reihenabstände)	250 ha
Einführung des ökologischen Landbaus	2000 ha
konservierende Bearbeitung (davon auf 1 000 ha ökologischer Landbau)	6500 ha
Reduzierung der flächenbezogenen Nährstoffeinträge (weiterer Untersuchungsbedarf sowohl zu Ist- als auch zu Soll-Zustand)	–

Vergleich aktueller Zustand – Soll-Zustand

	Fläche [ha]	Fläche [%]	
Ackerfläche$_{Ist}$	19770	100	
Ackerfläche$_{Soll}$	14425	73	davon 250 ha Ackerrandstreifen, 2 000 ha ökologischer Landbau, 5 500 ha konservierende Bodenbearbeitung (Annahme, im ökologischen Landbau erfolgt Bodenbearbeitung durch konservierende Verfahren)
Grünlandfläche$_{Ist}$	1751	100	
Grünlandfläche$_{Soll}$	5516	315	
Umnutzung	1570	8 (der Ackerfläche)	Entzug von Ackerland der landwirtschaftlichen Produktion durch Pflanzung von Flurgehölzen und Streuobstwiesen

Umfangs einer AUM für ein bestimmtes Gebiet erscheint jedoch meist aussichtslos. Es ist daher angebracht, Grenzbereiche, Grauzonen oder Sicherheitsmargen festzulegen, die ohne vollständig abgesichertes Wissen auskommen müssen, »wenn mit ausreichender Wahrscheinlichkeit eine aus naturschutzfachlicher Sicht unakzeptable Beeinträchtigung bei Erreichen oder Unterschreiten dieses Grenzbereiches zu erwarten ist (Vorsorgeprinzip)« (Dröschmeister 1998). Priorität sollten solche Maßnahmen (AUM) besitzen, die besonders gravierenden Umweltbelastungen gegensteuern, die gleichzeitig mehreren ÖSD zugutekommen (z. B. Erhöhung der biotischen Vielfalt sowie des ästhetischen Wertes der Landschaft) und die letztlich auch finanzierbar sind.

Eine intelligente Auswahl an AUM (z. B. die Anpflanzung von Hecken) kann mehrere Indikatoren bzw. ÖSD gleichzeitig positiv beeinflussen. Bei der Ableitung spezifischer AUM (getrennt nach einzelnen Indikatoren bzw. ÖSD) können aber auch Redundanzen auftreten, die unter Umständen zu einer überdimensionierten Inanspruchnahme von Agrarflächen für Zwecke des Naturschutzes und der Landschaftspflege führen. Es ist daher wichtig, die einzelnen Handlungsempfehlungen zu einem von Redundanzen bereinigten Handlungspaket zu verschneiden.

Diese Maßnahmen wurden innerhalb des Testgebietes verortet (◘ Tab. 6.1). Ergebnis ist ein Maßnahmenplan, der zunächst ausschließlich die Belange des Umweltschutzes berücksichtigt. Es handelt sich also um einen Zwischenschritt, der in einem späteren Arbeitsabschnitt (AEMBAC-Phasen II und III) finanziell bewertet und den Bewirtschaftern und Interessenverbänden zur Akzeptanzkontrolle vorgelegt wird.

3. **Vorschlag legislativer und/oder ökonomischer Stimuli:** Bewertung der Anwendbarkeit der ökonomischen (marktorientierten), legislativen und Kontroll-Instrumente als Anreize für die Landwirte, die Umweltgüter zu bewahren und nicht-nachhaltige landwirtschaftliche Praktiken aufzugeben.

Phase III umfasst folgende Aufgaben:

1. Analyse der **Akzeptanz und der Realisierbarkeit** der vorgesehenen Maßnahmen (AUM) durch Landwirte und Behörden;
2. Kalkulation der **Kosten für Behörden** (Realisierung von Agrar-Umweltprogrammen) und Landwirte (betriebswirtschaftliche Aspekte, Deckungsbeiträge);
3. Bewertung der gesamten **ökonomischen und finanziellen Aspekte der Umsetzung** der AUM.

Durch Interviews mit Landwirten und Behörden werden solche Maßnahmen ermittelt, die aus der Sicht der Akteure besonders wirkungsvoll zur Verbesserung des Umweltzustandes beitragen können. Es werden Hinderungsgründe aufgedeckt und gegebenenfalls Korrekturen bzw. Alternativen für bestimmte Maßnahmen ermittelt (partizipativer Ansatz). Erhebungsbögen dienen der Bewertung der betriebswirtschaftlichen Effizienz und wirtschaftlichen Anwendbarkeit der empfohlenen Maßnahmen.

Fazit

Die AEMBAC-Methodik ist grundsätzlich geeignet, Agrarumweltprobleme in Deutschland auf umfassende Weise zu analysieren, dabei vor allem durch den Bezug auf Umweltfunktionen bzw. ÖSD ökologische und sozioökonomische Aspekte zu verbinden und den Zusammenhang zwischen der natürlichen Umwelt und der Lebensqualität des Menschen aufzuzeigen und zu stärken. Der Ansatz kann dazu beitragen, die Vielgestaltigkeit ländlicher Räume zu erhalten und die Wettbewerbsfähigkeit der Landwirtschaft vor dem Hintergrund zunehmender Liberalisierung und Globalisierung der Agrarmärkte zu stützen. AEMBAC ist für Agrarflächen bzw. die Landwirtschaft als Nutzungszweig entwickelt worden, lässt sich aber prinzipiell auch auf andere Wirtschaftszweige, so auf Wälder (Forstwirtschaft) und Teiche (Fischerei) übertragen.

6.2.3 Agrarökonomische Bewertung von Landschaftsplänen

O. Bastian

Für die Umsetzung vorgeschlagener Agrar-Umwelt- bzw. Naturschutzmaßnahmen ist es unerlässlich, die entstehenden Kosten zu ermitteln sowie einen Konsens der dabei beteiligten Interessenträger (*stakeholder*) zu erreichen.

Um Naturschutzziele in die Landnutzung zu integrieren, kann die Landschaftsplanung eingesetzt werden. Diese nimmt als Leitplanung des raumbezogenen Umweltschutzes die Interessen von Naturschutz und Landschaftspflege wahr und übt eine Bündelungsfunktion für zahlreiche Einzelaktivitäten und Fachbeiträge zum Umwelt- und Naturschutz aus. Die praktische Umsetzung von Landschaftsplänen im ländlichen Raum kann jedoch nicht befriedigen (▶ Abschn. 5.3). Kritik wird diesem Instrument des Naturschutzes vor allem deshalb entgegengebracht, weil vorgeschlagene Maßnahmen häufig einseitig naturschutzfachlich begründet werden, ohne auf die Interessen und wirtschaftlichen Möglichkeiten der Landnutzer Rücksicht zu nehmen (Geisler 1995; Marschall 1998).

Es kann daher sinnvoll sein, die Landschaftsplanung (ebenso wie Schutzgebietskonzepte) durch ökonomische Bewertungen zu untersetzen. Nachfolgend wird eine Untersuchung vorgestellt, in der am Beispiel der (ehemaligen) Gemeinde Promnitztal (Freistaat Sachsen) geprüft wurde, inwieweit die im kommunalen Landschaftsplan formulierten naturschutzfachlichen Ziele und Festlegungen realistisch sind, d. h. ob und unter welchen Voraussetzungen die Agrarbetriebe die Forderungen erfüllen können.

Zu diesem Zweck erfolgte eine agrarökonomische Bewertung der vorgeschlagenen Maßnahmen. Unter Einbeziehung wirtschaftlicher Rahmenbedingungen wurden – fußend auf dem Landschaftsplan – Konzepte für eine naturverträgliche und wirtschaftlich nachhaltige Landnutzung erarbeitet. Für die Bewirtschafter konnte aufgezeigt werden, dass eine Integration von Naturschutzzielen in die landwirtschaftliche Produktion durch die Teilnahme an Agrar-Umweltprogrammen auch wirtschaftlich vernünftig sein kann (Lütz und Bastian 2000, 2002).

Das **Projektgebiet**, die ehemalige Gemeinde Promnitztal – bis zum 31.12.1998 selbstständig, jetzt Teil der Stadt Radeburg – liegt unmittelbar nördlich der sächsischen Landeshauptstadt Dresden und umfasst ca. 2 085 Hektar. Das Territorium von Promnitztal steht fast vollständig unter Landschaftsschutz und gehört naturräumlich zum Moritzburger Kleinkuppengebiet, einer Teileinheit des Westlausitzer Hügel- und Berglandes. Die Besonderheit der Landschaft in geomorphologischer Hinsicht ist der – in Mitteleuropa nahezu einmalige – kleinflächige Wechsel von trockenen, flachgründigen bis felsigen Kuppen und feuchten wannenartigen Hohlformen, verbunden mit einer engräumigen Verzahnung verschiedener geologischer Substrate und ökologischer Standortbedingungen. Gegenwärtig dominiert die ackerbauliche Nutzung; Grünland konzentriert sich auf staunasse Senken, auf Kuppen und in Hangbereichen sind Waldinseln eingestreut. Für die Landwirtschaft bestehen aufgrund heterogener und zum Teil schwieriger Relief- und Bodenverhältnisse nur mäßige Voraussetzungen, obwohl auch hier in der Vergangenheit umfangreiche Meliorationsmaßnahmen stattgefunden haben. Trotz eingetretener Verluste existieren noch zahlreiche wertvolle Biotope, Kleinstrukturen und damit vielfältige Lebensräume für (auch gefährdete) Pflanzen- und Tierarten. Hervorzuheben sind Waldgesellschaften und Säume trockenwarmer Standorte, Feldgehölze und Hecken, Trockenrasen, Feuchtgrünland sowie der Reichtum an Vögeln (u. a. Weißstorch, Greifvögel, Boden- und Heckenbrüter der Agrarlandschaft), Kriechtieren, Lurchen und Insekten (Neef 1962; Mannsfeld 1972; Bastian und Schrack 1997; Schrack 2008).

Im Gebiet sind sechs landwirtschaftliche Haupt- und vier Nebenerwerbsbetriebe ansässig; von diesen wurden zwei Haupterwerbsbetriebe mit insgesamt ca. 1 200 Hektar (800 Hektar Ackerland und 300 Hektar Grünland, hauptsächlich Schnittnutzung) für die betriebswirtschaftlichen Analysen ausgewählt. In den sich strukturell ähnelnden Betrieben werden hauptsächlich Marktfrüchte angebaut und Milchproduktion betrieben. Die Anbaustruktur von Ackerfrüchten wird durch die natürlichen Standortbedingungen, die Spielräume in der Fruchtfolgegestaltung, den betriebseigenen Bedarf an Futtermitteln, Restriktionen durch Agrar-Umweltförderung sowie durch die Ausgleichszahlungen für benachteiligte Gebiete und maßgeblich durch Beihilfen sowie die Marktpreissituation bestimmt. Die vorherrschenden Fruchtfolgen sind bzw. waren Winterweizen – Wintergerste – Raps – Winterroggen/Mais auf den Standorten mit besseren Böden und Winterraps/Mais – Getreide (kein Weizen) an Kuppen und in Stallnähe.

■ **Methodik**

Um eine finanzielle Bewertung der im Landschaftsplan vorgeschlagenen Naturschutzmaßnahmen vornehmen zu können, wurde zunächst eine betriebswirtschaftliche Analyse der ausgewählten

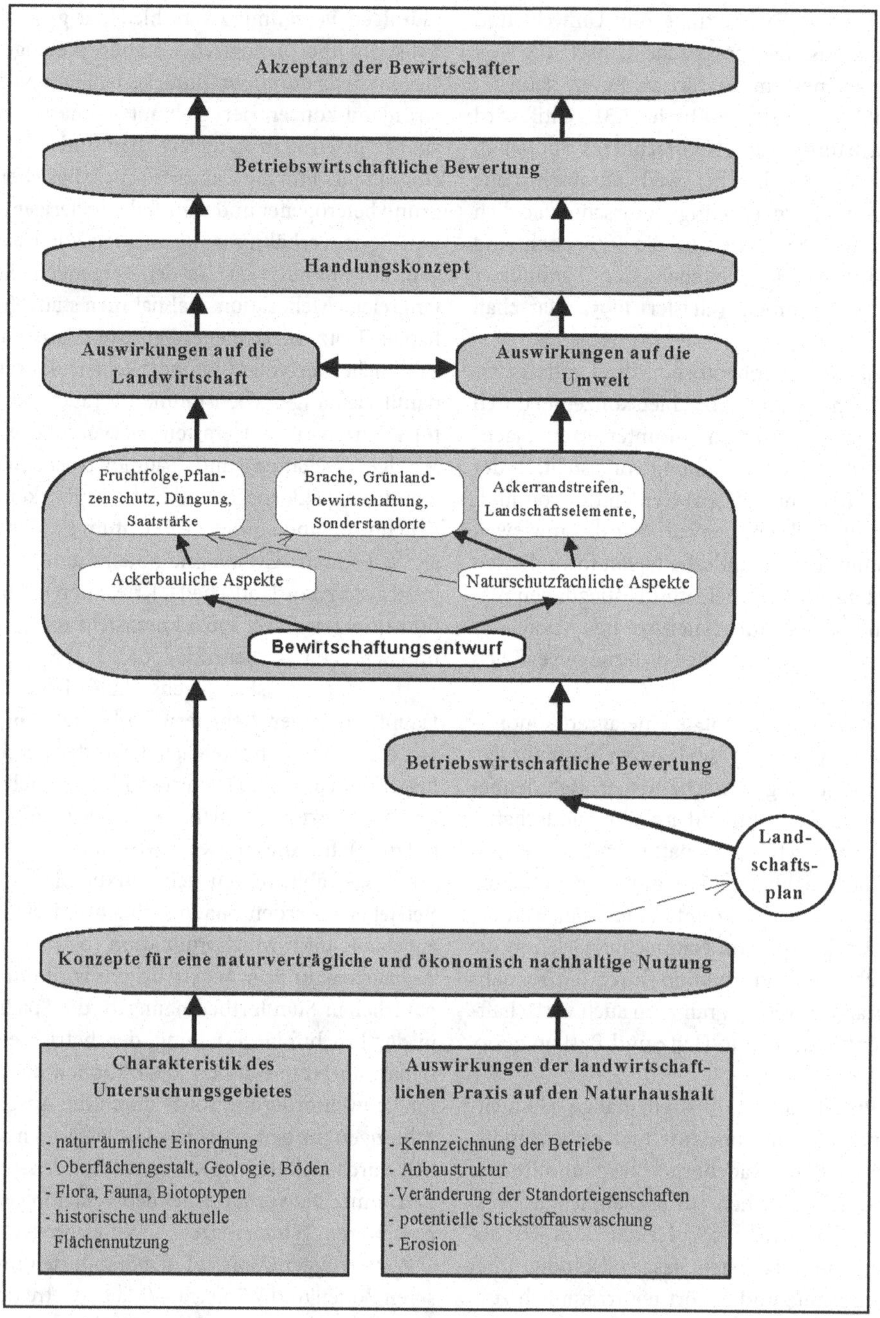

6

Abb. 6.5   Schema des Ablaufs der betriebswirtschaftlichen Bewertungen des Landschaftsplans. © Lütz und Bastian 2000

Beispielbetriebe durchgeführt (◻ Abb. 6.5). Grundlage für die Bewertung der Ackerfrüchte bildete der flächenbezogene Deckungsbeitrag. Dieser ergibt sich aus dem Ertrag (Summe aus Marktleistung,

EU-Beihilfen, Ausgleichszulage für benachteiligte Gebiete, Agrar-Umweltförderung), abzüglich der produktionsbezogenen Kosten (Saatgut, Düngemittel, Pflanzenschutzmittel, variable Maschinen-

◻ **Tab. 6.2** Forderungen aus dem Landschaftsplan für die ehemalige Gemeinde Promnitztal und Art der Einbeziehung in die Berechnungen (Auswahl)

	Forderung aus Landschaftsplan	Modellierung
Ackerflächen	generelle Nutzungsextensivierung	Reduktion des Einsatzes von N-Dünger und PSM* um 20 %
Ackerrandstreifen	Einrichtung auf allen Schlägen	Verzicht auf N-Dünger und PSM*
Pufferzonen	Anlage um wertvolle Biotope (Fließgewässer, Gehölze, Feuchtbereiche)	50 % der Pufferflächen mit Sukzession oder Anpflanzung von Gehölzen; auf übrigen 50 % Reduktion von N-Dünger und PSM* um 40 %
Kriechtierschutz	Bereitstellung von Flächen mit Nutzungsextensivierung	Ackerflächen: Reduktion von N-Dünger und PSM* um 40 % Grünland: Entwicklung von Magerrasen, Verzicht auf N-Dünger und PSM*
Grünland	generelle Nutzungsextensivierung	Reduktion von N-Dünger und PSM* um 20 %, 2-mal Mahd, Nachweide
Gehölzpflanzungen	Entwicklung ortstypischer Hecken sowie ausgeprägter Waldränder	Kalkulation der Verluste durch Nutzungsaufgabe (Flächenverluste); Berücksichtigung der ertragssteigernden Wirkung durch Heckenanpflanzungen

* PSM = Pflanzenschutzmittel

kosten, Arbeitskraftkosten). Der Deckungsbeitrag wurde für die einzelnen Kulturarten in drei Wirtschaftsjahren ermittelt und zu einem durchschnittlichen Deckungsbeitrag pro Hektar über drei Jahre zusammengefasst. Die Grünland- und Maisflächenbewertung erfolgte nicht wie im Ackerbau monetär, sondern über die Methode der Futterlieferung in MJ Netto-Energie-Laktation (NEL).

Forderungen aus dem vorliegenden Landschaftsplan (◻ Tab. 6.2) wurden in die Deckungsbeiträge bzw. Futterbewertung eingearbeitet, sodass sich deren Auswirkungen als Differenz zum durchschnittlichen Ist-Zustand darstellte. Der Ertragsrückgang bei eingeschränkter Stickstoffdüngung wurde mithilfe der Produktionsfunktion $y = a + bN + cN^2$ berechnet (Zeddies et al. 1997) bzw. aus der Literatur entnommen und an die bestehenden Verhältnisse angepasst (Diercks und Heitefuss 1990; Mährlein 1993). Ertragsverluste durch die Reduzierung des Pflanzenschutzmitteleinsatzes wurden durch Anpassung an die oben genannten Quellen berücksichtigt.

Als Voraussetzung galt, die Summe der Energielieferung aus den Grundfutterflächen (Mais,

Grünland) konstant zu lassen, d. h. der Tierbestand bzw. die Milchleistung sollten von den Maßnahmen unberührt bleiben. Zur Kompensation der Ertragseinbußen dient die Ausweitung der Maisflächen (dreifache Futterlieferung im Vergleich zu Grünlandflächen). Auch Fördermittel aus dem Agrar-Umweltprogramm wurden berücksichtigt (◻ Tab. 6.3).

■ **Ökonomische Bewertung des Landschaftsplans**

Die Umsetzung der Gesamtheit der im Landschaftsplan geforderten Maßnahmen führt auf den Ackerflächen zu einer Erhöhung des Deckungsbeitrags (◻ Tab. 6.3). Ursache dafür sind die für die Anlage von Ackerrandstreifen bereitgestellten hohen Fördermittel. Der durchschnittliche Deckungsbeitrag der Ackerflächen steigt in diesem Modell infolge der hohen Anteile von Ackerrandstreifen (bei Nichtberücksichtigung der Flächenverluste) um insgesamt 104 Euro pro Hektar (20 %) auf 629 Euro pro Hektar an.

Allerdings bewirken die entstehenden Anbauflächenverluste von 50 Hektar durch die Anlage von

▣ Tab. 6.3 Betriebswirtschaftliche Bewertung der Forderungen aus dem Landschaftsplan

	Fläche (ha)	Gewinn/Verlust ($€\ ha^{-1}$)	Anteil am Deckungsbeitrag (%)
Ackerflächen (ohne Mais) (20 %ige Reduktion von N-Dünger und PSM*)	373,9	−3,9	−0,2
Pufferzonen und Kriechtierschutz (ohne Maisanteil) (40 %ige Reduktion von N-Dünger und PSM*)	17,1 (21 km × 18 m)	−18,3	−3,5
Ackerrandstreifen (ohne Maisanteil) (100 %ige Reduktion von N-Dünger und PSM*)	81,7 (45 km × 18 m)	+389,7	+74,2
Durchschnittlicher Deckungsbeitrag der Ackerflächen	–	+104,3	+20,0
Anbauflächenverluste direkte Anbauflächenverluste: 49,7 ha Extensivierungsmaßnahmen: 69,1 ha	–	−130,9	–
Durchschnittlicher Deckungsbeitrag gesamt	–	−27,1	−5,0

* PSM = Pflanzenschutzmittel

Hecken, Wald und Waldrand, Sukzessionsflächen, Pufferzonen, Grünland und durch Gewässerrenaturierung, dass diese positiven Auswirkungen auf den Deckungsbeitrag wieder reduziert werden. Aufgrund der Extensivierungsmaßnahmen werden 69 Hektar Acker für zusätzlichen Futterbau (Mais) benötigt. Bei Umlegung dieser Anbauflächenverluste auf den Deckungsbeitrag entstehen jährliche monetäre Einbußen von 59 465 Euro insgesamt bzw. 131 Euro pro Hektar Restackerfläche. Der durchschnittliche Deckungsbeitrag sinkt um lediglich 27 Euro pro Hektar (5 %) auf 498 Euro pro Hektar.

Die Berechnungen haben erwiesen, dass eine fast vollständige einkommensneutrale Umsetzung des Landschaftsplans möglich ist (▣ Tab. 6.4). Um die aus Sicht der Landwirtschaft inakzeptablen finanziellen Verluste zu kompensieren, müssten nach diesem Modell lediglich 45,1 Hektar statt der vom Landschaftsplan geforderten 49,7 Hektar aus der Nutzung genommen werden. Das bedeutet, es könnten rechnerisch 5,8 % der landwirtschaftlichen Nutzfläche ohne negative Auswirkungen auf das Betriebsergebnis aufgegeben bzw. für Zwecke des Naturschutzes und der Landschaftspflege zur Verfügung gestellt werden.

● **Akzeptanz der Bewirtschafter**

Der erarbeitete Bewirtschaftungsentwurf wurde von den Betriebsleitern begutachtet. Deren Haltung gegenüber den vorgeschlagenen Handlungskonzepten begründete sich erwartungsgemäß in erster Linie auf wirtschaftliche Aspekte. So fanden eher solche Maßnahmen Zustimmung, für die Förderprogramme existieren. Anbauflächenentzug und (vor allem) flächenhafte oder quer zur Bearbeitung liegende Gehölze stießen auf Ablehnung, während gegenüber Linienbepflanzungen an Wegen und Gräben wesentlich höhere Toleranz bestand. Heckenpflanzungen erfreuten sich stärkerer Zustimmung als Ackerraine. Bei der Flächenauswahl für die Hecken wurde eine unbedingte Mitbestimmung gefordert, wobei Feuchtstellen auf Ackerland am ehesten den Vorstellungen der Landwirte entsprachen.

Fazit

Als Ursache für die positive ökonomische Bilanz können die vorhandenen Anreizinstrumente im Rahmen der Agrar-Umweltförderung angesehen werden. Da diese im Untersuchungszeitraum durch die Landwirte trotz objektiver Einkommenszugewinne nicht konsequent genutzt wurden, bestand eine günstige Konstellation für die Beurteilung der

◻ **Tab. 6.4** Betriebswirtschaftliche Bewertung der Maßnahmen (Auswahl)

Maßnahme	Bewertungsparameter	Gewinn/Verlust (€ ha^{-1})
Zwischenfrucht- und Untersaatenanbau	Fördermittel und Stickstoffeinsparung – Maßnahmekosten – Herbstzwischenfrüchte – Winterzwischenfrüchte – Untersaatenanbau	 +61 bis +82 −31 bis +37 +5 bis +26
Reduktion N-Düngungsintensität im Ackerbau	Fördermittel und Stickstoffeinsparung – Ertragsänderung	+8
Ackerrandstreifen	Fördermittel und Mitteleinsparung – Ertragsänderung – normale Saatstärke – reduzierte Saatstärke	 +383 +547
Brache	Fördermittel – Deckungsbeitrag – temporäre Flächenstilllegung – Dauerbrache	−97 Gewinn auf ertragsarmen Standorten
Grünland	Fördermittel und Mitteleinsparung – Verlust Ackerfläche durch Grundfutteranbau – Verzicht auf chemisch-synthetische N-Düngemittel – extensive Weide – extensive Wiese	 −26 +41 +56
Heckenanpflanzungen	Verlust Ackerfläche – Ertragsteigerung durch Windschutz – jährliche Auswirkung je 100 m Hecke (Breite: 10 m)	 −46

Wirtschaftlichkeit des Landschaftsplans ohne Einkommensverluste. Agrar-Umweltprogramme können somit wirkungsvolle Mechanismen der Integration von Natur- und Umweltschutzzielen in die agrarische Nutzung darstellen, indem die Landwirte für Einkommensverluste, die aus der vermehrten Bereitstellung von ÖSD resultieren, von der Gesellschaft finanziell entschädigt werden.

Die Kalkulation der staatlichen Fördergelder ermöglicht besonders in aus agrarischer Sicht benachteiligten Gebieten eine effektive Möglichkeit, naturverträglich zu wirtschaften. Dies ist umso bedeutsamer, als es sich hierbei oftmals um aus Naturschutzsicht besonders wertvolle Bereiche handelt. Allerdings sinkt die Bereitschaft, sich an Agrar-Umweltprogrammen zu beteiligen und der Multifunktionalität der Landschaft zu genügen und vielfältige ÖSD zu generieren, mit wachsenden Einkommenschancen aus der Marktfruchtproduktion (ertragreiche Böden und/oder stärkere Nachfrage, z. B. durch den Energiepflanzen-Boom), wenn gleichzeitig die Mittelausstattung der Agrar-Umweltprogramme stagniert oder gar zurückgeht.

Erst die monetäre Bewertung der Maßnahmen und die anschließende Diskussion mit den Landwirten ermöglichte die Durchsetzung einzelner Maßnahmen durch eine weitergehende Teilnahme an Agrar-Umweltprogrammen. Obwohl subjektive Beweggründe für die Agrarbetriebe eine Rolle spielten, wurden die vorgeschlagenen Maßnahmen vordergründig unter betriebswirtschaftlichen Gesichtspunkten beurteilt.

Durch das wachsende Interesse der Gesellschaft an leistungsfähigen, multifunktionalen und ökologisch intakten (Agrar-)Landschaften dürften sich Aufgabenspektrum und Verantwortung der Landnutzer in Zukunft spürbar erweitern (Vos und Meekes 1999). Die teilweise geringe ökologische Effizienz, der hohe administrative Aufwand und die geringe Mittelausstattung existierender Förderprogramme geben Anlass, die Umschichtung der finanziellen Mittel hin zu leistungsorientierten Umweltprogrammen zu fordern (Bronner et al. 1997). Umgekehrt sollten aber auch Umweltschäden, die aus nicht dem fachlichen Standard entsprechenden Landnutzungspraktiken entspringen, mehr als bisher monetäre Konsequenzen für die Verursacher haben (Simoncini 1998). Letztlich müssen solche Formen der Landnutzung gefunden werden, bei denen eine ausreichende Sicherung von Ökosystemen und der von ihnen erbrachten vielfältigen Leistungen sowie eine nachhaltige, ressourcenschonende Entwicklung integraler Bestandteil sind.

6.2.4 Leistungen artenreichen Grünlandes

M. Reutter und B. Matzdorf

International besteht das Ziel, den Verlust der biologischen Vielfalt aufzuhalten (EU-Kommission 2011). Für die Agrarlandschaft bedeutet dies u. a., dass die an die landwirtschaftliche Nutzung gebundenen und für die europäische Kulturlandschaft typischen Arten zu sichern sind (BMU 2007). Das artenreiche Grünland spielt in diesem Zusammenhang eine entscheidende Rolle (EEA 2004; BfN 2008; BMU 2010a). Artenreiches Grünland nimmt nach der aktuellen Zustandserfassung des *High Nature Value*-Farmlandes (HNV-Farmland) einen Anteil von etwa 16,8 % des gesamten Grünlandes in Deutschland ein (BfN 2010), was einer Fläche von ca. 1 Million Hektar (Bezug auf ATKIS, Datengrundlage für die Zustandserfassung) bzw. 0,8 Millionen Hektar (Bezug auf statistische Daten) entspricht (◙ Abb. 6.6 und ◙ Abb. 6.7). Nach der Definition im Rahmen der HNV-Kartierung handelt es sich um extensiv genutzte und im regionalen Vergleich besonders artenreiche Grünlandausprägungen (BfN 2008). Der Reichtum an Arten wird in der durchgeführten terrestrischen Kartierung über Kennarten identifiziert. Diese Art der Identifikation findet bereits in einigen Bundesländern Anwendung (Briemle und Oppermann 2003; Keienburg et al. 2006; Matzdorf et al. 2008). Die Methode wurde primär für mesophiles, feuchtes und mäßig trockenes Grünland konzipiert; zusammen mit den FFH-Lebensraumtypen (LRT) werden so alle artenreichen und naturschutzfachlich hoch wertvollen Grünlandflächen erfasst (BfN 2009).

◙ Abb. 6.7 zeigt die Verbreitung artenreichen Grünlandes in Deutschland als Ergebnis der HNV-Kartierung. Die räumliche Grundlage für die Erfassung ist eine standortökologische Raumgliederung (BfN 2004). Die ermittelten Anteile reichen innerhalb der räumlichen Einheiten von 5 % bis 30 %. Dabei sind grünlandreiche Regionen nicht immer auch solche mit hohen Anteilen artenreichen Grünlandes. Auffällig sind die relativ geringen Anteile in den grünlandstarken Regionen im nördlichen Teil Niedersachsens sowie im Alpenvorland. Besonders hohe Anteile weisen die Hochlagen in Süd- und Mitteldeutschland auf.

Unabhängig vom aktuellen Anteil des wertvollen Grünlandes wird in allen Regionen mindestens der Erhalt angestrebt. Letztendlich besteht aber das Ziel, die Artenvielfalt der Agrarlandschaft nicht nur zu erhalten, sondern eine Trendumkehr zu erreichen. Dazu soll u. a. der Anteil an HNV-Farmland insgesamt von aktuell 13 % auf 19 % gesteigert werden (BMU 2010a). Vor diesem Hintergrund ist es interessant, sich auch mit möglichen Synergien bezüglich anderer Umweltzielsetzungen zu beschäftigen, nicht zuletzt, um Argumente für den Erhalt der Biodiversität im Zusammenhang mit notwendigen Finanzmittelaufwendungen zu liefern.

Der folgende Beitrag hat das Ziel, Leistungen der HNV-Grünlandflächen für den Menschen aufzuzeigen. Dabei wird insbesondere auf die monetäre Bewertung einzelner Leistungen eingegangen. Wendet man das ÖSD-Konzept im Bereich der Kulturlandschaft an, so muss berücksichtigt werden, dass es sich in vielen Fällen nicht um reine ÖSD handelt. Für die Artenvielfalt des Grünlandes sind selbstverständlich ökosystemare Prozesse, allerdings auch menschliche Leistungen erforderlich. Grünland ist kein reines »Naturprodukt«, sondern es entstand erst und besteht nur durch den menschlichen Einfluss auf natürliche, ökosystemare Prozesse.

Auswahl an Leistungen und Bewertungsansatz

Folgende zwei Kriterien wurden bei der Auswahl der Leistungen berücksichtigt: Welche Angebote entstehen durch artenreiches Grünland, und für welche Angebote besteht eine spezifische Nachfrage?

Nach der Methodenkonvention des Umweltbundesamtes sind vereinbarte Zielsetzungen Ausdruck einer gesellschaftlich-politischen Präferenz (UBA 2007) und damit Ausdruck einer solchen Nachfrage. Zwei wichtige gesellschaftliche und ökonomisch relevante Zielvereinbarungen sehen

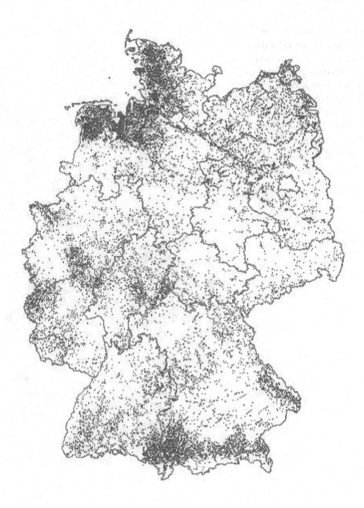

wir in der Umsetzung der Wasserrahmenrichtlinie und der Umsetzung des Kyoto-Protokolls. In
beiden Fällen spielt die landwirtschaftliche Nutzung eine Rolle (BMU 2010b; UBA 2011). Die gesellschaftliche Relevanz wird daran deutlich, dass
die »Verbesserung des Zustands der Grund- und
Oberflächengewässer« sowie »Klimawandel«
neben dem Ziel, die Biodiversität zu erhalten und
zu entwickeln, für die Vergabe der Finanzmittel der
zweiten Säule der Agrarpolitik als wichtige Herausforderungen gelten (Rat der Europäischen Union
2009). Diese Zielsetzungen eignen sich daher sehr
gut dazu, Synergien durch den Erhalt von artenreichem Grünland aufzuzeigen.

Geht man angesichts des aktuellen Drucks auf
die landwirtschaftliche Fläche (Lind et al. 2008;
Nitsch et al. 2012) davon aus, dass ohne weitere
Schutzmaßnahmen die artenreichen Flächen mög-

licherweise als intensives Grünland oder als Ackerland genutzt werden würden, so dürfte dies, basierend auf dem aktuellen Wissen, einen möglichen
Anstieg an wasser- und klimarelevanten Emissionen nach sich ziehen (Kühbauch 1995; Kersebaum
et al. 2006; Osterburg et al. 2007; UBA 2010). Dies
kann sich auf die Umsetzung der oben genannten
Ziele negativ auswirken, der Erhalt der artenreichen Flächen ist im Umkehrschluss positiv. Aufgrund der aktuell hohen Bedeutung dieser potenziellen Leistungen wählten wir die beiden ÖSD
»Grundwasserschutz« und »Klimaschutz« aus, um
im Folgenden ihren Wert zu ermitteln.

Zu beachten ist, dass diese Leistungen nur erfasst werden können, wenn man von einer intensiveren Landnutzung als Referenz ausgeht. Die
Annahme, dass das gesamte artenreiche Grünland
intensiver genutzt oder in Ackerland umgewandelt

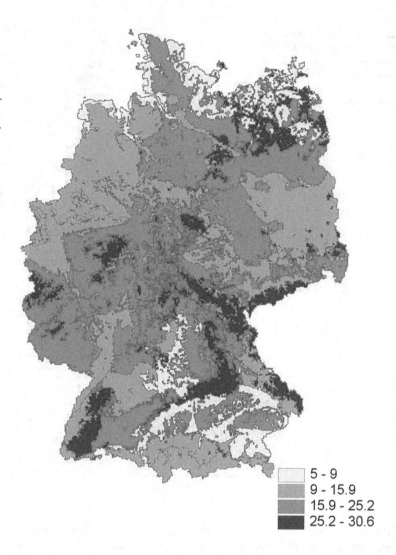

◘ Abb. 6.7   Anteil artenreichen Grünlandes am Grünland in Prozent (eigene Darstellung auf Grundlage der standortökologischen Raumgliederung, BfN 2004, und Angaben aus der Erstkartierung HNV-Farmland, BfN 2010) (Abb. in Farbe unter www.springer-spektrum.de/978-8274-2986-5)

5 - 9
9 - 15.9
15.9 - 25.2
25.2 - 30.6

werden würde, erscheint unter den aktuellen Rahmenbedingungen nicht realistisch. Im Rahmen der vorliegenden Analyse wurde daher beispielhaft ein eher konservatives Szenario angenommen, in dem von einer intensiveren Grünlandnutzung auf etwa 50 % sowie einer Umwandlung von etwa 5 % der artenreichen Grünlandflächen ausgegangen wurde. Es wurde auf der Grundlage der vorliegenden Information zur räumlichen Verbreitung des HNV-

Grünlandes ein Umfang von etwa 1 Million Hektar aktuell angesetzt.

Der ökonomische Wert der potenziell vermiedenen klimarelevanten Emissionen ist anhand von Schadenskosten bilanziert und in den Vergleich mit Vermeidungskosten als Opportunitätskosten und Marktwerten gesetzt worden. Bei der Quantifizierung der Leistungen für das Grundwasser wurde methodisch ein Vermeidungskostenansatz gewählt. Während es bei den klimarelevanten Emissionen räumlich unabhängig um die Vermeidung jeglicher Emissionen geht, ist die Nachfrage der Vermeidung von Emissionen im Rahmen der Wasserrahmenrichtlinie von der konkreten Lage der Flächen abhängig. In Bezug auf die Umsetzung der Wasserrahmenrichtlinie besteht die gesellschaftliche Präferenz streng genommen nur in Gebieten, in denen die entstehenden Emissionen den guten Zustand der Gewässerkörper gefährden würden.

Grundlage für die ökonomische Bewertung ist das im ersten Schritt ermittelte physische Angebot (Potenzial bzw. Kapazität). Material und Methoden werden in den jeweiligen Abschnitten weiter erläutert.

Verminderte Emissionen als Beitrag zum Grundwasserschutz

▪ Kapazität der Flächen

Im Zuge der Wasserrahmenrichtlinie sollen in fast allen Koordinierungsräumen in Deutschland Maßnahmen zur Minderung diffuser Stoffeinträge für die Grundwasserkörper umgesetzt werden (BMU 2010b). Für die Bewertung der Leistung des artenreichen Grünlandes wird auf den Ergebnissen von Osterburg et al. (2007) aufgebaut. Diese haben vor dem Hintergrund der Wasserrahmenrichtlinie unterschiedliche landwirtschaftlich relevante Maßnahmen hinsichtlich ihres Potenzials für die Nitratreduktion im Grundwasser bewertet. Es wurden auf der Ebene Deutschlands Schwankungsbreiten für die Wirkung einer für artenreiches Grünland typischen extensiven Nutzung im Vergleich zu einer intensiven Nutzung oder die Wirkung einer Umwandlung von Ackerland in Grünland bewertet. Diese Werte nutzen wir im Folgenden, um die Kapazität des artenreichen Grünlandes für den Grundwasserschutz aufzuzeigen.

Nach Osterburg et al. (2007) vermindert eine extensive Nutzung im Vergleich zur intensiven Nutzung die N-Fracht im Sickerwasser um 0 bis 20 kg ha^{-1}. Der zur Erhaltung eines artenreichen Grünlandes notwendige Verzicht auf eine Narbenerneuerung mit Umbruch und Neuansaat steigert den Wert um 40 bis 80 kg ha^{-1}. Im Vergleich zur Ackernutzung wird die extensive Grünlandnutzung mit einer Verringerung von 30 bis 70 kg ha^{-1} bewertet.

Geht man anhand dieser Zahlen davon aus, dass etwa 50 % des geschätzten Umfangs an artenreichem Grünland intensiv genutzt und weitere 5 % als Ackerland umgewandelt werden würden, so könnten bis zu 13 500 Tonnen an zusätzlicher jährlicher N-Fracht im Sickerwasser entstehen bzw. weitere 40 000 Tonnen für die mit einer intensiven Grünlandnutzung verbundenen Narbenerneuerung.

▪ Ökonomischer Wert

Müsste man die zusätzlichen Emissionen von 13 500 Tonnen Stickstoff im Sickerwasser an anderer Stelle einsparen, entstünden Kosten. Geht man dabei wiederum von dem Maßnahmenspektrum bei Osterburg et al. (2007) aus, bietet sich der Anbau von Zwischenfrüchten mit relativ guter Kostenwirksamkeit an. Je nach Kostenwirksamkeitsrelation ergeben sich für die Vermeidung der 13 500 Tonnen Stickstoff Kosten von 10,8 Millionen Euro (Kostenwirksamkeitsrelation: 50 kg N pro 40 Euro) bzw. Kosten von 64,8 Millionen Euro (Kostenwirksamkeitsrelation: 25 kg N pro 120 Euro). Der Blick auf ◻ Tab. 6.5 zeigt, dass je nach der konkreten Situation, die Erhaltung der extensiven Grünlandnutzung eine durchaus kostengünstige Vermeidung der Emissionen darstellen kann.

Die Vermeidungskosten erlangen vor allem in den Regionen an Bedeutung, wo bereits aktuell belastete Grundwasserkörper bestehen. ◻ Abb. 6.8 weist den chemischen Zustand der Grundwasserkörper in Deutschland aus und zeigt, wo bereits aktuell zu hohe Belastungen vorliegen. Allerdings handelt es sich bei der Darstellung um eine Gesamtbewertung, die Notwendigkeit einer verminderten N-Sickerwasserfracht geht nicht explizit daraus hervor. Eine Korrektur der oben berechneten Werte wird nicht weiter vorgenommen.

Sind die Stickstoffemissionen jedoch aktuell zu hoch, und Minderungsmaßnahmen bereits notwendig, können die oben unter der Annahme der geringsten Kosten berechneten Vermeidungsmaßnahmen unter Umständen deutlich teurer werden. Der Erhalt der artenreichen Flächen wird damit umso rentabler.

Im **Fazit** muss der Wert des artenreichen Grünlandes für die Wasserqualität unter genauer Kenntnis der Lage und Charakteristik der Flächen, der Belastungssituation und weiterer Entwicklungszie-

◘ Tab. 6.5   Wirkung und Kosten einer alternativen Landnutzung von artenreichem Grünland sowie einer alternativen Maßnahme zur Minderung der N-Fracht im Sickerwasser (Datenquelle: Osterburg et al. 2007)

Wirkung und Kosten im Vergleich zur extensiven Grünlandnutzung				
	zusätzliche kg N ha^{-1}		Kosten in € ha^{-1}	
	min.	max.	min.	max.
Intensive Grünlandnutzung	0	20	80	150
Narbenerneuerung	40	80	20	50
Ackerlandnutzung	30	70	370	600
Alternative zur Minderung der N-Fracht aus landwirtschaftlichen Nutzflächen				
	Reduktion kg N ha^{-1}		Kosten in € ha^{-1}	
	min.	max.	min.	max.
Zwischenfrüchte als Winterbegrünung gegenüber Winterbrache	25	50	40	120

len bestimmt werden. Die aufgezeigten Werte belegen jedoch einen deutlichen Wert des artenreichen Grünlandes für die Umsetzung der Wasserrahmenrichtlinie.

Verminderte Emissionen als Beitrag zum Klimaschutz

- **Kapazität der Flächen**

Im Folgenden zeigen wir anhand einer vereinfachten Methodik der Klimaberichterstattung (Bereich Landnutzungsänderung; UBA 2010) unter Berücksichtigung der aktuellen Verteilung des artenreichen Grünlandes, welche Freisetzung an CO_2 resultieren würde, wenn 5 % davon in Ackerland umgewandelt werden würden. Das 5 %-Szenario wurde gewählt, da ein derartiger Grünlandumbruch in der aktuellen GAP-Förderperiode auf Landesebene zugelassen ist. Erst darüber hinaus müssen die Länder Maßnahmen ergreifen, die einen weiteren Nettoverlust verhindern.

Die Umwandlung von Grünland in Ackerland führt nach gängiger wissenschaftlicher Meinung zur Freisetzung von CO_2 und somit zum Verlust an organischem Kohlenstoff (UBA 2010). Die Menge der Freisetzung ist neben der Nutzung von den Standortfaktoren, wie Bodenart, Hydromorphie, Pflanzen und Klima abhängig. Moorböden verfügen dabei über die höchsten Kohlenstoffvorräte. Mit der Veränderung der Bewirtschaftung von

Grünland in Ackerland geht man mit bisher großer Unsicherheit davon aus, dass sich die jährliche Freisetzung von einem Schätzwert von ca. 5 t ha^{-1} auf 11 t ha^{-1} erhöht (UBA 2010); für mineralische Böden geht man bei einer Umwandlung von Grünland in Ackerland von einem Verlust von 30,43 % der Kohlenstoffvorräte aus.

Wesentliche Datengrundlage für die Berechnung war die Bodenübersichtskarte für Deutschland (BÜK 1000). Sie fasst unterschiedliche Standortausprägungen in Bodenassoziationen zusammen. Diese sind mit jeweils einem Leitprofil beschrieben. Unter der Annahme, dass diese Leitprofile als repräsentativ zu werten sind, wurden ihre Informationen zur Berechnung standortdifferenzierter Kohlenstoffvorräte genutzt. Es wurden die C_{org}-Gehalte mit den jeweiligen Rohdichten und Horizontmächtigkeiten multipliziert und anschließend der Skelettanteil abgezogen. Die Horizontvorräte sind bis 30 cm Tiefe addiert worden. Um den oben genannten Schätzwert für Moorböden in die Berechnung zu integrieren, legten wir eine Zeitspanne von zehn Jahren zugrunde. Über einen Verschnitt der Bodenübersichtskarte mit Landnutzungsdaten wurden die Kohlenstoffvorräte speziell für Grünlandflächen ermittelt. Aufgrund des hohen Rechenaufwands mit ATKIS wurde der Landnutzungsbezug mit CORINE 2000 realisiert.

■ **Abb. 6.8** Chemischer Zustand der Grundwasserkörper in Deutschland (dunkle Flächen zeigen einen schlechten Zustand an). © BMU 2010b (Abb. in Farbe unter www.springerspektrum.de/978-8274-2986-5)

▪ Landeshauptstadt	**Grundwasserkörper**
▦ Bundeshauptstadt	▨ gut
— Flussgebietseinheit	▦ schlecht
	□ unklar

■ Abb. 6.9 zeigt den aus der Berechnung resultierenden flächengewichteten, mittleren Verlust der organischen Kohlenstoffvorräte bei einer Umwandlung von Grünland in Ackerland innerhalb standortökologischer Raumeinheiten. Geht man davon aus, dass das artenreiche Grünland innerhalb der standortökologischen Einheiten gleichmäßig auf das Grünlandvorkommen verteilt ist, würden bei einer Umwandlung von jeweils 5 % etwa 6 Millionen Tonnen CO_2 freigesetzt werden.

Zu berücksichtigen ist, dass es sich im Vergleich zur Methode in der Klimaberichterstattung um ein vereinfachtes Berechnungsverfahren handelt. Das Ergebnis ist als ein Näherungswert zu verstehen, der jedoch versucht, die im Ergebnis stark entscheidenden standörtlichen Kapazitäten zu integrieren. Besonders schwierig – aber ausschlaggebend – ist die Identifikation der Moorstandorte. Die deutschlandweite Bodenübersichtskarte ist stark verallgemeinernd. Emissionswerte sowie eine bessere

◘ **Abb. 6.9** Mittlerer Verlust der organischen Kohlenstoffvorräte C_{org} (t ha^{-1}) bei der Umwandlung von Grünland in Ackerland (Berechnung auf Grundlage der standortökologischen Raumgliederung des BfN; flächengewichtetes Mittel berechnet aus dem Verschnitt BÜK 1000 und CORINE 2000)

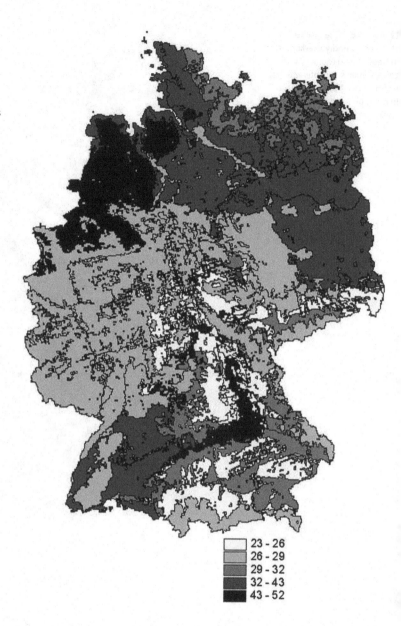

▨	23 - 26
▨	26 - 29
▨	29 - 32
▨	32 - 43
▨	43 - 52

Kenntnis zu den Kohlenstoffvorräten werden in unterschiedlichen Projekten aktuell wissenschaftlich untersucht. Gerade im Zusammenhang mit der Klimaberichterstattung sollen die Datengrundlagen sowie die Annahmen zu den Freisetzungsraten weiter verbessert werden (UBA 2010). Auf der anderen Seite besteht das Hemmnis, dass wenig konkrete Standortinformationen für die artenreichen Flächen vorliegen. Die zugrunde gelegte Gleichverteilung innerhalb der standortökologischen Raumeinheiten ist bisher ungeprüft. Die Berechnung erfolgte somit unter dem aktuell verfügbaren Material, sollte jedoch weiter verbessert werden.

▪ **Ökonomischer Wert**

Legt man die in der Methodenkonvention des Umweltbundesamtes (UBA 2007) zur Schätzung externer Umweltkosten publizierten Schadenskosten von 70 Euro pro Tonne CO_2-Äquivalente (CO_2-Äq) zugrunde, so würde die berechnete Umwandlung von 5 % des regionalen artenreichen Grünlandes Kosten von 420 Millionen Euro nach sich ziehen. Aufgrund der hohen Unsicherheit der Schadenskosten empfiehlt das UBA, die mögliche Spanne von 20 bis 280 Euro pro Tonne CO_2-Äq zu berücksichtigen. Damit lägen die Schadenskosten bei einer Unsicherheitsspanne von 120 bis 1 680 Millionen Euro.

Vermeidungskosten werden z. B. bei Wasserkraftwerken mit 20 Euro pro Tonne CO_2, bei Biomasse-Kraftwerken oder Windenergieanlagen mit 40 Euro pro Tonne CO_2 angesetzt (Herminghaus 2012). Geht man allerdings von den Durchschnittspreisen der Versteigerung von Emissionsberechtigungen in Deutschland aus, so liegt dieser bei nicht ganz 7 Euro (DEHSt 2012). Die Spanne des monetären Wertes ist somit sehr groß. Auf eine sich methodisch anschließende Diskontierung wird daher im Weiteren verzichtet. Vielmehr erscheint es sinnvoll, die Größenordnungen aufzuzeigen.

Ausgehend von den zuerst genannten mittleren Schadenskosten von 70 Euro pro Tonne CO_2-Äq ergeben sich ohne Berücksichtigung einer Diskontierung flächenbezogene, regionale Mittelwerte zwischen etwa 6 000 und 13 000 Euro pro Hektar (eine Summe, angesichts derer z. B. aktuelle Prämien im Rahmen von Agrar-Umweltmaßnahmen, z. B. in der zuvor genannten Spanne aus ◘ Tab. 6.5, nicht mehr besonders hoch erscheinen). Geht man von den oben genannten 7 Euro als »Marktwert« aus, so ergeben sich ohne Berücksichtigung einer Diskontierung (nur) flächenbezogene, regionale Mittelwerte zwischen etwa 650 und 1 300 Euro pro Hektar.

Im **Fazit** ist der Wert des artenreichen Grünlandes für das Klima in hohem Maß von seinem aktuellen Umfang an gespeichertem organischem Kohlenstoff abhängig. Darüber hinaus wird er auch hier von den alternativen Möglichkeiten und Kosten, die Emission klimarelevanter Gase zu kompensieren bzw. sie durch eine alternative Landnutzung nicht zu erhöhen, beeinflusst. Der Erhalt des artenreichen Grünlandes weist in jedem Fall einen nicht uninteressanten Wert für die Umsetzung der Klimaziele aus; dies umso mehr, da er als Zusatzeffekt für die Wasserschutz- und Artenschutzziele entsteht.

Diskussion und Ausblick

Der Erhalt von artenreichem Grünland ist ein erklärtes Ziel der Nationalen Biodiversitätsstrategie (BMU 2007). Die gesellschaftliche Bedeutung dieses Ziels wird darüber hinaus dadurch verdeutlicht, dass die Sicherung hochwertiger, landwirtschaftlich genutzter Flächen einen Indikator im Rahmen der Vergabe von Finanzmitteln zur Förderung des ländlichen Raums darstellt. Der Erfolg der ländlichen Entwicklungsprogramme wird damit u. a. an dem Erhalt dieser Flächen gemessen (Rat der Europäischen Kommission 2005).

Die durchgeführten Analysen zeigen, dass mit dem Erhalt von artenreichem Grünland je nach konkreter Situation vor Ort unterschiedliche, in jedem Fall ökonomisch relevante Umweltleistungen im Bereich Klima- und Gewässerschutz verbunden sind. Insbesondere in Regionen mit bereits bestehendem ungünstigem Zustand der Grundwasserkörper kann die Vermeidung zusätzlicher Emissionen eine wichtige ökonomische Bedeutung erhalten. Auch die Vermeidung klimarelevanter Kohlenstoffemissionen auf diesen Flächen besitzt ökonomische Relevanz. Wesentlich ist, dass bereits aktuell eine Reduktion der Emissionen notwendig ist und es daher gilt, zusätzliche Emissionen zu verhindern.

Beachtet werden muss, dass die betrachteten Leistungen nicht für alle artenreichen Grünlandflächen gleich anrechenbar sind und die angenommenen Referenzen für die Bilanzierung sehr entscheidend sind. Im Rahmen der Arbeit wurde ein Szenario angesetzt, das von einer intensiveren Grünlandnutzung auf etwa 50 % der Flächen sowie einer Umwandlung auf etwa 5 % der Flächen ausgeht. Gerade für die naturschutzfachlich hoch wertvollen »Extremstandorte«, wie z. B. Feuchtwiesen, Trockenrasen oder Hangstandorte, stellen Verbuschung und Bewaldung ebenso eine, wenn nicht sogar realistischere alternative Option dar. Würde man die aktuelle Honorierung von artenreichem Grünland aufgeben, würden unter den aktuellen Rahmenbedingungen unter Umständen einige Flächen ganz aus der Nutzung genommen werden, verbuschen und sukzessive Waldflächen entstehen. Bei dieser Referenz (Sukzession) bestehen keine Synergien zwischen dem Erhalt der artenreichen Grünlandflächen und den Umweltleistungen im Bereich Klima- und Grundwasserschutz, da eine Waldentwicklung in jedem Fall für diese Umweltleistungen als nicht negativ, wenn nicht sogar als positiv zu bewerten ist. Für eine genauere Bilanzierung wären demnach standörtliche Unterschiede noch besser zu berücksichtigen. Darüber hinaus muss beachtet werden, dass die Referenz entscheidend von politischen und wirtschaftlichen Rahmenbedingungen abhängt. So kann z. B. ein anhaltender Druck auf Grünlandflächen durch Biomasseanbau auch zu veränderten Referenzszenarien führen. Dann wäre von einer intensiveren Nutzung bzw. von Grünlandumbruch auf höheren Anteilen als hier bilanziert auszugehen.

In der alltäglichen Entscheidungsfindung, beispielsweise wenn es um die Gelder zur Förderung einer naturschutzgerechten Grünlandnutzung geht, ist es daher entscheidend, den originären Wert der Vielfalt mit zu beziffern. Dabei ist zwischen dem direkten Wert der biologischen Vielfalt und dem Wert, den vielfältige Lebensräume beispielsweise für den Tourismus bzw. die Erholung liefern, zu unterscheiden. Der direkte Wert lässt sich methodisch als sogenannter *non-use value* jedoch nur über Zahlungsbereitschaftsanalysen bzw. Methoden der *stated preferences* ökonomisch beziffern (▶ Abschn. 4.2). Gegenüber diesen Methoden bestehen in Deutschland oftmals große Vorbehalte. Vor diesem Hintergrund wird es insbesondere im Bereich des klassischen Naturschutzes auch weiterhin notwendig sein, andere Formen der Bewertung als Grundlagen für Entscheidungen einzubringen. Dieses ist mit eben diesen *non-use values* in monetärer Weise aber auch verbal argumentativ möglich. Für Deutschland liegen mit den Zahlungsbereitschaftsanalysen von Hampicke et al. (1991), aber auch aktuellen Studien des BfN (2012c) Datengrundlagen als Orientierung vor. Methodisch ist bei diesen Studien zu beachten, dass die kalkulierten Werte durchaus den *non-use value,* aber auch Nutzenwerte beispielsweise für den der Naherholung abbilden. Folgt man der Argumentation, dass rechtlich verankerte Zielstellungen als politisch gefasste gesellschaftliche Präferenzen bewertet werden (UBA 2007), so wären aus ökonomischer Sicht auch Wiederherstellungskosten, wie sie Schweppe-Kraft (2009) fordert, z. B. für die Lebensraumtypen als wichtige Zielflächen der FFH-Richtlinie legitim.

Fazit
Die Vermeidung einer intensiven Grünlandnutzung oder einer Umwandlung in Ackerland kann je nach der konkreten Situation vor Ort die Ziele zur Umsetzung der Wasserrahmenrichtlinie sowie die Klimaschutzziele unterstützen. Anhand der Spannen von Vermeidungskosten, potenziellen Schadenskosten oder der Zahlungsbereitschaft konnte gezeigt werden, dass teilweise bedeutsame monetäre Nutzwerte entstehen. Sie können als Synergien zur Unterstützung des angestrebten Erhalts besonders artenreichen Grünlandes in die Argumentation eingebracht werden. Dabei fördert das ÖSD-Konzept einen solchen ganzheitlichen Blick auf diese naturschutzfachlich wertvollen Flächen. Es könnte mit einer offensiven Anwendung durch eine systematische, standörtlich differenzierte Bewertung für den Naturschutz als Entscheidungshilfe gerade im Zuge einer gezielten finanziellen Förderung, z. B. über Agrar-Umweltmaßnahmen, sehr hilfreich sein.

6.3 Ökonomische Nutzenbewertung der Einflüsse eines Waldumbauprogramms auf ÖSD im nordostdeutschen Tiefland

P. Elsasser und H. Englert

Ein »Waldumbau« in Richtung einer höheren Naturnähe und Widerstandskraft der Wälder ist aus verschiedenen Gründen ein wichtiges Anliegen in der deutschen Forstwirtschaft (Knoke et al. 2008). Viele heutige Wälder bestehen aus recht einheitlich strukturierten Nadelbaumbeständen, welche zwar einfacher zu bewirtschaften sind, aber eine vergleichsweise geringe Biodiversität aufweisen und durch Windwürfe, Feuer und Insektenkalamitäten bedroht werden. Insbesondere das regenarme Nordostdeutsche Tiefland und seine Wälder sind zudem bereits heute trockenheitsgefährdet – ein Problem, das sich künftig aufgrund des Klimawandels noch verschärfen könnte. Öffentliche wie private Forstbetriebe investieren daher in umfangreiche Programme, um strukturarme Nadelbaumreinbestände in stabile Laub- und Laubmischwälder umzubauen. Diese Programme werden durch Bund und Länder finanziell gefördert (BMELV

2011b). Ein derartiger Waldumbau dient nicht allein dazu, forstliche Produktionsrisiken durch Diversifikation zu verringern; er wird auch maßgeblich damit begründet, dass das Angebot von ÖSD der Wälder dadurch verbessert wird (z. B. Schutzleistungen in Bezug auf Wasserhaushalt, Klima und Biodiversität sowie Erholungsleistungen für die Bevölkerung; Fritz 2006).

Der ökonomische Wert solcher durch Waldumbau veränderter ÖSD wurde im Rahmen einer Fallstudie im nordostdeutschen Tiefland näher untersucht. Den Hintergrund bildet das interdisziplinäre Forschungsprojekt »Newal-Net«, welches 2005 bis 2009 durch das Bundesforschungsministerium gefördert wurde und Forstwissenschaftler, Klimaforscher, Ökologen, Kultur- und Erziehungswissenschaftler sowie Ökonomen wie auch Forstpraktiker zusammengeführt hat. Von den Projektpartnern dieses Forschungsverbundes wurde zunächst aus standortkundlichen und klimatologischen Grundlagen ein Leitbild der künftigen Landschaftsentwicklung für eine Modellregion im nordostdeutschen Tiefland entworfen, deren Wälder heute noch durch Kiefernreinbestände geprägt sind.

Die Modellregion grenzt nördlich an Berlin und umfasst mit etwa 17 500 km² ein Drittel der Länder Brandenburg und Mecklenburg-Vorpommern; sie ist zu knapp 30 % bewaldet. Das Leitbild (»klimaplastischer Laubmischwald« genannt) wurde anschließend zusammen mit regionalen Interessenträgern (stakeholder) diskutiert und weiterentwickelt. Daraufhin wurde die künftige Waldentwicklung in der Region bis zum Jahr 2100 für zwei Szenarien modelliert: zum einen für eine sukzessive Umsetzung des Leitbildes »klimaplastischer Laubmischwald« nach Endnutzung der jeweiligen Vorbestände, und zum anderen für eine Fortführung der bisherigen regionalen Waldbauplanungen als Referenz. Das »Leitbild«-Szenario sah vor, die Nadelwaldfläche in der Region von 76 % im Jahr 2006 kontinuierlich auf 13 % im Jahr 2100 zu reduzieren, bei entsprechender Vergrößerung der Fläche von Laub- und Mischwäldern auf 87 % bis 2100. Auch das zum Vergleich herangezogene »Referenz«-Szenario sah einen Umbau von Nadelreinbeständen vor, allerdings in weit geringerem Umfang (von 76 % 2006 auf 67 % im Jahr 2100). In diesem Sze-

nario wurde für das Jahr 2100 ein Flächenanteil der Laub- und Laubmischwälder von 33 % avisiert.

Alle Projektpartner hatten das Forschungsziel, aus ihrer jeweiligen fachlichen Sicht heraus die Auswirkungen einer Umsetzung des Leitbildes im Vergleich zur Referenz zu quantifizieren und zu analysieren. Das ökonomische Teilprojekt ging dabei der Frage nach, ob aus ökonomischer Sicht gewichtige Veränderungen des Spektrums an ÖSD des Waldes zu erwarten wären, welche gegen (oder für) die Umsetzung des Leitbildes sprechen würden. Der Fokus lag also nicht auf den Investitionskosten des Waldumbaus, sondern auf den davon betroffenen ÖSD des Waldes und auf dem monetären Nutzen dieser Leistungen – namentlich auf den zu erwartenden Folgen für die regionale Rohholz- und Biomasseversorgung, das Landschaftsbild, die Erholungsleistung in der Region sowie die Kohlenstoffspeicherung. Die Ergebnisse werden im Folgenden zusammenfassend dargestellt (nähere methodische und inhaltliche Details finden sich bei Elsasser et al. 2010a und b).

6.3.1 Rohholzproduktion

Die Produktion von Rohholz als »Versorgungs-ÖSD« (nach MEA 2003 »bereitstellende ÖSD«) ist für die meisten Forstbetriebe die wesentliche Einkommensquelle. Methodisch fußte die Bewertung der Rohholzproduktion (und der Kohlenstoffspeicherung, ▶ Abschn. 6.3.2) auf Waldentwicklungs- und Nutzungsmodellen in Kombination mit Preisdaten, welche aus Marktbeobachtungen abgeleitet sind. Für die Simulation der Waldentwicklung bis zum Jahr 2100 wurden ertragstafelbasierte Wachstumsmodelle verwendet, die auch Annahmen zur forstlichen Bewirtschaftung beinhalten. In den beiden untersuchten Szenarien zeigte sich ein unterschiedlicher Entwicklungsverlauf. Er resultiert in erster Linie aus den spezifischen Zielbestockungsplanungen, die für beide Szenarien hinterlegt sind. Die Abschätzung des Rohholzaufkommens erfolgte anhand von Waldzustandsbeschreibungen, die als Ergebnis der Waldentwicklungsmodellierung für die Stichjahre 2006, 2020, 2040, 2060, 2080 und 2100 erarbeitet wurden. Für jeweils fünfjährige Zeitperioden, beginnend mit dem jeweiligen Stich-

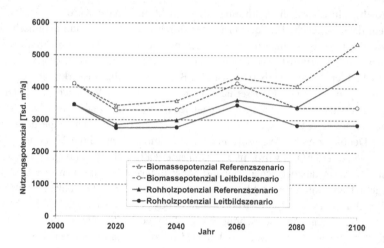

Abb. 6.10 Entwicklung des potenziellen Rohholz- und des Biomasseaufkommens (in m³ Derbholz im Vorratsfestmaß bzw. in m³)

jahr, wurden bestandesweise potenzielle Nutzungen simuliert. Hierzu wurden die gleichen Ertragstafeln und Umtriebszeiten unterstellt, die auch für die Waldentwicklungsmodellierung verwendet wurden. Die Aggregation der abgeschätzten Erntemengen ergibt das Rohholz- und Biomassepotenzial.

Mithilfe eines Sortierungsmodells wurde das Potenzial an Rohholz und weiterer oberirdischer Biomasse auf verschiedene Holzsorten aufgeteilt. Dies sind die eigentlichen Produkte der Forstbetriebe, für die daher auch umfangreiche Preisdaten verfügbar sind. Als Sortierungsmodell wurden Bestandessortentafeln verwendet. Das Biomassevolumen wurde mithilfe von baumartengruppen- und altersspezifischen Expansionsfunktionen (Dieter und Elsasser 2002) aus dem Derbholzvolumen hochgerechnet. Aus der Verknüpfung der Preisdaten mit den sortenspezifischen Mengen ergibt sich der Wert des Rohholz- bzw. Biomassepotenzials.

Die unterschiedlichen waldbaulichen Konzepte der beiden Szenarien schlagen sich insbesondere in der jeweiligen Flächenentwicklung der Baumartengruppe Kiefer/Lärche nieder. Im Leitbildszenario wird die Fläche der Baumartengruppen Eiche und »Andere Laubbaumarten mit hoher bzw. niedriger Lebensdauer« deutlich ausgebaut, während die Fläche der Baumartengruppe Kiefer/Lärche entsprechend reduziert wird. Die Flächenentwicklungen der Baumartengruppen Buche und Fichte/Tanne/

Douglasie verlaufen bis zum Jahr 2080 bei beiden Szenarien gleichartig, sie unterscheiden sich erst im Jahr 2100.

Abb. 6.10 zeigt die Entwicklung der potenziellen Rohholz- und Biomasseaufkommen der beiden Szenarien im Vergleich. Die Höhe des potenziellen Rohholzaufkommens beträgt im Startjahr 2006 rund 3,5 Millionen m³. Der Entwicklungsverlauf des Rohholzpotenzials beider Szenarien unterscheidet sich bis zum Jahr 2060 nur unwesentlich. Es wird deutlich, dass selbst eine starke Veränderung des Bewirtschaftungskonzepts, wie sie im Leitbildszenario simuliert wird, sich erst mit einer Zeitverzögerung von mehr als 50 Jahren nennenswert auf die Höhe des Rohholzpotenzials niederschlägt. Die Höhe des Rohholzpotenzials im Jahr 2060 entspricht in etwa dem Wert des Startjahres. Ab dem Jahr 2080 unterscheiden sich die Entwicklungsverläufe des Rohholzaufkommens der beiden Szenarien. Während die Höhe des Rohholzpotenzials im Referenzszenario ab dem Jahr 2080 ansteigt, bleibt es im Leitbildszenario auf nahezu gleichem Niveau. Das potenzielle Biomasseaufkommen (Abb. 6.10) entwickelt sich im Zeitverlauf analog zum Rohholzaufkommen. Es liegt durchgehend etwa 18 bis 20 % über dem Volumen des potenziellen Rohholzaufkommens.

Die Strukturierung der Aufkommensentwicklung nach Holzsortengruppen zeigt ebenfalls die Langfristigkeit der Wirkungen veränderter Waldumbaukonzepte. Erst ab etwa 2080 erhöht sich (im

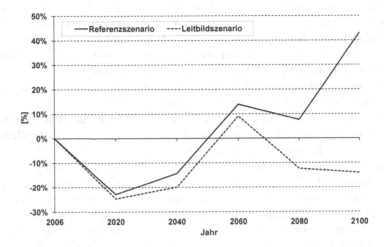

Abb. 6.11 Entwicklung des Wertes des potenziellen Rohholzaufkommens im Vergleich zum Wert im Jahr 2006

Leitbildszenario) das Laub-Schwachholzaufkommen deutlich. Eine entsprechende Erhöhung des Laub-Starkholzaufkommens ist innerhalb des Betrachtungszeitraums (noch) nicht erkennbar.

■ Abb. 6.11 zeigt das Ergebnis der ökonomischen Bewertung der Gesamtmenge des potenziellen Rohholzaufkommens zu Holzpreisen, die für das Jahr 2005 aus ZMP (2009) ermittelt wurden (mangels Preisdaten für Waldrestholz wurde für dieses ein erntekostenfreier Preis von 15 Euro pro m³ angenommen). Da bei dieser Darstellung über den gesamten Betrachtungszeitraum konstante Holzpreise unterstellt werden, drückt der Kurvenverlauf nur Wertänderungen aus, die auf Veränderungen der Aufkommensmenge oder der -struktur zurückgehen.

Die Wertentwicklung verläuft in beiden Szenarien unterschiedlich. Während sie im Referenzszenario von 120 Millionen Euro im Jahr 2006 um 43 % auf 171 Millionen Euro im Jahr 2100 ansteigt, ist im Leitbildszenario »klimaplastisch optimiert« eine gleichbleibende bis leicht fallende Tendenz um 14 % auf 103 Millionen Euro im Jahr 2100 festzustellen. Aus der Tatsache, dass Mengen- und Wertentwicklung nahezu proportional verlaufen (■ Abb. 6.10 und ■ Abb. 6.11), lässt sich schließen, dass der Durchschnittserlös für einen Kubikmeter produzierten Rohholzes in beiden Szenarien im Betrachtungszeitraum weitgehend konstant bleibt. Der Nachteil aus der Produktion einer geringeren Rohholzmenge im Leitbildszenario kann durch die

Produktion von höherwertigem Laubholz zumindest bis zum Jahr 2100 nicht ausgeglichen werden; vielmehr ergibt sich durch die Umsetzung des Leitbildes per Saldo ein Verlust, der im Jahr 2100 rund 70 Millionen Euro pro Jahr beträgt.

6.3.2 Kohlenstoffspeicherung

Die Entlastung der Atmosphäre durch Speicherung von Kohlenstoff ist eine »regulierende ÖSD« des Waldes, die durch das diesbezügliche internationale Vertragswerk im Rahmen der UN-Klimarahmenkonvention stark in das allgemeine Bewusstsein gerückt wird. Wie vorstehend aufgezeigt wurde, wirkt sich die Veränderung der Baumartenstruktur gemäß dem Leitbild »klimaplastischer Laubmischwald« deutlich auf Rohholz- und Biomassevorräte aus – und daher auch auf die in der Baumbiomasse gebundene Menge an Kohlenstoff. Um deren Entwicklung zu beschreiben, wurde wie zuvor das Volumen der oberirdischen Baumbiomasse (Derbholz, Reisholz und Nadeln) sowie zusätzlich die Wurzelbiomasse der Bäume berechnet. Die Volumina sind dann entsprechend der jeweiligen Holzdichten (Kollmann 1982) in Massen umgerechnet worden; deren Kohlenstoffgehalt wurde Lamlom und Savidge (2003) entlehnt.

Wie schon zuvor anhand der Entwicklung der Rohholzvorräte ersichtlich, werden auch die Vorräte an Kohlenstoff – bedingt durch die im Untersuchungsgebiet gegebene Altersstruktur – bis 2040 in beiden Szenarien zunächst weiter aufgebaut; es erfolgt also eine Netto-Speicherung. Diese geht jedoch kontinuierlich zurück, und ab etwa 2060 führt die Ernte hiebsreifer Bestände in beiden Szenarien zu Netto-Emissionen an Kohlenstoff. Allerdings ist der jeweilige Effekt im Referenzszenario stärker als im Leitbildszenario. Die Kohlenstoffspeicherleistung ist daher im Leitbildszenario zunächst geringer als in der Referenz (nämlich um insgesamt 200 Gigagramm [Gg] C pro Jahr in der Periode 2006 bis 2020); am Ende der Betrachtungsperiode (2080 bis 2100) sind umgekehrt die Netto-Emissionen im Leitbildszenario um knapp 150 Gg C pro Jahr geringer als unter der Referenz.

Der monetäre Wert dieser Leistung konnte, zumal über den gesamten Zeitverlauf, nur unter Vorbehalten eingeschätzt werden. Im Vergleich zum globalen Ausmaß des Treibhausproblems sind die Auswirkungen einer veränderten Waldwirtschaft in Nordostdeutschland marginal, und folglich dürfte auch der individuelle Nutzen der durch sie bedingten atmosphärischen Entlastung für die regionale Bevölkerung nahezu vernachlässigbar sein. Auch auf den neu entstehenden »Kohlenstoffmärkten« im Rahmen des Europäischen Emissionshandels und der Klimarahmenkonvention werden Wald-Senkenzertifikate derzeit überwiegend (noch) nicht anerkannt. Ob sich dies künftig ändern wird, hängt unmittelbar von vielschichtigen internationalen Vereinbarungen ab, welche in ihrer Summe die Knappheit – und damit die Preise – von Kohlenstoff-Emissionsrechten steuern. Somit ließen sich, in Anlehnung an vermiedene Schadenskosten und an die diversen Märkte für Emissionsrechte, nur unter starken Annahmen positive Werte auch für die regionale Wald-Senkenleistung ableiten. Um dies zu fassen, wurde den quantitativen Differenzen der Speicherleistung zwischen den beiden Szenarien eine breite Wertespanne unterlegt. Selbst bei Unterstellung eines aus heutiger Sicht extremen Wertes der Speicherleistung von 100 Euro pro Tonne CO_2 für die gesamte Untersuchungsperiode bis 2100 ist deren Auswirkung auf die Gesamtbilanz jedoch nur gering. Ein »Leitbild«-gemäßer Waldumbau führt in der Periode 2006 bis 2020 gegenüber der Referenz zu Verlusten von etwa 5,5 Millionen Euro pro Jahr; am Ende des Betrachtungszeitraums

(2080 bis 2100) bewirkt er einen positiven Saldo von etwa 4 Millionen Euro pro Jahr. Gegenüber den oben geschilderten Verlusten an Rohholzproduktion sind diese Auswirkungen verschwindend gering.

6.3.3 Landschaftsbild und Erholungsleistung

Zur Bewertung des Landschaftsbildes sowie der Erholungsleistung (soziokulturelle ÖSD) wurden im Rahmen einer regionalen Bevölkerungsbefragung einerseits grundsätzliche Einstellungen der Befragten zu der von ihnen bewohnten Landschaft und deren Gestaltung erhoben und andererseits ein Choice-Experiment zur monetären Bewertung von verändertem Landschaftsbild und Erholungsleistung durchgeführt.

Bei solchen Choice-Experimenten handelt es sich um eine Methode zur Präferenzermittlung, bei der Befragte zwischen alternativen Güterbündeln wählen, welche jeweils die gleichen Elemente in unterschiedlicher Ausprägung enthalten (▸ Abschn. 4.2.3). Anschließend wird über multinomiale Logit-Modelle statistisch geschätzt, wie die einzelnen Elemente die Auswahlwahrscheinlichkeit der Güterbündel beeinflusst haben. Handelt es sich bei einem dieser Elemente um den Preis oder die Kosten für das jeweilige Güterbündel, so kann aus den ermittelten statistischen Maßzahlen auch die (marginale) Zahlungsbereitschaft für die übrigen Elemente berechnet werden (Näheres z. B. bei Hensher et al. 2005).

Im hier vorliegenden Fall wurden insgesamt 999 repräsentativ ausgewählten Bewohnern der Region Auswahlkarten präsentiert, welche jeweils drei alternative Wohnumgebungen zeigten. Diese Wohnumgebungen unterschieden sich zum einen durch das Landschaftsbild (visualisiert über computergenerierte Abbildungen), zum zweiten hinsichtlich der Möglichkeit, die dortigen Wiesen und Wälder zum Zweck der Erholung betreten zu können oder nicht, und zum dritten hinsichtlich der Lebenshaltungskosten in jeder Wohnumgebung (als Preisindikator). Die Landschaftsbilder zeigten verschiedene regionaltypische Landschaften im Sommer- oder im Winterzustand, nämlich jeweils einen Kiefern-, einen Laub- oder einen Mischwald mit hoher bzw. niedriger Strukturvielfalt; ein weiteres Bild zeigte lediglich eine Wiese ohne Waldbestand. Die Interviewpartner wurden gebeten, unter den drei präsentierten Wahlmöglichkeiten die von ihnen bevorzugte zu nennen.

Die Auswertung der Wahlen ergab für die ÖSD »Erholung« (hier definiert über die Möglichkeit, Wiesen bzw. Wälder zu Erholungszwecken zu betreten) einen substanziellen monetären Wert, der pro Haushalt zwischen etwa 55 und 90 Euro im Jahr lag. Diese Größenordnung reiht sich gut in vorliegende Vergleichsstudien ein. Bei der Bewertung des Landschaftsbildes zeigte sich zunächst, dass in der Untersuchungsregion sämtliche waldgeprägten Alternativen einer Situation ohne Wald deutlich vorgezogen wurden – unabhängig davon, welche Baumarten und wie viel Strukturvielfalt dort gezeigt war. Beim näheren Vergleich unter den verschiedenen Waldbeständen zeigten sich auch hohe Zahlungsbereitschaften der Haushalte zugunsten von Laub- und Mischwäldern anstelle von Nadelwäldern – allerdings nur, sofern die Wälder im Sommeraspekt bewertet wurden. Diese Zahlungsbereitschaften betrugen zwischen gut 40 und gut 85 Euro pro Jahr. Sofern die gezeigten Waldbestände darüber hinaus eine hohe Strukturvielfalt aufwiesen, wurde diese zusätzlich mit etwa 20 Euro pro Jahr bewertet. Im Winterzustand war im Gegensatz dazu jedoch keine generelle Bevorzugung von Laub- und Mischwäldern nachweisbar. Der Strukturvielfalt der Bestände kommt aber im Winter ein noch höherer Stellenwert als im Sommer zu: Die zusätzliche Zahlungsbereitschaft für hohe Strukturvielfalt betrug im Winter sogar zwischen 90 und 160 Euro pro Jahr.

Mit diesen Ergebnissen war es nun auch möglich, die langfristigen Auswirkungen des Waldumbaus auf das Landschaftsbild über die Zeit zu betrachten und auf die regionale Bevölkerung hochzurechnen. Dazu wurden die Bewertungsergebnisse für den Sommer- und Winterzustand der Wälder, in Anlehnung an die Länge der Vegetationsperiode, im Verhältnis 7:5 gewichtet. Um den Einfluss der Strukturvielfalt auf die Ergebnisse aufzuzeigen, wurden zwei Varianten gerechnet: Für die »untere« Variante wurde unterstellt, dass der künftige Waldumbau in beiden Szenarien durch-

gehend strukturarme Wälder entstehen lässt; der »abwechslungsreichen« Variante liegen hingegen durchgehend strukturreiche Waldbilder zugrunde. Zur Vereinfachung wurde ferner angenommen, dass der von den beiden Szenarien bis 2100 vorausgesagte Umbaufortschritt lediglich von waldbaulichen Erwägungen gesteuert wird (und sich nicht etwa entlang von Siedlungszentren konzentriert) sowie dass die Bevölkerung wie auch deren Präferenzen über die Zeit konstant bleiben.

Nach dieser Hochrechnung ist für die Modellregion sowohl im »Leitbild-« als auch im Referenzszenario eine Steigerung des Landschaftswertes über die Zeit zu verzeichnen, da beide Szenarien für die Zukunft einen Umbau von Nadelwaldreinbeständen zugunsten eines höheren Laubbaumanteils vorsehen (wenn dieser im Szenario »Referenz« auch deutlich geringer ist). Da der Umbau schrittweise erfolgt, treten die höchsten Werte jeweils erst am Ende des Betrachtungszeitraums auf. Auf kürzere Frist ist die Differenz der Konsumentenrenten zwischen den beiden Szenarien vergleichsweise niedrig; für das Jahr 2020 beträgt sie 3,0 Millionen Euro pro Jahr in der »unteren« Rechenvariante – bzw. 6,2 Millionen Euro pro Jahr, wenn in beiden Szenarien ein hoher Abwechslungsreichtum der umgebauten Bestände unterstellt wird. Diese Differenz steigert sich bis zum Jahr 2100 auf 16,0 Millionen Euro pro Jahr bzw. 34,1 Millionen Euro pro Jahr bei hohem Abwechslungsreichtum. (Bei der Interpretation dieser letztgenannten Zahlen sollte allerdings berücksichtigt werden, dass solche Projektionen in eine sehr ferne Zukunft unvermeidlich mit erheblichen Unsicherheiten einhergehen).

6.3.4 Synopse und Diskussion

Saldiert man den monetären Wert sämtlicher hier untersuchter ÖSD des Waldes und betrachtet die zeitliche Entwicklung dieses Saldos, so zeigt sich, dass bis etwa 2060 keine nennenswerten monetären Einbußen durch die Umsetzung des Leitbildes auftreten; in der »oberen Variante« der Landschaftsbildbewertung, die einen Waldumbau mit sehr abwechslungsreichen Waldbildern unterstellt, ist der Saldo sogar leicht positiv. Nach dem Jahr 2060 können aber weder die positiven Einflüsse

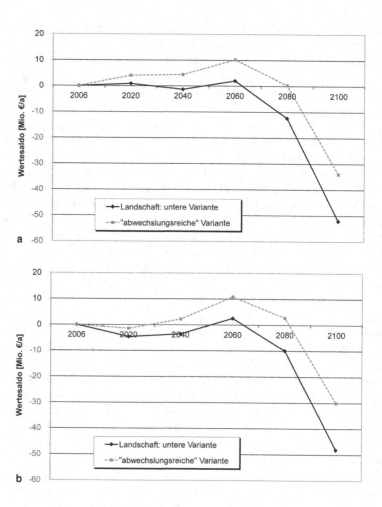

◨ **Abb. 6.12** Entwicklung des Wertesaldos aus Rohholz-, Landschaftsbild- und Kohlenstoffspeicherleistung bei leitbildgemäßem Waldumbau im Vergleich zum Referenzszenario. CO_2-Basispreis: **a** 0 Euro pro Tonne, **b** 100 Euro pro Tonne

auf das Landschaftsbild noch die dann (schwach) positiven Einflüsse auf die Kohlenstoffspeicherung die deutlichen Verluste kompensieren, welche sich aufgrund der verringerten Holzproduktion ergeben, selbst dann nicht, wenn man dazu unrealistisch hohe Werte für die Kohlenstoffspeicherung unterstellt: Im Jahr 2100 bewirkt die Umsetzung des Leitbildes im Vergleich zur Fortführung der bisherigen Waldbauplanungen einen Nutzenentgang zwischen etwa 30 und 50 Millionen Euro pro Jahr, je nach Rechenvariante. ◨ **Abb. 6.12** illustriert dieses Ergebnis (Teilabbildung a ohne Berücksichtigung des Wertes der Kohlenstoffspeicherung, b für einen entsprechenden Wert von 100 Euro pro Tonne CO_2. Die geringen Unterschiede zwischen den beiden Teilabbildungen zeigen, wie schwach

der Einfluss der Kohlenstoffspeicherung auf das Gesamtergebnis ist).

Obgleich die genannten Verluste erst in späterer Zukunft erheblich sind, verletzt dieses Ergebnis Normen der Nachhaltigkeit und der Generationengerechtigkeit – und zwar selbst dann, wenn man im Sinne »schwacher« Nachhaltigkeit grundsätzlich Substitutionen zwischen verschiedenen Waldleistungen zulässt. Zur Einordnung der Resultate muss daran erinnert werden, dass der dargestellte Wertesaldo und seine zeitliche Entwicklung auf eine Reihe vereinfachender Annahmen zurückgehen:

1. Die vorliegenden Langfristbetrachtungen unterstellen mangels besserer Informationen gesamtwirtschaftliche Kontinuität im Sinne konstanter Wertrelationen zwischen dem Rohholzmarkt (welcher das Gesamtergebnis domi-

niert) und anderen Gütern, einschließlich der hier bewerteten Waldleistungen.

2. Auch in Bezug auf das Wuchsverhalten der Bäume werden langfristig konstante Verhältnisse unterstellt. Sollte es künftig aufgrund veränderter Umweltbedingungen zu einem allgemeinen Wachstumsrückgang kommen (z. B. durch zunehmenden Trockenstress), dann nimmt der Einfluss der Holzproduktion auf das Gesamtergebnis im Vergleich zu anderen Waldleistungen ab – zumindest, sofern der Wert dieser Leistungen von dem Wachstumsrückgang nicht (oder weniger stark) betroffen ist. Bei einem zukünftig gesteigerten Wachstum (z. B. durch verlängerte Vegetationsperioden) wäre dies umgekehrt.

3. Die vorliegende Untersuchung blendet Produktionsrisiken wie auch deren mögliche Veränderung aufgrund des Klimawandels aus, sowohl naturale (durch Dürre, Feuer, Sturm, Insektenkalamitäten etc.) als auch finanzielle (einschließlich Preisverschiebungen zwischen den einzelnen Baumarten). Grundsätzlich kann ein Waldumbau, wie ihn das Leitbild des klimaplastischen Laubmischwaldes vorsieht, unbekannte Risiken besser verteilen und damit auch wirtschaftlich rational sein (z. B. Knoke et al. 2008). Diese Überlegung würde den langfristigen Nutzenentgang relativieren, welcher mit der Umsetzung des Leitbildes verbunden ist. Allerdings sehen auch die derzeitigen Waldbauplanungen des Referenzszenarios einen ähnlichen Waldumbau vor, obgleich in deutlich geringerem Umfang. Welches Ausmaß an Waldumbau zur Risikoverteilung vorteilhafter ist, kann pauschal nicht entschieden werden; dies ist u. a. auch von der Risikoneigung heutiger Entscheider abhängig.

4. Die vorliegende Untersuchung erfasst mit dem Landschaftsbild, der Erholungsleistung und der Kohlenstoffspeicherung zwar wichtige ÖSD, welche – neben den Holzmärkten – von einer Umsetzung des Leitbildes betroffen sind. Gleichwohl bleiben Auswirkungen auf die Werte einiger weiterer potenziell betroffener ÖSD unberücksichtigt. Zu nennen sind hier neben der Wasserspende insbesondere die Einflüsse auf die Biodiversität der Wälder. Über den Einfluss eines Waldumbauprogramms auf regionale Biodiversitätswerte liegt jedoch eine gut vergleichbare Arbeit aus zwei Regionen in Niedersachsen vor (Liebe et al. 2006). Danach waren zwischen einem Drittel und der Hälfte der Befragten in den Regionen Lüneburger Heide und Solling grundsätzlich dazu bereit, für eine Erhöhung des Laubbaumanteils und damit einhergehende Biodiversitätsverbesserungen zu zahlen (der Laubbaumanteil sollte hier von 30 bzw. 40 % auf jeweils 60 % erhöht werden, entsprechend dem Waldumbauprogramm LÖWE; Niedersächsische Landesregierung 1991). Unter den Motiven für die Zahlungsentscheidung rangierten die Attribute »Biotopschutz« und »Artenschutz« noch vor der Erhöhung der landschaftlichen Vielfalt. Dies unterstreicht die Relevanz von Biotopschutzleistungen. Gleichwohl lag die Zahlungsbereitschaft für das Waldumbauprogramm (etwa 6 bis 15 Euro pro Person und Jahr, je nach Bewertungsmethode) in der gleichen Größenordnung wie die hier ermittelten Werte für die Veränderungen des Landschaftsbildes, tendenziell sogar etwas niedriger. Auch eine zusätzliche Berücksichtigung von Biodiversitätswerten würde aber die oben angesprochene Nachhaltigkeitsverletzung wahrscheinlich nicht ausräumen: Sie bleibt selbst dann bestehen, wenn man in Anlehnung an die zitierten Ergebnisse von Liebe et al. (2006) für denjenigen zusätzlichen Biodiversitätsschutz, welchen das Leitbildszenario über das Referenzszenario hinaus bietet, eine deutlich höhere Zahlungsbereitschaft veranschlagt als hier für die Veränderung des Landschaftsbildes ermittelt worden ist.[1]

5. Schließlich muss nachdrücklich daran erinnert werden, dass die vorliegende Untersuchung keine umfassende Nutzen-Kosten-Analyse zum Ziel hatte und insbesondere Investitions-

---

1 Die Gesamtbilanz wird erst dann über den gesamten Betrachtungszeitraum positiv, wenn die jeweils optimistischste unserer Berechnungsvarianten (d. h. die »abwechslungsreiche« Variante beim Landschaftswert und ein Kohlenstoffwert von 100 Euro pro Tonne CO_2) mit einem unterstellten Biodiversitätswert von mindestens 108 Euro pro Haushalt und Jahr kombiniert wird, also mehr als dem Dreifachen des von Liebe et al. (2006) ermittelten Wertes. Alle drei Annahmen sind recht unrealistisch.

kosten des Waldumbaus nicht thematisiert worden sind, welche daher auch nicht in der hier angestellten Saldierung erscheinen. In dem Maße, wie in der Realität zusätzliche Kosten für das Einbringen und die Pflege von (Laub-)Bäumen oder für zusätzliche Verbiss-schutzmaßnahmen auftreten, verschlechtert sich das Bild weiter zu Ungunsten der Umsetzung des Leitbildes »klimaplastischer Laubmischwald«. Im selben Maße wird auch fraglich, ob der positive Saldo, der sich hier zumindest bis zum Jahr 2060 unter Einrechnung der Werte öffentlicher Güter (und unter teilweise optimistischen Annahmen über deren Wert) ergeben hat, überhaupt Bestand hat.

Auch bei Berücksichtigung positiver Wirkungen auf ÖSD existiert daher sehr wahrscheinlich nur dann eine Aussicht darauf, dass ein leitbildgemäßer Waldumbau in der Region mit Wirtschaftlichkeits- und Nachhaltigkeitszielen vereinbar sein könnte, wenn die durch ihn anfallenden Umbaukosten äußerst gering gehalten werden.

Fazit
Der Ansatz des Millennium Ecosystem Assessment (MEA 2003) lenkt den Blick auf die Gesamtheit der Leistungen, die durch Bewirtschaftung und Nutzung (hier: von Wäldern) beeinflusst sein können, und hilft somit, neben dem unmittelbaren Produktionsziel auch wichtige Umweltwirkungen im Auge zu behalten. Er greift damit das wesentliche Anliegen der Umweltökonomie auf, externe Effekte der Produktion zu benennen und beziffern, um sie schließlich auch bei umweltrelevanten Entscheidungen berücksichtigen zu können. Auch wenn es aufgrund des hohen Datenbedarfs meist nahezu unmöglich sein dürfte, **sämtliche** durch eine Maßnahme betroffenen ÖSD zu erfassen, zeigt das vorliegende Fallbeispiel doch, dass wesentliche bereitstellende, regulierende und kulturelle ÖSD tatsächlich quantifizierbar und bewertbar sind. Dies gilt grundsätzlich auch für »unterstützende Leistungen«. Allerdings haben diese zumeist keinen unmittelbaren Konsumnutzen, sondern stellen vielmehr Vorleistungen zur Produktion anderer Güter dar, sodass ihr Wert nicht zu dem Wert der

aus ihnen hergestellten Güter addiert werden sollte – dies würde sonst zu Doppelzählungen führen (► Abschn. 3.2.4).

6.4   Urbane Ökosystemdienstleistungen – das Beispiel Leipzig

D. Haase

Urbane Ökosystemdienstleistungen (uÖSD; *urban ecosystem services*; u. a. Bolund und Hunhammar 1999; TEEB 2010) beschreiben Leistungen, welche von urbanen Ökosystemen erbracht und von Menschen/Bewohnern einer Stadt bzw. einer Stadtregion genutzt werden. Beispiele für uÖSD sind die Bereitstellung von Süß- und Trinkwasser durch Niederschlag und natürliche Filtration der Böden, die Regulierung von Abflussspitzen bei Extremniederschlägen und die dadurch erfolgende Minderung von Hochwässern im Stadtgebiet, die Produktion von Nahrung (Obst, Gemüse) in (Klein-)Gärten, das Bestäuben von Obstblüten im Siedlungsbereich oder die Bereitstellung von frischer (kühler) Luft auf Frei- und Erholungsflächen.

Ohne ÖSD wäre menschliches Leben, so wie wir es heute kennen, in der Stadt nicht möglich (Guo et al. 2010; Haase 2011). Es gibt Studien, die versuchen, uÖSD in Geldwerten auszudrücken, um die ökonomische Bedeutung der Abhängigkeit von der Natur zu verdeutlichen – gerade in Städten (Gómez-Baggethum et al. 2010; Bastian et al. 2012). Aber auch nicht-monetäre Modell- und Bewertungsansätze – wie im Folgenden vorgestellt – sind sehr gut geeignet, die Bedeutung von uÖSD hervorzuheben.

Nach dem Millennium Ecosystem Assessment (MEA 2005), der TEEB-Studie *Manual for Cities* (TEEB 2010) sowie Fisher et al. (2009) lassen sich uÖSD in vier Kategorien einteilen: bereitstellende Dienstleistungen (Nahrungsproduktion, Wasser, Holz, genetische Ressourcen, Heilpflanzen etc.), regulierende Dienstleistungen (Regulierung von Klimaextremen wie Starkniederschlag oder Sommerhitze, Überflutungen, Krankheiten, Wasserqualität, Abfallbeseitigung etc.), kulturelle Dienstleistungen (Erholung, Ästhetik, spirituelle Erfüllung, Umweltbildung etc.) und unterstützende Dienstleis-

Tab. 6.6 Urbane ÖSD und Indikatoren für Lebensqualität in den Dimensionen der Nachhaltigkeit (© Haase 2011*)

Nachhaltigkeitsdimension	Urbane ÖSD (uÖSD)	Indikator für urbane Lebensqualität
Ökologie	Luftfilterung Klimaregulation Lärmreduzierung Regenwasserdrainage Wasserangebot Abwasserreinigung Lebensmittelproduktion	Gesundheit (saubere Luft, Schutz gegenüber Atemwegserkrankungen, Hitze- und Kältetod) Sicherheit Trinkwasser Nahrung
Soziales	Landschaft Erholung kulturelle Werte Umweltbildung	Schönheit der Umgebung Erholung, Stressabbau intellektuelle Bereicherung Kommunikation Wohnstandort
Ökonomie	Bereitstellung von Fläche für ökonomische Aktivitäten und Transport	Erreichbarkeit Einkommen

* in Anlehnung an MEA 2005, Santos und Martins 2007, Fisher et al. 2009, TEEB 2010

tungen (im weiteren Sinne Ökosystemprozesse und Eigenschaften wie Bodenbildung, Biodiversität, Bestäubung, Nährstoffkreisläufe etc.). uÖSD stehen inhaltlich in engem Zusammenhang mit dem Konzept der urbanen Lebensqualität, *quality of life* (Santos und Martins 2007; Schetke et al. 2012), welches sich auf die drei Dimensionen der Nachhaltigkeit stützt und eher einen »Bedarf« der Stadtbewohner an Leistungen ausdrückt, welcher dann teilweise durch Ökosysteme bzw. Ökosystemfunktionen gedeckt werden kann. Die Komplementarität beider Konzepte wird in **Tab. 6.6** dargestellt.

6.4.1 uÖSD und urbane Landnutzung – ein komplexer Nexus

uÖSD sind sehr eng an die urbane Landnutzung gekoppelt (**Abb. 6.13**). Weltweit macht urbane Landnutzung maximal 4 % der Erdoberfläche aus, aber es leben mittlerweile mehr als die Hälfte aller Menschen in Städten – Tendenz steigend (Seto et al. 2011). Ökonomisch werden bereits heute 95 % des globalen kumulierten Bruttoinlandsprodukts (BIP, engl. GDP) in Städten erwirtschaftet. Die Umwandlung und Versiegelung von naturnahen Flächen und Ackerland in Siedlungs- und Verkehrs-

fläche gehört zu den bedeutsamsten, zumeist ökologisch negativen, Umwelteffekten weltweit. Sie ist oft irreversibel. Der dabei entstehende rural-urbane Gradient ist charakterisiert von disperser Landnutzungsentwicklung mit zunehmendem Versiegelungsgrad zum Zentrum der Städte hin (Haase und Nuissl 2010). Versiegelte bzw. teilversiegelte Flächen können die oben beschriebenen uÖSD nicht mehr oder nur noch sehr eingeschränkt erfüllen (Haase und Nuissl 2007; **Abb. 6.13** und **Abb. 6.14**). Daher liegen die Handlungsoptionen im Bereich der urbanen Landnutzung zur Sicherung von ÖSD stets in einem multikriteriellen Kompromiss, welcher immer wieder neu verhandelt werden muss (► Abschn. 5.1, ► Abschn. 5.4).

Insbesondere die Landnutzungstypen der urbanen Frei- und Grünflächen und Wälder stellen verschiedenste uÖSD für die städtischen Bewohner bereit. So tragen Wald- und Parkflächen zur Regulation von Extremtemperaturen bei, indem sie durch Schattenwurf und erhöhte Evapotranspiration die Oberflächenstrahlung und -temperatur reduzieren (Kottmeier et al. 2007; Bowler et al. 2010). Zudem können alle Arten von städtischen Grünflächen (auch urbane Brachen) und Gewässer zur Erholung der Stadtbewohner beitragen. Unverbaute Auenwiesen dienen vor allem der Hochwasserregulation (Haase 2003). Unversiegelte Flä-

Raum der „günstigen Muster"

Grad der Bodenversiegelung
zur Sicherung der Lebensqualität

LANDNUTZUNG

zur Sicherung der Lebensqualität
Grad der Ökosystemdienstleistung

in der multifunktionalen Stadt

☐ **Abb. 6.13** Nexus zwischen urbaner Landnutzung und uÖSD. Die Gestaltungsoptionen urbaner Landnutzung für die Sicherung von uÖSD wird immer ein Kompromiss sein, welcher beiden Seiten – Sozioökonomie und Ökosystem – genügen muss. Diesen »Suchraum« für Kompromisse gilt es immer wieder neu zu verhandeln. Multikriterielle Bewertung, die Ermittlung von Trade-offs als auch partiell Optimierung einzelner uÖSD sind nützliche Methoden bei der Kompromissgestaltung.

☐ **Abb. 6.14** Einschränkung und Potenzial von uÖSD durch Siedlungswachstum und Flächenversiegelung (Leipziger Umland, links) sowie Landnutzungsperforation durch Schrumpfung (Rabet in der inneren Stadt Leipzig, rechts). © Dagmar Haase

chen eignen sich zur Regenwasserrückhaltung und -versickerung und können somit den schnellen oberirdischen Abfluss von Starkregenereignissen regulieren. Extra für diesen Zweck konstruierte Regenwasserversickerungsanlagen im Siedlungsflächenbereich tragen zudem zur *in situ*-Regenwassernutzung bei (Haase 2009). Bezogen auf die jüngst immer wichtiger werdende Debatte um den vom Menschen verursachten Klimawandel können urbane Grünflächen (vor allem Bäume und Wälder) zur lokalen Kohlenstoffspeicherung beitragen. Aktuelle Studien sprechen allerdings nur von 1 bis 2 % der von Städten ausgehenden Emissionen, welche von urbaner Vegetation neutralisiert werden können (Strohbach und Haase 2012 für Leipzig; Nowak und Crane 2002 für US-amerikanische Städte). Trotz des geringen Anteils tragen baumbestandene Landnutzungen zur Verringerung des »ökologischen Fußabdrucks« einer Stadt bei.

Aktuell rückt neben dem urbanen Wachstum zunehmend ein anderer, oft als gegenläufig bezeichneter Prozess ins Blickfeld: urbane Schrumpfung. Durch wirtschaftliche Problemlagen und Bevölkerungsverluste gekennzeichnete Städte zeichnen sich weltweit durch eine Verringerung der Intensität urbaner Landnutzung aus, durch Leerstände sowie auch das Brachfallen von Flächen (☐ Abb. 6.14; Haase et al. 2007). Diese Landnutzungsperfora-

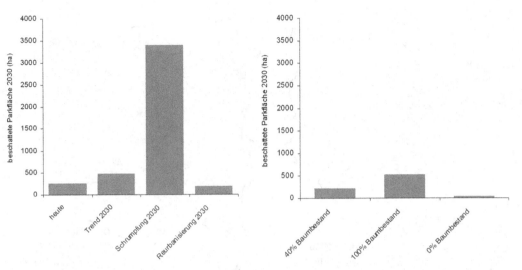

D Abb. 6.15   Szenarien für die beschattete Fläche in Parks von Leipzig: Die Temperaturdifferenz zwischen sonnenexponier-ten und beschatteten Bereichen urbaner Parkanlagen im Spätsommer in Leipzig wurde während einer Hitzewelle im August 2009 empirisch erfasst. Die Lufttemperaturen sind mit Temperatursonden gemessen und mittels Datenlogger aufgezeichnet worden. Eine mittlere Temperaturdifferenz von 3 Kelvin wurde zwischen beschattetem und unbeschattetem Bereich für verschiedene Parkanlagen empirisch ermittelt und der aus Fernerkundungsdaten ermittelte Schattenanteil von 40 % auf alle Parkanlagen der Stadt übertragen. Somit konnte der Effekt von erhöhter bzw. verminderter Beschattung auf die lokale Klimaregulation (Kühlung) in öffentlich zugänglichen Parks für ein Schrumpfungs- bzw. Stadtumbau- und ein Reurbanisie-rungsszenario simuliert werden. Zudem konnte der uÖSD-Effekt »Klimaregulation durch Beschattung« für verschiedene Aufforstungsmaßnahmen in urbanen Parks ermittelt werden

tion (Lütke-Daldrup 2001) bietet eine einzigarti-ge Chance zur Revitalisierung (inner-)städtischer Flächen (Lorance Rall und Haase 2011) und damit verbunden auch der »Revitalisierung« von uÖSD (Haase 2008).

Ein prominentes Beispiel für die Gleichzei-tigkeit von urbanem Wachstum und urbaner Schrumpfung ist die Großstadt Leipzig in Sachsen (Lütke-Daldrup 2001). Die nachfolgenden Beispie-le der Analyse und Bewertung von uÖSD beziehen sich auf Leipzig und entsprechende international veröffentlichte Studien.

6.4.2 Beispiel lokale Klimaregulation

Die aktuelle Diskussion der Anpassung an den Klimawandel in Städten zielt auf die Temperatur-reduktionsleistung bestehender Freiflächen (Grün-flächen, Gewässer, Auen) in der Stadt (Bowler et al. 2010; Endlicher et al. 2008; Gill et al. 2007; Tratalos et al. 2007; Jin et al. 2005). Urbane Grünflächen

und Wasserkörper sind aufgrund ihrer spezifischen Verdunstungswärme in der Lage, Kaltluft zu pro-duzieren. Sie können hohen Sommertemperaturen entgegenwirken (Gill et al. 2007). Zudem spielen beschattete Bereiche eine besondere Rolle: Hier kann die Temperaturreduktion gegenüber einem besonnten Standort während eines Tagesgangs bis zu max. 5 Kelvin pro 10-Minuten-Intervall betra-gen. Wie aus D Abb. 6.15 für die Stadt Leipzig zu entnehmen, ist eine Erhöhung des Schattenanteils (also des Anteils baumbestandener Parkflächen bzw. der Anzahl von Bäumen in Parks) von urba-nen Grünflächen von Vorteil für deren Tempera-turregulationswirkung (Bowler et al. 2010). Der Kühlungseffekt von durchschnittlich 3 Kelvin im Tagesgang durch Beschattung wird dabei empirisch ermittelt, d. h. einerseits gemessen und anderer-seits mittels Luftbilddaten zu beschatteten Arealen in Parkflächen auf die gesamte Stadtfläche Leipzigs übertragen.

Mittels Indikatoren wie Beschattung, aber auch *surface emissivity* (Emissionsgrad der Landober-

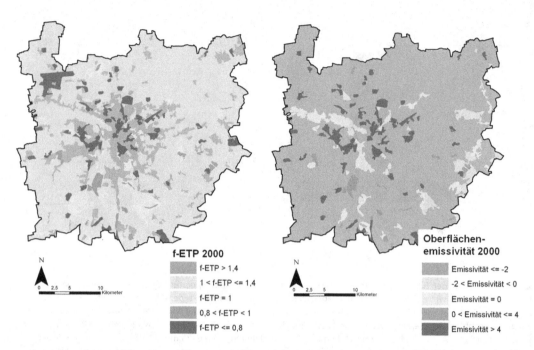

◘ Abb. 6.16   Effekte von verschiedenen Planungsinstrumenten auf die uÖSD »lokale Klimaregulation« für den Regierungs-bezirk Leipzig (im Vergleich zu *Corine Land Cover*-Daten im Referenzjahr 2000 = CLC 2000). Links der Indikator f-Evapotranspi-ration (f-ETP) und rechts die aggregierten Indikatorwerte für CLC 2000. Landnutzungsänderungen durch Planungsmaßnah-men wurden im GIS realisiert, indem die Maßnahmenräume als Polygone editiert und eine entsprechende neue/veränderte Landnutzung angenommen wurde. © Schwarz et al. 2010 (Abb. in Farbe unter www.springer-spektrum.de/978-8274-2986-5)

fläche) oder f-Evapotranspiration (Verdunstungs-geschwindigkeit) lassen sich die Effekte der lokalen Klimaregulation urbaner Oberflächen und Land-nutzungsmuster abschätzen. Schwarz et al. (2010) quantifizierten für den Regierungsbezirk Leipzig die Effekte von Planungsmaßnahmen wie Wirt-schaftsförderung, Gewerbeflächenausweisung, Ta-gebaurekultivierung sowie die Auswirkung regio-naler Grünzüge (◘ Abb. 6.16).

6.4.3   Beispiel Hochwasserregulation

Die uÖSD der Hochwasserregulation, besonders bedeutsam in Städten, lässt sich in vereinfachter Form mit Gleichung 6.1 beschreiben, in welcher der Niederschlag N die Summe aus Abfluss A (Ba-sisabfluss [A_b], Zwischenabfluss [Interflow, A_i] und Oberflächenabfluss [A_o]), Verdunstung ETP und Zwischenspeicherung S ist:

$$N = (A_b + A_i + A_o) + ETP + S \qquad (6.1)$$

Im Gegensatz zu Flusseinzugsgebieten spielen im urbanen Ökosystem die Größen Versiegelung und Kanalisation eine wichtige Rolle – sie entscheiden, wie viel Niederschlagswasser dem Ökosystem zur Verfügung steht bzw. wie viel über den Direktab-fluss direkt in den Vorfluter gelangt (Haase 2009). Dabei gilt: Je höher der Grad der Bodenversiege-lung, desto geringer der Basis- bzw. Zwischenab-fluss, desto höher der Oberflächenabfluss und desto geringer die Hochwasserregulation. Urbane Öko-systeme sind sehr anfällig für Abflussspitzen und lokale Hochwässer bzw. Grundhochwässer. Ein effizientes Verfahren zur Berechnung der Wasser-regulation innerhalb eines Stadtgebietes stellt die empirisch ermittelte Bagrov-Beziehung dar (Glei-chung 6.2), mit welcher die Berechnung des Ge-samtabflusses (Q) aus der realen Evapotranspira-tion (ET_a) einer Fläche ermittelt wird (Glugla und Fürtig 1997). Der Gesamtabfluss (Q) wird durch die Differenz aus realer Evapotranspiration (ET_a) und dem langjährigen Niederschlagsmittel (N) berechnet. Mit wachsendem N nähert sich ET_a der potenziellen Verdunstung (ET_p) an, während sich bei abnehmendem N die ET_a diesem nähert. Die Intensität, mit der diese Randbedingungen erreicht werden, wird durch die Speichereigenschaften der verdunstenden Fläche (Effektivitätsparameter n) verändert, welche durch die Landnutzung, Bodenversiegelung und Bodenart bestimmt werden:

$$\frac{\mathrm{d}ET_a}{\mathrm{d}N} = 1 - \left(\frac{ET_a}{ET_p}\right)^n \qquad (6.2)$$

Aus dem Basisabfluss erfolgt dann die Berechnung des Direktabflusses über die Bestimmung des Anteils p am Überschusswasser (Differenz von Niederschlag und Verdunstung), wobei p über die Eingangsparameter Hangneigung, Bodenart, Grundwasserflurabstand und die Landnutzung bzw. den Versiegelungsgrad ermittelt wird (Gleichung 6.3; Haase 2009):

$$A_o = (N - ET_a) \cdot p/100 \qquad (6.3)$$

Ein Ergebnis für die Berechnung der Hochwasserregulation ist in ◘ Abb. 6.17 am Beispiel der Stadt Leipzig dargestellt, und zwar für den Zeitraum 1870 bis 2006.

6.4.4 Beispiel Kohlenstoffspeicherung im urbanen Raum – Verminderung des ökologischen Rucksacks der Stadt?

Städte gehören einerseits zu den Hauptemittenten von Kohlendioxid (Churkina 2008). Andererseits sind sie auch in der Lage, Teile dieser Kohlendioxidemissionen zu speichern, hauptsächlich in den Böden und der Baumvegetation. Kohlenstoffspeicherung gehört zu den global bedeutsamsten uÖSD der Städte, auch wenn dieser Beitrag zahlenmäßig recht gering ist. Wie kann man den Beitrag (bzw. die Bilanz) einer Stadt zur globalen Kohlenstoffbilanz bewerten?

Für die Stadt Leipzig wurde die Kohlenstoffspeicherung in der Stadtbaumvegetation empirisch bestimmt und modelliert mit dem Ziel:

- eine räumlich explizite Darstellung der Kohlenstoffspeicherung zu erhalten und
- für die typischen urbanen Landnutzungstypen vergleichende Werte der Kohlenstoffsequestrierung durch Bäume zu ermitteln (Strohbach und Haase 2012).

Dazu wurde ein stratifiziertes *random sample* von 190 Standorten auf 19 Landbedeckungsklassen angewendet, für welche der Baumanteil, das Alter der Bäume, Art sowie der Brusthöhendurchmesser ermittelt wurden. Zudem wurde die Baumkronenbedeckung aus Color-Infrarotbildern (CIR) mittels eines objektorientierten Random-Forest-Algorithmus abgeleitet (Details zur Methode siehe Strohbach und Haase 2012). Die Kronenbedeckung der gesamten Stadtfläche beträgt 19 %. Aus den Daten der Stammdurchmesser wurden mittels allometrischer Gleichungen die oberirdische Biomasse der Bäume und der gespeicherte Kohlenstoff bestimmt.

Anhand der genannten Methodik konnte eine Gesamt-Kohlenstoffspeicherung von 316 000 Megagramm (Mg) C oder 11 Mg C pro Hektar in der oberirdischen Baumbiomasse Leipzigs ermittelt werden. Die höchsten Werte sind in den Wohn- und Auenbereichen zu finden (◘ Abb. 6.18). Verglichen mit Werten aus US-amerikanischen und chinesischen Städten (Hutyra et al. 2011) als auch mit den jährlichen CO_2-Emissionen der Stadt sind die Speicherwerte für Leipzig eher gering; unterschätzen sollte man sie jedoch nicht. Besonders gut eignet sich die dargestellte Quantifizierungsmethode für die Bewertung des Klimaregulationspotenzials von Stadtumbauprojekten unter Schrumpfungsbedingungen, wie Strohbach et al. (2012) für die Abriss-Nachnutzungsprojekte »Dunkler Wald« und »Lichter Hain« im Leipziger Osten ermittelt haben.

6.4.5 Beispiel Erholungsleistung und Naturerfahrung

Urbane Grünflächen (inklusive ihre Habitate und Biotope) erbringen eine Vielzahl an ökologischen Funktionen bzw. Leistungen und bieten daher auch viele uÖSD (Haase 2011). Öffentliche Grünflächen reichen von urbanen Forsten über baumbestandene Parks und Friedhöfe bis hin zu oft nicht baum-

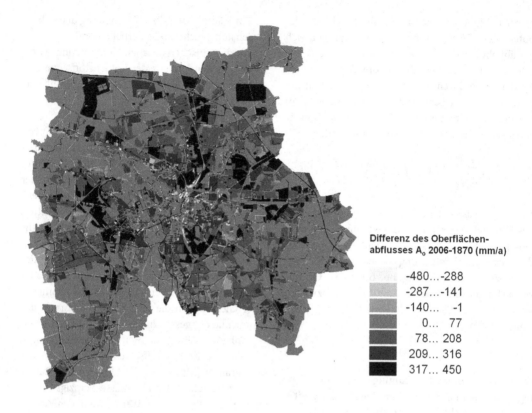

Differenz des Oberflächenabflusses A_o 2006-1870 (mm/a)

-480...-288
-287...-141
-140... -1
  0... 77
 78... 208
209... 316
317... 450

⬛ Abb. 6.17 Veränderung des Oberflächenabflusses A_o in der Stadt Leipzig zwischen 1870 und 2006, berechnet nach dem im ▶ Abschn. 6.4.3 erläuterten Verfahren. Die uÖSD ist in diesem Fall die Differenz der Werte von 2006 zu 1870, dargestellt in der unteren Legende. Man sieht den erheblichen Verlust der Hochwasserregulation durch Versiegelung in Leipzig, dargestellt als positive Differenzen (Zuwachs) (Abb. in Farbe unter www.springer-spektrum.de/978-8274-2986-5)

bestandenen Sportplätzen oder auch Sukzessionsbrachen. Auch Verkehrsbegleitgrün ist ein urbanes Biotop (Breuste et al. 2007). Dazu kommen noch die nicht-öffentlichen urbanen Grünflächen wie Hausgärten, Kleingärten oder Golfplätze. Ihre Bedeutung als Habitat-, aber auch hinsichtlich der Regulationsleistungen wird weithin unterschätzt. Allgemein reichen die uÖSD urbaner Grünflächen von der Biotopbildung (im engeren Sinne) über die »Naturschutzfunktion« (Artenvielfalt), Bioindikations- und Informationsfunktion (Luftreinheit), die Klimaregulation (Kaltluftentstehung und -speicherung) sowie den Bodenschutz (Filter, Puffer), bis hin zu den für den städtischen Bewohner besonders wichtigen Erholungs-, Lärmschutz-, Stadtbild-, pädagogischen und historischen Funktionen bzw. Leistungen (Burgess 1988; Bolund und Hunhammar 1999). Parks, Spielplätze, Wiesen,

Friedhöfe, begrünte Brachen und urbane Wälder sichern Erholungsmöglichkeiten des Menschen in der Stadt. Sie ermöglichen sowohl eine Verbesserung der physischen Gesundheit als auch Naturerlebnis und Naturerfahrung (Yli-Pelkonen und Nielema 2005; Chiesura 2004). Sie gehören damit zu den wesentlichen Determinanten der urbanen Lebensqualität (Santos und Martins 2007). Zudem dienen sie der ästhetischen Gestaltung der Stadt (Breuste 1999).

Die Nachfrage und Bereitstellung urbaner Grünflächen für die Erholung kann man sehr effizient mit Geographischen Informationssystemen (z. B. ArcGIS) auf der Basis von Landnutzungsdaten und Kommunalstatistiken bestimmen (Comber et al. 2008). Indikatoren, die für die Stadt Leipzig bestimmt wurden (⬛ Abb. 6.19), sind Fläche, Anteil und Pro-Kopf-Fläche von urbanem Grün sowie

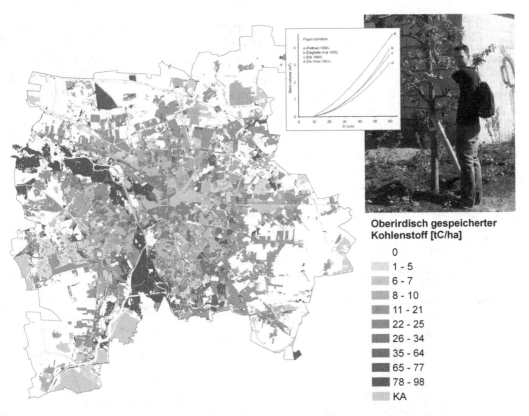

◻ **Abb. 6.18** Räumliche Verteilung des Kohlenstoffspeichervermögens urbaner Baumvegetation Leipzigs nach Stadtstruktur- bzw. Landnutzungstypen. Die niedrigsten Werte weisen die urbanen Agrarflächen, die höchsten die Auwaldbereiche im Zentrum der Stadt auf. Ebenso zeigen Altbau- und Villengebiete überdurchschnittliche Werte der Kohlenstoffspeicherung. Die Standorte wurden mittels eines *random sampling*-Verfahrens lokalisiert und die Kohlenstoffdaten im Gelände durch die Messung des Brusthöhendurchmessers sowie mit entsprechenden allometrischen Kurven der Beziehung Brusthöhendurchmesser – oberirdische Biomasse erfasst. Adaptiert nach Strohbach und Haase 2012 (Abb. in Farbe unter www.springer-spektrum.de/978-8274-2986-5)

dessen Erreichbarkeit (Puffer- oder Netzwerkanalyse). Für diese Indikatoren gibt es für viele Städte festgelegte Grenzwerte (Kabisch und Haase 2011). Zudem eignen sich Gradientenanalysen von Grünflächenangebot und potenzieller Nachfrage sowie Konzentrationsmaße wie Gini oder Theil (beides statistische Maße der Gleichverteilung einer Stichprobe bzw. Grundgesamtheit) sehr gut zur Beschreibung der Konzentration (Gerechtigkeit) der Erholungsleistung.

Gruehn et al. (2012) analysierten die Wirkung des Stadtgrüns für den Wert von Grundstücken und Immobilien (hedonistischer Preisansatz; ▶ Abschn. 4.2). Die Ergebnisse zeigen, dass es vielfältige positive Wirkungen von Frei- und Grünflächen auf den Bodenrichtwert von bis zu 20 % gibt, abhängig von Funktion, Ausstattung, Zugänglichkeit, Aufenthaltsqualität und räumlicher Konfiguration der Flächen. Allerdings sind diese Werte stadtspezifisch und dienen daher eher als Richtwerte.

Fazit: Anwendung von uÖSD in Deutschland

Trotz der angeregten internationalen Diskussion zu ökosystemaren Dienstleistungen und ihrer Inwertsetzung (MEA 2005; TEEB 2010) ist das Thema in den administrativen Planungsinstitutionen der deutschen Städte bisher zögerlich aufgenommen worden. Es gibt eine deutsche Beteiligung und vielfältige Aktivitäten bei der IPBES-Plattform (*Intergo-*

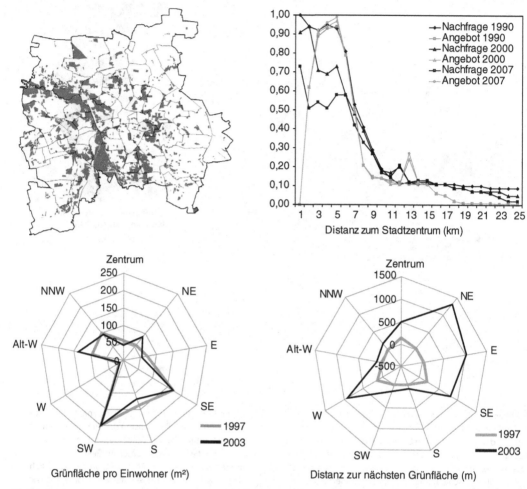

◘ Abb. 6.19   Erholungsleistung in Leipzig, dargestellt als Grünflächenkarte für 2003 (links oben), als Gradient von Angebot und Nachfrage (rechts oben) sowie der Verteilungsgerechtigkeit auf Stadtbezirksebene für zwei Landnutzungszeitschnitte (unten) (Abb. in Farbe unter www.springer-spektrum.de/978-8274-2986-5)

vernmental Science-Policy Platform on Biodiversity and Ecosystem Services), aber – im Gegensatz zu beispielsweise den USA, Großbritannien, den Niederlanden (Termorshuizen und Opdam 2009) oder der Schweiz (Staub et al. 2011) – keine allgemein gültigen Richtlinien zur Implementierung des ÖSD-Ansatzes für die (urbane) Landschaftsplanung. Gleichwohl nutzen Governance-Strukturen der Stadtentwicklung und des Landschafts-/Naturschutzes Grundsätze des uÖSD-Konzepts, wie z. B. die Zwischennutzungsprojekte in Berlin oder Leipzig (hier: Gestattungsvereinbarungen; Lorance Rall und Haase 2011).

6.5   Kulturlandschaften und ihre Leistungen

6.5.1   Das Beispiel der Streuobstwiesen im Biosphärengebiet Schwäbische Alb

B. Ohnesorge, C. Bieling, C. Schleyer und T. Plieninger

Die Landoberfläche Europas ist durch die jahrhundertelange Geschichte umfassender und weiträumiger menschlicher Nutzung ein annähernd flächendeckendes Mosaik von Kulturlandschaften

(Schaich et al. 2010). Der Begriff der Kulturlandschaft betont den Aspekt der Kultivierung durch den Menschen und die sichtbare Veränderung der natürlichen Landschaft durch deren dauerhafte Nutzung. Er enthält aber auch eine kognitive Dimension und hebt die kulturelle Bedeutung hervor (▶ Abschn. 3.4), welche die Menschen dem sie umgebenden Raum und den darin enthaltenen natürlichen und anthropogenen Komponenten zuweisen (Jones 2003). Der menschliche Einfluss auf die Landschaft ist dabei keinesfalls auf Störungen oder negative Eingriffe beschränkt, wie es häufig im Zusammenhang mit rein natürlichen Ökosystemen wahrgenommen wird. Durch sozioökonomischen, emotionalen und intellektuellen Input kann der Mensch auf vielfältige Weise zu Diversität und Einzigartigkeit einer Landschaft beitragen (Moreira et al. 2006).

Während sich ein großer Teil der wissenschaftlichen Literatur mit der Erfassung von ÖSD auf Ebene einzelner Ökosysteme beschäftigt, sollen in diesem Kapitel die Leistungen betrachtet werden, welche auf der Landschaftsebene bereitgestellt werden. Kulturlandschaften umfassen in der Regel eine Vielzahl verschiedener Biotope. Waldinseln, Wiesen, Feldgehölze und Fließgewässer beispielsweise erbringen jeweils spezifische ÖSD. Aggregiert auf der Ebene der Kulturlandschaft erfüllen sie weitere Leistungen wie die Regulierung des Landschaftswasserhaushalts und Grundwasserneubildung oder die Bestäubung von Kulturpflanzen durch wild lebende Insekten. Verglichen mit einzelnen Ökosystemen kommt auf der Landschaftsebene den kulturellen Leistungen eine besondere Bedeutung zu. Durch die lange Nutzungsgeschichte und die Intensität der Interaktion zwischen Mensch und Natur in Kulturlandschaften sind Gefühle von Heimat, aber auch Werte, Biographien und Identitäten eng mit der Landschaft verknüpft (Schaich et al. 2010). Auch Erholung, Inspiration und spirituelle Erbauung durch Kulturlandschaften gewinnen umso mehr an Wert, als der Arbeitsalltag der meisten Mitteleuropäer sich zunehmend in Städten und geschlossenen Räumen abspielt.

Bei der Anwendung des ÖSD-Konzepts auf Kulturlandschaften sollten also gerade die kulturellen Leistungen berücksichtigt werden. Trotz ihres zentralen Einflusses auf die Lebensqualität finden sie bisher jedoch nur zögerlich Eingang in die Erforschung, Erfassung und Bewertung von ÖSD. Ein zentraler Grund liegt darin, dass sie verglichen mit den meisten Versorgungs- oder Regulierungsleistungen nur schwer greifbar, räumlich darstellbar oder gar quantifizierbar sind (Chan et al. 2012). Im Folgenden soll die Bedeutung der kulturellen Leistungen von Kulturlandschaften am Beispiel der Streuobstwiesen im Biosphärengebiet Schwäbische Alb demonstriert und eine Methode zu ihrer räumlich expliziten Erfassung vorgestellt werden. Anschließend werden einige Beispiele von Instrumenten und zivilgesellschaftlichen Initiativen zum Erhalt der Streuobstwiesen (Zahlungen, *Payments for Ecosystem Services*) erläutert und die Anwendung des ÖSD-Ansatzes im Landschaftsmanagement diskutiert.

Vom Ort effizienter Nahrungsproduktion zum bedrohten Kulturgut: Streuobstwiesen im Laufe der Jahrhunderte

Streuobstwiesen sind heute in elf europäischen Ländern verbreitet und umfassen ca. 1 Million Hektar. Ihr Verbreitungsgebiet erstreckt sich von Nordfrankreich über Süddeutschland und die Schweiz bis nach Polen. In Baden-Württemberg nehmen Streuobstwiesen mit ca. 116 000 Hektar etwa 7,1 % der Landwirtschaftsfläche ein. Am nordwestlichen Rand des Biosphärengebietes Schwäbische Alb, ca. 30 km südöstlich von Stuttgart, im Naturraum Mittleres Albvorland, befindet sich der Kern des größten zusammenhängenden Streuobstgebietes Europas. Das mittlere Albvorland zeichnet sich durch klimatisch günstige Bedingungen und ein abwechslungsreiches Landschaftsbild aus, das durch seine großflächigen, reich strukturierten Streuobstbestände im Umkreis der Siedlungen, relativ klein strukturierte Agrarflächen und laubholzreiche Hangwälder geprägt ist. Der Einzugsbereich des Ballungsgebietes Stuttgart bedingt eine sehr hohe Bevölkerungsdichte von 719 Einwohnern pro km². Im Leitbild der Naturraumentwicklung wird daher neben dem hohen Wert dieser Landschaft für den Artenschutz auch besonders die insgesamt hohe Eignung des Naturraums für landschaftsgebundene Erholung hervorgehoben (LUBW 2009). Im Naturraum Mittleres Albvorland kommen ca.

◘ Abb. 6.20   Streuobstwiesen sind ein charakteristischer Bestandteil vieler mitteleuropäischer Kulturlandschaften.
© Tobias Plieninger

Streuobstwiesen

Streuobstwiesen eignen sich besonders als beispielhafter Untersuchungsraum, da sie viele Merkmale traditioneller Kulturlandschaften aufweisen: So überlagern sich bei geringer Bewirtschaftungsintensität obstbauliche und landwirtschaftliche Nutzungen, das kleinräumige Landschaftsmosaik und der Strukturreichtum bedingen eine hohe Artenvielfalt. Nicht zuletzt erbringt diese Landschaft erhebliche kulturelle Leistungen wie Naherholung und Heimatgefühl (◘ Abb. 6.20).

Streuobst ist definiert als »im Allgemeinen großwüchsige Bäume verschiedener Obstarten, Sorten und Altersstufen, die auf Feldern, Wiesen und Weiden in ziemlich unregelmäßigen Abständen gewissermaßen ,gestreut' stehen. Zum Streuobst werden aber auch Einzelbäume an Wegen, Straßen und Böschungen, kleine Baumgruppen, Baumreihen sowie flächenhafte Anlagen mit eher regelmäßigen, aber weiten Pflanzenabständen gezählt« (Lucke et al. 1992). Die am weitesten verbreiteten Kulturarten sind Apfel, Birne, Zwetschge und Süßkirsche.

600 000 Obstbäume auf etwa 6 000 Hektar Streuobstwiesen vor.

Streuobstlandschaften werden heute in hohem Maße von der Gesellschaft für die vielfältigen ÖSD geschätzt, die sie bereitstellen. Unter den Versorgungsleistungen ist die Obstproduktion von Bedeutung, die trotz verbreiteter Umstellung auf Niederstamm-Anlagen immer noch zum größten Teil im Streu- und Gartenobstbau produziert wird (Weller 2006). Geschätzte Produkte sind Tafelobst, Obstsäfte, Most und Schnaps. Daneben erfüllt Streuobst kulturelle Leistungen, da Streuobstbäume besonders markante Bestandteile einer ästhetisch wertvollen Landschaft sind. Auch leisten sie aufgrund ihrer ortsnahen Lage wertvolle Beiträge zur Naherholung und locken vielfach Tagestouristen an. Bedeutende Regulierungsleistungen erbringen sie, indem sie das Lokalklima positiv beeinflussen

(z. B. Windschutz, Schattenspende), in Hanglagen der Bodenerosion entgegenwirken und den Eintrag von Nährstoffen in Gewässer reduzieren. Die große Vielfalt an Obstsorten (in Deutschland kommen mehr als 3 000 Obstsorten vor; MLR 2009) bildet ein wichtiges Genreservoir. Schließlich sind Streuobstbestände wichtiger Lebensraum für viele Tier- und Pflanzenarten (Herzog 2000).

In vielen deutschen Regionen wurde Streuobst als innovative Landnutzungsform im 18. und 19. Jahrhundert eingeführt, oft unterstützt durch staatliche Förderung. Ziel war vor allem eine höhere Wirtschaftlichkeit der Landwirtschaft und die Versorgung der Bevölkerung mit Lebensmitteln. Zunächst wurden Obstbäume in Gärten und auf Äckern gepflanzt; im Laufe der Zeit sind Letztere oft in Streuobstwiesen umgewandelt worden. Wichtige Nutzungsformen unter den Baumkronen waren neben der Beweidung der Anbau von Futtergräsern, Getreide, Wurzelfrüchten, Gemüse und Beeren. Ihren Höhepunkt erreichte die Streuobstwirtschaft Mitte des 20. Jahrhunderts. Die letzten großflächigen Streuobstpflanzungen fanden während des Zweiten Weltkrieges und in der Nachkriegszeit statt, um die Versorgung der Bevölkerung mit frischem Obst zu verbessern (Müller 2005).

Seit den 1950er-Jahren ist die Streuobstfläche wieder stark rückläufig. In Baden-Württemberg erfasste die Agrarstatistik nahezu 18 Millionen Streuobstbäume im Jahr 1965, während für 1990 11,4 Millionen Bäume und für 2009 nur noch 9,3 Millionen Bäume genannt werden (MLR 2009). Im Zuge der Intensivierung wurden viele Streuobstbestände systematisch durch moderne Intensiv-Obstanlagen ersetzt, welche eine rationale Bewirtschaftung mit Maschinen erlauben. In den 1960er- und 1970er-Jahren bezuschussten das Land Baden-Württemberg und die Europäische Wirtschaftsgemeinschaft die Rodung von Streuobstbeständen, um die »Modernisierung« des Obstbaus zu fördern. Dadurch wurden zwischen 1957 und 1974 ca. 15 700 Hektar Streuobstbestände gerodet (Weller 2006). Viele der ortsnahen Streuobstbestände verschwanden im Zuge der Ausweisung von Siedlungs- und Gewerbegebieten. Der Neu- und Ausbau von Straßen führte insbesondere zur Rodung von Obstbaumreihen.

Streuobstbestände benötigen Pflegemaßnahmen, insbesondere regelmäßigen Obstbaumschnitt und Nachpflanzungen. Mit der aufkommenden Konkurrenz durch Niederstamm-Obstplantagen und durch veränderte Konsumgewohnheiten (z. B. höhere Qualitätsansprüche an Tafelobst) verlor der Streuobstbau vielfach an Wirtschaftlichkeit. Infolge der Nutzungsaufgabe und fehlenden Nachpflanzung wurden viele Bestände von Stauden und Büschen überwuchert und überalterten, viele Obstbäume gingen durch fehlende Pflege ein. Die verbleibenden Streuobstbestände werden heute kaum mehr von hauptberuflichen Obstbauern, sondern überwiegend von Nebenerwerbslandwirten und Selbstversorgern bewirtschaftet (Weller 2006). Die Obstbäume finden sich ganz überwiegend auf Wiesen und Weiden, während die einst weit verbreiteten Streuobstäcker fast komplett aus der Landschaft verschwunden sind.

Kulturelle Leistungen von Streuobstwiesen

Trotz, oder vielleicht gerade wegen des großflächigen Verschwindens von Streuobstwiesen mehren sich die Stimmen, die insbesondere die kulturellen Leistungen von Streuobstwiesen als einen für die Region typischen und überaus wertvollen Lebensraum herausstellen. Allerdings bleiben diese immateriellen Werte um Ästhetik, Kulturerbe oder Heimat in der Regel recht vage und lassen sich nur schlecht in umfassende Analysen zu ÖSD einbringen. Daher wird im Folgenden ein Ansatz vorgestellt, die kulturellen Leistungen beispielhaft für einen Teil des Streuobstwiesengürtels um den Ort Unterlenningen im Vorland der Schwäbischen Alb zu konkretisieren.

- **Manifestationen kultureller ÖSD in Streuobstwiesen des mittleren Albvorlands**

Der Methode liegt die Überlegung zugrunde, dass, ähnlich wie andere Landnutzungen, auch die Nutzung kultureller ÖSD Spuren in der Landschaft hinterlässt. So zeugen beispielsweise Lagerfeuerstellen von einer Erholungsnutzung, Wegkreuze von spirituellen Werten oder gepflegte historische Landschaftselemente von der Verbundenheit mit dem Kulturerbe. Grundidee der skizzierten Untersuchung ist es, solche sichtbaren Manifestationen

◘ Abb. 6.21   Sitzbänke als Manifestation von ästhetischen Werten und Erholungsleistungen der Landschaft. © Claudia Bieling

kultureller ÖSD räumlich explizit zu erfassen. Das Vorgehen greift dabei neuere Ideen aus der Landschaftsforschung auf, die hervorheben, dass Werte in Bezug auf Landschaften entscheidend mit dem aktiven Erleben, d. h. der Nutzung von Landschaften, verknüpft sind (Eiter 2010; Stephenson 2008).

In einer systematischen Feldbegehung wurden alle Anzeichen von Nutzungen, die primär mit immateriellen Werten verbunden sind, in eine Karte und später in ein digitales räumliches Informationssystem aufgenommen (Methodik und Ergebnisse detailliert in Bieling und Plieninger 2012). In dem untersuchten Gebiet wurde eine Vielzahl von Manifestationen kultureller ÖSD aufgefunden, die sich sieben Kategorien ähnlicher Nutzungsformen zuordnen lassen: Sitzbänke (◘ Abb. 6.21), Gärten, Hochsitze für die Jagd, Erholungseinrichtungen (z. B. kleine Freizeithütten, Grillstellen), Zeichen der Erinnerung und des Kulturerbes (z. B. an einer Sitzbank angebrachte Gedenkplakette an eine Person), Wege und Schilder für Wanderer und Mountainbiker sowie »andere« (z. B. eine auf religiöse Werte hindeutende kleine Weihnachtsbaum-

plantage für den Eigenbedarf) (◘ Tab. 6.7). Gärten und jagdliche Einrichtungen wurden als primärer Ausdruck von immateriellen Werten gedeutet, da sich hier ein bestimmter, eng mit der Identität verknüpfter Lebensstil und auch eine Erholungsnutzung offenbart, gegenüber denen die Bedeutung der gleichzeitig erbrachten Versorgungsleistungen (Gemüse, Wildfleisch) in den Hintergrund tritt.

Die Kategorien vorgefundener Manifestationen immaterieller Werte wurden in einem zweiten Schritt mit den Typen von kulturellen ÖSD, wie sie vom Millennium Ecosystem Assessment (MEA 2005) beschrieben werden, verknüpft (◘ Tab. 6.7). Dabei zeigt sich eine besondere Bedeutung der Erholung und der Identität, während Inspiration und spirituelle Werte nur in einem geringen Maß mit den untersuchten Streuobstwiesen verbunden zu sein scheinen.

Bei diesen Schlussfolgerungen sind jedoch zwei wichtige Punkte zu beachten: Zum einen bildet die beschriebene Methode offensichtlich nicht alle Typen von kulturellen ÖSD in gleichem Umfang ab. So wurden beispielsweise keine Manifestationen gefunden, die eindeutig mit Inspirationsleistungen

□ Tab. 6.7 Typen kultureller ÖSD, zugeordnete sichtbare Manifestationen und ihre Bedeutung in dem untersuchten Streuobstwiesenbereich in Unterlenningen

Typen kultureller ÖSD	Zugeordnete sichtbare Manifestationen	Bedeutung (Anteil an Gesamtzahl der vorgefundenen Manifestationen)
Identität	Gärten, Hochsitze für die Jagd, Teich, Weihnachtsbaumplantage	28 %
Kulturerbe	Zeichen der Erinnerung und des Kulturerbes	5 %
spirituelle Werte	Weihnachtsbaumplantage	1 %
Inspiration	–	0 %
ästhetische Werte	Sitzbänke	11 %
Erholung	Wege und Schilder für Wanderer und Mountainbiker, Erholungseinrichtungen, Sitzbänke, Gärten, Hochsitze für die Jagd	55 %

verbunden werden können. Es ist jedoch durchaus davon auszugehen, dass Menschen aus den Streuobstwiesen Inspiration schöpfen. Die Effekte dieses Erlebens zeigen sich allerdings nicht in der Landschaft selbst, sondern es wäre vielmehr notwendig, die Bilder von Kindern oder Texte lokaler Autoren auszuwerten. Zudem sind Manifestationen immaterieller Werte kontextabhängig, und ein Vergleich über unterschiedliche Kultur- und Naturräume hinweg wäre nicht aussagekräftig. In der überwiegend protestantischen Gemeinde Unterlenningen fanden sich beispielsweise kaum Zeichen, die auf spirituelle Werte hinweisen. Hier ist es, anders als in katholisch geprägten Gemeinden einige Kilometer weiter, nicht üblich, religiöse Werte z. B. über Wegkreuze in der Landschaft zum Ausdruck zu bringen. Es wäre jedoch ein Fehlschluss zu folgern, dass in protestantisch geprägten Gegenden weniger religiöse Werte mit der Landschaft verbunden werden als in katholischen.

Die räumlich explizite Analyse der Manifestationen bietet viele Anknüpfungspunkte: Sie weist zum einen auf *hot spots* hin, in denen kulturelle ÖSD gehäuft auftreten, zum anderen aber auch auf Orte, die in dieser Hinsicht eine relativ geringe Bedeutung haben. Darüber hinaus zeigt die Visualisierung auf, dass es typische Zusammenhänge zwischen den verschiedenen kulturellen ÖSD zu geben scheint. So traten in den untersuchten Streuobstwiesen Manifestationen im Hinblick auf

Erholung, Identität und Kulturerbe häufig gebündelt auf. Gleichermaßen lassen sich Eigenschaften der Landschaft z. B. hinsichtlich der Topographie oder Exposition mit vorgefundenen Anzeichen von Nutzungen korrelieren, bei denen immaterielle Werte im Vordergrund stehen. Hier ist jedoch die Komplexität des Verhältnisses zwischen Raum und kulturellen ÖSD zu beachten. Beispielsweise werden ästhetische Werte (z. B. eine schöne Aussicht) sowohl durch den Ort der Nutzung bestimmt (der Ort, an dem der Ausblick genossen wird) als auch durch den Ort, der betrachtet wird (d. h. die Landschaft, der der Ausblick gilt).

- **Kulturelle ÖSD als argumentativer Hebel zur Förderung der Kulturlandschaftserhaltung**

Wie das Beispiel der Streuobstwiesen zeigt, haben Kulturlandschaften eine vielfältige Bedeutung im Zusammenhang mit immateriellen Werten. Dies betrifft den Tourismus, ganz wesentlich aber auch die örtliche Bevölkerung und insbesondere die Landeigentümer, die entsprechende Nutzungen zulassen oder fördern. Immaterielle Werte spielen in Entscheidungen der Landnutzungspraxis eine erhebliche Rolle. Dies zeigt z. B. eine Studie, die beleuchtet, wie Waldbauern naturnahen Bewirtschaftungsformen gegenüberstehen. Sie kommt zu dem Schluss, dass die Akzeptanz solcher Ansätze weniger von Förderprogrammen abhängt, als vielmehr davon, ob diese Bewirtschaftungsformen ins jeweilige Weltbild, Wertesystem oder zu den Familientraditionen passen (Bieling 2004). Insofern stellen kulturelle ÖSD einen entscheidenden argumentativen Hebel dar, wenn es darum geht, eine an breiten ÖSD orientierte Kulturlandschaftsentwicklung zu fördern. Ein weiterer zentraler Gesichtspunkt ist hierbei, dass kulturelle ÖSD, anders als dies etwa bei Versorgungs- oder Regulierungsleistungen typischerweise der Fall ist, an einen spezifischen Ort gebunden und nicht ersetzbar sind (MEA 2005). Mit dem in Mitteleuropa gehobenen wirtschaftlichen Standard ist es möglich, Agrarprodukte aus anderen Regionen der Welt zu importieren. Werte wie Naherholung, Heimat oder die Bindung an historische Wurzeln sind jedoch untrennbar mit den hiesigen Kulturlandschaften verknüpft – wenn sie nicht vor Ort erhalten werden, sind sie verloren (Guo et al. 2010).

Instrumente und zivilgesellschaftliche Initiativen zum Erhalt der vielfältigen Leistungen von Streuobstwiesen

Angesichts der vielfältigen kulturellen und anderen wichtigen ÖSD, die von Streuobstwiesen als wesentlichem Element der regionalen Kulturlandschaft erbracht werden, kommt politischen und ökonomischen Steuerungsinstrumenten, die dem Rückgang und der zunehmenden Degradation der Streuobstbestände Einhalt gebieten können, eine besondere Bedeutung zu. Im Unterschied zu anderen Bundesländern wie beispielsweise Sachsen (▶ Abschn. 6.5.2) sind Streuobstbestände in Baden-Württemberg nicht systematisch unter speziellen staatlichen Schutz gestellt. Allerdings sind sie häufig als Flächen im Europäischen Schutzgebietssystem Natura 2000 ausgewiesen, sind Bestandteile von Natur- oder Landschaftsschutzgebieten oder befinden sich in der sogenannten Pflegezone des Biosphärengebiets. Außerhalb von Naturschutzgebieten ist eine landwirtschaftliche Nutzung der Streuobstwiesen grundsätzlich zulässig, muss jedoch extensiv erfolgen oder weiteren spezifischen naturschutzfachlichen Anforderungen genügen (MLR 2009). Solche Gesetze und Auflagen werden von den Landnutzern jedoch häufig als staatliche Gängelung empfunden. Vor allem aber beinhalten sie in der Regel keine Verpflichtung zur aktiven

Pflege von Streuobstbeständen, die zu deren Erhalt zwingend notwendig ist.

Um der Abnahme und zunehmenden Degradation von Streuobstbeständen entgegenzuwirken, wurde in den letzten Jahren eine Reihe von öffentlichen und privaten Finanzierungsprogrammen und anderen anreizbasierten Instrumenten ins Leben gerufen. Bei diesen Zahlungs- bzw. Honorierungsmechanismen (in der anglophonen Literatur auch als *Payments for Ecosystem Services* bezeichnet) wird eine fest definierte Maßnahme, beispielsweise ein spezifischer vogelfreundlicher Pflegeschnitt, gegen Zahlung eines bestimmten Betrages freiwillig durchgeführt. In Baden-Württemberg werden so durch die Landesregierung jährlich etwa 10 Millionen Euro für direkte oder indirekte Maßnahmen zum Erhalt von Streuobstbeständen ausgegeben (MLR 2009). Meist zielen diese jedoch nur indirekt auf kulturelle ÖSD, obgleich diese von den geförderten Maßnahmen in vielen Fällen auch profitieren. Eine explizite Förderung kultureller Leistungen scheitert häufig daran, dass sie im Vergleich mit Versorgungs- und Regulierungsleistungen sehr viel schwerer fassbar, bestimmten Wirtschaftsformen zuzuordnen oder gar quantifizierbar sind.

Der Erhalt von Streuobstbeständen wird vor allem im Rahmen des Baden-Württembergischen Agrar-Umweltprogramms MEKA III gefördert. Für die verpflichtende Bewirtschaftung und Pflege des Grünlandes unter und zwischen den Bäumen sowie den Ersatz abgängiger Streuobstbäume durch Hochstammsorten erhalten Landnutzer 2,50 Euro je Baum. Weitere staatliche Zuschüsse für die Erhaltung, Pflege und Neuanlage von Streuobstbeständen werden in bestimmten Förder- bzw. Projektgebieten im Zuge von Flurneuordnungsmaßnahmen und im Rahmen der Landschaftspflegerichtlinie des Landes Baden-Württemberg gewährt. Künftig sollen schließlich die Anlage von Streuobstwiesen und deren Wiederherstellungspflege als Kompensationsmaßnahmen für Eingriffe in Natur und Landschaft anrechenbar sein und zum Erhalt entsprechender Ausgleichszahlungen berechtigen (sogenannte Ökokonten). Weitere staatliche Förderprogramme unterstützen die Verarbeitung und Vermarktung von Streuobst im Biosphärengebiet und darüber hinaus: Dazu gehört die investive Förderung von Diversifizierungsmaßnahmen landwirtschaftlicher Unternehmen, beispielsweise zum Aufbau von Kleinbrennereien, aber auch zur Schaffung leistungsfähiger Strukturen von Saftkeltereien und zur Anschaffung von mobilen Saftpressen und Abfüllanlagen (MLR 2008, 2009).

Eine weitere anreizbasierte Form der Förderung von Streuobstbeständen im Biosphärengebiet sind sogenannte Aufpreisinitiativen. Hier liegt der Auszahlungspreis für die Erzeuger über dem Tages- oder Normalpreis, wenn deren Früchte von Streuobstwiesen stammen, die besonders extensiv oder gar ökologisch bewirtschaftet werden und/oder aus bestimmten regionalen Anbaugebieten stammen. So wurde beispielsweise im Rahmen des seit dem Jahr 2001 in der Region tätigen »PLENUM-Projekts des Landes Baden-Württemberg zur Erhaltung und Entwicklung von Natur und Umwelt« und in Zusammenarbeit mit lokalen Keltereien und Kreisobstverbänden die Fruchtsaft- und Likörmarke »ebbes Guad's« geschaffen. Die Früchte hierfür stammen von etwa 200 Hektar nach spezifischen Kriterien bewirtschafteten Streuobstwiesen. Dafür erhalten die Erzeuger 3 Euro pro Dezitonne über dem Tagespreis. Bei der ebenfalls mit PLENUM-Mitteln unterstützten Apfelsaftinitiative »Feines von Reutlinger Streuobstwiesen« wird durch einen noch höheren Aufpreis die Bewirtschaftung nach zusätzlichen und strengeren ökologischen Kriterien honoriert. Im PLENUM-Gebiet »Schwäbische Alb« werden neben den Aufpreisinitiativen beispielsweise auch Infrastrukturmaßnahmen für Mostereien und Keltereien kofinanziert sowie Projekte zur besseren Vernetzung von Akteuren entlang der gesamten Wertschöpfungskette (Erzeuger, Verarbeiter, Handel, Gastronomie, Verbraucher), zur Verbesserung der Öffentlichkeitsarbeit und zur Aus- und Weiterbildung von Streuobstwirten gefördert (PLENUM 2008).

Das breite Spektrum an Zahlungs- und Honorierungsprogrammen zur Förderung des Streuobstanbaus verdeutlicht die zunehmende Bedeutung anreizbasierter Förderinstrumente zum Erhalt von Kulturlandschaften. Dies erscheint umso richtungweisender, als dass es sich bei der Mehrzahl der von Streuobstwiesen bereitgestellten ÖSD um öffentliche Güter handelt, für die sich »freie Märkte« in der Regel nicht herausbilden. Die genannten Fördermaßnahmen und Initiativen haben sicher

Anstöße zum Erhalt und zur Pflege von Streuobstbeständen gegeben.

Eine Reihe von Faktoren lässt es allerdings zweifelhaft erscheinen, dass die bestehenden anreizbasierten Förderinstrumente hinsichtlich ihrer finanziellen Ausstattung und inhaltlichen Ausgestaltung in der Lage sein werden, den Rückgang und die Degradation der Streuobstbestände maßgeblich aufzuhalten oder sogar umzukehren. So werden gerade einmal 1,67 Millionen der insgesamt 9,3 Millionen Streuobstbäume in Baden-Württemberg im Rahmen des Agrar-Umweltprogramms MEKA III gefördert (MLR 2010). Die geringe Inanspruchnahme dieses Förderinstruments resultiert zum einen daraus, dass ein Großteil der Streuobstflächen nicht von Landwirten, sondern von Hobbybewirtschaftern gepflegt wird und somit nicht förderberechtigt im Sinne EU-kofinanzierter Agrar-Umweltprogramme ist. Zum anderen sind der Anbau und die Pflege von Streuobstwiesen mit hohen Kosten verbunden, die durch die Förderprämien vor allem der staatlichen Programme nur teilweise abgegolten werden. Darüber hinaus sind die mit den Förderprogrammen verbundenen Bewirtschaftungsauflagen und Förderzeiträume häufig sehr unflexibel und kaum räumlich und betrieblich differenziert ausgestaltet. Konkurrierende Politiken, wie beispielsweise zur Förderung des Energiepflanzenanbaus, erhöhen zudem die Opportunitätskosten der Streuobstbewirtschaftung und verstärken somit den Flächendruck auf die Streuobstbestände (Schleyer und Plieninger 2011). Schließlich erscheint es angesichts einer immer rigideren staatlichen Ausgabenpolitik sinnvoll, vermehrt private Finanzierungsquellen für derartige Förderprogramme zu nutzen. Aufpreisinitiativen, private Investitionen in Vermarktungs- und Weiterverarbeitungsinfrastrukturen sowie die Nutzung von Ausgleichszahlungen für Flächeneingriffe bieten hier ein erhebliches Potenzial.

Fazit

Streuobstwiesen vereinen viele Merkmale traditioneller Kulturlandschaften und stellen vielfältige ÖSD bereit. Während sie ursprünglich zum Zwecke der flächeneffizienteren Nahrungsmittelproduktion entstanden sind, werden sie heute insbesondere für ihre kulturellen Leistungen wie Heimatverbundenheit, Erholung und Inspiration geschätzt. Doch die übergreifenden Landnutzungstrends der letzten Jahrzehnte – Intensivierung der Produktionsmethoden, Siedlungs- und Infrastrukturentwicklung auf der einen, Nutzungsaufgabe auf der anderen Seite (Plieninger et al. 2006) – spiegeln sich auch im Falle der mitteleuropäischen Streuobstwiesen wider. Die Bestände sind dadurch vielerorts in ihrem Fortbestand bedroht.

Bei den Bemühungen, traditionelle Kulturlandschaften zu bewahren und verschiedene Landnutzungsansprüche abzuwägen, kann der ÖSD-Ansatz wertvolle Perspektiven eröffnen. Um den gesellschaftlichen Wert einer Landschaft vollständig zu erfassen, müssen jedoch die kulturellen ÖSD mitberücksichtigt werden.

Eine Möglichkeit, kulturelle Leistungen in der Landschaft zu konkretisieren, liegt in der Kartierung von Elementen, in welchen sich die kulturelle Bedeutung der Landschaft manifestiert. Bewusste Verknüpfung von Werten wie Erholung, Identität und Heimatverbundenheit der Landnutzer mit konkreten Landschaftselementen kann unter Umständen einen stärkeren und effizienteren Anreiz bieten, diese zu erhalten, als es durch Vorschriften oder finanzielle Förderung allein der Fall ist. Das große Potenzial des ÖSD-Konzepts im Landschaftsmanagement liegt darin, die vielfältigen Bezüge von Kulturlandschaften zu verschiedenen Aspekten des menschlichen Wohlbefindens sichtbar zu machen. Doch erst wenn die Zusammenhänge zwischen Landnutzung und den immateriellen Parametern von Lebensqualität ebenso bewusst gemacht werden wie die materiellen, können die kulturellen Leistungen auch entgegen vordergründigen ökonomischen Interessen bewahrt bzw. durch gezielte Politiken oder private Initiativen gefördert werden.

6.5.2 Bilanzierung von Landschaftspflegemaßnahmen

K. Grunewald, R.-U. Syrbe und O. Bastian

Zielstellung und Methodik

Es besteht ein breiter gesellschaftlicher Konsens zum dauerhaften Erhalt und zur Entwicklung unserer Kulturlandschaften mit ihren Lebensräumen, die sich in einer wachsenden Nachfrage nach Biodiversität und vielfältigen ÖSD sowie in der Bereitschaft äußert, hierfür finanzielle Mittel aufzuwenden (z. B. Hampicke 2006; Spangenberg und Settele 2010). Kulturlandschaften und ihre Ökosysteme erbringen neben Versorgungs-Dienstleistungen (z. B. Erzeugung von Nahrungsmitteln und Rohstoffen durch Land- und Forstwirtschaft) auch viele Regulations- und soziokulturelle ÖSD. Doch der Mensch muss zur Sicherung seiner Existenz in die Natur eingreifen und diese durch verschiedene Formen der Landnutzung verändern. Damit die breite Palette der ÖSD dauerhaft zur Verfügung gestellt werden kann, d. h. biologische Vielfalt und Leistungsfähigkeit der Ökosysteme erhalten bleiben, ist ein zielgerichtetes Landschaftsmanagement notwendig.

Trägt man dem in Verträgen, Richtlinien, Gesetzen und Verordnungen (z. B. EU-Natura-2000-Richtlinien, EU-Biodiversitätsstrategie, Maßnahmenprogramm zur biologischen Vielfalt) politisch fixierten Bedarf an Erhaltung von Arten und Lebensräumen Rechnung, so müssen entsprechend den fachlich abgeleiteten Anforderungen geeignete Maßnahmen ergriffen werden. Diese sind meist mit Kosten verbunden, so die Mahd von Bergwiesen, die Renaturierung von Fließgewässern oder die Durchführung spezieller Artenhilfsprogramme. Ist die Gesellschaft bereit, diese Aufwendungen zu tragen – sei es um internationalen Verpflichtungen nachzukommen, die Naturschutzgesetze einzuhalten oder die Lebensqualität in der Gemeinde zu stärken – so ist das ein Ausdruck für die Befriedigung einer bestehenden gesellschaftlichen Nachfrage nach Natur bzw. nach diesen Ökosystemen und ihren Leistungen und letztlich ein – wenn auch indirekter – Indikator für deren Wert. Da insbesondere ethische, ästhetische und informelle Werte von Ökosystemen monetär kaum oder gar nicht bestimmt werden können, ist der minimale Erhaltungsaufwand eine Stellvertretergröße, weil ohne diesen die Existenz der betreffenden Ökosysteme überhaupt in Frage steht.

Die Gesamtheit aller Maßnahmen zur Sicherung, Pflege und Entwicklung naturnaher Lebensräume für heimische Pflanzen- und Tierarten, zur Pflege und Renaturierung bei Schäden an Naturhaushalt und Landschaftsbild wird als Landschaftspflege definiert (Jedicke 1996). Eine wichtige Aufgabe ist dabei die Erhaltung und Entwicklung der ökologischen und landschaftlichen Vielfalt. Die Landschaftspflege kümmert sich um die Sicherung und Bereitstellung von Gemeinwohlleistungen für die Gesellschaft (insbesondere regulative und soziokulturelle ÖSD).

Auch wenn sich entsprechende Datengrundlagen nach und nach verbessern, sind nachvollziehbare Berechnungsmodelle bezüglich der Bewertung von Landschaftspflegeleistungen noch wenig gebräuchlich. Kenntnisse über Größenordnungen erforderlicher Finanzmittel sind jedoch notwendig, um eine extensive Flächenbewirtschaftung zumindest in Teilen und/oder zusätzliche Nutzungs-, Pflege- und Entwicklungsaufwendungen für Biotope zu planen und zu gewährleisten. Zahlungen für Ökosysteme und Nutzen aus ÖSD müssen im Zusammenhang betrachtet werden (Verteilungsoptionen). Erhalten beispielsweise Landwirte Zahlungen für Landschaftspflegemaßnahmen, z. B. für die extensive Grünlandnutzung, haben sie zwar Anspruch auf die Vergütung von Mehraufwendungen bzw. Einkommensausgleich. Da sie aber Teilnehmer am Markt sind, müssen wettbewerbsverzerrende und nicht durch entsprechende Gegenleistungen abgedeckte Subventionen vermieden werden.

Die Ermittlung des Landschaftspflegebedarfs beinhaltet in der Regel die flächendeckende Erfassung der Landschaftspflegeobjekte bzw. -aufgaben (Biotope, Strukturen, Arten sowie deren Defizite) und die Abschätzung der jahres- und objektbezogenen Pflegekosten. Der finanzielle Gesamtbedarf setzt sich aus den Kosten für die pflegenden, entwickelnden und investiven Maßnahmen pro Biotop- und Lebensraumtyp sowie besonderen Aufwendungen für den Artenschutz zusammen.

Aufbauend auf Ansätzen von LfUG (1999) und Döring (2005) wurde eine Methodik für eine landesweite Landschaftspflegebilanz mit regionaler Differenzierungsmöglichkeit auf Kreis- und Naturraumebene am Beispiel von Sachsen erarbeitet. Diese ist in ◘ Abb. 6.22 dargestellt. Methodik, Bilanzergebnisse und Schlussfolgerungen der »Landschaftspflegestrategie Sachsen 2020«, die im Auftrag des Sächsischen Landesamtes für Umwelt,

Landwirtschaft und Geologie (LfULG) erarbeitet wurde, sind in Grunewald und Syrbe (2012) ausführlich dargestellt.

Die sachlichen Handlungsfelder der Landschaftspflege umfassen vor allem Offenlandbereiche, Gewässerstrukturen, Wälder sowie objekt- und flächenbezogene Maßnahmen des Artenschutzes. Dabei sind insbesondere Bezüge zur FFH-Managementplanung sowie zur üblichen Förderpraxis im Bereich Naturschutz und Landschaftspflege herzustellen.

Die verfügbaren Datengrundlagen sind meist von unterschiedlicher Qualität (Erhebungsstand, regional unterschiedliche Kartierer etc.). Dies gilt für den gesamten analytischen Teil einer Landschaftspflegestrategie, der auf Fakten und Setzungen basiert. Infolgedessen sollten Fehlerbereiche und Unsicherheiten in der Gesamtbetrachtung berücksichtigt werden. Die Ergebnisse müssen deshalb mit Literaturdaten, Expertenwissen und weiteren Ansätzen verifiziert werden, um in der Größenordnung als gesichert gelten zu können und für den spezifischen Zweck der Landschaftspflegestrategie eine hinreichende Genauigkeit abzugeben.

Die am Beispiel Sachsens aufgestellte Landschaftspflegebilanz begann mit der Ermittlung der Biotopflächen auf Grundlage der selektiven Biotopkartierung (SBK). Diese räumliche Bezugsbasis für alle Maßnahmen und Kosten umfasst allerdings nur einen Teil der naturschutzrelevanten Fläche. Sie wurde um die innerhalb der Natura-2000-Gebiete kartierten Lebensraumtypen (LRT) erweitert, soweit diese über die Biotopkartierung hinausgehen. Die wertvollen Biotope der Ackerflächen sind um den Anteil der sogenannten *High Nature Value*-Flächen (HNV-Flächen nach BfN, www.bfn.de/0315_hnv.html) erweitert worden.

Aus dem Erhaltungszustand der Biotope und Lebensraumtypen wurde der Entwicklungsbedarf abgeleitet; d. h. der Anteil von Habitaten mit unzureichender Qualität (Bewertungsstufen B und C nach FFH-Managementplanung) gibt die Grundlage der Bedarfsermittlung für die meist umfangreicheren investiven (episodischen) Maßnahmen, welche über die erhaltende Pflege oder Nutzung hinausgehen. Zudem musste ermittelt werden, wo die naturräumliche Mindestausstattung an Strukturelementen, Trittsteinbiotopen und Rückzugs-

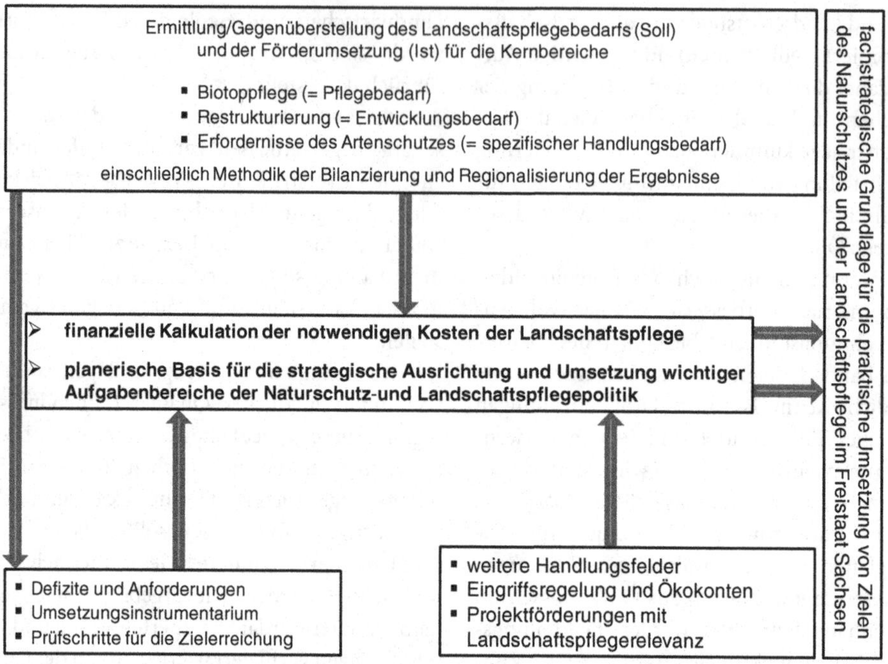

Ermittlung/Gegenüberstellung des Landschaftspflegebedarfs (Soll)
und der Förderumsetzung (Ist) für die Kernbereiche

- Biotoppflege (= Pflegebedarf)
- Restrukturierung (= Entwicklungsbedarf)
- Erfordernisse des Artenschutzes (= spezifischer Handlungsbedarf)

einschließlich Methodik der Bilanzierung und Regionalisierung der Ergebnisse

➢ finanzielle Kalkulation der notwendigen Kosten der Landschaftspflege

➢ planerische Basis für die strategische Ausrichtung und Umsetzung wichtiger Aufgabenbereiche der Naturschutz-und Landschaftspflegepolitik

- Defizite und Anforderungen
- Umsetzungsinstrumentarium
- Prüfschritte für die Zielerreichung

- weitere Handlungsfelder
- Eingriffsregelung und Ökokonten
- Projektförderungen mit Landschaftspflegerelevanz

fachstrategische Grundlage für die praktische Umsetzung von Zielen des Naturschutzes und der Landschaftspflege im Freistaat Sachsen

Abb. 6.22   Schema zur Erarbeitung einer Landschaftspflegestrategie. Adaptiert nach Grunewald und Syrbe 2012

räumen so weit unterschritten ist, dass sich eine Restrukturierung bzw. Strukturanreicherung zumindest von linearen Elementen oder Kleinstrukturen in den intensiv genutzten Landschaften als dringend erforderlich erweist. Schließlich waren Maßnahmen für die Erhaltung und gegebenenfalls Förderung ausgewählter Zielarten zusammenzustellen, die nicht mit vorgenannten flächenhaften Bezugsgrundlagen bemessen werden können.

Die Kostenschätzungen für die pflegenden, entwickelnden, restrukturierenden und artbezogenen Maßnahmen orientierten sich an den geltenden Fördersätzen für Naturschutz und Landschaftspflege sowie an Maßnahmen und entsprechenden Kalkulationen der FFH-Managementplanung. Die für den Freistaat Sachsen insgesamt kalkulierten Kosten wurden regional ausdifferenziert, einerseits für die einzelnen Landkreise, andererseits für die Naturregionen und -räume. Der auf diese Weise kalkulierte Förderbedarf bestimmt die Soll-Seite der Bilanz, d. h. den benötigten Kostenaufwand (100 %-Kalkulation, keine Berücksichtigung von Eigenanteilen). Transaktionskosten und moderate Steigerungsraten der Pflegekosten sind für die

kommende Dekade abgeschätzt und soweit möglich berücksichtigt worden.

Dem ermittelten Bedarf wurde eine Ist-Analyse gegenübergestellt, welche für jeden der angesprochenen Posten die tatsächlich verausgabten Aufwendungen und Fördermittel beinhaltet. Dabei lag die methodische Herausforderung in der Berücksichtigung der unterschiedlichen Finanzierungsinstrumente und Projektmittelgeber, um ein möglichst realistisches Bild über das Verhältnis von Bedarf und Umsetzung zu gewinnen. Der Vergleich beider Seiten ergab einen Überblick über die Mittelausstattung der Landschaftspflege, der durch die finanzielle Betrachtung übersichtlich, aber auch sehr grob ist und im Einzelfall einer Untersetzung bedarf (Grunewald und Syrbe 2012).

Ausgewählte Ergebnisse einer Landschaftspflegebilanz am Beispiel Sachsens

- **Pflegerelevante Biotope und Kosten der Biotoppflege**

Die im Sinne der Landschaftspflege relevante Biotopfläche in Sachsen wurde mit rund 162 000

Hektar ausgewiesen. Sie macht damit ca. 9,3 % der Landesfläche Sachsens aus. Davon wurden mehr als die Hälfte der Fläche mit regelhaften Pflegemaßnahmen (Grünlandbiotope, Heiden und Magerrasen) und naturschutzgerechter Nutzung (Acker, Grünland) bilanziert. Die als episodisch bezeichneten Pflegemaßnahmen sind auf ca. der Hälfte der ausgewiesenen Biotopfläche Sachsens relevant, darunter auf allen Waldbiotoptypen. Die Biotoptypen Naturnaher Teich/Weiher, Streuobstwiese, Zwergstrauchheide, Niedermoor und Sumpf bedürfen sowohl regelhafter als auch episodischer Pflegemaßnahmen.

Gegenüber der Bilanzanalyse von 1999 (LfUG 1999) erhöhte sich die Fläche um 4,1 %, was etwa einer Verdoppelung der maßnahmenrelevanten Fläche entspricht. Dies liegt vor allem in der Einbeziehung der Kategorie »zu extensivierende Äcker« begründet, weil sich in den zurückliegenden Jahren die Intensität der Bewirtschaftung und damit der Handlungsbedarf im Bereich des Ackerlandes signifikant erhöht haben (z. B. bezüglich der Verbesserung des Populationszustandes bodenbrütender Vogelarten oder der Sicherung von Segetalarten). Die zu extensivierenden Äcker machen allein 33 000 Hektar, also ca. 3 % der Agrarfläche Sachsens, aus. Aber auch die pflegerelevanten Anteile an Waldbiotopen, Gehölzen, Hecken und Gebüschen haben sich erhöht, und es sind Lebensräume nach der FFH-Richtlinie dazugekommen, die früher über die selektive Biotopkartierung (SBK) nur zum Teil erfasst wurden. Neu entstehende Biotope auf Bergbaufolgeflächen zeichnen sich zum Teil durch naturschutzfachlich wertvolle Lebensräume aus. Dieses Potenzial sollte in angemessener Weise für Prozessschutz und wissenschaftliche Untersuchungen zur Biodiversität genutzt werden (SMUL 2009a). In der Landschaftspflegekonzeption 1999 noch als Extrakategorie ausgewiesen, sind diese nunmehr weitgehend mit den Grundlagen der Biotop- und Lebensraumkartierung erfasst.

Für alle pflegerelevanten Biotoptypen wurden Kostensätze kalkuliert, die sich an typischen Maßnahmen der Landschaftspflege und an aktuellen Fördersätzen in Sachsen orientieren. Es wurde ein Bedarf von rund 49 Mio. Euro pro Jahr für die Pflege und Entwicklung von Biotopen in Sachsen kalkuliert (Grunewald und Syrbe 2012). Allein für »zu extensivierende Äcker« ergibt sich ein geschätzter Bedarf von 17 Millionen Euro pro Jahr. Auf Kreis- und Naturraum- bzw. Naturregionenebene wurden Handlungsschwerpunkte und Mittelbedarf aufgezeigt. Die Kosten korrespondieren mehr oder weniger mit der Biotoppflegefläche pro Kreis. Entsprechend müssten in Landkreisen mit großer Fläche und hohem Anteil pflegerelevanter Biotope Kosten bis 7,7 Millionen Euro pro Jahr aufgewendet werden, während in den kreisfreien Städten Leipzig und Dresden sowie insbesondere Chemnitz diesbezüglich ein wesentlich geringerer Finanzbedarf besteht. Das wäre ein Ansatzpunkt für den in ▶ Abschn. 5.2.2 diskutierten ökologischen Finanzausgleich.

- **Restrukturierungsbedarf für Landschaftselemente und Biotopstrukturen**

Ferner wurden methodische Ansätze erarbeitet, wie auf Basis vorliegender Fachdaten Planungsgrundlagen für verschiedene Restrukturierungsmaßnahmen ermittelt werden können (Syrbe und Grunewald 2012). Die Analyse konzentrierte sich auf den aktuellen Bestand an Gewässer-, Saum- und Gehölzstrukturen im Agrarraum im Vergleich zu fachlichen Anforderungen, um die Erfordernisse für entsprechende Restrukturierungen zu quantifizieren und zu verorten. Restrukturierung umfasst in diesem Fall auch die Strukturanreicherung auf Ackerflächen, d. h. landschaftsgestaltende Maßnahmen, auch Nutzungsänderungen bzw. die Umgestaltung von Flächen mit ihrer strukturrelevanten Wirkung werden unter dem Begriff subsummiert.

Untersucht und bilanziert wurden zunächst Fließgewässer und die sie begleitenden Strukturelemente. Dabei zeigte sich der Bedarf zur Öffnung verrohrter Fließgewässerabschnitte auf 300 km, die Restrukturierung von Gehölzen entlang ca. 680 km Gewässerläufe und die Auflassung bzw. Änderung von Nutzungen auf 23 700 ha im Gewässerumfeld. Eine quantitative Defizitanalyse legt darüber hinaus die Wiedererrichtung von 2 500 km linienhaften Strukturelementen der Agrarlandschaft nahe, was im Vergleich zu bisherigen Aktivitäten eine durchaus realistische Größenordnung ist. Damit würde zumindest hinsichtlich der Gehölzanlage eine Strukturdichte erreicht, wie sie vor der landwirtschaftlichen Kollektivierung die Landschaft prägte.

Die lössbestimmten Naturräume im Hügellandbereich weisen einen sehr hohen Restrukturierungsbedarf mit überdurchschnittlichen Kosten auf. Insgesamt wurden für Sachsen Restrukturierungskosten von rund 160 Millionen Euro bilanziert, die innerhalb der kommenden Dekade auf 25 000 Hektar Fläche umzusetzen wären (Grunewald und Syrbe 2012).

■ **Spezifische Artenschutzmaßnahmen**

Besondere Artenschutzmaßnahmen für gefährdete Tier- und Pflanzenarten sind notwendig, wenn die Bewirtschaftung im Rahmen der guten fachlichen Praxis, die Pflege- und Schutzmaßnahmen für Lebensräume oder Restrukturierungen bzw. Renaturierungen von Gewässer-, Gehölz- und Saumbiotopen nicht ausreichen, die Erhaltung dieser Arten langfristig zu sichern.

In Sachsen existieren zurzeit Artenschutzprogramme für Flussperlmuschel, Weißstorch und Fischotter. Die gegenwärtig notwendigen Kosten für spezifische Aufgaben des Artenschutzes in Sachsen wurden mit 2,43 Millionen Euro pro Jahr abgeschätzt, davon ca. 1,7 Millionen Euro pro Jahr für regional und 0,75 Millionen Euro pro Jahr für landesweit bedeutsame Arten. Erhebliche Mittel für diese Artenschutzmaßnahmen lassen sich über die Eingriffs- und Ausgleichsregelung bzw. Projekt- und Stiftungsgelder generieren.

■ **Umsetzungs- und Finanzierungsaspekte**

Unbestritten sind viele Erfolge durch die bisherigen Anstrengungen der Akteure der Landschaftspflege festzustellen. So ist es nicht nur gelungen, anthropogene Biotope wie Trocken- und Halbtrockenrasen, Zwergstrauchheiden und Borstgrasrasen, Berg- und Feuchtwiesen oder Steinrücken und Weinbergsmauern zu erhalten, es haben sich auch Bestände früher stark bedrohter Arten wie der Seeadler wieder erholt, einst ausgestorbene Arten wie der Wolf sind zurückgekehrt oder sie konnten wie der Lachs wieder angesiedelt werden.

Andererseits muss die Feststellung getroffen werden, dass eine grundsätzlich naturschonende Ausrichtung der Landbewirtschaftung bislang nicht erreicht worden ist. Die Bestandsaufnahmen

in den FFH-Gebieten sind dafür ein Beleg. So weisen beispielsweise sechs von 15 vorkommenden FFH-Lebensraumtypen der Agrarökosysteme in Sachsen einen ungünstigen Erhaltungszustand auf (Hettwer et al. 2009).

Im Rahmen der Agrarbewirtschaftung ist eine befriedigende Abgrenzung zwischen notwendigen Nutzungsprozessen und ökologisch nachteiligem Eingriff bis heute nur unzureichend gelöst, zumal sich die Bewirtschaftungsintensität und damit die Risiken für die Natur in den letzten Jahren ständig erhöht haben. Das Bezugsniveau der »guten fachlichen Praxis« ist hinsichtlich der Anforderungen von Naturschutz und Landschaftspflege sowohl im Agrar- als auch im Forstbereich bisher nicht in befriedigender Weise definiert. Schon allein deshalb ist die Anerkennung ökologischer Leistungen der Land- und Forstwirtschaft, z. B. als Ausgleichs- und Ersatzmaßnahme, schwierig.

Damit die Landnutzer als verlässliche Partner des Naturschutzes gewonnen und Naturschutzziele gemeinsam erreicht werden können, bedarf es eines entsprechenden Angebotes an flexiblen, zielorientierten und umsetzbaren Naturschutz-Fördermaßnahmen, denn sie sind das zentrale Element zur Umsetzung von Zielen des Naturschutzes und der Landschaftspflege auf wesentlichen Anteilen der Landesfläche. Über die finanzielle Wirkung ist eine hohe Verbindlichkeit und Bedeutsamkeit zu erreichen. Auf diese Weise lässt sich der Schutz von Natur und Kulturlandschaft auf kooperative Weise gewährleisten.

Für die Umsetzung von Zielen des Naturschutzes und der Landschaftspflege stehen als Finanzierungsinstrumente vor allem Förderprogramme in den Bereichen Umwelt und Naturschutz, Land-, Forst- und Fischereiwirtschaft sowie Entwicklung des ländlichen Raumes zur Verfügung. Dabei ist in den vergangenen Jahren der Einfluss internationaler Rechtsvorgaben auf die Förderangebote der Bundesländer gestiegen. In der aktuellen Periode 2007 bis 2013 finanziert sich die Förderung in erheblichem Umfang aus EU-Mitteln. Die wichtigste Grundlage für die Inanspruchnahme von EU-Finanzmitteln für Naturschutz und Landschaftspflege stellt der Europäische Landwirtschaftsfonds für die Entwicklung des ländlichen Raums (ELER) dar. In den Programmen zur ländlichen Entwicklung

◘ Tab. 6.8 Ausgaben (Landeshaushaltstitel) für Naturschutz und Landschaftspflege ausgewählter Bundesländer

	Baden-Württemberg	Bayern	Sachsen
Landeshaushalt (2011)	35,1 Mrd. €	42,5 Mrd. €	15,5 Mrd. €
davon Naturschutz und Landschaftspflege	ca. 30 Mio. €	ca. 39 Mio. €	ca. 10 Mio. €
%	0,09	0,09	0,06
€ je Einwohner	2,78	3,11	2,44
€ je km²	840	553	544

Quelle: Statistik der Bundesländer; SMUL 2010; Gottschall 2011; StMUG 2011

mit seiner Vielfalt an Flächen-, Maßnahmen- und projektbezogenen Förderungen stehen Werkzeuge und Finanzmittel bereit, die zu den Aufgaben des Biodiversitäts- und Naturschutzes in der Kulturlandschaft beitragen.

Die Aufgaben der Landschaftspflege werden durch die Bundesländer kofinanziert. Anhaltspunkte zu den (relativ geringen) Aufwendungen für Naturschutz und Landschaftspflege aus den Landeshaushalten vermittelt ◘ Tab. 6.8 anhand eines Vergleichs der Bundesländer Baden-Württemberg, Bayern und Sachsen. Obwohl der Hauptanteil der Förderung inzwischen aus EU-Mitteln bestritten wird, hat Sachsen beispielsweise die Ausgaben in der letzten Dekade noch um ca. 2 Millionen Euro erhöht (von ca. 8 Millionen Euro im Jahr 1999 auf ca. 10 Millionen Euro im Jahr 2011). Die Landesfördermittel tragen auch zum Erhalt von Arbeitsplätzen und zur Regionalentwicklung vor allem im ländlichen Raum bei. Zu beachten ist die sog. Hebelwirkung zur Finanzierung von Naturschutz und Landschaftspflege. Sachsen wird in der kommenden Förderperiode der EU ab 2014 allerdings statt bisher durchschnittlich 75 % nur noch 50 % Ko-Finanzierungsanteil im Regelfall erhalten, in Baden-Württemberg und Bayern ist dies schon in der gegenwärtigen EU-Förderung der Fall.

Die Maßnahmen der Landschaftspflege werden nicht angeordnet (Prinzip der Freiwilligkeit). Doch die Verwaltungsverfahren zur Förderung sind allein schon aufgrund der InVeKoS-Anforderungen (Integriertes Verwaltungs- und Kontrollsystem der EU) in der Regel sehr aufwändig (Antragstellung, Prüfung, Kontrolle). Die Bemühungen um eine größtmögliche Vereinfachung der Maßnahmen und des damit verbundenen Verwaltungs- und Kontrollaufwandes lassen sich nicht immer mit der Forderung nach maßgeschneiderten Förderrichtlinien vereinbaren. Die begrenzte Verfügbarkeit von Mitteln ist ein weiterer Grund für die Diskrepanz zwischen Ist-Förderung und dem fachlich ermittelten Bedarf (Soll).

Die Tatsache, dass die EU ihr selbst gestelltes Ziel verfehlt hat, bis zum Jahr 2010 den Rückgang der biologischen Vielfalt zu stoppen, erfordert neue bzw. veränderte Ansätze, um in der jetzigen Dekade erfolgreicher zu sein. Dringend geboten erscheint, ausgehend von der Sozialpflichtigkeit des Eigentums, den ordnungsrechtlichen Rahmen der Landnutzung exakter zu regeln. Im wirtschaftlichen Wettbewerb kann das Leitprinzip der Freiwilligkeit nur dann funktionieren, wenn auch die Grenzen der Nutzung fixiert sind. Um naturschädigende Handlungsweisen zu unterbinden, ist an eine Neudefinierung der »guten fachlichen Praxis« ebenso zu denken wie an die verbindliche Festlegung von Behandlungsrichtlinien, Ge- und Verboten in Schutzgebieten einschließlich Natura 2000. Da ein starker poltischer Wille und eine hohe gesellschaftliche Nachfrage nach biologischer Vielfalt und ÖSD bestehen, sollte es nicht allein dem Ermessen der zahlenmäßig relativ kleinen Gruppe der Landeigentümer bzw. -bewirtschafter überlassen bleiben, ob sie diesem Anliegen entspricht.

▪ Soll-Ist-Vergleich am Beispiel Sachsen
Als Soll-Größe der Landschaftspflege in Sachsen wurde unter fachlichen Kriterien eine Summe von 67,4 Millionen Euro pro Jahr ermittelt (= abgeschätzte Mindestaufwendungen für Landschafts-

pflege), davon 49 Millionen Euro für Biotoppflege und pflegliche Nutzung, 16 Millionen Euro für Restrukturierungsmaßnahmen und 2,4 Millionen Euro für den speziellen Artenschutz (Abgrenzungen siehe oben). Insgesamt ist damit eine um ca. 23,4 Millionen Euro höhere Bedarfssumme als vor einer Dekade kalkuliert worden, was durch einen größeren Aufgabenumfang, die Teuerungsrate, aber auch durch methodische Abweichungen bedingt ist. In der Rangfolge des Bedarfs folgen in den strategisch festgelegten Maßnahmenbereichen auf die Biotoppflege die Restrukturierung und dann der Artenschutz. Der Schwerpunkt hat sich weiter in Richtung Erhaltung (Biotoppflege: vier Fünftel des Kostenbedarfs) gegenüber der Entwicklung (Restrukturierungsmaßnahmen) verschoben. Die Pflege von Grünland nimmt weiterhin einen hohen Stellenwert ein, wird in der jetzigen Bedarfsermittlung allerdings deutlich vom ausgewiesenen Mittelbedarf für »zu extensivierende Ackerflächen« übertroffen.

Die Förderumsetzung im Freistaat Sachsen wurde exemplarisch für das Referenzjahr 2009 analysiert, wofür die Daten des Agrarberichtes (Agrarbericht in Zahlen 2009) sowie die Förderrichtlinien »Agrarumweltmaßnahmen und Waldmehrung« (RL AuW/2007), »Wald und Forstwirtschaft« (RL WuF/2007) und »Natürliches Erbe« (RL NE/2007) ausgewertet worden sind. Insgesamt betrug die Ist-Förderumsetzung im Bereich Naturschutz und Landschaftspflege für das Bezugsjahr 2009 aus diesen Programmen rund 12,5 Millionen Euro. Sie sind überwiegend der pfleglichen Nutzung und Biotoppflege zuzuordnen. Auf rund 36 000 Hektar Fläche in Sachsen wurden im Bezugszeitraum Naturschutzmaßnahmen realisiert (Grunewald und Syrbe 2012).

Koch et al. (2011) haben den Stand der aktuellen Teilnahme an der Naturschutzförderung im Freistaat Sachsen analysiert und bewertet. Wesentliche Aussagen sind:

- Die aktuell geförderte Biotoppflegefläche bleibt mit ca. 1 900 ha um rund 1 000 ha hinter dem Umfang der in den Jahren 2003 bis 2006 geförderten Fläche zurück. Als problematisch werden in diesem Zusammenhang das verspätete Inkrafttreten und baldige Aussetzen der Fördermöglichkeit, die anfallenden Kosten der Biomasseentsorgung und die Vorfinanzierung der Pflege gesehen.

- Auf ca. 14 % des Dauergrünlandes wird derzeit die naturschutzgerechte Grünlandbewirtschaftung gefördert, was eine leichte Steigerung gegenüber dem Vorgängerprogramm bedeutet und das trotz der Kritik an der Unflexibilität der Förderung gegenüber dem Vorgängerprogramm.

- Der Trend der Teilnahme an Maßnahmen der naturschutzgerechten Ackernutzung ist positiv, aber der Flächenumfang von Naturschutzäckern und Naturschutzbrachen ist viel zu gering, um dem Artenschwund auf Ackerflächen begegnen zu können. Weniger als 0,5 % des Ackerlands in Sachsen wird über Maßnahmen der naturschutzgerechten Bewirtschaftung und Gestaltung von Ackerflächen gefördert.

- Seit Jahren ist der Förderflächenumfang der naturschutzgerechten Teichbewirtschaftung auf hohem Niveau. Er beträgt aktuell 84 % der sächsischen Teichfläche.

- Die Umsetzung von investiven Naturschutzmaßnahmen im Offenland, an Gewässern und im Wald sowie von Artenschutzmaßnahmen liegt weit unterhalb des ermittelten naturschutzfachlichen Bedarfs.

Im Hinblick auf ÖSD können diese Sachverhalte wie folgt interpretiert werden: Die Teilnahme an Förderprogrammen ist momentan nicht besonders attraktiv, am ehesten noch bei Nutzungsformen, bei denen auf diese Weise deutlich zur Kostendeckung und Einkommenssicherung beigetragen werden kann (Grünland, Teiche), während im Ackerbau durch den Verkauf von Marktfrüchten und Biomasse relativ hohe Gewinne erzielt werden können, ohne auf die Fördermittel zurückgreifen zu müssen und ohne sich mit der komplizierten Antragsstellung zu befassen.

● Herausforderungen und künftige Aufgaben der Landschaftspflege

Das angestrebte Ziel der Landschaftspflege besteht in der Erhaltung und Förderung von Pflanzen und Tieren wildlebender Arten, ihrer Lebensräume und Lebensgemeinschaften und die Ausweisung, Erhaltung und Förderung schutzwürdiger Ökosystem(komplex)e, Landschaftselemente, Landschaftsteile oder gesamter Landschaften. Maßnahmen und Förderungen zur Zielerreichung müssen unter Beachtung der verfügbaren Mittel immer wieder neu justiert werden. Für Politik und Verwaltung (Vollzug, Kontrolle) sind quantitative, normative Wertsetzungen in diesem Zusammenhang hilfreich. Inwieweit bestimmte Wirkungen als wünschenswert eingestuft werden, bedarf einer gesellschaftlichen Meinungsbildung und ist einer wissenschaftlichen Begründung allein nicht zugänglich (Valsangiacomo 1998). Trotz vieler Ideen und Vorschläge stößt man bei der Erstellung einer Landschaftspflegestrategie immer wieder an Grenzen des Machbaren in einem engen Systemrahmen (sog. Sachzwänge). Dies kann im Einzelfall dazu führen, dass von Fachzielen des Naturschutzes Abstand genommen werden muss.

Landschaften verändern sich rasant. »Energiewende«, Klimawandel, wirtschaftliche Globalisierung und demographische Veränderungen werden die wesentlichen Triebkräfte diesbezüglich in Deutschland in der kommenden Dekade sein. Eine vorausschauende räumliche Steuerung sollte helfen, diese Entwicklung naturverträglich zu gestalten. Neue Herausforderungen aus Sicht des Naturschutzes und der Landschaftspflege ergeben sich insbesondere bezüglich der Balance zwischen Schutz und Gestaltung der Kulturlandschaften bei wachsendem Flächendruck.

Landschaftspflege als gesamtgesellschaftliche Aufgabe benötigt die Mitarbeit vieler Akteure vor allem auf freiwilliger Basis. Dafür gilt die finanzielle Förderung von Maßnahmen des Naturschutzes im Sinne der Aufwandsentschädigung für Kosten und Leistungen, aber auch als Opportunitätszahlung für entgangene Einkünfte an diejenigen, welche Landschaftspflegemaßnahmen umsetzen, als Hauptinstrument des staatlichen Handelns. Es darf aber nicht übersehen werden, dass neben Förderungen noch eine Vielzahl weiterer Handlungsfelder genutzt werden müssen, um die Naturschutzziele zu erreichen. Zu alternativen Instrumenten gehören (Grunewald und Syrbe 2012):

— die vertragliche Pflege landeseigener Flächen, Flächenerwerb und ggf. auch Flächentausch, um die Lage und Verteilung dieser Fokusgebiete optimal an die Pflegeziele anzupassen

(gilt u. a. im Wald); schon wegen der Vorbildfunktion der öffentlichen Hand ist Staat und Kommunen auf landeseigenen Flächen im Vergleich zu privaten Flächen ein Mehr an ökologischen Leistungen honorarfrei abzuverlangen;
— die zielgerichtete Gestaltung von Angeboten im Rahmen von Ökokonten, wobei Förder- und Ökokontomaßnahmen einander ausschließen;
— die Vergabe (bzw. Unterstützung) von Regio- oder Ökolabels sowie die Zertifizierung naturschutzgerecht wirtschaftender Betriebe bzw. ihrer Produkte, um über einen Markt mit wachsenden ethischen Ansprüchen die oben genannten Kosten decken zu helfen;
— ordnungsrechtliche Handlungsmöglichkeiten aller Art mit Ver- und Geboten bis hin zur Anwendung des Objekt- und Gebietsschutzes, z. B. die gesetzliche Unterschutzstellung von (pflegebedürftigen) Biotoptypen;
— Projekte zur Vergütung ökologischer Leistungen, bei denen die Nutznießer solcher Leistungen (z. B. Tourismusanbieter, Wasserwerke, Vereine) den Landnutzern bestimmte Aufwendungen oder entgangene Gewinne auf der Basis privatrechtlicher Vereinbarungen vergüten;
— naturschutzrechtliche Regelung der Bewirtschaftung als gesetzliche Anforderungen der »guten fachlichen Praxis«;
— Unterstützung und Akquisition alternativer Förderungen: Sponsoring, professionelles Freiwilligenmanagement.

Die Integration von Naturschutzzielen in die Flächenbewirtschaftung der Landwirte (wie aller Flächennutzer – eine Forderung des Bundesprogramms zur Biologischen Vielfalt; BMU 2011), unter Inanspruchnahme von Förderprogrammen, ist als noch nicht ausreichend einzuschätzen. Ein Grund dafür sind die agrarökonomischen Rahmenbedingungen sowie die hohen Anforderungen bei einer Teilnahme an EU-finanzierten Förderprogrammen. Anzahl und Umfang der Förderprogramme sind dem breit gefächerten Naturschutzanliegen und der darauf bezogenen Landschaftspflege durchaus angemessen. Die Antragstellung zur Förderung der freiwilligen Leistungen ist (u. a. aufgrund der EU-Vorgaben) für die Akteure sehr aufwendig. Im Gegensatz zu großen Agrargenossenschaften mit spezialisierten Mitarbeitern sind private Bewirtschafter oft überfordert und verzichten eventuell auf Antragstellungen für naturschutzfachlich wichtige Maßnahmen. Auch für die Kontrollstellen wird der Aufwand im Rahmen der Naturschutzförderung als sehr hoch eingeschätzt (Koch et al. 2011). Im Rahmen der Programmplanung 2014-2020 sollte den Aspekten der Vereinfachung der Programmteilnahme deshalb entsprechende Aufmerksamkeit gewidmet werden. Für die nächste Förderperiode werden aus Sicht des Freistaates Sachsen u. a. folgende weitere Forderungen erhoben (Koch et al. 2011):

— Für Maßnahmen der naturschutzgerechten Nutzung und Biotoppflege sollte die zielgerichtete Lenkung der Naturschutzförderung auf geeignete Flächen beibehalten werden und insbesondere auf dem Ackerland eine wesentliche Ausweitung des Förderflächenumfangs erfolgen.

— Es ist eine größere Flexibilität der Förderung erforderlich, z. B. die generelle Möglichkeit des Wechsels in eine naturschutzfachlich besser geeignete Maßnahme. Auf einer in der Förderung befindlichen Fläche sollte es einfach und unkompliziert möglich sein, einen bestimmten Anteil der Fläche brach liegen zu lassen, um Rückzugsräume für wildlebende Tierarten zu schaffen.

Das Ziel der Naturschutzförderung besteht u. a. darin, das Interesse der Akteure an den Erfolgen langfristiger naturschutzgerechter Arbeit zu stimulieren. Dafür ist nicht nur der reine Aufwandsersatz, sondern ein Anreizsystem für entsprechende Leistungen im Sinne einer Honorierung von ÖSD vonnöten, um zumindest die Transaktionskosten abzudecken. Priorität sollte eine naturschutzfachliche Beratung genießen, anstelle eines zu hohen (EU-seitig vorgeschriebenen) Kontrollaufwands, der als Gängelei empfunden werden kann. Es darf nicht erwartet werden, dass Landwirtschaftsbetriebe, die Verantwortung für ihr Personal tragen, längerfristig im gewünschten Umfang Maßnahmen durchführen, deren Finanzierung den Aufwand nur

ausgleicht. Denn Unternehmen, die zu geringen Gewinn erwirtschaften, werden künftig aus dem Markt und damit auch als Partner für die Landschaftspflege ausscheiden. Solange Anreizkomponenten nicht aus EU-Fördertöpfen finanziert werden können, müssen andere Finanzierungsmöglichkeiten entwickelt werden. Infrage kommen dafür u. a. zwei erfolgreich erprobte Systeme: privat finanzierte Erfolgsprämien und (regionale) Ökolabels. Aus der Sicht der Agrarökonomie könnten Mehreinnahmen über ökologisch zertifizierte (qualitativ aufgewertete, höherpreisige) Agrarprodukte des Nahrungs-, Genussmittel- und Wellnessmarktes mindestens die Hälfte der Kosten für die von der Landwirtschaft erbrachten Gemeinwohlleistungen decken. Aktuelle Umfragen des Leibniz-Instituts für ökologische Raumentwicklung (IÖR) zeigen, dass eine Vielzahl von Verbrauchern bereit wäre, für solche Leistungen über den Kauf zertifizierter Produkte zu einer Vergütung von ÖSD beizutragen (Grunewald et al. 2012).

Fazit

Die Landschaftspflege trägt insbesondere zur Sicherung und Bereitstellung von Gemeinwohlleistungen für die Gesellschaft bei. Diese hat ein Recht darauf zu erfahren, wie viel Naturschutz kostet. Monetäre Aspekte spielen in der Landschaftspflegebilanz eine wichtige Rolle, da Geld eine Maßzahl für die Erreichung fachlicher Ziele darstellt. Jedoch ist neben der Summe die institutionelle Seite von entscheidender Bedeutung für eine bessere Umsetzung.

Insgesamt zeigt sich in den inzwischen umfangreich vorliegenden Studien zu ÖSD, die die Kosten und Nutzen von Maßnahmen zum Schutz von Natur und biologischer Vielfalt gegenüberstellen, dass der Nutzen dieser Maßnahmen die damit verbundenen Kosten oft deutlich übersteigt. Mehr Naturschutz und die Sicherung von ÖSD führen demnach zu Wohlfahrtsgewinnen. Leider funktioniert dies nicht »automatisch«, weil im Zusammenhang mit ÖSD und Biodiversität (v. a. Problem der »öffentlichen Güter«) die ökonomischen Prinzipien nur unzureichend wirken können.

Im Einzelnen beeinflussen unterschiedlich vorzufindende Pflege- und Entwicklungszustände sowie Einsatzbedingungen die Kosten und führen zu einer Fülle möglicher Varianten. Grundsätzlich erscheint der erarbeitete Bilanzansatz jedoch als geeignet, die Kosten auf Landesebene abzuschätzen, die zum Erhalt und zur Entwicklung der Zielarten und -biotope notwendig sind.

Die Steuerung der Landschaftsentwicklung ist akteurs-, handlungs- und zielorientiert und wird durch die politischen, ökonomischen und institutionellen Rahmenbedingungen (Normen, Regelungen, Handlungsmuster, Leitbilder etc.) geprägt. Naturschutzpolitik ist das Ergebnis vieler Verhandlungen zwischen zahlreichen staatlichen, gesellschaftlichen und privaten Akteuren. Die Verflechtungen sind oft sehr komplex und schwer zu durchschauen. Deshalb muss die Landschaftspflegestrategie immer wieder neu justiert werden. Ein dekadischer Rhythmus zur Neuausrichtung der Landschaftspflege scheint diesbezüglich angemessen zu sein.

Der Gesamtansatz zur Verbesserung der Leistungen der Landschaftspflege und ihres Beitrages zum Biodiversitätsprogramm eines Landes führt zu der Schlussfolgerung, dass insgesamt ein höheres Engagement der Gesellschaft auf allen Ebenen für den Naturhaushalt und den Artenreichtum dringend geboten ist. Weiterhin muss es gelingen, die Kooperation zwischen dem staatlichen und privaten Naturschutz und den Flächenbewirtschaftern partnerschaftlicher zu gestalten, was keineswegs allein über das Instrument einer angemessenen Vergütung für erbrachte Leistungen erreichbar ist.

Letztlich kann eine Landschaftspflegestrategie nur dann eine hohe Wirksamkeit entfalten, wenn es gelingt, die Ziele des Naturschutzes und der Aufrechterhaltung der ÖSD stärker in die Landnutzung zu integrieren. Naturschutz und Landschaftspflege müssen in allen Politikbereichen Berücksichtigung finden. Die Instrumente des Naturschutzes sind insgesamt zu stärken und weiterzuentwickeln, das bedeutet, wenn nötig Schutzgebiete auszuweisen, Flächenkauf zu fördern, Ausgleich und Ersatz zu effektivieren, den Vertragsnaturschutz auszubauen, Naturschutzleistungen auszuschreiben, Erfolge zu kontrollieren und ergebnisorientiert zu fördern (Jedicke 2011).

6.6 Spezifische Schutz- und Entwicklungsstrategien

6.6.1 Naturschutz und ÖSD

O. Bastian

Naturschutz wird häufig einseitig als Kostenfaktor angesehen, der ökonomisch negativ zu Buche schlägt. Eine solche Einschätzung geht aber an den Realitäten vorbei. Vielmehr ist der Naturschutz in vielerlei Hinsicht von erheblichem wirtschaftlichen Nutzen für die Gesellschaft (Jessel et al. 2009). So leisten Maßnahmen zum Schutz der Natur wichtige Beiträge zur regionalen Wertschöpfung und schaffen Arbeitsplätze. Diese entstehen etwa in der ökologisch orientierten Landschaftspflege, bei der Betreuung von Schutzgebieten oder im wachsenden Tourismus in den Nationalparks.

Im Rahmen der TEEB-Studie (TEEB 2009) wurde ermittelt, dass für die weltweit existierenden etwa 100 000 staatlichen Schutzgebiete jährlich etwa 10 bis 12 Milliarden Dollar ausgegeben werden. Um hier effektiven Naturschutz betreiben zu können, müssten wir zwar jährlich 40 Milliarden Dollar investieren, doch das sei nicht sehr viel, denn als Resultat erbringen diese Ökosysteme Naturprodukte und andere Leistungen im Wert von insgesamt 5 Billionen Dollar jährlich. Das ist mehr, als Automobil-, Stahl- und IT-Industrie weltweit erwirtschaften.

Dass von Naturschutzgebieten, einschließlich Nationalparks, Biosphärenreservate, Natura 2000 usw., vielfältige ökonomische Impulse ausgehen (z. B. in den Bereichen Land- und Forstwirtschaft, naturverbundener Tourismus und Umweltbildung), ist aus zahlreichen Untersuchungen, auch aus Europa und Deutschland, bekannt (z. B. Getzner et al. 2002; Popp und Hage 2003; Job und Metzler 2005; Neidlein und Walser 2005; Kettunen et al. 2009; Gantioler et al. 2010). So kann der Ökotourismus mit jährlichen Wachstumsraten von 20 bis 30 % aufwarten, im Vergleich zu 9 % beim Tourismus insgesamt (EU-Kommission 2008). Natura 2000 ist ein Prädikat für eine attraktive Landschaft – und das auf europäischer Ebene. Tourismusmanager mit Weitblick haben das bereits erkannt und werben damit (DVL 2007).

Nachfolgend wird die Anwendung des ÖSD-Konzepts anhand von Fallstudien in Natura-2000-Gebieten des Erzgebirges aufgezeigt und zwar

1. anhand von Potenzialanalysen in FFH-Gebieten,
2. bezogen auf FFH-Lebensraumtypen und -Arten sowie
3. im Hinblick auf verschiedene ökonomische Aspekte.

Die Untersuchungen fanden überwiegend im Rahmen des von der EU geförderten Projektes »Grünes Netzwerk Erzgebirge – Schaffung grenzüberschreitender Synergien zwischen Natura-2000-Gebieten und Ländlicher Entwicklung im Erzgebirge« statt.

Ziel des Projektes war es, am Beispiel der zahlreichen Natura-2000-Gebiete im Erzgebirge beiderseits der deutsch-tschechischen Grenze Synergien zwischen Naturschutz und ländlicher Entwicklung zu verdeutlichen und zu stärken. Das Projekt trug auch dazu bei, die Wahrnehmbarkeit des Natura-2000-Netzes zu verbessern, neue touristische und umweltpädagogische Angebote zu schaffen und dauerhafte grenzüberschreitende Kooperationsbeziehungen aufzubauen. Das Projekt befasste sich mit dem Kammgebiet des Erzgebirges im Freistaat Sachsen (Landkreise Sächsische Schweiz-Osterzgebirge, Mittelsachsen und Erzgebirgskreis) und in der Tschechischen Republik (Bezirke Ústí nad Labem und Karlovy Vary). Ausgehend vom aktuellen Zustand der Natura-2000-Gebiete wurden mittels einer SWOT-Analyse Stärken und Schwächen, Chancen und Risiken sowie für die ländliche Entwicklung wichtige ökonomische, ökologische und soziale Funktionen bzw. Potenziale der Natura-2000-Gebiete ermittelt. Vertiefende Untersuchungen widmeten sich den Schwerpunktbereichen Landwirtschaft, Tourismus und Umweltbildung. Im engen Dialog mit den relevanten Akteuren innerhalb eines partizipativen Ansatzes wurden Strategie- und Maßnahmenkonzepte erarbeitet, die auf eine verbesserte Einbeziehung von Natura 2000 in die ländliche Entwicklung zielten. Diese Konzepte sollten auch zeigen, wie umgekehrt der günstige Erhaltungszustand der Natura-2000-Gebiete durch die Integration ökonomischer und umweltpädagogischer Aspekte dauerhaft abgesichert werden kann.

Untersuchungsgebiet

Das Erzgebirge (tschechisch *Krušné hory*) ist eine durch tektonische Kräfte angehobene, ca. 150 km lange Pultscholle, die auf der Südseite zum Eger-Graben hin auf kurze Distanz steil abfällt, nach Norden aber allmählich über eine Entfernung von 30 bis 45 km ins Hügelland übergeht. Der zwischen 800 und 1000 m NN verlaufende Kamm des Erzgebirges bildet seit alters her die Grenze zwischen Sachsen und Böhmen (heute Bundesrepublik Deutschland und Tschechische Republik). Kennzeichnend für die Kammregion des Erzgebirges sind saure Grundgesteine (u. a. Gneise, Phyllite, Granite), raues Klima, zahlreiche Moore und Bergwiesen, ausgedehnte Fichtenforste (◨ Abb. 6.23). Es handelt sich um eine, insbesondere vom Erzbergbau geprägte, traditionsreiche Kulturlandschaft von europäischem Rang.

Als für das obere Erzgebirge charakteristische, wertvolle Ökosysteme (Biotope) gelten Hochmoore und Moorwälder, die noch den Eindruck ursprünglicher Natur vermitteln. Hinzu kommen die unter dem Einfluss des Menschen entstandenen Bergwiesen mit ihrer Vielzahl an bunt blühenden, würzigen Kräutern, außerdem Borstgrasrasen, subalpine Hochstaudenfluren, Steinrücken, Bergmischwälder und naturnahe Fließgewässer.

Die bemerkenswerte Flora und Fauna des Erzgebirges enthält zahlreiche seltene und gefährdete Arten. Als Vertreter der Pflanzenwelt seien erwähnt: Arnika, Busch-Nelke, Feuer-Lilie, Fettkraut, Sonnentau, Trollblume und verschiedene Orchideen-Arten. Als Repräsentant der Tierwelt ist das vom Aussterben bedrohte Birkhuhn (*Tetrao tetrix*) von herausragender Bedeutung, nicht nur für das Erzgebirge, sondern im europäischen Maßstab. Im Erzgebirge, insbesondere auf der tschechischen Seite, lebt die größte mitteleuropäische Birkhuhnpopulation außerhalb der Alpen (◨ Abb. 6.24). Dieser scheue Hühnervogel bevorzugt große, störungsarme und nur locker mit Gehölzen bestandene Landschaften mit Beersträuchern (Heidelbeere) und Pioniergehölzen (Eberesche, Birke). Rückgangsursachen sind u. a. die Aufforstung von Lichtungen, Blößen, Waldwiesen mit Fichtenreinbeständen, die Zunahme von Prädatoren (z. B. Rotfuchs) und Störungen (z. B. durch touristische Erschließung oder durch Windräder).

◘ Abb. 6.23   Steinrückenlandschaft im Osterzgebirge mit dem Geisingberg. © Olaf Bastian

◘ Abb. 6.24   Große Anstrengungen sind vonnöten, um die im mitteleuropäischen Maßstab bedeutsame Birkhuhn-population im Erzgebirge zu erhalten. © Jan Gläßer (Abb. in Farbe unter www.springer-spektrum.de/978-8274-2986-5)

- **Potenzialanalyse ausgewählter Natura-2000-Leistungen**

Hinsichtlich der vielfältigen Leistungen der Natur nicht nur in Schutzgebieten gilt es, zwischen den nicht oder noch nicht genutzten Leistungen (Potenziale, Säule 2 in der EPPS-Rahmenmethodik, ▶ Abschn. 3.1.2) und den tatsächlich in Anspruch genommenen Leistungen (Säule 3 der EPPS-Rahmenmethodik) zu differenzieren. So bestand die Frage, welche für die ländliche Entwicklung wichtigen (ökonomischen, ökologischen und sozialen) Potenziale die Natura-2000-Gebiete in der Kammregion des Erzgebirges aufweisen, welche davon bereits genutzt werden, ob damit Beeinträchtigungen der Natur verbunden sind, wo es zu Nutzungskonflikten kommt (einseitige Ausschöpfung bestimmter Leistungen zu Lasten anderer Leistungen bzw. auf Kosten der Integrität der Ökosysteme), inwiefern noch nicht in Anspruch genommene Potenziale für eine behutsame Nutzung erschlossen werden können und welche Restriktionen bei einer stärkeren Inanspruchnahme von Leistungen beachtet werden müssen (◘ Tab. 6.9; Bastian et al. 2010). Die Einteilung bzw. Klassifizierung der ÖSD folgt dem Schema, das durch die Trias der Nachhaltigkeit vorgegeben ist: Versorgungsleistungen (ökonomische Leistungen),

Natura 2000

Um dem Rückgang der biologischen Vielfalt entgegenzuwirken und gefährdete Arten und Lebensräume grenzübergreifend zu erhalten, hat die Europäische Union eine Vogelschutz-Richtlinie (79/409/EEC) und eine Fauna-Flora-Habitat-Richtlinie (92/43/EEC) erlassen und auf dieser Basis ein kohärentes Netz besonderer Schutzgebiete mit der Bezeichnung Natura 2000 geschaffen. Hierzu zählen Vogelschutzgebiete (SPA – *Special Protection Areas*) und Fauna-Flora-Habitat-Gebiete (FFH-Gebiete). Zweck von Natura 2000 ist der nach einheitlichen Kriterien vorgenommene länderübergreifende Schutz gefährdeter wild lebender heimischer Pflanzen- und Tierarten und ihrer natürlichen Lebensräume. Natura 2000 stellt weltweit einen der ambitioniertesten Ansätze dar, um den Rückgang der biologischen Vielfalt zu stoppen.

Um die Vorgaben der EU-Richtlinien zu Natura 2000 in nationales Recht umzusetzen, musste Deutschland das Bundesnaturschutzgesetz und zahlreiche weitere Rechtsvorschriften anpassen. Den Bundesländern oblag die Aufgabe, Vorschlagslisten für Natura-2000-Gebiete zu erarbeiten; der Bund leitete die Meldungen der Bundesländer an die EU weiter, damit diese nach fachlicher Prüfung die für das kohärente, ökologische Netz Natura 2000 notwendigen Schutzgebiete auswählt.

Deutschland hat 4 619 FFH-Gebiete in Brüssel gemeldet, die sich auf drei biogeographische Regionen (alpin, atlantisch, kontinental) verteilen. Dies entspricht einem Meldeanteil von 9,3 % bezogen auf die Landfläche. Hinzu kommen 740 Vogelschutzgebiete (11,2 % der Landfläche), außerdem ca. 21 222 km²

Bodensee sowie Meeres-, Bodden- und Wattflächen (Stand: 30.09.2011). Von den marinen Schutzgebietsflächen entfallen 943 984 Hektar auf die Ausschließliche Wirtschaftszone (AWZ) Deutschlands. Die im Rahmen der FFH- und Vogelschutzrichtlinie gemeldeten Gebiete können sich räumlich überlagern. Zusammen bedecken sie 15,4 % der terrestrischen Fläche Deutschlands und rund 45 % der marinen Fläche (BfN 2012b). Der sächsische Teil des Netzes Natura 2000, bestehend aus 347 FFH- und Vogelschutzgebieten, nimmt rund 2 930 km² ein. Das sind 15,9 % der Landesfläche (SMUL 2009a).

EU-weit umfassen die mehr als 25 000 FFH- und Vogelschutzgebiete ca. 18 % der Landfläche aller Mitgliedstaaten (Stand 2009). Der Meldeanteil von FFH-Gebieten liegt in den Mitgliedstaaten der erweiterten EU (EUR 27) zwischen 7,2 % in Großbritannien und 35,5 % gemeldeter Landfläche in Slowenien (Stand: Juni 2011). Europaweit beträgt der Meldeanteil an der Landfläche 13,6 %. Die marinen Flächenanteile von derzeit insgesamt 131 459 km² sind in den Prozentangaben nicht enthalten (BfN 2012b). Deutschland hat für den Schutz von 91 Lebensraumtypen sowie 133 Pflanzen- und Tierarten (ohne Vögel) eine besondere Verantwortung.

Die Auswahl der FFH-Gebiete sollte grundsätzlich von naturschutzfachlichen Aspekten geleitet sein. Die nach Anhang I der Richtlinie definierten FFH-Lebensraumtypen wurden nach folgenden Kriterien ausgewählt:

- Repräsentativitätsgrad des im Gebiet vorkommenden natürlichen Lebensraumtyps,

- relative Flächengröße des Lebensraumtyps in Bezug zum Gesamtvorkommen im EU-Mitgliedstaat,
- Erhaltungszustand der Struktur und der Funktionen des Lebensraumtyps sowie Wiederherstellungsmöglichkeit,
- Gesamtbeurteilung des Wertes des Gebietes für die Erhaltung des betreffenden Lebensraumtyps.

Bei der Auswahl der FFH-Arten nach Anhang II der FFH-Richtlinie lagen folgende Kriterien zugrunde:

- Populationsgröße und -dichte der Art im Gebiet im Vergleich zur Gesamtpopulation im EU-Mitgliedstaat,
- Erhaltungszustand der für die Art wichtigen Habitatelemente und Wiederherstellbarkeit,
- Isolierungsgrad der im Gebiet vorkommenden Population im Vergleich zum gesamten natürlichen Verbreitungsgebiet der Art,
- Gesamtbeurteilung des Wertes des Gebietes für die Erhaltung der betreffenden Art.

Für die Natura-2000-Gebiete werden Erhaltungsziele formuliert, die für das Management und beim Prüfen der Verträglichkeit von Projekten eine bedeutende Rolle spielen. Arten und Lebensräume müssen dauerhaft einen »günstigen Erhaltungszustand« aufweisen. Die Grundlagen für das Überwachen des Erhaltungszustands von Lebensraumtypen und Arten bildet das Monitoring. Regelmäßige Erfolgskontrollen und deren Meldung an die EU sollen die praktische Umsetzung von Natura 2000 gewährleisten.

Regulationsleistungen (ökologische Leistungen), soziokulturelle Leistungen (▶ Abschn. 3.2).

Die für die Potenzialanalyse verwendeten Informationen stammen in erster Linie aus den

Managementplänen für die Natura-2000-Gebiete (FFH) sowie von den Naturschutzfachbehörden.

Wie die Ergebnisse im Folgenden belegen, ist das Spektrum der von den untersuchten Natura-

2000-Gebieten im Erzgebirge aktuell oder potenziell realisierten Leistungen sehr breit und vielfältig und geht weit über die eigentliche Zielstellung von Natura 2000, gefährdete Arten und Lebensräume zu schützen, hinaus.

Die Rubrik der **Versorgungsdienstleistungen** (ökonomische ÖSD) untergliedert sich im Wesentlichen in die Teilkategorien »Bereitstellung (bzw. Produktion) tierischer und pflanzlicher Biomasse« sowie die »Bereitstellung von Trinkwasser.«

Bezüglich *tierischer Produkte* wie Milch, Fleisch und Wolle von Haustieren ist relevant, dass zahlreiche Natura-2000-Gebiete im oberen Erzgebirge in nennenswertem Umfang Grünland-Lebensraumtypen enthalten, die auf eine pflegliche Nutzung durch regelmäßige Entnahme des Aufwuchses durch Mahd, zum Teil mit Heugewinnung oder Beweidung durch Rinder und Schafe angewiesen sind, wobei nutzbare Biomasse anfällt. Eine entsprechende Bewirtschaftung, zumindest von Teilflächen, findet in mehreren Schutzgebieten statt, wobei aber auch Defizite wie fehlende Mahd und Verbrachung und somit ungenutzte Potenziale bzw. Entwicklungsmöglichkeiten bestehen. Mitunter gibt es für den aus Pflegearbeiten anfallenden Grasaufwuchs keine Abnehmer, sodass dieser am Rande der Wiesen abgelagert oder anderweitig entsorgt werden muss. Die Produktion und Vermarktung von Bergwiesenheu hoher Qualität dürfte durchaus ausbaufähig sein, ebenso die Verwertung von Pflanzenmaterial aus der Landschaftspflege für energetische Zwecke (Peters 2009).

Manche Natura-2000-Gebiete werden zur *Fischproduktion* genutzt, insbesondere zur Forellenaufzucht. Da das Angeln mit dem Betreten der empfindlichen Ufersäume verbunden ist, werden diesbezüglich keine nennenswerten Potenziale bzw. Entwicklungsmöglichkeiten gesehen, erst recht nicht für intensivere fischereiwirtschaftliche Nutzungsformen.

Anders ist die Situation beim *Wildbret*. Obwohl die Jagd in allen Waldgebieten ausgeübt wird, reicht der gegenwärtige Jagddruck auf das Schalenwild nicht aus, um die von der Forstwirtschaft beklagten Schäl- und Verbissschäden an den Bäumen und die damit einhergehende, teils erhebliche Schädigung der Waldökosysteme (insbesondere die Verbindung der Naturverjüngung) zu vermeiden. Dabei kommt es darauf an, den Wildbestand nicht völlig zu dezimieren, sondern tragfähige und gesunde Wildpopulationen zu etablieren, deren Existenz auch aus touristischer Sicht, z. B. für die Naturbeobachtung, wünschenswert ist.

Die meisten Natura-2000-Gebiete sind ganz oder teilweise bewaldet und werden forstlich bewirtschaftet, wobei naturgemäß *Holz* anfällt. Eine Intensivierung der Holznutzung ist vor allem in den Hoch- und Kammlagen nicht erstrebenswert; teilweise kommt es schon heute zu Konflikten mit dem Arten- und Biotopschutz.

Wildfrüchte (Beeren, Pilze) werden in nahezu allen Waldgebieten, selbstverständlich auch in Natura-2000-Gebieten, gesammelt, wodurch Störungen sensibler Arten und Lebensraumtypen nicht ausgeschlossen sind.

Die Gewinnung *biochemischer/pharmazeutischer Stoffe* ist erst wenig entwickelt, manche Bergwiesen bieten ein Potenzial zur Ernte von Bärwurz (*Meum athamanticum*) und anderen (Heil-)Kräutern, wobei die Gefahren der Übernutzung und damit der Biotopgefährdung nicht außer Acht gelassen werden dürfen. In Anbetracht der normalerweise in Natura-2000-Gebieten anzutreffenden hohen Artenvielfalt bietet es sich an, über die Verwendung *genetischer Ressourcen* nachzudenken. Derzeit wird von der Gewinnung forstlichen Saatgutes aus drei FFH-Gebieten des oberen Erzgebirges berichtet. Auf die Möglichkeit der *Saatgutgewinnung von Wiesen*, z. B. für die Heumulchsaat, wird in mehreren Managementplänen hingewiesen.

Zur Bereitstellung von *Trinkwasser* tragen zahlreiche Natura-2000-Gebiete bei, überschneiden sie sich doch vielfach mit Wasserschutz- und Quellgebieten. Höhere Wasserentnahmen dürfen nicht mit den Anforderungen des Naturschutzes kollidieren.

Innerhalb der Rubrik **Regulationsleistungen** ist die *Luftreinhaltung bzw. Klimaregulation* des Lokalklimas zu nennen, die von allen intakten Waldbeständen erbracht wird. Die Filterfunktion bzw. Luftreinhaltung findet vielfach Erwähnung, aber auch die Tatsache, dass diese Leistungen durch diffuse Stoffeinträge und großklimatische Veränderungen bedroht sind, da sie die Vitalität der Wälder vermindern. So reagiert die Fichte (bereits heute) bei witterungsbedingt angespannter Wassersitu-

Tab. 6.9 Ausgewählte Fauna-Flora-Habitat-Gebiete (FFH) am Erzgebirgskamm und ihre Bedeutung für die Bereitstellung von ÖSD (Potenziale, Leistungen, Risiken)

Melde-Nr.	Name	T	J	H	F	B	G	W	L	HW	E	SG	Ä	R	U
FFH-Gebiete auf deutscher Seite															
004E	Buchenwälder und Moorwald bei Neuhausen und Olbernhau	s	Sp	Sr	s			S	Sr	S	s		Sr	Sr	s
007E	Mothäuser Heide		Sp	sr				S	s	S			sp	Sr	Sp
010E	Erzgebirgskamm am Kleinen Kranichsee	sp	S	sr				S	s	s	s		Sr	Sr	s
012	Zweibach		Sp	sr	r		s		S	sp	Sp		Sp	s	p
016E	Erzgebirgskamm am Großen Kranichsee	sp	Sp	Sr	s			S	S	S	s		Sp	Sr	s
039E	Geisingberg und Geisingbergwiesen	Sp	s	sr		pr	p		s	sp	sp	s	Sp	Sr	sp
040	Hemmschuh	sp	Sp	Sr			s	S	S	Sp	Sp	sp	Sp	Sr	p
042E	Mittelgebirgslandschaft um Oelsen	Sp	Sp	sr		pr	sp	S	s	Sp	Sp	S	Sp	Sr	Sp
044E	Fürstenauer Heide und Geisingbergwiesen	Sp	s				p	s	s	s	s	s	Sp	Sr	sp
070E	Wiesen um Halbmeil und Breitenbrunn	Sr						Sp	s	sp	sp	Sp	Sp	s	sp
071E	Fichtelbergwiesen	Sr				pr	p	S	Sr	s	s	s	Sr	Sr	s
083E	Gimmlitztal	Sr	s	sr				s	s	Sp	Sp	s	s	Sr	s
084E	Kahleberg bei Altenberg			sr				s	sr	sp	sp		sp	Sr	sp
174	Georgenfelder Hochmoor	s						s	sr	Sp			Sp	Sr	Sp
176	Bergwiesen um Schellerhau und Altenberg	Sr				pr	p	s	sr	s	sp	Sp	Sp	Sr	sp
177	Bergwiesen um Dönschten	Sr							s	s	s	S	sp	s	s
252	Oberes Freiberger Muldetal	sr	Sp	Sr				S	S	sp	sp	sr	Sp	S	sp
262	Bergwiesen um Rübenau, Kühnhaide und Satzung	Sr						s	s	s	s		Sp	Sr	sp

■ Tab. 6.9 Fortsetzung

Melde-Nr.	Name	T	J	H	F	B	G	W	L	HW	E	SG	Ä	R	U
FFH-Gebiete auf tschechischer Seite															
CZ0410040	Pernink	sr		r				S	s	F	s		S	p	p
CZ0410155	Rudné	Sr		r				s	s	s	s	s	sp	Sp	p
CZ0410168	Vysoká Pec	sp		sr		p	p	S	s	s	s	s	sp	sp	p
CZ0414110	Krušnohorské plató	sp	sp	Sr		p	p	S	Sp	s	sp	s	Sr	Sr	sp
CZ0420021	Kokrhač - Hasištejn		p	sr		p		S	s	Sp	S	s	S	s	p
CZ0420035	Na loučkách	sp	p	sr		p		s	sp	S	sp	s	s	s	sp
CZ0420053	Rašeliniště U jezera - Cínovecké rašeliniště			r		p	sp	s	s	sp	sp	Ss	s	sr	p
CZ0420074	Grünwaldské vřesoviště		sp	r	sr			s	sp	sp	sp	sp	Sp	sr	p
CZ0420144	Novodomské a polské rašeliniště		sp	sr		p		s	sp	sp	sp	sp	Sp	sr	sp
CZ0420171	Údolí Hačky	s		sr		p		s	sp	S	s	S	s	s	p
CZ0420528	Klínovecké Krušnohoří	sp	sp	Sr		p		S	S	Sp	sp	sp	Sr	Sr	p
CZ0424030	Bezručovo údolí			r		p	p	s	s	s	s	s	s	s	p
CZ0424127	Východní Krušnohoří	sp	sp	Sr		p	p	S	sp	Sp	sp	sp	Sr	sp	sp

Kategorien:

S, s – services (ÖSD – hohe bzw. mittlere Bedeutung); p – Potenziale (für die Entwicklung); r – wesentliche Risiken, Belastungen

Versorgungsleistungen (ökonomische ÖSD)

T – Haustiere (Produkte: Milch, Fleisch, Wolle); J – Wildbret (Jagd); H – Holz; F – Wildfrüchte (Beeren, Pilze); B – biochemische/pharmazeutische Stoffe (z. B. Bärwurz u. a. Kräuter); GS – genetische Ressourcen: Saatgut von Forstbäumen sowie von Kräutern/Gräsern (z. B. für Heumulchsaat); W – Trinkwasser

Regulationsleistungen (ökologische ÖSD)

L – Luftreinhaltung/Klimaregulation (Wald mit besonderer lokaler Klimaschutz- und Filterfunktion, Wald als Verdunstungsschutz für Moorkörper, Grünland: Kaltluftentstehung); HW – Wasserrückhalt, Hochwasserschutz; E – Erosionsschutz; SG – Selbstreinigungsleistung von Gewässern

Soziokulturelle Leistungen

Ä – ästhetische Werte (z. B. Landschaftsbild); R – Leistungen im Bereich Erholung und Ökotourismus; U – Leistungen im Bereich Umweltbildung

ation mit deutlichen Zuwachseinbrüchen (SMUL 2009b).

In Gebirgen ist aufgrund des bewegten, teilweise sogar steilhängigen Reliefs die Fähigkeit zur *Wasserhaushaltsregulation* ganz besonders wichtig. Naturnahe Wälder, Wiesen und an vorderster Stelle die Moore wirken ausgleichend auf den Wasserabfluss und speichern Wasser in Trockenzeiten. Bei Starkregenereignissen dient das Wasserrückhaltevermögen dieser Ökosysteme dem Hochwasserschutz durch Zurückhalten bestimmter Wassermengen und Kappung von Abflussspitzen. Um die diesbezügliche Leistungsfähigkeit zu erhöhen, werden für einige Gebiete der Waldumbau angemahnt sowie – bei Mooren – Wiedervernässung bzw. Grabenverlandung oder -verschluss. Hierbei können aber Zielkonflikte mit der wirtschaftlichen Nutzung der Wälder oder Finanzierungsprobleme auftreten.

Erosionsschutz wird vom Wald zwar generell geleistet, durch Waldumbau bzw. dauerhafte Bestockung kann diese Fähigkeit noch verbessert werden. Auch Grünland vermindert die Erosionsgefahr, wobei sich Trittschäden (Überweidung) nachteilig auswirken.

Zur *Selbstreinigung* sind naturnahe, strukturreiche *Fließgewässer* besser befähigt als ausgebaute, kanalisierte oder gar verrohrte Abschnitte. Die Fähigkeit zur Selbstreinigung kann verbessert werden durch das Einrichten hydrologischer Schutzzonen, das Zulassen von Gewässerdynamik und die Verminderung von Stoffeinträgen aus umgebenden Agrarflächen. Aktuelle Konflikte resultieren z. B. aus andauernden Stoffeinträgen von Bergbau-Spülkippen, aus technischen Hochwasserschutzmaßnahmen und aus dem touristischen Wegebau.

Unter der Rubrik **soziokulturelle Leistungen** wird den *ästhetischen Werten* eine hohe Bedeutung beigemessen, insbesondere für das Landschaftserleben und den naturbezogenen Tourismus. So existieren im Erzgebirge (insbesondere in den höheren Lagen) teils sehr große zusammenhängende Wälder, die besser erlebbar gemacht werden könnten, auch grenzübergreifend, wobei die Belange des Arten- und Biotopschutzes beachtet werden müssen, zumal der Tourismus schon heute teils erhebliche Störungen verursacht, denen u. a. durch bessere Besucherlenkung begegnet werden müsste.

Hohe ästhetische Werte sind sowohl den Buchenwäldern zuzuschreiben als auch großflächigen montanen Fichtenwäldern, vor allem wenn sie mit Mooren und Bergwiesen durchsetzt sind. Als Entwicklungsmöglichkeiten gelten die Sicherung und Erweiterung artenreicher Flächen bzw. die Erhöhung des Strukturreichtums (in den Wäldern).

Moore und Moorwälder (z. T. großflächig) üben einen ganz besonderen Reiz auf den Betrachter aus. Wichtig ist hier, diese Ökosysteme zu erhalten und in ihrer Qualität zu verbessern (Wiedervernässung, Schaffung größerer offener Moorflächen). Dem stehen bisweilen die wirtschaftlichen Interessen der Waldbesitzer und finanzielle Zwänge entgegen.

Für das Erzgebirge charakteristisch und die Eigenart der Landschaft maßgeblich prägend sind die Bergwiesen in ihren vielfältigen Blühaspekten. Abgesehen von der dauerhaften Sicherung dieser als Lebensraumtypen und als hochwertiges Landschaftselement äußerst bedeutsamen Flächen ist die Erweiterung des Umfangs blütenreicher Bergwiesen wünschenswert, was allerdings nur beim Vorhandensein ausreichender Fördermittel zu erreichen sein dürfte. Die Attraktivität der Landschaft gewinnt noch durch das kleinräumige Nebeneinander verschiedener Biotope mit seltenen Arten. Solche Mosaike sind u. a. in manchen Tälern ausgebildet (naturnaher Mittelgebirgsbach mit artenreichen Wiesen und bewaldeten Talhängen).

Leistungen im Bereich *Erholung und Ökotourismus* resultieren vielfach aus der Naturnähe, der typischen Landschaft und dem kleinflächigen Mosaik verschiedener Biotope. Beispielhaft erwähnt werden Moore und Moorwälder, Felsen, naturnahe Fließgewässer und Wald mit besonderen Erholungsfunktionen. Die Palette der gegenwärtigen Formen der Erholungsnutzung in den erzgebirgischen Natura-2000-Gebieten ist breit, angefangen vom Wandern und Radfahren, Mountainbiken, Baden, Klettern, Sammeln von Beeren, Pilzen und Mineralien. Bezüglich der Entwicklungsmöglichkeiten werden Reserven für den Ökotourismus gesehen und die stärkere Vernetzung mit der tschechischen Seite. Anstrengungen erfordert aber auch der Schutz empfindlicher Arten und Ökosysteme durch diverse Maßnahmen der Besucherlenkung und -information. Da es sich um europäische Schutzgebiete handelt, hat der Naturschutz Vorrang vor einem Ausbau touristischer Aktivitäten. Bereits heute sind Belastungen durch den Erholungsbetrieb zu verzeichnen: Begehen abseits ausgewiesener Wege, Trampelpfade in empfindlichen Vegetationsbereichen, die Inanspruchnahme wertvoller Flächen durch Lift- und Skianlagen, aber auch durch Müllablagerungen.

Im Bereich *Umweltbildung* steht das Erlebnis seltener, wertvoller bzw. artenreicher Ökosysteme im Vordergrund. So existieren einige Lehrpfade (z. B. Moorlehrpfade), und es werden Führungen in Bergwerksstollen mit Informationen zum Fledermausschutz angeboten. In mehreren Fällen greift die schulische Ausbildung auf die Natura-2000-Gebiete zurück. Verbreitet findet auch Wissenschaftstourismus statt (vor allem zu Bergwiesen).

Fazit: Bei den Natura-2000-Gebieten im oberen Erzgebirge handelt es sich um keine ursprüngliche und unbeeinflusste Natur, sondern sie sind in Jahrhunderte während Einflussnahme durch den Menschen geprägt und verändert worden. Auch gegenwärtig werden sie für verschiedene Zwecke genutzt und sie stellen ein breites Spektrum an ökonomischen, ökologischen und soziokulturellen ÖSD für den Menschen bereit. Teilweise sind auch noch Entwicklungsmöglichkeiten bzw. ungenutzte Potenziale vorhanden, wobei die Ziele des Naturschutzes unter den Bedingungen von Natura 2000 stets vorrangig berücksichtigt werden müssen.

- **Rolle von FFH-Lebensraumtypen und Natura-2000-relevanten Arten**

Kernstücke der FFH-Gebiete sind die FFH-Lebensraumtypen, die meist mosaikartig in die »Matrix« des Gesamtgebietes eingestreut sind. Zusätzlich zur Einschätzung der ÖSD-Bereitstellung (Potenzialanalyse) des jeweiligen FFH-Gebietes insgesamt ist von Interesse, inwieweit die einzelnen Lebensraumtypen ÖSD bereitstellen und inwiefern Natura-2000-relevante Arten dazu beitragen. Mittels semi-quantitativer Einschätzung in drei Wertstufen wurde die Bereitstellung von ÖSD durch FFH-Lebensraumtypen des oberen Erzgebirges ermittelt sowie den Lebensraumtypen zugeordnet, die sie bevorzugen. ◘ Tab. 6.10 zeigt die Ergebnisse ausschnittsweise für Wälder.

Demnach hängen zahlreiche ÖSD, insbesondere viele Versorgungs- und Regulationsleistungen, von »groben« Vegetationsstrukturen bzw. Landnutzungsformen ab, andere, insbesondere mehrere soziokulturelle ÖSD, auch von spezifischen Lebensraum- bzw. Vegetationstypen.

◘ Tab. 6.11 zeigt die spezifische Rolle von Natura-2000-Lebensraumtypen des oberen Erzgebirges für bestimmte Tierarten von gemeinschaftlichem Interesse.

Nur ein Teil der im Erzgebirge lebenden Natura-2000-relevanten Arten kann eindeutig bestimmten Lebensraumtypen zugeordnet werden. Entweder leben sie gleichermaßen in verschiedenen Lebensraumtypen – in einigen Fällen nutzen sie sie für einzelne Lebensabschnitte, so als Nahrungs- oder als Bruthabitat – oder sie sind, wie die meisten Fledermäuse, an gröbere Vegetationsstrukturen bzw. -klassen (z. B. ältere Laubwälder) oder Landnutzungsformen gebunden. Zum Beispiel benötigt der Fischotter (*Lutra lutra*) intakte, naturnahe Gewässer (Lebensraumtypen 3150, 3260). Fledermäuse beanspruchen alte Buchenwälder (9110, 9130), ebenso wie der Schwarzstorch (*Ciconia nigra*) und der Schwarzspecht (*Dryocopus martius*). Der Wachtelkönig (*Crex crex*) bevorzugt halbnatürliche, staudenreiche Feuchtwiesen (6410, 6430), der Kammmolch (*Triturus cristatus*) lebt in Stillgewässern (3150) und die Groppe (*Cottus gobio*) und das Bachneunauge (*Lampetra planeri*) in geeigneten Fließgewässern (3260). Der Dunkle Wiesenknopf-Ameisenbläuling (*Glaucopsyche nausithous*) benötigt Flachland-Mähwiesen (6510) mit blühendem Großen Wiesenknopf (*Sanguisorba officinalis*).

Der Sachverhalt, dass nur ein kleiner Teil der Natura-2000-relevanten Arten an spezifische Natura-2000-Lebensraumtypen gebunden ist, stimmt mit zahlreichen aus der Fachliteratur bekannten Befunden überein. So kamen Schwartz et al. (2000) zu dem Schluss, dass keine lineare Beziehung zwischen Artenreichtum und einigen Aspekten von Ökosystemprozessen/-funktionen (wie Produktivität, Biomasse, Nährstoffkreisläufe, Kohlenstofffixierung) besteht. Auch Ridder (2008) äußerte die Ansicht, dass nur eine relativ kleine Zahl von Arten mit ÖSD korreliert. Artengruppen mit spezifischen funktionellen Merkmalen sowie Landnutzungspraktiken hätten auf ÖSD einen größeren Einfluss. So hingen viele ÖSD, die von Wäldern bereitgestellt

Tab. 6.10 Von FFH-Gebieten des oberen Erzgebirges in Sachsen bereitgestellte ÖSD am Beispiel von Waldgesellschaften. Bewertung: 2 – hoch und sehr hoch; 1 – mittel; ohne Punktwert – niedrig oder nicht signifikant; * wesentliche Konflikte (mit anderen ÖSD, vor allem mit Habitatfunktion/Biodiversität)

Lebensraumtypen	ÖSD																					
	Versorgungs-										Regulations-							Soziokulturelle				
	1	2	3	4	5	6	7	8	9	10	1	2	3	4	5	6	7	1	2	3	4	5
9			2		2*	2	1		2		2	2	2	2	2	1	1	1	2	1	1	
91			2*		2*	2*	1		2		2	2	2	2	2	1	1	2	2*	2	1	
9110			2*		2*	2*		2	2		2	2	2	2	2	1	2	2	2*	2*	2	
9130			1*		2*	1*	1		1		2	2	2	2	2	1	2	2	2*	2*	2	
9160			1*		2*	1*			1		2	2	2	2	2	1	2	2	2*	2*	2	
9180			1*		2*	1*	1		1		2	2	2	2	1	1	2	2	1*	2*	2	
91D			1*		1*	1*			1		2	2	2	1	1	1	2	2	1*	1*	2	1
91E0			1*		2*		1		2		2	2	2	2	2	1	2	2	2*	2*	2	
94			2*		2*	2*			2		2	2	2	2	2	1	1	2	2	1	1	
9410			2*		2*	2*			2		2	2	2	2	2	1	2	2	2*	2*	2	

Versorgungs-ÖSD:
Tierische Produkte: 1 – Haustiere (Milch, Fleisch, Wolle); 2 – Fisch; 3 – Wild
Pflanzliche Produkte: 4 – Nahrungs- und Futtermittel; 5 – Holz; 6 – Wildfrüchte (Beeren, Pilze)
7 – biochemische/medizinische Ressourcen (Kräuter); 8 – genetische Ressourcen, z. B. Samen von Waldbäumen; 9 – Trinkwasser (Wasserschutz- und Quellgebiete); 10 – Energie aus Wasserkraft

Regulations-ÖSD:
1 – Kohlenstofffixierung; 2 – Regulation von Luftqualität und Klima; 3 – Wasserhaushalt (Hochwasservermeidung); 4 – Boden- bzw. Erosionsschutz; 5 – Selbstreinigungsvermögen von Gewässern; 6 – Bestäubung; 7 – Habitatfunktion

Soziokulturelle ÖSD:
1 – ästhetische Werte (z. B. Landschaftsbild); 2 – Erholung und Ökotourismus; 3 – Umweltbildung (z. B. kulturhistorische Aspekte); Informations-ÖSD: 4 – Bioindikation; 5 – Landschaftsgeschichte (z. B. Pollenanalyse)

Biotop- bzw. Lebensraumtypen:
9 – Wälder; 91 – Wälder gemäßigter Breiten Europas; 9110 – Hainsimsen-Buchenwälder; 9130 – Waldmeister-Buchenwälder; 9160 – Sternmieren-Eichen-Hainbuchenwälder; 9180 – Schlucht- und Hangmischwälder; 91D – Moorwälder; 91E0 – Erlen-Eschen- und Weichholzauenwälder; 94 – Gebirgsnadelwälder der temperierten Zone; 9410 – Montane Fichtenwälder

◘ Tab. 6.11 Habitatanforderungen (Natura-2000-Lebensraumtypen) ausgewählter Tierarten von gemeinschaftlichem Interesse im oberen Erzgebirge (nach FFH-Richtlinie 92/43/EEC und Vogelschutzrichtlinie 79/409/EEC) (Daten aus Steffens et al. 1998 und Hauer et al. 2009)

Arten	Bevorzugte Lebensraumtypen				
	Gewässer	Heiden	Grasland	Sümpfe	Wälder
Anhang II FFH-Richtlinie					
Säugetiere					
Fischotter (*Lutra lutra*)	3150, 3260				
Großes Mausohr (*Myotis myotis*)					9110, 9130
Mopsfledermaus (*Barbastellus barbastellus*)					
Bechstein-Fledermaus (*Myotis bechsteinii*)					9110, 9130
Amphibien					
Kammmolch (*Triturus cristatus*)	3150				
Fische					
Groppe (*Cottus gobio*)	3260				
Bachneunauge (*Lampetra planeri*)	3260				
Insekten					
Grüne Flussjungfer (*Ophiogomphus cecilia*)	3260				
Spanische Flagge (*Euplagia quadripunctaria*)			6430		
Dunkler Wiesenknopf-Ameisenbläuling (*Glaucopsyche nausithous*)			6510		
Anhang IV FFH-Richtlinie + Anhang I Vogelschutzrichtlinie + andere schutzbedürftige Arten (Auswahl)					
Säugetiere					
Haselmaus (*Muscardinus avellanarius*)					91
Vögel					
Wachtelkönig (*Crex crex*)			6410, 6430		
Wiesenpieper (*Anthus pratensis*)			6230, 6410	7110, 7140	
Wasseramsel (*Cinclus cinclus*)	3260				
Rauhfußkauz (*Aegolius funereus*)					9410, (9110)
Sperlingskauz (*Glaucidium passerinum*)					9410
Birkhuhn (*Tetrao tetrix*)		4030	64, 65	71	
Schwarzstorch (*Ciconia nigra*)					9110
Schwarzspecht (*Dryocopus martius*)					9110
Grauspecht (*Picus canus*)					9110, (91)
Zwergschnäpper (*Ficedula parva*)					9110, 9130 (91E0, 9180)
Insekten					
Große Moosjungfer (*Leucorrhinia pectoralis*)	3160				

Legende der Lebensraumtypen siehe ◘ Tab. 6.12; 3150 – Eutrophe Stillgewässer; 3160 – Dystrophe Stillgewässer; 64 – Hochstaudenfluren; 65 – Mesophiles Grünland; 71 – Saure Sphagnen-Moore; 91 – Boreale Wälder Europas

werden, z. B. Kohlenstofffixierung, Trinkwasserbereitstellung, Hochwasservermeidung sowie Erosionsschutz, grundsätzlich vom Vorhandensein von Bäumen und Unterholz ab. Eine verminderte Biodiversität stelle keine Gefährdung für diese ÖSD dar (▸ Abschn. 6.3).

Diese Aussagen dürfen uns aber nicht dazu verleiten zu glauben, die Vielfalt der Arten und Lebensräume sei disponibel, denn wir müssen uns dessen bewusst sein, dass Arten und Lebensraumtypen die Ökosysteme »am Laufen halten« und die Voraussetzung für zahlreiche Regulations- und soziokulturelle Leistungen bilden. Die für ÖSD wichtigen Arten sind in Ökosysteme eingebettet, und einige Arten herauszulösen bzw. ihr Aussterben hinzunehmen, wäre fatal, da in der Natur viele Wechselwirkungen bestehen (z. B. Nahrungsketten), die vielfach noch gar nicht bekannt sind. Man muss davon ausgehen, dass für die Vielzahl der Ökosystemprozesse, -funktionen und -dienstleistungen auch eine große Vielfalt an Organismenarten unabdingbar ist (Mertz et al. 2007; Haslett et al. 2010; Rounsevell et al. 2010). Auch muss die Bereitstellung von Biodiversität selbst als ÖSD betrachtet werden (Gruppe der soziokulturellen ÖSD). Insofern kann auch aus ÖSD-Sicht die Verminderung der Biodiversität nicht akzeptiert werden, zumindest nicht im Hinblick auf zahlreiche Regulations- und soziokulturelle ÖSD. Außerdem gibt es noch umfangreiche Kenntnislücken zur Rolle der Biodiversität.

Wir dürfen nicht übersehen, dass es angesichts der Komplexität der Ökosysteme und der vielfältigen Wechselwirkungen mit der menschlichen Gesellschaft bis heute unmöglich ist, alle Nutzen einzuschätzen, die aus der biologischen Vielfalt entspringen, oder vorauszusagen, welche Auswirkungen der Verlust einer einzelnen Art oder Population haben könnte. Hier kommt das Vorsorgeprinzip ins Spiel, d. h. Ökosysteme sollten weitestgehend intakt gehalten werden, um eine dauerhafte ÖSD-Bereitstellung insbesondere unter den sich wandelnden Umweltbedingungen zu gewährleisten, selbst wenn dafür bislang keine eindeutige wissenschaftlich gestützte Gewissheit besteht (Cooney und Dickson 2005).

● **Monetäre Aspekte**

Die Natur, insbesondere die biologische Vielfalt, ökonomisch zu bewerten, stößt bekanntlich rasch an Grenzen, denn wir haben es in hohem Maße nicht mit marktfähigen Gütern, sondern mit Nicht-Gebrauchswerten *(non-use values)* zu tun (▸ Abschn. 4.2). Diese basieren vielfach auf dem ethisch oder religiös begründeten Wunsch, die Natur um ihrer selbst willen (Existenzwert, *existence value*) oder für die Nachwelt (Vermächtniswert, *bequest value*) zu erhalten. Empirische Studien ergeben häufig, dass die Nicht-Gebrauchswerte den größten Teil der menschlichen Wertschätzung für bedrohte Ökosysteme ausmachen. Aus diesem Grund müssen hier alternative Bewertungsmethoden zum Einsatz kommen (Macke und Schweppe-Kraft 2011).

Ein häufig beschrittener Weg ist die Erfassung der Kosten für die Erhaltung und Wiederherstellung von Lebensraumtypen entsprechend dem Ansatz der Zahlungsbereitschaft (*willingness to pay*), wird doch auf diese Weise die Bereitschaft der Gesellschaft widergespiegelt, aus ethischen oder ästhetischen Gründen für den Naturschutz Mittel bereitzustellen (Spangenberg und Settele 2010).

Falls es nicht möglich oder nicht angemessen ist, die Bewertung auf der Grundlage individueller Präferenzen vorzunehmen, sind gesellschaftliche Bewertungen (z. B. Nachhaltigkeitsziele) oder Expertenurteile als Maßstab heranzuziehen. Als Gründe hierfür lassen sich beispielsweise generationenübergreifende Wirkungen, hohe Unsicherheit, Beurteilung von Schäden, die individuell nicht unmittelbar spürbar sind, geltend machen. Es können aber auch übergeordnete, teils rechtlich verankerte umweltschutzbezogene Ziele vorliegen, z. B. Emissionsminderungsziele im Klimaschutz oder Biodiversitätsziele (CBD, Nationale Biodiversitätsstrategie, Natura 2000). Die Kosten, um diese Ziele zu erreichen, sind in solchen Fällen als Maßstab für die gesellschaftliche Zahlungsbereitschaft oder auch für das Ausmaß vorliegender Umweltschäden interpretierbar (UBA 2007).

Der Wert der Natura-2000-Gebiete kommt auch darin zum Ausdruck, dass es im Prinzip gesellschaftlicher Konsens ist, diese Gebiete und Arten zu erhalten (*revealed public preferences*). Dies wird durch die EU-Gesetzgebung und die nationale

Legislative untermauert. Indem die Verpflichtung besteht, einen »günstigen Erhaltungszustand« zu gewährleisten, liegt es auf der Hand, dass damit auch durch Managementmaßnahmen verursachte Kosten verbunden sind (Schweppe-Kraft 2009). Darin inbegriffen sind auch Arbeitskosten in Form von Fördermitteln für die Agrarbetriebe bzw. von Löhnen für die mit der Landschaftspflege betrauten Personen. Dies ist gleichzeitig ein Ausdruck für Beschäftigungsmöglichkeiten sowie Wertschöpfung im ländlichen Raum.

Die geplanten Kosten für Managementmaßnahmen in ausgewählten FFH-Gebieten des sächsischen oberen Erzgebirges (14 FFH-Gebiete, Gesamtfläche 6054 Hektar) bringt ◘ Tab. 6.12 zum Ausdruck. Deren Größe schwankt zwischen 21 Hektar (Georgenfelder Hochmoor) und 999 Hektar (Großer Kranichsee). Die Angaben zu den Kosten waren teilweise nicht eindeutig, sondern es fanden sich bei manchen Lebensraumtypen teilweise »Von-bis-Spannen«.

Die Gesamtsumme des Finanzbedarfs (knapp 2 Millionen Euro für nur 14 FFH-Gebiete von 270 in Sachsen insgesamt!) ist im Vergleich zu den tatsächlich zur Verfügung stehenden finanziellen Mitteln sehr hoch. Güthler und Orlich (2009) ermittelten einen jährlichen Finanzbedarf für Natura 2000 in Deutschland von ca. 620 Millionen Euro (52,7 Euro pro Hektar), d. h. 4,34 Milliarden Euro für den Zeitraum der aktuellen EU-Förderperiode 2007 bis 2013. Im Rahmen der EU-Förderperiode 2007 bis 2013, die die wichtigste Finanzquelle für den Naturschutz darstellt, stehen allerdings für sämtliche Naturschutzmaßnahmen des Europäischen Landwirtschaftsfonds für die Entwicklung des ländlichen Raumes (ELER) nur 1,86 Milliarden Euro an öffentlichen Mitteln in Deutschland zur Verfügung. Das sind lediglich 3 bis 4 % der gesamten Mittel für den Agrarhaushalt in Deutschland.

Kettunen et al. (2009) schätzten den Finanzbedarf für das Management der Natura-2000-Gebiete in der EU auf 5,8 Milliarden Euro pro Jahr, was ca. dem Vierfachen des derzeitig verfügbaren Budgets entspricht. Die Europäische Kommission rechnet im Schnitt mit 63 Euro pro Hektar Kosten für Natura 2000 in Europa, ein Betrag, der durch den Nutzen aus Natura 2000 (z. B. CO_2-Fixierung, Tourismus) bei Weitem übertroffen wird, selbst wenn nicht alle ÖSD in die Bewertung des Gesamtnutzens einbezogen werden.

Interessant sind Zahlungsbereitschaftsanalysen (Hampicke et al. 1991), die herausfanden, dass die Bürger bereit wären, für ein Schutzprogramm zum Erhalt der biologischen Vielfalt in Deutschland 99 bis 123 Euro pro Haushalt und Jahr (insgesamt 3,9 bis 4,9 Milliarden Euro) auszugeben (wodurch nur die ethischen und ästhetischen Aspekte der Biodiversität widergespiegelt werden). Der Betrag ist mehr als doppelt so hoch wie die geschätzten Kosten der für die Bewahrung der Artenvielfalt notwendigen Maßnahmen (1,7 bis 2,3 Milliarden Euro). Neuere Untersuchungen (Meyerhoff et al. 2010; Schweppe-Kraft 2009) wiesen sogar eine noch höhere Zahlungsbereitschaft nach (192 Euro pro Haushalt und Jahr). Jeder Hektar Naturschutzfläche käme somit in den Genuss von ca. 1000 Euro im Jahr.

Die Frage ist, warum dann entsprechende Naturschutzprogramme nicht in die Tat umgesetzt werden? Als Gründe werden u. a. das generelle öffentliche Misstrauen gegenüber Ergebnissen solcher Kontingent-Bewertungen sowie der Mangel an »harten« Fakten im Bereich der Biodiversität, anders als etwa im Problemfeld »Hochwasserschutz«, angegeben (Schweppe-Kraft 2009).

Mit Managementkosten in enger Verbindung stehen die z. B. im Rahmen der Eingriffs-Ausgleichsregelung verwendeten monetären Werte für Biotoptypen. Werden Werte und Funktionen des Naturhaushalts durch einen nicht vermeidbaren Eingriff im Rahmen baulicher Maßnahmen beeinträchtigt, dann lässt sich der dadurch entstandene Schaden mit den Kosten (Substitutions- und Kompensationskosten) von Ausgleichs- oder Ersatzmaßnahmen schätzen, die zur Wiederherstellung der Funktionen des Naturhaushalts anfallen (Ersatzkosten – *replacement costs*). Ausgangspunkt für die Ableitung monetärer Werte sind naturschutzfachliche Anforderungen an die Dimensionierung von Ausgleichs- oder Ersatzmaßnahmen (naturschutzrechtliches Ausgleichsgebot, BNatSchG, § 8). Das Ausgleichsgebot wird als gesellschaftlicher Konsens zur Erhaltung der Funktionen des Naturhaushalts (bzw. der ÖSD) interpretiert. Die Kosten der Ausgleichsmaßnahmen entsprechen daher der gesellschaftlichen Zahlungsbereitschaft. In Bezug auf die Bewertung von Beeinträchtigungen einer-

☐ Tab. 6.12 Zu veranschlagende Kosten für Managementmaßnahmen für Lebensraumtypen (LRT) in 14 ausgewählten FFH-Gebieten des oberen sächsischen Erzgebirges (Quelle: FFH-Managementpläne, Sächsisches Landesamt für Umwelt, Landwirtschaft und Geologie, Datenrecherche: M.-L. Plappert)

LRT-Nr.	LRT-Name	Vorkommen des LRT in den 14 FFH-Gebieten	FFH-Gebiete mit Nennung von Kosten für den LRT	Gesamtkosten pro LRT (€)
3260	Fließgewässer mit Unterwasservegetation	1	1	8 000–16 000
4030	Trockene Heiden	5	5	27 585–30 360
6010	Basophile Pionierrasen	1	1	1806
6230	Artenreiche Borstgrasrasen	10	10	83 875–98 722
6410	Pfeifengraswiesen	2	2	646–1964
6430	Feuchte Hochstaudenfluren	4	4	5 407
6510	Flachland-Mähwiesen	3	3	16 885
6520	Berg-Mähwiesen	10	10	222 796–223 023
7110	Lebende Hochmoore	2	1	39 100
7120	Regenerierbare Hochmoore	4	3	284 304
7140	Übergangs- und Schwingrasenmoore	7	6	4 247
8150	Silikatschutthalden	2	2	4 441
8160	Kalkhaltige Schutthalden	1	1	126
8210	Kalkfelsen mit Felsspaltenvegetation	1	1	1164
9110	Hainsimsen-Buchenwälder	6	4	120 592–178 910
9130	Waldmeister-Buchenwälder	1	0	–
9180	Schlucht- und Hangmischwälder	2	1	20 460–22 705
91D1	Birken-Moorwälder	5	3	91 559–283 003
91D3	Bergkiefern-Moorwälder	3	2	88 861
91D4	Fichten-Moorwälder	5	4	132 969–377 098
91E0	Erlen-Eschen- und Weichholzauenwälder	2	1	239 41–31 833
9410	Montane Fichtenwälder	9	6	203 325
			Gesamtsumme	1 380 500–1 979 900

...eits und Kompensationsmaßnahmen andererseits werden mit solchen Zahlen recht pauschale Rahmen setzende Vorgaben getroffen, die ausreichende Handlungsspielräume für eine planerische, auf den Vorhabenstypus sowie auf den Einzelfall abgestimmte Lösung ermöglichen (UBA 2007). Der mithilfe des Habitatäquivalenz-Investitions-Modells (Schweppe-Kraft 2009; ▶ Abschn. 4.2) kalkulierte Wert natürlicher und halbnatürlicher Ökosysteme in Deutschland (9,5 % der Landesfläche) beträgt 740 Milliarden Euro (Wiederherstellungskosten bei Berücksichtigung der benötigten Zeit bzw. Entwicklungsdauer).

Fußend auf einer in Hessen entwickelten Biotopbewertungsmethode (»Hessisches Modell«), die von der EU für die Anwendung in Natura-2000-Gebieten empfohlen wurde, haben Seják et al. (2010) durch Auswertung von 136 Wiederherstellungsprojekten in der Tschechischen Republik ein Punktesystem für Biotoptypen geschaffen. Sie vergaben Punktwerte von 1 bis 6 jeweils für die Kriterien Alter (Maturität), Natürlichkeitsgrad, Diversität, Artenvielfalt, Seltenheit des Biotops, Seltenheit der Arten, Empfindlichkeit (Vulnerabilität) und Ausmaß der Gefährdungen/Belastungen des Biotoptyps. Den Punktwerten ordneten sie monetäre Werte zu (1 Punkt = 0,40 Euro). Der finanzielle Wert eines Punktes entspricht dem arithmetischen Mittel der auf Basis von ca. 140 ausgewerteten Revitalisierungsprojekte in Tschechien ermittelten Kosten, die die Verbesserung der ökologischen Situation um einen Punkt bewirkten. Die für den »ökologischen Nutzen« stehenden Punktwerte kombinierten Seják et al. (2010) mit den biotoptypenspezifischen Revitalisierungskosten (◼ Tab. 6.13).

Das Fallbeispiel Geisingberg

Anhand des FFH-Gebietes »Geisingberg und Geisingwiesen« (325 Hektar, Kennziffer DE 5248-303) werden nachfolgend exemplarisch verschiedene Wert- bzw. Kostenkalkulationen aufgezeigt und einander gegenübergestellt (◼ Tab. 6.13, ◼ Abb. 6.23). Dieses Schutzgebiet liegt nördlich der Orte Altenberg und Geising im Landkreis Sächsische Schweiz–Osterzgebirge, im Naturraum »Osterzgebirge« in einer Höhenlage von 545 m bis 824 m NN (im Mittel 700 m). Es überschneidet sich mit weiteren Schutzgebietskategorien, und zwar mit dem Landschaftsschutzgebiet »Oberes Osterzgebirge«, dem Vogelschutzgebiet (SPA) »Geisingberg und Geisingbergwiesen« sowie dem Naturschutzgebiet (NSG) »Geisingberg«.

Die gebietsspezifischen Erhaltungsziele bestehen laut FFH-Managementplan (Böhnert et al. 2005) u. a. in der »Erhaltung der überregional bedeutsamen Basaltkuppe des Geisingberges mit verschiedenen Entwicklungsstadien artenreicher montaner Fichten-(Tannen-)Buchenwälder, umgeben von einem großflächigen Komplex artenreicher montaner Grünlandgesellschaften unterschiedlicher Trophie- und Feuchtegrade mit Steinrücken, Bergwiesen, Feucht- und Nasswiesen, Niedermoorbereichen und Borstgrasrasen einschließlich der für das Gebiet typischen Flora und Fauna. Das Gebiet ist Bestandteil der charakteristischen Steinrückenlandschaft des Osterzgebirges mit traditioneller kleinräumiger Landschaftsstruktur und extensiver Landnutzung«.

Besondere Bedeutung kommt der Bewahrung bzw. Entwicklung ausgewählter Biotope zu:

— der Sicherung, Erhaltung, Pflege und teilweisen Wiederherstellung eines bedeutsamen Komplexes artenreicher montaner Grünlandgesellschaften insbesondere mit Bergwiesen, Borstgrasrasen, Feuchtwiesen, Seggen- und binsenreichen Nasswiesen und Niedermoor mit hoher floristisch-vegetationskundlicher und faunistischer Bedeutung, unter besonderer Berücksichtigung der sehr seltenen kalkreichen Niedermoorstandorte sowie

— der Erhaltung und zielgerichteten Entwicklung einer naturnahen Baumartenzusammensetzung, Alters- und Raumstruktur der Waldbereiche unter besonderer Förderung des Alt- und Totholzreichtums sowie der Weißtanne.

Das FFH-Gebiet »Geisingberg und Geisingbergwiesen« (Gesamtgröße: 325 Hektar, davon 91,41 Hektar FFH-Lebensraumtypen) enthält 67,75 Hektar Berg-Mähwiesen, das sind 20,85 % der Gesamtfläche. Veranschlagt man für deren jährliche Pflege 380 Euro pro Hektar, so besteht ein Finanzbedarf in Höhe von 25 745 Euro pro Jahr. Für das gesamte FFH-Gebiet wären jährlich 30 927 Euro für die Pflege aller FFH-Lebensraumtypen erforderlich. Diese Zahl muss nicht unbedingt mit den im Ma-

◘ Tab. 6.13 Ausgewählte monetäre Aspekte der Bewertung und Erhaltung von FFH-Lebensraumtypen (LRT) am Beispiel des FFH-Gebietes »Geisingberg und Geisingberg-wiesen« (Osterzgebirge, Sachsen)

Code	LRT-Bezeichnung	Fläche (ha)	Flächenanteil (am FFH-Gebiet) (%)	L (€ ha⁻¹)	L (€)	Sc (€ m⁻²)	Sc (10 T€)	Se (P m⁻²)	Se (P) 10 000 Punkte	Se (€) x 10 000 €
3150	Eutrophe Stillgewässer	0,01	< 0,01	320	3,2	48,9	0,49	47	0,47	0,0884
3260	Fließgewässer mit Unterwasser-Vegetation	0,04	0,01	570	22,80	k. A.	k. A.	41	1,64	0,656
6230	Artenreiche Borstgrasrasen	1,21	0,37	570	689,7	41,8	50,6	53	64,13	25,652
6510	Flachland-Mähwiesen	0,31	0,09	360	111,6	6,1	1,9	33	10,23	4,092
6520	Berg-Mähwiesen	67,75	20,85	380	25745	6,1	416,0	50	3387,5	1355
7140	Übergangs- und Schwingrasenmoore	0,04	0,01	390	113,1	127,4	5,1	56	2,24	0,896
7230	Kalkreiche Niedermoore	0,25	0,08	390	113,1	127,4	31,85	56	14,0	5,6
8150	Silikatschutthalden	0,59	0,18	k. A.	k. A.	k. A.	k. A.	43	25,37	10,148
9110	Hainsimsen-Buchenwälder	5,14	1,58	200	1028	18,4	94,8	38	195,32	78,128
9130	Waldmeister-Buchenwälder	5,18	1,59	200	1036	18,4	95,9	62	321,16	128,464
9180	Schlucht- und Hangmischwälder	10,58	3,25	200	2116	18,4	195,1	42	444,36	177,74

■ Tab. 6.13 Fortsetzung

Code	LRT-Bezeichnung	Fläche (ha)	Flächenanteil (am FFH-Gebiet) (%)	L (€ ha⁻¹)	L (€)	Sc (€ m⁻²)	Sc (10 T€)	Se (P m⁻²)	Se (P) 10 000 Punkte	Se (€) x 10 000 €
91E0	Erlen-Eschen- und Weichholzauenwälder	0,31	0,09	200	62	18,4	5,7	42	13,02	5,208
Gesamt		91,41	28,13		30 927,40		897,0554		4.479,44	1791,776*

L – jährliche Kosten für die Pflege des Lebensraumtyps pro Hektar (€ ha⁻¹) bzw. Gesamtfläche des LRT (€), Daten aus der Landschaftspflegestrategie Sachsen 2020 (Grunewald und Syrbe 2012); ▶ Abschn. 6.5.2;
Sc – Biotopwerte nach Schweppe-Kraft (2009) (Habitatäquivalenz-Investitions-Modell) (in € m⁻² und in 10 000 € für die Gesamtfläche des LRT);
Se – Biotopwerte (Punkte – P) nach Seják et al. (2010) pro m², pro Gesamtfläche des LRT (10 000 P) sowie monetärer Wert pro LRT-Gesamtfläche (10 000 €, bei 0,4 € pro Biotopwert-Punkt), * Gesamtwert von 17 917 760 € ergibt bei 5 % jährlicher Diskontrate 895 888 € a⁻¹ (Wert verteilt auf 20 Jahre);
k. A. – keine Angaben

nagementplan mitgeteilten Kosten übereinstimmen (69 917 Euro), da die Landschaftspflegestrategie sächsische Durchschnittswerte widerspiegelt (▶ Abschn. 6.5.2), während der Managementplan sich auf die konkrete lokale Situation bezieht.

Das Habitatäquivalenz-Investitions-Modell nach Schweppe-Kraft (2009) weist extensiv genutzten Wiesen 6,14 Euro pro m² zu, das sind 4 160 000 Euro für die Gesamtfläche des Lebensraumtyps Berg-Mähwiese im FFH-Gebiet. Das tschechische Modell nach Seják et al. (2010) sieht 50 Punkte pro m² für Bergwiesen vor; insgesamt kommt der Lebensraumtyp Berg-Mähwiesen am Geisingberg damit auf $3 387,5 \times 10^4$ Punkte oder 13,55 Millionen Euro. Der Unterschied zu dem nach Schweppe-Kraft (2009) ermittelten Betrag ist auf den dort wesentlich niedriger angesetzten Wert für Wiesen zurückzuführen.

Nach Schweppe-Kraft (2009) haben die FFH-Lebensraumtypen am Geisingberg insgesamt einen Wert von 8 970 554 Euro, nach Seják et al. (2010) von 17 917 760 Euro, wobei die Verteilung auf 20 Jahre (jährliche Diskontrate von 5 %) Anteile von je 895 888 Euro pro Jahr ergibt.

Diskussion

Schutzgebiete, so auch die das europäische Schutzgebietssystem Natura 2000 bildenden Fauna-Flora-Habitat- (FFH) und Vogelschutzgebiete (SPA), bringen eine breite Palette an ÖSD hervor. Der Hinweis auf diese vielfältigen, gesellschaftlich bedeutsamen Leistungen kann die Argumentationsbasis des Naturschutzes stärken.

Für die Bewertung des realen Nutzens von Natura-2000-Gebieten ist es unbedingt notwendig, die Komplexität der Nutzenaspekte zu beachten, darzustellen und zu kommunizieren, einschließlich aller aktuellen, potenziellen bzw. künftigen Nutzwerte. Die Grundannahme besteht darin, dass Schutz und nachhaltige Nutzung den langfristigen Nutzen, den ein Ökosystem erbringt, steigern. Kettunen et al. (2009) wiesen nach, dass trotz der Kosten für Naturschutz und (begrenztem) Nutzenverzicht der sozioökonomische Nettonutzen von Natura 2000 im positiven Bereich liegt.

Wenn der Fokus jedoch nur auf solche Nutzen (ÖSD) gelegt wird, die monetär bewertbar sind,

spricht das sozioökonomische Gesamtbild häufig nicht für den Naturschutz. Es ist auch wichtig zu begreifen, wie die festgestellten Nutzen in Beziehung zu den Schutzzielen für das Gebiet stehen (etwa: Gibt es Konflikte mit den im Managementplan dargelegten Zielen?) und wie verschiedene Interessenträger von diesen Nutzen profitieren oder von den Schutzzielen beeinträchtigt werden.

Dass einige Dimensionen der Natur nicht in monetären Werten gemessen werden können oder sollten, wurde bereits erwähnt (▶ Abschn. 4.2; TEEB 2009). Viele ÖSD sind nicht marktfähig, sodass eine latente Unterbewertung aus ökonomischer Perspektive die Folge wäre (Mertz et al. 2007; Bayon und Jenkins 2010; de Groot et al. 2010). Eine monetäre Bewertung wird besonders im Falle von religiösen, spirituellen und Annehmlichkeits-Werten (*amenity*) für unmöglich gehalten (Spangenberg und Settele 2010). Soziale Gründe sprechen dagegen, Naturschutz allein über Marktmechanismen zu definieren (Ring et al. 2010).

Mag auch die Vorstellung exakter monetärer Werte bestechend erscheinen, so weisen schon die – je nach Berechnungsgrundlagen – teils erheblich differierenden Ergebnisse (nach Schweppe-Kraft (2009) versus Seják et al. (2010) bei der Bewertung der Bergwiesen, ▶ Abschn. »Das Fallbeispiel Geisingberg«) auf grundsätzliche sowie methodische Schwächen hin. Hinzu kommt, dass eine Wiederherstellung zerstörter Biotope nicht immer möglich ist, vor allem wenn die Standortbedingungen irreversibel verändert oder einzelne Arten ausgerottet sind. Setzt man den Wert der natürlichen und naturnahen Ökosysteme in Deutschland mit 740 Milliarden Euro an (Schweppe-Kraft 2009), so ist das zunächst eine sehr hohe Summe. Doch liegt der Wert der naturnahen Ökosysteme tatsächlich unter dem des fixen Kapitals oder der Produktionsanlagen in Deutschland? Ist es zulässig, dies zu vergleichen?

Ungeachtet dessen vermag die ökonomische Bewertung für Entscheidungsträger im Naturschutz wichtige Informationen zu liefern. Allerdings ist sie nicht die adäquate Methode, um Schutzprioritäten oder -ziele zu bestimmen. Ökonomische Instrumente können aber als effektive Anreizinstrumente für den Naturschutz und die Landschaftspflege zur Aufrechterhaltung von ÖSD eingesetzt werden (Spangenberg und Settele 2010). Sie tragen dazu bei, die Schutzanstrengungen finanziell langfristig nachhaltig zu gestalten und zu begründen, indem sie den wahrgenommenen Bedarf für Investitionen in den Naturschutz zum Ausdruck bringen, sei es durch die Einrichtung und Behandlung von Schutzgebieten, durch traditionelle ökonomische Instrumente wie Steuern, Lizenzen oder durch die Entwicklung von Märkten und Übereinkommen über Zahlungen und Anreize für Umweltleistungen (Mertz et al. 2007).

◘ Abb. 6.25 Landnutzungsbedingte Erosion und Stoffeinträge in das Gewässer der Kleinen Jahna bei Riesa. Die Kosten der on-site- und off-site-Schäden sind schwer zu bestimmen. © Karsten Grunewald (Abb. in Farbe unter www.springer-spektrum.de/978-8274-2986-5)

6.6.2 Boden- und Gewässerschutz

K. Grunewald

Funktionen und ÖSD der Böden/ Gewässer

Boden und Wasser sind Komponenten im Landschaftssystem, die sich durch hohe Komplexität auszeichnen und durch eine Vielzahl von Schnittstellen mit den anderen Geokomponenten verbunden sind. Die resultierende ökosystemare Bedeutung findet einerseits in dem Umweltziel des Boden- und Gewässerschutzes im Bundesnaturschutzgesetz (§1) Berücksichtigung. Andererseits bieten Böden und Gewässer die Voraussetzung zur Erfüllung vielfältiger Nutzungsfunktionen (ÖSD) und gewinnen damit eine existenzielle Bedeutung für die menschliche Gesellschaft.

In der Gruppe der Regulations-ÖSD bilden hydrologische ÖSD (Wasserregulation und Wasserreinigung) sowie pedologische ÖSD (Erosionsschutz und Erhaltung der Bodenfruchtbarkeit) eigene Untergruppen (► Abschn. 3.2). Süßwasser stellt darüber hinaus eine der essenziellen Versorgungs-ÖSD dar (direktes Marktgut). Weniger Beachtung finden zumeist indirekte, nutzungsunabhängige ÖSD, beispielsweise natürliche Bodenprofile als Bildungs-ÖSD. Boden- und Gewässerschutz bilden eine untrennbare Einheit (◘ Abb. 6.25). So ist z. B. die Bodenart Indikator sowohl für die ÖSD Wasserregulation als auch Wasserreinigung (► Abschn. 3.2).

Der **Boden** ist ein Naturkörper. Die Prozesse der Bodenbildung und Regenerierung der Böden vollziehen sich extrem langsam. Böden zählen daher zu den nicht erneuerbaren Ressourcen. Als Hauptprobleme des Bodenschutzes in Mitteleuropa müssen gegenwärtig die Flächeninanspruchnahme, Erosion und Verdichtung, stoffliche Belastungen und Verarmung der biologischen Vielfalt der Böden angesehen werden. Die Verschlechterung der Bodenqualität hat direkte Auswirkungen auf die Qualität von Wasser und Luft, die biologische Vielfalt und den Klimawandel. Zudem kann dadurch die Gesundheit der Bevölkerung beeinträchtigt und die Sicherheit der Produktion von Lebens- und Futtermitteln bedroht werden. Betroffen sind Böden ganz unterschiedlicher Leistungsfähigkeit und Funktionalität (Grunewald 1997). Aus der Sicht auf die funktionale Bedeutung der Böden im Landschaftshaushalt folgt, dass präventiver **Bodenschutz** neben standortgerechter Nutzung vor allem auch den Schutz der natürlichen Bodenfunktionen umfassen muss (Kramer et al. 1999).

Landnutzungsbedingte Einflüsse haben einerseits zu homogeneren bodenphysikalischen und -chemischen Oberböden über natürliche, standortbedingte Bodengrenzen hinweg, z. B. in der Großflächenwirtschaft, geführt. Durch ständige Stoff- und Energiezufuhr (Oberbodenbearbeitung,

Düngung) oder auch partielle Beseitigung von Ungunstfaktoren (Meliorationen) gedeihen unter normalen Witterungsverläufen relativ homogene Kulturpflanzenbestände. Die Aufwände dafür sind hoch und werden, z. B. bei der modernen Präzisionslandwirtschaft, kleinflächig differenziert, sodass negative Folgewirkungen auch reduzierbar sind. Sie führen aber nicht zur Aufhebung von Eigenschaftenmustern u. a. des Unterbodens, sodass Risiken destruktiver Prozesse gegenüber Böden mit natürlichen Vegetationsdecken zunehmen. Diesbezügliche Prozesse haben infolge landwirtschaftlicher Bodennutzung, z. B. durch Initiierung von Erosion, zu einer großen Heterogenität von bodenbildenden Substraten und damit Böden geführt (an Oberhang- bzw. Hangschulterlagen großflächig gekappte Profile und vollständig erodierte Bereiche). Ob homogenisierende oder heterogenisierende Prozesse dominieren, ist sicher räumlich differenziert. Diesbezügliche Aussagen betreffen in der Regel Einzelaspekte der Bodenkennzeichnung und -bewertung. Die heterogenisierenden, nicht gewollten Nebenwirkungen erhöhen aber die Bewirtschaftungsaufwände und belasten damit die Ökonomie der Bodennutzung. Betriebswirtschaftliche Kalkulationen wägen deshalb Aufwände und Nutzen ab, wobei kurzzeitige Kalkulationen ohne Folgekostenbetrachtung oder die Ignorierung von externen, außerhalb des Landnutzungssystems entstehenden Kosten unehrlich und nicht nachhaltig sind. Einheitlich und eindeutig können diese Bewertungen nicht sein, da sie fruchtartenabhängig, im Produktionssystem differenziert und marktbestimmt sind (▶ Abschn. 6.2.3).

Bodenfunktionenbezogen stellt sich auch die Frage, ob eine erhöhte Pedodiversität (analog der Biodiversität) vorteilhaft und wünschenswert ist. Diese Frage kann allerdings bezüglich Teilfunktionen und für verschiedene Bodenlandschaften nicht einheitlich beantwortet werden.

Mit dem Bundesbodenschutzgesetz (BBodSchG 1998) wurde der Vollzug des Bodenschutzes auf eine bundeseinheitliche Grundlage gestellt. Kern des Gesetzes ist eine streng funktionale Definition des Begriffs Boden mit der Unterscheidung von natürlichen Funktionen (Lebensgrundlage und Lebensraum, Bestandteil des Naturhaushalts sowie Abbau-, Ausgleichs- und Aufbaumedium für stoffliche Einwirkungen), Funktionen als Archiv der Natur- und Kulturgeschichte sowie von Nutzungsfunktionen (Rohstofflagerstätte, Standort für unterschiedliche Nutzungen sowie Fläche für Siedlung und Erholung).

In diesem Zusammenhang ist darauf hinzuweisen, dass zwischen den natürlichen Bodenfunktionen und den Nutzungsfunktionen eine Gegenläufigkeit in Bezug auf die ökologischen Wirkungen derart besteht, dass durch die Inanspruchnahme ganz bestimmter Nutzungsfunktionen, z. B. durch die Funktion als Rohstofflagerstätte, die Wirkung der Naturfunktionen eingeschränkt wird. Auch Problemfelder wie Bodenerosion drücken das Spannungsverhältnis zwischen natürlicher Funktionalität und bestimmten Formen der Bodennutzung aus, bei denen es zur Überbelastung der natürlichen Funktionen und zur Auslösung ökosystemarer Schadprozesse kommt (Grunewald und Mannsfeld 1999).

Von besonderer Bedeutung ist in diesem Zusammenhang der Sachverhalt der schädlichen Bodenveränderungen (§2(3) BBodSchG 1998), die sich u. a. auch in der Beeinträchtigung von Bodenfunktionen ausdrücken. In der Konsequenz führt dies zur Verpflichtung der Schadensabwehr (§4(3) (4) BBodSchG 1998) und zum gebietsbezogen Bodenschutz. Als untergesetzliches Regelwerk ist die Bundesbodenschutz- und Altlastenverordnung (BBodSchV 1999) für den Vollzug von entscheidender Bedeutung.

Zu beachten ist auch, dass Boden als Ressource nur begrenzt zur Verfügung steht und dass die Regeneration von Böden, deren Funktionalität durch unterschiedliche Formen der Nutzung beeinträchtigt ist, außerordentlich schwierig, wenn nicht gar unmöglich, und zum Teil sehr kostenaufwendig ist.

Grundsätzlich besteht in Ländern wie Deutschland oder Österreich derzeit die Frage, in welcher Form der bisher strikt funktional gehandhabte Bodenschutz begrifflich in das ÖSD-Konzept überführt und inhaltlich fortgeschrieben werden kann.

Eine europäische Bodenrahmenrichtlinie mit dem Ziel des Schutzes der Böden lehnt die Bundesregierung insbesondere aus Gründen der Subsidiarität ab (Nachrang des Regelwerks gegenüber anderen, z. B. EU-WRRL). Darüber hinaus wird auch befürchtet, dass die Umsetzung einer Boden-rahmenrichtlinie einen unverhältnismäßig hohen Bürokratieaufwand und hohe Folgekosten verursacht (Kluge et al. 2010).

Als **Gewässerschutz** bezeichnet man die Gesamtheit der Bestrebungen, die Gewässer (Küstengewässer, Oberflächengewässer und das Grundwasser) zum Zwecke der Reinhaltung des Wassers als Trink- oder Brauchwasser sowie zum Schutz aquatischer Ökosysteme als Teilaufgabe des Naturschutzes vor Beeinträchtigungen zu schützen. Gewässerschutz wird ebenfalls teils nutzungsorientiert, teils losgelöst von Nutzungsinteressen betrieben und zwischen den Nutz- und Schutzinteressen bestehen zahlreiche Konfliktfelder.

Beim Gewässerschutz hat der Nutzen von ÖSD in der politischen Entscheidungsfindung inzwischen einen hohen Stellenwert:

— die EG-Wasserrahmenrichtlinie (WRRL) folgt dem Grundsatz der Kostendeckung der Wassernutzung einschließlich umwelt- und ressourcenbezogener Kosten, was eine Abwägung der Kosten und Nutzen erfordert (in ▶ Abschn. 3.3.6 erläutert),

— die EU-Meeresschutzstrategie von 2005 fordert eine Durchführung von Kosten-Nutzen-Analysen,

— die EU-Meeresstrategie-Rahmenrichtlinie (RL 2008/56/EG) verlangt von den Mitgliedsstaaten eine wirtschaftliche und gesellschaftliche Analyse der Nutzung ihrer Meeresgewässer sowie der Kosten der Verschlechterung der Meeresumwelt.

ÖSD-Bewertung am Beispiel des Flusseinzugsgebietes der Jahna in Sachsen

Als ein Beispielgebiet für die Analyse und Bewertung von ÖSD im Hinblick auf nachhaltige Landnutzung sowie Boden- und Gewässerschutz (Erreichung von Umweltzielen der WRRL) wurde das überwiegend landwirtschaftlich genutzte Einzugsgebiet der Jahna in Sachsen ausgewählt. Das grundsätzliche Vorgehen erfolgt nach der EPPS-Rahmenmethodik (▶ Abschn. 3.1.2). Kern dabei ist, dass aus den (natur-)wissenschaftlichen Grundlagen die

fachlichen Anforderungen der Nutzung/Erhaltung der natürlichen Ressourcen formuliert werden (interdisziplinäre, fachpolitische Abwägung). Zunächst wurden anhand ökologischer Indikatoren die Eigenschaften und Belastungen der Ökosysteme analysiert, dann die Minderungspotenziale modellbezogen simuliert und schließlich Änderungen in der landwirtschaftlichen Flächennutzung und Bewirtschaftungsform bezüglich einer Reduzierung der Nährstoffeinträge in die Gewässer bewertet (detailliert in Grunewald und Naumann 2012).

■ **Ökosystemeigenschaften und ausgewählte Belastungen im Einzugsgebiet**

Das 244 km² große Einzugsgebiet der Jahna, zwischen den Städten Döbeln und Riesa gelegen, gehört nach der naturräumlichen Gliederung des Freistaates Sachsen zur Naturregion der Sächsischen Lössgefilde. Infolge der sehr fruchtbaren Böden wird das Einzugsgebiet der Jahna seit alters her vorrangig ackerbaulich genutzt. Etwa 90 % der Flächen werden infolge des hohen Nutzungspotenzials von landwirtschaftlichen Flächen eingenommen, wobei der Anteil von 6 % Grünlandflächen darauf hindeutet, dass im Untersuchungsgebiet überwiegend reine Ackerbaubetriebe angesiedelt sind. Als Hauptfruchtarten werden im Untersuchungsgebiet überwiegend Getreide, Mais, Raps und Hackfrüchte (v. a. Zuckerrüben) angebaut. Etwa 14 % der Jahna-Einzugsgebietsfläche wird von Schutzgebieten eingenommen, wobei sich diese auch teilweise überlagern (7 % Trinkwasserschutzgebiete; 6,1 % Landschaftsschutzgebiete; 3,8 % Vogelschutzgebiete; 2,4 % FFH-Gebiete; 0,2 % Naturschutzgebiete).

Als Bodentypen treten großflächig Parabraunerden, kleinflächig auch Braunerden, Fahlerden und Parabraunerde-Pseudogleye auf. In den Tälern und Senken sind zum Teil mächtige Kolluvisole zu finden, die auf eine hohe Erosionsdeposition des Gebietes hinweisen. Demzufolge sind an Oberhang- bzw. Hangschulterlagen großflächig gekappte Profile und vollständig erodierte Bereiche verbreitet. Seit Beginn der intensiven Landnutzung der Landschaften im Untersuchungsgebiet stellt die Erosion durch Wasser ein Problem dar, welches sich in mächtigen Kolluvien und Aulehmen bzw. in der veränderten Sedimentfracht der Gewässer dokumentiert.

Der Fluss Jahna hat eine Länge von ca. 35 km und mündet in Riesa in die Elbe. Im Einzugsgebiet wurden zahlreiche Eingriffe in das Gewässersystem vorgenommen, wie Längs- und Querprofilverbauungen, Laufbegradigungen und -verlegungen, Meliorationsmaßnahmen etc. Etwa 40 Staue bzw. Teiche kennzeichnen gegenwärtig das oberirdische Gewässersystem, der Speicher Baderitz ist darunter der größte.

Nach WRRL (2000) sind die biologischen Komponenten Fische, Makrozoobenthos und Makrophyten/Phytobenthos für die Bewertung der Oberflächenwasserkörper relevant. Diese wurden in den Jahren 2005 bis 2007 im Einzugsgebiet der Jahna ausnahmslos als defizitär eingeschätzt. Die Nährstoffbelastung (N, P) im Jahna-Einzugsgebiet spiegelt die schlechte biologische Bewertung wider. Aus den Monitoringergebnissen der Bestandsaufnahme muss gefolgert werden, dass die Zielerreichung nach WRRL bis 2015 im Grundwasserkörper Jahna und allen acht Oberflächenwasserkörpern im Einzugsgebiet Jahna unwahrscheinlich ist (Grunewald und Naumann 2012).

Zur Abschätzung von Nährstoff-Reduktionspotenzialen wurden einzelne landwirtschaftliche Maßnahmen sowie Maßnahmenkombinationen simuliert (◘ Tab. 6.14). Die Verminderung des P-Eintrags wird anhand der partikulären P-Emission aufgezeigt, da ein Großteil des landwirtschaftlichen P-Austrags partikulär durch Erosion erfolgt. Bei Stickstoff sind hingegen die gesamten diffusen N-Emissionen aufgeführt.

Die Einzelmaßnahmen mit den größten Reduktionspotenzialen hinsichtlich des P-Eintrags (40 bis 70 %) sind die Umwandlung von Acker- in Grünland auf den Sedimenthauptlieferflächen (Halbfaß und Grunewald 2008), die konservierende Bodenbearbeitung und die Gewässerschutzstreifen. Durch die Kombination von Maßnahmen ist eine Verminderung der partikulären P-Emission sogar um 90 % möglich.

Bei den N-Einträgen weisen die Einzelmaßnahmen Zwischenfruchtanbau und reduzierte Düngung mit 30 bis 50 % die größten Verminderungspotenziale auf. Durch Maßnahmenkombination kann eine N-Reduzierung bis auf 77 % erreicht werden. Betrachtet man die Verminderungspotenziale

der Maßnahmen in den einzelnen Oberflächenwasserkörpern, so ist deren Höhe insbesondere von den angebauten Fruchtarten und der Lage der Sedimenthauptlieferflächen abhängig. Die Wirkung der konservierenden Bodenbearbeitung auf den P-Austrag ist im oberen Einzugsgebiet der Jahna aufgrund der höheren Anzahl von Sedimenthauptlieferflächen stärker als im unteren. Gleiches gilt für die anderen Maßnahmen auf den Sedimenthauptlieferflächen: »Umwandlung von Acker- in Grünland«, »begrünte Abflusswege« und »Verzicht auf Mais- und Hackfruchtanbau«. Beim N-Austrag treten größere Unterschiede insbesondere aufgrund des kulturartenspezifischen Zwischenfruchtanbaus und der reduzierten N-Düngung auf Rasterzellen mit höchsten N-Austrägen auf.

- **ÖSD-Bewertung**

Zunächst wurde eine **Nutzwertanalyse** nach Zangemeister (1971) zur Bewertung und Priorisierung verschiedener Maßnahmenszenarien durchgeführt, um Regulations-ÖSD zu bewerten. Durch die Übertragung unterschiedlicher Zielgrößen in ein gemeinsames Wertesystem können diese miteinander verglichen werden. Als Zielgrößen wurden die Verminderung der N- und P-Einträge in die Gewässer sowie die Kosten und Akzeptanz der Maßnahmen definiert. Für diese Zielvariablen wurden Nutzenfunktionen zwischen 0 (kein Nutzen) und 1 (höchster Nutzen) festgelegt, die sich bei den Nährstoffen nach Umweltqualitätsnormen bzw. Orientierungswerten richten (Naumann und Kurzer 2010). Mithilfe der Nutzenfunktionen wurden für die Zielvariablen die Teilnutzwerte der verschiedenen Szenarien ermittelt. Der Gesamtnutzen der einzelnen miteinander zu vergleichenden Maßnahmenszenarien ergab sich durch Addition der Teilnutzwerte der Zielgrößen, wobei hierbei noch eine Gewichtung der Zielvariablen durch den Bearbeiter erfolgte (◘ Tab. 6.15).

Aufgrund relativ geringer Kosten, die geringe P-Konzentration durch den modellierten partikulären P-Eintrag sowie die mittlere Akzeptanz der Maßnahme bei den Landwirten stellt die konservierende Bodenbearbeitung auf den Sedimenthauptlieferflächen die Maßnahme mit dem höchsten Gesamtnutzen im Einzugsgebiet Jahna bei einer

◘ Tab. 6.14 Ausgewählte Modellierungsergebnisse der Szenarienberechnungen mittels STOFFBILANZ für das Einzugsgebiet der Jahna (aus Grunewald und Naumann 2012)

Nr.	Szenario/Variante	Partikulärer P-Eintrag			Diffuser N-Eintrag		
		[t a⁻¹]	[kg ha⁻¹a⁻¹]	[%]*	[t a⁻¹]	[kg ha⁻¹a⁻¹]	[%]*
1	konservierende Bodenbearbeitung steigt auf 100 % (SHF)	3,5	0,14	−31	537	21,9	−3
2	konservierende Bodenbearbeitung steigt auf 100 % (alle Ackerzellen)	2,8	0,11	−45	451	18,4	−19
3	kein Mais- und Hackfruchtanbau (SHF) zu SG	3,7	0,15	−27	555	22,7	0
4	begrünte Abflusswege (SHF)	4,6	0,19	−9	553	22,6	0
5	Gewässerschutzstreifen	2,7	0,11	−47	543	22,2	−2
6	Nutzungsänderung (SHF)	1,6	0,07	−68	538	22,0	−3
7	Nutzungsänderung (Zellen höchster N-Austräge)	5,0	0,20	−2	489	20,0	−12
8	Zwischenfruchtanbau – Ist + 5 % im EZG	–	–	–	449	18,3	−19
9	Zwischenfruchtanbau – Ist + 16 % im EZG (max.)	4,9	0,20	−3	324	13,2	−42

* Verminderung der P- oder N-Einträge gegenüber dem Ist-Zustand; SHF – Sedimenthauptlieferflächen; EZG – Einzugsgebiet

gleichen Gewichtung der Zielvariablen dar. Es folgt die Maßnahme 20 % Zwischenfruchtanbau, deren hoher Gesamtnutzen v. a. auf den hohen Teilnutzen bei der N-Konzentration zurückzuführen ist. Legt man stärkeres Gewicht auf den Nährstoffeintrag, so ist die flächendeckende konservierende Bodenbearbeitung die Vorzugsvariante, gefolgt vom Zwischenfruchtanbau. Zu diesem Ergebnis tragen der hohe Teilnutzwert der P-Konzentration bei der konservierenden Bodenbearbeitung und der hohe Teilnutzwert der N-Konzentration beim Zwischenfruchtanbau bei. Stehen hingegen die Kosten im Vordergrund, so gewinnen trotz hoher relativer Kosten die Gewässerschutzstreifen an Bedeutung, da die Gesamtkosten für das Einzugsgebiet Jahna aufgrund des geringen Flächenumfangs niedrig sind.

Die **Umweltkosten der Erosion und Nährstoffemission** können ebenso wie der gesellschaftliche Nutzen des Erosionsschutzes und der Reduzierung der Nährstoffverlagerung nur abgeschätzt werden. Ernteerträge auf erodierten Böden sind geringer als auf geschützten Böden, da Erosion die ÖSD Bodenfruchtbarkeit und Wasserverfügbarkeit reduziert. Die Bodenqualität und -produktivität wird durch verringerte Infiltrationsraten, Wasserhaltekapazität, Nährstoffgehalte, organische Substanz, Bodenbiomasse und -aktivität sowie Profilmächtigkeit

◘ Tab. 6.15 Teil- und Gesamtnutzwerte für die Zielvariablen der Maßnahmenszenarien für das Einzugsgebiet der Jahna (aus Grunewald und Naumann 2012)

Zielvariablen Maßnahmenszenarien	Partikuläres P		Diffuses N		Kosten		Akzeptanz		Gesamtnutzen
konservierende Bodenbearbeitung (100 % SHF)	0,80	0,2	0,29	0,07	0,90	0,23	0,5	0,13	0,63
konservierende Bodenbearbeitung (100 % Ackerfläche)	1,00	0,25	0,57	0,14	0,21	0,05	0,5	0,13	0,57
begrünte Abflusswege (SHF)	0,40	0,1	0,25	0,06	0,49	0,12	0	0	0,28
Gewässerschutzstreifen	1,00	0,25	0,27	0,07	0,92	0,23	0	0	0,55
Ackerland in Grünland (SHF)	1,00	0,25	0,29	0,07	0,72	0,18	0	0	0,50
Ackerland in Grünland (höchste N-Austräge)	0,20	0,05	0,45	0,11	0,72	0,18	0	0	0,34
Zwischenfruchtanbau 9 %	0,20	0,05	0,57	0,14	0,87	0,22	0,5	0,13	0,54
Zwischenfruchtanbau 20 %	0,30	0,08	0,97	0,24	0,60	0,15	0,5	0,13	0,60

SHF – Sedimenthauptlieferflächen

infolge Bodenerosion durch Wasser gemindert. Erodierte Böden absorbieren 10 bis 300 mm weniger Wasser je Hektar als nicht erodierte Böden (entspricht 7 bis 44 % der Regenmenge; Pimentel et al. 1995). Eine Tonne fruchtbaren Ackerbodens enthält 1 bis 6 kg Stickstoff und 1 bis 3 kg Phosphor, die durch Abschwemmung den genutzten Böden verloren gehen können. Dies sind sogenannte *on-site*-Schäden, die der Landeigentümer und Nutzer so gering wie möglich halten will.

Der Bodenabtrag stellt nicht nur einen Verlust für die Landwirte dar, sondern verursacht auch Schäden durch Biotopbeeinflussungen auf benachbarten Flächen und verstopft außerdem die öffentliche Kanalisation, die anschließend mit finanziellem Aufwand wieder gereinigt werden muss (sogenannte *off-site*-Schäden). Die gewässerökologischen Beeinträchtigungen umfassen u. a. den Sediment- und Nährstoffeintrag, Eutrophierung,

höhere Wasseraufbereitungskosten). Hierfür sind die realen Kosten nicht genau bezifferbar und die Verursacher sind selbst bei kleinen, lokalisierbaren Erosionsereignissen schwer haftbar zu machen. Trotzdem ist zu unterstellen, dass sowohl der Einzelne als auch die Gesellschaft interessiert sind, die *off-site*-Schäden und damit Kosten so gering wie möglich zu halten.

Pimentel et al. (1995) haben die *on-site*- und *off-site*-Kosten der Erosion für die USA abgeschätzt und sind Mitte der 1990er-Jahre auf ca. 100 Dollar pro Hektar und Jahr gekommen. Wenn man sogenannte Ersatzkosten für Böden und Dünger veranschlagt (nach Internetrecherchen kostet eine Tonne Mutterboden ca. 10 Euro und aktuelle Düngerpreise sind mit ca. 600 Euro pro Tonne für Stickstoff bzw. 750 Euro pro Tonne für Phosphor anzusetzen; Quelle: AMI 2010) sowie Schadenskosten (Reinigung von Straßen, Grundstücken nach Erosionsschäden, Entschlammung von Speichern, Teichen, Kanälen etc.) abschätzt, kommt man voraussichtlich auf ähnliche monetäre Größenordnungen der *on-site-* und *off-site-*Schäden für das Einzugsgebiet Jahna (**Benefit-Transfer**).

Demzufolge wären für die knapp 20 000 Hektar landwirtschaftliche Nutzfläche im Einzugsgebiet der Jahna Ersatz- und Schadenskosten von 1,4 Millionen Euro pro Jahr zu kalkulieren (bei einem Wechselkurs Euro/Dollar von ca. 1 zu 1,35 im Jahr 2011). Stellt man diese Größenordnung der Ersatz- und Schadenskosten den Kosten für Erosionsminderungsmaßnahmen gegenüber, ergibt sich bei hohen Erosionsgefährdungen ein sehr positives **Nutzen-Kosten-Verhältnis;** (Pimentel et al. 1995 geben dieses z. B. für die USA mit 5 zu 1 an; dabei Reduzierung der Bodenerosion durch Wasser und Wind von 17 t $ha^{-1}a^{-1}$ auf 1 t $ha^{-1}a^{-1}$). Setzt man für das Einzugsgebiet Jahna die Kosten für die effektivsten Maßnahmen (100 % konservierende Bodenbearbeitung auf den Sedimenthauptlieferflächen und Zwischenfruchtanbau auf 20 % sowie aktuelle Fördersätze von 85 Euro pro Hektar für Zwischenfruchtanbau und 68 Euro pro Hektar für konservierende Bodenbearbeitung) mit 760 000 Euro an, resultiert für die Gesellschaft hier ein Nutzen-Kosten-Verhältnis von ca. 2 zu 1.

Die Bewertung des Nutzens orientiert sich in dem Fallbeispiel vorrangig an den Zielen der WRRL. Tangierende Ziele betreffen u. a. den Bodenschutz, den Naturschutz und die landwirtschaftliche Produktivität. Eine integrierende Bewertung und Planung berücksichtigt die Wirkung von Maßnahmen auf alle relevanten Zieldimensionen. Der Betrachtungsraum – in diesem Fall das Einzugsgebiet der Jahna – stellt demzufolge ein gemeinsames Handlungsfeld für Wasserwirtschaft, Landwirtschaft und Boden-/Naturschutz dar (Grunewald und Naumann 2012).

Fazit

Durch Anwendung ökonomisch ausgerichteter Planungsmethoden (Nutzwertanalyse) und Nutzung einer Vergleichsgröße wie Geld können Tauschwerte von Planungsvarianten auch für den Boden- und Gewässerschutz sichtbar(er) und bewusst(er) gemacht werden. Veränderungen der Eigenschaften und Leistungen der Böden und Gewässer können

quantifiziert, modelliert und in Szenarien dargestellt werden. Mittels ÖSD-Ansätzen sind Werte abschätzbar, was in der Vermittlung zwischen Landnutzungs- und Schutzinteressen zu neuen Einsichten führen kann. Die für die Operationalisierung benötigten quantitativen Modelle und die Monetarisierungen stehen methodisch jedoch auf recht unsicherer Grundlage. Ein weiteres Problem besteht in der unscharfen Abgrenzung der Leistungen, in diesem Fall denen der Landwirtschaft (Technologie, Humankapital) von den Leistungen der Ökosphäre (z. B. Düngung zum Erhalt der Bodenfruchtbarkeit versus natürlicher Stoffhaushalt).

6.6.3 Ökonomische Bewertung von ÖSD am Beispiel eines Deichrückverlegungsprogramms an der Elbe

V. Hartje und M. Grossmann

Im Folgenden werden Arbeiten zusammengefasst, die im Kontext der Debatte um die Renaturierung von Auen als naturschutzpolitisches Ziel entstanden sind. Die Debatte entzündete sich an der Frage, in welchem Maße Deichrückverlegungen als Maßnahmen zur Auenrenaturierung gleichzeitig positive Effekte auf den Hochwasserschutz haben bzw. ob sie auch eine bessere Hochwasserschutzstrategie im Vergleich zu einem Ausbauprogramm von Hochwasserpoldern sein würde. Der hier vorgelegte Text versucht einen Beitrag zu dieser Debatte zu leisten, indem er auf der Grundlage der Quantifizierung und Monetarisierung der Veränderungen ausgewählter ÖSD von Auen-Maßnahmenprogrammen, die Deichrückverlegungen enthalten, mit Programmen des Ausbaus von Poldern im Rahmen einer Nutzen-Kosten-Analyse miteinander vergleicht. Zu den berücksichtigten ÖSD gehören die Minderung des Hochwasserrisikos und der Nährstoffeinträge, die neben dem Erhalt der Auenhabitate und -arten in die Analyse mit einbezogen wurden. Es werden zunächst die alternativen Maßnahmenprogramme vorgestellt, bevor die einzelnen Ansätze zur Schätzung der Veränderungen der ÖSD und zu ihrer ökonomischen Bewertung erläutert und die Ergebnisse zusammengefasst werden.

Deichrückverlegungen als Teil einer Auen-Reaktivierungspolitik an der Elbe

Der Anlass dieser Studie war die integrierte Analyse der Deichrückverlegungen als Teil einer Auen-Renaturierungspolitik, die bisher unter drei bis dato getrennt betriebenen Sektorpolitiken betrachtet wurde: Vorsorgender Hochwasserschutz, Naturschutz und Gewässergütepolitik. Im Folgenden werden die Politikdebatte in Deutschland skizziert und Auen-Reaktivierungsszenarien beschrieben.

Der deutsche Teil der Elbe (◘ Abb. 6.2) kann als Tieflandfluss mit einem breiten alluvialen Tal flussabwärts der Stadt Dresden charakterisiert werden. Der Verlust der morphologischen Aue in der oberen und mittleren Elbe variiert mit der Breite der Tallage. Im engen Tal des südlichen Teils hat es weniger Verluste an Altauen gegeben. Beim Erreichen der breiteren Tallage sind zwischen 50 und 90 % der historischen Auen eingedeicht (Brunotte et al. 2009). Trotz dieser großen Verluste von aktiven Auen ist die Elbe noch einer der größeren frei fließenden Flüsse in Mitteleuropa.

Das Bundesministerium für Umwelt (BMU) und das Bundesamt für Naturschutz (BfN) unterstützen aktiv das Konzept eines integrierten Ansatzes für das Management von Auen (BMU/BfN 2009). Durch diesen Ansatz sollen die verschiedenen Vorteile des Erhalts und der Verbesserung des Auenzustandes im Bereich des Hochwasserschutzes, der Gewässergütepolitik, im Naturschutz und beim Klimaschutz realisiert werden.

Bereits in den 1990er-Jahren führten Neuschulz und Purps (2000, 2003) eine Bestandsaufnahme von potenziellen Standorten mit großflächigem Naturschutzpotenzial an der Elbe durch. Sie identifizierten 52 potenzielle Flächen mit insgesamt 23 249 Hektar einschließlich elf Sommer-Polder. Die öffentliche Debatte über Deichrücklegungen erhielt erheblichen Auftrieb nach der großen Flut im Elbeeinzugsgebiet im Jahr 2002. Die Internationale Kommission zum Schutz der Elbe entwickelte einen Aktionsplan (IKSE 2004), der der Entwicklung einer umfassenden Strategie des Hochwasserrisikomanagements diente.

Alternative Programme zur Auenreaktivierung

In dieser Studie werden sieben Programme untersucht, die die verschiedenen Bestandsaufnahmen und Alternativen zusammenfassen, die in jüngster Zeit vorgenommen wurden. Nicht berücksichtigt wurden Standorte, bei denen es zu Konflikten mit der Gefährdung von Menschenleben oder Siedlungsflächen mit größeren Vermögenswerten kommen könnte. Es sind nur solche Bestandsaufnahmen verwendet worden, bei denen land- und forstwirtschaftliche Flächen in Auenflächen umgewandelt würden. Die Anzahl, der genaue Standort und das Rückhaltevolumen werden intensiv öffentlich diskutiert und in der Planung noch überarbeitet. Für diese Untersuchung wurden die Vorschläge für Deichrückverlegungen und Polder sowie deren Dimensionen aus unterschiedlichen Quellen genutzt (Merkel et al. 2002; Ihringer et al. 2003; IKSE 2004; Förster et al. 2005; BfG 2006). Falls in diesen Quellen unterschiedliche Angaben zu den Größenordnungen eines Standortes gemacht worden sind, wurde die größere Alternative verwendet. Eine genauere Beschreibung der Standorte liegt in Grossmann et al. (2010) vor.

Hier werden zwei Managementoptionen zur Renaturierung von Überflutungsauen betrachtet: Deichrückverlegungen und Polder. Deichrückverlegungen bestehen auf der Entfernung bzw. Schlitzung der alten Deichlinie und dem Bau einer neuen, weiter rückwärts gelegenen Deichlinie, die häufig kürzer ist. Deichrückverlegungen erfordern eine permanente Landnutzungsänderung und beinhalten eine Wiederaufnahme der natürlichen Auenfunktionen. Die Polder erlauben das kontrollierte Überfluten einer Fläche, die von Deichen umschlossen ist und deren Zufluss durch Wehre kontrolliert wird. Der Vorteil der Polder als steuerbare Rückhalteflächen liegt darin, dass mit ihnen effektiver die Spitze der Hochwasserwelle reduziert werden kann. Außerdem ist fortgesetzt Landwirtschaft möglich, da die Polder nur bei extremen Hochwassern geflutet werden. Allerdings ist ein Wechsel vom Ackerbau zur Grünlandbewirtschaftung erforderlich. Rückhaltepolder kann man somit als eine teilweise Renaturierung ansehen. Sie lassen sich mit einem »ökologischen« Flutregime betreiben, indem sie bei regulären Hochwassern geöffnet, aber bei größeren Ereignissen vor dem Eintreffen der Spitze geschlossen werden. In diesem Fall werden die natürlichen Habitate der Auen und ihre Funktionen wieder vollständig eingerichtet.

Im Rahmen der Analyse sind sieben Kombinationen von Maßnahmen in den Mittelpunkt gestellt worden, die ausgewählt wurden, um die Größenordnung der Wirkungen zu illustrieren, die durch die Kombination von Projekten mit unterschiedlichen Größen und verschiedenen Standorten erreicht werden können ($\square$ Tab. 6.16). Diese Maßnahmen werden mit einer Baseline verglichen, in der die Situation auf der Grundlage des Hochwasseraktionsplans von 2000 beschrieben wird. Die Verbesserungen in der jüngeren Vergangenheit sind dabei nicht mitberücksichtigt.

Im Einzelnen haben die Maßnahmenprogramme folgende Eigenschaften:

- DeichR groß: Deichrückverlegung (ohne Steuerung) aller 60 potenziellen Standorte in der Datenbasis unabhängig von ihrer Festlegung als Deichrückverlegung an der Elbe zwischen Kilometer 117 und 536. Die gesamte reaktivierte Auenfläche beträgt 34 658 Hektar mit einem Speichervolumen von 738 Millionen m^3. Zweck dieses Szenarios ist es, den potenziellen Effekt eines Deichrückverlegungsprogramms zu prüfen, das wesentlich größer ist, als die 15 000 Hektar, die Merkel et al. (2002) untersucht haben oder die sonst in der Diskussion sind.

- DeichR klein: Deichrückverlegung (ohne Steuerung) von 33 potenziellen Standorten, die im IKSE-Aktionsplan Hochwasserschutz Elbe (IKSE 2004) im Flussabschnitt der Elbe von Kilometer 120,5 bis 536 vorgeschlagen wurde. Die gesamte Fläche beträgt 9 432 Hektar mit einer Speicherkapazität von 251 Millionen m^3. Der Zweck ist eine Einschätzung eines Deichrückverlegungsprogramms, das unter den gegenwärtigen Bedingungen als realistisch gelten kann.

- Polder groß: gesteuerter Betrieb von 31 potenziellen Standorten für Rückhalte-Polder, die von der IKSE identifiziert wurden (2004), am Elbeabschnitt Kilometer 117 bis 427 mit einer Gesamtfläche von 25 576 Hektar und einem Gesamtspeichervolumen von 494 Millionen m^3. Die Polder in Sachsen-Anhalt weisen die Eigenschaften nach Ihringer et al. (2003) und die an der Havel liegenden Polder die nach Förster et al. (2005) auf. Der Zweck ist eine Bewertung des hypothetischen Maximums der

Schadensminderung, die durch die Rückhaltung möglich ist.

- Polder klein: gesteuerter Betrieb der fünf größten Standorte für Polder, die von Ihringer et al. (2003) an Kilometer 180 identifiziert wurden und über eine Gesamtfläche von 3 248 Hektar und ein Speichervolumen von 138 Millionen m^3 verfügen. Zweck ist eine Einschätzung des Beitrags der größten Standorte am Oberlauf zur Minderung des Hochwasserschadens im Vergleich zur Maximalvariante Polder groß.

- Polder (ökol) klein: Sie umfasst wie Polder groß eine Steuerung, aber die Flutungen orientieren sich am natürlichen Überflutungsregime.

- P + DeichR: Dieses Szenario umfasst ein multifunktionales Programm, das auf den Ergebnissen einer detaillierteren Studie des BfG (2006) beruht. Dazu gehören der gesteuerte Betrieb von sechs Poldern am Oberlauf der Elbe an Kilometer 117 bis 180 mit einer Gesamtfläche von 4 143 Hektar und einer Speicherkapazität von 92 Millionen m^3. Zusätzlich werden elf Deichrückverlegungen mit einer Fläche von 3 402 Hektar berücksichtigt. Die Polder werden allein nach Hochwasserschutzkriterien gesteuert.

- P (ökol) + DeichR: Dieses Szenario ist mit P + DeichR identisch, allerdings werden die Polder so gesteuert, dass sie das natürliche Überflutungsregime abbilden.

Bewertungsmethoden und Daten
- **Kosten-Nutzen-Modell der Auenreaktivierung**

Die Kosten-Nutzen-Analyse beruht auf dem Standardverfahren des Vergleichs mit und ohne Programmsituation, d. h. in diesem Fall der Vergleich des diskontierten Nettonutzens der einzelnen Programmszenarien im Vergleich zur Baseline. Die Kosten der Projekte umfassen drei wesentliche Komponenten: Die Kosten der Programme enthalten einmal die Kosten für die Investitionen und deren Betrieb und ihren Unterhalt. Die Kosten für den Unterhalt der bestehenden Deichlinien sind in den Referenz- und in den Programmszenarien gleich, bis auf zwei Ausnahmen: Die Bau- und Unterhaltungskosten für die erforderlichen neuen Deichabschnitte werden unter Projektkosten subsumiert,

◻ Tab. 6.16 Eigenschaften der Programme des Auenmanagements

Programm	Beschreibung	Polder Betriebsart	Reichweite (Elbe km)	Zahl der Standorte	Polderfläche (ha)	Reaktivierte Auenfläche (ha)
DeichR groß	Deichrückverlegung (großer Umfang)	–	117–536	60	0	34 658
DeichR klein	Deichrückverlegung (kleiner Umfang)	–	120,5–536	33	0	9 432
Polder groß	gesteuerte Polder (großer Umfang)	Spitzenflutung	117–427	31	25 576	0
Polder klein	gesteuerte Polder (kleiner Umfang)	Spitzenflutung	180	5	3 248	0
Polder (ökol) klein	gesteuerte Polder (kleiner Umfang) mit ökologischer Flutung	ökologisch	180	5	3 248	0
P + DeichR	multifunktionale Kombination	Spitzenflutung	117–536	17	4 143	3 402
P (ökol) + DeichR	multifunktionale Kombination	ökologisch	117–536	17	4 143	3 402

während die eingesparten Rehabilitierungs- und Unterhaltungskosten der bestehenden Deiche, die aufgegeben bzw. abgetragen werden, als Nutzen gerechnet werden. Weitere Kosten sind die Opportunitätskosten, die die Verluste von ökonomischen Renten der ursprünglichen Nutzung darstellen, hier im Wesentlichen die Verluste der Nutzen aus land- und forstwirtschaftlicher Landnutzung.

In dieser Untersuchung werden vier Nutzenkategorien berücksichtigt. Zuerst werden die eingesparten Kosten, die Folge der nicht erforderlichen Instandsetzung und Unterhaltungen als Konsequenz der verkürzten Deichlinie sind, als Nutzen kalkuliert. Darüber hinaus werden zwei Nutzen berechnet, die das Ergebnis der ÖSD der reaktivierten Auen sind – Minderung des Hochwasserrisikos und Nährstoffretention –, und als weiterer Nutzen der Wert der Biodiversität der Auen.

Der Nettonutzen ist der Nettogegenwartswert (NGW) der Summe der einzelnen oben genannten Nettonutzen eines Programms zur Auenreaktivierung im Vergleich zu einem Referenzszenario mit der Ausgangslage über die Laufzeit diskontiert. Bei dieser Analyse wird ein Diskontsatz von 3 % verwendet und eine Lebensdauer der Maßnahmen von 100 Jahren unterstellt. Im Rahmen einer Sensitivitätsanalyse werden die Auswirkungen eines niedrigeren Diskontsatzes von 1 % und einer kürzeren Laufzeit der Maßnahmen von 30 Jahren überprüft.

Im Folgenden werden die Berechnungen der einzelnen Komponenten vorgestellt, bevor sie abschließend als Summe zusammengefasst werden.

■ **Nutzen aus der Minderung des Hochwasserrisikos**

Der Nutzen des veränderten Hochwasserrisikos wird als vermiedene durchschnittliche jährliche Hochwasserschäden gemessen. Die Veränderung der Erwartungswerte der durchschnittlichen jährlichen Schäden gilt in der Literatur als der angemessene Weg zur Schätzung der Nutzenseite des Hochwasserschutzes im Kontext einer Kosten-Nutzen-Analyse (Penning-Rowsell et al. 2003; NRC 2000). Im Kontext eines risikobasierten Ansatzes wird das Hochwasserrisiko als das Produkt von Hochwasserrisiko (d. h. Extremereignisse und Eintrittswahrscheinlichkeit) und den daraus resultierenden Schäden verstanden. Die Abschätzung der Wirkungen von Hochwasserschutzmaßnahmen erfordert eine Methodik, die auf einen großräumigen Flussabschnitt angewendet werden kann. In dieser Untersuchung ist eine Methodologie verwendet worden, die speziell für die Elbe entwickelt wurde, deren Details in de Kok und Grossmann (2010) beschrieben werden. Es handelt sich um ein eindimensionales hydraulisches Modell, mit dem die Effekte von geplanter (gesteuerten und ungesteuerten) und ungeplanter Retention (als Folge von Deichversagen) bei Spitzenablaufwerten modelliert werden können. Dieses Modell wird ergänzt durch ein Überlaufmodell für Deichüberströmungen und durch einen makroskaligen ökonomischen Ansatz, um die daraus resultierenden Schäden differenziert nach Überflutungshöhe und Landnutzungskategorie abzuschätzen. Diese Methode erlaubt einen Vergleich der Hochwasserrisiken auf der Ebene des Gesamtflusses, was bisher für die Elbe noch nicht möglich war. Allerdings hat die Methode ihre Grenzen bezüglich der Berücksichtigung der zusätzlichen lokalen Wasserspiegelabsenkungen bei Deichrückverlegungen. Der Modellverbund wurde angewendet, um die erwarteten durchschnittlichen Schäden für jedes der Programme zu berechnen. Das Hochwasserrisiko wurde berechnet auf der Grundlage von Hochwasserereignissen mit einem Wiederkehrintervall von 2, 10, 20, 50, 100, 200, 500 und 1000 Jahren am Pegel Dresden.

Der vermiedene durchschnittliche jährliche Schaden wird berechnet als Differenz zwischen den Schadensrisiken bei der Durchführung der Programme und bei der Einhaltung des Referenzszenarios. In Bezug auf das Gesamtergebnis ist festzuhalten, dass die höchste Verringerung des erwarteten jährlichen Hochwasserschadens durch den gesteuerten Betrieb des großen Polderprogramms (P groß) erreicht wird (◨ Tab. 6.17). Betrachtet man den Einzeleffekt der großen Einzelvorhaben am Oberlauf, die Teil von P groß sind, dann zeigt sich, dass allein P klein annähernd 50 % des vermiedenen Schadens des Programms P groß zuzurechnen ist. Die Ergebnisse illustrieren weiterhin sinkende Skalenerträge, da zusätzlicher Speicherraum den Schadensumfang nicht mehr signifikant reduziert. Weiterhin wird deutlich, dass wie erwartet die vermiedenen Schäden bei den Deichrückverlegungen ohne gesteuerte Speicherung (DeichR groß und DeichR klein) geringer sind.

- **Nutzen aus der Nährstoffretention**

Bei der Bewertung der Nutzen aus dem Rückhalt der Nährstoffe wird eine indirekte Methode auf der Grundlage der Ersatzkosten angewendet. Die Ersatzkostenmethode beruht darauf, dass die Zahlungsbereitschaft für eine Verbesserung der Umweltqualität gleich oder größer als die Kosten ist, die aufgebracht werden müssen, um den Schaden auszugleichen oder die Umweltqualität entsprechend zu verbessern. Werte auf der Grundlage der Ersatzkostenmethode stellen keine direkte Schätzung der Nutzen von ÖSD für die Gesellschaft (z. B. der Wert sauberen Wassers) dar. Aber diese Methode kann als indirekte Methode der Bewertung von ÖSD verwendet werden, wenn die folgenden Bedingungen erfüllt sind (NRC 2005; Turner et al. 2008): (1) Die betrachtete Alternative erzeugt eine ähnliche Dienstleistung wie ein natürliches Feuchtgebiet; (2) die Alternative, die im Kostenvergleich verwendet wird, stellt die Alternative mit den geringsten Kosten dar; und (3) es sollte überzeugende Hinweise darauf geben, dass es eine gesellschaftliche Nachfrage nach dieser Dienstleistung gibt, wenn sie als kostengünstige Alternative angeboten wird.

Hier werden die Ergebnisse eines Modells genutzt, in dem die Ersatzkosten geschätzt werden als Schattenpreis der Nährstoffretentionsleistungen von Flussauen auf der Grundlage eines Kostenminimierungsmodells zur Verringerung des Nährstoffeintrags in einem Flusseinzugsgebiet. Diese Studie bezieht sich auf die Nährstoff-Managementziele, wie sie im Bewirtschaftungsplan für die Elbe entwickelt wurden, um das von der EU vorgegebene Ziel des Erreichens eines guten ökologischen Zustands der Fluss- und Küstengewässer zu erreichen (FGG Elbe 2009). Das gegenwärtige Ziel besteht darin, die Phosphor- und Stickstoff-Fracht stufenweise um 24 % zu verringern, jeweils zu einem Drittel in den drei Berichtsperioden, die 2014, 2021 und 2027 enden. Die Details des Minimierungsmodells und seine Anwendung auf die Elbe sind in Grossmann (2012a) genauer dargestellt.

◘ Tab. 6.17 Vermiedene durchschnittliche jährliche Schäden je Fläche

Programm	Reaktivierte Auenfläche		Vermiedene durchschnittliche jährliche Schäden (€ ha⁻¹)
	Gesamtfläche (ha)	Anteil der gesteuerten Polder (%)	
DeichR groß	34 659	0	165
DeichR klein	9 432	0	68
Polder groß	25 576	100	1 015
Polder klein/P(ökol)	3 248	100	4 120
P + DeichR/ P (ökol) + DeichR	7 545	55	1 825

In ◘ Tab. 6.18 wurden die Ergebnisse der Schätzung für den Schattenpreis der reaktivierten Flussaue zusammengefasst. Der Schattenpreis reflektiert die Veränderungen der Gesamtkosten, wenn eine zusätzliche Einheit der »durchschnittlichen jährlichen überfluteten Flussaue« zur Verfügung steht oder fehlt. Die Ergebnisse zeigen die Effekte von steigenden Minderungsanforderungen und der Größe des gesamten Flussauenprogramms auf den Schattenpreis. Erstens steigt der Schattenpreis mit zunehmenden Reinigungsanforderungen. Zum Zweiten fällt er mit wachsender reaktivierter Flussauenfläche. Der Schattenpreis für eine marginale Steigerung der Fläche vom jetzigen Niveau mit einem Reduktionsgrad von 5 % von 1 716 Euro pro Hektar erhöht sich mit dem Maß der Reduktion von 35 % auf einen Wert von 52 914 Euro pro Hektar. Der Schattenpreis für einen weiteren marginalen Anstieg nach der Reaktivierung von 1718 Hektar steigt dann von 1 531 Euro pro Hektar bei einem Reduktionsziel von 5 % auf 40 407 Euro pro Hektar für ein Ziel von 35 %.

- **Nutzen aus der Verbesserung der Habitat- und Biodiversitätsfunktion**

Zur Bewertung der Wiederherstellung der natürlichen Flussauen-Habitate und ihrer Biodiversität wurden Ergebnisse von Zahlungsbereitschaftsanalysen verwendet, um den Teil der Nutzen zu erfassen, der sich aus nicht-konsumtiven Nutzungen ergibt. Nicht-konsumtive Nutzungen entstehen, wenn das jeweilige Ökosystem erhalten bleibt und Biomasse nicht entnommen wird. Sie beruhen auf der Erlebnisqualität und den Erholungsaktivitäten (wie das Genießen des Ausblicks auf eine Landschaft) und den »Nicht-Nutzungswerten« des Erhaltes des natürlichen Erbes für zukünftige Generationen unabhängig von persönlichen Nutzungsüberlegungen, wie z. B. für Erholungszwecke (Turner et al. 2008). Die ökonomischen Werte der Nicht-Nutzung von Biodiversität und Habitate können erheblich sein, sind aber besonders schwierig zu messen. *Revealed preference*-Methoden, wie die Reisekostenmethode oder der hedonistische Preisansatz, können zwar genutzt werden, um Veränderungen im Bereich der Biodiversität zu bewerten, erfordern aber immer einen Nutzungsbezug, der meist erholungsbezogen ist. Aber diese Methoden können den Nicht-Nutzungswert nicht erfassen. *Stated preference*-Methoden, wie Zahlungsbereitschaftsanalyse oder Choice-Experimente, sind die einzigen Techniken, die als geeignet eingeschätzt werden, um Veränderungen der Biodiversität zu bewerten, die Nicht-Nutzungskomponenten enthalten (▶ Abschn. 4.2).

Für die Bewertung dieser Nutzenkomponenten wurden die Ergebnisse von zwei Studien verwendet. Zuerst sind die Ergebnisse einer Primärstudie genutzt worden, die die Zahlungsbereitschaft (ZB) für die Reaktivierung der Flussauen mithilfe der Zahlungsbereitschaftsanalyse erfasst hat. Die Details liegen in zwei Veröffentlichungen vor (Meyerhoff 2003, 2006). Diese Untersuchung schätzt die jährliche Zahlungsbereitschaft der deutschen Bevölkerung für ein Programm der Flussauenrestaurierung, das aus der Reaktivierung von 40 000

Tab. 6.18 Schattenpreis (Grenzwert) der Nährstoffretention von zusätzlichen reaktivierten Flussauen der Elbe (in Euro pro Hektar für die durchschnittlich jährlich überflutete Fläche)*

Zusätzliche Fläche** (ha)	Reduktionsziele für Gesamtfrachten Stickstoff und Phosphor			
	5 %	15 %	25 %	35 %
1	1716 € ha^{-1}	12 218 € ha^{-1}	23 416 € ha^{-1}	52 914 € ha^{-1}
1 500	1531 € ha^{-1}	11 849 € ha^{-1}	19 809 € ha^{-1}	40 407 € ha^{-1}

* bei einer Retentionsrate von 0,8 kg P ha^{-1}d^{-1} und 1,5 kg N ha^{-1}d^{-1} überfluteter Flussaue
** durchschnittlich jährlich überflutete Flussaue

Hektar bestehender Flussauen und der Schaffung von 15 000 Hektar zusätzlicher Flussauen durch Deichrückverlegung besteht. Die Studie ergibt eine durchschnittliche jährliche Zahlungsbereitschaft pro Haushalt von 5,30 Euro. Der Wert beinhaltet Protestantworten als echte Nullantworten und ist für Ausreißer und den *Embedding*-Effekt angepasst.

Unter der Annahme, dass der Schutz von Feuchtgebieten ein normales Gut ist, fordert die ökonomische Theorie, dass der geschätzte Wert abhängig vom Umfang der vorgeschlagenen Maßnahmen ist. Deshalb wird die obige Punktschätzung verbunden mit einer Schätzung der Nachfrageelastizität auf der Grundlage einer Metaanalyse von Bewertungsstudien von Feuchtgebieten, um die Schätzungen der ZB für Reaktivierungsvorhaben in Abhängigkeit von der Größe der Vorhaben zu bringen. Aus Platzgründen wird für die Details der Metaanalyse auf die Darstellung bei Grossmann (2012b) verwiesen. Die Ergebnisse zeigen, dass die ZB-Schätzungen vom Umfang der vorgeschlagenen Maßnahmen zum Feuchtgebietsschutz abhängen, gemessen nach der Fläche der betroffenen Feuchtgebiete, und dass die durchschnittliche Zahlungsbereitschaft mit der Größe der Fläche steigt, aber mit abnehmender Rate. Die Metaanalyse ist in loglinearer Form spezifiziert, sowohl die abhängige Variable (ZB) als auch die Fläche der Feuchtgebiete sind logarithmisch formuliert. In diesem Fall können die Koeffizienten der Variablen als Elastizitäten interpretiert werden. Diese Elastizität wird auf 0,3 geschätzt. Kombiniert mit der Punktschätzung aus der Primärstudie an der Elbe kann der Wert der Elastizität genutzt werden, um die Zahlungsbereitschaft als Funktion der Fläche der reaktivierten Aue abzuleiten (**Tab. 6.19**).

■ Kostenschätzungen

Den größten Anteil der gesamten finanziellen Kosten der Deichrückverlegungen umfassen typischerweise die Baukosten und die Kosten für den Landerwerb von den gegenwärtigen Eigentümern. Hier werden die ökonomischen Kosten verwendet: die Kosten für den Bau, den Betrieb und den Unterhalt der Hochwasserschutz-Infrastruktur und die Opportunitätskosten für den Landnutzungswandel. Die Kosten für den Bau und den Unterhalt der Hochwasserschutz-Infrastruktur sind die Kapitalkosten für den Deichbau, die Deichverstärkung, die Wehre für den Polderbetrieb und die Arbeiten für die Anpassung der Landschaft. Dazu kommen die Betriebs- und Unterhaltskosten für die Wehre, die Deiche und den Landschaftsbau.

Die Opportunitätskosten für den Wechsel der landwirtschaftlichen Bodennutzung werden für zwei Varianten unterschieden: 1. dauerhafter Wechsel zum Naturschutz in der Flussaue und 2. permanenter Wechsel von Ackerfläche in Grünland bei den gesteuerten Poldern. Die Opportunitätskosten der land- und forstwirtschaftlichen Landnutzung beim Umwandeln in natürliche Feuchtgebiete sind äquivalent dem Wert der verlorenen Produktion. Dies entspricht grob dem Kaufpreis von Land. Deshalb wurden hier die Kaufpreise für forstliche Flächen, für Ackerland und für Grünland verwendet, um die Opportunitätskosten der dauerhaften Änderungen der Landnutzung zu schätzen. Bei der Umwandlung in gesteuerte Polder, die nur bei extremen Hochwassern geflutet werden, kann eine landwirtschaftliche Nutzung bestehen bleiben. Aber hier wird davon ausgegangen, dass ackerbauliche Nutzungen in Grünland umgewandelt werden, sodass Opportunitätskosten auf der Grundlage der

◘ Tab. 6.19 Geschätzte Zahlungsbereitschaft für den Erhalt der Auenhabitate und Biodiversität entlang der Elbe

	Einheit	Renaturierte Fläche (ha)					
		5 000	15 000	25 000	35 000	45 000	55 000
WTP pro Haushalt	€ HH⁻¹*	3,1	3,8	4,3	4,7	5,0	5,3
Aggregierte WTP pro Fläche	€ ha⁻¹**	5142	2142	1461	1134	936	810

* auf der Grundlage einer durchschnittlichen Zahlungsbereitschaft (WTP, *willingness to pay*) pro Haushalt (HH) von 5,30 Euro für ein Auenschutzprogramm von 55 000 Hektar und einer Preiselastizität von 0,3
** auf der Grundlage einer Bevölkerung von 18,5 Millionen im Elbe-Einzugsgebiet und durchschnittlich 2,2 Personen pro Haushalt

verringerten Deckungsbeiträge berechnet werden. Zusätzliche Opportunitätskosten entstehen durch die unregelmäßige Überflutung der Polderflächen. Dieser Verlust hängt von der Wahrscheinlichkeit der Überflutung in der Wachstumsperiode ab, hier mit einmal in 20 Jahren angenommen.

Die Gesamtkosten für jeden der 60 Standorte wurden auf der Grundlage einer Datenbasis berechnet, die Informationen über die Fläche, den Anteil des Grünlandes, der Ackerfläche, der Waldfläche, die Länge der erforderlichen neuen Deiche, die Zahl der erforderlichen Wehre, die Länge der Deiche, die geschlitzt werden können, und ihren Zustand (Rehabilitierung erforderlich: ja/nein) geben. Die Daten über die Deichinfrastruktur wurden von einer Bestandsaufnahme der IKSE (2001) übernommen und berücksichtigen den Zustand der Infrastruktur von 2000.

Ergebnisse der Kosten-Nutzen-Analyse

Die wichtigen Ergebnisse der Kosten-Nutzen-Analyse zeigt ◘ Tab. 6.20. Gezeigt werden der Nettogegenwartswert (NGW) und das Nutzen-Kosten-Verhältnis (KNV) für zwei Bewertungsperspektiven: einmal aus der Sicht des Hochwasserschutzes und zum Zweiten aus der Sicht des integrierten Flussauenmanagements. Die Programme mit dem höchsten NGW haben den höchsten ökonomischen Nettonutzen und damit eine potenzielle Wohlfahrtverbesserung. Wenn es eine Budgetbeschränkung gibt, die verhindert, dass das gesamte

Programm umgesetzt werden kann, dann ist das Nutzen-Kosten-Verhältnis hilfreich beim Ranking der durch die Budgetbeschränkung finanzierbaren Projekte.

Es zeigt sich, dass mit einer alleinigen Orientierung am Hochwasserschutznutzen das NKV für das Polderprogramm am Oberlauf (Polder klein und P (ökol) klein) am höchsten ist. Das NKV für das Programm mit einem naturnahen Überflutungsregime ist höher wegen der relativ hohen Kosten der Kompensation des Landnutzungswandels von Ackerland zu Grünland im Vergleich zu einem Wechsel von Ackerland zu geschützter Aue. Die Kombination der Polder am Oberlauf mit der Deichrückverlegung (P + DeichR, P (ökol) + DeichR) verringert das NKV, weil die Deichrückverlegungsprogramme (DeichR groß, DeichR klein) aus Hochwasserschutz-Perspektive ein NKV kleiner als eins haben. Das Programm mit der großen Zahl von zusätzlichen Poldern entlang des Flusslaufs (Polder groß) hat ebenfalls ein niedrigeres NKV, weil die zusätzliche Verringerung der Hochwasserschäden vergleichsweise gering ist.

Das Bild wechselt, wenn man die Programme aus der Sicht des Managements der integrierten Flussauen unter Einbeziehung des Wertes der Biodiversität und der Ökosystemdienstleistung Nährstoffretention betrachtet. Zum einen ist das NKV der Programme erheblich höher, die zusätzlich Nutzen mit der Reaktivierung der Flussauen stiften. Zum anderen verändert sich die Reihenfolge auf der Grundlage des NKV. Die großen Polder am

◻ **Tab. 6.20** Nettogegenwartswert (NGW) und Nutzen-Kosten-Verhältnis (NKV) der Flussauenprogramme

Programm	Fläche (ha)	NGW Hochwasser-schutz Nutzen allein (Mio. €)	NGW Bio-diversität + ÖSD Auen (Mio. €)	NKV Hochwasser-schutz Nutzen allein (–)	NKV Biodi-versität + ÖSD Auen (–)
DeichR groß	34 659	−128	2 520	0,8	5,8
DeichR klein	9 432	−69	1 465	0,7	7,6
Polder groß	25 577	354	354	1,8	1,8
Polder klein	3 248	331	331	5,0	5,0
P (ökol) klein	3 248	352	1 396	6,6	23,1
P + DeichR	7 545	300	1 375	2,8	9,0
P (ökol) + DeichR	7 545	326	1 481	3,2	11,2

* berechnet mit einem Diskontsatz von 3 % bei einer Lebensdauer von 100 Jahren

Oberlauf mit dem Erhalt der Habitate durch ein naturnahes Überflutungsregime (P (ökol) klein), die Nutzen bei der Verringerung der Hochwasserschäden und bei den anderen ÖSD stiften, bleiben in den höchsten Rängen. Programme mit Deichrückverlegungen (DeichR groß, DeichR klein, P + DeichR) sind jetzt in den hohen Rängen aufgrund hoher NKV. Programme, die keine weiteren ÖSD bieten (Polder groß, Polder klein), erreichen nur niedrige Ränge.

Der gesamte Nettogegenwartswert gibt einen Hinweis auf den möglichen absoluten Anstieg der wirtschaftlichen Wohlfahrt, der mit den verschiedenen Programmen erreicht werden kann. Mit der Perspektive des integrierten Flussauenmanagements ist der Anstieg mit dem großen Deichrückverlegungsprogramm (DeichR groß) von ca. 35 000 Hektar am höchsten. Die anderen Programme mit Deichrückverlegung oder anderen Formen der Auenreaktivierung (DeichR klein, P (ökol) klein, P + DeichR; P (ökol) + DeichR) mit einem Flächenumfang zwischen 3 200 und 9 400 Hektar verursachen auch hohe Nettogegenwartswerte.

Schließlich wurde die Sensitivität der Ergebnisse gegenüber Veränderungen von Schlüsselgrößen untersucht: (1) Diskontsatz, (2) Laufzeit und (3) Annahmen bezüglich der Kosten und der Nutzen aus den ÖSD. Als interessantes Ergebnis ist hervorzuheben, dass alle Projekte bei Berücksichtigung aller gerechneten Nutzenkomponenten weiterhin einen positiven Nettogegenwartswert haben, auch wenn die Lebensdauer auf 30 Jahre verkürzt wird; das entspräche grob einem Drittel der erwarteten ökonomischen Lebenszeit der Deiche. Ein niedrigerer Diskontsatz erhöht den Nettogegenwartswert der Programme weiter. Hinsichtlich der Veränderungen der angenommenen spezifischen Kosten und der Werte für die ÖSD zeigen die Ergebnisse, dass ihre Effekte unterproportional sind und den Wert des NGW nicht negativ werden lassen, mit einer Ausnahme: Die Größe des Effekts hängt von den Projekttypen in den Programmen ab und dem Anteil der Nutzen, den sie stiften. Für die Programme, die die Auenhabitate reaktivieren, reduziert eine Halbierung des Wertes des Nutzens aus der Biodiversität die Ergebnisse um 24 bis 35 %, eine Halbierung der Nutzen aus der Nährstoffretention senkt den Gesamtnutzen um 4 bis 19 % und bei den Hochwasserschäden führt die Halbierung zu einer Verminderung um 1 bis 16 %. Ein Anstieg der Kosten um 50 % verringert den NGW nur um 3 bis 6 %. Letztlich führt ein kombinierter Anstieg der Kosten um 50 % und 50 % niedrigere Werte für alle ÖSD zu einer Minderung des NGW zwischen 55 und 62 %. Die Sensitivitätsanalyse zeigt, dass die Kernaussage dieser Untersuchung hinsichtlich der positiven ökonomischen Effekte der Flussauenreaktivierung stabil ist, auch bei einer großen Bandbreite der Annahmen hinsichtlich Kosten und Nutzen.

Politikimplikationen und Schlussfolgerungen

Die Berücksichtigung des Wertes der Biodiversität beim Vergleich von Deichrückverlegungen mit einer Polder-gesteuerten Hochwasserschutzstrategie unter Einbeziehung weiterer ÖSD im Rahmen einer erweiterten Kosten-Nutzen-Analyse ist durchführbar und kann deshalb einen Beitrag leisten, indem sie die ökonomische Perspektive der Effizienzorientierung in den Entscheidungsprozess einbringt. Das Hauptergebnis dieser empirischen Studie ist, dass die großräumige Reaktivierung von Flussauen mit ökonomischen Effizienzgewinnen verbunden ist. Die Entwicklung des integrierten Ansatzes für das Flussauenmanagement unter Einbeziehung zusätzlicher Nutzenkategorien wie den Wert der Biodiversität und des Wertes von ÖSD erlaubt es, die multifunktionale Qualität von Projekten besser zu berücksichtigen und sie als vorrangig zu bewerten. Die hier dargestellten Ergebnisse beziehen nur zwei ÖSD mit ein. In der Literatur werden mehr ÖSD von Feuchtgebieten im Allgemeinen und Flussauen im Speziellen aufgeführt, die für eine vollständige Bewertung heranzuziehen wären (Turner et al. 2008). Hier sind insbesondere die Nutzen aus der Speicherung von Treibhausgasen zu nennen, bei denen eine erhebliche Bedeutung zu vermuten ist (Jenkins et al. 2010).

Fazit

Es kann festgehalten werden, dass für eine integrierte Bewertung von Alternativen des Flussauenmanagements die Standard-Kosten-Nutzen-Analyse, wie sie für das Hochwasserrisikomanagement angewendet wird, erweitert werden muss, um systematisch den Nutzen aus den ÖSD der Flussauen zu berücksichtigen. Diese Untersuchung ist ein Beispiel für die Anwendung der verfügbaren Ansätze auf ein großes deutsches Flussgebiet, dessen Ergebnisse die wirtschaftliche Vorteilhaftigkeit der Reaktivierung von Flussauen in einem größeren Umfang verdeutlichen. Gleichzeitig ist festzuhalten, dass für eine breitere Anwendung des Ansatzes in Entscheidungsprozessen eine Verbesserung

der Methoden und der Datengrundlage sowohl bei der biologisch-physikalischen Quantifizierung der ÖSD als auch bei der ökonomischen Bewertung erforderlich ist.

6.6.4 Moornutzung in Mecklenburg-Vorpommern: Monetarisierung der Ökosystemdienstleistung Klimaschutz

A. Schäfer

Natürliche wassergesättigte Moore legen in abgestorbenen Pflanzenresten Kohlenstoff als Torf fest. Moore sind ein wichtiger Bestandteil des globalen Kohlenstoffkreislaufs, sie speichern doppelt so viel Kohlenstoff wie die Wälder (Joosten und Couwenberg 2008). Durch Entwässerung und landwirtschaftliche Nutzung verlieren sie ihre ursprüngliche Ökosystemfunktion, indem durch die Belüftung des Bodens ein Mineralisierungsprozess in Gang gesetzt wird, der zusammen mit der durch Verdichtung des Torfkörpers bedingten Moorsackung zu Torfschwund führt (Stegmann und Zeitz 2001). Infolgedessen werden die im Torf gebundenen Nährstoffe (N und P) bzw. Huminstoffe (DOC, *dissolved organic carbon*) in angrenzende Gewässer und klimarelevante Spurengase (CO_2, CH_4 und N_2O) in die Atmosphäre emittiert (Koppisch 2001; Augustin 2001; Grunewald et al. 2011; Zak et al. 2011). Dadurch wird aus einem akkumulierenden Ökosystem ein nährstofffreisetzendes System.

Die auf permanente Entwässerung angewiesene moderne agrarische Nutzung führt zu einer weiteren Degradierung der Moorstandorte mit der Folge, dass das Niveau der Mooroberfläche immer weiter unter die natürliche Vorflut fällt und deren wasserwirtschaftlicher Regulationsbedarf (Entwässerung im Frühjahr und Wasserzuführung im Sommer) immer aufwendiger wird (Kuntze 1983; Succow 1988). Neben den weiter vorhandenen standörtlichen Schwierigkeiten haben sich in den letzten zwei Jahrzehnten auch die landwirtschaftlichen Produktionsbedingungen stark verändert. Aufgrund des züchterischen und technischen Fortschritts sowie des Strukturwandels in der Milchviehhaltung hat die Nutzung des Grünlandes zur

Raufuttererzeugung in den vergangenen Jahren unehmend an Bedeutung verloren. Insgesamt sind (nicht nur) in Mecklenburg-Vorpommern seit Jahren abnehmende Viehbestände bei gleichzeitig stark gestiegenen Anforderungen an die Grundfutterqualität zu beobachten. Der geschätzte Grünlandbedarf auf Basis der Viehbestände liegt deutlich unter dem Potenzial der in Mecklenburg-Vorpommern vorhandenen Grünlandflächen. Rein rechnerisch bestand 2009 ein Grünlandüberschuss von 66 800 Hektar (Benecke 2009).

Aufgrund der hohen Anforderungen an das Grünland haben Milchviehbetriebe mit sehr hohen Milchleistungen die Futterproduktion zunehmend auf den Acker verlagert. Die in Mecklenburg-Vorpommern flächenmäßig bedeutsame extensive Mutterkuhhaltung ist als eine »ökonomisch fragile Art der Flächennutzung« in hohem Maße auf Förderung angewiesen (Müller und Heilmann 2011). Chancen werden in der energetischen Verwertung von Grünlandaufwüchsen gesehen (MLUV MV 2011). Auf entwässerten Niedermoorstandorten sind diese vermeintlichen Chancen jedoch sehr kritisch zu beurteilen, weil mit der entwässerungsbasierten Bewirtschaftung insgesamt deutlich mehr Treibhausgase (THG) freigesetzt werden, als wenn herkömmliche Energieträger verwendet oder der Torf sogar direkt verbrannt würde. Bezogen auf den Brennwert betragen die Emissionsfaktoren beim Torf 106 g CO_2 je Megajoule. Unter Berücksichtigung der standörtlich bedingten THG-Emissionen der Torfmineralisierung werden beim Maisanbau auf entwässerten Mooren für die Biogaserzeugung 880 g CO_2 je Megajoule emittiert (Couwenberg 2007).

Die Moorfläche in Mecklenburg-Vorpommern umfasst 305 690 Hektar (MSK Mecklenburg-Vorpommern 2009). Ein geringer Teil dieser Flächen befindet sich in einem naturnahen Zustand bzw. wird nicht genutzt. Zusammen mit den entwässerten Waldmooren wird auf den Moorflächen etwa ein Viertel der THG-Emissionen aus den Moorflächen in Mecklenburg-Vorpommern freigesetzt, der überwiegende Teil entspringt der intensiven Nutzung von Grünland- und Ackerflächen zum Anbau von Gras-Silage und Mais für die Milchviehhaltung und die Biogasproduktion (◼ Tab. 6.21). Somit besteht zwischen der Klimaschutz- und der Produktionsfunktion für die Erzeugung landwirtschaftlicher Produkte (Fleisch und Milch) bzw. Biomasse für die energetische Verwertung (Biogas) ein offenkundiger Nutzungskonflikt zwischen zwei wohlfahrtsrelevanten ÖSD.

Ökonomische Bewertung der ÖSD

Eine ökonomische Bewertung der mit der Moornutzung verbundenen ÖSD ist immer eine Abwägung zwischen verschiedenen Alternativen unter den Bedingungen der Knappheit (► Abschn. 4.2). ÖSD sind wohlfahrtsrelevant, weil sie einen Nutzen stiften und Knappheit mildern. Preise sind ein wichtiger Indikator für Knappheit, die dafür sorgen, dass mit knappen Gütern sorgsam umgegangen wird. Durch eine umfassende Bilanzierung der monetären Effekte können die volkswirtschaftlichen Kosten und Nutzen der Moornutzung und möglicher Maßnahmen für den Klimaschutz (Wiedervernässung und Landnutzungsänderung) offengelegt werden. In diesem Sinne ist die Monetarisierung der ÖSD eine wichtige Grundlage für die politische Zielfindung bzw. die Ausgestaltung wirtschaftspolitischer Steuerungsinstrumente. Das ist besonders dann von Bedeutung, wenn es konkurrierende Nutzungsmöglichkeiten zwischen verschiedenen ÖSD gibt.

Viele Umweltprobleme entstehen dadurch, dass die von der Natur bereitgestellten Güter und Leistungen keinen Preis haben, also nichts kosten. Das führt dazu, dass die Nachfrage das zur Verfügung stehende Angebot übersteigt und es zu einer Übernutzung knapper Ressourcen kommt. Unter dem Primat der Nachhaltigkeit müssen bei klimarelevanten Knappheitsproblemen auch die langfristigen Folgen des Handelns berücksichtigt werden. Nach dem Leitbild der nachhaltigen Entwicklung sollen die natürliche Aufnahmekapazität der Ökosysteme nicht überschritten und die Funktionsfähigkeit der Ökosysteme durch wirtschaftliche Aktivitäten nicht außer Kraft gesetzt werden (Geisendorf et al. 1998; Ott und Döring 2004). Das Leitbild der nachhaltigen Entwicklung verlangt, dass knappe natürliche Ressourcen umweltverträglich und wirtschaftlich sinnvoll genutzt werden und die Preise die »ökologische Wahrheit« zum Ausdruck bringen (von Weizsäcker 1989).

292

◻ **Tab. 6.21** Flächennutzung und THG-Emissionen der Moore in Mecklenburg-Vorpommern

Flächennutzung	ha	t CO_2-Äq ha^{-1}a^{-1}	t CO_2-Äq
naturnah	38 445	2,2	83 142
ungenutzt	51 760	14,4	746 214
Wald	44 178	17,8	787 572
landwirtschaftlich genutzt	171 307	26,0	4 449 789
– Feuchtgrünland, Salzwiesen	20 790	16,5	343 035
– Grünland (extensiv)	17 516	15,0	262 740
– Grünland (intensiv)	96 439	24,0	2 314 536
– Acker	36 562	43,2	1 579 478
Gesamtfläche	305 690	20,1	6 158 303

Quelle: eigene Berechnungen nach MSK Mecklenburg-Vorpommern 2009, S. 29

Die derzeitige landwirtschaftliche Nutzung der Moore ist mit Kosten verbunden, weil es konkurrierende oder sich ausschließende Nutzungsmöglichkeiten zwischen den beiden wohlfahrtsrelevanten ÖSD (Produktions- bzw. Versorgungs- versus Klimaschutz-ÖSD) gibt (Opportunitätskosten). Außerdem verursacht die auf tiefe Entwässerung angewiesene Moornutzung negative externe Effekte in Form von Klimafolgeschäden und beeinträchtigt andere wichtige Ökosystemfunktionen (z. B. Nährstoffbelastung, Landschaftswasserhaushalt).

Nach dem Verursacherprinzip sollen die Kosten der Umweltnutzung, die als Folge einer wirtschaftlichen Aktivität entstehen, dem Verursacher zugerechnet werden. Während in anderen volkswirtschaftlichen Sektoren mit geeigneten marktwirtschaftlichen Instrumenten (Ökosteuer, Zertifikatehandel) bereits eine Internalisierung der externen Kosten erfolgt, wird die landwirtschaftliche Moornutzung hingegen durch Subventionen (v. a. Direktzahlungen und EEG) gefördert. Bei der staatlichen Förderung der landwirtschaftlichen Moornutzung handelt es sich nicht um ein Versagen des Marktes (Fritsch et al. 2007), sondern eindeutig um ein Politikversagen, weil aufgrund politischer Entscheidungen das in der Umweltpolitik elementare Verursacherprinzip auf den Kopf gestellt wird.

Durch die nicht-nachhaltige Moornutzung werden in Deutschland jährlich mehr als 42 Megatonnen (Mt) CO_2-Äq emittiert (BMELV 2008). Die Emissionen übersteigen damit deutlich die Reduktionsverpflichtungen, die jährlich von deutschen Energie- und Industrieunternehmen (15 Mt CO_2-Äq) und den Haushalten und dem Verkehr (22 Mt CO_2-Äq) zu erbringen sind (UBA 2009). Dadurch werden externe Kosten verursacht, weil an anderer Stelle der Volkswirtschaft erhebliche finanzielle Mittel zur Erreichung der Klimaschutzziele aufgewendet werden müssen (Vermeidungskosten).

Quantifizierung der THG-Emissionen und der Reduktionspotenziale

Mit den Instrumenten einer volkswirtschaftlichen Kosten-Nutzen-Analyse können die externen Kosten der Moornutzung und die durch Landnutzungsänderung induzierten ÖSD für den Klimaschutz monetarisiert werden (Schäfer und Degenhardt 1999; Schäfer 2009). Die Monetarisierung der Kosten der Moornutzung und der damit verbundenen Umweltschäden liefert somit auch wichtige Informationen für eine Internalisierung externer Effekte. Eine Voraussetzung für die Abschätzung der Klimafolgekosten ist, dass die THG-Emissionen der herkömmlichen landwirtschaftlichen Moornutzung und die THG-Reduktionspotenziale infolge Wiedervernässung hinreichend genau abgeschätzt werden können.

Die Quantifizierung der moornutzungsbedingten THG-Flüsse ist von diversen Standortparametern (z. B. Wasserstand, Temperatur, Vegeta-

...onswachstum) abhängig, die jahreszeitlich und ...wischen den Jahren stark variieren (Roulet et al. ...007; Maljanen et al. 2010). Für die Erstellung von ...HG-Bilanzen sind langfristige Messungen erfor...erlich, um die tägliche, jahreszeitliche und jähr...che Variabilität abzudecken. Direkte Messverfah...en für die flächenhafte Erfassung der THG-Flüsse ...erursachen hohe Kosten. Die Verfahren sind nicht ...ächendeckend einsetzbar. Sie können aber auf ...usgewählten Flächen zum Einsatz kommen, um ...infache und pragmatisch anwendbare Modelle ...Indikatoren, Proxys) zu entwickeln, zu kalibrieren ...nd zu verifizieren, mit denen sich dann die THG-...lüsse in der Praxis über sehr viel größere Flächen ...uantifizieren lassen.

Meta-Analysen einer Vielzahl von Daten aus ...ller Welt haben gezeigt, dass der mittlere jährliche ...Wasserstand die beste Einzelgröße ist, um jährliche ...THG-Flüsse aus Mooren zu erklären. Bei der Aus...wertung der Daten zeigte sich, dass die Einschät...zung von N_2O-Flüssen aufgrund der hohen zeit...ichen Variabilität schwierig ist. Die in der Literatur ...angegebenen Messergebnisse sind zum Teil wider...sprüchlich und streuen hoch erratisch. Da N_2O-...Emissionen nach der Wiedervernässung immer ab...nehmen, führt die Nichtberücksichtigung zu einer ...konservativen Einschätzung der Einsparpotenziale ...(Couwenberg et al. 2008, 2010).

Auf Basis des Vegetationsformenkonzepts von ...Koska et al. (2001) haben Couwenberg et al. (2011) ...eine Übersicht aller möglichen Vegetationstypen ...zentraleuropäischer Moore erstellt. Diese Vegeta...tionstypen repräsentieren eindeutig die mittleren ...Wasserstände der Moorstandorte. Im Rahmen ...einer Metastudie wurden die Vegetationstypen mit ...einer Vielzahl von Treibhausgas-Emissionsmes...sungen verschnitten. Die daraus erarbeitete Matrix ...erlaubt eine Extra- und Interpolation von gemesse...nen Flussraten entlang verschiedener Achsen der ...Standortbedingungen. Die sich daraus ergebenden ...Treibhaus-Gas-Emissions-Standort-Typen (GEST) ...basieren überwiegend auf Wasserstufen und An- ...bzw. Abwesenheit von Pflanzen mit grobem Durch...lüftungsgewebe (Aerenchym), aber auch Nährstoff...stufe, pH und Landnutzung werden betrachtet.

Mit dem GEST-Ansatz können THG-Flüsse ...entwässerter und wiedervernässter Moore quan...tifiziert, Trends und Regelmäßigkeiten zwischen

Emissionen und Standortparametern aufgezeigt, Standorte mit ähnlichem Emissionsverhalten zugeordnet und somit die klimaschutzrelevanten ÖSD abgeschätzt werden. ◘ Abb. 6.26 zeigt den Zusammenhang zwischen Entwässerungstiefe, land- und forstwirtschaftlichen Nutzungsmöglichkeiten sowie THG-Emissionen. Dabei wird deutlich, dass der mittlere Wasserspiegel (Wasserstufe) eng mit der Nutzung korreliert ist.

Bei Wasserständen von mehr als 20 cm unter Flur werden die THG-Emissionen ausschließlich durch die CO_2-Emissionen bestimmt. Bei höheren Wasserständen treten CH_4-Emissionen auf und die abwärts gerichtete Kurve der CO_2-Emissionen wird abgelenkt, obwohl sie insgesamt weiter abfällt. Die jährlichen Emissionen tief entwässerter Moore (Wasserstufe 2+, mittlere Wasserstände: > 40 cm unter Flur) betragen ohne die N_2O-Emissionen etwa 20 bis 24 Tonnen CO_2-Äq pro Hektar (wobei dies eher eine Unterschätzung ist). Für eine extensive Beweidung und die naturschutzgerechte Grünlandnutzung sind mittlere Wasserstände von 10 bis 40 cm unter Flur (Wasserstufe 3+ bis 4+) erforderlich. Die THG-Emissionen liegen hier bei etwa 10 bis 15 Tonnen CO_2-Äq pro Hektar und Jahr (Couwenberg 2011).

Standortangepasste nasse Bewirtschaftungsverfahren sind bei deutlich höheren mittleren Wasserständen möglich (Wasserstufe 4+ bis 5+, mittlere Wasserstände: 0 bis 15 cm unter Flur). Die THG-Emissionen liegen hier unter 10 t CO2-Äq. pro ha und Jahr (Couwenberg 2011). Die aufwachsende Biomasse der wiedervernässten Moorstandorte kann stofflich und energetisch verwertet werden. Infrage kommt die Nutzung von Biomasse aus Schilf-, Rohrglanzgras-, Seggen- und *Typha*-Beständen (Wichtmann und Schäfer 2005; Wichtmann und Wichtmann 2011) sowie die Erlenwirtschaft (Schäfer und Joosten 2005). Dadurch können fossile Rohstoffe substituiert und weitere klimarelevante THG-Emissionsminderungen realisiert werden.

Monetarisierung der ÖSD und der externen Effekte

Bei einer Monetarisierung der beiden im Fokus stehenden wohlfahrtsrelevanten Ökosystemdienstleistungen, der Produktions- und der Klimaschutzfunktion, stellt sich aus volkswirtschaftlicher Sicht

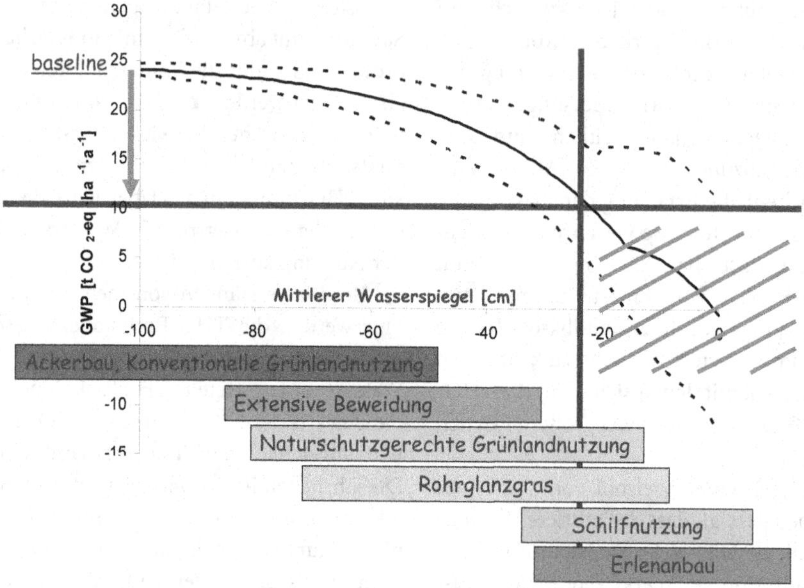

◘ Abb. 6.26 THG-Emissionen, mittlerer Wasserspiegel und Moornutzung. Adaptiert nach Couwenberg et al. 2008 (Abb. in Farbe unter www.springer-spektrum.de/978-8274-2986-5)

die Frage, welche monetären Werte durch die herkömmliche landwirtschaftliche Nutzung erzeugt und welche Klimafolgeschäden dadurch verursacht werden. Eine ökonomische Bewertung der mit der landwirtschaftlichen Moornutzung einhergehenden externen Kosten kann anhand der Wertschöpfungsmethode erfolgen. Dabei wird die durch den betrieblichen Produktionsprozess generierte Wertschöpfung den THG-Schadenskosten gegenübergestellt. Die Wertschöpfungsmethode erhebt nicht den Anspruch, den gesamten volkswirtschaftlichen Nutzen im Sinne eines Ökonomischen Gesamtwertes (Pearce 1993; ► Abschn. 4.2.2) zu erfassen. Wiedervernässung und Landnutzungsänderung sind mit weiteren wohlfahrtsrelevanten Nutzenstiftungen (z. B. Biodiversität, Stabilisierung des Landschaftswasserhalts, Mikroklima) verbunden. Eine Monetarisierung dieser Zusatznutzen beinhaltet neben nutzungsabhängigen Werten auch nicht-nutzungsabhängige Werte, die mit geeigneten Methoden (z. B. Zahlungsbereitschaftsanalyse) ermittelt werden können. Die vermiedenen Schadenskosten infolge Wiedervernässung und Landnutzungsänderung können somit als eine Unter-

grenze für den Nutzen der Maßnahmen interpretiert werden.

Schadenskosten sind der Gegenwartswert der Klimafolgeschäden, den eine heute emittierte Einheit eines Treibhausgases (Tonne CO_2-Äq) in der Zukunft verursacht. Bei den Schadenskosten handelt es sich um marginale Kosten, also Kosten, die durch die Emission einer zusätzlichen Tonne CO_2-Äq entstehen. Die marginalen Schadenskosten dürfen nicht mit den gesamten Kosten des Klimawandels oder den durchschnittlichen Kosten der THG-Emissionen verwechselt werden. Schadenskosten werden mithilfe von integrierten Bewertungsmodellen berechnet. Dabei werden das Klimasystem und die Wechselwirkungen mit dem sozioökonomischen System durch Szenarien modelliert und die Schadenskosten in Abhängigkeit von verschiedenen Stabilisierungszielen, THG-Emissionen und -pfaden ermittelt.

Die Höhe der Kosten ist abhängig vom Zeitpunkt der Emissionen, der Entwicklung der gesamten THG-Emissionen und einer Reihe von Annahmen (z. B. Zeithorizont, Diskontrate, regionale Schadensverteilung). Angesichts der langfristigen Wirkungen der Klimafolgen ist die Ermittlung der

THG-Schadenskosten mit verschiedenen methodischen Schwierigkeiten (Kuick et al. 2008) und normativ schwer zu rechtfertigenden Annahmen verbunden (Schelling 1995; Lind und Schuler 1998; Hampicke 2011). Aufgrund unterschiedlicher Annahmen variieren die Ergebnisse innerhalb einer relativ großen Bandbreite zwischen 14 und 300 Euro pro Tonne CO_2-Äq (Clarkson und Deyes 2002; Pearce 2003; Downing et al. 2005). Verschiedene Autoren weisen darauf hin, dass die vorhandenen Studien die Kosten des Klimawandels eher unterschätzen, weil sie singuläre und extreme Ereignisse mit schwerwiegenden Folgen und die Kosten der Anpassung an den Klimawandel nur ansatzweise berücksichtigen können (Tol 2005; Watkiss et al. 2005; Stern 2007).

Trotz der vorhandenen Unsicherheiten benötigt die praktische Wirtschaftspolitik eine Orientierungsgröße, mit der die Klimafolgeschäden beurteilt werden können. Die vom Umweltbundesamt vorgelegte Methodenkonvention zur ökonomischen Bewertung von Umweltschäden verlangt, dass die externen Kosten bei öffentlichen Investitionen in die Entscheidung einbezogen werden sollen (UBA 2007). Auf der Grundlage der Auswertung der umfangreichen Literatur zu den Kosten des Klimawandels empfiehlt die Methodenkonvention die Verwendung marginaler Schadenskosten in Höhe von 70 Euro pro Tonne CO_2-Äq als besten Schätzwert. Eine konsequente Anwendung der Methodenkonvention hat zur Folge, dass dieser Schätzwert auch für die Berechnung der externen Kosten der nicht-nachhaltigen Moornutzung berücksichtigt werden muss. Durch intensive Acker- und Grünlandnutzung werden im Untersuchungsraum jährlich etwa 20 Megatonnen CO_2-Äq emittiert (Schäfer 2009), was also 1,4 Mrd. Euro entspricht.

Das bundesweite Testbetriebsnetz ist eine wichtige Datengrundlage für die Beurteilung des wirtschaftlichen Erfolges landwirtschaftlicher Betriebe (BMELV 2011a). Die auf Marktpreisen basierende Bewertung der Wertschöpfung hat den Vorteil, dass sie auf einer sehr validen Datenbasis durchgeführt werden kann. Die Wirtschaftsergebnisse repräsentativ ausgewählter landwirtschaftlicher Unternehmen werden im Rahmen der Test- und Auflagenbuchführung des Bundesministeriums

für Ernährung, Landwirtschaft und Verbraucherschutz nach einheitlichen und jährlich aktualisierten Methoden in den Bundesländern erhoben. Neben anderen ökonomischen Erfolgsindikatoren ist das Betriebseinkommen ein sehr gut geeigneter Indikator, der Wertschöpfung eines Betriebes, weil es auch mittel- und langfristig wirksame betriebliche Belastungen aus den Fixkosten enthält. Die Wertschöpfung ist der Betrag, der zur Entlohnung aller im Unternehmen eingesetzten Faktoreinkommen zur Verfügung steht. In der volkswirtschaftlichen Gesamtrechnung entspricht das Betriebseinkommen der Wertschöpfung eines Unternehmens zum Sozialprodukt.

Bei den in Mecklenburg-Vorpommern auf Moorstandorten wirtschaftenden Betrieben handelt es sich vornehmlich um spezialisierte Futterbaubetriebe, die als Milchviehbetriebe mit überwiegender Milchviehhaltung oder als Weideviehbetriebe ohne besonderen Schwerpunkt klassifiziert werden können. Die Betriebsform wird durch den relativen Beitrag der verschiedenen Produktionszweige des Betriebes zum gesamtbetrieblichen Standarddeckungsbeitrag bestimmt. Die intensiv wirtschaftenden Milchviehbetriebe benötigen tief entwässerte Flächen (Wasserstufe 2+, 2−) mit funktionierender Vorflut. Die Weideviehbetriebe bewirtschaften Standorte mit einfach zu regulierenden Wasserverhältnissen (Wasserstufe 3+, 3−). Eine extensive Nutzung bei hydrologisch schwierigen Moorstandorten wird von Betrieben zur Aufrechterhaltung des Mindestpflegezustandes als Voraussetzung für die Prämienfähigkeit praktiziert (Müller und Heilmann 2011).

Nach der Testbetriebsauswertung in Mecklenburg-Vorpommern (LFA o. J.) erwirtschafteten die intensiv wirtschaftenden Milchviehbetriebe im Durchschnitt der Wirtschaftsjahre 2005 bis 2010 ein Betriebseinkommen in Höhe von 657 Euro pro Hektar Landfläche. Bei einer volkswirtschaftlichen Analyse müssen die im Betriebseinkommen enthaltenen Zulagen und Zuschüsse abgezogen werden. Die intensiv wirtschaftenden Milchviehbetriebe erhielten im Durchschnitt der Wirtschaftsjahre 2005 bis 2010 Zulagen und Zuschüsse in Höhe 370 Euro pro Hektar Landfläche. Ohne diese Zahlungen erreichen diese Betriebe eine Wertschöpfung in Höhe von 287 Euro pro Hektar Landfläche.

◘ **Tab. 6.22**   THG-Emissionen landwirtschaftlicher Produktionsverfahren auf entwässerten Niedermoorstandorten

Nutzungskategorie[1]	Wasserstufe	THG-Emissionen[2] (t CO_2-Äq ha^{-1}a^{-1})	Schadenskosten[3] (€ ha^{-1}a^{-1})
Milchviehhaltung	2+, 2−	24,0	1680
Jungrinder, Trockensteher und Mutterkühe	3+, 3−	15,0	1050
Standweiden mit geringem Besatz und Wiesen	4+ bis 3+/3−	8,5	595

[1] Nutzungskategorien in Anlehnung an Müller und Heilmann 2011
[2] THG-Emission nach Couwenberg et al. 2008, Couwenberg 2011
[3] nach UBA 2007

Bei den Weideviehbetrieben ohne besonderen Schwerpunkt lag das durchschnittliche Betriebseinkommen mit 324 Euro pro Hektar Landfläche deutlich unter dem der intensiv wirtschaftenden Milchviehbetriebe. Diese Betriebe erhielten mit 388 Euro pro Hektar Landfläche etwas höhere Zulagen und Zuschüsse. Ohne diese staatlichen Ausgleichsleistungen ist die Wertschöpfung dieser Betriebe negativ. Es ist jedoch zu beachten, dass die gewährten staatlichen Ausgleichsleistungen teilweise als Entgelt für erbrachte Leistungen im Rahmen von Agrar-Umweltprogrammen für die Umsetzung von Naturschutzzielen (z. B. Natura-2000-Netz, FFH-Richtline) erbracht werden. Es handelt sich dabei um Einnahmen aus staatlichen Ausgleichsleistungen, die sowohl produkt- als auch aufwands- oder betriebsbezogen direkt aus öffentlichen Kassen gewährt werden.

Eine Gegenüberstellung der Wertschöpfung mit den externen Schadenskosten für Klimafolgeschäden in Höhe von 595 bis 1 680 Euro pro Hektar und Jahr zeigt, dass die Wertschöpfung der auf Entwässerung angewiesenen landwirtschaftlichen Nutzung deutlich über der Wertschöpfung aus der Fleisch- und Milchproduktion liegt (◘ Tab. 6.22).

Vermiedene Schadenskosten durch Wiedervernässung und umweltverträgliche Nutzung

Die Ökosystemdienstleistungen können durch eine Änderung der Landnutzung erbracht werden. Dadurch können die Kosten für Klimafolgeschäden reduziert werden. Dabei ist zu beachten, dass die vermiedenen Schadenskosten als eine Untergrenze für den Nutzen der Maßnahmen zu interpretieren

sind, die jedoch nicht mit Vermeidungskosten verwechselt werden dürfen. Bei Vermeidungskosten handelt es sich um volkswirtschaftliche Kosten, die sich an einem vorgegebenen Minderungsziel bzw. den Reduktionsverpflichtungen orientieren. Sie reflektieren die durch Wiedervernässung und Landnutzungsänderung verbundenen Opportunitätskosten möglicher alternativer Nutzungen.

Nach Wiedervernässung der entwässerten Moorstandorte kommen hierfür verschiedene Maßnahmen infrage:
- Wiedervernässung von Acker, Grünland oder Brachen ohne Nutzung (Wildnis),
- extensive Grünlandnutzung nach Wiedervernässung von Äckern und stark entwässertem Grünland,
- Wiedervernässung von Acker, Grünland oder Brachen mit umweltverträglicher Nutzung der Biomasse (Rohrglanzgras- und Schilfröhrichte, Seggenriede) und
- Neuwaldbildung durch Aufforstung und/oder Sukzession nach Wiedervernässung.

In Abhängigkeit von der Ausgangssituation und der Intensität der erreichten Wiedervernässung ergibt sich durch die Umsetzung der Maßnahmen ein weites Spektrum möglicher THG-Reduktionspotenziale (Schäfer 2009). Zwischen 2000 und 2008 wurden in Mecklenburg-Vorpommern etwa 30 000 Hektar Moore wiedervernässt. Auf diesen Flächen können jährlich durchschnittlich etwa 10 Tonnen CO_2-Äq pro Hektar eingespart werden (MSK Mecklenburg-Vorpommern 2009).

Bei den Kosten für die Umsetzung der Maßnahmen sind vor allem die Planungs- und Bauosten relevant. Die Kosten für 33 Wiedervernäs-sungsmaßnahmen, die vor 2003 in Mecklenburg-Vorpommern durchgeführt wurden, betrugen im Durchschnitt 1070 Euro pro Hektar (Schäfer und Joosten 2005). Im Müritz-Nationalpark wurden in den vergangenen Jahren verschiedene Maßnahmen zur Wiederherstellung eines naturnäheren Wasserhaushalts durchgeführt. Die flächenbezogenen Kosten für die Umsetzung der Maßnahmen betrugen 832 Euro pro Hektar (Rowinski und Kobel 2011). Die jährlichen Kosten können als Unendliche Rente ermittelt werden. Bei einem Zinssatz von 2 % (4 %) betragen diese dann 41,60 (83,20) Euro pro Hektar. Unter der Annahme, dass durch diese Maßnahmen jährlich etwa 10 Tonnen CO_2-Äq eingespart werden können, liegen die Vermeidungskosten mit 4,16 (8,32) Euro pro Tonne CO_2-Äq deutlich unter denen anderer Klimaschutzmaßnahmen (Enkvist et al. 2007).

Wenn die Flächen nicht weiter genutzt werden sollen, dann fallen gegebenenfalls weitere Kosten für den Flächenerwerb an. Bei der Ermittlung volkswirtschaftlicher Vermeidungskosten dürfen Kosten für Flächenerwerb nur berücksichtigt werden, wenn die Flächenpreise den Werteverzehr des in Anspruch genommenen Produktionsfaktors Boden reflektieren. Da in den Bodenpreisen jedoch in hohem Maße auch (klimaschädigende) Subventionen enthalten sind, müssen bei einer Ermittlung volkswirtschaftlicher Vermeidungskosten die Subventionen (z. B. Flächenprämie) und andere Transferzahlungen abgezogen werden, da sie als eine Transferzahlung ohne Gegenleistung gewährt werden.

Die Vermeidungskosten standortgerechter Nutzungsalternativen sind dagegen deutlich niedriger, weil keine Kosten für den Flächenerwerb anfallen. Bei einer umweltverträglichen Erlenwertholzproduktion liegen die Vermeidungskosten bei sehr konservativen Annahmen zwischen 0 und 4 Euro pro Tonne CO_2-Äq (Schäfer und Joosten 2005). Ein Vergleich der Vermeidungskosten mit anderen Klimaschutzmaßnahmen der Bioenergieproduktion (Isermeyer et al. 2008) zeigt, dass nasse Bewirtschaftungsverfahren auch ökonomisch eine durchaus interessante Alternative darstellen.

Fazit

Die ökonomische Bewertung der mit der landwirtschaftlichen Moornutzung verbundenen ÖSD kann eine wichtige Grundlage für die politische Zielfindung und die Ausgestaltung wirtschaftspolitischer Steuerungsinstrumente sein. Die methodische Grundlage der Bewertung stützt sich auf eine erweiterte volkswirtschaftliche Kosten-Nutzen-Analyse, bei der auch die externen Effekte berücksichtigt werden.

Eine wichtige Voraussetzung der Bewertung ist die physische Quantifizierung der THG-Emissionen, die sich mithilfe des GEST-Ansatzes darstellen lassen. Die Wohlfahrtseffekte der externen Effekte und der ÖSD können dann mithilfe der Wertschöpfung und den Kosten der Klimafolgeschäden in monetären Größen abgebildet werden. Dadurch werden Anforderungen an eine nachhaltige Landnutzung berücksichtigt und die Zusatznutzen möglicher Nutzungsalternativen offengelegt.

Eine Monetarisierung der Klimafolgeschäden nach der Methodenkonvention des Umweltbundesamtes zeigt, dass die marginalen Schadenskosten um ein Vielfaches größer sind als die Wertschöpfung der herkömmlichen landwirtschaftlichen Moornutzung. Die Vermeidungskosten nachhaltiger Nutzungsalternativen hingegen sind vergleichsweise niedrig und mit weiteren wohlfahrtsrelevanten Nutzenstiftungen verbunden.

6.7 Systematisierung der Fallbeispiele

K. Grunewald und O. Bastian

In den vorangegangenen Kapiteln wurden elf Fallstudien mit unterschiedlichen ÖSD-Anwendungsaspekten dargestellt. Sie sind gemeinsam mit den Beispielen in ▶ Kap. 3, ▶ Kap. 4 und ▶ Kap. 5 für den gegenwärtigen Stand in Deutschland durchaus repräsentativ, erheben aber keinen Anspruch auf Vollständigkeit.

Entsprechend der flächenhaft dominierenden Nutzung in Mitteleuropa lagen die Schwerpunkte auf Agrar-, Forst- und urbanen Ökosystemen (◻ Tab. 6.23). Schutzgebiete, diskutiert anhand des Natura-2000-Netzes (▶ Abschn. 6.6.1), machen inzwischen ebenfalls einen namhaften Anteil der Landesfläche aus und sind für die Sicherung von ÖSD und der Biodiversität sowie auch nachhaltiger Landnutzungen von hoher Bedeutung.

In den Fallbeispielen wurde im Wesentlichen das in den Kapiteln zuvor erläuterte Begriffs- und Klassifikationssystem, wie es auch der konzeptionelle Rahmen (EPPS-Rahmenmethodik, ▶ Abschn. 3.1.2) zum Ausdruck bringt, verwendet. Raum-Zeit-Aspekte fanden jeweils explizit Beachtung, wobei die Bezugseinheiten der lokal-regionalen Ebene zuzuordnen sind. Insbesondere bei der Bewertung der Kulturlandschaft/Landschaftspflege (▶ Abschn. 6.5) wurde bewusst der Landschaftsansatz verwendet. Nur in einem Fall (HNV-Grünland in Deutschland, ▶ Abschn. 6.2.4) stand keine spezifische Region im Blickpunkt. Da typische Ökosysteme und Problemfelder bewertet wurden, sind grundsätzliche Erkenntnisse und Aussagen – kontextabhängig – übertragbar.

Je nach Frage- und Zielstellung sind die entsprechenden, überwiegend in ▶ Kap. 4 und ▶ Kap. 5 erläuterten Methoden, Verfahren und Techniken zur Analyse und Bewertung von ÖSD ausgewählt und eingesetzt worden. Die Fallstudien hatten allerdings überwiegend Pilot- bzw. Erprobungscharakter für das ÖSD-Konzept. Deshalb war es wichtig, die Daten, Indikatoren und Verknüpfungsregeln nachvollziehbar darzustellen. Einige Fallbeispiele (▶ Abschn. 6.2.2, ▶ Abschn. 6.5.2) hatten nicht von vornherein das Ziel, explizit ÖSD zu bewerten. Da sie jedoch wichtige Facetten des ÖSD-Konzepts beinhalten, sind sie in die Abhandlung einbezogen worden.

Wie ◘ Tab. 6.23 verdeutlicht, standen in zehn der elf Fälle Regulations-ÖSD im Mittelpunkt. Aber auch soziokulturelle ÖSD wurden in mehr als der Hälfte der Beispiele bearbeitet, auch wenn diese ökonomisch schwierig fassbar sind. Es wurden jeweils nur wenige ÖSD bewertet. Eine Analyse sogenannter »Gesamtwerte« und aller »Trade-offs« erscheint anhand der ausgewählten Studien demzufolge wenig realistisch.

Qualitative und quantitative ÖSD-Bewertungen stellten die Grundlage der ÖSD-Untersuchungen dar, meist eingebettet in Forschungsprojekten. Aber auch ökonomische/monetäre Betrachtungen der Kosten und/oder Nutzen von Leistungen und

Werten sind in fast allen Fallstudien vorgenommen worden (◘ Tab. 6.23). Allerdings zeigen die Darstellungen zu urbanen ÖSD (uÖSD, ▶ Abschn. 6.4) und zu soziokulturellen ÖSD der Streuobstwiesen (▶ Abschn. 6.5.1), dass eine ökonomische Bewertung nicht in jedem Fall erforderlich ist.

Um Praxiswirksamkeit und Akzeptanz der Akteure zu erreichen ist es zweckmäßig, möglichst von Beginn an die Beteiligung der Öffentlichkeit, vor allem der Nutzer, Eigentümer und Entscheidungsträger, am Bewertungsprozess zu beteiligen. Dabei sollten alternative Landnutzungsszenarien mit ihren ÖSD bzw. *disservices* (▶ Abschn. 2.1) in ihren Wirkungen und Raum-Zeit-Gefügen thematisiert werden.

Die dargestellten Fallstudien belegen, dass das ÖSD-Konzept für ganz unterschiedliche Fragestellungen in den Bereichen Landnutzung, Landschaftspflege und Natur-/Umweltschutz angewendet werden kann. Die Auffassung, dass der Ansatz für naturnahe Ökosysteme besser geeignet ist (Matzdorf et al. 2008) oder Agrarökosysteme gar nicht in das Konzept passen (Haber 2011), teilen wir nicht. Denn auch vom Menschen modifizierte oder geprägte Ökosysteme beinhalten naturbürtige Komponenten (Organismenarten, Böden, Wasser usw.). Letztlich handelt es sich – trotz aller Veränderungen – zwar um Agrar- bzw. urbane Ökosysteme, aber eben um Ökosysteme, und warum sollten diese keine Dienstleistungen hervorbringen?

Auf Äckern und Wiesen wachsen Nahrungs- und Futterpflanzen, es versickert Wasser und es wird Kalt- und Frischluft gebildet. In Städten hängt das Wohlbefinden der Bevölkerung nicht zuletzt von Ökosystemstrukturen und -prozessen ab (z. B. Klimaausgleich und Luftverbesserung durch Gehölze). Auch können die urban geprägten Ökosysteme durchaus eine hohe Biodiversität aufweisen. Die Anwendung des ÖSD-Konzepts für die nachhaltige Entwicklung urbaner Regionen steht aber noch am Anfang (▶ Abschn. 6.4).

Nichtsdestotrotz sind in diesen Fällen die erbrachten Leistungen nicht ausschließlich auf das Ökosystem zurückzuführen, sondern der Mensch hat einen wesentlichen Anteil, z. B. durch die Bestellung der Felder oder die Pflege der Grünanlagen. Deshalb ist es erforderlich (wenn auch schwierig), bei der Quantifizierung und Bewertung zwischen

◻ Tab. 6.23 Systematisierung der ÖSD-Fallbeispiele

Abschnitt (Bearbeiter)	Region (Größe)	Ökosystemtyp			Betrachtete ÖSD			Ökonomische Bewertung (monetär)		Beteiligte Akteursgruppen an der Bewertung
		u	a	f	V	R	K	Kosten	Nutzen	
6.2.2 (Bastian)	Flusseinzugsgebiet der Jahna in Sachsen (244 km²)		x		x	x	x	x		Landwirte, Behörden
6.2.3 (Bastian)	(ehemalige) Gemeinde Promnitztal in Sachsen (21 km²)		x			x		x		Landwirte
6.2.4 (Reutter/ Matzdorf)	HNV-Grünland (ca. 10 000 km²) in Deutschland		x			x		x	x	–
6.3 (Elsasser/ Englert)	Modellregion (17 500 km²) im nordostdeutschen Tiefland		x		x	x	x		x	regionale Bevölkerung
6.4 (Haase)	Stadt Leipzig in Sachsen (ca. 300 km²)	x				x	(x)			–
6.5.1 (Ohnesorge et al.)	Biosphärengebiet Schwäbische Alb (853 km²)		x			x				–
6.5.2 (Grunewald et al.)	Bundesland Sachsen (18 400 km²)	(x)	x	x		x	x	x		Umweltverwaltung, Landschaftspflegeverbände
6.6.1 (Bastian)	Erzgebirgskamm (Deutschland/ Tschechien, ca. 1500 km²)	x	x		x	x	x	x	x	Landschaftspflegeverbände, Touristen
6.6.2 (Grunewald)	Flusseinzugsgebiet der Jahna in Sachsen (244 km²)		x			x		x	x	Landwirte, Umweltbehörde
6.6.3 (Hartje/ Grossmann)	Elbauen (350 km²) im Elbe-Einzugsgebiet		x		x	x	(x)	x	x	–
6.6.4 (Schäfer)	Moore im Bundesland Mecklenburg-Vorpommern (3 057 km²)		x		x	x		x	x	–

Ökosystemtyp (dominierender Nutzungstyp): u – urban, a – agrarwirtschaftlich, f – forstwirtschaftlich
Betrachtete ÖSD-Klasse (► Abschn. 3.2): V – Versorgungs-, R – Regulations-, K – soziokulturelle ÖSD

Leistungen des Ökosystems und des Menschen zu unterscheiden. Das ist insgesamt noch nicht überzeugend gelungen.

Dass einige Dimensionen der Natur nicht in monetären Werten gemessen werden können oder sollten, wurde bereits erwähnt (► Abschn. 4.2). Viele ÖSD sind nicht marktfähig, sodass eine latente Unterbewertung – wenn man nur die ökonomische Perspektive gelten ließe – die Folge wäre (Mertz et al. 2007; Bayon und Jenkins 2010; de Groot et al. 2010). Eine monetäre Bewertung wird besonders im Falle von religiösen, spirituellen und Annehmlichkeits-Werten (*amenity*) für nicht zielführend gehalten (Spangenberg und Settele 2010). Sowohl ökologische als auch soziale Gründe sprechen dagegen, Naturschutz allein über Marktmechanismen zu definieren (Ring et al. 2010). Alternativen wurden anhand soziokultureller Leistungen (Fallbeispiel Streuobstwiesen, ► Abschn. 6.5.1) aufgezeigt.

Mag auch die Vorstellung exakter monetärer Werte bestechend erscheinen, so weisen schon die – je nach Berechnungsgrundlagen – teils erheblich differierenden Ergebnisse (nach Schweppe-Kraft 2009 versus Seják et al. 2010 bei der Bewertung der Bergwiesen, ► Abschn. 6.6.1) auf grundsätzliche sowie methodische Schwächen hin. Hinzu kommt, dass eine Wiederherstellung zerstörter Biotope nicht immer möglich ist, vor allem wenn die Standortbedingungen irreversibel verändert oder einzelne Arten ausgerottet sind.

Eine ökonomische Bewertung von Natur kann für Entscheidungsträger im Naturschutz jedoch wichtige zusätzliche Informationen liefern. Allerdings ist sie nicht die adäquate Methode, um Schutzprioritäten oder -ziele zu bestimmen. Ökonomische Instrumente können aber als effektive Anreizinstrumente für Naturschutz und Landschaftspflege zur Aufrechterhaltung von ÖSD eingesetzt werden (Spangenberg und Settele 2010). Sie tragen dazu bei, die Schutzanstrengungen finanziell langfristig zu gestalten und zu begründen, indem sie den wahrgenommenen Bedarf für Investitionen in den Naturschutz zum Ausdruck bringen, sei es durch die Einrichtung und Behandlung von Schutzgebieten, durch traditionelle ökonomische Instrumente wie Steuern, Lizenzen oder durch die Entwicklung von Märkten und Übereinkommen über Zahlungen (Anreize) für ÖSD (► Abschn. 6.5.2).

Auch im Naturschutz wächst die Bedeutung gesellschaftlicher Normen und Institutionen für die Entscheidungsfindung. Gesellschaften und Bürger messen bestimmten Gütern auch aus kulturellen oder religiösen Gründen Werte oder Präferenzen bei, sei es einer seltenen Art oder einer speziellen Kulturlandschaft, und unterziehen sie nicht stets einer Kosten-Nutzen-Kalkulation. Um ausgewogene, nachhaltige Lösungen zu erreichen, sind Diskursprozesse nötig, und es bedarf einer integrierten Bewertung der ökologischen, sozialen und ökonomischen Systeme sowie der Verhandlung zwischen den Interessenträgern, unter Berücksichtigung eines breiteren Spektrums an Zielen als lediglich die ökonomische Effizienz (Gómez-Baggethun und Kelemen 2008; de Groot et al. 2010; Ring et al. 2010; Spangenberg und Settele 2010; Oikonomou et al. 2011). Geeignete Politikinstrumente für Biodiversität, Naturschutz und ÖSD greifen auf vielfältige Bewertungsmethoden zurück, so auf ökologische Wertanalysen bzw. Rangfolgebestimmungen, die Feststellung von Präferenzen und Intentionen sowie Bürgerbeteiligung (Ring und Schröter-Schlaack 2011). Eine offensive Anwendung des ÖSD-Konzepts im Bereich des Naturschutzes (z. B. im Zuge der Landschaftsplanung) könnte diesem helfen, in den alltäglichen Abwägungsprozessen besser berücksichtigt zu werden, indem systematisch für Naturschutzflächen die verschiedenen Leistungen aufgezeigt und wenn möglich quantifiziert werden. Eine derartige Bewertung ist insbesondere in Bezug auf eine gezielte finanzielle Förderung des Naturschutzes, z. B. über Agrar-Umweltmaßnahmen, ein vielversprechender Weg.

Wir gehen davon aus, dass die Analyse und Bewertung von ÖSD künftig eine wichtige Rolle in der Planung, Gestaltung und Nutzung von Landschaften unter sich verändernden demographischen, klimatischen, energiepolitischen und technologischen Rahmenbedingungen spielen wird. Die Landnutzung ist in diesem Zusammenhang ein Schlüsselfaktor. ÖSD können helfen, sowohl Synergien als auch Zielkonflikte, z. B. zwischen verstärktem Anbau von Energiepflanzen und Klimaschutz-/Biodiversitätszielen, zu erfassen, aufzuzeigen, zu kommunizieren und Entscheidungsmöglichkeiten abzuwägen. Dies verlangt eine komplexe Analyse und Bewertung von ÖSD auf der Grundlage einfach handhabbarer Standards, wofür das ent-

prechende Instrumentarium (z. B. ÖSD-Modelle)
och weiterentwickelt werden muss.

iteratur

AMI (2010) Marktinfo Düngemittel. Bericht Nr. 4 der Agrar-
markt Informations-Gesellschaft mbH (AMI), Bonn
Augustin J (2001) Emission, Aufnahme und Klimarelevanz
von Spurengasen. In: Succow M, Joosten H (Hrsg) Landschaftsökologische Moorkunde, 2. Aufl. Schweizerbart,
Stuttgart, S 28–37
AuW (2007) Richtlinie des Sächsischen Staatsministeriums
für Umwelt und Landwirtschaft zur Förderung von
flächenbezogenen Agrarumweltmaßnahmen und der
ökologischen Waldmehrung im Freistaat Sachsen.
SächsABl 2007, Blatt-Nr. 49, S 1694
Bastian O, Schrack M (Hrsg) (1997) Die Moritzburger Kleinkuppenlandschaft – einmalig in Mitteleuropa! Veröff.
Mus. Westlausitz Kamenz, Tagungsband, S 118
Bastian O, Corti C, Lebboroni M (2007) Determining Environ-
mental Minimum Requirements for functions provided
by agro-ecosystems. Agronon Sustain Dev 27:1–13
Bastian O, Haase D, Grunewald K (2012) Ecosystem proper-
ties, potentials and services – the EPPS conceptual
framework and an urban application example. Ecol
Indic 21:7–12. doi: 10.1016/j.ecolind.2011.03.014
Bastian O, Lütz M, Unger C, Köppen I, Röder M, Syrbe RU
(2003) Rahmenmethodik zur Entwicklung lokaler Agrar-
Umweltprogramme in Europa – 1. Das Indikatorkonzept.
Landnutzung Landentwicklung 44:229–237
Bastian O, Lütz M, Unger C, Röder M, Syrbe RU (2005) Rah-
menmethodik zur Entwicklung lokaler Agrar-Umweltprogramme in Europa – 2. Ableitung von Agrar-Umweltzielen und -maßnahmen. WasserWirtschaft 95:27–34
Bastian O, Neruda M, Filipová L, Machová I, Leibenath M
(2010) Natura 2000 sites as an asset for rural develop-
ment: the German-Czech Ore Mountains Green Net-
work Project. J Landsc Ecol 3:41–58
Bayon R, Jenkins M (2010) The business of biodiversity.
Nature 466:184–185
BBodSchG (1998) Bundes-Bodenschutzgesetz vom 17. März
1998 (BGBl. I S 502)
BBodSchV (1999) Bundes-Bodenschutz- und Altlastenverordnung. Bundesgesetzblatt, J. 1999, Teil I, Nr. 36, Bonn,
16. Juli 1999
Benecke R (2009) Grünland im Umbruch. Vortrag an der
Internationalen Akademie für Naturschutz auf der Insel
Vilm. www.bfn.de/fileadmin/MDB/documents/ina/
vortraege/2009-Gruenland-Benecke.pdf. Zugegriffen:
28. Apr. 2009
BfG – Bundesanstalt für Gewässerkunde (2006) Modell-
gestützter Nachweis der Auswirkungen von geplanten
Rückhaltemaßnahmen in Sachsen und Sachsen-Anhalt
auf Hochwasser der Elbe. BfG-Bericht 1542, Koblenz
BfN – Bundesamt für Naturschutz (2004) Daten zur Natur.
Bundesamt für Naturschutz, Bonn

BfN – Bundesamt für Naturschutz (2008) Endbericht zum
F+E-Vorhaben »Entwicklung des High Nature Value
Farmland-Indikators« (FKZ 3507 80 800) des Bundes-
amtes für Naturschutz. Bundesamt für Naturschutz,
Bonn, S 107
BfN – Bundesamt für Naturschutz (2009) Erfassungsanlei-
tung für die HNV-farmland-Probeflächen. Stand 15. Apr.
2009
BfN – Bundesamt für Naturschutz (2010) Anteile von
HNV-Grünland innerhalb der Naturräume. Schriftliche
Information
BfN – Bundesamt für Naturschutz (2012a) BfN Forschungs-
projekte: »Klima-Benefits« (FKZ: 3508 81 2100) sowie
»Ländlicher Raum und naturschutzbezogene Anpas-
sungsstrategien an den Klimawandel« (FKZ: 3508 88
0700)
BfN – Bundesamt für Naturschutz (2012b) Natura 2000. Bun-
desamt für Naturschutz, Bonn. www.bfn.de/0316_natu-
ra2000.html. Zugegriffen: 25. Apr. 2012
BfN – Bundesamt für Naturschutz (2012c) Daten zur Natur.
Bundesamt für Naturschutz, Bonn
Bieling C (2004) Non-industrial private-forest owners: possi-
bilities for increasing adoption of close-to-nature forest
management. Eur J Forest Res 123:293–303
Bieling C, Plieninger T (2012) Recording manifestations of
cultural ecosystem services in the landscape. Landsc
Res; doi: 10.1080/01426397.01422012.01691469
BMELV (2008) BMELV-Bericht zum Klimaschutz im Bereich
Land- und Forstwirtschaft. www.bmelv.de/SharedDocs/
Standardartikel/Landwirtschaft/Klima-und-Umwelt/
Klimaschutz/BerichtKlimaschutz.html
BMELV (2011a) Die wirtschaftliche Lage der landwirtschaftli-
chen Betriebe. Buchführungsergebnisse der Testbetrie-
be. http://berichte.bmelv-statistik.de/BFB-0111101-2011.pdf
BMELV (2011b) Rahmenplan der Gemeinschaftsaufgabe »Ver-
besserung der Agrarstruktur und des Küstenschutzes«
für den Zeitraum 2011 bis 2014. Bonn, S 111
BMU – Bundesministerium für Umwelt, Naturschutz und
Reaktorsicherheit (2007) Nationale Strategie zur Bio-
logischen Vielfalt. BMU, Berlin, S 178
BMU – Bundesministerium für Umwelt, Naturschutz und
Reaktorsicherheit (2010a) Indikatorenbericht 2010 zur
Nationalen Strategie zur biologischen Vielfalt. BMU,
Berlin
BMU – Bundesministerium für Umwelt, Naturschutz und
Reaktorsicherheit (2010b) Die Wasserrahmenrichtlinie –
Auf dem Weg zu guten Gewässern. BMU, Berlin
BMU – Bundesministerium für Umwelt, Naturschutz und
Reaktorsicherheit (2011) Bundesprogramm Biologische
Vielfalt. BMU, Berlin
BMU/BfN (2009) Außenzustandsbericht. Flussauen in
Deutschland. Bundesministerium für Umwelt, Natur-
schutz und Reaktorsicherheit (BMU) und Bundesamt für
Naturschutz (BfN), Berlin
Böhnert W, Franz U, Walter S, Kamprad S, Henze A (2005)
FFH-Managementplan für das FFH-Gebiet SCI 5248-303,
Landesmeldenummer 039E Geisingberg und Geising-
wiesen, Weißeritzkreis. Abschlussbericht. Sächsisches
Landesamt für Umwelt und Geologie, Dresden

Bolund P, Hunhammar S (1999) Ecosystem Services in urban areas. Ecol Econ 29:293–301

Bowler DE, Buyung-Ali L, Knight TM, Pullin AS (2010) Urban greening to cool towns and cities: a systematic review of the empirical evidence. Landsc Urban Plan 97:147–155

Breitschuh G, Eckert H, Kuhaupt H, Gernand U, Sauerbeck D, Roth S (2000) Erarbeitung von Beurteilungskriterien und Messparametern für nutzungsbezogene Bodenqualitätsziele. Anpassung und Anwendung von Kriterien zur Bewertung nutzungsbedingter Bodengefährdungen. Umweltbundesamt Berlin (Hrsg), UBA-Texte 50-00

Breuste J (1999) Stadtnatur – warum und für wen? In: Breuste J (Hrsg) 3. Leipziger Symposium Stadtökologie »Stadtnatur – quo vadis?« Natur zwischen Kosten und Nutzen. UFZ-Bericht 10, Leipzig

Breuste J, Feldmann H, Uhlmann O (Hrsg) (1998) Urban ecology. Springer, Berlin

Breuste J, Niemelä J, Anuchat P, Triet T (2007) Urban Ecosystem Management. Handbook and manual. University Press, Helsinki

Briemle G, Oppermann R (2003) Von der Idee zum Programm: Die Förderung artenreichen Grünlandes in MEKA II. In: Oppermann R, Gujer HU (Hrsg) Artenreiches Grünland bewerten und fördern – MEKA und ÖQV in der Praxis. Ulmer, Stuttgart, S 65–70

Bronner G, Oppermann R, Rösler S (1997) Umweltleistungen als Grundlage der landwirtschaftlichen Förderung – Vorschläge zur Fortentwicklung des MEKA-Programms in Baden-Württemberg. Naturschutz Landschaftsplanung 29:357–365

Brunotte E, Dister E, Günther-Diringer D, Koenzen U, Mehl D (2009) Flussauen in Deutschland – Erfassung und Bewertung des Auenzustandes. Bundesamt für Naturschutz, Naturschutz und Biologische Vielfalt 87, Bonn

Burgess J (1988) People, Parks and Urban Green. A Study of Popular Meanings and Values for Open Spaces in the City. Urban Stud 25:455–473

CBD – Convention on Biological Biodiversity (2010) Global Biodiversity Outlook 3. CBD Secretariat, Montreal

Chan KMH, Satterfield T, Goldstein J (2012) Rethinking ecosystem services to better address and navigate cultural values. Ecol Econ 74:8–18

Chiesura A (2004) The role of urban parks for the sustainable city. Landsc Urban Plan 68:129–138

Churkina G (2008) Modeling the carbon cycle of urban systems. Ecol Model 216:107–113

Clarkson R, Deyes K (2002) Estimating the Social Cost of Carbon Emissions. Government Economic Service working paper 140. HM Treasury, London

Comber A, Brunsdon C, Green E (2008) Using a GIS-based network analysis to determine urban green space accessibility for different ethnic and religious groups. Landsc Urban Plan 86:103–114

Cooney R, Dickson B (2005) Precautionary principle, precautionary practice: lessons and insights. In: Cooney R, Dickson B (Hrsg) Biodiversity and the precautionary principle: Risk and uncertainty in conservation and sustainable use. Earthscan, London, S 287–298

Costanza R, d'Arge R, de Groot RS, Farber S, Grasso M, Hannon B, Limburg K, Naeem S, O'Neill RV, Paruelo J, Raskin RG, Sutton P, Van Den Belt M (1997) The value of the world's ecosystem services and natural capital. Nature 387:253–260

Couwenberg J (2007) Biomass energy crops on peatlands: on emissions and perversions. IMCG-Newsletter 2/2007:12–14

Couwenberg J (2011) Vegetation as a proxy for greenhouse gas fluxes – the GEST approach. In: Tanneberger F, Wichtmann W (Hrsg) Carbon credits from rewetting. Schweizerbart, Stuttgart, S 37–42

Couwenberg J, Augustin J, Michaelis D, Wichtmann W, Joosten H (2008) Entwicklung von Grundsätzen für eine Bewertung von Niedermooren hinsichtlich ihrer Klimarelevanz. DUENE e. V., Greifswald

Couwenberg J, Dommain R, Joosten H (2010) Greenhouse gas fluxes from tropical peatlands in South-East Asia. Glob Change Biol 16:1715–1732

Couwenberg J, Thiele A, Tanneberger F, Augustin J, Bärisch S, Dubovik D, Liashchynskaya N, Michaelis D, Minke M, Skuratovich A, Joosten H (2011) Assessing greenhouse gas emissions from peatlands using vegetation as a proxy. Hydrobiologia 674:67–89

Daily GC (Hrsg) (1997) Nature's Services: Societal Dependence on Natural Ecosystems. Island Press, Washington

Daly HE (1992) Allocation, distribution, and scale: towards an economics that is efficient, just, and sustainable. Ecol Econ 6:185–193

DEHSt – Deutsche Emissionshandelsstelle (2012) Versteigerung von Emissionsberechtigungen in Deutschland. Periodischer Bericht, Jan. 2012, S 8

Diercks R, Heitefuss R (1990) Integrierter Landbau: Systeme umweltbewußter Pflanzenproduktion. BLV Verlagsgesellschaft, München

Dieter M, Elsasser P (2002) Carbon Stocks and Carbon Stock Changes in the Tree Biomass of Germany's Forests. Forstwiss Centralbl 121:195–210

Döring J (2005) Hinweise zur Landschaftspflege. Materialien zu Naturschutz und Landschaftspflege. Sächsisches Landesamt für Umwelt und Geologie (Hrsg) Abteilung Natur, Landschaft, Boden

Downing TE, Anthoff D, Butterfield B, Ceronsky M, Grubb M, Guo J, Hepburn C, Hope C, Hunt A, Li A, Markandya A, Moss S, Nyong A, Tol RSJ, Watkiss P (2005) Social cost of carbon: a closer look at uncertainty. DEFRA, London

Dröschmeister R (1998) Aufbau von bundesweiten Monitoringprogrammen für Naturschutz – welche Basis bietet die Langzeitforschung? Schriftenreihe Landschaftspflege Naturschutz 58:319–337

DVL – Deutscher Verband für Landschaftspflege e. V. (2007) NATURA 2000 – Lebensraum für Mensch und Natur – Leitfaden zur Umsetzung. DVL-Schriftenreihe »Landschaft als Lebensraum«, Heft 11

Eckert H, Breitschuh G, Sauerbeck D (2000) Criteria and standards for sustainable agriculture. J Plant Nutr Soil Sci 163:337–351

EA – European Environment Agency (2004) High nature value farmland characteristics, trends and policy challenges. EEA report no 1, S 26

hrlich PR, Ehrlich AH (1981) Extinction: the causes and consequences of the disappearance of species. Random House, New York

iter S (2010) Landscape as an area perceived through activity: implications for diversity management and conservation. Landsc Res 35:339–359

Isasser P, Englert H, Hamilton J (2010a) Landscape benefits of a forest conversion programme in North East Germany: results of a choice experiment. Ann Forest Res 53:37–50

Isasser P, Englert H, Hamilton J, Müller HA (2010b) Nachhaltige Entwicklung von Waldlandschaften im Nordostdeutschen Tiefland: Ökonomische und sozioökonomische Bewertungen von simulierten Szenarien der Landschaftsdynamik. Hamburg: von-Thünen-Institut. Arbeitsbericht vTI-OEF 2010/1, S 96

indlicher W, Jendritzky G, Ficher J, Redlich JP (2008) Heat Waves, Urban Climate and Human Health. In: Marzluff J et al (Hrsg) Urban Ecology – An International Perspective on the Interaction Between Humans and Nature. Springer, New York

Enkvist PA, Nauclér T, Rosander J (2007) A cost curve for greenhouse gas reduction. McKinsey Q 1:35–45

EU Kommission (2008) NATURA 2000. Newsletter »Natur« der europäischen Kommission GD Umwelt 24, S 4

EU Kommission (2011) Our life insurance, our natural capital: an EU biodiversity strategy to 2020 – COM (2011) 244 final – Brüssel, S 20

FGG Elbe (2009) Hintergrundpapier zur Ableitung der überregionalen Bewirtschaftungsziele für die Oberflächengewässer im deutschen Teil der Flussgebietseinheit Elbe für den Belastungsschwerpunkt Nährstoffe. Flussgebietsgemeinschaft Elbe, Magdeburg

Fisher B, Turner K, Morling P (2009) Defining and classifying ecosystem services for decision making. Ecol Econ 68:643–653

Förster S, Kneis D, Gocht M, Bronstert A (2005) Flood risk reduction by the use of retention areas at the Elbe River. Int J River Basin Manag 3:21–29

Fritsch M, Wein T, Ewers HJ (2007) Marktversagen und Wirtschaftspolitik. Mikroökonomische Grundlagen staatlichen Handelns, 7. Aufl. Vahlen, München

Fritz P (Hrsg) (2006) Ökologischer Waldumbau in Deutschland. Fragen, Antworten, Perspektiven. Oekom, München

Gantioler S, Rayment M, Bassi S, Kettunen M, McConville A, Landgrebe R, Gerdes H, ten Brink P (2010) Costs and socio-economic benefits associated with the Natura 2000 network. Final report to the European Commission, DG Environment. Institute for European Environmental Policy/GHK/Ecologic, Brussels

Geisendorf S, Gronemann S, Hampicke U (1998) Die Bedeutung des Naturvermögens und der Biodiversität für eine nachhaltige Wirtschaftsweise. Möglichkeiten und Grenzen ihrer Erfassbarkeit und Wertmessung. Schmidt, Berlin

Geisler E (1995) Grenzen und Perspektiven der Landschaftsplanung. Naturschutz Landschaftsplanung 27:89–92

Getzner M, Jost S, Jungmeier M (2002) Naturschutz und Regionalwirtschaft: Regionalwirtschaftliche Auswirkungen von NATURA-2000-Gebieten in Österreich. Lang, Frankfurt a. M.

Gill S, Handley JF, Ennos AR, Pauleit S (2007) Adapting cities for climate change: the role of the green infrastructure. Built Environ 33:115–33

Glugla G, Fürtig G (1997) Dokumentation zur Anwendung des Rechenprogramms ABIMO. Bundesanstalt für Gewässerkunde, Mimeograph, Berlin

Gómez-Baggethum E, de Groot R, Lomas PL, Montes C (2010) The history of ecosystem services in economic theory and practice: from early notions to markets and payment schemes. Ecol Econ 69:1209–1218

Gómez-Baggethun E, Kelemen E (2008) Linking institutional change and the flows of ecosystem services. Case studies from Spain and Hungary. Proc. Book of the THEMES Summer School, Vysoké Tatry, Slovakia, S 118–145

Gottschall M (2011) Energiegewinnung und Landschaftspflege – Ein Entwicklungskonzept für das Föhrenried. Diplomarbeit (unveröffentlicht), TU Dresden

de Groot RS, Alkemade R, Braat L, Hein L, Willemen L (2010) Challenges in integrating the concept of ecosystem services and values in landscape planning, management and decision making. Ecol Complex 7:260–272

Grossmann M (2012a) The economic value of nutrient retention potential of riverine floodplains in the Elbe Basin. Ecol Econ

Grossmann M (2012b) Accounting for scope and distance decay in meta-analysis: an application to the valuation of biodiversity conservation in European wetlands. Environ Resour Econ

Grossmann M, Hartje V, Meyerhoff J (2010) Ökonomische Bewertung naturverträglicher Hochwasservorsorge an der Elbe. Bundesamt für Naturschutz, Naturschutz und Biologische Vielfalt XXX, Bonn

Gruehn D, Budinger A, Baumgarten H (2012) Bedeutung des Stadtgrüns für den Wert von Grundstücken und Immobilien. Stadt Grün 61:9–13

Gruehn D, Kenneweg H (2002) Wirksamkeit der örtlichen Landschaftsplanung im Kontext zur Agrarfachplanung. BfN-Skripten 59, S 156

Grunewald K (1997) Großräumige Bodenkontaminationen – Wirkungsgefüge, Erkundungsmethoden und Lösungsansätze. Springer, Berlin

Grunewald K, Mannsfeld K (1999) Landschaftsökologische Ansätze für Konfliktlösungsstrategien im interdisziplinären Dialog – Erfordernisse, Möglichkeiten, Grenzen. In: Böhm H-P, Dietz J, Gebauer H (Hrsg) Nachhaltigkeit als Leitbild für die Wirtschaft? TU Dresden, ZIT, S 149–157

Grunewald K, Naumann S (2012) Bewertung von Ökosystemdienstleistungen im Hinblick auf die Erreichung von Umweltzielen der Wasserrahmenrichtlinie am Beispiel des Flusseinzugsgebietes der Jahna in Sachsen. Nat Landsch 1:17–23

Grunewald K, Syrbe RU (2012) Landschaftspflegestrategie Sachsen 2020 – Bilanz und Aufgabenschwerpunkte.

FuE-Bericht im Auftrag des Sächsischen Landesamtes für Umwelt und Geologie (LfULG), unveröffentlicht, Freiberg, Dresden

Grunewald K, Scheithauer J, Sudbrack R, Heiser A, Freier K, Andreae H (2011) Untersuchungen zum Wasser- und Stoffhaushalt in Einzugsgebieten mit degradierten Hochmooren im oberen Erzgebirge, Talsperre Carlsfeld. TELMA 41:171–190

Grunewald K, Syrbe RU, Renner C (2012) Analyse der ästhetischen und monetären Wertschätzung der Landschaft am Erzgebirgskamm durch den Tourismus. Geoöko Vol. 33:1–2

Guo Z, Zhang L, Li Y (2010) Increased dependence of humans on ecosystem services and biodiversity. PLoS One 5:1–7

Haase D (2003) Holocene floodplains and their distribution in urban areas – functionality indicators for their retention potentials. Landsc Urban Plan 66:5–18

Haase D (2008) Urban ecology of shrinking cities: an unrecognised opportunity? Nat Cult 3:1–8

Haase D (2009) Effects of urbanisation on the water balance – a long-term trajectory. Environ Impact Assess Rev 29:211–219

Haase D (2011) Urbane Ökosysteme IV-1.1.4. Handbuch der Umweltwissenschaften. Wiley-VCH, Weinheim

Haase D, Nuissl H (2007) Does urban sprawl drive changes in the water balance and policy? The case of Leipzig (Germany) 1870–2003. Landsc Urban Plan 80:1–13

Haase D, Nuissl H (2010) The urban-to-rural gradient of land use change and impervious cover: a long-term trajectory for the city of Leipzig. Land Use Sci 5:123–142

Haase D, Seppelt R, Haase A (2007) Land use impacts of demographic change – lessons from eastern German urban regions. In: Petrosillo I, Müller F, Jones KB, Zurlini G, Krauze K, Victorov S, Li BL, Kepner WG (Hrsg) Use of Landscape Sciences for the Assessment of Environmental Security. Springer, Dordrecht, S 329–344

Haber W (2011) Umweltpolitikberatung – eine persönliche Bilanz. Studienarchiv Umweltgeschichte 16:15–25. www.iugr.net

Halbfaß S, Grunewald K (2008) Ermittlung räumlich verteilter SDR-Faktoren zur Modellierung von Sedimenteinträgen in Fließgewässer im mittleren Maßstab. WasserWirtschaft 3:31–35

Hampicke U (2006) Anreiz. Ökonomie der Honorierung ökologischer Leistungen. BfN-Skripten 179, Bonn

Hampicke U (2011) Climate change economics and discounted utilitarianism. Ecol Econ 72:45–52

Hampicke U, Horlitz T, Kiemstedt H, Tampe K, Timp D, Walters M (1991) Kosten und Wertschätzung des Arten- und Biotopschutzes. Berichte des Umweltbundesamtes Nr. 3/91. Schmidt, Berlin

Haslett JR, Berry PM, Bela G, Jongman RHG, Pataki G, Samways MJ, Zobel M (2010) Changing conservation strategies in Europe: a framework for integrating ecosystem services and dynamics. Biodivers Conserv 19:2963–2977

Hauer S, Ansorge A, Zöphel U (2009) Atlas der Säugetiere Sachsens. Sächsisches Landesamt für Umwelt, Land- wirtschaft und Geologie, Dresden

Häusler A, Scherer-Lorenzen M (2002) Nachhaltige Forstwirtschaft in Deutschland im Spiegel des ganzheitlichen Ansatzes der Biodiversitätskonvention. BfN-Skripten 62, Bonn

Hensher DA, Rose JM, Greene WH (2005) Applied Choice Analysis: A Primer. Cambridge University Press, Cambridge

Herminghaus H (2012) CO_2-Vermeidungskosten für Wasserkraft, Windenergie, Biomasse, Photovoltaik. www.co2-emissionen-vergleichen.de/Vermeidungskosten/Vergleich-CO2-Vermeidungskosten.html. Zugegriffen: 14. März 2012

Herzog F (2000) The importance of perennial trees for the balance of northern European agricultural landscapes. Unasylva 200:42–48

Hettwer C, Malt S, Schulz D, Warnke-Grüttner R, Zöphel U (2009) Berichtspflichten zur europäischen Fauna-Flora-Habitat-Richtlinie in Sachsen. Naturschutzarbeit Sachs 51:36–59

Hutyra LR, Yoon B, Alberti M (2011) Terrestrial carbon stocks across a gradient of urbanization: a study of the Seattle, WA region. Glob Change Biol 17:783–797

Ihringer J, Büchele B, Mikovec R (2003) Untersuchung von Hochwasserretentionsmaßnahmen entlang der Elbe im Bereich der Landkreise Wittenberg und Anhalt-Zerbst. Studie im Auftrag des Landesbetriebes Hochwasserschutz und Wasserwirtschaft Sachsen-Anhalt. Institut für Wasserwirtschaft und Kulturtechnik, Universität Karlsruhe, Karlsruhe

IKSE – Internationale Kommission zum Schutz der Elbe (2001) Bestandsaufnahme des vorhandenen Hochwasserschutzniveaus im Einzugsgebiet der Elbe. Internationale Kommission zum Schutz der Elbe, Magdeburg

IKSE – Internationale Kommission zum Schutz der Elbe (2004) Aktionsplan Hochwasserschutz. Internationale Kommission zum Schutz der Elbe, Magdeburg

Isermeyer F, Otte A, Christen O, Dabbert S, Frohberg K, Grabski-Kieron U, Hartung J, Heißenhuber A, Hess J, Kirschke D, Schmitz PM, Spiller A, Sundrum A, Thoroe C (2008) Nutzung von Biomasse zur Energiegewinnung. Landwirtschafts, Münster-Hiltrup

Jedicke E (Hrsg) (1996) Praktische Landschaftspflege – Grundlagen und Maßnahmen, 2. Aufl. Ulmer, Stuttgart

Jedicke E (2011) Instrumente des Naturschutzes auf dem Prüfstand – kritische Bestandsaufnahme und Weiterentwicklung. In: Brickwedde et al.: Naturschutz im neuen Jahrzehnt, Deutsche Bundesstiftung Umwelt (DBU), S 56–58

Jenkins A, Murray B, Kramer R, Faulkner S (2010) Valuing ecosystem services from wetlands restoration in the Mississippi Alluvial Valley. Ecol Econ 69:1051–1061

Jessel B (2011) Ökosystemdienstleistungen. In: BBN (Hrsg) Frischer Wind und weite Horizonte. Jb Natursch Landschaftspfl 58/3:72–87

Jessel B, Tschimpke O, Walser M (2009) Produktivkraft Natur. Hoffmann & Campe, Hamburg

Jin M, Dickinson RE, Zhang DL (2005) The footprint of urban areas on global climate as characterized by MODIS. J Clim 18:1551–1565

ob H, Metzler D (2005) Regionalökonomische Effekte von Großschutzgebieten. Nat Landsch 80:465–471

ones M (2003) The concept of cultural landscape: discourse and narratives. In: Palang H, Fry G (Hrsg) Landscape Interfaces: Cultural Heritage in Changing Landscapes. Kluwer, Dordrecht, S 21–51

oosten H, Couwenberg J (2008) Peatlands and carbon. In: Parish F, Sirin A, Charman D, Joosten H, Minaeva T, Silvius M (Hrsg) Assessment on peatlands, biodiversity and climate change. Global Environment Centre, Kuala Lumpur and Wetlands International, Wageningen, S 99–117

Kabisch N, Haase D (2011) Gerecht verteilt? Grünflächen in Berlin. Z Amtl Stat Berl Brandenbg 6:2–7

Kersebaum KC, Matzdorf B, Kiesel J, Piorr A, Steidl J (2006) Model-based evaluation of agri-environmental measures in the Federal State of Brandenburg (Germany) concerning N pollution of groundwater and surface water. J Plant Nutr Soil Sci 169:352–359

Keienburg T, Most A, Prüter J (2006) Entwicklung und Erprobung von Methoden für die ergebnisorientierte Honorierung ökologischer Leistungen im Grünland Nordwestdeutschlands. NNA-Berichte 19:3–19

Kettunen M, Bassi S, Gantioler S, ten Brink P (2009) Assessing Socio-economic Benefits of Natura 2000 – a Toolkit for Practitioners (September Edition). Output of the European Commission project Financing Natura 2000: Cost estimate and benefits of Natura 2000. Institute for European Environmental Policy (IEEP), Brüssel

Kluge HG, Ley F, Wittberg V (2010) Gutachten zur Abschätzung der Verwaltungskosten. www.unserboden.at/files/gutachten_zur_abschaetzung_der_verwaltungskosten_final.pdf. Zugegriffen: 28. Feb. 2012

Knickel K, Berhold J, Schramek J, Käppel K (2001) Naturschutz und Landwirtschaft: Kriterienkatalog zur »Guten fachlichen Praxis«. Angew Landschaftsökologie 41:152

Knoke T, Ammer C, Stimm B, Mosandl R (2008) Admixing broadleaved to coniferous tree species: a review on yield, ecological stability and economics. Eur J For Res 127: 89–101

Koch A, Deussen M, Hüttinger A, Mathaj M, Goldberg R (2011) Naturschutzförderung im Freistaat Sachsen – Umsetzungsstand und erste Ergebnisse zur Wirksamkeit. »Naturschutzarbeit in Sachsen«, 53. Jg., S 20–37

de Kok JL, Grossmann M (2010) Large-scale assessment of flood risk and the effects of mitigation measures along the River Elbe. Nat Hazards 52:143–166

Kollmann F (1982) Technologie des Holzes und der Holzwerkstoffe, 2. Aufl. Springer, Berlin

Köppen I (2002) Die ökologische Wirksamkeit des Agrarumwelt-Programms gemäß EU-Verordnung 1257/1999: Anwendung und Umsetzung nach dem Gießkannenprinzip oder regionalspezifisch angepasst? Untersuchung am Beispiel des Freistaates Sachsen. Diplomarbeit TU Berlin, Institut f. Landschafts- u. Umweltplanung, Sächsische Akademie der Wissenschaften zu Leipzig, Ast. Dresden

Koppisch D (2001) Torfbildung. In: Succow M, Joosten H (Hrsg) Landschaftsökologische Moorkunde, 2. Aufl. Schweizerbart, Stuttgart, S 8–17

Koska I, Succow M, Clausnitzer U, Timmermann T, Roth S (2001) Vegetationskundliche Kennzeichnung von Mooren (topische Betrachtung). In: Succow M, Joosten H (Hrsg) Landschaftsökologische Moorkunde, 2. Aufl. Schweizerbart, Stuttgart, S 112–184

Kottmeier C, Biegert C, Corsmeier U (2007) Effects of Urban Land Use on Surface Temperature in Berlin: Case Study. J Urban Plan Dev:128–137

Kramer M, Brendel J, Gebel M, Grunewald K, Haubold F, Kaulfuß W (1999) Ableitung von Bodenfunktionenkarten für Planungszwecke aus dem Fachinformationssystem Boden. Dresdener Geographische Beiträge, Heft 8, Im Selbstverlag der TU Dresden, Institut für Geographie, S 109

Kühbauch W (1995) Grenzen für die Verwertung von Stickstoff durch die Grasnarbe. Vorträge der 47. Hochschultagung der Landwirtschaftlichen Fakultät der Universität Bonn vom 21. Februar 1995 in Bonn. Landwirtschafts, Münster-Hiltrup

Kuick O, Buchner B, Catenacci M, Goria A, Karakaya E, Tol RSJ (2008) Methodological aspects of recent climate change damage cost studies. Integr Assess J 8:19–40

Kuntze H (1983) Probleme bei der landwirtschaftlichen Moornutzung. TELMA 13:137–152

Lamlom SH, Savidge RA (2003) A reassessment of carbon content in wood: variation within and between 41 North American species. Biomass Bioenerg 25:381–388

LFA Mecklenburg-Vorpommern, laufende Testbetriebsergebnisse des Landes Mecklenburg-Vorpommern. www.landwirtschaft-mv.de/cms2/LFA_prod/LFA/content/de/Fachinformationen/Betriebswirtschaft/index.jsp?&artikel=970

LfUG – Landesamt für Umwelt und Geologie, Abteilung Natur- und Landschaftsschutz (1999) Landschaftspflegekonzeption für den Freistaat Sachsen. Dresden (unveröffentlicht)

Liebe U, Preisendörfer P, Meyerhoff J (2006) Nutzen aus Biodiversitätsveränderungen. In: Meyerhoff J, Hartje V, Zerbe S (Hrsg) Biologische Vielfalt und deren Bewertung am Beispiel des ökologischen Waldumbaus in den Regionen Solling und Lüneburger Heide. Forschungszentrum Waldökosysteme (Selbstverlag), Göttingen, S 101–155

Lind B, Stein S, Kärcher A, Klein M (2008) Where have all the flowers gone? Grünland im Umbruch. Hintergrundpapier und Empfehlungen des BfN, Bonn, S 16

Lind RC, Schuler RE (1998) Equity and discounting in climate-change decisions. In: Nordhaus WD (Hrsg) Economics and Policy Issues in Climate Change. Resources for the Future, Washington, S 59–96

Lorance Rall ED, Haase D (2011) Creative intervention in a dynamic city: a sustainability assessment of an interim use strategy for brownfields in Leipzig, Germany. Landscape Urban Plan 100:189–201

LUBW – Landesanstalt für Umwelt, Messungen und Naturschutz Baden-Württemberg (2009) Naturraumsteckbrief

Nr. 101 – Mittleres Albvorland. Landesanstalt für Umwelt, Messungen und Naturschutz Baden-Württemberg, Stuttgart

Lucke R, Silbereisen R, Herzberger E (1992) Obstbäume in der Landschaft. Ulmer, Stuttgart

Lütke-Daldrup E (2001) Die perforierte Stadt. Eine Versuchsanordnung. Stadtbauwelt 150:40–45

Lütz M, Bastian O (2000) Vom Landschaftsplan zum Bewirtschaftungsentwurf. Z Kulturtech Landentw 41:259–266

Lütz M, Bastian O (2002) Implementation of landscape planning and nature conservation in the agricultural landscape – a case study from Saxony. Agric Ecosyst Environ 92:159–170

Lütz M, Bastian O, Weber C (2006) Rahmenmethodik zur Entwicklung lokaler Agrarumweltprogramme in Europa – Akzeptanz und Monitoring von Agrarumweltmaßnahmen. WasserWirtschaft 10:34–40

Macke S, Schweppe-Kraft B (2011) Ökonomisches Denken für den Naturschutz – ein Plädoyer für gemeinsame Argumente. Nat Landsch 86:146–147

Mährlein A (1993) Kalkulationsdaten für die Grünlandbewirtschaftung unter Naturschutzauflagen. KTBL Arbeitspapier 179, Darmstadt

Maljanen M, Óskarsson H, Sigurdsson BD, Guðmundsson J, Huttunen JT, Martikainen PJ (2010) Greenhouse gas balances of managed peatlands in the Nordic countries – present knowledge and gaps. Biogeoscience 7:2711–2738

Mannsfeld K (1972) Das Naherholungsgebiet Moritzburg. Sächs Heimatblätter 2:49–56

Marschall I (1998) Wer bewegt die Kulturlandschaft? Bd 1, 2, Bauernwissenschaft. ABL Bauernblatt Verlags-GmbH, Rheda-Wiedenbrück

Matzdorf B, Kaiser T, Rohner MS (2008) Developing biodiversity indicator to design efficient agri-environmental schemes for extensively used grassland. Ecol Indic 8:256–269

MEA – Millennium Ecosystem Assessment (2003) Ecosystems and human well-being. A framework for assessment. Island Press, Washington, S 212

MEA – Millennium Ecosystem Assessment (2005) Ecosystems and human well-being. Synthesis. Island Press, Washington

Merkel U, Helms M, Büchele B, Ihringer J, Nestmann F (2002) Wirksamkeit von Deichrückverlegungsmaßnahmen auf die Abflussverhältnisse entlang der Elbe. In: Nestmann F, Büchele B (Hrsg) Morphodynamik der Elbe. Institut für Wasserwirtschaft und Kulturtechnik, Universität Karlsruhe. Karlsruhe

Mertz O, Ravnborg HM, Lövei GL, Nielsen I, Konijnendijk CC (2007) Ecosystem services and biodiversity in developing countries. Biodivers Conserv 16:2729–2737

Meyerhoff J (2003) Verfahren zur Korrektur des Embedding-Effektes bei der Kontingenten Bewertung. Agrarwirtschaft 52:370–378

Meyerhoff J (2006) Stated willingness to pay as hypothetical behaviour: can attitudes tell us more? J Environ Plan Manage 49:209–226

Meyerhoff J, Hartje V, Zerbe S (Hrsg) (2006) Biologische Vielfalt und deren Bewertung am Beispiel des ökologischen Waldumbaus in den Regionen Solling und Lüneburger Heide. Forschungszentrum Waldökosysteme (Selbstverlag), Göttingen, S 240

Meyerhoff J, Angeli D, Hartje V (2010) Social benefits of implementing a national strategy on biological diversity in Germany. Paper presented to the 12th International BIOECON Conference «From the Wealth of Nations to the Wealth of Nature: Rethinking Economic Growth« Venedig, 27.–28. September www.bioecon.ucl.ac.uk/12th_2010/Angeli.pdf. Zugegriffen: 27.–28. Sept. 2010

MLR – Ministerium für Ernährung und Ländlichen Raum Baden-Württemberg (2008) Maßnahmen- und Entwicklungsplan Ländlicher Raum Baden-Württemberg 2007–2013. Ministerium für Ernährung und Ländlichen Raum Baden-Württemberg, Stuttgart

MLR – Ministerium für Ernährung und Ländlichen Raum Baden-Württemberg (2009) Streuobstwiesen in Baden-Württemberg. Daten, Handlungsfelder, Maßnahmen, Förderung. Ministerium für Ernährung und Ländlichen Raum Baden-Württemberg, Stuttgart

MLR – Ministerium für Ernährung und Ländlichen Raum Baden-Württemberg (2010) Halbzeitbewertung »Maßnahmen- und Entwicklungsplan Ländlicher Raum Baden-Württemberg 2007–2013 (MEPL II)« nach der VO (EG) 1698/2005. Ministerium für Ernährung und Ländlichen Raum Baden-Württemberg, Stuttgart

MLUV MV – Ministerium für Landwirtschaft, Umwelt und Verbraucherschutz Mecklenburg-Vorpommer (2011) Agrarbericht des Landes Mecklenburg-Vorpommern (Berichtsjahr 2009–2010). Schwerin

Moreira F, Queiroz AI, Aronson J (2006) Restoration principles applied to cultural landscapes. J Nat Conserv 14:217–224

MSK – Ministerium für Landwirtschaft, Umwelt und Verbraucherschutz Mecklenburg-Vorpommern (2009) Konzept zum Schutz und zur Nutzung der Moore. Fortschreibung des Konzeptes zur Bestandssicherung und zur Entwicklung der Moore. Ministerium für Landwirtschaft, Umwelt und Verbraucherschutz Mecklenburg-Vorpommern, Schwerin

Müller J (2005) Landschaftselemente aus Menschenhand. Biotope und Strukturen als Ergebnis extensiver Nutzung. Elsevier, München

Müller J, Heilmann H (2011) Stand und Entwicklung der agrarischen Nutzung von Niedermoorgrünland in Mecklenburg-Vorpommern. TELMA 2011 (Beiheft 4):235–248

Naumann S, Kurzer HJ (2010) Etablierung eines Entscheidungshilfesystems zur Erstellung von Managementplänen auf Einzugsgebietsebene. Schriftenreihe des LfULG, Heft 7, S 144

NE (2007) Richtlinie des Sächsischen Staatsministeriums für Umwelt und Landwirtschaft für die Förderung von Maßnahmen zur Sicherung der natürlichen biologischen Vielfalt und des natürlichen ländlichen Erbes im Freistaat Sachsen. SächsABl. 2008, Bl.-Nr. 5, S 218

Neef E (1962) Der Reichtum der Dresdener Landschaft. Geogr Berichte 24:256–269

Neidlein HC, Walser M (2005) Natur ist Mehr-Wert. Zum ökonomischen Nutzen des Naturschutzes. Bundesamt für Naturschutz, BfN-Skripten 154

Neuschulz F, Purps J (2000) Rückverlegung von Hochwasserschutzdeichen zur Wiederherstellung von Überflutungsflächen. In: Friese B, Witter G, Miehlich G, Rode M (Hrsg) Stoffhaushalt von Auenökosystemen. Springer, Berlin

Neuschulz F, Purps J (2003) Auenregeneration durch Deichrückverlegung – ein Naturschutzprojekt an der Elbe bei Lenzen mit Pilotfunktion für einen vorbeugenden Hochwasserschutz. Naturschutz Landschaftspflege Brandenbg 12:85–91

Niedersächsische Landesregierung (1991) Langfristige ökologische Waldentwicklung in den Landesforsten. Programm der Landesregierung Niedersachsen, 2. Aufl. Niedersächsisches Ministerium für Ernährung, Landwirtschaft und Forsten, Hannover, S 49

Nitsch H, Osterburg B, Roggendorf W, Laggner B (2012) Cross compliance and the protection of grassland – illustrative analyses of land use transitions between permanent grassland and arable land in German regions. Land Use Policy 29:440–448

NKGCF – Nationales Komitee für Global Change Forschung (2011) Ökosystemare Dienstleistungen und Biodiversität 2020: ökologische, soziale und ökonomische Entwicklungen und Gestaltungsoptionen im globalen Wandel. http://www.nkgcf.org/files/downloads/ESS_Biodiv2020_FinalInclAnhang.pdf. Zugegriffen: 16. Juli 2012

Nowak DJ, Crane DE (2002) Carbon storage and sequestration by urban trees in the USA. Environ Pollut 116:381–389

NRC – National Research Council (2000) Risk and Uncertainty in Flood Damage Reduction Studies. National Academy Press, Washington

NRC – National Research Council (2005) Valuing Ecosystem Services. Toward Better Environmental Decision-Making. National Academy Press, Washington

Oikonomou V, Dimitrakopoulos PG, Troumbis AY (2011) Incorporating ecosystem function concept in environmental planning and decision making by means of Multi-Criteria Evaluation: The case-study of Kalloni, Lesbos, Greece. Environ Manage 47:77–92

Osterburg B, Rühling I, Runge T, Schmidt TG, Seidel K, Antony F, Gödecke B, Witt-Altfelder P (2007) Kosteneffiziente Maßnahmenkombinationen nach Wasserrahmenrichtlinie zur Nitratreduktion in der Landwirtschaft. In: Osterburg B, Runge T (Hrsg) Maßnahmen zur Reduzierung von Stickstoffeinträgen in die Gewässer – eine wasserschutzorientierte Landwirtschaft zur Umsetzung der Wasserrahmenrichtlinie. Landbauforschung Völkenrode, Sonderheft 307

Ott K (2010) Umweltethik zur Einführung. Junius, Hamburg

Ott K, Döring R (2004) Theorie und Praxis starker Nachhaltigkeit. Metropolis, Marburg

PAN – Planungsbüro für angewandten Naturschutz, IFAB – Institut für Agrarökologie und Biodiversität, INL – Institut für Landschaftsökologie und Naturschutz (2011) Umsetzung des High Nature Value Farmland-Indikators in Deutschland – Ergebnisse eines Forschungsvor

habens (UFOPLAN FKZ 3508 89 0400) im Auftrag des Bundesamtes für Naturschutz. Bearbeitung durch: PAN, IFAB, INL. München, S 54

Pearce DW (1993) Economic values and the natural world. MIT, London

Pearce DW (2003) The social cost of carbon and its policy implications. Oxford Rev Econ Pol 19:1–32

Penning-Rowsell EC, Johnson C, Tunstall S, Tapsell S, Morris J, Chatterton J, Coker A, Green C (2003) The Benefits of flood and coastal defence: techniques and data. Flood Hazard Research Center, Middlesex University, United Kingdom

Peters W (2009) Biomassepotenziale aus der Landschaftspflege in Sachsen. FuE-Bericht im Auftrag des Sächsischen Landesamtes für Umwelt, Landwirtschaft und Geologie (unveröffentlicht). Bosch & Partner, Berlin

Pimentel D, Harvey C, Resosudarmo P et al (1995) Environmental and Economic Costs of Soil Erosion and Conservation Benefits. Science 267:1117–1123

PLENUM (2008) Regionalentwicklungskonzept PLENUM Schwäbische Alb 2008–2013. PLENUM, Reutlingen

Plieninger T, Schleyer C (2010) Konzept der Ökosystemleistungen im Kontext der Europäischen Landwirtschaft. Agrarische Rundschau 6:12–15

Plieninger T, Höchtl F, Spek T (2006) Traditional land-use and nature conservation in European rural landscapes. Environ Sci Policy 9:317–321

Popp D, Hage G (2003) Großschutzgebiete als Träger einer naturverträglichen, nachhaltigen Regionalentwicklung. Nat Landsch 78:311–316

Rat der Europäischen Kommission (2005) Verordnung (EG) Nr. 1698/2005 des Rates über die Förderung der Entwicklung des ländlichen Raums durch den Europäischen Landwirtschaftsfonds für die Entwicklung des ländlichen Raums – ELER vom 20. Sept. 2005. Amtsblatt der Europäischen Union, L 277/1. 21. Okt. 2005

Rat der Europäischen Union (2009) Verordnung (EG) Nr. 74/2009 des Rates vom 19. Jan. 2009 zur Änderung der Verordnung (EG) Nr. 1698/2005 über die Förderung der Entwicklung des ländlichen Raums durch den Europäischen Landwirtschaftsfonds für die Entwicklung des ländlichen Raums (ELER). Amtsblatt der Europäischen Union, 31. Jan. 2009

Ridder B (2008) Questioning the ecosystem services argument for biodiversity conservation. Biodivers Conserv 17:781–790

Ring I, Schröter-Schlaack C (Hrsg) (2011) Instrument Mixes for Biodiversity Policies. POLICYMIX Report, Issue No. 2/2011, Helmholtz Centre for Environmental Research, UFZ, Leipzig. http://policymix.nina.no. Zugegriffen: 01. Aug. 2011

Ring I, Hansjürgens B, Elmqvist T, Wittmer H, Sukhdev P (2010) Challenges in framing the economics of ecosystems and biodiversity: the TEEB initiative. Curr Opin Environ Sustain 2:15–26

Roulet NT, Lafleur PM, Richard PJH, Moore TR, Humphreys ER, Bubier J (2007) Contemporary carbon balance and late Holocene carbon accumulation in a northern peatland. Glob Change Biol 13:397–411

Rounsevell MDA, Dawson TP, Harrison PA (2010) A conceptual framework to assess the effects of environmental change on ecosystem services. Biodivers Conserv 19:2823–2842

Rowinski V, Kobel J (2011) Erfassung, Bewertung und Wiedervernässung von Mooren im Müritz-Nationalpark. TELMA 2011 (Beiheft 4):49–72

Santos LD, Martins I (2007) Monitoring urban quality of life – the Porto experience. Soc Indic Res 80:411–425

Schäfer A (2009) Moore und Euros – die vergessenen Millionen. Arch Forstwes Landschaftsökol 43:156–160

Schäfer A, Degenhardt S (1999) Sanierte Niedermoore und Klimaschutz – Ökonomische Aspekte. Archiv Forstwes Landschaftsökologie 38:335–354

Schäfer A, Joosten H (Hrsg) (2005) Erlenaufforstung auf wieder vernässten Niedermooren. DUENE e. V., Greifswald

Schaich H, Bieling C, Plieninger T (2010) Linking Ecosystem Services with Cultural Landscape Research. GAIA 19:269–277

Schelling TC (1995) Intergenerational discounting. Energy Policy 23:395–401

Schetke S, Haase D, Kötter T (2012) Innovative urban land development – a new methodological design for implementing ecological targets into strategic planning of the city of Essen, Germany. Environ Impact Assess Rev 32:195–210

Schleyer C, Plieninger T (2011) Obstacles and options for the design and implementation of payment schemes for ecosystem services provided through farm trees in Saxony, Germany. Environ Conserv 38:454–463

Schrack M (Hrsg) (2008) Der Natur verpflichtet. Projekte, Ergebnisse und Erfahrungen der ehrenamtlichen Naturschutzarbeit in Großdittmannsdorf. Veröffentlichungen des Museums der Westlausitz Kamenz. Kamenz, Sonderheft, S 180

Schwartz MW, Bringham CA, Hoeksema JD, Lyons KG, Mills MH, van Mantgem PJ (2000) Linking biodiversity to ecosystem function: implications for conservation ecology. Oecologia 122:297–305

Schwarz N (2010) Urban form revisited – selecting indicators for characterising European cities. Landsc Urban Plan 96:29–47

Schweppe-Kraft B (2009) Natural Capital in Germany – State and Valuation; with special reference to Biodiversity. In Döring R (Hrsg) Sustainability, natural capital and nature conservation. Beiträge zur Theorie und Praxis starker Nachhaltigkeit, Bd 3. Metropolis, Marburg, S 193–216

Seják J, Dejmal I et al (2010) Method of monetary valuation of territorial ecological functions. Mscr., J. E. Purkyne University, Ústí nad Labem, Tschechische Republik

Seto KC, Fragkias M, Güneralp B, Reilly MK (2011) A Meta-Analysis of Global Uban Land Expansion. PLoS One 6:e23777. doi: 10.1371/journal.pone.0023777

Simoncini R (1998) The IUCN/European Sustainable Specialist Group/Agricultural Working Group Pan-European Project. Manuscript (unpublished), Florence

SMUL – Sächsisches Staatsministerium für Umwelt und Landwirtschaft (2009a) Programm zur Biologischen Vielfalt im Freistaat Sachsen des Sächsischen Staatsministeriums für Umwelt und Landwirtschaft. Dresden

SMUL – Sächsisches Staatsministerium für Umwelt und Landwirtschaft (2009b) Waldzustandsbericht 2009. Sächsisches Staatsministerium für Umwelt und Landwirtschaft (Hrsg) Sachsenforst, Dresden

SMUL – Sächsisches Staatsministerium für Umwelt und Landwirtschaft (2010) Maßnahmenplan des Sächsischen Staatsministeriums für Umwelt und Landwirtschaft zur Biologischen Vielfalt im Freistaat Sachsen. Dresden, S 18

Spangenberg JH, Settele J (2010) Precisely incorrect? Monetising the value of ecosystem services. Ecol Complex 7:327–337

Staub C, Ott W et al (2011) Indikatoren für Ökosystemleistungen: Systematik, Methodik und Umsetzungsempfehlungen für eine wohlfahrtsbezogene Umweltberichterstattung. Bundesamt für Umwelt, Umwelt-Wissen Nr. 1102, Bern

Steffens R, Saemann D, Größler K (Hrsg) (1998) Die Vogelwelt Sachsens. Fischer, Jena

Stegmann H, Zeitz J (2001) Bodenbildende Prozesse entwässerter Moore. In: Succow M, Joosten H (Hrsg) Landschaftsökologische Moorkunde. 2. Aufl. Schweizerbart, Stuttgart, S 47–57

Stern N (2007) The Economics of Climate Change. Cambridge University Press, Cambridge

Stephenson J (2008) The cultural values model: an integrated approach to values in landscapes. Landsc Urban Plan 84:127–139

StMUG – Bayerisches Staatsministerium für Umwelt und Gesundheit (2011) Mehr Geld für Vertragsnaturschutz und Landschaftspflege. Nat Landsch 86:172

Strohbach MW, Haase D (2012) Estimating the carbon stock of a city: a study from Leipzig, Germany. Landsc Urban Plan 104:95–104

Strohbach MW, Arnold E, Haase D (2012) The carbon mitigation potential of urban restructuring – a life cycle analysis of green space development. Landsc Urban Plan 104:220–229

Succow M (1988) Landschaftsökologische Moorkunde. Fischer, Jena

Syrbe RU, Grunewald K (2012) Restrukturierungsbedarf für regionaltypische Landschaftselemente und Biotopstrukturen am Beispiel Sachsens. Nat Landsch (im Druck)

TEEB – The Economics of Ecosystems and Biodiversity (2009) TEEB for National and International Policy Makers. Rewarding benefits through payments and markets. www.teebweb.org/LinkClick.aspx?fileticket=vYOqLx-i7aOg%3d&tabid=1019&language=en-US. Zugegriffen: 28. Juni 2010

TEEB – The Economics of Ecosystems and Biodiversity (2010) Mainstreaming the Economics of Nature: A synthesis of the approach, conclusions and recommendations of TEEB. www.teebweb.org/TEEBSynthesisReport/tabid/29410/Default.aspx

Termorshuizen JW, Opdam P (2009) Landscape services as a bridge between landscape ecology and sustainable development. Landsc Ecol 24:1037–1052

ol RSJ (2005) The marginal damage costs of carbon dioxide emissions: an assessment of uncertainties. Energy Policy 33:2064–2074

ratalos J, Fuller RA, Warren PH, Davies RG, Gaston KJ (2007) Urban form, biodiversity potential and ecosystem services. Landsc Urban Plan 83:308–317

urner K, Georgiou S, Fisher B (2008) Valuing ecosystem services. The case of multifunctional wetlands. Earthscan, London

JBA – Umweltbundesamt (2007) Ökonomische Bewertung von Umweltschäden. Methodenkonvention zur Schätzung externer Umweltkosten. Umweltbundesamt, Berlin

JBA – Umweltbundesamt (2009) National Inventory Report for the German Greenhouse Gas Inventory under the United Nations Framework Convention on Climate Change 1990–2007. Umweltbundesamt, Dessau

UBA – Umweltbundesamt (2010) Nationaler Inventarbericht Deutschland – 2010. Berichterstattung unter der Klimarahmenkonvention der Vereinten Nationen, S 668. www.waldundklima.net/klima/klima_docs/uba_nir_dtl_2010.pdf. Zugegriffen: 16. Juni 2012

UBA – Umweltbundesamt (2011) Daten zur Umwelt. Umwelt und Landwirtschaft, Bonn, S 98

Valsangiacomo A (1998) Die Natur der Ökologie: Anspruch und Grenzen ökologischer Wissenschaften. vdf, Zürich

Vos W, Meekes H (1999) Trends in European cultural landscape development: perspectives for a sustainable future. Landsc Urban Plan 46:3–14

Watkiss P, Anthoff D, Downing T, Hepburn C, Hope C, Hunt A, Tol R (2005) The Social Cost of Carbon (SSC). Review – Methodological Approaches for Using SCC Estimates in Policy Assessment. Final Report. AETA Technology Environment, Harwell

Weizsäcker EU von (1989) Erdpolitik – Ökologische Realpolitik an der Schwelle zum Jahrhundert der Umwelt. Wissenschaftliche Buchgesellschaft, Darmstadt

Weller F (2006) XI – 2.11. Streuobstwiesen. In: Konold W, Böcker R, Hampicke U (Hrsg) Handbuch Naturschutz und Landschaftspflege. Wiley-VCH, Weinheim, S 1–42

Wichmann S, Wichtmann W (2011) Paludikultur: Standortgerechte Bewirtschaftung wiedervernässter Moore. TELMA 2011 (Beiheft 4):215–234

Wichtmann W, Schäfer A (2005) Energiegewinnung von ertragsschwachen Ackerstandorten und Niedermooren. Nat Landsch 80:421–425

WRRL (2000) Richtlinie 2000/60/EG des Europäischen Parlaments und des Rates vom 23. Oktober 2000 zur Schaffung eines Ordnungsrahmens für Maßnahmen der Gemeinschaft im Bereich der Wasserpolitik. Amtsblatt der Europäischen Gemeinschaft vom 22. Dez. 2000 L 327/1

WuF (2007) Richtlinie des Sächsischen Staatsministeriums für Umwelt und Landwirtschaft zur Förderung der naturnahen Waldbewirtschaftung, forstwirtschaftlicher Zusammenschlüsse und des Naturschutzes im Wald im Freistaat Sachsen. SächsABl 2007, Bl.-Nr. 44, S 1449

Yli-Pelkonen V, Nielema J (2005) Linking ecological and social systems in cities: urban planning in Finland as a case. Biodivers Conserv 14:1947–1967

Zak D, Augustin J, Trepel M, Gelbrecht J (2011) Strategien und Konfliktvermeidung bei der Restaurierung von Niedermooren unter Gewässer-, Klima- und Naturschutzaspekten, dargestellt am Beispiel des nordostdeutschen Tieflandes. TELMA 2011 (Beiheft 4):133–150

Zangemeister C (1971) Nutzwertanalyse in der Systemtechnik. Eine Methodik zur multidimensionalen Bewertung und Auswahl von Projektalternativen, 4. Aufl. Dissertation, TU Berlin, 1970, München, S 370

Zeddies J, Kazenwadel G, Löthe K (1997) Auswirkungen einer Steuer auf mineralische Stickstoffdünger. Agrarwirtschaft 46:214–224

ZMP (2009) ZMP-Marktberichterstattung der Jahre 2005 und 2006. www.zmp.de. Zugegriffen: 24. Apr. 2009

Empfehlungen und Ausblick

7.1 Arbeitsschritte zur Analyse und Bewertung von ÖSD

O. Bastian und K. Grunewald

» Ob eine Sache gelingt, erfährst du nicht, wenn du darüber nachdenkst, sondern wenn du es ausprobierst. «

Für die praktische Anwendung des ÖSD-Konzepts sind methodische Handlungsempfehlungen äußerst hilfreich, etwa in Form eines Leitfadens, der die wichtigsten Arbeitsschritte in ihrer Abfolge benennt und jeweils geeignete Lösungsansätze anbietet und erläutert.

Einen schematischen, allgemeingültigen Ablaufplan, ähnlich einem Kochrezept, für die Erfassung bzw. Bewertung von ÖSD vorzugeben, ist jedoch kaum realistisch. Zu unterschiedlich sind die jeweiligen Fragestellungen sowie inhaltlichen ökologischen, ökonomischen, soziokulturellen und räumlichen Konstellationen bzw. Kontexte. Deshalb soll der hier vorgestellte (◘ Tab. 7.1), auf der EPPS-Rahmenmethodik fußende Leitfaden zunächst als eine Orientierungshilfe verstanden werden, der wichtige Arbeitsschritte aufzeigt und auf beachtenswerte Aspekte bzw. Anforderungen aufmerksam macht, ohne auf alle Details eingehen zu können. Auch sollte man beachten, dass nicht stets Vollständigkeit erzielt werden muss, sondern das Untersuchungsprogramm ist ganz spezifisch auf die jeweiligen Aufgabenstellungen zuzuschneiden, nicht zuletzt um den Arbeitsaufwand in Grenzen zu halten.

Diesem Leitfaden liegen sowohl eigene Erfahrungen der Autoren als auch Auswertungen folgender Literaturquellen zugrunde: Bastian und Schreiber (1999); OECD (2008); Haines-Young und Potschin (2009); Kettunen et al. (2009); Grunewald und Bastian (2010); TEEB (2010); UNEP-WCMC (2011); Bastian et al. (2012); Burkhard et al. (2012); Seppelt et al. (2012).

- **Schritt 1: Klare Formulierung der Aufgabenstellung**
Zuallererst müssen der **Zweck der Untersuchung** definiert und die konkrete Aufgabenstellung klar formuliert werden. Es ist zu beantworten, warum überhaupt ÖSD bewertet werden sollen und welche Vorteile dies im Vergleich zu herkömmlichen Ansätzen im konkreten Fall hat? Denn ohne tieferen Sinn wird man die in der Regel aufwendigen, insbesondere die quantitativen ÖSD-Bewertungen kaum in Angriff nehmen. Letztere können z. B. für Schutzgebiete sinnvoll sein, etwa wenn diesen eine hohe sozioökonomische oder ein wesentliches Entwicklungspotenzial innewohnt, wenn eine Belastung/Gefährdung durch unangemessene Landnutzungspraktiken vorliegt oder wenn Alternativen gesucht oder Schutzziele formuliert werden sollen (vor allem im Hinblick auf Landnutzungsänderungen, z. B. Waldumbau; ► Abschn. 6.3). Der Hinweis auf ÖSD bietet sich an, will man Interessenträger für den Schutz gewinnen und Finanzierungsquellen erschließen. Eine klare Zielstellung hilft auch, geeignete Indikatoren zu definieren, um Fehlinterpretationen bezüglich ÖSD weitestgehend zu vermeiden.

- **Schritt 2: Charakteristik des Untersuchungsgebietes**
Zu Beginn verschafft man sich idealerweise einen **Überblick** über das Untersuchungsgebiet: über seine Größe, beispielsweise um den geeigneten Maßstab für die Erfassungen festzulegen, die natürliche **Ausstattung** wichtiger Ökosysteme, dominierende Flächennutzungen und die sozioökonomische Situation insgesamt, bekannte von den Ökosystemen ausgehende Nutzen und davon profitierende Nutznießer, bestehende Konflikte, Probleme bzw. Belastungen, abgelaufene oder erwartete Veränderungen bzw. Trends, vorliegende Planungen, ausstehende Entscheidungen.

Grundlegend ist die Kenntnis der **Datenlage**: Wurden im Gebiet schon einmal ÖSD erfasst, oder sind ÖSD-relevante Daten vorhanden? Welche Datenquellen stehen zur Verfügung (u. a. Karten, Datenbanken, Fernerkundung, GIS, Landschaftspläne, lokale Kenntnisse, Expertenwissen, Erfassungen von Ressourcen)? Auch sollten vorhandene **Informationslücken** identifiziert werden.

- **Schritt 3: Eindeutige Begriffsdefinitionen**
Um einen eindeutigen und nachvollziehbaren Untersuchungsansatz zu entwickeln, die Ergebnisse richtig zu interpretieren und zu kommunizieren

◻ **Tab. 7.1**   Arbeitsschritte zur Analyse und Bewertung von ÖSD (Erläuterungen im Text)

Punkt	Arbeitsschritt
1	Festlegung der Aufgabenstellung
2	Charakteristik des Untersuchungsgebietes
3	Definition der verwendeten Schlüsselbegriffe
4	Auswahl der ÖSD
5	Festlegung geeigneter Bewertungsverfahren und Indikatoren
6	Auswahl und Bearbeitung ökologischer (biophysischer) Bewertungsansätze
7	Realisierung monetärer Bewertungen – falls möglich und notwendig
8	Differenzierte Betrachtung von ÖSD und Nutzen/Kosten
9	Beachtung von Gefährdungen, Risiken, Grenzwerten, Trade-offs
10	Berücksichtigung der Raum-Zeit-Aspekte
11	Identifikation von Interessenträgern und Institutionen
12	Analyse von Triebkräften und Szenarien
13	Vermittlung von Kenntnissen, Kommunikation über ÖSD
14	Empfehlungen zum Handlungsbedarf und ÖSD-Management
15	Monitoring der ÖSD

Die Ziffern bedeuten keine zwangsläufige Abfolge, jedoch können die Punkte 1 bis 5 der Startphase, die Punkte 6 bis 12 der Hauptbearbeitungsphase und die Punkte 13 bis 15 der Schlussphase zugeordnet werden.

und unter den Experten der verschiedenen Fachrichtungen und wissenschaftlichen Schulen sowie den Praktikern nicht aneinander vorbei zu reden, ist die Definition bzw. Erläuterung der verwendeten **Schlüsselbegriffe** unverzichtbar (▸ Abschn. 2.1). Andernfalls kann es zu Missverständnissen kommen, denn bis heute gibt es im ÖSD-Bereich kein in allen Einzelheiten eindeutiges und allgemein akzeptiertes Begriffssystem. Das betrifft den ÖSD-Begriff selbst, aber auch den Terminus »Funktion« und andere. Auch wurde bislang kein Konsens über die zweckmäßigste **Klassifikation** von ÖSD erzielt. Es sollte daher erwähnt und möglichst begründet werden, warum man sich für ein bestimmtes Klassifikationssystem entscheidet. In ▸ Abschn. 3.2 wurden entsprechende Vorschläge unterbreitet.

Kommt es bei den Untersuchungen mehr auf raum- und instrumentenbezogene Probleme bzw. Landschaftszusammenhänge an und stehen soziokulturelle Leistungen stärker im Vordergrund, dann ist zu prüfen, ob der Begriff **Landschafts**dienstleistung im konkreten Fall nicht angemessener ist als ÖSD (▸ Abschn. 3.4).

■ **Schritt 4: Ausgewogene Auswahl der ÖSD**
Innerhalb der Vielzahl möglicher ÖSD sollte eine **repräsentative Auswahl** getroffen werden. Was sind die wichtigsten ÖSD, auf die die Gesellschaft angewiesen ist bzw. von denen sie abhängt? Welche ÖSD sind gefährdet, unterliegen bereits jetzt oder in absehbarer Zeit Veränderungen? Es erscheint zwar – allein schon aus Gründen des Arbeitsaufwandes – kaum möglich, eine sehr große Zahl, geschweige denn das komplette Spektrum aller möglichen ÖSD zu bearbeiten (siehe Fallbeispiele, ▸ Kap. 6). Dennoch ist auf eine repräsentative Auswahl an ÖSD Wert zu legen, nicht nur Versorgungs-ÖSD (z. B. Nahrung und Faserstoffe) sollten vertreten sein, sondern auch Regulations- und soziokulturelle ÖSD, darunter solche, die für die Bewahrung der biologischen Vielfalt relevant sind.

Funktionstüchtige Ökosysteme bringen meist ein ganzes **Bündel verschiedener ÖSD** hervor. Deren Anteile variieren von Ökosystem zu Ökosystem, von Ort zu Ort und von Zeit zu Zeit. Die Gesamtheit der ÖSD und ihre Verknüpfungen stets im Auge zu behalten, ist wichtig, z. B. um keine schädlichen finanziellen Anreize zugunsten einzelner ÖSD zu setzen, die zulasten anderer ÖSD gehen, so wie das häufig im Spannungsfeld zwischen Versorgungs-ÖSD und Regulations-ÖSD geschieht (z. B. Energiepflanzenanbau versus Biodiversität). Die Beachtung eines breiten Spektrums an ÖSD ist auch notwendig, um Aussagen zur Nachhaltigkeit zu treffen.

■ **Schritt 5: Geeignete Bewertungsverfahren und Indikatoren**

Bei ÖSD-Erfassungen bzw. -Bewertungen steht man immer wieder vor der Frage: Welches sind die für die konkrete Situation geeignetsten/angemessenen Verfahren? Wie in ▶ Abschn. 4.2 am Beispiel der Reisekostenmethode erläutert wurde, kann die unsachgemäße Anwendung eines Verfahrens zu unsinnigen Ergebnissen führen.

An Bewertungsverfahren sind bestimmte **Mindestanforderungen** zu stellen:

1. logischer Aufbau, Eindeutigkeit und Aussagekraft des Verfahrens als Grundvoraussetzung;
2. Äquivalenz des gewählten Verfahrens mit dem betrachteten Raumausschnitt, den Beurteilungskriterien und der geforderten Aussageschärfe;
3. Berücksichtigung des modernsten Erkenntnisstands und der aktuellen Wertkriterien;
4. weitestgehende wissenschaftliche Absicherung der Eingangsgrößen und ökologischen Zusammenhänge (Validität);
5. Erhebbarkeit der notwendigen Grundlagendaten in vertretbarer Zeitdauer;
6. Transparenz der Datenermittlung und -verarbeitung;
7. Nachvollziehbarkeit und Flexibilität des Verfahrens;
8. anschauliche und verständliche Darstellbarkeit der Bewertungsergebnisse.

ÖSD-Bewertungen sollten Risiken und Unsicherheiten sowie **Kenntnislücken** bezüglich der Einflüsse des Menschen auf Ökosysteme und ÖSD und deren Bedeutung für das menschliche Wohlbefinden nicht außer Acht lassen.

Einerseits besteht die Notwendigkeit zur **Vereinfachung**, z. B. um mit Politikern oder der breiten Öffentlichkeit zu kommunizieren, andererseits muss man sich vor irreführenden simplen Lösungen für komplexe Probleme hüten, um mit der Arbeit nicht mehr Schaden als Nutzen anzurichten und beispielsweise die Entscheidungsfindung fehlzuleiten. Am zweckmäßigsten erscheint ein mittleres Maß an Komplexität oder eine Differenzierung nach verschiedenen Komplexitätsstufen (wie im Modell InVEST, ▶ Abschn. 4.4).

Als hilfreich erweist sich die Festlegung geeigneter **Indikatoren** (▶ Abschn. 4.1). Diese sollen einen hohen Erklärungsgehalt für das zu lösende Problem haben und auch politikrelevant sein, um die Ergebnisse der Untersuchungen richtig interpretieren und anwenden zu können.

■ **Schritt 6: Ökologische/biophysische Bewertungsansätze als Grundlage**

Jede ÖSD-Bewertung beginnt mit der Aufbereitung vorhandenen Wissens, der Erhebung/Messung der notwendigen Grundlagendaten sowie mit einer qualitativen Einschätzung, an die sich in der Regel, aber nicht zwangsläufig, eine Quantifizierung anschließt. Nicht alle ÖSD lassen sich leicht quantifizieren. Ebenso geeignet können qualitative Maße sein (siehe Beispiel Streuobstwiesen, ▶ Abschn. 6.5.1). Wo keine direkten Messungen vorhanden bzw. möglich sind und auch keine exakten Daten vorliegen, muss notfalls mit Schätzwerten gearbeitet werden. Bei all den genannten Schritten liegt noch keine Bewertung im engeren Sinne vor.

Das Prinzip der **Trennung zwischen Messen und Bewerten** bzw. zwischen Sachebene (die in Ökosystemen vorhandenen Strukturen und ablaufenden Prozesse) und Wertebene wird häufig übersehen. Sowohl deskriptive (beschreibende) als auch normative (wertende) Arbeitsschritte sind bei ÖSD-Untersuchungen notwendig und müssen in einen breiten sozioökologischen Kontext eingebettet sein.

Die von ten Brink (2008) entworfene Pyramide zu ÖSD-Bewertungsmethoden veranschaulicht die

Abb. 7.1 Grundsätzliche Ansätze zur Bewertung von Ökosystemdienstleistungen. Adaptiert nach ten Brink 2008

schrittweise Einengung des Untersuchungsquantums von der qualitativen Übersicht bis hin zu der meist sehr aufwendigen und daher nicht immer eingesetzten monetären Bewertung (■ Abb. 7.1).

Ökologische Erfassungen von Ökosystemstrukturen und -prozessen, z. B. anhand von Daten, Karten, Feldarbeit, Experimenten, durch Messung und Modellierung, werden benötigt, um ein Verständnis dafür herzustellen, wie ÖSD generiert werden, und um einen naturwissenschaftlich fundierten Rahmen anzubieten, in dem die eigentliche Bewertung stattfinden kann.

Schritt 7: Monetäre Bewertung – falls möglich und notwendig

Das **Für und Wider** ökonomischer (monetärer) Bewertungsmethoden ist bereits angesprochen worden (▶ Abschn. 4.2). Sie erfordern nicht nur ökonomischen Sachverstand, sondern sind meist sehr aufwendig und nur in bestimmten Situationen sinnvoll anzuwenden. Ökonomische Bewertungen können jedoch dazu beitragen, ÖSD in wirtschaftlichen Kalkulationen, Abwägungen und Planungen (so in Kosten-Nutzen-Analysen) stärker zu berücksichtigen und z. B. Umweltbelastungen zu internalisieren.

Wenn bestimmte ÖSD (noch) nicht (genau) bewertet werden können, z. B. in Geldwerten, dann ist es zweckmäßig, dies zu artikulieren. Solche Feststellungen helfen, den Blick auf zukünftige sinnvolle Bewertungsbemühungen zu richten, und sie heben hervor, dass nicht alle Entscheidungen allein monetären Erwägungen folgen können und sollen.

Bestimmte, den Ökosystemen zugeschriebene Leistungen werden nicht von ihnen allein erbracht, sondern sie bedürfen der Mitwirkung des Menschen. So sind z. B. die auf Äckern gedeihenden Feldfrüchte Produkte der ÖSD in Abhängigkeit der Standorteigenschaften und -potenziale, sie erbringen einen Nutzen für den Menschen und weisen Werte auf. Sie werden angepflanzt, gepflegt, gedüngt, bewässert usw., um die Erträge zu sichern und zu steigern. Auf derartige **Umweltleistungen** (▶ Abschn. 2.1, ▶ Abschn. 4.2, ▶ Abschn. 6.2.4) muss gegebenenfalls hingewiesen werden.

Generell sollten Bewertungsmethoden – nicht nur ökonomische – als Teil eines **breiteren Spektrums diagnostischer Instrumente** und politischer und institutioneller Mechanismen (u. a. rechtliche Regelungen, partizipative Methoden, Governance, ▶ Abschn. 4.3, ▶ Abschn. 5.1, ▶ Abschn. 5.4) angesehen werden, die das Verständnis komplexer sozioökologischer Systeme erleichtern und Entscheidungsfinder mit dem notwendigen Hintergrundwissen versorgen. ÖSD-Bewertungen brauchen eine starke **interdisziplinäre Perspektive**, die nicht nur Ökologie und Ökonomie integriert, sondern eine Vielzahl an natur-, planungs- und sozialwissenschaftlichen Disziplinen.

- **Schritt 8: Von ÖSD zu Nutzen und Werten**

ÖSD sind das Bindeglied zwischen Ökosystemen bzw. Landschaften und den Nutzen bzw. Werten, die diese für den Menschen stiften. Es ist wichtig zu unterscheiden, ob eine Leistung vom Ökosystem lediglich »angeboten« (*supply*) oder ob diese vom Menschen tatsächlich in Anspruch genommen wird (*demand*). Im ersten Falle handelt es sich – unabhängig von einer aktuellen Nutzung – um ein **Potenzial** des Ökosystems bzw. der Landschaft (▶ Abschn. 3.1). Für Bewertung und Planung hilfreich ist die Feststellung, ob eine Nutzung dem Potenzial entspricht, ob eine Übernutzung und damit Belastung des Ökosystems stattfindet oder ob noch Spielräume für eine weitergehende Nutzung bestehen.

Es gibt auch **Werte**, die nicht einer bestimmten ÖSD zugeordnet werden können, aber dennoch nicht vernachlässigt werden dürfen, z. B. das Vorhandensein seltener Tier- und Pflanzenarten, unabhängig von ihrer Rolle bezüglich ÖSD.

Der Einfluss von ÖSD auf das menschliche **Wohlbefinden** ist aufzuzeigen: Wird dieses durch die Zu- oder Abnahme von ÖSD beeinflusst, und welche Möglichkeiten bieten ÖSD, um dieses zu steigern? Wie erhöht sich z. B. durch die Verbesserung der Versickerungsleistung und des Wasserrückhaltevermögens im Einzugsgebiet eines Flusses die Sicherheit der Anwohner, indem Hochwässer vermindert oder gar vermieden werden?

- **Schritt 9: Beachtung von Gefährdungen, Risiken, Grenzwerten, Trade-offs**

Wichtige Fragen in diesem Zusammenhang sind u. a.:

- Welche Grenz- und Schwellenwerte sind bekannt und müssen beachtet werden?
- Welche kausalen Zusammenhänge gibt es zwischen bestimmten ÖSD?
- Sind einige der festgestellten Nutzen gefährdet oder rückläufig oder ernsten Risiken aus-

gesetzt? Eine entsprechende Kenntnis kann helfen, geeignete unmittelbare sowie langfristige Maßnahmen festzulegen, um die Aufrechterhaltung dieser ÖSD zu sichern.

- Was sind die möglichen Trade-offs zwischen verschiedenen Nutzen, die in Betracht gezogen werden müssen? Die Fokussierung auf die Erhöhung des Niveaus einer einzigen ÖSD und des zugehörigen Nutzens kann negative Auswirkungen auf andere ÖSD haben. Die Feststellung aktueller und potenzieller Trade-offs dient der Entscheidungsfindung, welche Nutzen bzw. Nutzungen gefördert werden sollten und welche nicht, auch um dem Prinzip der Nachhaltigkeit zu entsprechen.

- **Schritt 10: Raum-Zeit-Aspekte**

Für ÖSD besteht eine hohe **Maßstabsrelevanz** hinsichtlich Raum, Zeit und Komplexität. Das gilt für die Datenerfassung, für Modelle, Bewertungen, Nutzen und Werte, Institutionen sowie ökonomische und politische Prozesse gleichermaßen. Die Maßstabsabhängigkeit muss stets berücksichtigt werden, einschließlich der Wechselwirkungen zwischen den Maßstäben und den Hierarchien unter ihnen.

Die Maßstabsproblematik schlägt sich z. B. in den Bezugseinheiten für ÖSD und der Kompatibilität von Skalen und Maßnahmen nieder. Zu beachten sind auch Maßstabsübergänge (Skalenübergänge: *up-scaling*, *down-scaling*) und Kipp-Punkte (*tipping points*).

Da ÖSD und (ökonomische) Werte kontext-, raum- und zeitspezifisch sind, sollte jede ÖSD-Analyse bzw. -Bewertung räumlich und zeitlich in geeigneten Maßstäben durchgeführt werden, die für die wissenschaftliche Erfassung, aber auch für politische Entscheidungen und Maßnahmen relevant sind.

Wichtige **Raumaspekte** sind z. B. (▶ Abschn. 3.3):

- Flächenanforderungen: Mindestfläche (für die Generierung von ÖSD) mit spezifischer Qualität (abiotische Struktur, Biodiversität, Prozessgefüge);
- Raumausstattung: Ökosystemmosaik, Landnutzungsdiversität;

- Raumkonfiguration: Zonierung von Schutzgebieten (Kern-/Pufferzone), Landnutzungsgra-
dienten, Nachbarschaftseffekte/-beziehungen;
- funktionale Verknüpfungen: Anbieter-Trans-
fer-Nachfrager-Beziehung, ökologische Ab-
hängigkeiten (Biotopverbund, Wechselwirkungen zwischen Fluss und Aue etc.).

Viel zu wenige ÖSD-Studien beachten bislang die
sogenannten *off-site*-Effekte: Die Bereitstellung von
ÖSD in einem Gebiet kann von Entscheidungen
beeinflusst werden, die in einem anderen Gebiet
oder auf anderen Ebenen (regional, national oder
global) fallen.

Zeitaspekte beziehen sich u. a. auf:
- Zeitanforderungen: minimale Prozesszeiten,
Regenerationszeit eines Ökosystems bzw. einer
ÖSD;
- Zeitabläufe: Veränderungen von Ökosystemen
und ÖSD (Trends);
- Ungleichzeitigkeiten: Vorsorgemaßnahmen,
Risiken, Optionswerte, intergenerationale
Zeitdifferenzen (Nutzen für die jetzige Genera-
tion, die nächste Generation zahlt gegebenen-
falls dafür).

- **Schritt 11: Identifikation von
Interessenträgern und Institutionen**

Die Erfassung/Bewertung von ÖSD bleibt typischerweise nicht bei der Analyse naturwissenschaftlicher Sachverhalte oder des Leistungsan-
gebots (Potenziale) stehen, sondern thematisiert
auch die – oft komplizierten – Strukturen und
Wechselbeziehungen von ÖSD-relevanten Interessenträgern (*stakeholder*) und Institutionen
(▶ Abschn. 4.3, ▶ Abschn. 5.1). Ist der aus ÖSD ent-
springende Nutzen für Nutznießer bekannt, so
können geeignete Optionen ermittelt werden, ÖSD
unter Einbindung dieser Nutznießer aufrechtzuerhalten.
   Wichtige Fragen sind z. B.:
- Wer hängt von welchen ÖSD ab? Wer profitiert? Wer zahlt bzw. erleidet Nachteile? Wer ist
für die Aufrechterhaltung der ÖSD zuständig
bzw. verantwortlich? Wer verursacht ihre Verschlechterung?
- Welche Institutionen (Gesetze, Verordnungen,
Normen und Regeln, Anreizsysteme, Eigen-

tumsverhältnisse, Traditionen und Bräuche,
Entscheidungsstrukturen usw.) beeinflussen
den Zustand der Ökosysteme und ÖSD?
- Welche Akteure sind auf den verschiedenen
Ebenen der Entscheidungsfindung relevant?
- Wer könnte oder sollte finanziell zur Erhaltung
von ÖSD beitragen? Wie lassen sich Interessenträger in das ÖSD-Konzept einbinden,
beispielsweise in die Identifizierung und Bewertung relevanter ÖSD oder in die Erarbeitung von Managementoptionen und deren
praktische Umsetzung?

- **Schritt 12: Triebkräfte und Szenarien**

Veränderungen von Ökosystemen bzw. ÖSD werden durch direkte und indirekte **Triebkräfte** ausgelöst, die aufgezeigt werden sollten. Wichtige Triebkräfte sind z. B. Globalisierung, demographischer
Wandel, Klimawandel, aber auch politische Entscheidungen, Anreizmechanismen, Gesetzgebung,
Behörden und Institutionen.
   ÖSD-Bewertungen sollten in den Kontext kon-
trastierender **Szenarien** (▶ Abschn. 4.3, ▶ Abschn.
6.2.4, ▶ Abschn. 6.3) gestellt werden, mit deren Hilfe
sich u. a. folgende Fragen beantworten lassen:
- Wie könnte die Zukunft der betreffenden Ökosysteme bzw. ÖSD aussehen (Erarbeitung sogenannter Storylines)
- Werden ökonomische Entwicklung und Wohlbefinden für verschiedene Interessenträger im
Gebiet durch einen Rückgang oder eine Zunahme von ÖSD beeinflusst?
- Wie werden sich verschiedene Politikoptionen
auf die ÖSD-relevanten Triebkräfte auswirken? Inwiefern wirken die Veränderungen der
Triebkräfte auf die ÖSD?
- Wie könnten sich Wissensstand und Wertschätzung (*values*) für ÖSD zukünftig verändern?

- **Schritt 13: Vermittlung von Kenntnissen
und Kommunikation über ÖSD**

Ein limitierender Schlüsselfaktor in der Bewahrung
des natürlichen Kapitals ist die vielfach mangelhafte Kenntnis, wie Ökosysteme funktionieren und
zum menschlichen Wohlbefinden beitragen. Diese
Defizite können überwunden werden durch gezie-
te und fundierte, kontinuierliche Bildungstätigkeit

im Allgemeinen sowie durch eine angemessene Information über das jeweilige Projekt (z. B. Renaturierung, Unterschutzstellung eines Gebietes) und durch vertrauensvolle Zusammenarbeit zwischen den verschiedenen Interessenträgern (*stakeholder*) im Besonderen. In ▸ Abschn. 4.5 wurden diesbezügliche Schwierigkeiten, aber auch Möglichkeiten (Wissenstransfer, Kampagnen, Diskurse etc.) diskutiert.

- **Schritt 14: Handlungsbedarf und ÖSD-Management**

Eines der wichtigsten Ziele von ÖSD-Bewertungen besteht darin, den Zustand von ÖSD in einem Gebiet zu optimieren bzw. zu verbessern. Infrage kommende **Instrumente** hierfür sind z. B.:

- Schaffung geeigneter Gesetze und anderer Regularien;
- Zahlungen für die Bewahrung von ÖSD (*Payments for Ecosystem Services* – PES), erwiesene sozioökonomische Nutzen kann Nutznießer dazu bringen, neue Möglichkeiten der finanziellen Unterstützung für den Schutz zu tragen (▸ Abschn. 5.2);
- Beseitigung schädlicher Politiken und Anreizmechanismen, die eine Degradierung von ÖSD begünstigen;
- Kompensation von Verlusten (im Sinne der Eingriffs-Ausgleichsregelung);
- Dialog mit Interessenträgern;
- Einrichtung von Schutzgebieten;
- Entwicklung von Kapazitäten (Arbeitsplätze, finanzielle Ausstattung), z. B. in Naturschutz und Landschaftspflege;
- Forschungsförderung zur Verbesserung von Erfassungs- und Bewertungsmethoden.

Das ÖSD-Management soll bestimmten Kriterien gerecht werden bzw. bestimmte **Prinzipien** berücksichtigen:

- Effektivität und Effizienz, politische und ökonomische Realisierbarkeit;
- Risiken in Bezug auf ÖSD, Anwendung des Vorsorgeprinzips;
- möglichst Ausgewogenheit unter den ÖSD oder gegebenenfalls Prioritäten (aber nicht nur Versorgungs-ÖSD berücksichtigen), eventuell Umverteilung von Versorgungs- zu Regula-

tionsleistungen, nachhaltiges Niveau der »Nutzung«, Vermeidung von Konflikten zwischen Schutz- und Nutzungsaspekten;
- Trade-offs: Gewichtung der Verbesserung einer ÖSD gegenüber der möglichen Verschlechterung einer anderen ÖSD;
- Gleichberechtigung unter den Interessenträgern, unterschiedliche Abhängigkeit der Interessenträger von ÖSD sowie ihre Nutzungs- und Eigentumsrechte in Bezug zu ÖSD;
- Einbeziehung relevanter Interessenträger auf lokaler, regionaler, nationaler und globaler Ebene in die Formulierung der Managementziele und die Umsetzung der Maßnahmen.

- **Schritt 15: Monitoring**

Ein effektives und effizientes Monitoring ist notwendig, um die Veränderungen von Ökosystemen und ÖSD zu beobachten, die Umsetzung und den Erfolg (oder Misserfolg) von Maßnahmen zu verfolgen und gegebenenfalls erforderliche Schlussfolgerungen zu ziehen, z. B. adaptives Management, Modifikation von Steuerungsinstrumenten.

Für das Monitoring von Veränderungen in Bezug zu ÖSD, Biodiversität, ökonomischen und sozialen Zielen und Anforderungen sind geeignete Schlüsselindikatoren erforderlich. Die Frequenz (Häufigkeit) des Monitorings sollte dem jeweiligen Sachverhalt bzw. der Problemstellung entsprechen, hinreichend flexibel sein und bei Bedarf Modifikationen, z. B. von Messungen, gestatten.

Fazit

Abschließend sei nochmals betont: Dieser Leitfaden sollte eine Übersicht über wichtige Aspekte der ÖSD-Erfassung und -Bewertung vermitteln, ohne Anspruch auf Vollständigkeit zu erheben. Auch sei daran erinnert: Es gibt keine für alle möglichen Fälle geeignete Bewertungsmethode. Letztlich kommt es auf die spezifische Aufgabenstellung und den jeweiligen Kontext der Untersuchungen an, welche Spezifikationen des Herangehens notwendig und sinnvoll sind.

7.2 Künftige Herausforderungen bezüglich ÖSD

K. Grunewald und O. Bastian

» Dem Menschen genügt das »Dasein« im Sinne von bloßem Hier-Sein auf Erden nicht. Er ist in seinen Wünschen und seiner Gier oft maßlos. Und er muss sein Dasein erfahren. Im Schmerz. Im Rausch. Im Scheitern. Im Höhenflug (Zeh 2009). **«**

Als Kernfragen des ÖSD-Konzepts haben wir formuliert (▶ Kap. 1): Wie können die Leistungen der Natur ermittelt werden? Was sind die Nutzungsansprüche der Menschen bezüglich der Leistungen, die Natur erbringen kann, und wie können diese Ansprüche offengelegt und in rationales Handeln integriert werden?

Im Gegensatz zum Tier kann sich der Mensch über die Zwänge der Natur zumindest zum Teil bzw. zeitweise erheben. Jedoch – immer mehr Wachstum bringt nicht unbedingt mehr Wohlstand, denn »gutes Leben« ist nicht allein über materielle Parameter definierbar. Auch wenn tradierte Denkmuster, Verhaltensweisen und Wirtschaftsmodelle hohes Verharrungsvermögen aufweisen, ist das Ende des bisherigen nicht-nachhaltigen Entwicklungspfades absehbar, braucht aber Zeit und Akteure des Wandels. In diesem Zusammenhang ist die mit dem ÖSD-Begriff verbundene Denkrichtung sowohl als politisches als auch als ökonomisches Handlungskonzept zu verstehen.

Der ÖSD-Ansatz zielt darauf ab, unseren natürlichen Lebensgrundlagen eine höhere Wertschätzung beizumessen. Der Begriff »Ökosystemdienstleistungen« ist relativ jung, ein »Modewort« (▶ Kap. 1), die dahinter stehenden Absichten und Ansätze sind es in weiten Teilen jedoch nicht (▶ Kap. 2). Da es sich um kein revolutionär neues Konzept handelt, ist kaum zu erwarten, dass es grundlegende Konflikte im Mensch-Natur-Verhältnis lösen wird. Das ÖSD-Konzept kann keine Patentrezepte für die Politik anbieten und der politischen Ebene auch nicht die eigentlichen Entscheidungen abnehmen.

Es mehren sich die Stimmen (z. B. Fatheuer 2012; Löschmann 2012), die davor warnen, unter dem Deckmantel der »Grünen Ökonomie« der weiteren Kommerzialisierung der Natur Vorschub zu leisten und diese in verstärktem Maße dem krisenhaften, nicht nachhaltigen und nicht zukunftsfähigen globalen turbokapitalistischen Geld- und Finanzmarktsystemen zu unterwerfen. Entspricht der ÖSD-Ansatz nicht ausgerechnet jenen reformbedürftigen Mechanismen und Instrumenten, die das Finanzsystem erschütterten und die Schuldenkrise wesentlich mit verursacht haben? Es steht die Frage, wie vermieden werden kann, dass in Gestalt der ÖSD lediglich ein neues Geschäftsfeld erschlossen und die Rolle der Natur auf die einer Bereitstellerin von Dienstleistungen reduziert wird. Sind nicht außerökonomische Ansätze in der Entscheidungsfindung und alternative Denkmuster zu entwickeln und zu fördern, wie etwa Kommunikation, Regeln, nachhaltigere Lebensstile, Freiräume zur Gestaltung, unabhängig von Verwertung und Profitinteressen? Wie erhalten kulturelle Traditionen, politische Ideale, Verpflichtungen gegenüber zukünftigen Generationen, Auffassungen hinsichtlich eines moralischen Selbstwertes von Naturwesen, spirituelle Sicht auf Natur, existentielle Haltungen (wie Faszination, Staunen, Ehrfurcht), ja die Vielfalt umweltethischer Argumente, der gesamte Reichtum menschlicher Naturbeziehungen (Ott 2012) die ihnen gebührende hohe Aufmerksamkeit, jenseits des Denkens in ökonomischen Kategorien? Und: Wie kann vermieden werden, dass der ÖSD-Begriff vor lauter Beliebigkeit zur Worthülse verkommt, wie das beispielsweise bei »Nachhaltigkeit« bereits geschehen ist?

Insgesamt sind die Begriffe, Konzepte, Indikatoren und Kompetenzen im Rahmen der Mensch-Umwelt-Technik-Debatte vielschichtig und vieldeutig und nicht ausreichend aufeinander abgestimmt. Ganzheitliche, integrative Betrachtungen im Allgemeinen und der ÖSD im Speziellen sind notwendig, um Wechselwirkungen zu beachten, den Blick auf das Wesentliche zu richten und Irrationalität zu vermeiden. Aber wie kann eine integrative Betrachtung in einer extrem komplexen Welt und angesichts der Spezialisierung der Wissenschaften verwirklicht werden?

Dass wir in »Harmonie mit der Natur« leben können (Succow 2011) hält Haber (2011) für eine Illusion, und die Bemühungen zur »Ökologisierung der Gesellschaft« werden wohl nicht sehr erfolgreich sein. Warum erlangen ÖSD-Begriff und -Konzept national wie international trotzdem eine hohe politische und wissenschaftliche Aufmerksamkeit? Ist es die Attraktivität der großen Geldsummen, mit denen neuerdings Werte der Natur und Biodiversität bemessen werden? Ist es die Möglichkeit, durch die Ermittlung von ÖSD die Kosten und Nutzen alternativer Handlungsstränge zu verdeutlichen? Mehr Ökonomie im Naturschutz (Schweppe-Kraft 2010) – ist das der richtige Weg?

Fakt ist, dass über das ÖSD-Konzept die Abhängigkeit des Menschen von Natur und Landschaft deutlicher als bisher aufgezeigt und bewertet wird. Insofern gibt es zumindest die Vision, die »Welt wenigstens etwas besser zu machen«, denn Fehlentscheidungen, weil das Wissen zu ÖSD unzureichend ist, stellen ein Problem dar (TEEB 2010). Neu ist in diesem Kontext, dass im Vergleich zu bisherigen Bewertungen (z. B. Bastian und Schreiber 1999) die Nachfrageseite (Nutzen, Nutzer, Nutznießer), d. h. die Wünsche und Befindlichkeiten der Menschen, stärker in die Betrachtung gerückt wurden. Dies verlangt nicht zuletzt sozialwissenschaftliche Kompetenz, denn ÖSD können zu einer nachhaltigeren Gesellschaftsentwicklung beitragen (Jetzkowitz 2011).

Um die Wirksamkeit des ÖSD-Konzeptes zu erhöhen, sind allerdings geeignete Rahmenbedingungen erforderlich, das heißt ein funktionsfähiges, nicht ausschließlich auf Wachstum setzendes Wirtschafts-, Finanzmarkt- und Geldsystem. Zwar entwickeln Menschen ihre Umwelt vorrangig nach ökonomischen und teils nach soziokulturellen Gesichtspunkten (Adam 1996). Dies muss zu Veränderungen der ökologischen Merkmale bzw. Integrität von Ökosystemen und Landschaften führen. Insofern ist es nötig, diese in einem wirtschaftlichen Zusammenhang zu betrachten und zu verwalten, weil die Einflussnahme zahlreiche sozioökonomische Effekte hervorruft. Dies bezieht sich auch auf alle Kategorien von Schutzgebieten. Aber nicht alles ist unter Wirtschaftlichkeitsaspekten zu bewerten. Beispielsweise darf in diesem Zusammenhang eine natürliche, spontane Entwicklung von Ökosystemen und Landschaften nicht aus den Augen verloren werden.

Das Wesen des Handelns (oder Unterlassens) muss möglichst genau verstanden und bedacht werden. Prinzipiell ist Naturhandeln dann erfolgreich, wenn Ziele effizient erreicht werden (Ott 2010). Schrumpfung und Verzicht lassen sich – das ist ein Problem – nicht ökonomisch verwerten, beurteilen und bewerten aber schon. Es geht im ÖSD-Konzept jedoch gar nicht vordergründig um Nutzungsverzicht, sondern um die Einpreisung der Nebenwirkungen und Folgekosten. Gerade deshalb ist bei künftigen Entwicklungen verstärkt darauf zu achten, dass

- die Kosten und Nutzen von Maßnahmen in Ökosystemen bzw. Landschaften so weit wie möglich internalisiert werden,
- Anreize für Bewirtschafter so gestaltet werden, dass sie möglichst gleichzeitig den Zielen des Biodiversitäts- und Umweltschutzes dienen, und
- Marktverzerrungen, die einen nachteiligen Einfluss auf Biodiversität haben, reduziert werden.

Die ökonomischen Bewertungsmethoden (▶ Abschn. 4.2) stützen sich insbesondere auf Entscheidungsalternativen in der Bereitstellung und Nutzung von ÖSD und übersetzen diese in Veränderungen des menschlichen Wohlergehens mittels monetärer Größen. Dies geschieht u. a. über Befragungen der Bürger zu ihrer Zahlungsbereitschaft zugunsten öffentlicher Güter. Aber spiegeln diese ihre wirklichen Präferenzen wider? Die Zahlungsbereitschaft für eine unbekannte Art kann beispielsweise sehr niedrig ausfallen, deshalb muss ihr Wert aber nicht gering sein. Daher sollte die Anwendung ökonomischer Bewertungsmethoden zur Wertschätzung marktferner Sachverhalte wie Aspekte der Biodiversität oder der Schönheit von Landschaften nur flankierend erfolgen, nicht aber den alleinigen Maßstab für Handlungsoptionen darstellen. Hier sind Vorsicht, Kontrolle und Augenmaß angebracht (▶ Abschn. 4.2 und ▶ Abschn. 5.2). Unbestritten verbessern Kosten-Nutzen-Analysen die Vergleichbarkeit alternativer Optionen. In manchen Fällen ist es jedoch besser, ÖSD auf andere Weise zu ermitteln, wie am Beispiel der soziokulturellen ÖSD von Streuobstwiesen gezeigt wurde (▶ Abschn. 6.5.1), da monetäre Werte nicht oder nur schwer zugeordnet werden können. Sowohl monetäre als auch nicht-monetäre Maße wie partizipaive Ansätze und Aushandeln von Prioritäten sind für Entscheidungsfindungen wichtig.

Die dargestellten unterschiedlichen Perspektiven sowie die Möglichkeit der Teilhabe und Mitgestaltung machen wesentlich die Attraktivität des ÖSD-Konzepts aus. Ökologen und Ökonomen quantifizieren, kartieren, modellieren und bewerten ÖSD (▶ Kap. 4), Politikwissenschaftler und Planer befassen sich mit Institutionen, ÖSD-Steuerungsinstrumenten, -Management und Governance, Finanzwissenschaftler mit Zahlungen für ÖSD (*Payments for Ecosystem Services*, ▶ Kap. 5), und auf Partizipation, Koordination, Ethik, Kommunikation und Umsetzung kann erst recht nicht verzichtet werden.

»Das konsequente Engagement der Umweltbewegung hat unseren Blick auf Naturzerstörung und Raubbau sensibilisiert. Den Einschnitt in die persönliche Freiheit hat man dabei gerne in Kauf genommen, um die Zustände zu verbessern. Mit Erfolg. Heute sind unsere Flüsse reiner, ist unsere Luft klarer und unser Wald ist gesünder denn je«, schreibt Ebert (2011), der nicht im Verdacht steht, Ökologe oder Umweltwissenschaftler zu sein. Dieses für Deutschland positive Umweltfazit (man könnte es durch weitere Erfolgsgeschichten wie die Altlastensanierung ergänzen) darf nicht darüber hinwegtäuschen, dass es bisher nicht gelungen ist, die Landschaftszerschneidung, den Verlust von Biodiversität oder den Flächenverbrauch für Siedlungen und Infrastruktur zu stoppen. Der Ausstoß klimaschädlicher Gase hält an, die »Energiewende« ist zu bewältigen und eine wachsende Freizeit- und Tourismusbranche ist beileibe nicht immer »naturverträglich«. Gleiches gilt für die Landwirtschaft. Hier wird die Ambivalenz zwischen der zuvor beschriebenen Effizienz, der biologischen Vielfalt und Ernährungssicherheit bzw. Verbraucherschutz besonders deutlich (▶ Abschn. 6.2; Trepl 2012).

Die Bewahrung von Natur und Landschaft beginnt auf der geistigen Ebene, im Bewusstsein, in den Köpfen der Menschen, indem wir »lernen, die Heimat wieder als unseren Teil der Welt im Ganzen zu empfinden, als etwas, das uns einen Platz in der Welt verschafft« (Václav Havel in Weinzierl 1999). Wir müssen begreifen, dass viele Ökosysteme und Landschaften Teil unseres kulturellen Erbes sind. Bereits die »Grüne Charta von der Mainau« von

1961 sah »die Würde des Menschen bedroht, wo seine natürliche Umwelt beeinträchtigt wird«, und forderte »eine Umstellung im Denken der gesamten Bevölkerung durch verstärkte Unterrichtung der Öffentlichkeit über die Bedeutung der Landschaft in Stadt und Land und die ihr drohenden Gefahren« (DRL 1997).

Das Bestreben, »aus menschlichen Eigeninteressen heraus verantwortungsvoll mit den natürlichen Ressourcen umzugehen«, liegt dem 1992 auf der Konferenz »Umwelt und Entwicklung« in Rio de Janeiro von den Staaten der Welt angenommenen Leitbild einer nachhaltigen Entwicklung zugrunde. Der deutsche Gesetzgeber verankerte 1994 das Prinzip der Nachhaltigkeit als Staatsziel im Grundgesetz, und alle Bundesregierungen und viele Interessengruppen bekannten sich seitdem ausdrücklich dazu. Aber wo stehen wir 20 Jahre nach Rio (Rio + 20)?

Die Leitidee »nachhaltige Entwicklung« ist für das 21. Jahrhundert zweifellos richtig und wichtig. Sie ist aber nur zögerlich in der breiten Bevölkerung angekommen. Wer kennt schon die Nachhaltigkeitsindikatoren im Detail oder verfolgt deren Änderungen? Die Politik als Impulsgeber und Adressat für die Nachhaltigkeits-, Biodiversitäts- oder Energie-Konzepte ist selbst heterogen (Parteien, Ressorts, Lobby etc.). Wir sind nichtsdestotrotz überzeugt, dass das ÖSD-Konzept das Verständnis breiter Kreise der Bevölkerung für den Umwelt- und Naturschutz stärken kann.

Die Umsetzung der Leitidee »nachhaltige Entwicklung« sollte sich an ÖSD und multifunktionalen Landschaften orientieren, das heißt unter anderem, es muss analysiert werden, welche ÖSD kompatibel bzw. kombinierbar sind, wo Leistungen integrierbar sind, wo Konflikte bestehen und wie diese gelöst werden können. Das erfordert insbesondere eine vorausschauende Flächenpolitik, die Steuerung der Landnutzung und die Schaffung eines gesellschaftlichen Bewusstseins für Entwicklungen von Ökosystemen und Landschaften. Die Wissensvermittlung stellt dabei eine wichtige soziale Komponente der Nachhaltigkeit dar.

▪ Welche neuen Impulse sind auszumachen?

Im Mai 2011 wurde im Bundesamt für Naturschutz (BfN) das Kompetenzzentrum »Naturkapital Deutschland« gegründet. Die internationale TEEB-Studie (TEEB 2010) soll auf nationaler Ebene umgesetzt werden. Dies beinhaltet vor allem die Weiterentwicklung der Erfassung und Bewertung der Leistungen von Ökosystemen und Biodiversität für Wirtschaft und Gesellschaft. Die Erläuterungen zu Begriffen, Konzepten, Methoden und regionalen Fallbeispielen in diesem Buch können dafür eine Grundlage bieten.

Deutsche Wissenschaftler engagieren sich auch stark in der internationalen Wissenschaftsgemeinschaft, z. B. im Rahmen der *Ecosystem Services Partnership* (▶ www.fsd.nl/esp). Als Meilenstein kann gesehen werden, dass Bonn 2012 zum Sitz des Sekretariats von IPBES (*Intergovernmental Science-Policy Platform on Biodiversity and Ecosystem Services*) bestimmt wurde. Hauptaufgabe von IPBES ist es, politischen Entscheidungsträgern zuverlässig unabhängige und glaubwürdige Informationen über den Zustand und die Entwicklung der Biodiversität als Entscheidungshilfe zur Verfügung zu stellen. Das allein wird jedoch nicht genügen, um die Biodiversitätsziele zu erreichen. Umsetzungs- und maßnahmenorientierte Ansätze des ÖSD-Konzepts sind dafür nötig.

Letztlich sind auch die Einrichtung eines nationalen Forschungszentrums im Bereich Biodiversität am Universitätsverbund Halle-Jena-Leipzig seitens der Deutschen Forschungsgemeinschaft (DFG) sowie die aktuell umsetzungsbezogen initiierten wissenschaftlichen Aktivitäten seitens des Bundesamtes für Naturschutz (BfN) und des Bundesministeriums für Bildung und Forschung (BMBF) klare Belege dafür, dass das ÖSD-Konzept in Deutschland zur nachhaltigen Aktivierung landschaftlicher Potenziale eine künftig prominente Rolle einnehmen wird. Dabei kann auf dem hohen Stand der ökologischen und umweltökonomischen sowie raumplanerischen Wissenschaften aufgebaut werden, wobei aber auch die komplexen und schwer zu ändernden Wirtschafts-, Finanz-, Steuerungs- und Governance-Systeme zu berücksichtigen sind.

■ **Was ist künftig zu beachten?**

ÖSD haben sich begrifflich und von der Denkrichtung in Wissenschaft und Praxis etabliert, das Problembewusstsein in der Bevölkerung, dass unser Leben und unser Wohlbefinden von der Natur abhängig ist, wird gestärkt. Der Ansatz ist in der Öffentlichkeit positiv besetzt, was in der Trias der Nachhaltigkeit genutzt und nicht durch Wort- und Grabenkämpfe verwässert werden sollte. Mag es unerheblich sein, ob man von Ökosystemdienstleistungen oder nur Ökosystemleistungen spricht, so ist es nicht mehr trivial, zwischen Funktionen und Leistungen zu unterscheiden (▶ Kap. 2). Im Zweifelsfall sollte man immer erläutern, was genau gemeint ist. Der Umgang mit metamorphen, vieldeutigen Begriffen wie ÖSD, aber auch Ökosystem und Landschaft, Naturkapital, Biodiversität, Nachhaltigkeit, Resilienz oder Governance ist schwierig, in der Wissenschaft umstritten und für Politik und Praxis oft verwirrend.

Konzeptionell ist der Rahmen der Analyse und Bewertung von ÖSD abgesteckt (▶ Abschn. 3.1). Ökosysteme stellen Leistungen für die Menschen bereit, die in Nutzen- und Wohlfahrtskategorien zu übersetzen sind. Die Inanspruchnahme bzw. Inwertsetzung der Leistungen manifestiert sich insbesondere in der Art und Intensität der Landnutzung und wirkt auf die Strukturen und Prozesse der Ökosysteme zurück, was wiederum deren potenzielle Leistungsfähigkeit beeinflusst. Dieses komplexe Wechselspiel in seinen Ursachen, Wirkungen und Folgen sichtbar zu machen und »richtig« zu steuern, stellt die eigentliche Herausforderung dar.

Die Bewertung von ÖSD erfolgt für einzelne Leistungen in der Regel aus den Klassen Versorgungs-, Regulations- und soziokulturelle ÖSD (▶ Abschn. 3.2). Je nach Aufgabenstellung und Möglichkeiten wird dabei ausgewählt und gewichtet. Grundlage der Untersuchung stellen geobiophysisch basierte ökologische und – soweit sinnvoll – ökonomisch-monetäre Quantifizierungen dar. Diesbezüglich sind die ÖSD-spezifischen Standards (Verfahren, Techniken, Modelle) noch nicht ausreichend entwickelt und erprobt (▶ Abschn. 4.1, ▶ Abschn. 4.2, ▶ Abschn. 4.3, ▶ Abschn. 4.4). Das betrifft vor allem die umfassende Berücksichtigung der Wechselwirkungen zwischen den verschiedenen ÖSD (Trade-offs) und die Abgrenzung ökosystemarer von menschlichen bzw. technologischen Leistungen.

Im Rahmen der *Ecosystem Services Partnership* und anderer Netzwerke werden derzeit Arbeitsgruppen gebildet, um regionale, vor allem typenbeogene ÖSD-Werte zu erarbeiten und zu sammeln z. B. *SERVES-database*, ▶ www.esvaluation.org). Dies beinhaltet auch Datenbanken zu ÖSD-Werten und -Bewertungen, die sich im Aufbau befinden. In TEEB (2010) wurden etwa 1 300 monetäre Werte für elf Biome weltweit bilanziert. Für jedes Biom z. B. Feuchtgebiete oder Grünland) wurden zwar prinzipiell 22 ÖSD in die Datensammlung einbezogen, in den Fallbeispielen dann aber teilweise nur eine ÖSD bewertet (▶ www.teebweb.org). Sie weisen eine hohe regionale Heterogenität auf – der ÖSD-Wert für Seen und Flüsse variiert beispielsweise zwischen 13, 488 und 1'779 US-Dollar pro Hektar und Jahr – und sind für lokale Fragestellungen in Mitteleuropa bisher kaum übertragbar. Was sagt so ein Geldwert der ÖSD, beispielsweise für ein See-Ökosystem, überhaupt aus? Nähren solche Fragen monetären Angaben nicht die grundsätzliche Kritik an einer Ökonomisierung der Natur? Ist nicht die Suche nach alternativen Wertmaßstäben zu beschleunigen?

Zahlreiche ÖSD-Fallstudien zur Methodenentwicklung und Verfahrensanwendung wurden bzw. werden derzeit realisiert. Da sich viele der für den Naturschutz relevanten Sachverhalte auf die Natureigenschaften und die Landnutzung zurückführen lassen, wurden die Fallbeispiele in ▶ Kap. 6 entsprechend ausgewählt. Die Rahmenbedingungen der Landnutzung/Landnutzungsentscheidungen sind ein Schlüssel für die Gestaltung der Zukunft und zur Sicherung von ÖSD. Dafür bedarf es einer entsprechenden Weiterentwicklung der ökologischen Planungsansätze, der Umwelt- und Wohlfahrtsbilanzierung, der Finanz- und Subventionspraxis im Kontext von Wertediskussionen und Vergleich von Alternativen.

Allein das hochkomplexe Umwelt-, Planungs- oder Steuerrecht in Deutschland im Hinblick auf neue Rahmenbedingungen und Erfordernisse zu reformieren, es durch die Integration des ÖSD-Konzepts nicht schwerfälliger, komplizierter und aufwendiger zu machen, stellt eine schwer zu lösende, aber lohnende Aufgabe dar. Anregungen dafür wurden an verschiedenen Stellen gegeben (▶ Kap. 5).

Handlungsoptionen sind im öffentlichen Diskurs auszuhandeln. Die Analyse und Bewertung von ÖSD mit Szenarien und Entscheidungsalternativen kann in diesem Abwägungsprozess sehr hilfreich sein. Wissenschaftlern kommt nicht die Aufgabe zu, der Gesellschaft solche Entscheidungen abzunehmen. Ihnen steht es allenfalls frei, Empfehlungen zu geben und im Rahmen ihrer bürgerlichen Rechte mitzuwirken.

Wenn ÖSD-Bewertungen auch kein Patentrezept darstellen, so vermögen sie dazu beizutragen, die mangelhafte ökonomische Wahrnehmbarkeit der Natur zu überwinden, die vielfach zu falschen politischen und wirtschaftlichen Entscheidungen und letztlich zur Zerstörung von Natur, von Ökosystemen und biologischer Vielfalt geführt hat und weiterhin führt.

Literatur

Adam T (1996) Mensch und Natur: das Primat des Ökonomischen. Entstehen, Bedrohung und Schutz von Kulturlandschaften aus dem Geiste materieller Interessen. Nat Landsch 71:155–159

Bastian O, Schreiber KF (Hrsg) (1999) Analyse und ökologische Bewertung der Landschaft. Spektrum, Heidelberg

Bastian O, Grunewald K, Syrbe RU (2012) Space and time aspects of ecosystem services, using the example of the EU Water Framework Directive. Int J Biodivers Sci Ecosyst Serv Manag 8:5–16. doi:10.1080/21513732.2011.631941

Burkhard B, de Groot R, Costanza R, Seppelt R, Jørgensen SE, Potschin M (2012) Solutions for sustaining natural capital and ecosystem services. Ecol Indic 21:1–6

DRL – Deutscher Rat für Landespflege (1997) Betrachtungen zur »Grünen Charta von der Mainau« im Jahre 1997. Schriftenreihe d. Deutschen Rates f. Landespflege, Heft 68

Ebert V (2011) Machen Sie sich frei. Rowohlt Taschenbuch, Reinbek

Fatheuer T (2012) In Rendite vereint – Ökonomie und Natur: Die Geschichte einer schwierigen Beziehung. Böll.Thema 1. Magazin der Heinrich-Böll-Stiftung, Berlin, S 5–7

Grunewald K, Bastian O (2010) Ökosystemdienstleistungen analysieren – begrifflicher und konzeptioneller Rahmen aus landschaftsökologischer Sicht. GEOÖKO 31:50–82

Haber W (2011) Umweltpolitikberatung – eine persönliche Bilanz. Studienarchiv Umweltgeschichte 16:15–25 (www.iugr.net)

Haines-Young RH, Potschin MB (2009) Methodologies for defining and assessing ecosystem services. Final Report, JNCC, Project Code C08-0170-0062, 69 S

Jetzkowitz J (2011) Ökosystemdienstleistungen in soziologischer Perspektive. In: Groß M (Hrsg) Handbuch Umweltsoziologie. VS Verlag für Sozialwissenschaften, Wiesbaden, S 303–324

Kettunen M, Bassi S, Gantioler S, ten Brink P (2009) Assessing Socio-economic Benefits of Natura 2000 – a Toolkit for Practitioners (September 2009 Edition). Output of the European Commission project Financing Natura 2000: Cost estimate and benefits of Natura 2000. Institute for European Environmental Policy (IEEP), Brüssel, 191 S

Löschmann H (2012) Die Geister, die ich rief – Das riskante Spiel auf dem Geld- und Finanzmarkt. Böll.Thema 1. Magazin der Heinrich-Böll-Stiftung, Berlin, S 9–11

OECD (2008) Strategic environmental assessment and ecosystem services. DAC Network on Environment and Development Co-operation (ENVIRONET), Paris, 26 S

Ott K (2010) Umweltethik zur Einführung. Junius, Hamburg

Ott K (2012) Ein wenig mehr Bescheidenheit, bitte! – Über die Verführung, Kosten-Nutzen-Kalküle zur höchsten menschlichen Weisheit zu erklären. Böll.Thema 1. Magazin der Heinrich-Böll-Stiftung, Berlin, S 33–35

Schweppe-Kraft B (2010) Ökosystemdienstleistungen: ein Ansatz zur ökonomischen Bewertung von Natur. Local land & soil news 34/35 II/10, The Bulletin of the European Land and Soil Alliance (ELSA) e. V., S 11–14

Seppelt R, Fath B, Burkhard B, Fisher JL, Grêt-Regamey A, Lautenbach S, Pert P, Hotes S, Spangenberg J, Verburg PH, Van Oudenhoven APE (2012) Form follows function? Proposing a blueprint for ecosystem service assessments based on reviews and case studies. Ecol Indic 21:145–154

Succow M (2011) … warum mir der Naturschutz so am Herzen liegt! Nat Landschaft 1:19–23

TEEB (2010) The economics of ecosystems and biodiversity: ecological and economic foundations. Earthscan, London (Kumar P, Hrsg)

ten Brink P (2008) Ecological losses to economic losses. Presentation at the workshop on the Economics of the Global Loss of Biological Diversity, Brüssel, 5.–6. März 2008

Trepl L (2012) Biodiversitätsbasierte Ökosystemdienstleistungen. www.scilogs.de/chrono/blog/landschaft-oekologie/biodiversitat-und-aussterben/2012-02-20/biodiversit-tsbasierte-kosystemdienstleitungen. Zugegriffen: 22. Feb. 2012

UNEP-WCMC (2011) Developing ecosystem services indicators: Experiences and lessons learned from sub-global assessments and other initiatives. CBD Technical Series 58

Weinzierl H (1999) Land und Leute. Die Zukunft der Landnutzung in Bayern. Nationalpark 4:39–43

Zeh J (2009) Corpus Delicti: Ein Prozess. Schöffling und Co., Frankfurt a. M.

Stichwortverzeichnis

Z

Printed in the United States
By Bookmasters